Zivile Flugzeuge im Detail

Einleitung

Hohe Standfestigkeit und die Sicherheit der zweimotorigen Konstruktion machen die Piper Seneca zum idealen „Auge am Himmel“ für die Verkehrsbeobachtung.

Die allgegenwärtige und vielseitige Boeing 747 wurde von der NASA genutzt, um das Space Shuttle von der Edwards AFB nach Cape Canaveral zu überführen.

Als Flugzeuge mit einer gewissen Beförderungskapazität erstmals auch der zivilen Nutzung zugänglich wurden, schätzte man Luftpost noch wichtiger ein, als Passagiere. Der erste Passagierverkehr, von St. Petersburg nach Tampa in Florida, fand 1912 zunächst probeweise statt. Bald nach dem Ersten Weltkrieg gab es jedoch genug abenteuerlustige (und wohlhabende) Menschen, die dazu bereit waren, in umgebauten Bombern zu reisen, sodass die ersten Flugrouten und Fluglinien eingerichtet werden konnten. Bis in die Mitte der 30er-Jahre beherrschten Doppeldecker und dreimotorige Eindecker die Luftfahrt.

Obwohl es mehrere Anwärter für den Titel des „ersten modernen Verkehrsflugzeugs“ gibt, war es die unsterbliche Douglas DC-3, die den Standard für alle folgenden Flugzeuge festlegte. Sie flog erstmals 1935 und wurde vor dem Zweiten Weltkrieg nur in relativ kleiner Stückzahl gebaut, doch sie ermöglichte den Fluggesellschaften in den USA und in anderen Ländern die Aufnahme von Verbindungen zwischen entfernten Städten und trat als erste zum Wettbewerb mit der etablierten Eisenbahn an. Während des Krieges wurde die DC-3 in großen Stückzahlen als C-47 („Skytrain“) für das Militär gebaut. In der Nachkriegszeit wurden dann Tausende der nun überzähligen C-47 Truppentransporter zu Verkehrsflugzeugen umgebaut und stellten im Dienste US-amerikanischer und europäischer Fluglinien die Verbindungen zu den entlegensten Orten der Welt her.

Die unmittelbaren Nachkriegsjahre waren auch die Blütezeit der großen Kolbenmotor-Flugzeuge wie der Lockheed Constellation, der Boeing Stratocruiser und der Douglas DC-6 und DC-7. Großbritannien nahm 1952 mit der De Havilland Comet den Reiseverkehr mit Düsenflugzeugen auf, nach einer Reihe von Unglücksfällen ging die führende Rolle jedoch auf die nächste Generation amerikanischer Flugzeuge, die Boeing 707 und die DC-8 über. Die blühende Wirtschaft in den USA der Nachkriegsjahre und die Rückkehr tausender ausgebildeter Piloten in das zivile Leben führten zu einem goldenen Zeitalter der allgemeinen Luftfahrt und des Fliegens als Freizeitvergnügen. Die Flugzeuge von Cessna, Piper und Beech ermöglichten es vielen, sich den Traum vom Fliegen zu erfüllen. Als Streitfragen über die Haftung in den 80er- und 90er-Jahren fast die amerikanische Kleinflugzeugindustrie ruinierten, bedienten europäische Hersteller von Bausätzen für Selbstbauer den wachsenden Bedarf, vor allem im Bereich der Mikro- und Ultraleichtflugzeugen.

Nach den Problemen mit der TriStar gab der Pionier Lockheed das Geschäft mit Verkehrsflugzeugen auf, während McDonnel Douglas versuchte, sich auf dem von der Boeing 757/767 und dem Airbus A300/A310 dominierten Markt der Mittelstrecken-Flugzeuge zu behaupten. Die MD-11 ließ sich jedoch nicht in großer Stückzahl verkaufen. Nach der Übernahme durch Boeing gab es in den Vereinigten Staaten nur noch einen großen Flugzeugbauer.

Inhalt

IMPRESSUM

HEEL Verlag GmbH
Gut Pottscheidt
53639 Königswinter
Telefon 0 22 23 / 92 30-0
Telefax 0 22 23 / 92 30 26
Mail: info@heel-verlag.de
Internet: www.heel-verlag.de

Das vorliegende Buch ist eine Übersetzung des Titels „Civil Aircraft" und erstmals 2005 in deutscher Sprache mit Genehmigung von Amber Books Ltd erschienen.

Verantwortlich für den Inhalt: Jim Winchester

Titelbild: Airbus Industries

Druck und Verarbeitung: Koelblin-Fortuna-Druck, Baden-Baden

Printed in Germany

ISBN: 3-89880-408-9

Jim Winchester

Zivile Flugzeuge im Detail

HEEL

Unten: Die De Havilland Comet 4C Langstreckenausführung

Links: Eine fliegende Legende: Die Douglas DC-3 war über 60 Jahre in aktiven Diensten.

Rechts: Konstruiert von Burt Rutan – einem Pionier der Flugtechnik – war die Beech Starship 1, trotz einzigartigem Erscheinungsbild, kein Garant für kommerziellen Erfolg.

Rechts: Ein technisches Wunderwerk der 70er-Jahre: Die Concorde blieb bis ins 21. Jahrhundert in Diensten, trotz ökonomischer Schwächen und der Umweltbelastungen.

Abseits des Wettbewerbs zwischen Boeing und Airbus fanden kleinere Hersteller wie Beech, Embraer (Brasilien), Dornier (Deutschland) und Bombardier (Besitzer von Canadair und De Havilland, Kanada) ihre Nischen auf dem regionalen Flugzeugmarkt. Einige von ihnen zielen auch auf den lange von der Boeing 737 beherrschten Markt ab. Russische Hersteller haben neuerdings fortschrittliche Technologien, kämpfen aber immer wieder mit dem Problem, Abnehmer für ihre Produkte zu finden. Selbst Aeroflot hat größtenteils wieder westliche Konstruktionen übernommen.

Obwohl zahlreiche Überschallflugzeuge auf den Zeichentischen entstanden, erreichten nur die englisch-französische Concorde und die sowjetische Tu-144 die Serienreife. Beide wurden ohne Rücksicht auf die Wirtschaftlichkeit gebaut und nur die Concorde erreichte schließlich einen gewissen Grad von kommerziellem Erfolg auf der Transatlantikroute. Die kleine Concorde-Flotte wurde 2003 außer Dienst gestellt, ohne dass ein Nachfolger in Sicht wäre.
Die wahre Erfolgsgeschichte in der zivilen Luftfahrt schreibt die Boeing 747, die seit fast 35 Jahren ohne direkte Konkurrenz in großer Menge verkauft wird. Ihre große Kapazität und ihre hohe Wirtschaftlichkeit eröffneten auch dem Normalverbraucher die Möglichkeit, die Welt zu bereisen. Mittlerweile sind aufgrund des stetig steigenden Passagieraufkommen Flugzeuge mit 800 und mehr Sitzplätzen in Planung.

Aero Spacelines

Super Guppy

● Transporter für Weltraumraketen ● Zubringer für Airbus-Komponenten

Ab 1961 rüstete Aero Spacelines alte Boeing Stratocruiser, Propellermaschinen mit Kolbentriebwerken, so um, dass sie übergroße Lasten aufnehmen können. „Guppy" heißen sie nach dem zwiebelförmigen Fisch gleichen Namens. Ihr auffälligstes Merkmal sind die riesigen Erweiterungen am Rumpf. Wiewohl nicht mehr die Jüngste, hat die Guppy beim Transport von Saturn-V-Raketenstufen oder von Bauteilen des Airbus wertvolle Arbeit geleistet.

▲ *Für ein Flugzeug, für das sich zunächst niemand zu interessieren schien, war die Guppy-Familie ein großartiger Erfolg. Sie flog noch bis 1998.*

Aero Spacelines **Super Guppy**

▼ Bis Ende des Jahrtausends
Die Frachtabteilung der Fluglinie UTA, Aeromaritime, betrieb die Super Guppy 201 noch bis Ende der 90er Jahre, um sie dann durch A300-600ST Beluga von Airbus Industrie zu ersetzen.

▲ Fracht für Airbus
Dieses Seitenleitwerk eines Airbus A300 wurde in einer Guppy von Hamburg nach Toulouse zur Endmontage transportiert.

◀ Im Bauch der Guppy
Der Laderaum der Guppy ist unglaublich hoch. Spätere Ausführungen können sogar eine ganze Tragfläche des Airbus A320 „schlucken".

◀ Gast in Filton
Guppy flogen seit den 80er Jahren die Firma BAe im englischen Filton an, um Tragflächen für den Airbus A320 auf dem Luftwege nach Toulouse zu bringen.

Das seltsamste Flugzeug der Welt ▶
Der „geschwollene" Rumpf lässt Zweifel daran aufkommen, dass so ein bizarres Flugzeug jemals in die Luft kommen kann. Aber es fliegt so gut wie seine Vorfahren, die Stratocruiser und die B-29.

FAKTEN UND ZAHLEN

- ➤ Am 18. September 1962 flog die erste B-377PG Pregnant (=schwangere) Guppy.
- ➤ Etwa 15 Rollversuche und „Testsprünge" gingen dem Erstflug voran.
- ➤ Die größere B-377SG Super Guppy, die erste mit Turboprop-Antrieb, entstand aus der militärischen YC-97J.
- ➤ Die ursprüngliche Guppy konnte drei Millionen Erdnüsse befördern.
- ➤ Andere Flugzeuge können wohl schwerere Lasten befördern, aber die Stärke der Guppy sind übergroße Frachtstücke.
- ➤ Die A300-600ST Beluga könnte man als Guppy-Version des Airbus bezeichnen.

Das dickste Flugzeug aller Zeiten

Die amerikanische Firma Aero Spacelines entdeckte als erste den Bedarf an übergroßen Flugzeugen für Luftfrachten, die enorm sperrig waren. 1961 baute die Firma ihre erste kolbengetriebene Boeing B-377 Stratocruiser um, indem sie den Rumpf verlängerte und im oberen Bereich eine blasenförmige Struktur aufbaute.

Acht Guppy wurden in sechs verschiedenen Konfigurationen gebaut. Vier Maschinen unterstützten die multinationale Airbus Industrie bei der Herstellung von Linienflugzeugen, indem sie große Bauteile von verschiedenen Fabriken zur zentralen Endmontage brachten.

Die Beladung einer Guppy ist ein erstaunlicher Anblick. Der gesamte Bug mit Cockpit und Bugfahrwerk wird fast ganz abgetrennt und um 110° seitlich aufgeklappt, um freien Zugang zum Rumpf zu haben.

Diese früheren Boeing-Frachter erwiesen sich als so praktisch, dass die Firma Airbus ihre eigene „Guppy" entwickelt hat. Die A300-600ST Super Transporter oder Beluga übernimmt den Frachttransport in der eigenen, multinationalen Flugzeugherstellung.

Die Guppy-Serie hat sich mit Erfolg ihren eigenen Markt erschlossen. 30 Jahre später gibt es noch immer nur wenige Flugzeuge, die mit solch überdimensionalen Ladungen fertig werden.

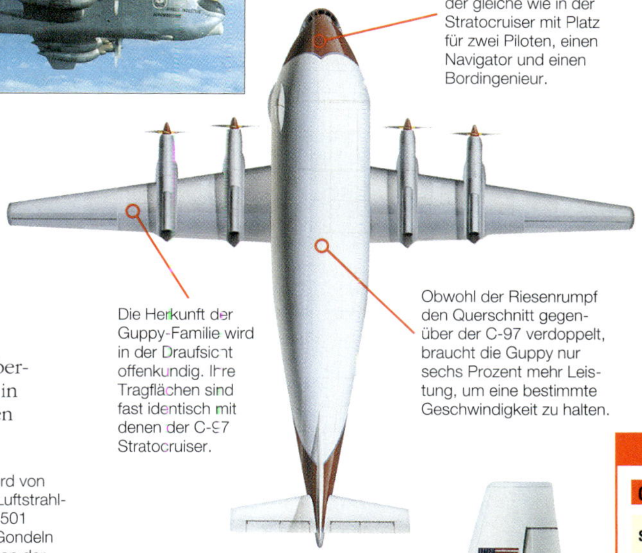

TECHNISCHE DATEN
Super Guppy 201

- **Typ:** schweres Transportflugzeug
- **Triebwerke:** vier Turboprop-Triebwerke Allison 501-D22C mit je 3663 kW
- **Höchstgeschwindigkeit:** 463 km/h in 6100 m
- **Reisegeschwindigkeit:** 407 km/h in 6100 m
- **Gipfelhöhe:** 7620 m
- **Reichweite:** 813 km
- **Frachtraum:** Länge 33,99 m; Breite 7,77 m; Höhe 7,65 m
- **Gewicht:** leer 45 359 kg; beladen 77 111 kg
- **Abmessungen:** Spannweite: 47,63 m; Länge: 43,84 m; Höhe: 14,78 m; Tragflügelfläche: 182,51 m²

SUPER GUPPY 201

Die Super Guppy 201 sind die größten in ihrer Familie und immer gut ausgelastet, hauptsächlich durch den Transport sperriger Airbus-Teile.

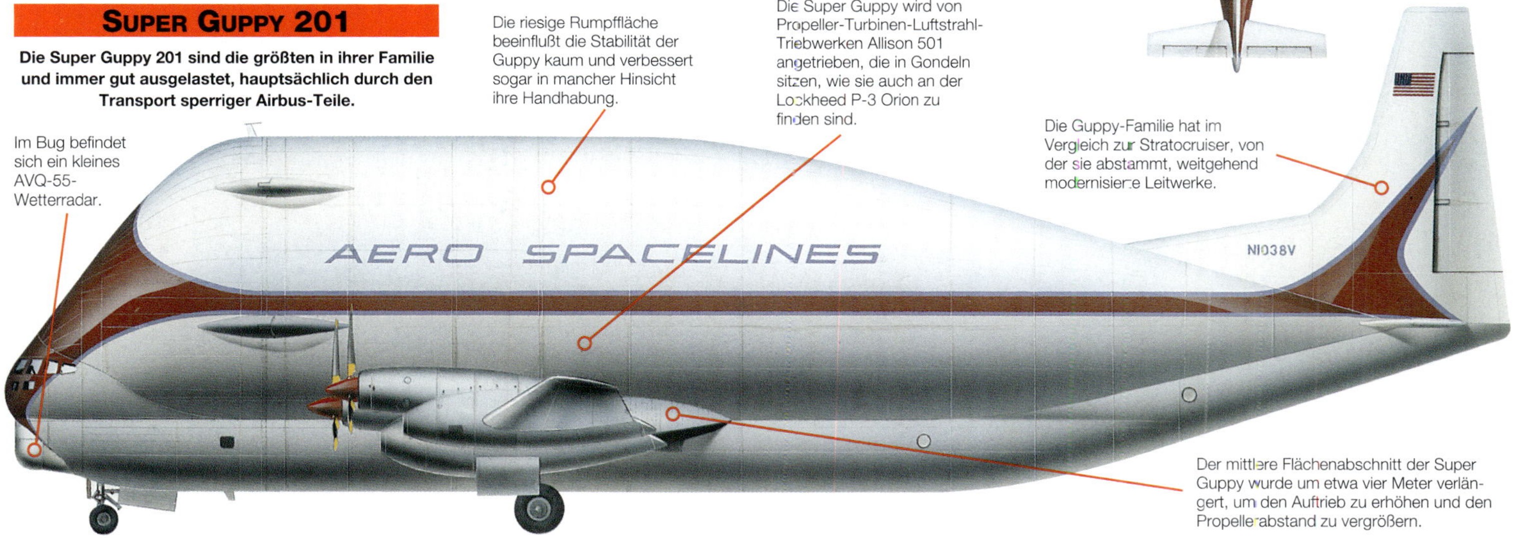

EINSATZDATEN

GESCHWINDIGKEIT

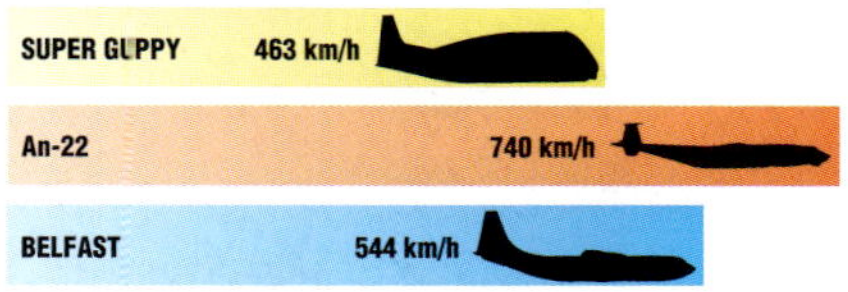

Der Turbopropantrieb hat zur Folge, dass die Super Guppy nicht langsamer als ihre kolbengetriebenen Vorgänger ist, obwohl sie mehr Widerstand verursacht. Sie kann aber mit anderen großen turbinengetriebenen Transportern der 60er Jahre nicht mithalten.

NUTZLAST

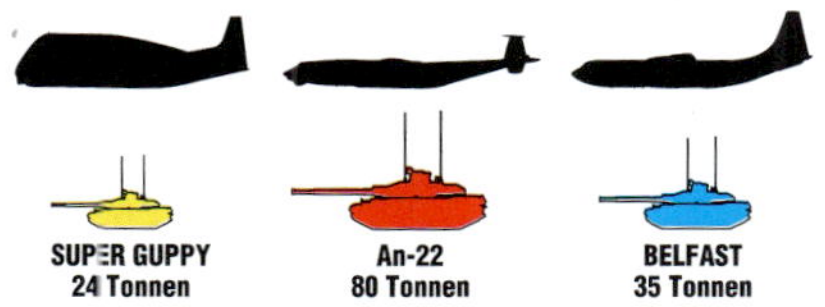

Obwohl die Super Guppy große Lasten aufnimmt, kann sie sich nicht mit Flugzeugen messen, die eigens für Schwertransporte entwickelt wurden, wie die Belfast oder die riesige sowjetische An-22. Diese wiederum können nicht mit der Super Guppy konkurrieren, wenn es um großvolumige Frachten geht.

FRACHTRAUM-DURCHMESSER

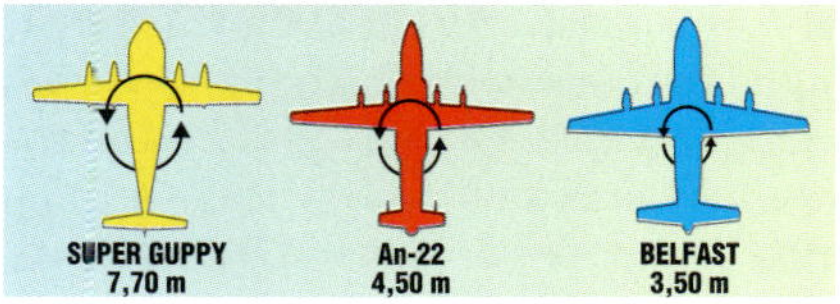

Die Belfast war so ausgelegt, daß sie drei gepanzerte Fahrzeuge oder bis zu 200 Soldaten aufnehmen konnte. Die An-22 konnte einen Kampfpanzer oder zwei der riesigen Startrampen für die SA-4 Flugkörper mitnehmen. Aber keine hätte wie die Guppy die dritte Stufe einer Saturn-V-Mondrakete oder ganze Teile eines Verkehrsflugzeuges transportieren können.

Frachter im Großformat

GLOBEMASTER: In den 50er und 60er Jahren dazu bestimmt, große Lasten für die US Air Force zu befördern, hatte die Douglas C-124 muschelförmige Ladeklappen unter dem Bug.

CANADAIR CL-44: Aufbauend auf dem Verkehrsflugzeug Bristol Britannia, besaß die CL-44 ein abklappbares Heck, um direkten Zugang zum Frachtraum zu ermöglichen.

ANTONOWS RIESEN: Der ukrainische Konzern ist schon lange auf große Flugzeuge spezialisiert. Die derzeitige An-124 bietet noch eine andere Zugangsmöglichkeit zum Frachtraum an.

DIE GUPPY FÜR DAS 21. JAHRHUNDERT: Auf der Basis der Zelle des Airbus A300 wird die Beluga sicherstellen, daß das Konzept der Guppy noch für viele Jahre bestehen bleibt.

AÉROSPATIALE (SUD AVIATION)

CARAVELLE

● Erstes französisches Linienflugzeug mit Düsenantrieb ● 30 Einsatzjahre

Frankreichs erstes Verkehrsflugzeug mit Düsenantrieb gehörte zu den frühesten strahlgetriebenen Transportflugzeugen kurzer bis mittlerer Reichweite. Ebenfalls neu war, dass die Caravelle ihre Triebwerke in Gondeln hinten am Rumpf trug. Mit dieser Anordnung versuchte man in erster Linie, bessere Leistung an den Tragflächen zu erzielen, erreichte aber auch eine nennenswerte Reduzierung der Geräusche in der Kabine.

▲ *Die Caravelle gab der französischen zivilen und militärischen Luftfahrt enormen Auftrieb, wenngleich man anfangs bei den Triebwerken und anderen Komponenten noch auf britische Konstruktionen angewiesen war.*

BILDERCHRONIK

AÉROSPATIALE (SUD AVIATION) CARAVELLE

▲ Caravelle in Serie
Von 1959 bis 1973 lief im Werk Toulouse-St. Martin die Produktion dieser schönen Flugzeuge auf Hochtouren.

▲ Sterling
Die Caravelle Mk 12, von der dänischen Sterling Airways eingesetzt, nahm 140 Passagiere auf. Die Gesellschaft gehörte zu den Betreibern, die die Caravelle bis in die 80er Jahre flogen.

◀ Lange im Einsatz
Air Inter blieb der Caravelle jahrelang treu. Die Gesellschaft besaß 14 Maschinen, mit denen sie ein ausgedehntes Inlandsliniennetz bediente.

Luxusliner ▶
Einige Caravelle wurden für VIP-Flüge umgerüstet. Ein niedriger Geräuschpegel, die ruhige Lage im Flug und ein luxuriöses Interieur boten den Rahmen für Konferenzen und Besprechungen.

◀ Neue Motoren
Die Caravelle Mk 7 war Versuchsträger für die General-Electric-CJ-805-Mantelstrom-Triebwerke mit kurzer Verkleidung, die den Verbrauch reduzieren sollten.

FAKTEN UND ZAHLEN

- Der Prototyp SE-210 Caravelle absolvierte am 27. Mai 1955 seinen Erstflug.
- Die Formgebung am vorderen Rumpf stammt von der de Havilland Comet.
- Die Super Caravelle, deren Erstflug am 3. März 1964 stattfand, war eine Verfeinerung der Baureihen III und IV.
- Die französische Regierung unterstützte die Entwicklung der ersten beiden Caravelle-Maschinen finanziell.
- Die letzte Ausführung Caravelle Mk 12 war die größte und stärkste von allen.
- Der Jungfernflug der Caravelle Mk 12 fand am 29. Oktober 1970 statt.

Französischer Pionier mit Heckantrieb

Die Caravelle war ein Produkt der frühen 50er Jahre. Der Entwurf der Sud Aviation (jetzt Teil der Aérospatiale) sah eine Kapazität von 52 Passagieren vor, aber nach ihrem Erstflug 1955 wuchs diese beträchtlich. Als 1970 die Caravelle Mk 12 herauskam, bot sie 140 Passagieren Platz, und rund 35 Fluglinien in zwei Dutzend Ländern flogen den Typ.

Die Caravelle war dafür bekannt, dass ihr Innenraum besser lärmisoliert war als der anderer Düsen-Verkehrsflugzeuge der ersten Generation. Alle Ausführungen verwöhnten den Passagier mit aufwändiger Innenausstattung, reichlich Platz und freiem Ausblick, und der relativ geringe Treibstoffverbrauch verbesserte ihre Wirtschaftlichkeit für die Fluggesellschaften.

Als sie in den 80er Jahren veraltet war, zog man die Caravelle nur langsam und ungern aus dem Linienverkehr. Aber sie wurde auch noch in anderen Bereichen erfolgreich eingesetzt. Viele flogen im Frachtdienst, manche als VIP-Maschinen, andere wiederum als Mehrzweckflugzeuge oder in der elektronischen Aufklärung in militärischen Diensten.

Die Caravelle war ein Erfolg für Frankreich. Sie konnte problemlos in den Flugdienst übernommen werden. Die Anordnung ihrer Triebwerke in Heckgondeln war absolut neu, denn damals montierten amerikanische Flugzeugbauer die Triebwerke noch in Flächengondeln, und die britischen bauten sie in den Flügelansätzen ein.

TECHNISCHE DATEN
Caravelle Mk 12

- **Typ:** Kurz-/Mittelstrecken-Flugzeug
- **Triebwerke:** zwei Mantelstrom-Triebwerke Pratt & Whitney JT8D-9 mit je 64,52 kN Schub
- **Maximale Reisegeschwindigkeit:** 825 km/h in 7320 m Höhe
- **Gipfelhöhe:** 10 900 m
- **Reichweite:** 4040 km
- **Gewicht:** leer 29 500 kg; beladen 58 000 kg
- **Nutzlast:** 52 bis 64, Super Caravelle bis 104, Caravelle Mk 12 bis zu 140 Passagiere
- **Abmessungen:**

Spannweite:	34,29 m
Länge:	36,23 m
Höhe:	9,02 m
Tragflügelfläche:	146,70 m²

Das Höhenruder war auf halber Höhe am Seitenleitwerk angesetzt, damit es vom Abgasstrahl freigehalten wurde.

Bei der geplanten Caravelle 10A sollten die Flügelwurzeln an den Vorderkanten herausgeschoben und die Klappen als Doppelspaltklappen ausgeführt werden. Sie wurde jedoch nur als Prototyp gebaut.

CARAVELLE III „ALTAIR"

Die Alitalia betrieb eine große Caravelle-Flotte. 1965 waren 21 im Einsatz. Die „Altair" kam 1960 in den Flugdienst und wurde schließlich nach Ecuador verkauft, wo sie in den 70ern im Liniendienst flog.

Das Triebwerk Rolls-Royce Avon erzeugte zwar viel Leistung, allerdings bei hohem Verbrauch. Die Caravelle gewann an Wirtschaftlichkeit, nachdem bei der 10B die Pratt & Whitney JT8D Mantelstrom-Triebwerke eingebaut wurden.

Das schöne Seitenleitwerk war ein Markenzeichen der Caravelle. Frühe Maschinen besaßen einen Kamm von der Rumpfmitte bis zur Seitenflosse, in dem die Funkantennen untergebracht waren.

Der vordere Rumpf der Caravelle basierte auf dem der britischen de Havilland Comet, dem weltweit ersten Düsen-Verkehrsflugzeug im Einsatz.

Für die verschiedenen Ausführungen wurde der Rumpf der Caravelle mehrfach verlängert. Hatten anfangs nur etwa 50 Passagiere Platz, so waren es in der letzten Version 140 in der Economy-Klasse.

Die Tragflächen der Caravelle waren – dank der fehlenden Triebwerksaufhängungen – aerodynamisch günstig geformt. Am Flächenende waren zwei Grenzschichtzäune angebracht.

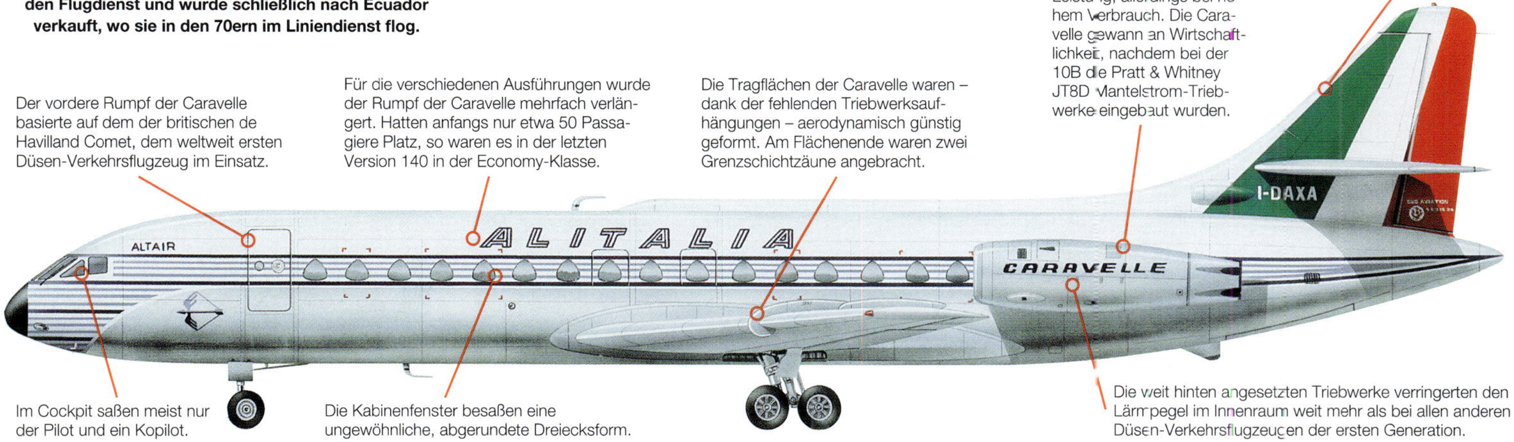

Im Cockpit saßen meist nur der Pilot und ein Kopilot.

Die Kabinenfenster besaßen eine ungewöhnliche, abgerundete Dreiecksform.

Die weit hinten angesetzten Triebwerke verringerten den Lärmpegel im Innenraum weit mehr als bei allen anderen Düsen-Verkehrsflugzeugen der ersten Generation.

EINSATZDATEN

GESCHWINDIGKEIT

Unter den ersten Düsen-Airlinern war die Caravelle nicht die schnellste. Aber sie war der erste Kurzstreckentransporter mit Düsenantrieb und doppelt so schnell wie die kolbengetriebenen Zweimotorigen, die in den 50er Jahren noch im Einsatz waren.

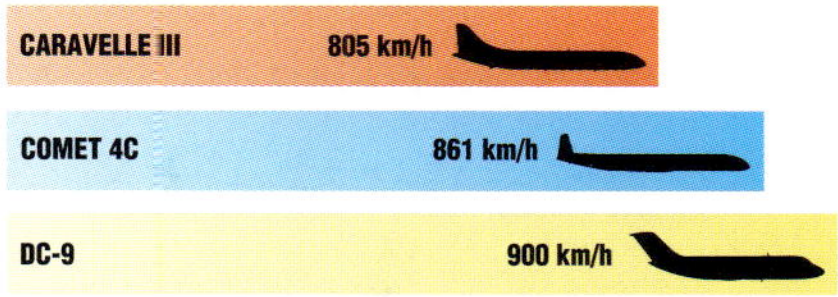

REICHWEITE

Als Kurzstreckentransporter lagen die Strecken der Caravelle-Routen zwischen 150 und 1000 km. Die spätere DC-9 zielte auf den gleichen Markt ab und war in der Reichweite ähnlich. Obwohl die Comet über eine größere Reichweite verfügte, wurde sie meistens für Transportaufgaben auf kurzen und mittleren Strecken eingesetzt.

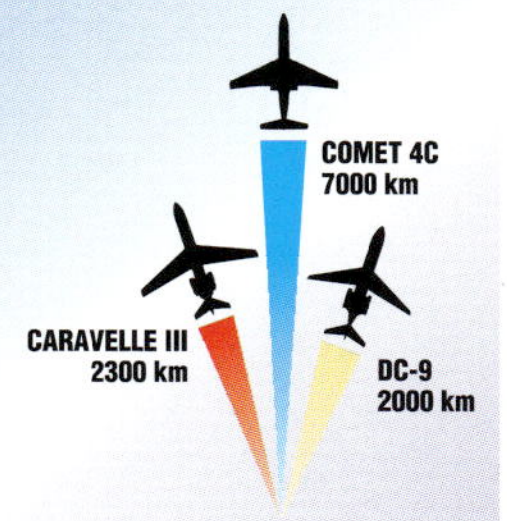

PASSAGIERE

Obwohl die Caravelle anfangs fast 100 Passagiere in enger Sitzanordnung aufnehmen konnte, waren 64 in zwei Sitzklassen eher typisch. In der ersten Klasse saßen vier Fluggäste nebeneinander, in der Economy-Klasse fünf.

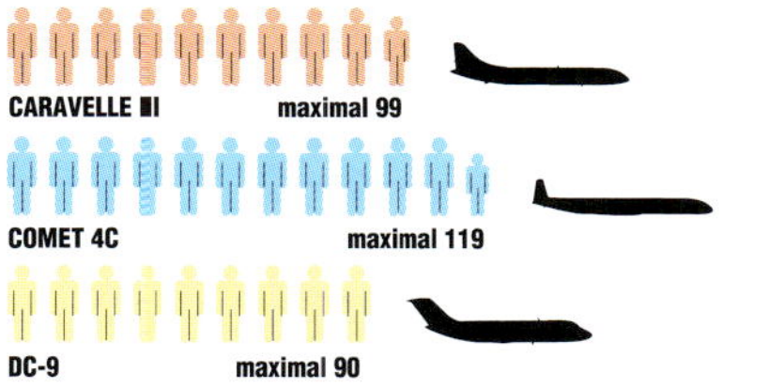

Ständige Verbesserungen

CARAVELLE III: Zwischen 1961 und 1977 betrieb Tunis Air neun verschiedene Caravelle. Die Serie III verband den ursprünglichen Rumpf mit den stärkeren Rolls-Royce-Avon-Triebwerken.

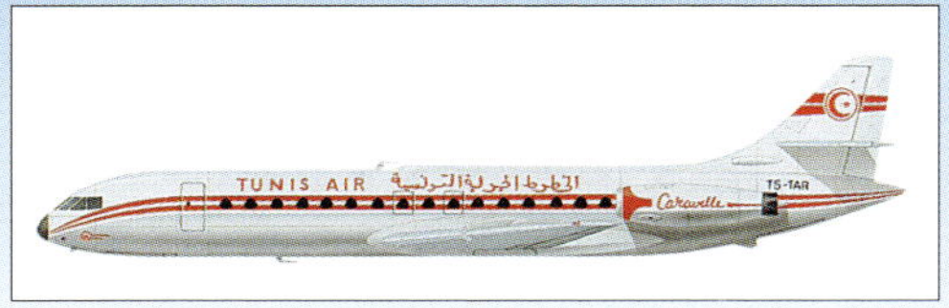

CARAVELLE 11R: Die Version 11R hatte einen 1,93 m längeren Rumpf und eine große Frachtluke. Dieses Exemplar versorgte von Haiti aus Frankreichs Atomtestanlagen im Pazifik.

CARAVELLE Mk 12: Die Caravelle Mk 12 war 4,23 m länger als das Original. Air Inter flog mit ihr 23 Ziele innerhalb Frankreichs an. Die hier gezeigte Maschine bot 128 Passagieren Platz.

CONCORDE

● **Schnellste Verkehrsmaschine der Welt** ● **Mach 2** ● **Luxusausstattung**

▲ *Auch ohne elektronische Flugsteuerung und „Glas-Cockpit“ mit Farbbildschirmen bietet die Concorde, deren Technologie noch aus den sechziger Jahren stammt, ein äußerst futuristisches Aussehen.*

Selbst 25 Jahre nach ihrem Erscheinen zog die Concorde immer noch die Blicke auf sich. Dennoch ist diese anglo-französische Passagiermaschine mehr als nur ein aeronautisches Kunstwerk; als Rekordbrecher der ersten Stunde und elegantes Überschallflugzeug hat sich die Concorde auf den Strecken zwischen Europa und den USA weltweiten Ruhm erworben.

AÉROSPATIALE/BAC CONCORDE

◀ **Überschallflug**
Die Concorde ist eines der wenigen Verkehrsflugzeuge, die mit Überschallgeschwindigkeit fliegen konnten, ohne die Nachbrenner einsetzen zu müssen.

▲ **Stromlinienform**
Um den Luftwiderstand, der auch in Höhen über 15 km und bei Mach 2 noch enorm ist, zu reduzieren, wird die Concorde spiegelblank geputzt.

Olympus-Antrieb ▶
Die Triebwerke der Concorde liefern 169,3 kN Schub pro Aggregat.

▼ **Power-Paket**
Um beim Start oder beim Übergang zum Überschallflug zusätzlichen Schub bereitzustellen, sind die Triebwerke der Concorde mit Nachbrennern ausgerüstet.

▲ **Elegantes Reisen**
Die gefällige Gestalt der Concorde verbindet sich mit einem für Passagierflugzeuge einmaligen Komfort in der Ausstattung.

FAKTEN UND ZAHLEN

- ➤ Seit Indienststellung im Jahre 1978 haben Concorde drei Millionen Passagiere mit Überschallgeschwindigkeit befördert.
- ➤ Der einzige Konkurrent, die sowjetische Tu-144, wurde aus dem Verkehr gezogen.
- ➤ Während des Überschallflugs heizt sich die Außenhaut der Concorde auf 127° C auf.
- ➤ Durch den Treibstoffverbrauch während des Fluges gewinnt die Concorde 3 km an Höhe.
- ➤ Während das Sektglas eines Fluggastes gefüllt wird, legt die Concorde 16 km zurück.
- ➤ Die 14 Concorde haben mehr Überschall-Flugstunden absolviert als alle weltweit eingesetzten Jagdflugzeuge.

PROFIL

Mit Mach 2 über den Atlantik

In den letzten 20 Jahren hat die Concorde mehr Menschen mit Überschall transportiert als jedes andere supersonische Flugzeug.

Die Concorde war ein ungemein populäres Flugzeug, denn sie bot Geschäftsreisenden die neuartige Möglichkeit, den Atlantik für eine Besprechung zu überqueren und noch am selben Tag wieder zurückzufliegen. Passagiere eines Normalfluges müssen hingegen zwei volle Tage und entsprechende Zeitverschiebungen einkalkulieren.

Dennoch war die Concorde ein kommerzieller Fehlschlag. Die Ölkrise ließ ein überschallschnelles Verkehrsflugzeug mit Strahlantrieb und hohem Spritverbrauch fragwürdig erscheinen, und Umweltschützer in Amerika starteten eine Kampagne gegen den Lärm ihrer Triebwerke. Die Folge war, dass Optionen auf 70 Flugzeuge von mehr als einem Dutzend Fluggesellschaften annulliert wurden.

Dennoch haben sich die 14 Serienmaschinen, die ausgeliefert wurden, bewährt und einen Zuverlässigkeitsstandard bewiesen, der weit über dem Durchschnittswert liegt. Die Concorde war weltweit der einzige überschallschnelle Airliner im Liniendienst und flog noch bis ins Jahr 2003.

Die Concorde ist ein unverwechselbares Passagierflugzeug. Ihre graziöse Pfeilform, die schlanke Nase und die gekrümmten Delta-Tragflächen sind unübersehbare Erkennungsmerkmale.

TECHNISCHE DATEN

- **Typ:** überschallschneller Luxus-Airliner
- **Triebwerke:** vier Strahltriebwerke Rolls-Royce/SNECMA Olympus 593 Mk 610, die mit Nachverbrennung je 169,3 kN Schub erzeugen
- **Reisefluggeschwindigkeit:** 2180 km/h in 15 km Höhe (Mach 2,04)
- **Reichweite:** 6250 km mit max. Nutzlast und Treibstoffreserven
- **Dienstgipfelhöhe:** 18 300 m
- **Nutzlast:** 100 Passagiere
- **Flugbesatzung:** Pilot, Kopilot, Bordingenieur
- **Gewicht:** leer 78 700 kg; beladen 185 066 kg
- **Abmessungen:**

Spannweite	25,55 m
Länge	62,20 m
Höhe	11,40 m
Tragflügelfläche	358,22 m²

EINSATZDATEN

GESCHWINDIGKEIT

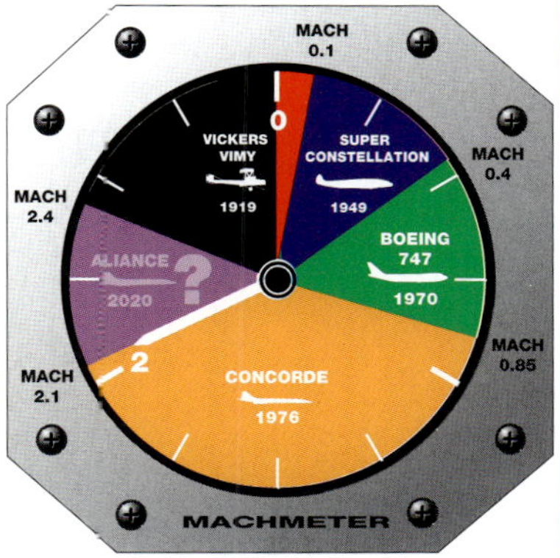

Mach 1 = 1225 km/h in Meereshöhe

Alcock und Brown überquerten den Atlantik im Jahre 1919 erstmals im Nonstop-Flug. Ihre Vickers Vimy konnte nicht schneller als 150 km/h fliegen. Dreißig Jahre später brauchten Kolbenmotor-Verkehrsflugzeuge für diesen Flug 14 Stunden. Das Düsenzeitalter verkürzte diese Zeit nochmals, und 50 Jahre nach jenem Erstflug reduzierte die Concorde die Flugdauer auf nur dreieinhalb Stunden.

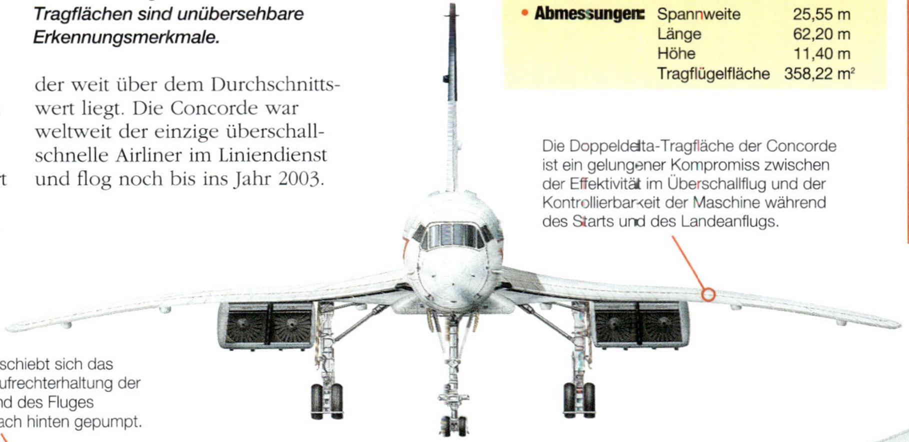

Die Doppeldelta-Tragfläche der Concorde ist ein gelungener Kompromiss zwischen der Effektivität im Überschallflug und der Kontrollierbarkeit der Maschine während des Starts und des Landeanflugs.

Im Überschallflug verschiebt sich das Gleichgewicht. Zur Aufrechterhaltung der Stabilität wird während des Fluges Treibstoff von vorn nach hinten gepumpt.

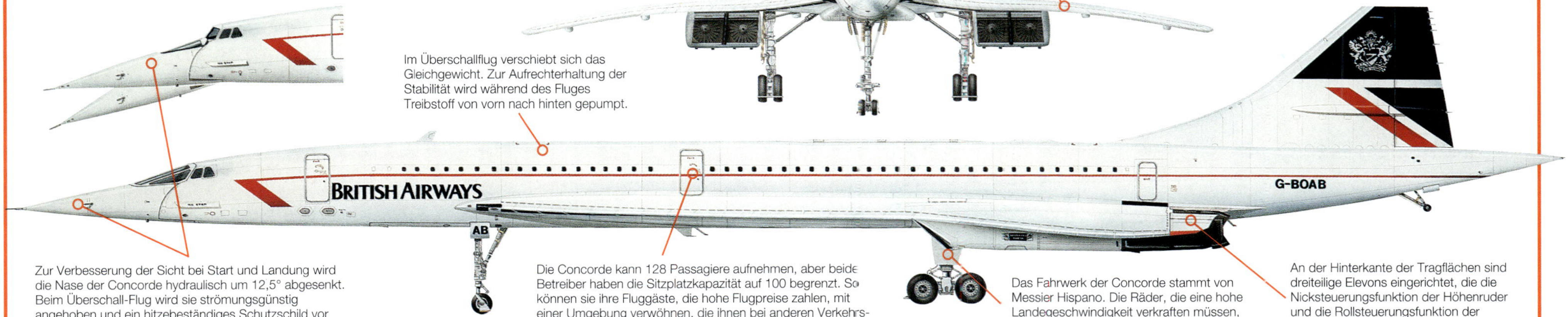

Zur Verbesserung der Sicht bei Start und Landung wird die Nase der Concorde hydraulisch um 12,5° abgesenkt. Beim Überschall-Flug wird sie strömungsgünstig angehoben und ein hitzebeständiges Schutzschild vor die Cockpitscheiben geschoben.

Die Concorde kann 128 Passagiere aufnehmen, aber beide Betreiber haben die Sitzplatzkapazität auf 100 begrenzt. So können sie ihre Fluggäste, die hohe Flugpreise zahlen, mit einer Umgebung verwöhnen, die ihnen bei anderen Verkehrsmaschinen nicht einmal eine Kabine Erster Klasse bietet.

Das Fahrwerk der Concorde stammt von Messier Hispano. Die Räder, die eine hohe Landegeschwindigkeit verkraften müssen, ziehen nach innen in Rumpfschächte ein.

An der Hinterkante der Tragflächen sind dreiteilige Elevons eingerichtet, die die Nicksteuerungsfunktion der Höhenruder und die Rollsteuerungsfunktion der Querruder übernehmen.

Supersonische Flugbahn

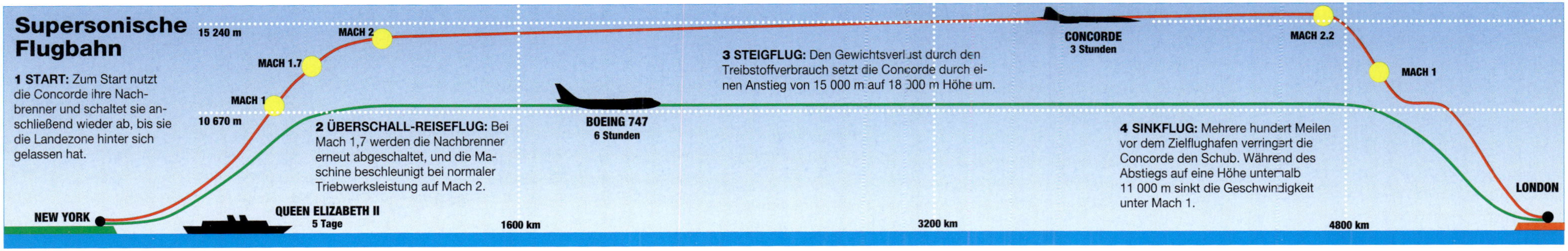

1 START: Zum Start nutzt die Concorde ihre Nachbrenner und schaltet sie anschließend wieder ab, bis sie die Landezone hinter sich gelassen hat.

2 ÜBERSCHALL-REISEFLUG: Bei Mach 1,7 werden die Nachbrenner erneut abgeschaltet, und die Maschine beschleunigt bei normaler Triebwerksleistung auf Mach 2.

3 STEIGFLUG: Den Gewichtsverlust durch den Treibstoffverbrauch setzt die Concorde durch einen Anstieg von 15 000 m auf 18 300 m Höhe um.

4 SINKFLUG: Mehrere hundert Meilen vor dem Zielflughafen verringert die Concorde den Schub. Während des Abstiegs auf eine Höhe unterhalb 11 000 m sinkt die Geschwindigkeit unter Mach 1.

AIRBUS A300

● Europäisches Gemeinschaftsprodukt ● Mittelstrecken-Großraumflugzeug

▲ *Von Anfang an war der A300 als komfortables Großraumflugzeug mit einer behaglichen Kabine und zwei Durchgängen konzipiert. Die Einrichtung der großen Kabine kann leicht den individuellen Kundenwünschen angepasst werden: von der engen Charterbestuhlung bis zur Drei-Klassen-Auslegung für Linienfluggesellschaften.*

Der Airbus A300 ist das Aushängeschild eines internationalen Herstellerkonsortiums mit außergewöhnlichem technischen Know-how und Geschäftssinn. Er wurde als wirtschaftlicher Airliner für stark frequentierte Strecken bis 2225 km entworfen, der Platz für 250 Passagiere bot. Als der A300 1973 sein Debüt gab, stand der Erfolg noch keineswegs fest. Inzwischen genießt er Weltruhm und führt eine Flugzeugfamilie an, die dem Konkurrenten Boeing erfolgreich die Stirn bietet.

AIRBUS **AIRBUS A300**

Baukastenprinzip ▶
Der Airbus wird in verschiedenen Ländern in großen Baugruppen gebaut, die zur Endmontage nach Toulouse in Frankreich transportiert werden.

▼ Weltweiter Erfolg
Schon das erste Mitglied der Airbus-Familie, der A300, konnte sofort einen bedeutenden Anteil des weltweiten Flugzeugmarktes erobern.

▲ High-Tech-Flügel
Das fortschrittliche superkritische Profil des A300-Flügels, gebaut bei BAE Systems, garantiert optimale Leistungen.

◀ Europäischer Standard
Viele europäische Fluglinien wie Olympic haben A300 für europäische Routen eingeführt.

Fortlaufende Entwicklung ▶
Airbus entwickelte den A300 stets weiter und verbesserte Reichweite und Nutzlast.

▲ Langstrecken-Winglets
Typisch für die jüngeren A300 sind die dreieckigen Flächen an den Flügelspitzen. Sie reduzieren den Widerstand und verbessern Reichweite und Flugleistungen.

FAKTEN UND ZAHLEN

- Laut Air Transport Association of America haben A300 mehr als eine Milliarde bezahlte Flugkilometer zurückgelegt.
- Die A300 entstammte der anglo-französischen HBN100-Konstruktion von 1967.
- Baugruppen des A300 werden in ganz Europa gefertigt und in Frankreich montiert.
- Mit der A300-600ST „Beluga", dem riesigen Nachfolger der Super Guppy, werden Airbus-Teile nach Toulouse transportiert.
- Als erster A300 startete ein A300B1 am 28. Oktober 1972 zum Jungfernflug.
- Heute werden viele A300 unter anderem in Dresden zu Frachtern umgerüstet.

„Volkswagen der Lüfte“

Airbus Industrie hat mit dem A300 den ersten Jetliner einer inzwischen weltberühmten Familie von fortschrittlichen und leistungsfähigen Verkehrsflugzeugen geschaffen und Amerika die dominierende Position auf dem Airliner-Markt streitig gemacht.

Der A300 wurde als eine der ersten Mittel- bis Langstreckenmaschinen mit nur zwei Triebwerken (in Unterflügelgondeln) konzipiert und für verschiedene Triebwerkssysteme eingerichtet. Von außen nicht sofort sichtbar ist das Merkmal des A300, das zu einem Airbus-Markenzeichen avancierte: eine hochmoderne und fortschrittliche Cockpit-Ausrüstung, die den beiden Piloten jede Aufgabe erleichtert, vom Abrollen am Boden bis zur Navigation.

Inzwischen hat Airbus ein halbes Dutzend Versionen dieses ausgezeichneten Jetliners gebaut, wie etwa die 1974 eingeführten Langstrecken-A300B4 sowie die zur Zeit in Serie gefertigten A300-600R. Rund um den Globus fliegen rund 420 Airbus A300 für 26 Fluglinien. Mindestens 80 Exemplare sind bestellt und werden noch ausgeliefert.

Lufthansa betreibt eine große Airbus-Flotte aus A300-600 (Foto), A310-300, A320-200, A321-100 und A340.

Der A300 brachte zahlreiche neue Konstruktionstechniken. So ist die Flügelhaut aus einer dicken Aluminiumplatte gefräst.

TECHNISCHE DATEN
Airbus A300B4

- **Typ:** zweistrahliger Mittelstrecken-Airliner
- **Triebwerke:** zwei Turbofan-Triebwerke fortschrittlicher Technologie General Electric CF6-50CI mit je 242,75 kN Schub
- **Maximale Reisegeschwindigkeit:** 911 km/h in 7620 m Höhe
- **Kapazität:** zwei Piloten, acht bis zwölf Flugbegleiter; 220 bis 336 Passagiere; maximal 375 Passagiere
- **Gipfelhöhe:** 13 000 m mit Passagieren; 15 000 m leer
- **Gewicht:** leer 79 831 kg; beladen 165 000 kg
- **Abmessungen:** Spannweite: 44,84 m; Länge: 53,62 m; Höhe: 16,53 m; Tragflügelfläche: 260 m²

Airbus A300B4

Im Mai 1974 führte Air France den Airbus ein und eröffnete damit eine neue Ära leistungsfähiger und wirtschaftlicher Verkehrsflugzeuge. Der A300 beruht auf der Idee, viele Passagiere zwischen dichtbevölkerten Regionen zu befördern. Aus diesem für Europa idealen Konzept erklärt sich der große Verkaufserfolg. Mittlerweile konnte Airbus auch in den US-Markt eindringen.

Beim A300 kann der Kunde zwischen zwei Triebwerksserien wählen: Pratt & Whitney JT9D/PW4000 oder General Electric CF6.

Das Bugradom birgt eine kleine Wetterradaranlage. Es bietet zudem noch Platz für ein zweites Wetterradar und ein Bodenannäherungswarnsystem.

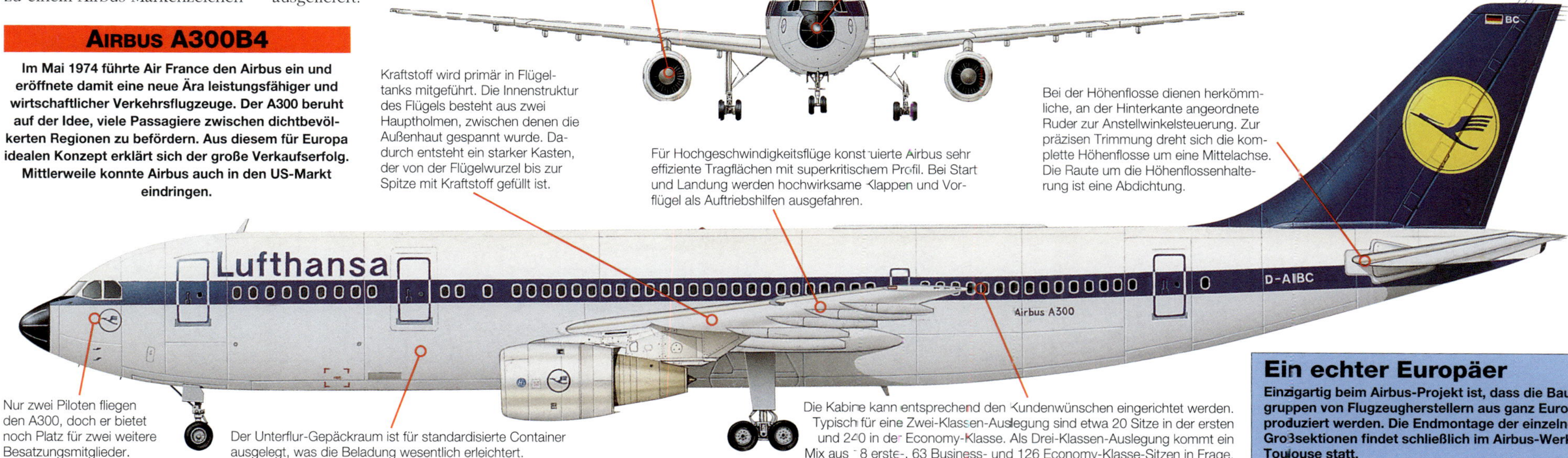

Kraftstoff wird primär in Flügeltanks mitgeführt. Die Innenstruktur des Flügels besteht aus zwei Hauptholmen, zwischen denen die Außenhaut gespannt wurde. Dadurch entsteht ein starker Kasten, der von der Flügelwurzel bis zur Spitze mit Kraftstoff gefüllt ist.

Für Hochgeschwindigkeitsflüge konstruierte Airbus sehr effiziente Tragflächen mit superkritischem Profil. Bei Start und Landung werden hochwirksame Klappen und Vorflügel als Auftriebshilfen ausgefahren.

Bei der Höhenflosse dienen herkömmliche, an der Hinterkante angeordnete Ruder zur Anstellwinkelsteuerung. Zur präzisen Trimmung dreht sich die komplette Höhenflosse um eine Mittelachse. Die Raute um die Höhenflossenhalterung ist eine Abdichtung.

Nur zwei Piloten fliegen den A300, doch er bietet noch Platz für zwei weitere Besatzungsmitglieder.

Der Unterflur-Gepäckraum ist für standardisierte Container ausgelegt, was die Beladung wesentlich erleichtert.

Die Kabine kann entsprechend den Kundenwünschen eingerichtet werden. Typisch für eine Zwei-Klassen-Auslegung sind etwa 20 Sitze in der ersten und 240 in der Economy-Klasse. Als Drei-Klassen-Auslegung kommt ein Mix aus 18 erste-, 63 Business- und 126 Economy-Klasse-Sitzen in Frage.

EINSATZDATEN

PASSAGIERKAPAZITÄT

Die modernen Großraumflugzeuge können erheblich mehr Passagiere befördern als alte, schmale Typen wie die Boeing 727.

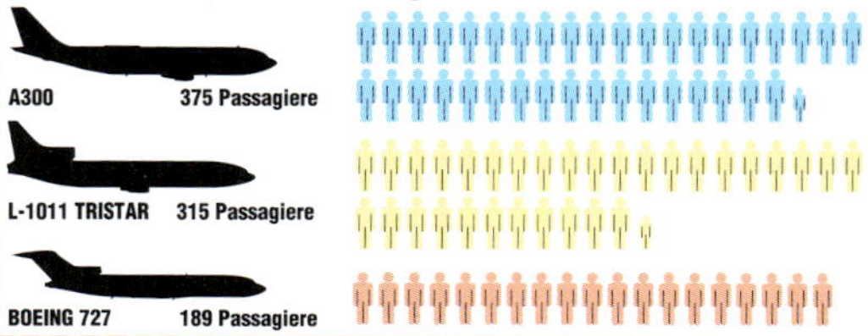

Ein echter Europäer

Einzigartig beim Airbus-Projekt ist, dass die Baugruppen von Flugzeugherstellern aus ganz Europa produziert werden. Die Endmontage der einzelnen Großsektionen findet schließlich im Airbus-Werk in Toulouse statt.

Partner (urspr.)

- Aérospatiale (Frankreich)
- Deutsche Airbus (BRD)
- British Aerospace (GB)
- Casa (Spanien)
- Fokker (Niederlande)
- General Electric (USA)
- Messier (Frankreich)

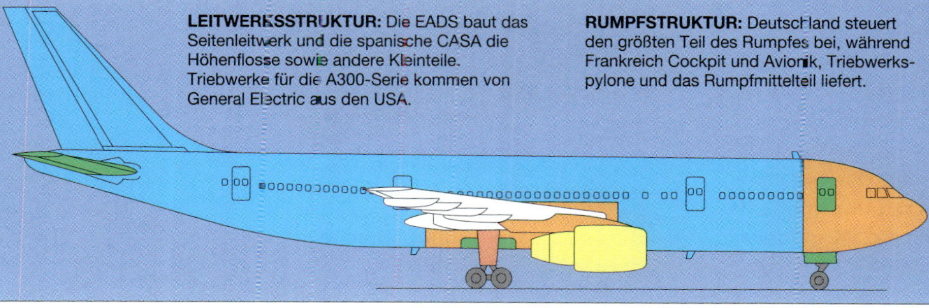

LEITWERKSSTRUKTUR: Die EADS baut das Seitenleitwerk und die spanische CASA die Höhenflosse sowie andere Kleinteile. Triebwerke für die A300-Serie kommen von General Electric aus den USA.

RUMPFSTRUKTUR: Deutschland steuert den größten Teil des Rumpfes bei, während Frankreich Cockpit und Avionik, Triebwerkspylone und das Rumpfmittelteil liefert.

FLÜGELSTRUKTUR: Die Flügel baut BAe, und die in Konkurs gegangene Firma Fokker lieferte die Klappen. Elemente für spätere Airbusse kommen aus Belgien.

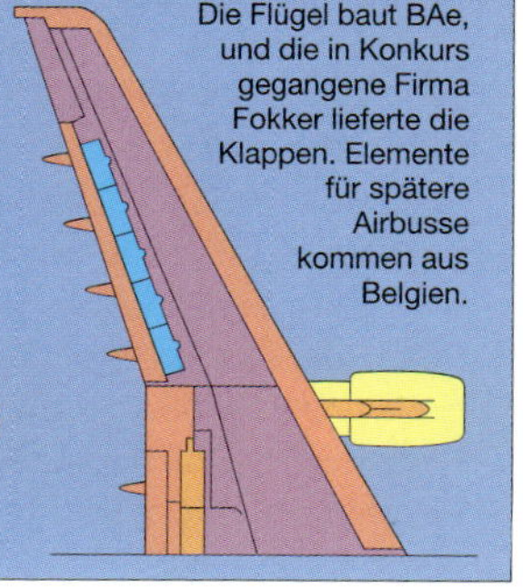

AIRBUS A310

● Zweistrahlig ● Mittel-/Langstrecken-Airliner ● Moderne Technologie

Auf der Basis des erfolgreichen A300 begann 1978 die Konstruktion des kleineren Mittelstrecken-Airbus A310, der im April 1982 zum Erstflug startete. Er erhielt transsonische Tragflügel und einen rund 8 m kürzeren, im Querschnitt unveränderten Rumpf, der bis zu 280 Passagieren Platz bietet. Der Typ wurde im April 1983 von Swissair und von Lufthansa eingeführt, die auch die für größere Reichweiten konzipierte A310-300 betrieb.

▲ *Der A310 hat ein modernes Zweimann-Cockpit mit EFIS (elektronisches Fluginstrumentensystem). Er gehörte zu den ersten Verkehrsflugzeugen, die auf den Flugingenieur verzichten konnten.*

AIRBUS A310

▲ Fertigung in Toulouse
Wichtige Baugruppen lässt das internationale Airbus-Konsortium in Frankreich endmontieren.

▲ Neues Tragwerk
Die Flügel des A310 ähneln strukturell zwar denen des A300, sind aber eine aerodynamisch völlig neue Entwicklung von British Aerospace. Sie werden in Chester im Werk des britischen Unternehmens gefertigt.

▲ Größere Reichweite
Dieser A310 ist einer von zwei Langstrecken-304, die die ČSA (Tschechische Republik) betreibt. Äußerlich unterscheidet er sich nur durch die Flügelohren. Die Seitenflosse enthält einen Zusatztank.

▲ Gute Flugleistungen
Dank starker Triebwerke und Hochauftriebsflügel kann der A310 sogar mit Höchststartmasse von kleineren internationalen Flughäfen aus operieren.

Triebwerksauswahl ▶
Der A310 besitzt entweder zwei Mantelstrom-Triebwerke GE CF6-80C mit je 262,4 kN Schub oder zwei P&W PW4156A mit je 249,1 kN Schub.

FAKTEN UND ZAHLEN

- Der A310 wurde im Juli 1978 angekündigt. Bis zum Erstflug am 3. April 1982 lagen bereits Aufträge für 181 Muster vor.
- Die Erstauslieferungen an Swissair und Lufthansa erfolgten am 29. März 1983.
- Lufthansa führte den A310 am 21. April 1983 ein, neun Tage später als Swissair.
- Der A310 wird in Deutschland, Frankreich, Großbritannien und Spanien gebaut und in Toulouse endmontiert.
- Von drei geplanten Versionen wurden nur die -200 und die -300 verkauft.
- Anfang 2005 waren 255 von insgesamt 260 bestellten A310 ausgeliefert.

Europas High-Tech-Airliner

Nach den Erfolgen des zweistrahligen Mittel-/Langstrecken-Airbus A300 in den siebziger Jahren zeichnete sich der Bedarf an einem kleineren Mittelstreckenmuster ab. Der Typ wurde anfangs als A300B10 angeboten und ab 1978 als A310.

Der neue Airbus übernahm zwar die Großraumkabine des A300, doch er war wesentlich kürzer und für bis zu 280 Passagiere bestuhlt. Er erhielt neue Tragflügel von BAe, ein modifiziertes Fahrwerk sowie ein nach dem neuesten Stand der Technik gestaltetes Zweimann-„Glas-Cockpit“ mit elektronischem Informations- und Überwachungssystem (ECAM), elektronischem Instrumentensystem (EFIS) und Flugreglungssystem (FMS).

Als Antrieb des A310 dienen entweder zwei Mantelstrom-Triebwerke General Electric CF6 oder Pratt & Whitney PW4156A. Angeboten werden zwei Versionen, der A310-200 (6759 km Reichweite) und der -300 mit PW4156A für eine größere Reichweite. Nach der Musterzulassung am 5. Dezember 1985 lieferte Airbus 1986 den ersten -300 mit größerem Tank, auf 150 000 kg gesteigerter Startmasse und Flügelohren an Thai Airways aus. Der A310 bleibt in der Produktion. Airbus plante zudem eine leichtere Version des Kurzstrecken -100 als A310 Lite.

Der Airbus A310-300 flog erstmals am 8. Juli 1985 in Toulouse mit Mantelstrom-Triebwerken Pratt & Whitney JT9D-7R4E.

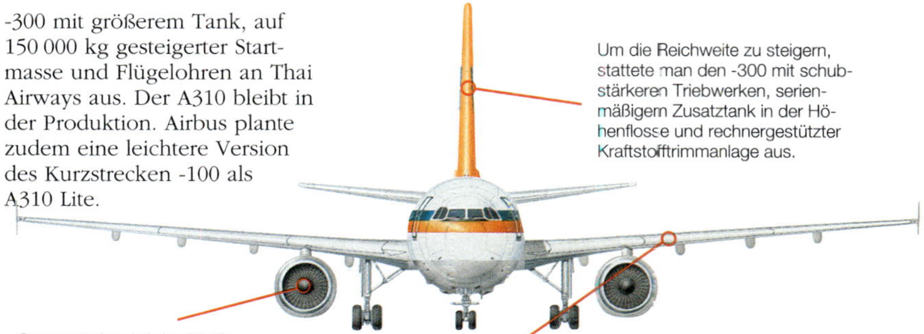

Um die Reichweite zu steigern, stattete man den -300 mit schubstärkeren Triebwerken, serienmäßigem Zusatztank in der Höhenflosse und rechnergestützter Kraftstofftrimmanlage aus.

Gegenwärtig wird der A310-300 mit zwei verschiedenen Mantelstrom-Triebwerken angeboten, dem Pratt & Whitney PW4156A (249,1 kN) oder dem schubstärkeren General Electric CF6-80C2A8 (262,4 kN).

Der A310 übernahm die Grundkonstruktion des A300, erhielt aber völlig neue, transsonische Flügel. Der A310-300 war der erste Airbus mit Flügelendscheiben, die später auch bei älteren Modellen nachgerüstet wurden.

TECHNISCHE DATEN
A310-300

- **Typ:** zweistrahliges Mittel-/Langstreckenpassagierflugzeug
- **Triebwerke:** zwei Mantelstrom-Triebwerke General Electric CF6-80C2A8 mit je 262,4 kN Schub oder Pratt & Whitney PW4156A mit je 249,1 kN Schub
- **Höchstgeschwindigkeit:** 804 km/h in 9450 m
- **Reichweite:** 8056 km mit P&W-Triebwerken
- **Gipfelhöhe:** 12 192 m
- **Gewicht:** leer 71 840 kg; max. 150 900 kg
- **Kapazität:** Standardbestuhlung für 220 Passagiere, max. 280 bei dichter Sitzplatzanordnung
- **Abmessungen:**

Abmessungen:	Spannweite:	43,89 m
	Länge:	46,66 m
	Höhe:	15,80 m
	Tragflügelfläche:	219,00 m²

A310-204

Die Hapag-Lloyd Flug GmbH betrieb auf ihrem internationalen Liniennetz und ihren Charterpassagierdiensten eine Flotte von jeweils vier A310-204 und -304/8.

Als der A310 1983 auf den Markt kam, hatte er als erster Airbus-Airliner ein mit elektronischen Fluginstrumenten ausgestattetes Zweimann-„Glas-Cockpit“.

Der Vorderrumpf, das obere Mittelrumpfteil und Heckrumpfelemente sowie die dazugehörigen Türen baut Airbus Deutschland. Die übrigen Rumpfkomponenten werden größtenteils von Aérospatiale gefertigt, die Tragflügel von BAe und die anderen Teile von CASA und ehemals Fokker.

Die Großraumkabine hat in der Economy Class acht nebeneinanderliegende Sitze pro Reihe. Der neugestaltete Heckrumpf ermöglicht es, die Sitzanordnung weiter nach hinten auszudehnen.

Die Haupteinstiegstür ist hinter dem Cockpit auf der linken Rumpfseite angeordnet.

Das Vierradhauptfahrwerk zieht nach innen ein und ist anders konstruiert als das des A300.

Zur Gewichtsreduzierung wird beim A310 sehr viel mehr kohlefaserverstärkter Kunststoff eingesetzt, beispielsweise bei den Leitwerkssteuerflächen. Im Heckkonus ist eine Hilfsgasturbine Honeywell GTCP 331-250 installiert.

EINSATZDATEN

KAPAZITÄT

Airbus baute ein Flugzeug mit guter, genau auf die Marktbedürfnisse ausgerichteter Nutzlast-Reichweite-Charakteristik. Vorteilhaft ist zudem, dass bei dichter Bestuhlung 280 Passagiere Platz finden.

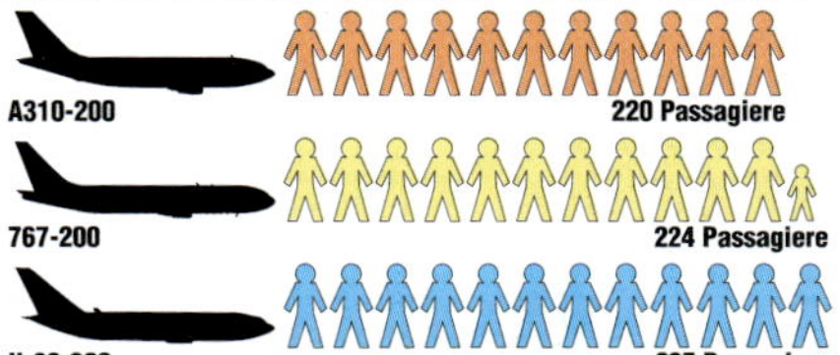

STARTSTRECKE

Bei der Bedienung kleinerer Flughäfen sind gute Startleistungen entscheidend, wenn Nutzlast und Reichweite nicht eingeschränkt werden sollen. A310 und Boeing 767-200 lassen hier die Il-96 weit hinter sich zurück.

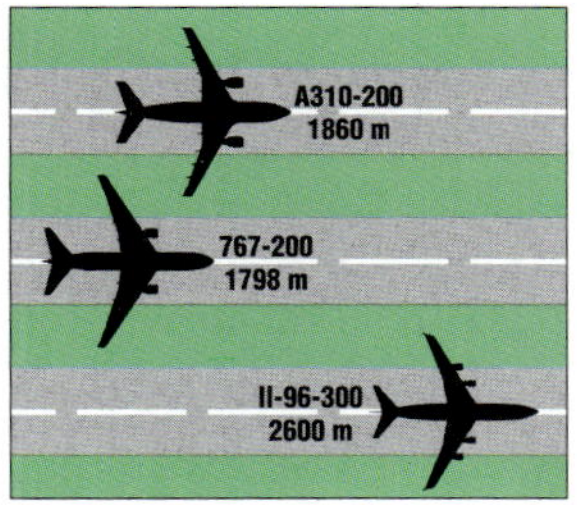

REICHWEITE

Die Il-96 ist dem A310 theoretisch überlegen, doch die praktische Erfahrung der Betreiber beweist, dass die Reichweite der Il-96 durch hohen Treibstoffverbrauch begrenzt wird. Demnach kann der A310 nicht nur weiter fliegen als die genannten Typen, sondern bei Bedarf auch kurze Strecken wirtschaftlich bedienen.

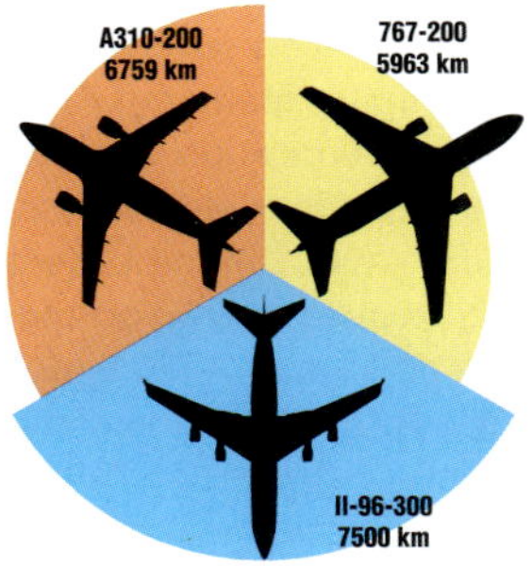

Airbus-A310-Versionen

A310-300: Anfangs wurden mehr A310-200 als -300 verkauft, doch diese modernere Langstreckenversion gewann an Beliebtheit.

A310-200F: Federal Express kaufte von der Lufthansa 13 A310-200 und ließ sie mit großen Frachttüren zu Frachtern umrüsten.

CC-150 POLARIS: Die kanadischen Streitkräfte setzen sechs A310-300 als Truppentransporter und Frachter, genannt Polaris, ein.

A310 MEHRZWECK-TANKER-TRANSPORTER: Der militärische MRTT hat Luftbetankungsbehälter, eine Frachttür und Zusatztanks.

AIRBUS A320

● Elektronische Flugsteuerung ● Technologisch führender Airliner

▲ Passagierkomfort steht bei einem modernen Airliner an erster Stelle. Die elektronische Flugsteuerung macht die A320 zu einem der ruhigsten Airliner auch in stark turbulenten Luftzonen.

In jeder Generation verändert ein neues Verkehrsflugzeug die Luftfahrt auf Dauer, und der Airbus A320 ist solch ein Schrittmacher. Dieses Muster stellt den Anfang einer neuen Generation von Verkehrsflugzeugen – des „elektronischen" Airliners – dar. Die mit Unterstützung von Rechnern entworfene, gefertigte und geflogene A320 bietet ihren Passagieren neben Leistung auch Komfort und große Zuverlässigkeit durch Spitzentechnologie.

AIRBUS AIRBUS A320

▲ **Modernstes Cockpit**
Das Cockpit der A320 ist mit Farbmonitoren anstelle der herkömmlichen Instrumente sowie mit seitlichen Steuerhandgriffen statt einer Steuersäule ausgerüstet.

▼ **Multinationales Produkt**
Der Airbus wird von einem europäischen Konsortium gebaut. Die einzelnen Mitglieder sind für die Hauptbaugruppen zuständig, die in Toulouse zum Ganzen zusammengefügt werden.

Gute Aerodynamik ▶
Alle neuen A320 weisen diese Strömungszäune an den Flächenenden auf. Die meisten modernen Airliner nutzen solche Zubauten zur Minderung des induzierten Widerstands.

▲ **Familienmitglied**
Der Airbus A320 ist nur eines in einer ganzen Reihe von Verkehrsflugzeugen, die Airbus herausgebracht hat.

◀ **Gründliche Erprobung**
Heutige Airliner werden vor ihrer Zulassung rigorosen Tests unterzogen. Eine A320 probt hier die Landung auf einer überschwemmten Piste.

FAKTEN UND ZAHLEN

- Airbus ist eine Partnergesellschaft, der Frankreich, Deutschland, Spanien und Großbritannien angehören.
- Die A320 war das erste Zivilflugzeug mit vollelektronischer Steuerung.
- Seit 1972 hat Airbus Industrie 5200 Airliner an 205 Fluggesellschaften verkauft.
- Die gestreckte Version A321 wird in Hamburg gebaut und ist damit der erste außerhalb Frankreichs gefertigte Airbus.
- Die A320 führte das ebenfalls multinationale Turbofan-Triebwerk V2500 ein.
- Boeing wollte eine A320 als Motivationshilfe für seine Mitarbeiter erwerben.

Der vollelektronische Airliner

Die später gestarteten, aber engagierten Konstrukteure der europäischen Airbus Industrie holten im Wettrennen um Marktanteile schnell auf und bauten bald ebenso gute Flugzeuge wie die Konkurrenten Boeing und McDonnell Douglas. Mit der A320 ging Airbus einen Schritt weiter, indem ein neuer Standard gesetzt wurde, an dem sich andere Verkehrsflugzeuge messen lassen mussten.

Der Airbus A320 ist eine technologische Schatzkammer. Das Flugdeck der A320 nutzt Rechner und elektronische Farbbildschirme in einem Umfang und in einer Qualität wie kein anderer Airliner zuvor, und der Pilot hat die Passagiermaschine mit nur einem einzigen, kleinen seitlichen Steuerknüppel sicher unter Kontrolle.

Der Airbus A320 aber fliegt nicht nur komfortabel, sondern auch profitabel. Seine fortschrittliche aerodynamische Auslegung und elektronische Triebwerksregelung gewährleisten einen minimalen Treibstoffverbrauch.

Die High-Tech-Konstruktion und die äußerst effizienten Triebwerke gestalten den Betrieb der A320 sehr wirtschaftlich. Das Muster ist daher bei kleineren Fluggesellschaften beliebt, was sich in der Vielzahl von Festbestellungen und Optionen zeigt.

Andere Bordsysteme ermöglichen eine Selbstdiagnose von Fehlern, so dass ihnen sehr schnell und effektiv begegnet werden kann.

Bemerkenswert ist, dass die Airbus-Komponenten auf dem Luftweg zum Hauptwerk transportiert werden. Die massige Guppy von Aero Spaceline fasst sogar einen Rumpfabschnitt der A320, wie hier zu sehen ist.

TECHNISCHE DATEN A320-200

- **Typ:** zweimotoriges Kurz- und Mittelstrecken-Verkehrsflugzeug
- **Triebwerke:** zwei Mantelstromtriebwerke IAE V2500 mit einer Leistung von je 111,2 kN Schub oder zwei CFM56 mit je 118 kN Schub
- **Reisefluggeschwindigkeit:** 960 km/h
- **Reichweite:** 5460 km (V2500); 5615 km (CFM56) mit Langstreckentanks
- **Gewicht:** leer 41 500 kg; beladen 73 000 kg
- **Besatzung und Passagiere:** Zweimann-Flugbesatzung und vier Flugbegleiter sowie 179 Passagiere (einklassig) oder 150 Passagiere (zweiklassig)
- **Abmessungen:**

Spannweite:	33,91 m
Länge:	37,57 m
Höhe:	11,80 m
Tragflügelfläche:	122,40 m²

AIRBUS A320

Einer der größten Erfolge der Europäischen Gemeinschaft ist Airbus Industrie zu verdanken, die selbst dem erfolgreichsten Flugzeugbauer der Welt, Boeing, den Rang streitig macht. Hochtechnologie ist der Schlüssel zu diesem Erfolg.

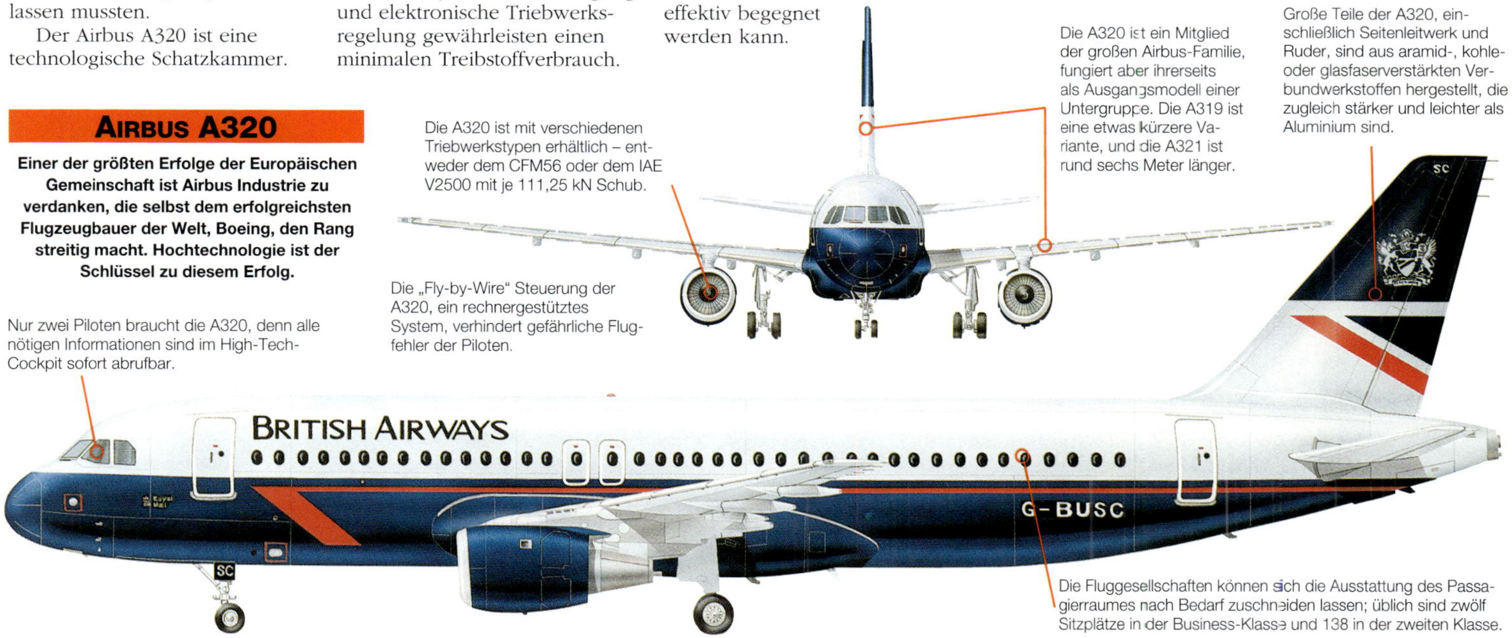

Die A320 ist mit verschiedenen Triebwerkstypen erhältlich – entweder dem CFM56 oder dem IAE V2500 mit je 111,25 kN Schub.

Die A320 ist ein Mitglied der großen Airbus-Familie, fungiert aber ihrerseits als Ausgangsmodell einer Untergruppe. Die A319 ist eine etwas kürzere Variante, und die A321 ist rund sechs Meter länger.

Große Teile der A320, einschließlich Seitenleitwerk und Ruder, sind aus aramid-, kohle- oder glasfaserverstärkten Verbundwerkstoffen hergestellt, die zugleich stärker und leichter als Aluminium sind.

Die „Fly-by-Wire" Steuerung der A320, ein rechnergestütztes System, verhindert gefährliche Flugfehler der Piloten.

Nur zwei Piloten braucht die A320, denn alle nötigen Informationen sind im High-Tech-Cockpit sofort abrufbar.

Die Fluggesellschaften können sich die Ausstattung des Passagierraumes nach Bedarf zuschneiden lassen; üblich sind zwölf Sitzplätze in der Business-Klasse und 138 in der zweiten Klasse.

EINSATZDATEN

REICHWEITE

Der Airbus A320 und seine Konkurrenten sind für Kurzstrecken in Lufträumen mit hoher Verkehrsdichte ausgelegt. Der Begriff Kurzstrecke hat sich in den letzten 20 Jahren allerdings gewandelt: Solche Airliner können heute von Europa nach Amerika fliegen.

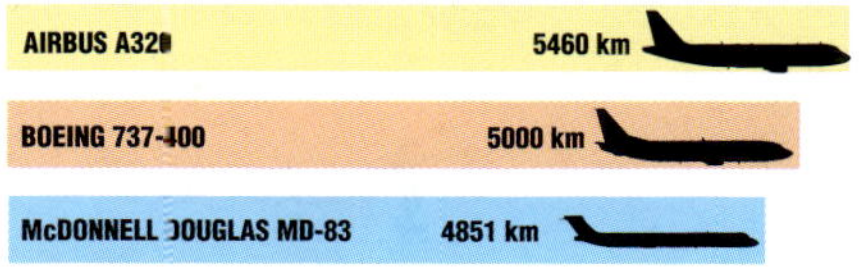

NUTZLAST

Die seit den 60er Jahren stark gestiegene Nachfrage im Luftverkehr hat dazu geführt, daß die Jetliner enorm an Sitzplatzkapazität gewonnen haben. Ein Kurzstrecken-Airliner beförderte 1970 noch zwischen 80 und 100 Passagiere; inzwischen hat sich die Kapazität nahezu verdoppelt.

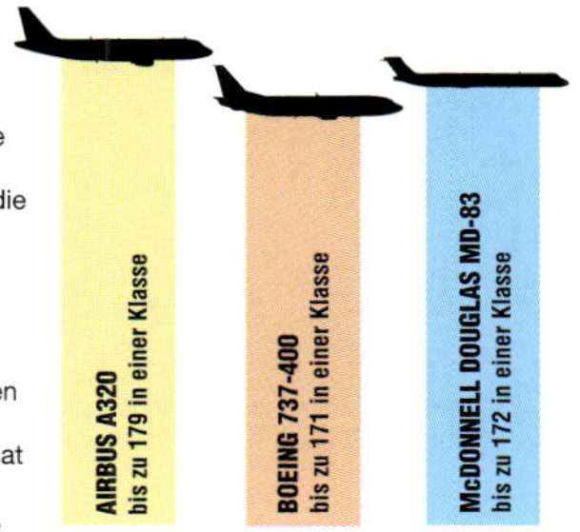

LÄRMPEGEL

Alle neuen Airliner müssen amerikanischen und europäischen Lärmschutzvorschriften genügen. Der A320 produziert nur noch ein Zehntel des Lärms früher strahlgetriebener Verkehrsflugzeuge.

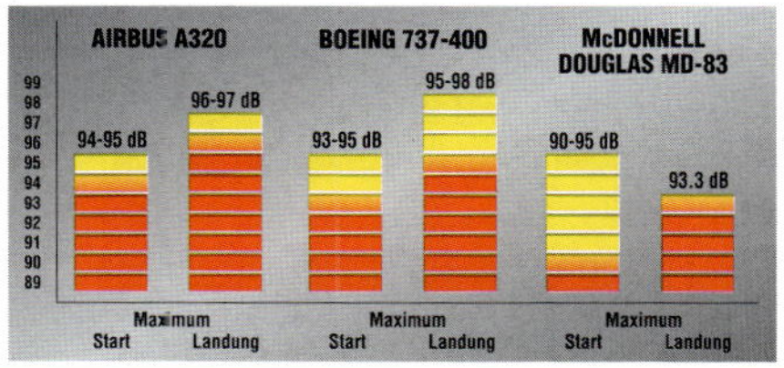

Airbus-Familie

Airbus Industrie wurde 1970 zur Realisierung gemeinsamer Interessen der europäischen Luftfahrtindustrie an der Fertigung von zivilen Großraumflugzeugen gegründet. Die hauptsächlichen Partnerfirmen sind EADS (Deutschland/Frankreich), BAE System (Großbritannien) und CASA (Spanien).

A300:
Reichweite 7406 km
Erstflug am 28. Oktober 1972; zwei 222,5 kN-Schub-Triebwerke; rund 266 Sitzplätze

A310:
Reichweite 7963 km
Erstflug am 3. April 1982; zwei 222,5 kN-Schub-Triebwerke; rund 220 Sitzplätze

A320:
Reichweite 5460 km
Erstflug am 22. Februar 1987; zwei 111,25 kN-Schub-Triebwerke; rund 150 Sitzplätze

A330:
Reichweite 8900 km
Erstflug am 2. November 1992; zwei 300,36 kN-Schub-Triebwerke; rund 335 Sitzplätze

A340:
Reichweite 13 612 km
Erstflug am 25. Oktober 1991; vier 138,81 kN-Schub-Triebwerke; rund 300 Passagiere

AIRBUS A321/A319

● Internationale Entwicklung ● Mittlere Reichweite ● Hohe Kapazität

Nachdem Airbus Industrie mit dem 150sitzigen A320 die besten Absatzerfolge erzielt hatte, gab man im November 1989 grünes Licht für eine gestreckte Version (A321). Bis 1996 ging auch der kürzere A319 in Dienst. Die drei Muster sind technisch fast identisch und können die gleichen Triebwerke erhalten sowie von denselben Technikern gewartet werden, die auf gleiche Ersatzteilbestände zurückgreifen. Ihre Kapazität variiert dabei zwischen 124 und 185 Personen.

▲ *Der harte Wettbewerb veranlasst Luftfahrzeughersteller, ihre neuen Modelle meist im Rahmen einer aufwändigen Feier vorzustellen. Das Foto zeigt den „Roll-Out" des A321.*

AIRBUS AIRBUS A321/A319

▼ US-„Luftbus"
Die Airbus-Flugzeugfamilie hat den Einstieg in den umkämpften US-Markt geschafft und bewiesen, daß sie mit den Boeing-Modellen konkurrieren kann.

▲ Europäische Aufträge
Swissair, der dritte A321-Kunde, bestellte 19 Exemplare und betrieb sie in ganz Europa. Die Nachfolgegesellschaft Swiss hat das Muster weiterhin im Inventar.

▼ Erstflug
Leitwerke in den traditionellen Airbus-Farben sind typisch für die Prototypen der Firmenflotte.

▲ Fortschrittlicher Entwurf
Da er von der neuesten Luftfahrzeugtechnik profitiert, kann der A321 Flugmanöver durchführen, die sonst unmöglich wären.

Italienischer Nutzer ▶
Die italienische Fluggesellschaft Alitalia entschied sich für den A321, da der Typ ungewöhnlich wirtschaftlich im Betrieb ist. Die Fluggesellschaft hat Optionen über 107 Exemplare gezeichnet.

FAKTEN UND ZAHLEN

- Der Kurzrumpf-Airbus A319 wurde im Mai 1992 als drittes Mitglied der A320-Flugzeugfamilie angekündigt.
- British Aerospace entwarf die Tragflächen und konstruierte sie im Filton-Werk.
- Ein Merkmal der Typen A319/A321 ist ihr besonders voluminöser Rumpf.
- In nur 46 Tagen ist ein A321 aus allen Baugruppen zusammengebaut und hat alle Test- und Abnahmeflüge absolviert.
- Die Flugsteuerung des A319 und A321 basiert auf der FBW-Technik („Fly By Wire").
- Auf Kundensuche befindet sich Airbus für das kleinste Mitglied, den A318.

PROFIL

Zuwachs für die Airbus-Familie

Oben: Der Prototyp des Airbus A321 nahm an etlichen Messen und Luftfahrtschauen teil, um dem Publikum sein Potenzial vorzuführen.

Oben: Der A321 ist eine gestreckte Ausführung des A320 für 185 Passagiersitze. Dieses Exemplar fliegt für TransAsia Airways, die das Muster als wesentliche Verbesserung gegenüber früheren Typen beurteilt.

Wie der A320 nutzen der verkürzte A319 und der verlängerte A321 eine elektrische Flugsteuerung (FBW). Zudem sind ihre Cockpits beinahe identisch, so dass ihre Piloten jeden der drei Typen fliegen dürfen.

Im Vergleich zum A320 hat der A321 zusätzlich acht Rumpfspanten und weitere fünf hinter den Tragflächen. Dieses Muster diente ab 1994 bei der Lufthansa, und eine zweite Version, der A321-200, flog ab Dezember 1996. Beim -200 wurde die Startmasse auf 89 000 kg erhöht, um einen neuen Zentraltreibstofftank für die verbesserte Reichweite einbringen zu können.

Der A319 hat sieben Rumpfspanten weniger als der Standard-A320. Er nahm im April 1996 den Liniendienst bei Swissair auf und ist wie die beiden anderen Familienmitglieder mit zwei Triebwerkstypen erhältlich, die beide weniger Lärm erzeugen und weniger Schadstoffe ausstoßen als die älterer Airliner.

Alle drei Typen haben einen 19 cm größeren Rumpfdurchmesser als die Boeing 737 und die 757, so dass den Fluggästen mehr Komfort in Form breiterer Sitze und Gänge sowie größerer Gepäckfächer längs der Decke geboten werden kann.

TECHNISCHE DATEN
A319

- **Typ:** Kurz-/Mittelstreckenverkehrsflugzeug
- **Triebwerke:** zwei Mantelstrom-Triebwerke CFM56-5A5 mit je 97,9 kN Schub oder IAE V2522-A5 mit 97,9 kN oder 104,5 kN Schub
- **Reisegeschwindigkeit:** 903 km/h in großer Höhe
- **Startstrecke:** 1829 m
- **Reichweite:** 4907 km
- **Reiseflughöhe:** 10 500 m
- **Gewicht:** leer 40 100 kg; max. Startmasse 73 500 kg
- **Kapazität:** 124 Passagiere in zwei Klassen, 145 Passagiere in Einklassenauslegung
- **Abmessungen:**

Spannweite:	34,10 m
Länge:	33,80 m
Höhe:	11,80 m
Tragflügelfläche:	123,00 m²

A321

Alitalia unterzeichnete den ersten Kaufvertrag für den A321 und ließ rasch eine Bestellung über 20 Exemplare folgen. Im Einsatz auf inneritalienischen und europäischen Strecken haben sich diese Flugzeuge erfolgreich bewährt.

Der groß bemessene Rumpf dieses Musters hat lediglich einen Mittelgang und kann 185 Passagiere auf komfortablen Sitzen in typischer Kabinenaufteilung mit erster und Economy-Klasse aufnehmen. Berichten zufolge wissen die Fluggäste die weniger beengten Bedingungen, vor allem auf Mittelstreckenflügen, zu schätzen.

Günstig bewertete Entwurfsmerkmale früherer Airbus-Modelle sind in den A321 eingeflossen, so dass die Gesamtkosten des Flugzeugs für den Hersteller und den Abnehmer reduziert werden konnten.

Am äußersten Ende des Rumpfhecks befindet sich ein Treibstoffschnellablass, so dass sich der A321 im Notfall des Kerosins entledigen kann, ohne dass die Triebwerke abgestellt werden müssten.

Das moderne Flugdeck ist mit Multifunktionsbildschirmen und FBW-Flugsteuerung ausgerüstet. Die Ähnlichkeit beider Cockpits erleichtert den Piloten den Umstieg vom A321 auf den A319 und umgekehrt. Die Besatzungen loben die unkomplizierte Handhabung dieses Passagierflugzeugs.

Für den A321 stehen zwei Triebwerkstypen zur Wahl: das gemeinsam in den USA und Frankreich entwickelte CFM56-5 oder Varianten des von einem Konsortium mehrerer Länder, darunter USA, Japan und Deutschland, produzierte IAE V2500. Die Betriebskosten des A321 sind mit beiden Aggregaten gering.

Der fortschrittliche Entwurf der Tragflächen mit hochgeschwungenen Endstücken und Auftriebsklappen an der Hinterkante verleiht dem A321 ein hervorragendes Verhalten beim Landeanflug. Der an eine FBW-Flugsteuerungsanlage gekoppelte Prototyp verblüffte auf Luftfahrtschauen durch seine Agilität und erregte dadurch großes Interesse an diesem Muster.

EINSATZDATEN

REISEGESCHWINDIGKEIT

Ein Airliner mit hoher Reisegeschwindigkeit erreicht den Bestimmungsort schneller und kann daher mehr Flüge durchführen. Die Boeing 737-500 steht in dieser Hinsicht knapp an der Spitze.

REICHWEITE

Dank der mit früheren Entwürfen gewonnenen Erfahrung konnte man die Airbus-Flugzeuge zunehmend größer und leistungsfähiger gestalten. Die 737-500 ist eine speziell auf eine große Reichweite hin ausgelegte Variante der 737 und überbietet den A319 noch um fast 600 km.

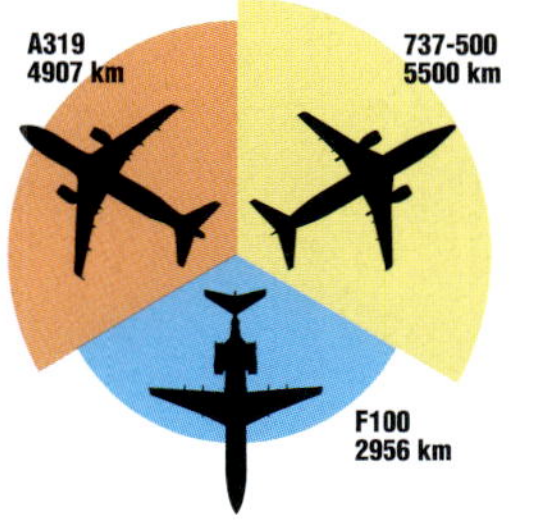

KAPAZITÄT

Die A319 mit dem breitesten Rumpf in der gegenwärtigen Airliner-Produktion überbietet in der Passagierkapazität sowohl die Fokker 100 als auch die Boeing 737-500.

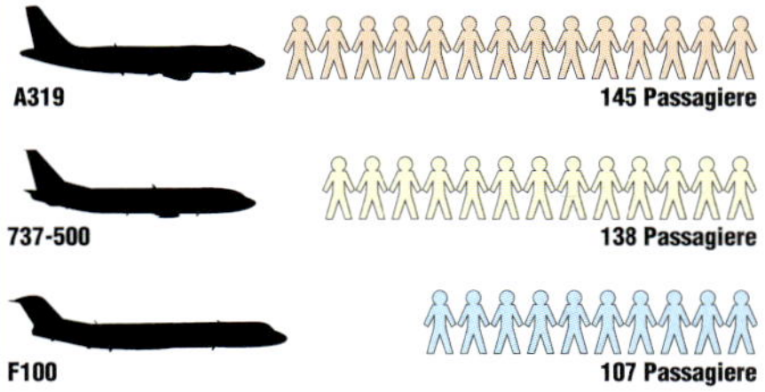

Die Flotte der kleinen Airliner

BOEING 737-400: Air UK Leisure flog als erste Gesellschaft außerhalb der USA das neue, gestreckte Boeing-Muster. Ihre fünf Maschinen wurden auf Inlandsstrecken eingesetzt.

FOKKER 100: Die in den Niederlanden entwickelte Fokker 100 wurde als modernes Regionalflugzeug betrieben. Zu den Varianten gehören reine Luftfrachter und VIP-Maschinen.

McDONNELL DOUGLAS MD 90: Die MD 90 mit zwei Mantelstrom-Triebwerken wurde 1989 aufgelegt, nachdem Delta Air Lines 50 Stück bestellt hatte. Sie verwendet neueste Technik.

AIRBUS A330

● Zweistrahliges Großraumflugzeug ● A340-Variante ● „Glas“-Cockpit

Der A330 wurde gemeinsam mit dem vierstrahligen A340 entwickelt und erhielt den gleichen Rumpf, die gleichen Flügel und, um die Besatzungskapazitäten optimal nutzen zu können, auch ein beinahe identisches Cockpit. Der A340 sollte über eine möglichst große Reichweite verfügen, der A330 hingegen hohe Flexibilität mit günstigen Betriebskosten verbinden. Seine Sitzanordnung ist sehr variabel und sein Frachtraum um 60 Prozent größer als der der Boeing 747.

▲ *Dank der gleichartigen Cockpitsysteme können die Betreiber des vierstrahligen Langstrecken-A340 und des A330 ihre Besatzungen wirtschaftlicher schulen und einsetzen.*

AIRBUS AIRBUS A330

▼ Gemischte Flotte
Als 100. Flugzeug der A330-/A340-Fertigung verließ ein A330-322 die Werkshallen. Er war das 69. Exemplar dieses Typs und ging 1995 an Malaysian.

▲ Bunte Leitwerke
Anfang 2005 hatte Airbus von 527 bestellten A330 bereits 331 ausgeliefert.

▼ Endmontage in Toulouse
Neben den A340 werden auch die A330 im Hauptwerk von Airbus endmontiert.

▲ Erstbetreiber
Air Inter (später Air France Europe) stellte 1994 als erste Fluglinie den A330 in Dienst. Abgesehen von fünf Fokker 100 bestand ihre Flotte nur aus Airbus.

Asiatische Flotte ▶
Dieser A330 „Bang Rashan“ der Thai Airways International, hier auf Hongkongs Kai-Tak-Flughafen, war eine von acht Maschinen dieses Typs, die Thai 1997 neben ihren A300 und A310 betrieb.

FAKTEN UND ZAHLEN

- 1996 wurden jährlich insgesamt 30 bis 35 A330 und A340 gefertigt, woran der A340 den etwas größeren Anteil hatte.
- F-WWKA, der erste A330, absolvierte seinen Jungfernflug am 2. November 1992.
- Unter der Bezeichnung A330-400 hat Airbus auch größere A330-Versionen geprüft.
- Der A330-200, der im Jahr 1998 in Dienst ging, steht in Konkurrenz zum Langstreckenjet Boeing 767-300ER.
- Im Mai 1994 eröffnete Aer Lingus mit A330 den ersten ETOPS-Transatlantikdienst.
- Ein A330 Super Stretch würde Sitze und Fenster im vorderen Frachtraum erhalten.

Vielseitiger Großraum-Airliner

Der A330, dessen Jungfernflug im November 1992 stattfand, erhielt als erstes Flugzeug seine Musterzulassung gleichzeitig von den europäischen und den US-Behörden. Das Basismodell A330-300 ging im Januar 1994 beim französischen Erstkunden Air Inter (später Air France Europe) in Dienst und beförderte 412 Passagiere in einer Einklassenkabine.

In drei Klassen bietet der A330-300 295 Plätze, in zwei Klassen 335. Auf Kurzstrecken können bis zu 440 Fluggäste befördert werden. Die Reichweite des A330 beträgt 8300 km mit 335 Passagieren oder 10 200 km mit kleinerer Nutzlast.

Ab April 1998 wurde der A330-300 durch den auf 59 m verkürzten A330-200 ergänzt, der dennoch Raum für 139 000 Liter Kerosin, 41 000 Liter mehr als der A330-300, bietet, so dass sich seine Reichweite auf 11 852 km vergrößert. Der Typ hat eine Dreiklassenauslegung für 256 Passagiere.

Die in Hongkong ansässige Cathay Pacific Airways betreibt eine moderne Flotte mit mehr als 50 Flugzeugen, darunter auch A330/A340 und Boeing 747/777.

Ein wirtschaftlicher Betrieb stand beim Entwurf des A330 im Vordergrund, und dieses Ziel wurde völlig erreicht. Inzwischen wird der A330 auch nachts als Frachter eingesetzt.

Unten: LTU, die in Düsseldorf beheimatete deutsche Linien-, Charter- und Fracht-Airline, gehörte zu den ersten A330-300-Betreibern.

TECHNISCHE DATEN A330-300

- **Typ:** zweistrahliger Großraum-Airliner
- **Triebwerke:** zwei Mantelstrom-Triebwerke General Electric CF6-80E1A2 mit je 300 kN
- **Höchstgeschwindigkeit:** Mach 0,86
- **Reichweite:** (Langstreckenversion mit CF6-Triebwerken) 8982 km mit 335 Passagieren und Gepäck sowie Kraftstoff für 370 km Umleitung
- **Gewicht:** leer 120 170 kg; max. 230 000 kg
- **Kapazität:** zweiköpfige Flugbesatzung und Kabinenpersonal sowie (Standard) 295 Passagiere (drei Klassen) oder 335 Passagiere (zwei Klassen); maximal 440 Fluggäste
- **Abmessungen:**

Spannweite:	60,30 m
Länge:	63,65 m
Höhe:	16,84 m
Tragflügelfläche:	363,10 m²

Airbus A330-300

Anfang 2005 betrieb Cathay Pacific eine Flotte von 18 A330-300. Wie viele andere Fluglinien, die den A330 nutzen, besitzt auch Cathay einige A340, darunter auch drei Exemplare der neuen Langstreckenversion -600.

A330 und A340 haben beinahe dasselbe Cockpit, das zudem eine große Ähnlichkeit mit dem des A320 besitzt. Sechs Flüssigkristallbildschirme (CRT) liefern der Besatzung alle Triebwerksdaten und weitere wichtige Informationen. Statt der von Boeing bevorzugten Steuerhebel verfügt der A330 über kleine Steuergriffe (sidesticks), und die Steuerbefehle werden durch eine elektronische Flugsteuerung (Fly-by-wire) gegeben.

Wie bei den älteren Airbus-Großraumtypen wurde auch beim A330/A340 die Fertigung der einzelnen Komponenten auf die verschiedenen Partner verteilt. So ist Airbus Frankreich für das Cockpit, die Triebwerksträger und einen Teil des Mittelrumpfes sowie die Endmontage im Werk Toulouse verantwortlich, BAE Systems für die Flügel, Airbus Deutschland für den größten Teil des Rumpfes, die Seitenflosse und die Innenausstattung, CASA für das Leitwerk und Belairbus für die Vorflügel.

Auf Wunsch können im Heckfrachtraum sechs Ruhekabinen für die Besatzung oder fünf Minipassagierkabinen eingerichtet werden, letztere mit bis zu zwei Betten, Bild-Ton-Geräten, Leselampen und Sauerstoffmasken. Dieser Ruhebereich ist über eine Treppe mit der Hauptkabine verbunden.

Ein im Leitwerk installiertes Hilfstriebwerk (APU) dient zur Stromversorgung, wenn die Haupttriebwerke abgeschaltet sind.

Beim Rollen am Boden wird das Bugrad über die Seitenruderpedale gesteuert; sobald 185 km/h überschritten sind, wird es automatisch ausgekuppelt.

Wie bei den meisten Verkehrsflugzeugen können die Käufer auch beim A330 unter verschiedenen Triebwerken auswählen. Außer den modernsten Versionen des General Electric CF6 stehen Pratt & Whitney PW4000 oder Rolls-Royce Trent 700 zur Verfügung. Ihre Leistungen schwanken zwischen 300 und 322 kN.

Mit einem Tankvolumen von 97 170 Litern ist der A330 für 180-Minuten-ETOPS (extended range twin-engined operations) auf Transatlantikrouten zugelassen.

A330-Frachtraumkapazität

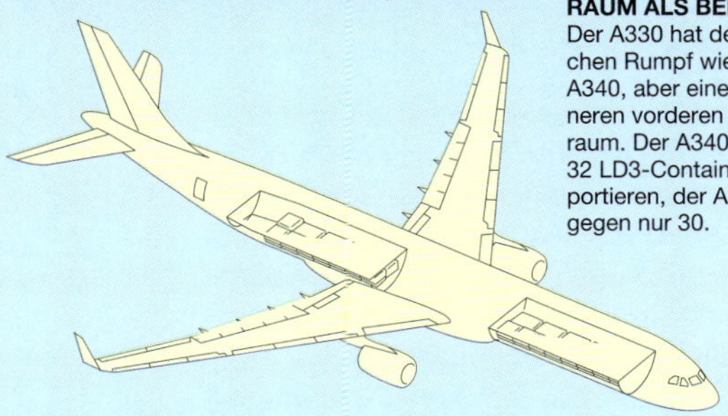

KLEINERER FRACHTRAUM ALS BEIM A340: Der A330 hat den gleichen Rumpf wie der A340, aber einen kleineren vorderen Frachtraum. Der A340 kann 32 LD3-Container transportieren, der A330 hingegen nur 30.

UNTERBODEN-FRACHTRAUM: Airbus hat stets betont, dass ihre Flugzeuge nicht nur im Passagiergeschäft, sondern auch mit der Frachtbeförderung Geld verdienen können.

EINSATZDATEN

TANKVOLUMEN

Moderne Verkehrsflugzeuge müssen große Entfernungen überbrücken und folglich ein hohes Kraftstoffgewicht tragen können. Der größere, vierstrahlige A340 führt mehr Kraftstoff mit als der zweistrahlige A330. Die ebenfalls zweistrahlige Langstrecken-Boeing 777-200 hat eine Tankkapazität von über 100 000 Litern.

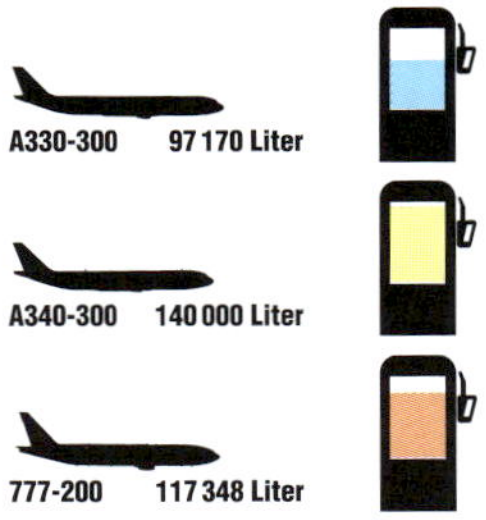

A330-/A340-Baugleichheit

GEMEINSAME ENTWICKLUNG: Ein Aspekt des A330-/A340-Programms bestand darin, dass 85 Prozent der Bauteile beider Typen identisch sind. Dies hielt die Entwicklungskosten niedrig und bot Vorteile für die Betreiber.

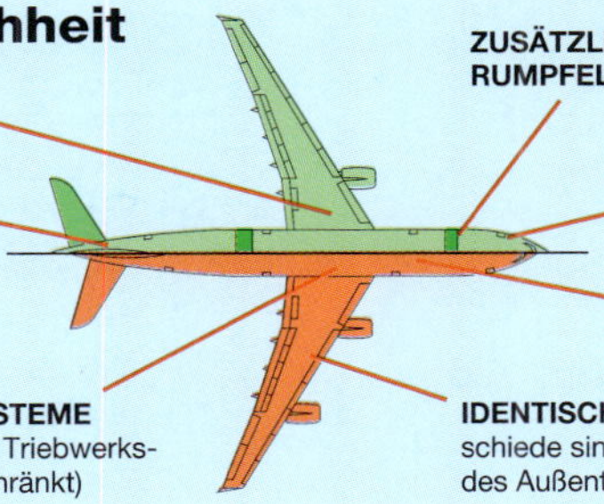

Armstrong Whitworth

Argosy

● **Turboprop-Transporter** ● **30 Einsatzjahre** ● **Geringe Stückzahl**

▲ *Das Be- und Entladen wurde durch Bug- und Heckklappen erleichtert. Die relativ geringe Nutzlastkapazität der Argosy Serie 100 führte jedoch zwingend zu einer baldigen Überarbeitung der Maschine. So entstand die Serie 220, die allerdings in noch geringerer Stückzahl hergestellt wurde.*

Bei ihrem Erscheinen in den fünfziger Jahren war die Armstrong Whitworth AW.650 Argosy ein moderner Frachter. Ihr Erstkunde war Riddle Airlines, Miami, der 1959 für Versorgungsflüge zwischen USAF-Stützpunkten vier Muster bestellte. Weitere Gesellschaften folgten, darunter die British European Airways, und 56 Exemplare gingen an die RAF. Aufgrund der hohen Betriebskosten wurden nur wenige Argosy gebaut, doch der Typ blieb 30 Jahre im Einsatz.

Armstrong Whitworth Argosy

▼ **In Afrika**
Die in Zaire registrierte 9Q-COA gehörte früher als Argosy C.Mk 1 zur RAF. Nach der Ausmusterung 1971 wurde sie verkauft und diente Ende der siebziger Jahre in Afrika. 1981 wurde sie verschrottet.

▲ **Eine der letzten**
Diese Argosy 222 ging 1965 als G-ASXM an BEA. Nach dem Einsatz in Kanada und Irland wurde sie 1973 an die Safe Air, Neuseeland, verkauft und in Merchant Pioneer umbenannt. Sie flog bis 1990.

Verbesserte Serie 220 ▶
BEA setzte die Argosy ab 1961 ein, brauchte aber eine größere Nutzlastkapazität. Hawker Siddeley (seit 1961 mit AW verbunden) überarbeitete die Flügel sowie die Innenausstattung und baute stärkere Dart-Triebwerke ein.

◀ **Einsatz in Australien**
Neben Safe Air in Neuseeland setzte auch IPEC Aviation in Australien ihre Maschinen bis in die neunziger Jahre hinein für Frachtflüge ein.

Doppelleitwerksträger ▶
Die Auslegung der Argosy wurde von Maschinen wie der C-119 und der Noratlas übernommen.

FAKTEN UND ZAHLEN

- Die erste Argosy flog am 8. Januar 1959 in Bitteswell, weniger als zwei Jahre nach dem Beginn der Entwicklungsarbeiten.
- British European Airways übernahm 1961 die ersten Frachter Argosy Serie 100.
- Eine Argosy Serie 222 der BEA ging 1965 bei einem Unfall in Mailand verloren.
- Dem Stauftritt der Argosy auf der Pariser Luftfahrtschau von 1959 folgte 1960 die Vorstellung zweier Muster in Farnborough.
- Eine Variante AW.651 mit zwei Triebwerken Rolls-Royce Tyne wurde nicht gebaut.
- Projektiert war eine Version, die 30 Passagiere und sechs PKWs aufnehmen konnte.

PROFIL

Die „Pfeifende Schubkarre“

Die Argosy, die 1955 erstmals startete, entstand auf die Anforderung des britischen Luftfahrtministeriums für einen Mittelstreckenfrachter für militärische und zivile Nutzer hin. Armstrong Whitworth baute eine Maschine mit Doppelleitwerksträgern und zwei Propellerturbinen. Daraus ging die viermotorige Freightliner hervor – 1958 in Argosy umbenannt.

Bis 1960 lag die Zulassung der britischen und der US-Behörden für kommerzielle Flüge vor. Die stämmige und dennoch elegante Maschine ließ sich einfach be- und entladen, beförderte eine annehmbare, wenn auch beschränkte Nutzlast und zeigte gute Flugleistungen. Ihre Schwächen waren jedoch die geringe Reichweite und Tragfähigkeit, die zusammen mit den vier Propellerturbinen (daher „Pfeifende Schubkarre“) die Betriebskosten in die Höhe trieben.

Zwischen 1959 und 1966 entstanden 16 zivile Maschinen und 56 Transporter C.Mk 1 für die RAF, und einige wenige Exemplare flogen sogar noch 1990.

Oben: Der Prototyp und 15 der insgesamt 16 zivilen Argosy gingen an BEA und den amerikanischen Betreiber Riddle Airlines. Der Prototyp der Serie 200 wurde verschrottet.

Unten: Die Maschinen der Serie 100 konnten auch für 89 Passagiere ausgelegt werden. Die Argosy beförderte allerdings selten Fluggäste.

TECHNISCHE DATEN
Argosy 100

- **Typ:** viermotoriges Transportflugzeug
- **Triebwerke:** vier Propellerturbinen Rolls-Royce Dart 526 mit je 1506 kW
- **Höchstgeschwindigkeit:** 477 km/h in 6100 m
- **Reisegeschwindigkeit:** 451 km/h
- **Reichweite:** 885 km bei maximaler Nutzlast und Treibstoff für 45 Min. Reserve in 1525 m
- **Überführungsreichweite:** max. 3660 km
- **Gipfelhöhe:** 6100 m
- **Gewicht:** leer 20 865 kg; max. Startmasse 39 916 kg
- **Kapazität:** zwei Piloten, Navigator (bei einigen Maschinen), zwei Lademeister und bis zu 12 700 kg Fracht auf dem Kabinenboden oder auf sechs 2,74-m-Paletten oder 89 Passagiere
- **Abmessungen:** Spannweite: 35,05 m; Länge: 26,44 m; Höhe: 8,92 m; Tragflügelfläche: 135,45 m²

Alle Treibstofftanks befanden sich in den Tragflügeln jeweils außenbords der Triebwerke. Die Gesamtkapazität betrug 15 454 Liter.

Zwei kleinere Tanks enthielten das Wasser-Methanol-Gemisch zur Erhöhung der Triebwerksleistung beim Start.

Ein wesentliches Merkmal der Serie 220 war der neue, leichtere Tragflügel, der eine höhere Nutzlast ermöglichte.

Das einziehbare Bugradfahrgestell wurde hydraulisch betätigt. Das Hauptfahrwerk klappte in die inneren Triebwerksgondeln und Leitwerksträger ein. Eingebaut waren ABS-Bremsen Dunlop Maxaret.

ARGOSY 222

Die erstmals 1965 geflogene G-ASXM wurde für BEA gebaut. Sie flog bis 1990, zuletzt bei Safe Air in Neuseeland. Alle Argosy 220 der BEA erhielten die Seriennummer 222.

Das Cockpit der Argosy lag, wie auch bei anderen Transportern, etwa der Bristol 170 Freighter und der Blackburn Beverley, über dem Hauptfrachtraum.

Für den Antrieb der Argosy sorgten vier der bahnbrechenden und äußerst erfolgreichen Propellerturbinen Rolls-Royce Dart. Jede trieb einen Vierblattpropeller an und erzeugte einen zusätzlichen Abgasschub von 2,25 kN.

Das Heck des Frachtraums ließ sich zum Beladen nach rechts aufklappen. Bei den militärischen Versionen konnte die untere Hälfte der Heckklappe als Laderampe für Fahrzeuge genutzt und sogar im Flug geöffnet werden.

Das Leitwerk mit seinen zwei Seitenflossen und -rudern war auf metallenen Leitwerksträgern mit elliptischem Querschnitt montiert, die sich von den inneren Triebwerksgondeln nach hinten erstreckten.

EINSATZDATEN

REISEGESCHWINDIGKEIT

Die Argosy war bei ihrem Erscheinen Ende der fünfziger Jahre im Vergleich zu Kolbenmotormaschinen recht schnell, blieb aber hinter der zeitgleichen Hercules deutlich zurück.

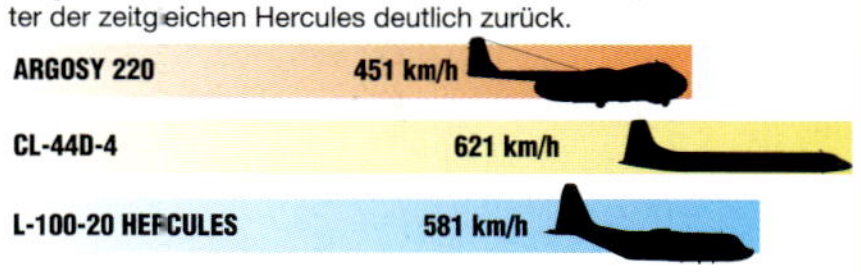

KAPAZITÄT

Die CL-44 konnte zwar 29 Tonnen Nutzlast tragen, aber nicht übergroße Fracht aufnehmen wie Hercules und Argosy. Die L-100 hatte eine um 50 Prozent höhere Kapazität als die Argosy 220.

REICHWEITE

Die Werte beziehen sich auf die Leistung mit voller Nutzlast. Die L-100-20 Hercules konnte Fahrzeuge und Fracht 4110 km weit befördern. Für die zivile Version des Typs fand Lockheed ebenfalls zahlreiche Abnehmer. Die CL-44 basierte auf der Bristol Britannia und hatte daher ebenfalls eine große Reichweite.

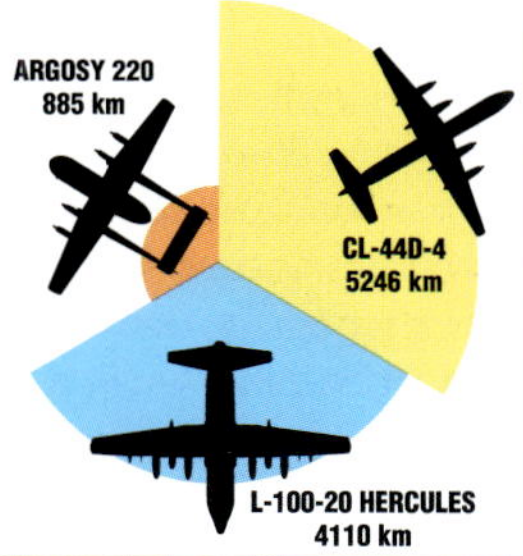

Verkehrsflugzeuge von Armstrong Whitworth

ARGOSY: Der Name „Argosy“ wurde zuerst für dieses dreimotorige Muster aus den zwanziger Jahren verwendet. Sieben Stück dienten der Imperial Airways bis in die dreißiger Jahre.

AW.XV ATALANTA: Nach den Erfahrungen mit der Argosy konzentrierte sich die Imperial Airways auf viermotorige Maschinen. Das erste Exemplar des 17sitzigen Typs, G-ABPI, flog 1932.

AW.27 ENSIGN: Die Ensign von 1938 wurde für die Imperial Airways als 40sitzige „Empire“ und als 27sitzige „European“ gebaut. Im Zweiten Weltkrieg flogen viele bei der RAF.

AW.55 APOLLO: Zwei Apollo, von denen die erste 1949 flog, entstanden auf die gleiche Ausschreibung hin wie die Vickers Viscount. Das mit 30 Sitzen geplante Muster hatte Motorprobleme.

Aviation Traders

Carvair

● Auto-Transporter ● Britische Umrüstung der DC-4 ● 21 Exemplare

▲ *Dank ihrer einmaligen Luftfrachtkapazität war die Carvair weltweit gefragt, und da es bis vor kurzem noch genügend Ersatzteile für die DC-4 gab, ließen sich diese Flugzeuge auch kostengünstig betreiben. Dennoch wurden nur 21 Exemplare des Typs hergestellt.*

Die ATL.98 Carvair (Kürzel aus „car-via-air“) mit der einzigartigen Rumpfbirne füllte eine Marktnische aus, die in Großbritannien im Bereich des Lufttransports von Autos über den Ärmelkanal bestand. Die Carvair war eine preiswerte Lösung, da sie durch Umrüstung eines 20 Jahre alten Verkehrsflugzeugs, der Douglas DC-4, entstand. Carvair beförderten in aller Welt übergroßes Frachtgut jeglicher Art, bis sie in den achtziger Jahren aus dem Verkehr gezogen wurden.

Aviation Traders Carvair

▲ **US-Import**
1985, gegen Ende ihrer Dienstzeit, war N55243 zusammen mit anderen Carvair in den Vereinigten Staaten stationiert.

▲ **British United Air Ferries**
„Chelsea Bridge“, die zweite Carvair-Umrüstmaschine, führt hier den von Aviation Traders für dieses Flugzeug entwickelten Auto-Lift vor.

▲ **Erste Landung**
G-AOFW, eine von sieben Carvair für British United Air Ferries, flog erstmals 1964.

▲ **Prototyp G-ANYB**
Die erste ATL.98 trug die Farben von Channel Air Bridge und British United Airways. Unter dem Vorderrumpf ist der offene Bugradschacht zu sehen.

◀ **Im Dienst des Roten Kreuzes**
Diese in Norwegen zugelassene Carvair zeigt das traditionelle „Weiß mit rotem Kreuz“ der internationalen Hilfsorganisation Rotes Kreuz.

FAKTEN UND ZAHLEN

- Unter dem Namen „Carvair 7“ schlug ATL 1966 eine Umrüstung der DC-7 mit Dart-Propellerturbinen von Rolls-Royce vor.
- Der Name „Carvair“ wurde bei einem Wettbewerb in Southend ausgewählt.
- Carvair haben fast alle Frachtgüter transportiert, von Funksendern bis hin zu Öl.
- Geschäftsführer sowohl von ATL wie von Channel Air Bridge war Fred Laker, der später die Billigfluglinie Skytrain betrieb.
- Die Zulassung von G-ANYB verzögerte sich, da ein Gabelstapler sie beschädigte.
- Zwei frühe Carvair waren reine Frachter mit neun Sitzen hinter dem Flugdeck.

Vom Airliner zum Auto-Transporter

Ende der fünfziger Jahre brauchte die britische Fluggesellschaft Channel Air Bridge Ltd. ein Muster, das ihre Auto-Luftfähren Bristol Freighter ablösen konnte. Da nur ein vergleichsweise kleiner Marktsektor für solch ein Flugzeug bestand, schied die Beschaffung eines neuen Typs aus Kostengründen aus.

Die assoziierte Firma Aviation Traders Limited schlug eine preiswerte Lösung vor: Douglas DC-4 aus zweiter Hand gab es schon für 110 000 Dollar. Mit technischer Unterstützung durch Douglas begann ATL, die „Car-via-air" oder Carvair als umgerüstete DC-4 zu konstruieren.

Ein Auto-Transportflugzeug musste sich vom Bug her beladen lassen, und so ordnete man das neue Cockpit 2,08 m höher an und legte die Flugzeugnase hydraulisch schwenkbar aus. Gleichzeitig wurde der Vorderrumpf um 2,64 m gestreckt.

Die erste ATL.98 startete im Juni 1961 zum Jungfernflug. Es folgten zwanzig weitere Umrüstungen, die letzte im Juli 1968.

Oben: G-AOFW „Big John" gehörte zur BAF-Flotte. Carvair behielten auch nach der Umrüstung ihre DC-4-Kabinenfenster.

Carvair wurden in mindestens zehn Ländern verwendet, und zu Beginn der achtziger Jahre befand sich noch eine kleine Anzahl im Dienst, doch 1990 war auch die letzte Maschine (in den USA) ausgeschieden.

Unten: Channel Air Bridge schloss sich mit Silver City Airways zu British United Air Ferries, später British Air Ferries, zusammen. Aufschriften am Seitenleitwerk dieser BAF-Carvair informieren über die 8,5-Tonnen-Frachtkapazität und die Telefonnummer der BAF.

TECHNISCHE DATEN
ATL.98 Carvair

- **Typ:** viermotoriger Autotransporter und Frachtmaschine
- **Triebwerke:** vier Doppelsternmotoren Pratt & Whitney R-2000-7M2 mit je 1081 kW
- **Reisegeschwindigkeit:** 296 km/h
- **Gipfelhöhe:** 5700 m
- **Anfangssteigrate:** 3,3 m/sek
- **Reichweite:** 3700 km (mit max. Nutzlast)
- **Nutzlast:** maximal 8500 kg
- **Gewicht:** leer 18 999 kg; beladen 33 475 kg
- **Abmessungen:**

Spannweite:	35,81 m
Länge:	31,27 m
Höhe:	9,09 m
Tragflügelfläche:	135,82 m²

ATL.98 Carvair

G-AXAI „Fat Albert" war das 17. von 21 aus Douglas C-54 und DC-4 zu Carvair umgebauten Flugzeugen. Zu den weiteren BAF-Carvair zählten „Plain Jane" und „Porky Pete".

Der neue, buckelförmige Rumpfbug zwang zur Konstruktion eines neuen Cockpits, das 2,08 m über der Originalposition lag.

Die erste Autotransportversion der Carvair hatte eine Heckkabine für bis zu 25 Passagiere und davor Raum für fünf Kfz.

British Air Ferries verwendete mehrere Farbmuster für ihre Carvair, darunter dieses weiß-blaue.

Im Innern erhöhte man die Länge des Kabinenbodens von 15,19 m bei der DC-4 auf über 24 m und das maximal nutzbare Raumvolumen von 104,5 m³ auf 123,2 m³.

Um die im Vergleich zur DC-4 größere Seitenfläche auszugleichen, wurde das höhere Seitenleitwerk der DC-7 eingearbeitet.

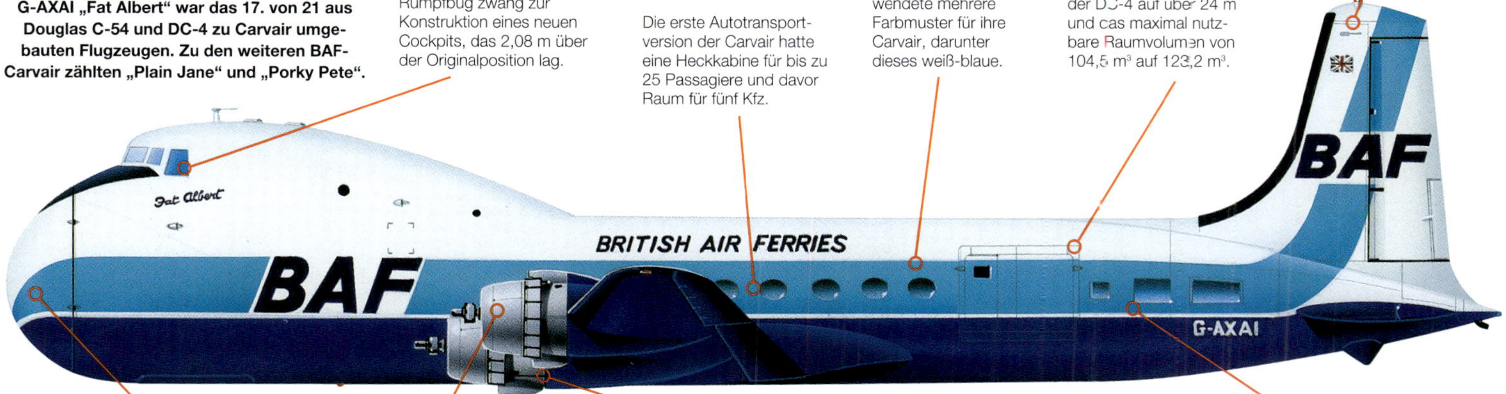

Ein hydraulisch angetriebener Schwenkbug erleichterte das Be- und Entladen von Autos. Hinzu kam eine ebenfalls von ATL konstruierte Hubplattform.

Die Carvair-Triebwerke waren die gleichen, 1081 kW starken Doppelsternmotoren R-2000 Twin Wasp von Pratt & Whitney, wie sie die meisten DC-4 aufwiesen.

Um den Gewichtszuwachs (1043 kg) aufzufangen, wurde das Bremssystem der DC-6 installiert.

Die Passagierkabine im Heck der Carvair erforderte den Einbau zusätzlicher Fenster hinter der Frachttür.

EINSATZDATEN

REISEGESCHWINDIGKEIT

Die als Airliner konzipierte DC-4 hatte nach damaligem Standard eine hohe Geschwindigkeit. Die Umrüstung zur Carvair machte das Flugzeug allerdings um einiges langsamer. Die Bristol Freighter war primär ein Frachtflugzeug und daher noch langsamer.

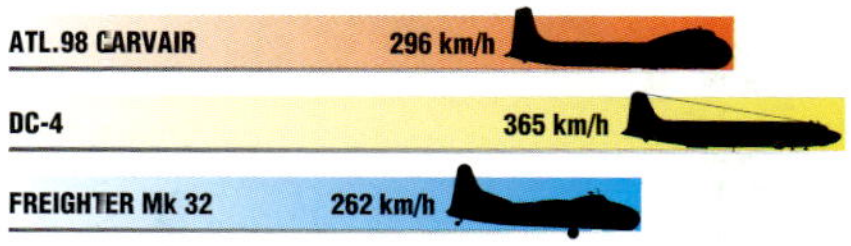

NUTZLAST

Die Carvair sollte die Freighter Mk 32 ablösen, die damals bei Auto-Transport-Fluggesellschaften im Dienst stand. Die Carvair bot fast 100 Prozent mehr Fahrzeugkapazität und Raum für die halbe Passagierzahl einer DC-4. Einige Carvair waren reine Frachtflugzeuge.

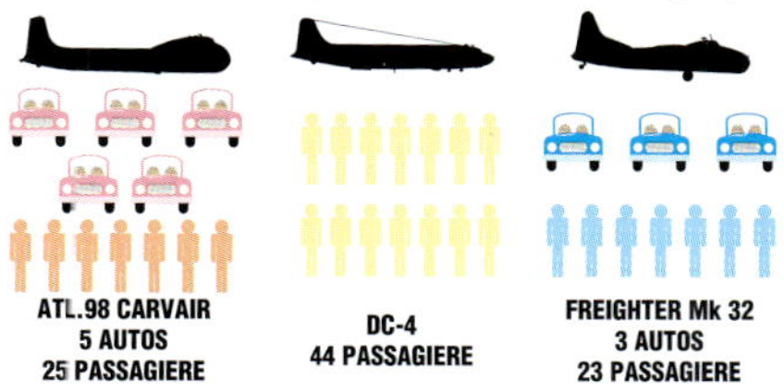

REICHWEITE

Die Carvair erbte das Reichweitevermögen der DC-4, wenn gleich etwas reduziert durch das zusätzliche Gewicht und die schlechtere Aerodynamik. Die Freighter hatte nur etwa ein Drittel der Reichweite der größeren Flugzeuge. Die Carvair gestattete ihren Betreibern Frachtflüge auf beträchtlich längeren Strecken.

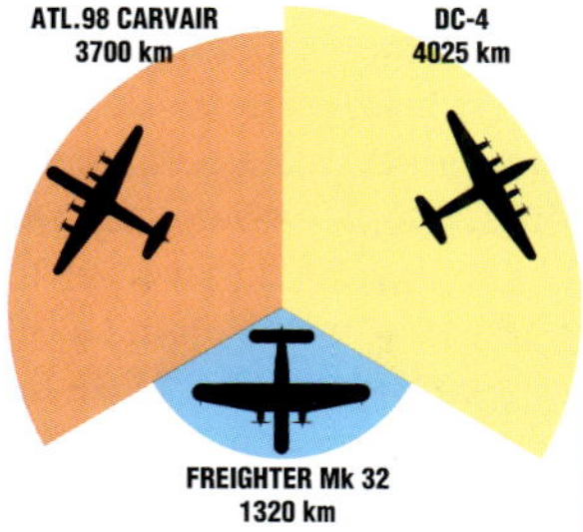

Zu Frachtflugzeugen umgerüstete Airliner

CANADAIR CL-44D-4: Diese Variante der CL-44, die ihrerseits von der Bristol Britannia abgeleitet war, hatte ein schwenkbares Rumpfheck zur Beförderung großer Frachtstücke. 27 Exemplare, von denen das erste 1960 flog, wurden insgesamt gebaut.

AEROSPACELINES GUPPY: Die erste von der Stratocruiser abgeleitete Guppy erschien 1961, um übergroße Teile für das US-Raumfahrtprogramm zu transportieren. Es folgten weitere Modelle, darunter fünf Super Guppy mit Allison-Propellerturbinen.

SATIC A300-600ST „BELUGA": Vier auf dem Airbus A300 basierende „Beluga" werden zur Nachfolge der Super Guppy gebaut, die Airbus-Teile zur Endmontage nach Toulouse bringen. Dies sind die bislang größten zivilen Strahlflugzeuge.

ATR42/ATR72

● **Regionalverkehrsflugzeug** ● **Turboprop-Verkaufsschlager** ● **Frachter**

▲ *Viele ihrer Rivalinnen haben vergleichbare Flugleistungen, und so erklären sich die hohen Verkaufszahlen auch durch ein optimales Marketing. Besonders erfolgreich ist die ATR in den ehemaligen französischen Kolonien und in Nordamerika.*

Die ATR42 und die modernere ATR72 sind zwei der erfolgreichsten Kooperationsprodukte und beherrschen den Markt für zweimotorige Turboprop-Regionalverkehrsflugzeuge. Die von der französischen Aérospatiale und der italienischen Alenia konzipierten ATR sind weltweite Kassenschlager und vor allem auf dem US-Markt unerhört erfolgreich gewesen. Mitte der neunziger Jahre konnten sie mehr als die Hälfte der Weltmarktanteile in ihrer Klasse für sich verbuchen.

Avions de Transport Régional ATR42/ATR72

◀ **Serienfertigung**
Die Endmontage der Flugwerke erfolgt im Werk Toulouse. Die Flügel und die Kabinenausstattung baut Aérospatiale in St. Nazaire und in Nantes.

▲ **American Express**
Bis zu ihrem Bankrott betrieb PanAm, wie viele andere US-Fluglinien auch, einige ATR-Maschinen.

▼ **Multifunktionelle Cockpitdisplays**
Multifunktionsanzeigegeräte und -systeme sowie der Farbmonitor des Wetterradars Honeywell P-800 beherrschen das fortschrittliche ATR-Cockpit.

◀ **Air Littoral**
Air Littoral verband 14 französische Städte miteinander und flog acht weitere europäische Ziele an. Neben den ATR setzte sie auch die EMBRAER EMB-120 Brasilia ein.

Turboprop-Frachter ▶
Durch die große Frachttür lässt sich die ATR42 Cargo schnell mit Frachtcontainern (bis zu 4000 kg) beladen.

FAKTEN UND ZAHLEN

- **Aktuelle Produktionsvarianten sind die ATR42-500 und ATR72-500 mit neuen Propellern und modernerer Avionik.**
- **Air Dolomiti betreibt ATR42-500 unter anderem zwischen Genf und Triest.**
- **ATR42 sind in vielen französischsprachigen Ländern Afrikas erfolgreich.**
- **Nur Gabun bestellte bislang ein Exemplar des Zivil- oder Militärfrachters ATR52C mit Heckladerampe.**
- **Aérospatiale fertigt die Flügel und das Cockpit, Alenia das Leitwerk.**
- **Die ATR42 Cargo kann in nur einer Stunde mit neun Containern ausgerüstet werden.**

PROFIL

Der Turboprop-Bestseller

Als ein Paradebeispiel dafür, wie erfolgreich Gemeinschaftsprodukte sein können, avancierte die ATR-Familie in wenigen Jahren zu einem Kassenschlager. Die von den Firmen Aérospatiale und Alenia gebauten Flugzeuge wurden nach ihrer Sitzplatzkapazität von 42 und 72 Passagieren benannt. Der Erstflug eines Prototyps erfolgte im August 1984, und im September 1985 lag die Musterzulassung vor.

Als erster Betreiber trug sich Air Littoral in die Bestellerliste ein. Seitdem hat sich die ATR fast überall verkauft und beherrscht den Weltmarkt für Flugzeuge ihrer Klasse. Die ATR42-320 mit stärkeren PW121-Triebwerken eignet sich für den Betrieb auf hochgelegenen Flughäfen in heißen Regionen, und die Frachtversion ATR42 Cargo verfügt über eine Frachttür und eine schnell umrüstbare Kabine.

Die gestreckte ATR72 absolvierte im Oktober 1988 ihren Jungfernflug, und nachdem die finnische Karair die Rolle des Erstkunden übernommen hatte, wurden schon über 170 Stück bestellt. Der Vertrauensschwund nach zwei Abstürzen ist inzwischen überwunden, und ATR macht wieder gute Geschäfte.

Wie Saab/Fairchild und IPTN/CASA bauten auch Alenia und Aérospatiale gemeinsam eine sehr erfolgreiche Turboprop.

TECHNISCHE DATEN
ATR42-300

- **Typ:** zweimotoriges Turboprop-Regional-verkehrs- und Frachtflugzeug
- **Triebwerke:** zwei Propellerturbinen Pratt & Whitney Canada PW 120 mit je 1342 kW
- **Höchstgeschwindigkeit:** 495 km/h
- **Anfangssteigrate:** 640 m/min
- **Reichweite:** 1946 km mit 45 Passagieren
- **Gipfelhöhe:** 7620 m
- **Kapazität:** bis zu 50 Passagiere bei engster Bestuhlung mit je vier Plätzen pro Sitzreihe
- **Gewicht:** leer 10 285 kg; beladen 16 700 kg
- **Abmessungen:** Spannweite: 24,57 m; Länge: 22,67 m; Höhe: 7,58 m; Tragflügelfläche: 54,50 m²

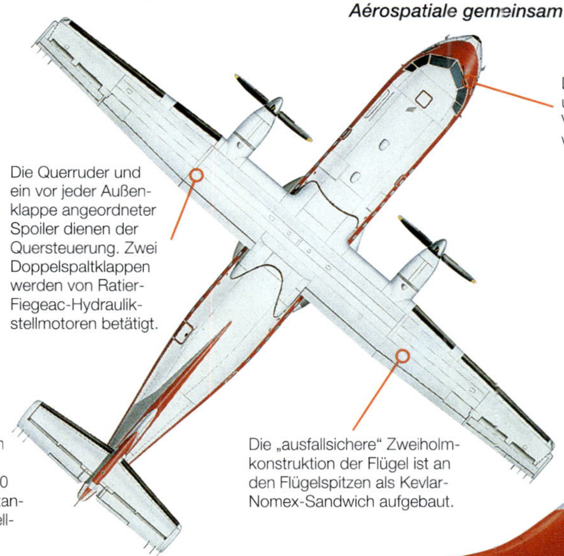

Die Querruder und ein vor jeder Außenklappe angeordneter Spoiler dienen der Quersteuerung. Zwei Doppelspaltklappen werden von Ratier-Fiegeac-Hydraulikstellmotoren betätigt.

Die Bugnase besteht aus äußerst festen und obendrein leichten Nomex-Kevlar-Verbundwerkstoffen. Kabine und Cockpit werden von Aérospatiale gefertigt.

Zur Verringerung der im Flug wirkenden Kräfte verfügen Seiten- und Höhenruder über Ausgleichhörner.

Die „ausfallsichere“ Zweiholmkonstruktion der Flügel ist an den Flügelspitzen als Kevlar-Nomex-Sandwich aufgebaut.

ATR42

In den ehemaligen französischen Kolonien führen viele Fluglinien die ATR in den Flottenlisten. Unter den ersten Kunden war Air Mauritius.

Nur zwei Piloten fliegen die ATR; für einen Beobachter ist ein Klappsitz eingerichtet. Zur Avionikausrüstung gehören ein automatisches Flugreglersystem Honeywell DFZ-600, ein Bodennäherungswarnsystem, Funkhöhenmesser, zwei Funkanlagen, VOR-, DME- und ILS-Systeme sowie ein Digital-Flugdatenschreiber.

Die leistungsfähigen und zuverlässigen Turboprops PW 120 treiben Hamilton-Standard-Vierblattverstellpropeller an.

Der Hauptgepäck- und -frachtraum liegt zwischen Cockpit und Passagierkabine.

Toilette, Küche, Garderobe sowie ein zusätzlicher Frachtraum befinden sich im Heckrumpf.

Alle Steuerorgane werden mechanisch, nur die Trimmklappen elektrisch betätigt. Seiten- und Höhenflossen bestehen zum größten Teil aus Aluminiumlegierungen.

EINSATZDATEN

KAPAZITÄT

Die Saab 2000 wurde aus der kleineren 340 entwickelt, um mit den größeren ATR42 und Dash 8 konkurrieren zu können. Die Standardpassagierzahlen sind zumeist niedriger als diese Werte.

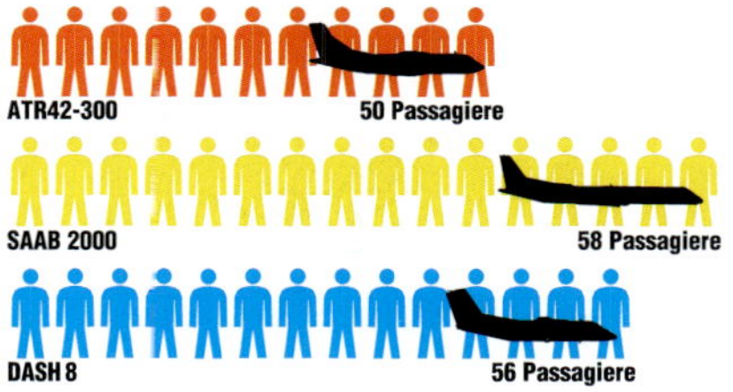

GESCHWINDIGKEIT

Dank der starken Allison-Triebwerke ist die größere Saab 2000 die schnellste Maschine. Geschwindigkeit, Reichweite und ein geringer Kraftstoffverbrauch sind wichtige Eigenschaften solcher Flugzeuge.

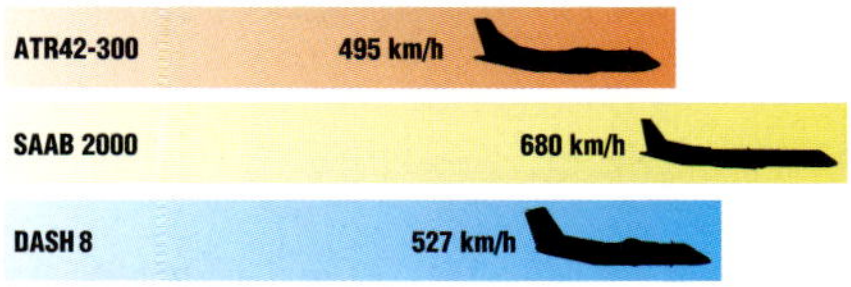

REICHWEITE

Aufgrund ihrer Größe verfügt die Saab 2000 über die größte Treibstoffkapazität und Reichweite. Die Dash-8 hat die kürzeste Reichweite; dafür bietet sie die besten Start- und Landeleistungen.

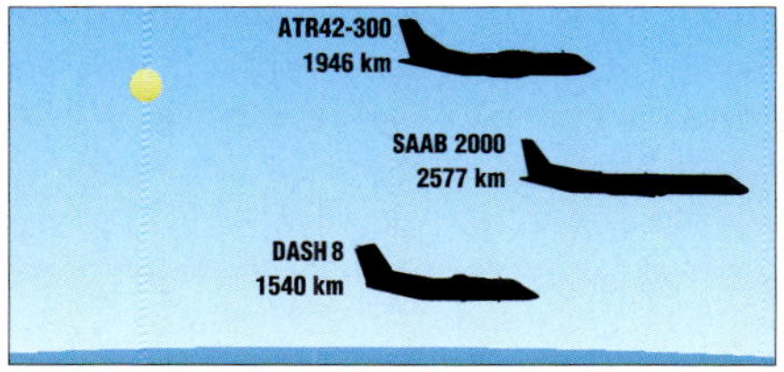

Airline-Kunden der ATR

FOSHING: Als einer der größten asiatischen ATR-Kunden betrieb die in Taipeh beheimatete Foshing neun ATR72 und sechs ATR42.

THAI AIR: Thai Air, eine der erfolgreichsten asiatischen Airlines, besitzt zwei ATR72 sowie eine Vielzahl von Boeing-Jets.

TRANSASIA: Die ebenfalls taiwanische TransAsia setzt auf ihren Regionaldiensten ab Taipeh sowohl ATR42 als auch ATR72 ein.

HOLLAND AIR: Die früher in Amsterdam Schiphol beheimatete Holland Air betrieb auf Europastrecken neben ATR auch Boeing-Jets.

Avro Canada

C-102 Jetliner

● **Prototyp eines Jetliners** ● **Rolls-Royce-Antrieb** ● **Einzelexemplar**

▲ *Verzögerungen in der Entwicklung der Avon-Triebwerke von Rolls-Royce und die Weigerung der Briten, diese für zivile Zwecke freizugeben, beeinträchtigten das Jetliner-Programm.*

Im August 1949, nur zwei Wochen nach der Comet von de Havilland, flog die C-102. Die kanadische Filiale von A. V. Roe (Avro) hatte die Absicht, einen düsengetriebenen Airliner zu bauen, der doppelt so schnell wie die Kolbenmotortypen jener Zeit sein sollte. Kanadische und amerikanische Fluggesellschaften zeigten Interesse, doch der Ausbruch des Koreakriegs und der Bedarf der kanadischen Regierung an Düsenjägern vom Typ CF-100 setzten dem Projekt C-102 ein Ende.

BILDERCHRONIK

Avro Canada C-102 Jetliner

◀ **Konservative Form**
Die C-102 zeigte noch die Linienführung eines Kolbenmotorflugzeugs.

▼ **Beobachtungsplattform**
Der Prototyp kehrte nach kurzem Aufenthalt in den USA nach Kanada zurück. Dort diente er zur Beobachtung der CF-100-Tests, bei denen auch der Kanonenrüstsatz und der Schleudersitz erprobt wurden.

▲ **Priorität für den Jäger**
Den Prototyp der C-102, hier neben dem des Jägers CF-100, stellte die kanadische Regierung zugunsten einer forcierten Entwicklung des Jägers zurück.

▼ **Trans-Canada Air Lines**
Nach dem Antriebswechsel wurde TCA von ihrem Kaufvertrag entbunden, da die C-102 nun mehr Treibstoff mitführen musste, so dass sich ihre Nutzlast verringerte.

▲ **Erstflug**
Am 10. August 1949 startete die C-102 als erster Düsentransporter Nordamerikas zum Jungfernflug. Der Prototyp der Boeing 707 flog wesentlich später, nämlich 1954.

FAKTEN UND ZAHLEN

- Nach Erprobung bei der USAF bot Avro Canada der Teilstreitkraft eine Ausbildungsvariante mit vier Allison J-33 an.
- Der Bau eines zweiten Prototyps C-102 wurde begonnen, aber nicht mehr beendet.
- Nach der Stornierung diente die C-102 zur Beobachtung von Tests der CF-100.
- CF-EJD-X wurde zuletzt am 23. November 1956 eingesetzt und im Dezember nach rund 425 Flugstunden verschrottet.
- Nach einem Flug 1952 erwog Howard Hughes, die C-102 zu produzieren.
- Der Bug der einzigen C-102 steht heute im kanadischen Luftfahrtmuseum.

Kanadas erster und einziger Jetliner

Als das C-102-Programm gestrichen wurde, gab es nur einen einzigen Prototyp; die Fertigstellung eines zweiten war noch nicht abgeschlossen. Die Maschine mit der Registrierung CF-EJD-X startete am 10. August 1949 mit vier Strahltriebwerken Rolls-Royce Derwent 5 zu ihrem ersten Flug.

Ursprünglich hatte Avro Canada als Antrieb ein Paar der neuen Rolls-Royce AJ 65 Avon vorgesehen, aber die britische Regierung ließ eine zivile Verwendung nicht zu.

Die C-102 war dafür ausgelegt, 30 bis 50 Passagiere auf Teilstrecken von etwa 1750 km zu befördern. Nach einem frühzeitigen Landeunfall wurde die Maschine repariert, ausgiebig vorgeführt und später auf je zwei der stärkeren Derwent 8 und 9 ummotorisiert. Bei einem Flug legte sie mit einer Postfracht die 587 km lange Strecke von Toronto nach New York in 59 Minuten zurück.

Als erster Kunde war Trans-Canada Air Lines (TCA) vorgemerkt, doch auch amerikanische Gesellschaften hatten eine Bestellung erwogen. Die Luftstreitkräfte Kanadas und der USA testeten das Flugzeug, bemängelten aber die Flugleistungen. Als die kanadische Regierung zudem forderte, Avro solle sich auf das Jagdflugzeug CF-100 konzentrieren, wurde das Projekt 1951 aufgegeben.

Eine weiterentwickelte C-102 hätte als zweites Düsenverkehrsflugzeug der Welt in Dienst gehen können. So fiel diese Ehre der sowjetischen Tupolew Tu-104 zu.

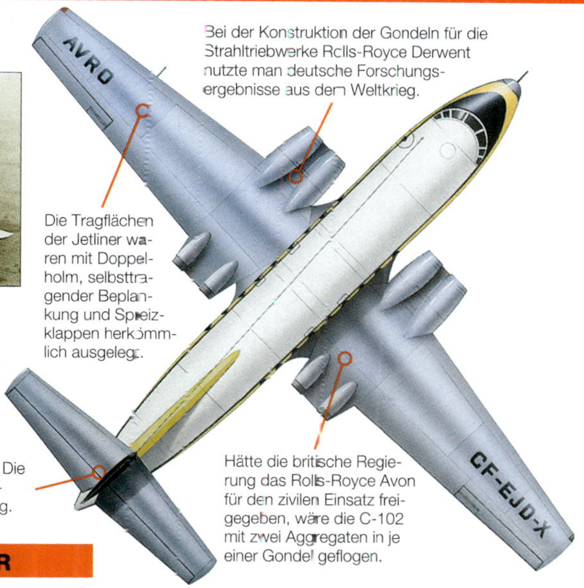

Bei der Konstruktion der Gondeln für die Strahltriebwerke Rolls-Royce Derwent nutzte man deutsche Forschungsergebnisse aus dem Weltkrieg.

Die Tragflächen der Jetliner waren mit Doppelholm, selbsttragender Beplankung und Spreizklappen herkömmlich ausgelegt.

Höhen- und Seitenruder waren zweiteilig. Die hinteren Abschnitte wurden von Hand betätigt, die vorderen mit Servounterstützung.

Hätte die britische Regierung das Rolls-Royce Avon für den zivilen Einsatz freigegeben, wäre die C-102 mit zwei Aggregaten in je einer Gondel geflogen.

C-102 Jetliner

Zwei Prototypen waren geplant, aber nur CF-EJD-X wurde fertiggestellt und geflogen. Auf ihrem Leitwerk stand: „Entworfen und gebaut von A. V. Roe Canada Limited, Malton, Ontario".

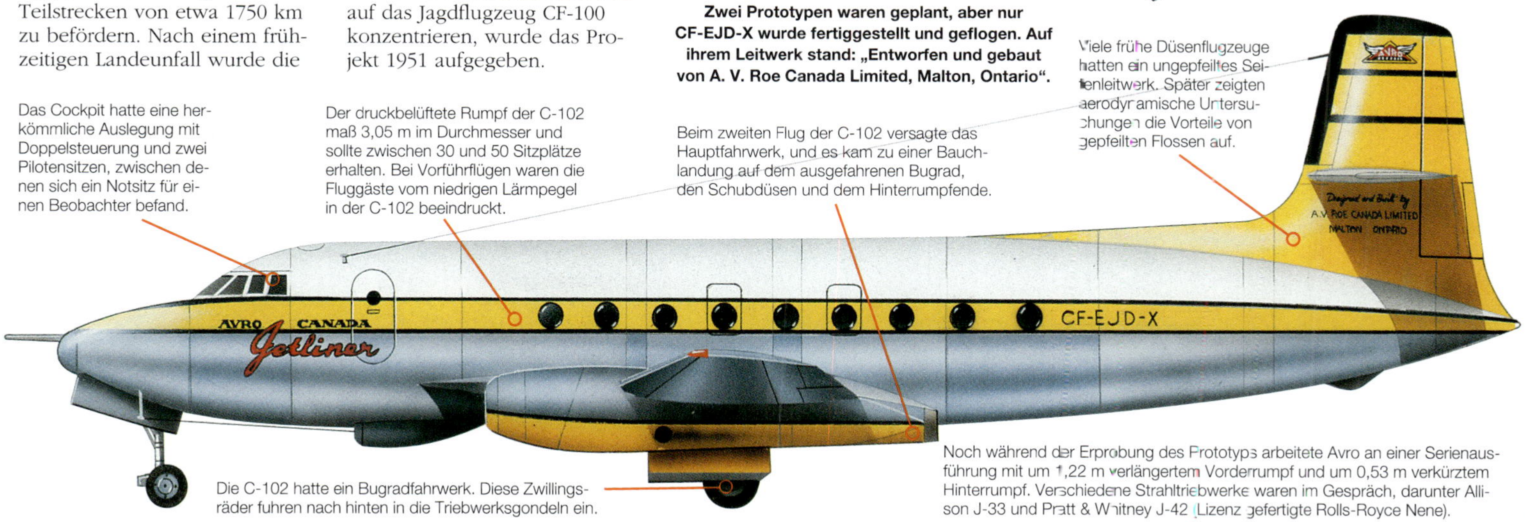

Viele frühe Düsenflugzeuge hatten ein ungepfeiltes Seitenleitwerk. Später zeigten aerodynamische Untersuchungen die Vorteile von gepfeilten Flossen auf.

Das Cockpit hatte eine herkömmliche Auslegung mit Doppelsteuerung und zwei Pilotensitzen, zwischen denen sich ein Notsitz für einen Beobachter befand.

Der druckbelüftete Rumpf der C-102 maß 3,05 m im Durchmesser und sollte zwischen 30 und 50 Sitzplätze erhalten. Bei Vorführflügen waren die Fluggäste vom niedrigen Lärmpegel in der C-102 beeindruckt.

Beim zweiten Flug der C-102 versagte das Hauptfahrwerk, und es kam zu einer Bauchlandung auf dem ausgefahrenen Bugrad, den Schubdüsen und dem Hinterrumpfende.

Die C-102 hatte ein Bugradfahrwerk. Diese Zwillingsräder fuhren nach hinten in die Triebwerksgondeln ein.

Noch während der Erprobung des Prototyps arbeitete Avro an einer Serienausführung mit um 1,22 m verlängertem Vorderrumpf und um 0,53 m verkürztem Hinterrumpf. Verschiedene Strahltriebwerke waren im Gespräch, darunter Allison J-33 und Pratt & Whitney J-42 (Lizenz gefertigte Rolls-Royce Nene).

TECHNISCHE DATEN
C-102 Jetliner

- **Typ:** Prototyp eines zivilen Mittelstreckenverkehrsflugzeugs
- **Triebwerke:** vier Strahltriebwerke Rolls-Royce Derwent 5/17 mit je 16,01 kN Schub
- **Geschwindigkeit:** 804 km/h in 9145 m
- **Reisegeschwindigkeit:** 649 km/h in 9145 m
- **Steigrate:** 9,35 m/sek
- **Reichweite:** 2012 km
- **Gipfelhöhe:** 11 368 m
- **Gewicht:** leer 15 050 kg; max. 29 510 kg
- **Kapazität:** (geplant) zwei Piloten und 30 bis 50 Passagiere in unterschiedlichen Sitzanordnungen
- **Abmessungen:** Spannweite: 29,89 m; Länge: 24,61 m; Höhe: 8,06 m; Tragflügelfläche: 107,48 m²

EINSATZDATEN

REISEGESCHWINDIGKEIT

Die Comet von de Havilland flog zwei Wochen vor der Jetliner und ging als erstes Düsenverkehrsflugzeug in Dienst. Sie hatte vier de Havilland Ghost und flog 140 km/h schneller als die C-102.

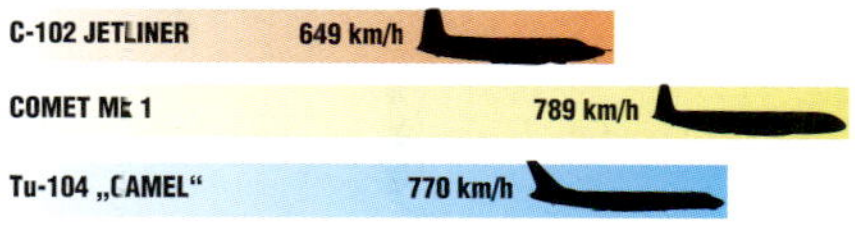

KAPAZITÄT

Alle drei Verkehrsflugzeuge hatten eine vergleichbare Kapazität. Die C-102 war mit 50 Sitzen voll ausgelastet. Die Comet wurde später gestreckt, um mehr Passagiere aufnehmen zu können.

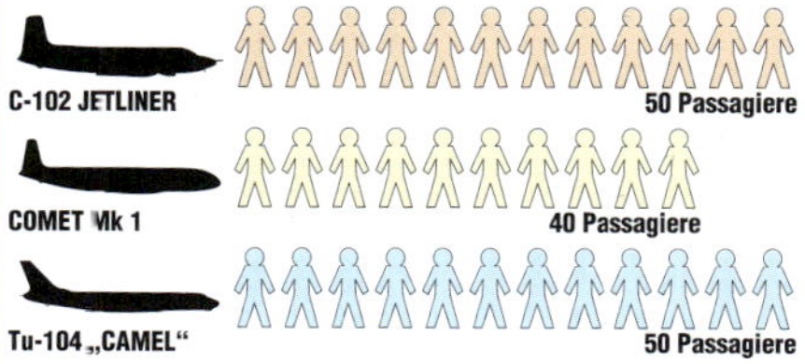

REICHWEITE

Als Prototyp hatte die C-102 eine Reichweite von etwa 2000 km. Mit vier Derwent als Antrieb verbrauchte sie sehr viel Treibstoff. Um die Reichweite aufrechtzuerhalten, bedurfte es erweiterter Tanks, die sich zu ungunsten der Nutzlast auswirkten. Comet und Tu-104 waren mit zwei Triebwerken ausgestattet und größer als die Jetliner.

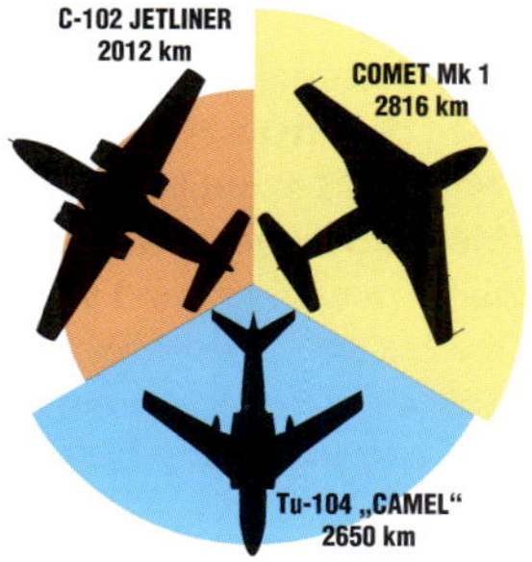

Prototypen britischer Düsentransporter

AVRO 706 ASHTON: Zur Erforschung des Düsenflugverkehrs ließ das britische Beschaffungsministerium sechs Maschinen mit Strahltriebwerken Rolls-Royce Nene bauen.

DE HAVILLAND DH.106 COMET: Angetrieben von de Havilland Ghost, flog die Comet erstmals im Juli 1949 und ging drei Jahre später als erstes Düsenverkehrsflugzeug in Dienst.

VICKERS NENE-VIKING: Der Viking-Airliner, das erste Transportflugzeug mit Düsenantrieb, flog 1948 mit einem Strahltriebwerk Rolls-Royce Nene. Er diente nur zur Erprobung.

VICKERS VISCOUNT 663: Der zweite Prototyp des Turboprop-Verkehrsflugzeugs wurde 1950 zum fliegenden Motorprüfstand mit zwei Strahltriebwerken Rolls-Royce Tay umgebaut.

BAC

ONE-ELEVEN

● **Kurzstrecken-Linienflugzeug** ● **Lizenzbau in Rumänien**

▲ *Die One-Eleven stammt aus den 60er Jahren und fliegt heute vor allem in Afrika und Rumänien.*

Die One-Eleven war als Nachfolgerin für die Vickers Viscount Turboprop geplant und wurde eines der leistungsfähigsten britischen Verkehrsflugzeuge. Sie flog nähere Urlaubsziele an, wurde im Zubringerdienst eingesetzt und verkaufte sich gut. Obwohl ihr Entwurf über 30 Jahre zurückliegt, sieht man sie noch fliegen. Derzeit sind weltweit noch rund 23 Exemplare im Einsatz.

BAC ONE-ELEVEN

▲ **In amerikanischen Diensten**
Im Juli 1965 erhielt American Airlines ihre erste One-Eleven. Sie wurde mit Erfolg eingesetzt, obwohl die Bundesluftfahrtbehörde (FAA) ihr Gewicht auf nur 36 288 kg begrenzte.

▲ **British United**
1963 flog British United Airways erstmals mit der One-Eleven. Wenig später folgte die amerikanische Braniff International.

◀ **Im Cockpit**
Die meisten One-Eleven flogen mit einer zweiköpfigen Crew, selbst in den USA, wo drei Männer im Cockpit die Norm waren.

Dichte Bestuhlung ▶
Die One-Eleven vermied die Fehler früherer britischer Konstruktionen durch eine engere Sitzanordnung.

▲ **Feldflugplatz**
Ihre Fähigkeit, auf kleinen Landeplätzen zu operieren, begünstigte den Einsatz in Südamerika, Afrika und Asien.

◀ **Passagiere in Peru** ▲
Faucett flog die One-Eleven auf peruanischen Inlandsrouten – oft von wenig befestigten Flugplätzen im Hochland.

FAKTEN UND ZAHLEN

- Pech hatte man mit dem Prototyp der One-Eleven: Drei Monate nach dem Erstflug im August 1963 stürzte er ab.
- Der Linienbetrieb der One-Eleven begann bei British United Airlines im April 1965.
- Die One-Eleven war einer der wenigen britischen Airliner-Exporte in die USA.
- Die 220 bis 1978 verkauften One-Eleven machten sie zur größten Devisenquelle Englands im Bereich der Luftfahrt.
- 1966 wurde die Serie 500 eingeführt, die 119 Passagiere aufnehmen konnte.
- In Rumänien baute Rombac eine verbesserte One-Eleven.

Mit der One-Eleven in den Urlaub

Bavaria Germanair setzte die One-Eleven 500 für Städteverbindungen ein.

Urlaubsflüge und Pendelverkehr zwischen Großstädten waren die Spezialitäten der One-Eleven. American Airlines flog sie als „Jet Express“ auf der stark frequentierten Städteverbindung von Boston über New York nach Washington.

Die One-Eleven geht auf eine Studie der Firma Hunting zurück, in der ein Nachfolger für die erfolgreiche Vickers Viscount gesucht wurde. Die H-107 sollte ein kreuzförmiges Leitwerk und zwei Triebwerke im Heck erhalten. Ihre Kapazität war auf 48 Plätze hin konzipiert und ihre Reichweite auf rund 1600 km.

1960 ging Hunting Aircraft in der British Aircraft Corporation (BAC) auf, und der Entwurf wurde auf 65 Sitze erweitert. Im April 1961 begann die Produktion des ersten Loses von 20 Maschinen. Zunächst erwarb British United Airways zehn Stück der Serie 200. Ein wichtiger Schritt auf dem Weg zum Erfolg war eine amerikanische Bestellung: Braniff kaufte im Oktober 1961 sechs Flugzeuge mit einer Option für weitere sechs.

Einen Rückschlag erlitt die One-Eleven, als im Oktober 1963 eine Testmaschine abstürzte. Das T-Leitwerk hatte einen Strömungsabriss verursacht – ein Problem, das durch Veränderungen im Steuersystem abgestellt werden konnte. Danach verkaufte sich die One-Eleven gut. Neuen Auftrieb erhielt sie 1977, als die rumänische Interprederea Avionane eine Lizenzabsprache mit BAC traf. Die erste Rombac-One-Eleven wurde 1982 ausgeliefert. Ein „Flüsterpaket“ sollte das Leben der One-Eleven noch weiter verlängern.

TECHNISCHE DATEN
One-Eleven 500

- **Typ:** Kurzstrecken-Verkehrsflugzeug
- **Triebwerke:** zwei Mantelstrom-Triebwerke Rolls-Royce Spey 512-DW, je 55,84 kN Schub
- **Geschwindigkeit:** maximal 871 km/h; Sparflug 742 km/h
- **Steigrate:** 730 m/min
- **Reichweite:** 2380 km mit voller Nutzlast; 3458 km mit vollen Tanks
- **Dienstgipfelhöhe:** 10 600 m
- **Zuladung:** normal 97, maximal 119 Passagiere
- **Gewicht:** leer 24 758 kg; beladen 47 400 kg
- **Abmessungen:** Spannweite: 28,50 m; Länge: 32,61 m; Höhe: 7,47 m; Tragflügelfläche: 95,78 m²

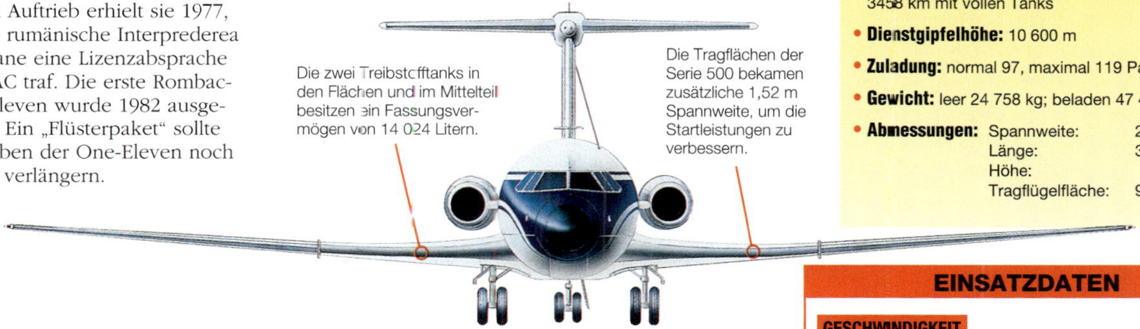

Die zwei Treibstofftanks in den Flächen und im Mittelteil besitzen ein Fassungsvermögen von 14 024 Litern.

Die Tragflächen der Serie 500 bekamen zusätzliche 1,52 m Spannweite, um die Startleistungen zu verbessern.

ONE-ELEVEN

Vor dem Airbus war die BAC One-Eleven eines der erfolgreichsten europäischen Linienflugzeuge. Besonders populär war die 500er Serie, die sich im Wettbewerb mit Boeing und McDonnell Douglas behauptete.

Ein Aufbäumregler ist Bestandteil der Steuerung. Er soll einen durch das hoch angesetzte T-Leitwerk verursachten Strömungsabriss verhindern, der 1963 zum Absturz des Prototyps geführt hatte.

Bei BAC erwog man den Bau einer Serie 700, deren Rumpf um 3,66 m gegenüber der 500er gestreckt werden sollte.

Im Bug hat die One-Eleven ein kleines Wetterradar.

Wie viele Zeitgenossinnen ist auch die One-Eleven mit fünf Sitzen nebeneinander bestuhlt.

An der Flügelvorderkante befinden sich kleine Grenzschichtzäune, um den Luftstrom nach außen zu kontrollieren.

Mit Wassereinspritzung gibt das Spey-512-14W-Triebwerk mehr Schub ab.

Um die One-Eleven trotz strengerer Lärmgrenzwerte weiterhin einsetzen zu können, wurde eine Schalldämpfung entwickelt. Sie besteht aus einer Triebwerksummantelung, die in sechs Schächten der Abgasstrahl mischt.

Hinten im Rumpf gibt es zwischen den Triebwerken einen Zugang mit einer hydraulisch bewegten Treppe. An vielen Maschinen wurde die Tür versiegelt, nachdem bei einem Überfall ein Luftpirat mit dem Lösegeld in der Tasche das Flugzeug per Fallschirm verließ.

EINSATZDATEN

GESCHWINDIGKEIT

Doppelstrahlige Maschinen waren ca. 200 km/h schneller als Turboprop-Flugzeuge wie die Viscount und doppelt so schnell wie kolbengetriebene Maschinen, die zehn Jahre früher flogen. Die One-Eleven war schnell genug für kurze Distanzen.

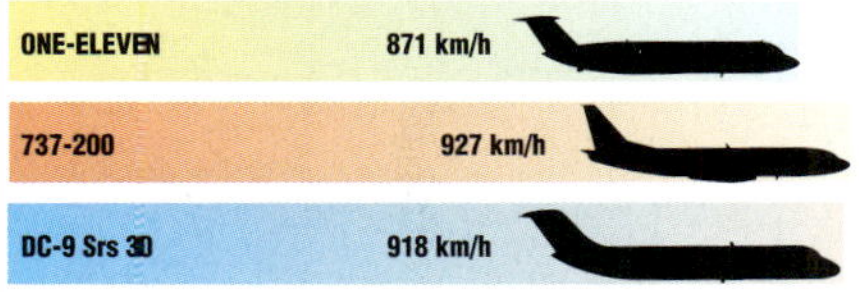

REICHWEITE

Die typischen Kurzstrecken innerhalb Europas oder an der Ostküste der USA liegen zwischen 100 km und 1000 km. Düsenflugzeuge, die auf diesen Städteverbindungen fliegen, führen genügend Treibstoff mit, um mehrere Etappen ohne Auftanken zu bewältigen.

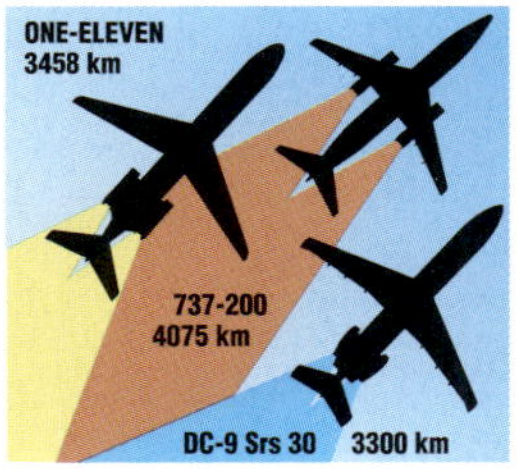

NUTZLAST

Als die Konstrukteure Ende der 50er Jahre die Leistungsbeschreibung für düsengetriebene Verkehrsflugzeuge diskutierten, dachten sie an eine Kapazität von etwa 50 Passagieren. Doch bald brauchte man größere Flugzeuge. Die One-Eleven wurde über 119 Sitze hinaus nicht verlängert. Bei ihren Konkurrenten war das anders, die mit einer Sitzkapazität von 150 bis 180 in unser Jahrzehnt gingen.

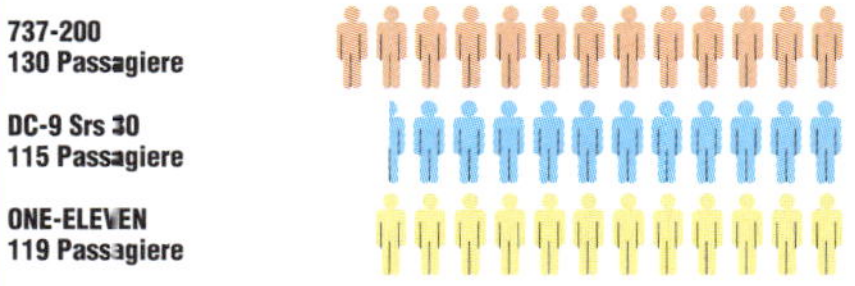

Lufttransporter für den Massenmarkt

AÉROSPATIALE CARAVELLE: Die Caravelle der 50er Jahre war eines der ersten zweistrahligen Kurzstreckenflugzeuge. Andere Linienflugzeuge mussten sich an ihren Standards messen lassen.

DC-9: Als Mitbewerber neben der One-Eleven flog die DC-9 seit 1965. Sie wurde mit verschiedenen Sitzplatzkapazitäten angeboten und erreichte dadurch geringe Marktvorteile.

BOEING 737: Obwohl sie durch ihre Konkurrenten in den Einsatz gedrängt wurde, bot die geräumige Boeing eine breitere Kabine an und wurde eines der bestverkauften Verkehrsflugzeuge.

Beech 18

● Leichtes Passagierflugzeug ● Lange Produktion ● Militäreinsatz

Die Beech 18 wurde von den dreißiger Jahren bis in die sechziger Jahre hinein produziert, länger als jede andere Maschine dieser Art. Der „Tausendsassa am Himmel" ist ein einfaches, zweimotoriges Flugzeug in Ganzmetallbauweise mit einer Kabine für sechs Passagiere. Am 15. Januar 1937 startete die Beech 18 zum Erstflug, und bald hatte sie sich als Transporter bewährt, vor allem in Kanada, wo sie mit Rädern, Schwimmern und Kufen flog.

▲ *Überraschenderweise war die Beech 18 anfangs kein Verkaufsschlager. Erst die Versionen mit größerer Passagierkapazität und die Militärmaschinen machten den Typ weltweit bekannt.*

Beech 18

◄ Im Dienst der US Navy
Die US Navy erhielt über 1500 Beech 18 mit der Bezeichnung JRB oder SNB, die den Maschinen der US Army entsprachen.

Mehrzwecktransporter ►
Die Grundversion, die bei der US Army UC-45 hieß, ging im Rahmen des Land-Lease-Abkommens auch nach Großbritannien und Kanada.

▼ Kansan
Die AT-11 Kansan mit Waffenturm und Bombenschacht diente zur Ausbildung der Schützen.

▼ Version 18D
Die 18D mit Jacobs-L-6-Motoren war als einzige Version schon vor dem Krieg erfolgreich.

◄ Mit Strahlturbine
Sowohl Volpar wie auch die Pacific Airmotive Corporation boten gestreckte Umbauten mit Propellerturbine an, die auf der Beech 18 basierten. Einige Maschinen konnten bis zu 17 Passagiere aufnehmen.

FAKTEN UND ZAHLEN

- James Peyton, der erste Testpilot der Beech 18, besaß bereits Erfahrungen mit mehrmotorigen TWA-Maschinen.
- Am 26. November 1969 wurde die letzte von mehr als 8000 Beech 18 ausgeliefert.
- Ende der vierziger Jahre galt die Beech 18 global als beliebtestes Geschäftsmuster.
- Eine Beech 18, die für das „Time Magazine" flog, brachte es bei Geschäftsreisen auf mehr als eine Million Flugkilometer.
- Turboprop-Umrüstungen der Beech 18 boten 15 bis 18 Passagieren Platz.
- Die erste Serienmaschine der Beech 18 war auch die erste mit Schwimmern.

Zeitloses Beech-Konzept

Mit der 18 schrieb Beech eine der großen Erfolgsgeschichten der Luftfahrt. Der Typ unterschied sich äußerlich kaum von anderen Maschinen der dreißiger Jahre, fand aber bei Piloten und Käufern so großen Anklang, dass er über eine Rekordzeit von 32 Jahren produziert wurde.

In jüngster Zeit ließen zahlreiche amerikanische Unternehmen die Beech 18 umbauen, um die Flugleistungen oder die Passagierkapazität zu erhöhen. Dies beinhaltete häufig die Umstellung auf Propellerturbinen, und teilweise wurden sogar die Flugzeugzelle und die Cockpitausstattung umfassend modifiziert.

Während des Krieges zogen die US Army und das Militär in einem Dutzend anderer Länder die Beech 18 ein und nutzten sie als leichten Transporter, Fotoaufklärer sowie als Piloten- und Navigatoren-Trainer. Die US Army und die Navy kauften zudem auch neue Maschinen. Das oft nur als „Twin Beech“ bezeichnete Flugzeug erhielt bei der RAF den Namen „Expeditor“.

Viele Piloten, die während des Krieges die Beech 18 flogen, blieben ihr auch später treu. In den Nachkriegsjahren entstanden viele verschiedene zivile und militärische Versionen dieses ausgezeichneten Flugzeugs, und viele hundert Beech 18 sind heute noch in der ganzen Welt im Einsatz.

Links: Die nach Kanada exportierte C-45F wurde zur Expeditor III. Im Januar 1945 erhielten alle C-45 in den USA die Bezeichnung UC-45.

Oben: Die Beech 18 ließ sich wahlweise auch mit Schwimmern einsetzen und war daher in Kanada sehr beliebt.

TECHNISCHE DATEN
Super H18

- **Typ:** zweimotoriger Leichttransporter
- **Triebwerke:** zwei Sternmotoren Pratt & Whitney R-985-AN-14B mit je 336 kW
- **Höchstgeschwindigkeit:** 375 km/h in 1370 m
- **Reisegeschwindigkeit:** max. 354 km/h in 3050 m Höhe
- **Sparfluggeschwindigkeit:** 298 km/h in 3050 m
- **Reichweite:** 3060 km
- **Gipfelhöhe:** 6525 m
- **Gewicht:** leer 2651 kg; max. Startmasse 4491 kg
- **Kapazität:** zwei Piloten, max. neun Passagiere
- **Abmessungen:** Spannweite: 15,15 m; Länge: 10,73 m; Höhe: 2,84 m; Tragflügelfläche: 33,51 m²

18

Von den mehr als 8000 gebauten Beech 18 sind heute noch einige bei kleinen Fluggesellschaften auf der ganzen Welt im Einsatz. Dieses Exemplar der Eastern Caribbean Airways fliegt noch mit Sternmotor

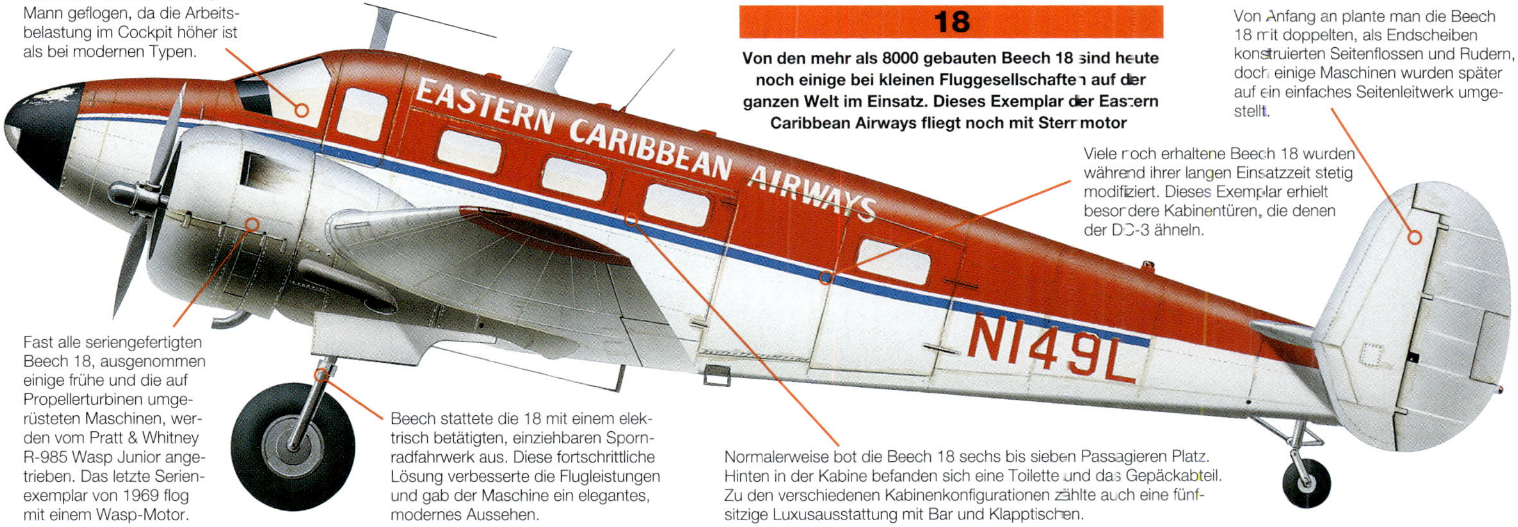

Die Beech 18 wird von zwei Mann geflogen, da die Arbeitsbelastung im Cockpit höher ist als bei modernen Typen.

Von Anfang an plante man die Beech 18 mit doppelten, als Endscheiben konstruierten Seitenflossen und Rudern, doch einige Maschinen wurden später auf ein einfaches Seitenleitwerk umgestellt.

Viele noch erhaltene Beech 18 wurden während ihrer langen Einsatzzeit stetig modifiziert. Dieses Exemplar erhielt besondere Kabinentüren, die denen der DC-3 ähneln.

Fast alle seriengefertigten Beech 18, ausgenommen einige frühe und die auf Propellerturbinen umgerüsteten Maschinen, werden vom Pratt & Whitney R-985 Wasp Junior angetrieben. Das letzte Serienexemplar von 1969 flog mit einem Wasp-Motor.

Beech stattete die 18 mit einem elektrisch betätigten, einziehbaren Spornradfahrwerk aus. Diese fortschrittliche Lösung verbesserte die Flugleistungen und gab der Maschine ein elegantes, modernes Aussehen.

Normalerweise bot die Beech 18 sechs bis sieben Passagieren Platz. Hinten in der Kabine befanden sich eine Toilette und das Gepäckabteil. Zu den verschiedenen Kabinenkonfigurationen zählte auch eine fünfsitzige Luxusausstattung mit Bar und Klapptischen.

EINSATZDATEN

REISEGESCHWINDIGKEIT

Mit ihren Sternmotoren Pratt & Whitney erreichte die AT-11 trotz des Luftwiderstandes durch ihren Doppel-MG-Rückenturm 346 km/h. Sie konnte daher eine Ausbildung bei Geschwindigkeiten gewährleisten, die denen der Einsatzflugzeuge nahekamen.

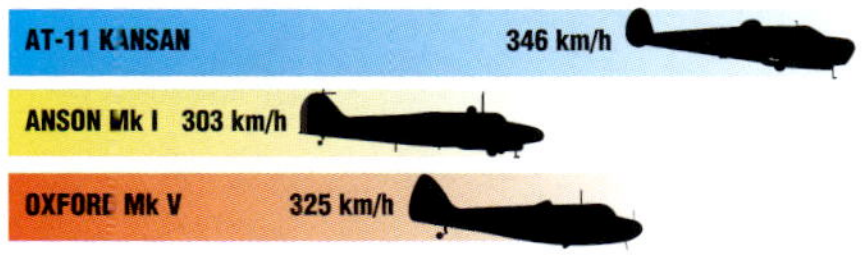

REICHWEITE

Beide britische Maschinen konnten nicht so weit fliegen wie die AT-11. Beech hatte bei der zivilen Version 18 eine wesentlich bessere Reichweite, während die Avro Anson auf einer britischen Ausschreibung für ein Kurzstreckenflugzeug basierte und die Airspeed Oxford als reiner Militärtrainer konzipiert war.

BEWAFFNUNG

Die Oxford Mk I ließ sich als Bomber- und Bordschützentrainer einsetzen, doch die meisten Exemplare wurden als mehrmotorige Navigationstrainer gebaut. Die Anson flog beim RAF-Küstenkommando.

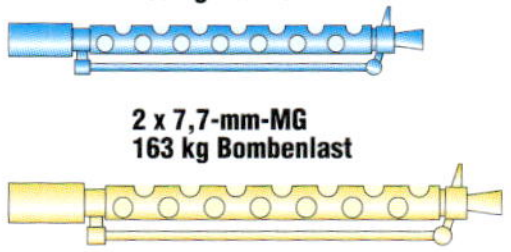

AT-11 KANSAN	2 x 7,62-mm-MG, 450 kg Bombenlast
ANSON Mk 1	2 x 7,7-mm-MG, 163 kg Bombenlast
OXFORD Mk V	keine

Umrüstungen der Beech 18

ZEITLOSES KONZEPT: Von der Beech 18 wurden viele militärische und zivile Modelle gebaut, die noch heute die Grundlage für neue Umrüstungen bilden.

BORDSCHÜTZENTRAINER: Im Zweiten Weltkrieg wurden 1582 AT-11 Kansan ausgeliefert – einige mit Doppel-MG-Turm.

BOMBERTRAINER: In einem kleinen Bombenschacht konnte die AT-11 bis zu zehn 45-kg-Bomben aufnehmen. Insgesamt erhielt die US Air Force 1582 AT-11, von denen einige für die Navigatorenausbildung zu AT-11A ohne Rückenturm umgerüstet wurden.

SCHWIMMER-FLUGZEUG: Die kanadische Vancouver Island Air Seawind ist eine der radikalsten und auch neuesten Umrüstungen der Beech 18. In dieser Form flog die Maschine erstmals 1994.

65 QUEEN AIR

● Zweimotoriges Geschäfts- und Zubringerflugzeug ● Verkaufserfolg

Das Modell 65, das von der Twin Bonanza abgeleitet war und im August 1958 erstmals flog, bildete den Anfang einer Serie zweimotoriger Geschäftsflugzeuge mit dem Namen Queen Air. Die 65 war zwar klein, verfügte aber wie ein großer Airliner über alle für den Allwettereinsatz erforderlichen Systeme und konnte darüber hinaus sogar mit einem Wetterradar ausgestattet werden. Das erfolgreiche Muster fand weltweite Verbreitung als Lufttaxi und Kurzstreckenzubringer.

▲ *Beechcrafts Verkaufsschlager, die 65 Queen Air, bildete das Verbindungsglied zwischen der 50 Twin Bonanza mit Kolbenmotoren und der 90 King Air mit Turboprop-Antrieb.*

BEECHCRAFT 65 QUEEN AIR

▼ **Gepfeilte Flosse**
Mit dem Modell 65-80 erhielt die Queen Air 1962 erstmals eine gepfeilte Seitenflosse. Eine größere Spannweite führte 1966 die abgebildete 65 Queen Air B80 ein. 242 Muster dieses Typs wurden gebaut.

▲ **Weltweiter Absatz**
Die Queen Air verkaufte sich weltweit. Viele Maschinen gingen an militärische Betreiber, die den Typ ideal für Verbindungs- und Schulungsaufgaben fanden.

▼ **Queen Airliner**
Diese drei 70 Queen Airliner gehörten zur amerikanischen Commuter Airlines. Der Typ erhielt 1968 die Zulassung, und 35 Muster wurden gebaut.

▲ **Geschäfts- und Zubringerflugzeug**
Beechcraft bot die Queen Air als Geschäfts- und Zubringerflugzeug an. Modell 70 konnte bei enger Bestuhlung neun Passagiere aufnehmen.

◀ **Beliebte Propellerturbine**
Die modernen Zubringertypen mit Turbopropantrieb bedeuteten in den siebziger Jahren das Aus für Kolbenmotormaschinen. Die 70 gehörte zu den letzten Mustern.

FAKTEN UND ZAHLEN

- SFERMA und Sud-Aviation bauten eine Queen Air mit zwei 447-kW-Propellerturbinen Turboméca Astazou.
- Die A65-85 war eine Variante der 65 Queen Air 80 mit Druckkabine.
- Vier Monate nach Konstruktionsbeginn, im August 1958, flog der Queen-Air-Prototyp.
- Am 8. Februar 1960 erflog ein Testpilot mit einer 65 Queen Air einen Klassen-Höhenweltrekord von 10 626 m.
- 65 Queen Air B80 war die letzte Version in der Produktion, die Ende 1977 auslief.
- Die schnellste Queen Air, die Turbinenversion U-21A der US Army, flog 426 km/h.

„Königin der Lüfte" von Beechcraft

Auf dem Erfolg des Modells 65 aufbauend, brachten die Flugzeugwerke von Walter Beech schon 1962 die schwerere 80 Queen Air heraus, die eine gepfeilte Seitenflosse und stärkere Lycoming-Motoren einführte. Im Jahr darauf folgte die A65 mit größerer Treibstoffkapazität. 1964 erschien die Queen Air A80 mit größerer Spannweite sowie einer Kabine für acht Passagiere und 1966 die B80, die weitere kleine Verbesserungen bot. Eine geplante Version mit Druckkabine wurde nicht gebaut. Beechcraft vermarktete die Queen Air als Geschäfts- und als Zubringerflugzeug. Das Modell 70 von 1968 war als Queen Airliner mit neun Passagiersitzen in enger Anordnung erhältlich.

1971 wechselte die Produktion zum Modell 90 King Air, einer Entwicklung mit Turboprop-Antrieb. Kunden, die eine preiswertere Alternative wünschten, stand kurzzeitig die 65-88, eine King-Air-Version mit Kolbenmotoren, zur Verfügung.

Die Queen Air diente aber nicht nur als Basis für die King Air, sondern auch für das Geschäftsflugzeug Swearingen Merlin und den 19-sitzigen Airliner Metro. Die US Army flog die Queen Air als L-23F/U-8F Seminole und U-21A Ute.

Excalibur Aviation baute über 160 Exemplare der Modelle 65 und 70 mit 298 kW starken Acht-Zylinder-Motoren Lycoming, neuen Motorgondeln und vollintegrierten Fahrwerksluken nach und nannte sie Queenaire 800 beziehungsweise 8800.

Links: Die ab 1968 erhältliche Queen Air 70 verband die Triebwerke des Modells A65 mit der Spannweite der 80. Eine Queen-Airliner-Version wurde auch angeboten.

Unten: Frühe Serienmodelle der Queen Air hatten noch dasselbe Leitwerk wie die Vorgängerin 50 Twin Bonanza.

TECHNISCHE DATEN
65 Queen Air 80

- **Typ:** zweimotoriges Geschäfts- und Zubringerflugzeug
- **Triebwerke:** zwei Sechs-Zylinder-Boxermotoren Lycoming IGSO-540-A1A mit je 283 kW
- **Höchstgeschwindigkeit:** 406 km/h in 3505 m
- **Reisegeschwindigkeit:** 370 km/h
- **Anfangssteigrate:** 490 m/min
- **Reichweite:** 2140 km bei Reisefluggeschwindigkeit und mit 45 Min. Reserve
- **Gipfelhöhe:** 10 520 m
- **Gewicht:** leer 2177 kg; max. 3629 kg
- **Abmessungen:**

Spannweite:	13,98 m
Länge:	10,74 m
Höhe:	4,47 m
Tragflügelfläche:	25,73 m²

Die meisten Queen Air waren mit luftgekühlten Sechs-Zylinder-Boxermotoren Lycoming O-480 oder O-540 ausgerüstet, doch eine der letzten Varianten, die 65-A90-1, erhielt zwei Propellerturbinen Pratt & Whitney Canada PT6A. Alle Exemplare dieser einzigen Turbopropversion der Queen Air gingen als U-21A an die US Army.

Die Queen Air wurde am Anfang als Sieben- bis Neunsitzer angeboten. Da man auch eine Verwendung als Frachter im Auge hatte, ließen sich Passagiersitze und Schotte leicht ausbauen.

Für den Allwetterbetrieb bot Beechcraft Enteisungsmanschetten für Flügel- und Leitwerksvorderkanten an.

Die A65 führte ein zurückgepfeiltes Seitenleitwerk in die Queen-Air-Serie ein. 1968/69 erschien die A65-8200 Queen Airliner, die zunächst 79 genannt wurde.

Wie einige andere Zubringer verfügten auch die späteren Queen-Air-Modelle über ein Frachtabteil im Bug, in dem man auch die Navigationsavionik unterbrachte.

Die Queen Air hatte standardmäßig Ganzmetalltragflächen mit zwei Holmen. Der Rumpf war in Halbschalenbauweise aus einer Aluminiumlegierung gefertigt. Er nahm den Haupttank auf, und in den Flügeln befanden sich Zusatztanks.

A65 Queen Air

Zu den besten Kunden der Queen Air gehörten Lufttaxiunternehmen. Diese Maschine diente später zu Schulungszwecken am Boden. Von 1969 bis 1970 wurde 96 Exemplare des Typs A65 gebaut.

EINSATZDATEN

LEISTUNG

Um Geschwindigkeit und Höhenleistung zu steigern, erhielten die Nachfolgemuster der erfolgreichsten Zubringertypen häufig stärkere Lader- oder Turboladermotoren. Mit letzteren waren sowohl die Piper PA-31-350 als auch die Cessna 402C ausgerüstet.

REISEGESCHWINDIGKEIT

Die Queen Air 80 flog etwas langsamer als die Konkurrenzmuster. Die King Air führte Propellerturbinen ein, die die Höchstgeschwindigkeit auf über 400 km/h und später auf über 500 km/h steigerten. Hier sind die Reisegeschwindigkeiten der Muster angegeben.

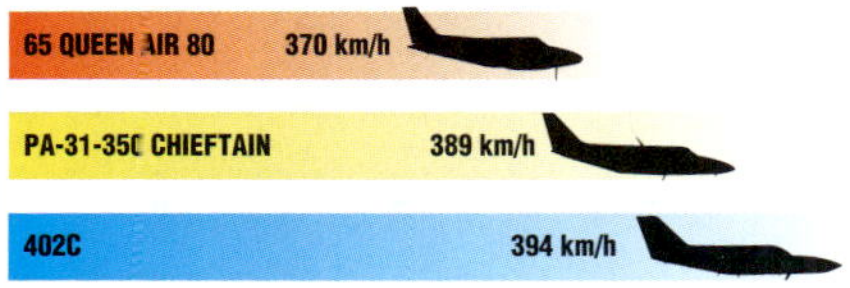

REICHWEITE

Die Hauptstärke der Queen Air war ihre den Konkurrenzmustern überlegene Reichweite. Das Modell 80 übertraf die Cessna 402C um über 300 km. Es hatte eine höhere Treibstoffkapazität als vorangegangene Ausführungen, und die maximale Flugmasse betrug etwa 3,6 Tonnen.

Zweimotorige Flugzeuge von Beechcraft

60 DUKE: Dieser Vier- bis Sechssitzer mit Druckkabine und Turbolader flog erstmals 1966. 593 Exemplare wurden bis 1982 gebaut.

76 DUCHESS: Für die 1978 aufgelegte Duchess waren drei Ausrüstungspakete (Weekender, Professional und Holiday) erhältlich.

90/100 KING AIR: Die erfolgreiche 90 und die Version 100 wurden aus der Queen Air entwickelt und erhielten Propellerturbinen.

C99: Die C99, der größte Beechcraft-Typ für 15 Passagiere, wurde 20 Jahre lang, von 1966 bis 1986, gebaut.

BEECHCRAFT

C99

● Zubringerflugzeug ● USA-weiter Einsatz ● Beliebt und zuverlässig

Die attraktive C99 verband die Technologie der achtziger Jahre mit den Erfahrungen, die Beechcraft mit den früheren Modellen 99 und B99 gewonnen hatte. Die Maschine wurde im Werk Selma, Alabama, gebaut und ging bei etwa einem Dutzend Fluggesellschaften in Dienst, die mit ihr auch wenige Passagiere wirtschaftlich befördern konnten. Die erfolgreichere Beechcraft 1900 löste die C99 ab, die aber auf vielen Flugstrecken weiterhin im Einsatz blieb.

▲ Mit der 99 begründete Beechcraft eine gut konstruierte Flugzeugfamilie. Trotz zahlreicher Verbesserungen und Wahlmöglichkeiten wurde der Typ dennoch kein Verkaufsschlager.

BEECHCRAFT C99

▲ Frachtluke auf Wunsch

Dieses Vorführflugzeug zeigt vor der Standardpassagiertür mit integrierter Treppe die optional nach vorn aufklappbare Frachtluke.

▲ Wie die Queen Air

In ihrer ursprünglichen Form sah das Modell 99 der Queen Air ähnlich.

▲ Mehr Leistung für die C99

Außer dem stärkeren Antrieb erhielt die C99 auch ein modifiziertes Fahrwerk und eine modernere Avionik.

▲ Extra-Gepäck

Wahlweise wurde ein großer, stromlinienförmiger Unterrumpfbehälter für zusätzliches Gepäck oder Fracht angeboten. Das Gepäck wird normalerweise im Bug und hinter den hinteren Sitzen verstaut.

▲ Forschungslabor

Diese 99 ging 1968 zunächst an die Cal-State Air Lines und fliegt hier für die University of Kansas als Forschungslabor.

◀ Größte Beechcraft

Zur Zeit seiner Einführung war das Modell 99 das größte von Beechcraft gebaute Flugzeug.

FAKTEN UND ZAHLEN

- Von 1982 bis 1986 wurden zusätzlich zu den 163 zuvor gefertigten 99 insgesamt 77 Beechcraft C99 produziert.
- Pilot Jim Dolbee startete die C99 am 20. Juni 1980 zu ihrem Erstflug.
- Die C99 ist wahlweise mit einer nach oben aufklappbaren Frachttür erhältlich.
- Unter dem Rumpf der C99 konnte auf Wunsch ein Behälter für 272 kg oder 363 kg Fracht montiert werden.
- Ein früheres Modell 99 wurde im Werk zum Prototyp der C99 umgebaut.
- Im beweglichen Kabinenschott können Passagiere und Fracht befördert werden.

Zubringerflugzeuge für die USA

Als Basis für den Airliner C99 und dessen Vorgänger in der Modell-99-Familie verwendete Beechcraft wesentliche Komponenten des Geschäftsflugzeugs Queen Air. Die Tragflügel erinnerten stark an die der Queen Air, aber der Rumpf war länger, und die 99 bekam Propellerturbinen statt Kolbenmotoren.

Entwurfsziel war eine praktische, kostengünstige Charter- und Zubringermaschine, die sich mit wenigen Passagieren auf Kurzstrecken zu kleinen ländlichen Flugplätzen wirtschaftlich betreiben ließ. Im Unterschied zu den früheren Modellen bot die C99 mit ihren 533 kW starken Triebwerken mehr als genug Leistung.

Beechcraft beendete die Herstellung des Modells 99 im Jahr 1975 und nahm 1980 die Fertigung der C99 auf, deren Auslieferung 1981 begann. Nach fünfjähriger Produktionszeit wurde die C99 von der moderneren 1900 abgelöst.

Die C99 erwies sich im Dienst als fähige und zuverlässige Maschine, war aber dennoch kein Verkaufsschlager. Beechcraft konnte jedoch mit der Maschine wertvolle Erfahrungen in der Produktion von Zubringerflugzeugen dieser Größe sammeln.

Oben: Die Sunbird Airlines flog eine Reihe von C99. Davon stürzte eine 1985 ab. Die C99 war vor allem bei US-Fluggesellschaften beliebt.

Unten: 1980 baute Beechcraft ein frühes Modell 99 zum Prototyp C99 um und nahm die Fertigung wieder auf, doch der erhoffte Verkaufserfolg blieb leider aus.

TECHNISCHE DATEN
C99

- **Typ:** Zubringer-/Frachtflugzeug
- **Triebwerke:** zwei Propellerturbinen Pratt & Whitney Canada PT6A-36 mit je 533 kW
- **Höchstgeschwindigkeit:** 496 km/h in 2440 m
- **Reisegeschwindigkeit:** 462 km/h in 2440 m
- **Anfangssteigrate:** 677 m/min
- **Reichweite:** 1686 km mit max. Betankung
- **Gipfelhöhe:** 7620 m
- **Gewicht:** Betriebsleermasse 3039 kg; max. Startmasse 5125 kg
- **Kapazität:** zwei Piloten, ein Flugbegleiter und 14 bis 15 Passagiere sowie bis zu 782 kg Fracht oder Gepäck oder bis zu 1990 kg Fracht ohne Passagiere; ein bewegliches Schott ermöglichte jede Passagier-Fracht-Kombination
- **Abmessungen:**

Spannweite:	13,98 m
Länge:	13,58 m
Höhe:	4,37 m
Tragflügelfläche:	25,98 m²

B99

Diese frühe Maschine blieb bei der Beechcraft Corporation und wurde als Vorführflugzeug genutzt. Sie war mit als Option angebotenen doppelten Kabinentüren zum Einladen großer Frachtstücke ausgestattet.

Die Türen auf den Bugseiten gehörten zum Gepäckabteil. Der optionale Gepäckbehälter unter dem Rumpf erhöhte die Kapazität wesentlich, beeinträchtigte die Geschwindigkeit aber kaum.

Der Typ wurde von nur einem Piloten geflogen, doch üblicherweise war das Cockpit mit zwei Mann besetzt. Zu den angebotenen Avionikoptionen zählte auch ein Wetterradar.

Standardmäßig waren 15 Passagiersitze eingerichtet, die sich aber einzeln ausbauen lassen, um die gemischte Beladung mit Fracht zu ermöglichen.

Alle B99-Airliner erhielten auf der Backbordseite eine Passagiertür mit integrierter Treppe. Das linke Triebwerk blieb normalerweise beim Ein-/Ausstieg der Passagiere abgeschaltet, so dass alle Systeme nur vom rechten Triebwerk versorgt wurden.

Das Modell 99 übernahm viele Merkmale der Queen Air, erhielt aber ein voll einziehbares Fahrwerk. Manche Piloten fanden die Steuerung am Boden schwierig.

Für den Antrieb der B99 sorgten zwei Propellerturbinen Pratt & Whitney Canada PT6A-27 mit je 507 kW, die auch im Airliner 99A eingebaut waren.

Tanks in den Tragflügeln erhöhten die Treibstoffkapazität auf 1400 Liter. Die B99 führte zusätzlich 435 Liter in Triebwerkgondeltanks mit.

Die B99, die 1972 erschien, verkaufte sich schlecht, und im Verlauf von vier Jahren baute Beechcraft nur 14 Standard-Airliner. Einige frühere 99 und 99A wurden allerdings auf den Standard der B99 gebracht, um von den verbesserten Flugleistungen unter „hohen und heißen“ Bedingungen zu profitieren.

EINSATZDATEN

REISEGESCHWINDIGKEIT

In einer Reiseflughöhe von 2440 m hat die C99 einen Geschwindigkeitsvorteil gegenüber der EMBRAER EMB-110P2A. Sie ist aber langsamer als die Jetstream 31, die viele US-Aufträge erhielt.

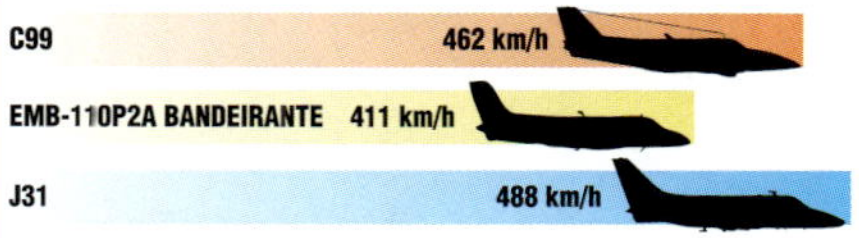

KAPAZITÄT

Die EMB-110P2A ist langsamer, bietet aber mehr Passagieren Platz. Für einen wirtschaftlichen Betrieb sind große Lasten günstig. Eine Ausnahme bilden hier möglicherweise ländliche Strecken.

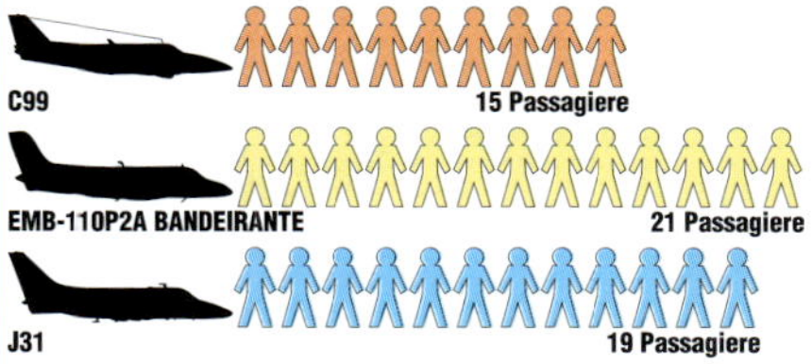

REICHWEITE

Die J31 errang weltweiten Erfolg, bietet aber nicht die Reichweite der C99 oder der größeren Bandeirante. Die angegebenen Werte wurden mit Passagieren und Reserven erzielt. Bezeichnend ist, dass die C99 wie auch die J31 aus früheren Mustern entwickelt wurden.

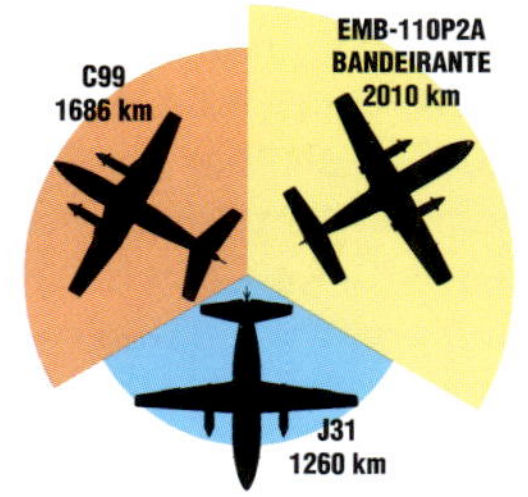

Zweimotorige Turboprop-Maschinen von Beechcraft

KING AIR C90B: Die King Air, im Prinzip eine Turboprop-Version der Queen Air, wurde 1963 vorgestellt. Die C90B von 1991 führte Vierblattpropeller ein.

SUPER KING AIR B200: In Bezug auf die Sitzplatzkapazität liegt die äußerst erfolgreiche B200 zwischen der King Air und der 99. Diese Maschine war das 1500. Exemplar.

1900C: Die 1900, die die C99 ablöste, war erfolgreicher als ihre Vorgängerin. Das Modell 1900C ist die Standardversion mit 19 Passagiersitzen.

STARSHIP 2000A: Die überwiegend aus Verbundwerkstoffen gefertigte Starship errang nicht den ihr gebührenden Erfolg. Die 2000A ist eine Weiterentwicklung der ersten Serienversion.

BEECHCRAFT

STARSHIP 1

● Geschäftsreiseflugzeug der Zukunft ● Fortschrittlicher Entenflügler

▲ *Blick in die Zukunft – oder eine Sackgasse? Die Starship 1 ist hochmodern und leistungsfähig, wurde aber nicht so gut verkauft wie erhofft.*

Die unglaublich schöne Beechcraft Starship 1, das „Sternenschiff", sieht aus wie von einem anderen Planeten. Dabei hatte es die weltliche Aufgabe, Geschäftsleute rasch über große Entfernungen zu befördern. Die Starship war eine gewagte Konstruktion, bei der die modernsten Materialien eingesetzt wurden, um Geschwindigkeit und Leistungsfähigkeit zu verbessern.

BILDERCHRONIK

BEECHCRAFT STARSHIP 1

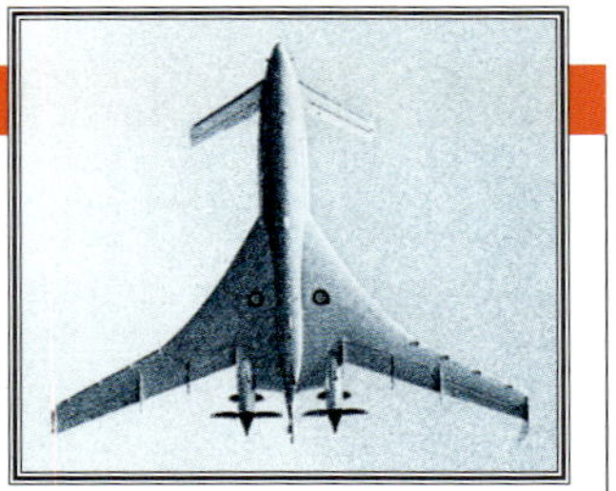

▲ Die optische Verführung
Nichts am Himmel sieht auch nur annähernd so aus wie die Starship 1 des Flugzeugkonstrukteurs Burt Rutan, die ihren schönen Namen zu Recht trägt.

▲ Spitzensegel
Da ein herkömmliches Leitwerk fehlt, hat die Starship 1 ihre Seitenruder außen an den Flächenenden an hochgezogenen Flossen, die die Stabilität verbessern. Beech nennt sie „Spitzensegel".

◀ Alles vom Feinsten
Für den Top-Manager zählt das Innenleben, und da kann sich die Starship 1 mit jedem düsengetriebenen Geschäftsflugzeug messen. Ledersessel, Bar, Toilette – es ist alles vorhanden.

▲ „Glascockpit"
Für den Piloten präsentiert sich das Cockpit so modern wie die äußere Form: Alle Daten erscheinen auf Monitoren.

Flugente auf Reisen ▶
Die Starship 1 besitzt gute Leistungsdaten, die sie ihrer modernen Aerodynamik und dem Turboprop-Antrieb verdankt.

FAKTEN UND ZAHLEN

- Die Starship 1 landet mit einer höheren Geschwindigkeit als der Jäger Messerschmitt Bf 109 im Zweiten Weltkrieg.
- Beechcraft war bis zum Bau der Starship für konservative Entwürfe bekannt.
- Bis auf zwei Exemplare in England und Dänemark flogen alle Starship 1 in den USA.
- Aufgrund des hohen Preises wurden nur 53 Exemplare gebaut. Mittlerweile hat Raytheon die Produktunterstützung eingestellt.
- Schon 1983 flog ein auf 85 Prozent verkleinerter Starship-Prototyp.
- Die erste serienmäßige Starship 1 flog Beechcraft im Jahr 1989.

Eine Reise in die Zukunft

Als 1983 ein im Maßstab verkleinerter Prototyp der Starship 1 bei Beechcraft abhob, handelte es sich um eine kühne Neuentwicklung für den Geschäftsreiseverkehr. Tragflächen wie ein Schwert, Triebwerke mit Druckschrauben, weit vorn angebrachte Entenflügel – die Starship 1 sieht aus wie ein Raketenschiff, und fliegt auch so.

Auch im Inneren der Starship 1 spiegelt sich die Technologie des Raumfahrtzeitalters. Keine schweren Metalle, sondern superleichte und tragfähige Verbundwerkstoffe in Wabenkonstruktion wurden verwendet.

Beechcraft baute 53 Exemplare dieses wundervollen Flugzeugs, musste aber, nachdem 1992 die erste Maschine ihren Dienst aufgenommen hatte, feststellen, dass die Starship 1 ihrer Zeit noch voraus war. In der überwiegend konservativen Geschäftswelt wurde sie deswegen als zu gewagt angesehen. Im Dienst einiger fortschrittlich denkender Benutzer erfüllte sie aber zuverlässig und dabei ungewöhnlich wirtschaftlich ihre Aufgabe.

Der Einbau der Triebwerke ganz am Ende der Maschine erhöht ihren Wirkungsgrad und bewirkt, dass es in der Kabine sehr ruhig ist.

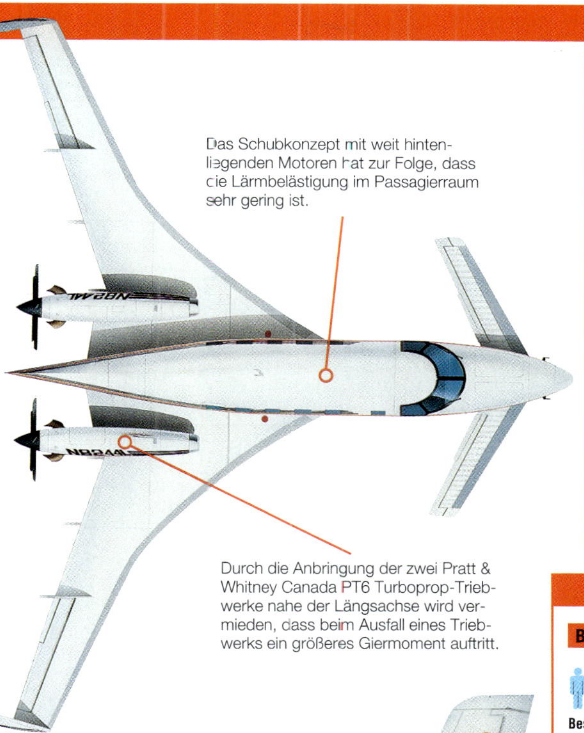

Das Schubkonzept mit weit hintenliegenden Motoren hat zur Folge, dass die Lärmbelästigung im Passagierraum sehr gering ist.

Durch die Anbringung der zwei Pratt & Whitney Canada PT6 Turboprop-Triebwerke nahe der Längsachse wird vermieden, dass beim Ausfall eines Triebwerks ein größeres Giermoment auftritt.

TECHNISCHE DATEN
Starship 2000

- **Typ:** schnelles Geschäftsflugzeug
- **Triebwerke:** zwei Pratt & Whitney PT6-67A Schubpropellerturbinen mit je 895 kW und McCauley Fünfblatt-Luftschrauben
- **Höchste Reisegeschwindigkeit:** 621 km/h in 6700 m Höhe
- **Reichweite:** 2620 km im Sparflug; 2570 km bei maximaler Reiseleistung
- **Gipfelhöhe:** 10 605 m
- **Gewicht:** leer 4574 kg; beladen 6577 kg
- **Besatzung und Passagiere:** Zweier-Crew (kann auch von einem Piloten geflogen werden) und sieben bis acht Passagiere
- **Abmessungen:**

	Spannweite:	16,58 m
	Länge:	14,05 m
	Höhe:	3,96 m
	Tragflügelfläche:	26,09 m²

STARSHIP 1

Ihr kühner Entwurf zielte in die Richtung privater Geschäftsfliegerei im 21. Jahrhundert und machte die Starship 1 zu einem Vorreiter der Luftfahrttechnologie.

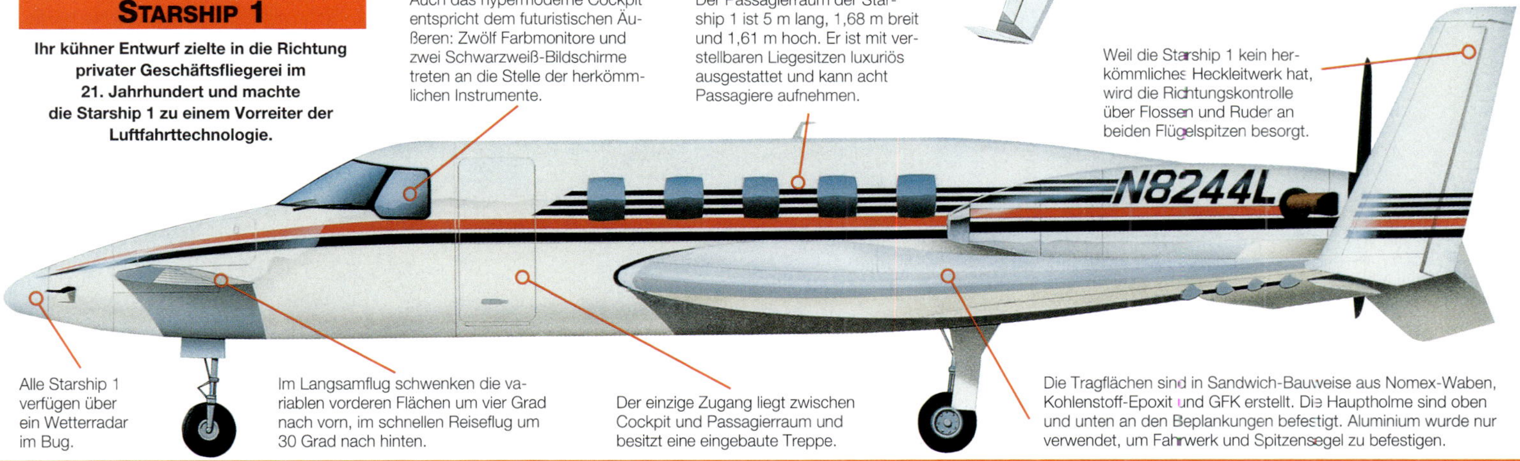

Auch das hypermoderne Cockpit entspricht dem futuristischen Äußeren: Zwölf Farbmonitore und zwei Schwarzweiß-Bildschirme treten an die Stelle der herkömmlichen Instrumente.

Der Passagierraum der Starship 1 ist 5 m lang, 1,68 m breit und 1,61 m hoch. Er ist mit verstellbaren Liegesitzen luxuriös ausgestattet und kann acht Passagiere aufnehmen.

Weil die Starship 1 kein herkömmliches Heckleitwerk hat, wird die Richtungskontrolle über Flossen und Ruder an beiden Flügelspitzen besorgt.

Alle Starship 1 verfügen über ein Wetterradar im Bug.

Im Langsamflug schwenken die variablen vorderen Flächen um vier Grad nach vorn, im schnellen Reiseflug um 30 Grad nach hinten.

Der einzige Zugang liegt zwischen Cockpit und Passagierraum und besitzt eine eingebaute Treppe.

Die Tragflächen sind in Sandwich-Bauweise aus Nomex-Waben, Kohlenstoff-Epoxit und GFK erstellt. Die Hauptholme sind oben und unten an den Beplankungen befestigt. Aluminium wurde nur verwendet, um Fahrwerk und Spitzensegel zu befestigen.

„Schwingender Schnauzbart“

Der Entenflügel vorn ist Teil eines sehr fortschrittlichen aerodynamischen Gesamtkonzepts. Die Vorflügel sind schwenkbar, um in den verschiedenen Phasen des Fluges auftretende aerodynamische Veränderungen auszugleichen.

REISEKONFIGURATION
Im normalen Reiseflug sind die Entenflügel um 30° nach hinten geschwenkt. Das wirkt sich bei hohen Geschwindigkeiten äußerst günstig aus. Der hier erzeugte Auftrieb kompensiert denjenigen der Haupttragflächen.

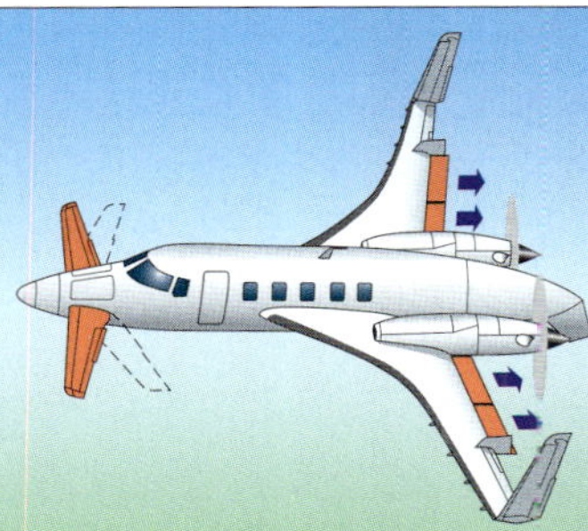

KONFIGURATION IM LANGSAMFLUG
Im Langsamflug werden die Landeklappen an den Haupttragflächen ausgefahren, um zusätzlichen Auftrieb zu erzeugen. Zugleich vergrößert sich dabei die Tragflügelfläche insgesamt, aber auch die Schwerpunktrücklage. Um das auszugleichen, schwenken die Entenflügel nach vorn, wodurch sie zusätzlichen Auftrieb produzieren und die Stabilität erhöhen.

EINSATZDATEN

BESATZUNG + PASSAGIERE

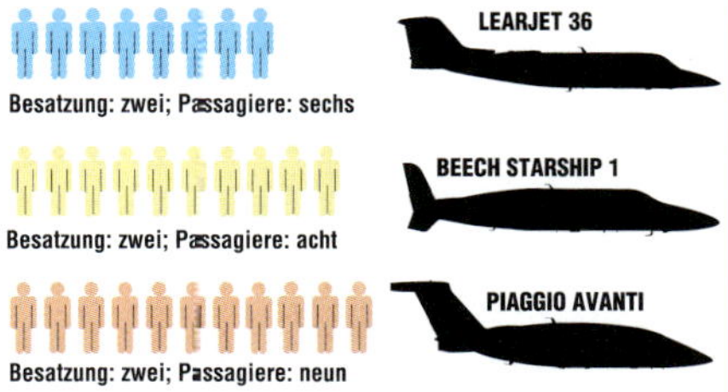

Turbinengetriebene Geschäftsflugzeuge haben unterschiedliche Sitzkapazitäten. Aber fast alle sind für eine Zweimann-Crew und für durchschnittlich acht bis zehn Passagiere ausgelegt.

REICHWEITE

Die meisten modernen Geschäftsflugzeuge sind für längere, transkontinentale Flüge ausgelegt. So kann ein vielbeschäftigter Manager ohne Zwischenlandung von New York nach Chicago oder von London nach Rom fliegen.

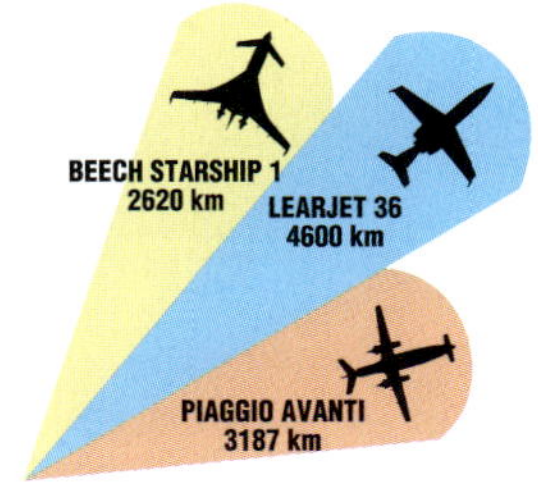

GESCHWINDIGKEIT

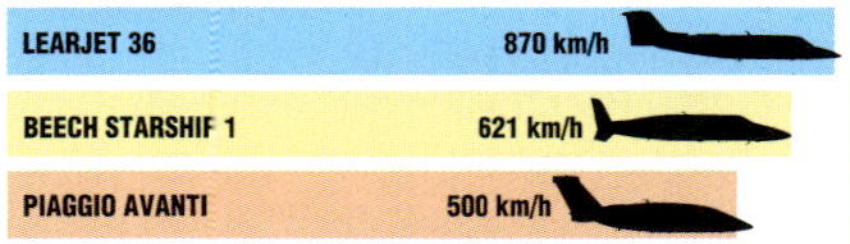

Das fortschrittliche Konzept der Starship ermöglicht ihr die Flugleistungen eines Düsenjets mit der Wirtschaftlichkeit einer Propellermaschine. Echte Düsenmaschinen wie der Learjet sind viel teurer im Unterhalt.

BOEING

247

● **Schneller als zeitgleiche Jäger** ● **Erstes Verkehrsmuster mit Klimaanlage**

Die Boeing 247, das erste als Tiefdecker konstruierte, mehrmotorige Verkehrsflugzeug in Amerika, war ihrer Zeit voraus, doch ihr wirtschaftlicher Erfolg blieb bescheiden. Ein Grund für die geringen Verkaufszahlen waren die rapiden Veränderungen, die die Luftfahrttechnik in den dreißiger Jahren kennzeichneten. So erschien kein halbes Jahr nach dem 247-Erstflug die Douglas DC-1. Dieser Typ verdankte der Boeing viel und ebnete den Weg für die berühmte DC-3.

▲ *Nur einen knappen Monat nach ihrem Erstflug am 8. Februar 1933 befand sich die erste Boeing 247 im Passagierdienst, und Ende April waren 14 weitere Maschinen ausgeliefert.*

BOEING 247

▲ **United Air Lines**
Die am 1. Juli 1931 gegründete United Air Lines (UAL) konnte dank ihrer 247-Flotte im Passagier- und Frachtdienst Rekorderträge erwirtschaften.

▼ **100 Millionen Stunden**
United Air Lines verlor zwar 1934 ihre Postverträge, brachte es aber als erste Luftgesellschaft der Welt am 17. Juni 1936 auf insgesamt 100 Millionen Flugstunden (vor allem mit Boeing 247).

◀ **US Army Air Corps**
Im Zweiten Weltkrieg beschaffte das USAAC 27 Boeing 247D zum Training.

Rennerfolg ▶
Diese Boeing 247D der UAL belegte 1934 beim australischen Luftrennen von London nach Melbourne den dritten Platz.

◀ **247 der Lufthansa**
Lufthansa führte 1934 zwei 247 ein, die das neue 247D-Cockpit aufwiesen, die alte, abgeschrägte Frontscheibe aber beibehielten.

FAKTEN UND ZAHLEN

- 1934 wurde eine Militärversion, die 247Y mit zwei 12,7-mm-Maschinengewehren im Bug, an China ausgeliefert.
- Als sie erschien, war die 247 fast 80 km/h schneller als andere Verkehrsflugzeuge.
- Im Zweiten Weltkrieg nutzte die RAF eine 247 zum Test automatischer Landesysteme.
- Beim „McRobertson"-Luftrennen 1934 von London nach Melbourne belegte eine 247D den dritten Platz in der Gesamtwertung.
- In Mexiko wurden einige 247 bis in die fünfziger Jahre hinein gewerblich genutzt.
- Die 247 der Luftwaffe Kanadas dienten im Zweiten Weltkrieg zur Navigatorschulung.

PROFIL

Boeings schneller Airliner

Die RAF übernahm 1942 diese kanadische Boeing 247, die bis 1948 als Erprobungsträger für das erste automatische Landesystem diente.

Als die 247 im März 1933 in Dienst gestellt wurde, galt sie als sehr schnell und komfortabel. Mit ihr konnte United Air Lines die Flugzeit von Küste zu Küste von 28 Stunden auf 20 Stunden und 30 Minuten verkürzen. Die 247 bot eine Reisegeschwindigkeit von 260 km/h statt 190 km/h wie ältere Muster von Ford, Boeing und Fokker. Ihre zehnsitzige Kabine war klimatisiert und lärmgeschützt.

Fast alle 75 gebauten Maschinen gingen an die Fluggesellschaften, die sich am 1. Juli 1931 zur UAL formiert hatten, doch diese enge Beziehung zwischen UAL und Boeing erschwerte den Absatz weiterer 247. So blieb einer von Boeing abgewiesenen Konkurrenzlinie keine andere Wahl, als sich an Douglas zu wenden und den Bau des Prototyps DC-1 für die größere, schnellere DC-2 anzuregen.

Ein anderes Problem war die geringe Flugmasse der 247. Ursprünglich hatte Boeing ein 7257-kg-Flugzeug bauen wollen, aber Piloten der Boeing Air Transport (ein UAL-Unternehmen) beharrten darauf, dass das Flugzeug für die vorgesehenen Hornet-Triebwerke zu schwer würde. So verkleinerte man den Entwurf maßstäblich auf 5443 kg und damit auch seine Nutzlast.

Als letzte 247 entstanden 13 schnellere 247D, und die meisten älteren Maschinen wurden auf diesen Standard nachgerüstet. 27 Stück kamen als C-73 mit der USAAF an die Front.

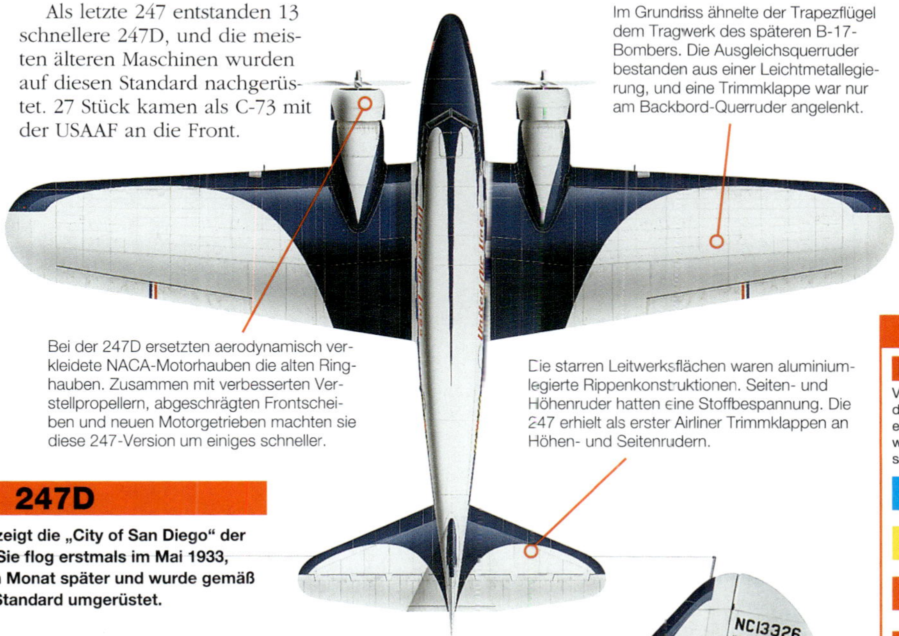

Im Grundriss ähnelte der Trapezflügel dem Tragwerk des späteren B-17-Bombers. Die Ausgleichsquerruder bestanden aus einer Leichtmetalllegierung, und eine Trimmklappe war nur am Backbord-Querruder angelenkt.

Bei der 247D ersetzten aerodynamisch verkleidete NACA-Motorhauben die alten Ringhauben. Zusammen mit verbesserten Verstellpropellern, abgeschrägten Frontscheiben und neuen Motorgetrieben machten sie diese 247-Version um einiges schneller.

Die starren Leitwerksflächen waren aluminiumlegierte Rippenkonstruktionen. Seiten- und Höhenruder hatten eine Stoffbespannung. Die 247 erhielt als erster Airliner Trimmklappen an Höhen- und Seitenrudern.

Die zweimotorige 247 erhielt als erstes Verkehrsflugzeug Ladermotoren, konnte als erstes bei voller Nutzlast mit nur einem Triebwerk steigen und war in vielerlei Hinsicht wegweisend für die Airliner der nächsten Generation.

247D

Diese Abbildung zeigt die „City of San Diego" der UAL von 1941. Sie flog erstmals im Mai 1933, verunglückte einen Monat später und wurde gemäß 247D-Standard umgerüstet.

Das sehr robuste Hauptfahrwerk zog in die Motorgondel ein. Für Notlandungen konnte es in jeder Position zwischen ein- und ausgefahrenem Zustand verriegelt werden.

Der freitragende Ganzmetallflügel hatte auswechselbare Außenflügel und Randbögen. Die inneren Segmente bildeten eine Einheit mit Rumpf und Motorgondelträgern.

Links und rechts vom Gang befanden sich je fünf Sitze für zehn Passagiere. Gepäck wurde im Vorder- und im Hinterrumpf verstaut.

TECHNISCHE DATEN 247D

- **Typ:** Verkehrsflugzeug
- **Triebwerke:** zwei Sternmotoren Pratt & Whitney R-1340S-S1H-1G Wasp mit je 410 kW
- **Höchstgeschwindigkeit:** 322 km/h
- **Anfangssteigrate:** 350 m/min
- **Reichweite:** 1199 km
- **Gipfelhöhe:** 7740 m
- **Gewicht:** leer 4148 kg; max. Startmasse 6192 kg
- **Abmessungen:** Spannweite: 22,56 m; Länge: 15,72 m; Höhe: 3,60 m; Tragflügelfläche: 77,68 m²

EINSATZDATEN

REISEGESCHWINDIGKEIT

Verglichen mit Verkehrsflugzeugen wie der Ford Trimotor brachten die 247 und Douglas DC-2 eine Geschwindigkeitssteigerung von etwa 55 Prozent. Sie hatten starke Motoren, ein effizientes Tragwerk und einen widerstandsarmen Rumpf. Sie waren aber nicht nur schnell, sondern boten auch insgesamt bessere Flugleistungen.

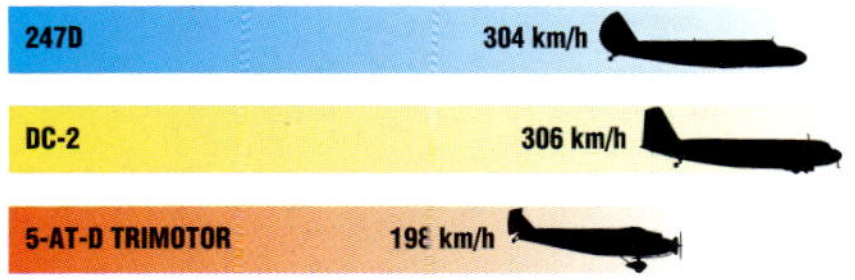

KAPAZITÄT

Als völlig unzureichend erwies sich bei der 247 die Passagierkapazität. Verantwortlich dafür war UAL, die eine niedrige Flugmasse gefordert hatte, was sich sehr negativ auf die spätere Wirtschaftlichkeit des Projektes auswirkte.

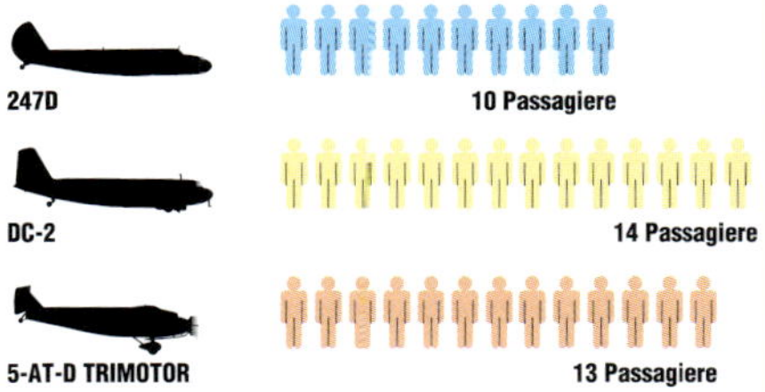

REICHWEITE

Die 247 flog erheblich weiter als die Trimotor, und die DC-2 konnte deren Reichweite fast verdoppeln. In dem damals rapide expandierenden Luftverkehr waren Geschwindigkeit und Reichweite entscheidende Faktoren, und jeder erfolgreiche Entwurf wurde durch große Gewinne belohnt.

Verkehrsflugzeuge der dreißiger Jahre

DE HAVILLAND DH.91 ALBATROSS: Diese viermotorige Maschine mit dem typischen doppelten Seitenleitwerk war schnell und luxuriös.

DOUGLAS DC-2: Das für TWA entwickelte erfolgreiche Konkurrenzmuster der Boeing 247 flog erstmals 1933 und führte zur DC-3.

FORD TRIMOTOR: Der erste Prototyp des dreimotorigen Erfolgsmusters hob schon 1926 ab; einige flogen noch in den neunziger Jahren.

JUNKERS Ju 52/3m: Das erfolgreichste europäische Verkehrsflugzeug der dreißiger Jahre diente im Zweiten Weltkrieg auch der Luftwaffe.

BOEING

307 STRATOLINER

● Langstreckenverkehrsflugzeug ● Militärtransporter ● Zehn Exemplare

Um ein modernes Passagierflugzeug mit einer Druckkabine zu schaffen, verband die Firma Boeing die Hauptauslegungsmerkmale ihrer gerade erst erschienenen B-17 Flying Fortress mit einem neuen Rumpf runden Querschnitts. So entstand die Boeing 307 Stratoliner. Dieses Muster wurde wirtschaftlich zwar leider kein Erfolg, aber einige der zehn gebauten Maschinen blieben dennoch jahrzehntelang im Einsatz.

▲ *Für den Militärdienst wurde die Stratoliner zur C-75 umgerüstet. Zu den Änderungen gehörte der Ausbau der Druckbelüftungsanlage und der Einbau eines Zusatztanks für 4500 Liter Treibstoff.*

BOEING 307 STRATOLINER

▼ Ecuadorianische Airline
Diese Stratoliner flog zuerst bei Pan American, ging dann an die Aerovias Ecuatoriana, die sie von 1951 bis 1954 zwischen Ecuador und Miami einsetzte, und diente später für Quaker City Airways.

▲ Fortress-Ursprünge
Viele Teile der Stratoliner, wie die Flügel, die Motorgondel, das Triebwerk und die ursprünglichen Leitwerksflächen, stammten von der B-17C Flying Fortress.

◀ Testflug
Die Wright-Cyclone-Motoren des Prototyps werden hier für einen Testflug in Seattle aufgewärmt. Die Maschine stürzte später bei Tests für eine ausländische Airline ab.

▼ Militäreinsatz
TWAs fünf SA-307B wurden 1942 vom Army Air Transport Command requiriert und in C-75 umbenannt. In zwei Jahren flogen sie über zwölf Millionen Kilometer und überquerten mehr als 3000mal den Ozean.

▲ Instrumententafel
Das Cockpit der Pan Am S-307 war mit doppelten Flugüberwachungsinstrumenten und einem Sperry-Autopiloten für diese Zeit fortschrittlich ausgestattet.

FAKTEN UND ZAHLEN

- Die erste von vier für die Fluggesellschaft Pan Am gebauten 307 Stratoliner stürzte beim Testflug ab.
- Pan American taufte ihre drei 307 „Flying Cloud“, „Comet“ und „Rainbow“.
- Boeing bot 1938 eine fabrikneue Stratoliner für 315 000 US-Dollar an.
- Drei in Frankreich registrierte Stratoliner waren die einzigen Zivilflugzeuge, die im Vietnamkrieg Hanoi anfliegen durften.
- Howard Hughes besaß eine 307 mit einer Luxusausstattung für 250 000 US-Dollar.
- Die einzige noch erhaltene Boeing 307 ist im Udvar-Hazy-Center ausgestellt.

PROFIL

Langstreckenverkehr in der Vorkriegszeit

Diese SB-307B wurde von Howard Hughes erworben und luxuriös eingerichtet. Nach Beschädigungen durch einen Hurrikan ließ Hughes sie zum Hausboot umbauen.

Boeings Bemühungen, aus einem Bomber ein Verkehrsflugzeug zu entwickeln, führten zur 307 Stratoliner mit einem Rumpf runden Querschnitts und, erstmals bei einem Airliner, mit Druckkabine. Bei einer Flughöhe von 4480 m entsprach der Kabinendruck einer Höhe von nur 2440 m. Dies ermöglichte es der Stratoliner, ihre Passagiere in Flughöhen von rund 6000 m und damit hoch über den Schlechtwetterfronten zu befördern.

Drei Stratoliner gingen an Pan Am, fünf an TWA und eine erhielt der flugbegeisterte Millionär Howard Hughes. Seine Bemühungen, eine Maschine zu erwerben, waren zunächst an den Verpflichtungen von Boeing gegenüber den Airlines gescheitert. Daraufhin hatte Hughes die TWA unter seine Kontrolle gebracht und die zuerst gelieferte Stratoliner für seinen persönlichen Gebrauch abgezweigt. Hughes, eine exzentrische Persönlichkeit, wollte am 1. September 1939 mit seiner Stratoliner zu einem Rund-um-die-Welt-Flug starten, musste den Plan aber wegen des Kriegs in Europa aufgeben. So blieb die 307 sein privates Lufttaxi. Die anderen 307 hatten eine kurze, erfolgreiche zivile Dienstzeit, bevor sie für die US-Streitkräfte requiriert wurden.

Nach dem Krieg flogen erneut auf zivilen Standard gebrachte Boeing 307 bei Betreibern in Honduras, Ecuador, Saudi-Arabien und Vietnam.

Nach dem Absturz des Prototyps ersetzte man das von der B-17C übernommene Seitenleitwerk mit großflächiger Flosse, breiterem Ruder und großer Seitenflossenverkleidung. Dies wurde später zu Boeings Markenzeichen.

Der neukonstruierte Rumpf hatte einen runden Querschnitt und bot genügend Platz für Fracht und Passagiere.

TECHNISCHE DATEN
SA-307B Stratoliner

- **Typ:** Langstrecken-Verkehrsflugzeug
- **Triebwerke:** vier Sternmotoren Wright Cyclone GR-1820 Cyclone mit je 820 kW
- **Höchstgeschwindigkeit:** 396 km/h
- **Reisegeschwindigkeit:** 354 km/h
- **Anfangssteigrate:** 366 m/min
- **Reichweite:** 3846 km
- **Gipfelhöhe:** 7985 m
- **Gewicht:** leer 13 068 kg; max. Startmasse 19 050 kg
- **Kapazität:** fünfköpfige Flugbesatzung und bis zu 33 Passagiere
- **Abmessungen:** Spannweite: 32,61 m; Länge: 22,66 m; Höhe: 6,34 m; Tragflügelfläche: 138,05 m²

SA-307B Stratoliner

TWA unterhielt mit fünf Exemplaren die größte Flotte Stratoliner. Aus Werbegründen („Flugzeug des Jahres 1940“) trug diese Maschine (NX19906) auf einer Vorführtour die Zulassung NX1940.

Im Cockpit saßen Pilot und Copilot nebeneinander und dahinter Flugingenieur und Funker. Der Navigator arbeitete in einem separaten Raum hinter dem Cockpit.

Die Stratoliner der TWA konnten in ihrer Druckkabine bis zu 33 Passagiere befördern. Im Heck war eine Bordküche eingebaut. Bei einigen Konfigurationen wurden an der Steuerbordseite vier schnell umrüstbare Abteile eingerichtet.

Serienmäßige Stratoliner wurden von vier Motoren Wright Cyclone GR-1820-G102 mit je 820 kW angetrieben. Howard Hughes ließ seine Privatmaschine mit 1156 kW starken Wright R-2600 Twin Cyclone nachrüsten.

Die Flügel stammten von der B-17C. In die Spitzen baute man zusätzliche Nasenspalten ein, und die Spannweite wurde um 99 cm vergrößert.

EINSATZDATEN

KAPAZITÄT

Bei enger Bestuhlung konnte die Stratoliner von diesen drei Vorkriegstypen die meisten Passagiere befördern. Auf Langstrecken wurden jedoch oft Reiseabteile eingerichtet, die zwar die Sitzplatzkapazität reduzierten, aber den Passagierkomfort verbesserten.

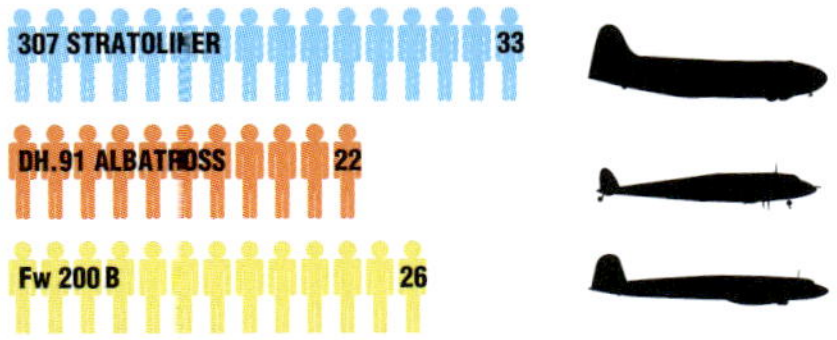

REISEGESCHWINDIGKEIT

Die Fw 200 war stromlinienförmiger konstruiert und daher die schnellste der drei Maschinen. Sie hatte die kürzesten Flugzeiten, was für Passagiere stets wichtig ist. Ihre Geschwindigkeit erwies sich auch nach der Umrüstung zum Seefernaufklärer als nützlich.

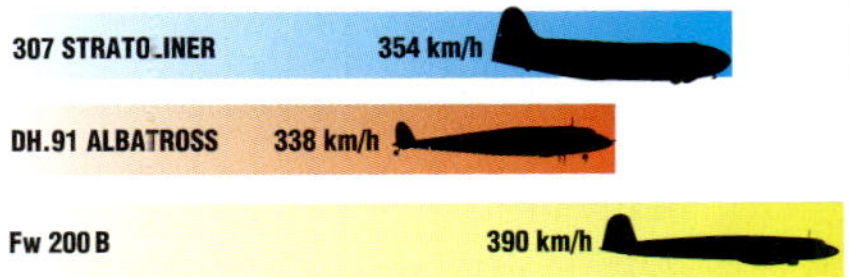

REICHWEITE

Reichweite war ein Vorteil der Stratoliner, weil sie große Entfernungen ohne Auftanken bei Zwischenlandungen zurücklegen konnte. Diese Reichweite nutzten die US-Streitkräfte im Zweiten Weltkrieg für Transozeanflüge. Die Albatross enttäuschte auf diesem Gebiet, und nur sieben Exemplare wurden gebaut.

Vom Bomber zum Verkehrsflugzeug

AVRO 691 LANCASTRIAN: Zu den Betreibern dieser Hochgeschwindigkeits-Langstreckenversion des berühmten Lancaster-Bombers zählten die kanadische Regierung und BOAC.

BOEING 377 STRATOCRUISER: Die aus dem Bomber B-29 Superfortress entwickelte Stratocruiser flog bei der USAF und führenden US-Airlines sowie bei der britischen BOAC.

TUPOLEW Tu-104 „CAMEL“: Dieser Airliner-Abkömmling des Bombers Tu-16 „Badger“ bot bis zu 100 Passagieren Platz. Rund 200 Exemplare wurden gebaut und bis 1981 eingesetzt.

TUPOLEW Tu-114 „CLEAT“: Die Tu-114, abgeleitet aus der mächtigen Tu-95 „Bear“, beförderte bis zu 220 Passagiere und war vor der Boeing 747 das weltgrößte Verkehrsflugzeug.

377 Stratocruiser

● Entwickelt aus der B-29 ● Luxus-Airliner ● Großfrachter

▲ *Die Druckkabine der Boeing 377 bot die Möglichkeit, nicht nur schnell, sondern auch hoch über den Turbulenzen der unteren Atmosphäre mit einem damals neuen Maß an Bequemlichkeit zu reisen.*

Die Boeing 377 Stratocruiser hat im Luftverkehr der Nachkriegszeit beachtliche Standards gesetzt. Sie legte die Strecke von London nach New York in etwas mehr als zehn Stunden zurück, während ihre Passagiere einen Komfort (es gab sogar Schlafkojen an Bord) genossen, an den man heute nur mit Wehmut zurückdenken kann. Seinen Ursprung verdankte dieser Luxus-Airliner ausgerechnet einem Bomber, der B-29.

Boeing 377 Stratocruiser

▼ Transporter
Die C-97 Stratofreighter der USAF war die Vorläuferin der zivilen Stratocruiser. Die Erprobung als Verkehrsflugzeug erfolgte mit drei Prototypen XC-97.

▲ Bomber-Verwandtschaft
Die Abstammung der Stratocruiser von der fortschrittlichen B-29 war offensichtlich. Die Stratofreighter übertraf in ihren Leistungen alle vorherigen Transporter der USAF.

Fließbandproduktion ▶
Der Bedarf an militärischen Stratofreighter war in den fünfziger Jahren so groß, daß täglich ein Exemplar vom Band rollte. Im Februar 1954 wurde die 500. Maschine fertig gestellt, eine KC-97G.

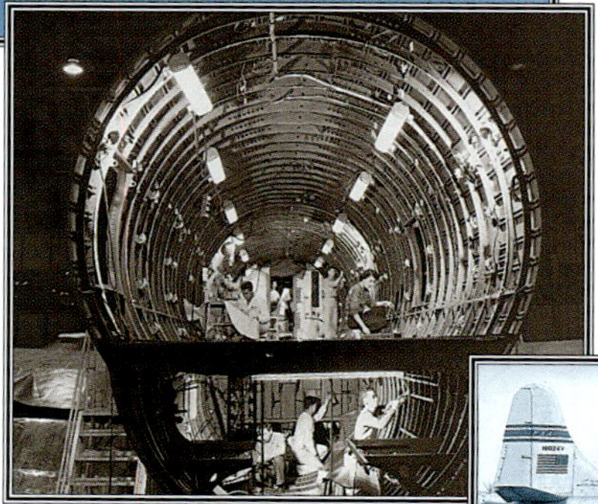

Langes Leben ▶
Stratofreighter befanden sich noch im Dienst, nachdem die zivilen B-377 längst ausgemustert worden waren.

◀ Viel Platz
Die geräumige Kanzel bot Platz für zwei Piloten mit Doppelsteuer, einen Navigator, einen Bordingenieur und meistens einen Funker.

◀ Warm und bequem
Die automatische Klimaanlage sorgte dafür, dass die Passagiere komfortabel reisten, auch wenn es draußen fror.

FAKTEN UND ZAHLEN

- Pan Am tätigte mit 20 Stratocruiser für 24,5 Millionen Dollar den bis dahin größten Kauf von zivilen Verkehrsmaschinen.
- Die erste Maschine dieses Typs war eine militärische XC-97 von 1944.
- Die Tankerversion KC-97 kam in Israel im Sechstagekrieg von 1967 zum Einsatz.
- Boeings Präsident Bill Allen ging das Risiko ein, 50 Maschinen zu bauen, noch bevor auch nur eine B-377 bestellt war.
- Die erste B-377 flog in gut sechs Stunden von Seattle nach Washington D.C.
- Die Israelis setzten etwa 15 Stratocruiser im militärischen Frachtdienst ein.

Flugreisen mit Komfort

Boeing erhielt 1942 den Zuschlag der amerikanischen Streitkräfte für den Bau dreier Prototypen XC-97 eines Militärtransporters, die auf der B-29 Superfortress basierten, aber mit einer doppelstöckigen, für Passagiere und Fracht ausgelegten Druckkabine versehen waren. Die C-97 wurde ein Erfolg, und die Tankerversion KC-97 diente lange bei der USAF und der Nationalgarde. Boeing sah in dieser Konstruktion aber stets ein Verkehrsflugzeug, das die Lockheed Constellation und Douglas DC-4 übertreffen sollte. So kamen nach dem Zweiten Weltkrieg 55 zivile Stratocruiser bei Fluglinien wie American Airlines, Northwest, Pan American und United zum Einsatz.

Damals waren Flugreisen den Reichen vorbehalten: Elegant gekleidet, schlenderten die Passagiere zwischen beiden Decks umher und schlürften Cocktails aus der Bar im Unterdeck. Nachdem der zunehmende Bedarf an billigen Flügen die Stratocruiser aus den Liniendiensten verdrängt hatte, wurde sie zum unauffälligen Lastenträger, wie 1969/70 im Biafra-Krieg. Einige B-377 blieben bis in die neunziger Jahre im Dienst.

Rechts: Das Angebot von geräumigen Fluggastzellen, sogar mit Cocktailbars, war sehr extravagant, blieb aber im Zeitalter des Massentourismus preislich nicht konkurrenzfähig.

Mit der erfolgreichen Stratocruiser begannen für Boeing vier Jahrzehnte der Vormachtstellung im zivilen Luftverkehr.

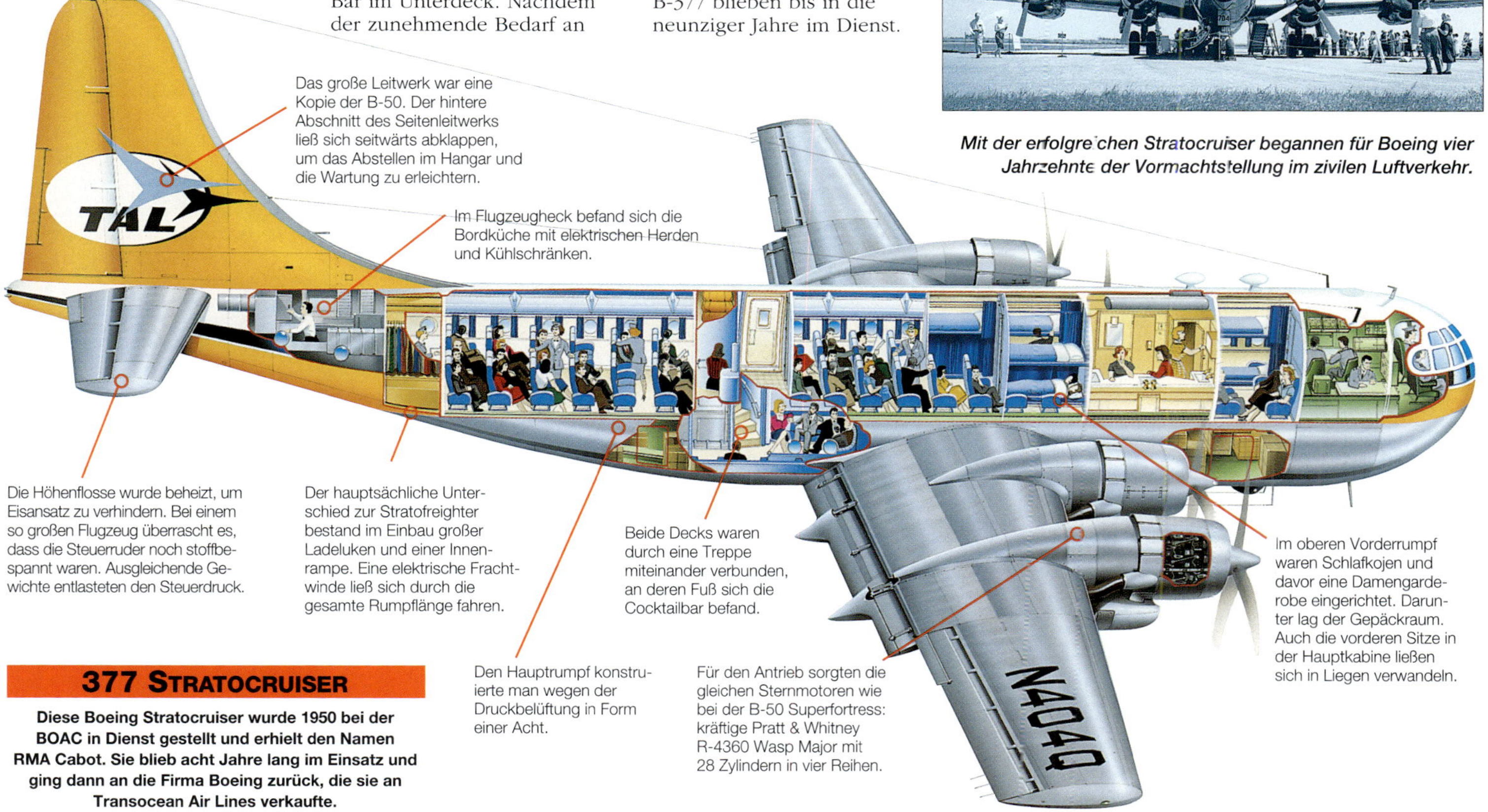

377 Stratocruiser

Diese Boeing Stratocruiser wurde 1950 bei der BOAC in Dienst gestellt und erhielt den Namen RMA Cabot. Sie blieb acht Jahre lang im Einsatz und ging dann an die Firma Boeing zurück, die sie an Transocean Air Lines verkaufte.

TECHNISCHE DATEN
377 Stratocruiser

- **Typ:** ziviles Langstrecken-Transportflugzeug
- **Triebwerke:** vier 2610 kW starke Sternmotoren Pratt & Whitney R-4360-TSB-6 Wasp Major mit 28 Zylindern und Vorverdichter von General Electric
- **Höchstgeschwindigkeit:** 604 km/h
- **Reisegeschwindigkeit:** 547 km/h
- **Reichweite:** 6759 km
- **Gewicht:** leer 38 071 kg; beladen 67 133 kg
- **Kapazität:** vierköpfige Crew; bis zu 117 Passagiere; aber üblicherweise nur 81 in der Touristenklasse oder maximal 50 in der ersten Klasse bzw. 40 mit Schlafmöglichkeit erster Klasse
- **Abmessungen:** Spannweite: 43,05 m; Länge: 33,63 m; Höhe: 11,68 m; Tragflügelfläche: 164,25 m²

EINSATZDATEN

GIPFELHÖHE

Die Tragfläche der B-29 war für Flüge in großen Höhen konzipiert, und diese Höheneignung ging auf die Stratocruiser über. Sie ließ schlechtes Wetter weit unter sich – und meist auch die Konkurrenz.

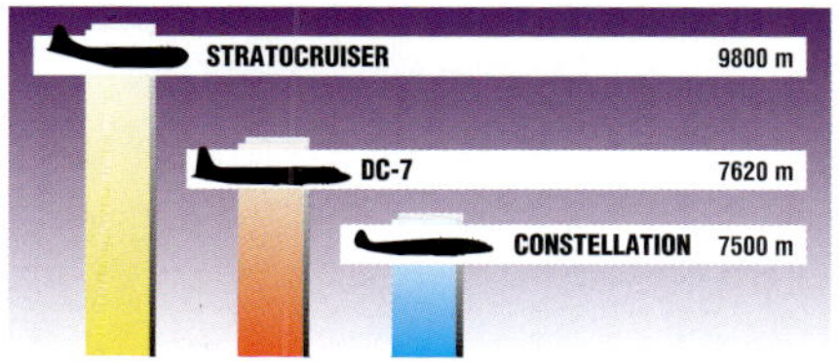

PASSAGIERE

Der ungewöhnliche Rumpfquerschnitt in Form einer Acht verlieh der Stratocruiser eine große Passagierkapazität. Die DC-7 und die Constellation boten zwar fast ebenso viele Sitze, aber weniger Komfort.

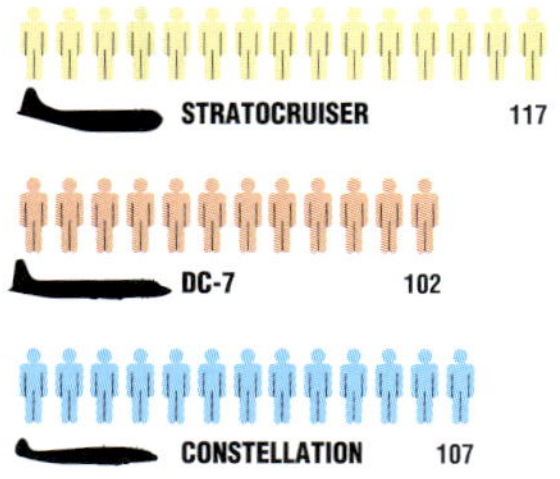

REICHWEITE

Der breite Rumpf der Stratocruiser verursachte mehr Luftwiderstand als der schlanke Körper der DC-7 oder der Constellation und verringerte daher leicht die Reichweite.

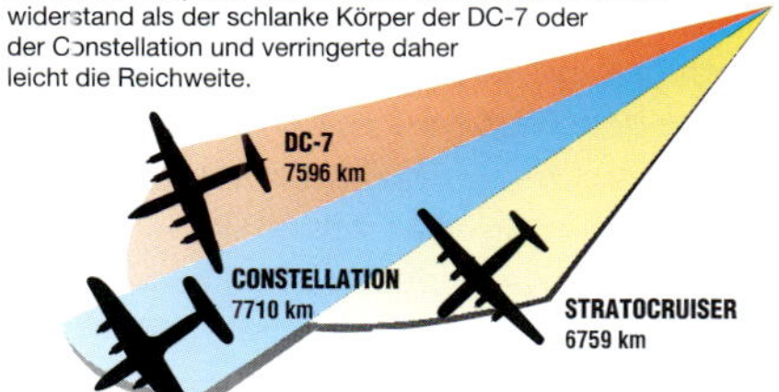

707

● **Erstes Düsenverkehrsflugzeug der USA** ● **40 Jahre lang in Produktion**

Die Boeing 707 war nicht nur der erste erfolgreiche amerikanische Düsen-Airliner, sondern auch ein Wegbereiter schneller und zugleich komfortabler Passagierflugzeuge. Diese Maschine mit vier tiefhängenden Triebwerken und anmutiger Linienführung wurde für transkontinentale Strecken gebaut, überflog aber schließlich auch alle Ozeane und war innerhalb von zehn Jahren nach ihrer Indienststellung im Jahre 1958 fast überall auf der Welt ein vertrauter Anblick.

▲ *Das Modell 707, das Boeing auf Firmenrisiko baute und das Pan Am am 26. Oktober 1958 in den Liniendienst von New York nach Europa einführte, sollte den Lufttransport grundlegend verändern. In den folgenden Jahren setzte sich der Düsenantrieb auf der ganzen Welt durch.*

BOEING 707

Erfolgreiche Flugzeugfamilie ▶
Die erste 707 mit der Registriernummer N70700 begründete die äußerst erfolgreiche Serie von düsengetriebenen Boeing-Airlinern. Sie flog erstmals am 15. Juli 1954 und diente 30 Jahre als Testflugzeug.

▲ Modernere Ausgabe
Dieses Modell 707-373C der World Airways ist ein Vertreter der aktuelleren Version 320C, die keine Stabilisierungsflosse besaß.

▼ Großauftrag von American Airlines
Als American Airlines am 8. November 1955 30 Boeing 707-123 bestellte, konnte die Großproduktion anlaufen.

▲ Für Südamerika geeignet
Die US-amerikanische Fluggesellschaft Braniff kaufte das Modell 707-220 mit etwas verkürztem Rumpf und stärkeren Triebwerken Pratt & Whitney JT4A (71 kN), die insbesondere auf den hohen und heißen Flughäfen Südamerikas die Startleistung verbesserten.

◀ Im Dienst der Lufthansa
Ab 1964 setzte die Lufthansa eine Flotte von zwölf größeren Langstrecken-707-330B mit Mantelstrom-Triebwerken JT3D-3 auf interkontinentalen Strecken ein. Diese Version besaß eine größere Spannweite und modifizierte Flügelspitzen.

FAKTEN UND ZAHLEN

- ➤ Die erste Boeing 707 wurde bei einem Testflug auf den Rücken „gerollt".
- ➤ Der Prototyp erreichte am 11. März 1957 bei einem Flug von Seattle nach Baltimore durchschnittlich 985 km/h.
- ➤ Da die USAF 820 Tanker KC-135 kaufte, verringerten sich die Anschaffungskosten der 707 für die Fluggesellschaften.
- ➤ Die Techniker bei Boeing schätzten, dass in einer 707 etwa 1710 km Kabel verlegt sind.
- ➤ Eisenhower stand als erstem US-Präsidenten ein düsengetriebenes Dienstflugzeug, eine 707-320B, zur Verfügung.
- ➤ Die erste 707-120 der Pan Am startete am 20. Dezember 1957 zum Jungfernflug und ging zehn Monate später in Dienst.

Der Beginn des Düsenjet-Zeitalters

Boeing trat 1954 mit der 367-80, dem Prototyp der legendären 707, in das Zeitalter der Düsenverkehrsflugzeuge ein. Pan American World Airways schrieb Geschichte, als sie bereits ein Jahr später Jet-Airliner kaufte.

Mit über 800 gebauten Exemplaren gehört die 707 zu den erfolgreichsten zivilen Transportmaschinen, die je produziert wurden. Dieses schöne und zugleich praktische Flugzeug diente bei fast allen großen westlichen Fluggesellschaften. Sie erschien mit unterschiedlichen Triebwerken und fand außer im zivilen Bereich auch beim Militär Verwendung, wo sie als VIP-Transporter, als AWACS- und als Verbindungsflugzeug zum Einsatz kam.

Die Passagiere der 707 staunten über den im Vergleich zu den Propellermaschinen ruhigen Flug. Heute fällt an diesen herrlichen Maschinen vor allem ihr schmaler Rumpf auf, denn seit Beginn der siebziger Jahre ist man „breite“ Typen wie die 747 und die DC-10 gewöhnt. Jedes Düsenverkehrsflugzeug, unabhängig von seiner Größe oder Form, hat jedoch der Boeing 707 viel zu verdanken, die genau zum richtigen Zeitpunkt den Weg ins Jet-Zeitalter beschritt.

Oben: BOAC flog das für längere Strecken ausgelegte Modell 707-320, das effektivere Tragflügel, einen längeren Rumpf sowie größere Treibstofftanks einführte. Die 707-320 war mit den leistungsstarken Rolls-Royce Conway ausgerüstet.

Unten: Die Boeing 707 wurde bei fast allen großen Fluggesellschaften der Welt zur Standard-Langstreckenmaschine. Es zeugt von der Qualität des Grundkonzepts, dass einige 707 auch nach fast 50 Jahren noch im zivilen Dienst fliegen.

TECHNISCHE DATEN
707-320C

- **Typ:** vierstrahliges Langstrecken-Verkehrsflugzeug
- **Triebwerke:** vier Mantelstrom-Triebwerke Pratt & Whitney JT3D-7 mit je 84,54 kN Schub
- **Höchstgeschwindigkeit:** 1009 km/h
- **Reisegeschwindigkeit:** 885 km/h
- **Gipfelhöhe:** 11 890 m
- **Reichweite:** 9262 km
- **Gewicht:** leer 66 406 kg, (in der Frachtversion) 64 002 kg; beladen 151 318 kg
- **Kapazität:** zwei Piloten, Flugingenieur, Flugbegleiter, 147 (14 erste Klasse, 133 normale) bis 219 (bei enger Bestuhlung) Passagiere sowie 48,14 m³ Gepäck zuzüglich 2800 kg Fracht
- **Abmessungen:** Spannweite: 44,42 m; Länge: 46,61 m; Höhe: 12,93 m; Tragflügelfläche: 283,35 m²

720

Die Boeing 720 war eine aus der 707 entwickelte Mittelstreckenmaschine. Sie hatte einen kürzeren Rumpf sowie verbesserte Tragflügel und Triebwerke.

EINSATZDATEN

GESCHWINDIGKEIT

Vierstrahlige Airliner erreichten hohe subsonische Geschwindigkeiten, eine DC-8 durchbrach im Sturzflug sogar die Schallmauer. Alle diese Maschinen flogen in etwa gleich schnell.

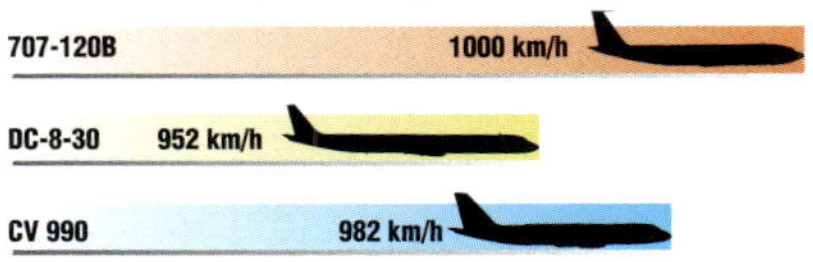

KAPAZITÄT

Ein ausschlaggebender Faktor war eine möglichst große Sitzkapazität, die sich direkt in den Einnahmen niederschlug. Hier waren die Boeing und die DC-8 der Convair gegenüber stark im Vorteil.

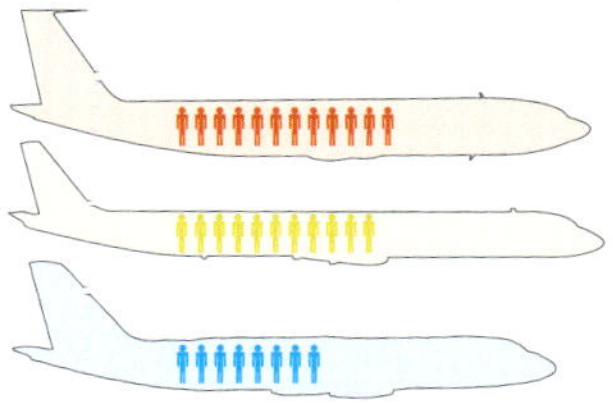

REICHWEITE

Ein weiterer Pluspunkt der 707 war ihre große Reichweite vor allem im Vergleich zu den ersten DC-8. Diese großen vierstrahligen Maschinen beflogen bereits Strecken, die die Möglichkeiten kleinerer Maschinen wie die der Comet weit überstiegen. Erst mit der Boeing 747 konnte die Langstreckenfähigkeit noch weiter ausgebaut werden.

Die ersten vierstrahligen Düsenverkehrsflugzeuge

DE HAVILLAND DH.106 COMET: Der erste Düsen-Airliner absolvierte 1949 seinen Erstflug; die Ergebnisse waren zuerst durchaus positiv. Ab 1953 traten jedoch vermehrt Strukturfehler auf, und der Comet blieb der gewünschte Erfolg versagt.

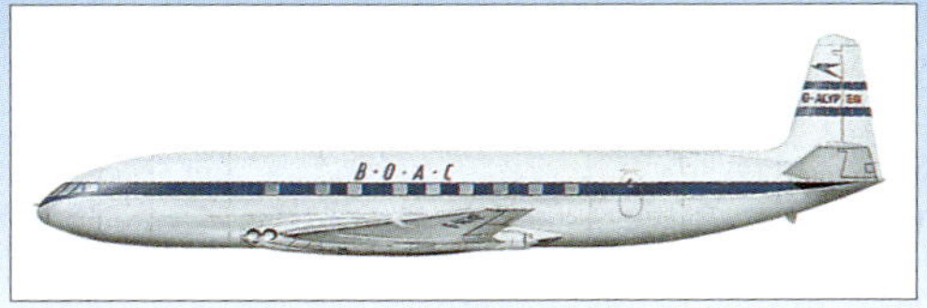

CONVAIR CV 880: Die Convair mit schmalem Rumpf und Fünfer-Sitzreihen war viel kleiner als die Boeing und kommerziell nicht so erfolgreich. Nur 65 Exemplare wurden gebaut. Von der modifizierten Version CV 990 entstanden sogar nur 37 Maschinen.

DOUGLAS DC-8: Die DC-8 als schärfste Konkurrenz der Boeing 707 war nicht ganz so erfolgreich, aber dennoch eine fähige Maschine. Ende der achtziger Jahre schaffte sie mit effektiveren Mantelstromtriebwerken ein Comeback als Frachtflugzeug.

Boeing

727

● Dreistrahlig ● Verkaufsrekorde ● Frachttransporter

Mit der 727, einem der ersten dreistrahligen Zivildüsenflugzeuge, ließ sich Boeing auf ein Wagnis ein. Doch die 727 wurde seit der Indienststellung im Februar 1964 ein weltweit großer Verkaufserfolg. Heute lautet die Bilanz: 101 Fluggesellschaften kauften die 727, ein Dutzend weitere übernahmen gebrauchte Maschinen, und die Gesamtzahl der beförderten Passagiere beträgt rund vier Milliarden. Selbst heute fliegen noch rund 750 Exemplare.

▲ *Eine Stärke der 727 ist ihr leistungsreduzierter, beschleunigter Landeanflug, der besonders nützlich für hochgelegene Flughäfen wie La Paz in Bolivien ist.*

BILDERCHRONIK

Boeing 727

◀ Schalldämpfer
Zwar standen der 727 Einschränkungen wegen neuer Lärmschutzbestimmungen ins Haus, aber dafür wurden Schalldämpfer entwickelt, die dem Flugzeug viele weitere Dienstjahre sicherten.

▼ Frachtabwurf
Da Boeing plante, auch eine militärische Version der 727 zu verkaufen, experimentierte man mit Frachtabwürfen im Langsamflug.

▲ Nachtwartung
Die nächtlichen Routinewartungsarbeiten dienen der maximalen Flugkapazitätsauslastung während der wichtigen Geschäftszeit am Tage.

▲ Großzügiger Innenraum
Derselbe Rumpfquerschnitt wie bei der 707 verschafft der 727 Platz für Ablagen und Fünfer- bis Sechsersitzreihen.

▲ Steigen schon vor dem Start
Die Wartungsarbeiten an der Boeing 727 erfordern Gerüste und Gelenksteigbühnen, um die hochliegenden Triebwerke zu erreichen.

▲ Testflüge
Ein Testpilot vor dem nächsten Flug mit dem Prototyp der 727. Noch ist der Auftankschlauch nicht entfernt.

FAKTEN UND ZAHLEN

- Die 727 flog erstmals am 9. Februar 1963 auf dem Flugfeld Renton bei Seattle.
- Im November 1963 flog eine 727 rund um die Welt; eine Strecke von 121 000 km!
- Am 3. September 1984 wurde die letzte 727 (ein Frachtflugzeug 727-200F) von Boeing an Federal Express ausgeliefert.
- Die 727 war der erste Jet-Airliner mit eingebauter Passagiertreppe und nur einem einzigen Tankstutzen.
- Die erste 727 der United Air Lines wurde dem Flugmuseum Seattle gestiftet.
- Die Boeing 727 war der erste Jet-Airliner, der La Paz in Bolivien anflog.

Dreistrahlig zum Erfolg

Das Düsenzeitalter begann im Jahr 1952 mit der britischen Comet und schloss 1958 mit der Boeing 707 seine erste Entwicklungsphase ab, doch kein Jetliner dieser Zeit erreichte die Verkaufsrekorde der vielseitigen und zuverlässigen Boeing 727.

Die 727 war als Kurz- und Mittelstreckenflugzeug mit Hochauftriebsflügeln und allen drei Triebwerken am Heck das erste Flugzeug, das den Düsenflugverkehr auch auf Flughäfen kleinerer Städte mit kaum 1550 m langen Rollbahnen ermöglichte.

Bei Boeing hatte man gehofft, 250 Maschinen des Typs absetzen zu können. Die tatsächlichen Verkaufszahlen übertrafen dann die Erwartungen um das Achtfache – 1831 Stück in einer Produktionszeit von 22 Jahren (von 1962 bis 1984).

Es gibt insgesamt 17 Passagier- und Frachtversionen der 727. Darunter befinden sich auch einige militärische, doch eigentlich hat sie sich als der klassische Airliner für die zivile Luftfahrt etabliert.

Die 727 ging 1964 in Dienst und war schon 1967 das meist verkaufte Verkehrsflugzeug der Welt. Air Canada flog mit ihr im Inland und auf allen Amerikarouten.

Fluggesellschaften wie die Braniff in Texas nutzten die 727 besonders intensiv, so daß man an einem Tag sogar mehrere Streckenabschnitte fliegen und damit die Passagierzahlen wesentlich steigern konnte.

TECHNISCHE DATEN
727-200

- **Typ:** Mittelstrecken-Passagier-/Frachtflugzeug
- **Triebwerke:** drei Turbofans Pratt & Whitney JT8D-9A (64,52 kN Schub) oder JT8D-15 (77,43 kN Schub)
- **Höchstgeschwindigkeit:** 964 km/h
- **Reichweite:** 4400 km
- **Dienstgipfelhöhe:** 10 000 m
- **Nutzlast:** drei Mann Besatzung, dazu Flugbegleiter; maximal 189 Passagiersitze einklassig; normal 14 Plätze erster Klasse und 131 in der Touristenklasse
- **Gewicht:** leer 45 168 kg; beladen 86 405 kg
- **Abmessungen:** Spannweite: 32,92 m; Länge: 46,69 m; Höhe: 10,36 m; Tragflügelfläche: 157,90 m²

727-200

Die CS-TBW war die 13. Boeing 727, die an die portugiesische Transportes Aereos Portugueses (TAP) ausgeliefert wurde. Die Triebwerke können sich zwar nicht mehr mit der nachfolgenden Jet-Generation messen, aber dank seiner Zuverlässigkeit bleibt der Typ trotzdem ein nützliches Flugzeug.

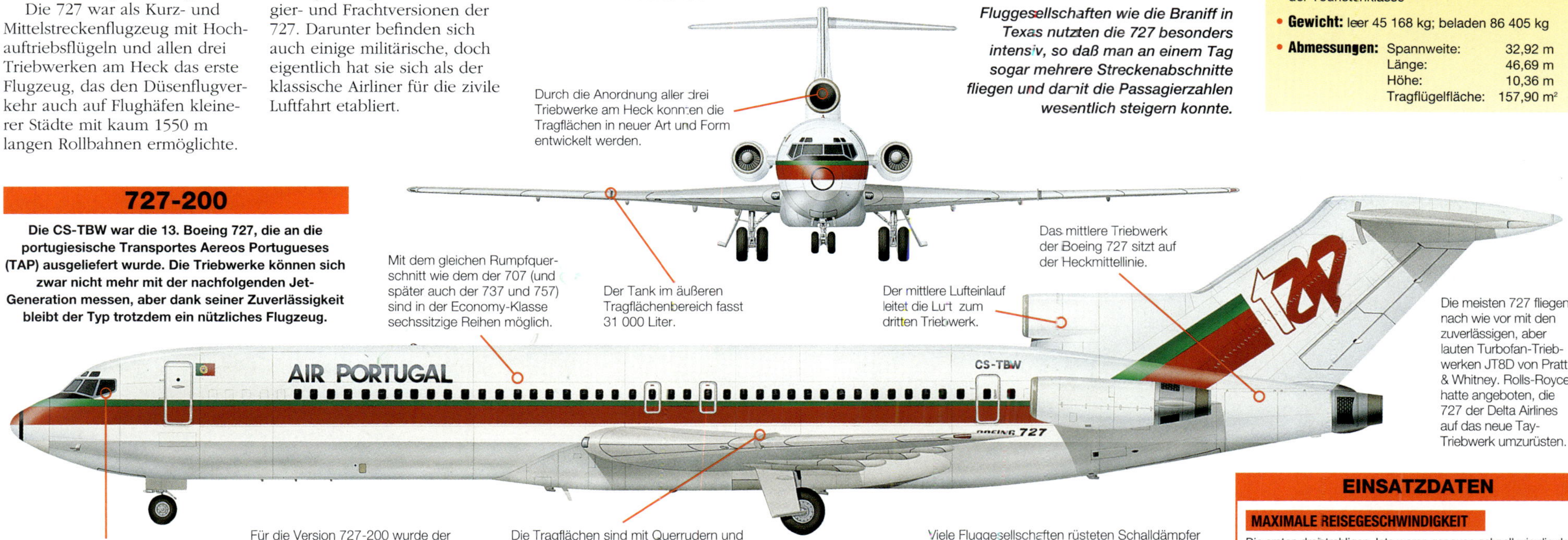

Durch die Anordnung aller drei Triebwerke am Heck konnten die Tragflächen in neuer Art und Form entwickelt werden.

Mit dem gleichen Rumpfquerschnitt wie dem der 707 (und später auch der 737 und 757) sind in der Economy-Klasse sechssitzige Reihen möglich.

Der Tank im äußeren Tragflächenbereich fasst 31 000 Liter.

Der mittlere Lufteinlauf leitet die Luft zum dritten Triebwerk.

Das mittlere Triebwerk der Boeing 727 sitzt auf der Heckmittellinie.

Die meisten 727 fliegen nach wie vor mit den zuverlässigen, aber lauten Turbofan-Triebwerken JT8D von Pratt & Whitney. Rolls-Royce hatte angeboten, die 727 der Delta Airlines auf das neue Tay-Triebwerk umzurüsten.

Im Dreimann-Cockpit der 727 gibt es auch Platz für einen Flugingenieur, wie es in den 60er Jahren Standard war.

Für die Version 727-200 wurde der Rumpf der 727-100 um sechs Meter verlängert, was die Passagierkapazität von 131 auf 189 erhöhte.

Die Tragflächen sind mit Querrudern und Spoilern (Störklappen) für die Rollkontrolle und mit Krüger-Klappen zur Flugverbesserung bei Niedriggeschwindigkeiten ausgestattet. Die Hochauftriebsvorrichtungen waren die besten ihrer Zeit.

Viele Fluggesellschaften rüsteten Schalldämpfer für die 727 nach, um den strengen Bestimmungen zu genügen, die in der zweiten Hälfte der 90er Jahre weltweit in Kraft traten.

EINSATZDATEN

MAXIMALE REISEGESCHWINDIGKEIT

Die ersten dreistrahligen Jets waren genauso schnell wie die damaligen vierstrahligen Jets und überdies wirtschaftlicher. Die Triebwerke am Heck verringerten den Luftwiderstand und belasteten die Tragflächen nicht, die damit bessere Steigleistungen erzielten.

727	964 km/h
TRIDENT	960 km/h
Tu-154	950 km/h

REICHWEITE

Die dreistrahligen Jets waren nicht für den interkontinentalen Verkehr gedacht, sondern für Strecken von 200 bis 3000 km. Wichtiger als große Reichweiten war die Möglichkeit, auch Flughäfen zweiter Kategorie anzufliegen und rasch zurückzukehren.

Die dreistrahligen Jet-Rivalen

HAWKER SIDDELEY TRIDENT: Die Trident kam fast zeitgleich mit der Boeing 727 heraus. Sie war ebenso leistungsfähig wie diese, wenn auch mit geringerer Kapazität und weniger geeignet für kurze Rollfelder.

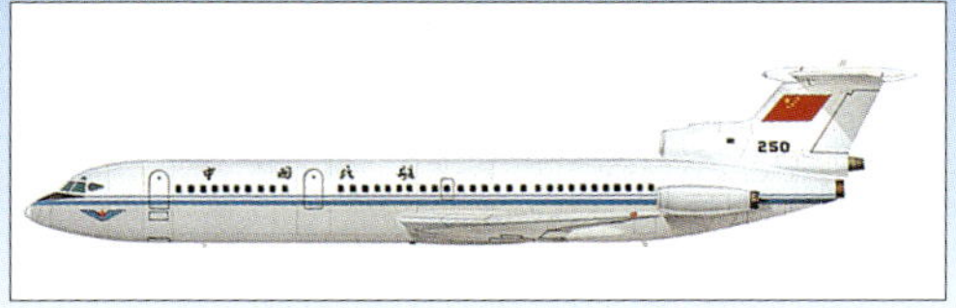

TUPOLEW Tu-154: Für die auch auf rauen sibirischen Flugplätzen einsatzfähige Tu-154 wurde der Boeing-Hochauftriebsflügel kopiert. Stärkere Triebwerke gaben der Tu-154 überdies die erforderlichen Flugleistungen.

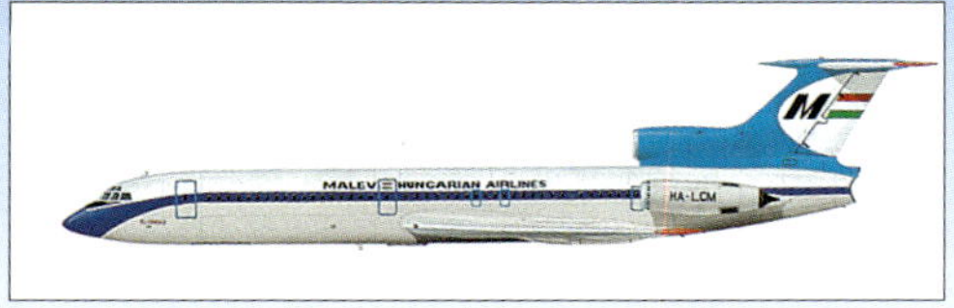

DOUGLAS DC-10: Der Boom des Flugverkehrs in den 60er Jahren ließ nur sechs Jahre nach der 727 die ersten Großraumflugzeuge entstehen. So konnte die für ähnliche Routen gedachte DC-10 bis zu 380 Passagiere befördern.

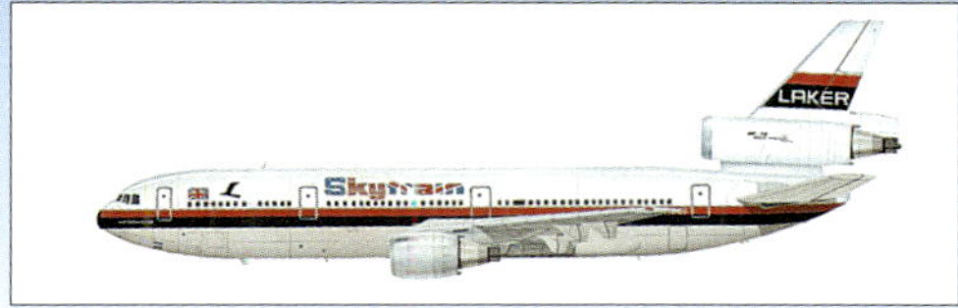

737 SERIE 100-500

● Kurzstreckentransporter ● Zweistrahlig ● Meistverkaufter Airliner

▲ Der breite Rumpf der 737 lässt trotz der geringen Länge Raum für eine ausreichende Zahl von Sitzen, ohne dass der Passagierkomfort darunter leidet.

Die Boeing 737 ist das meistverkaufte zweistrahlige Verkehrsflugzeug der Welt. Seit der klassischen DC-3 ist kein Verkehrsflugzeug in größeren Stückzahlen verkauft worden als sie. Die Passagiere sitzen bequem im breiten Rumpf der 737, der sechs Sitze in einer Reihe unterbringt. Die guten Flugeigenschaften erlauben es, selbst kleine Flugfelder anzufliegen.

BILDERCHRONIK

BOEING 737 SERIE 100-500

▲ Genügsames Arbeitspferd

Die Boeing 737 ist als Kurzstreckenflugzeug konzipiert und fliegt deshalb kostengünstig auf den inneramerikanischen und europäischen Städterouten.

▼ Neue Triebwerke

Um die größeren Triebwerke anzubringen, mussten die Triebwerksgondeln abgeflacht werden.

▲ Zweistrahlig

Die in den 60er Jahren eher ungewöhnliche Anbringung der Triebwerke an den Flügeln statt am Rumpf ist heute die Regel.

Geräumig ▶

Der Rumpfquerschnitt der 737 entspricht dem der 707. Das ermöglichte Sechsersitzreihen, während die Konkurrenz noch Fünferreihen nutzte.

▲ Großserien

Die 737 ist der verbreitetste Airliner der Welt. Sie ist in Großserien gefertigt worden – bisher mehr als 4700mal.

Jet-Familie ▶

Die letzten Varianten der 737 Classic sind die gestreckte 737-400 und die etwas kleinere 737-500.

FAKTEN UND ZAHLEN

- Die 737 hat die 727 und die konkurrierende DC-9/MD-80 übertroffen und ist das meistverkaufte Zivilflugzeug der Welt.
- 2675 Boeing 737 sind gebaut worden, ständig sind etwa 700 davon in der Luft.
- Seit ihrer Indienststellung hat die 737-Flotte fast 90 Milliarden km zurückgelegt.
- Die heute produzierten Boeing 737-300, -400 und -500 verfügen über CFM56-3-Triebwerke mit 88,99 kN Schub.
- Die USAF nutzt 19 Boeing 737 unter dem Namen CT-43 zur Navigatorenschulung.
- In Indonesien dient die 737 Surveiller als Seepatrouillenflugzeug.

PROFIL

Auf allen Kurzstrecken daheim

Nur sehr wenige 737 wurden für militärische Zwecke verwendet, darunter diese speziell für Indonesien entwickelte 737 Surveiller, die bei Seepatrouillen eingesetzt wird.

Nach den erfolgreichen 707 und 727 eroberte sich auch die inzwischen vertraute Boeing 737 seit ihrem ersten Flug am 9. April 1967 den Zivilflugverkehr. Wirtschaftlich gesehen war dieser zweistrahlige Jet ein Geniestreich. In aller Welt, bei mehreren Dutzend Fluglinien, fliegen beinahe 4700 Exemplare dieses Airliners – oder werden bald fliegen.

Die Lufthansa hatte einen besonderen Anteil an der Konzeption und dem Bau dieses Typs. Sie war am 10. Februar 1968 auch die erste Fluglinie, die ihn in Dienst stellte. Neuere Versionen mit längerem Rumpf und stärkeren Triebwerken ermöglichen inzwischen einen breiteren und vielfältigeren Einsatz. Mit den Vereinigten Staaten und Indonesien haben zwei Länder auch eine militärische Verwendbarkeit entdeckt.

Für Piloten ist die Boeing 737 eine außerordentlich gut und einfach zu fliegende Maschine. Sie galt tatsächlich als das beste Flugzeug ihrer Klasse und wird der zivilen Luftfahrt mit Sicherheit noch jahrelang erhalten bleiben.

Das kurze Fahrwerk und die Tiefdeckerflügel erleichtern den Passagieren den Einstieg über die kurzen Gangways.

Die Triebwerke an den Flügeln ermöglichten, den Rumpf leichter zu bauen. Das so eingesparte Gewicht reichte für zehn zusätzliche Passagiere.

Der Rumpfquerschnitt ist der gleiche wie bei der 707. Das vereinfachte nicht nur die Herstellung, sondern gab der 737 auch einen geräumigerer Rumpf als allen zeitgenössischen Rivalen.

TECHNISCHE DATEN

737-400

- **Typ:** Kurzstrecken-Passagierflugzeug
- **Triebwerke:** zwei Turbofan-Triebwerke CFM International CFM56-3C mit je 97,8 kN Schub
- **Höchstgeschwindigkeit:** 935 km/h in 7165 m
- **Reisegeschwindigkeit:** 900 km/h
- **Reichweite:** 5000 km
- **Gewicht:** leer 33 434 kg; beladen 62 822 kg
- **Kapazität:** als Standard 146 Passagiere in zwei Klassen
- **Abmessungen:** Spannweite: 28,88 m; Länge: 36,45 m; Höhe: 11,13 m; Tragflügelfläche: 105,40 m²

737-200

Die erste bedeutende Variante der 737, das Modell 200, wurde in riesigen Stückzahlen gebaut: mehr als 1100 Exemplare wurden von 1967 bis 1988 an die Besteller ausgeliefert.

In den ersten 737 saß neben den zwei Piloten auch ein Flugingenieur, später wurde aber die Zweimannbesatzung zum Standard.

Anfangs flog die 737 mit zwei Turbofan-Triebwerken Pratt & Whitney JT8D. Erst als von der 737-200 schon über 1000 Stück verkauft waren, rüstete man auf stärkere Triebwerke um.

Die Passagierkapazität der 737-200 variiert zwischen 100 und 130, je nach dem Verhältnis von Economy- zu Business-Class-Plätzen.

Ein winziges Hilfsaggregat im Heck ermöglicht der 737 den Betrieb von Licht und Klimaanlage auch ohne Stromanschluss am Boden.

EINSATZDATEN

REISEGESCHWINDIGKEIT

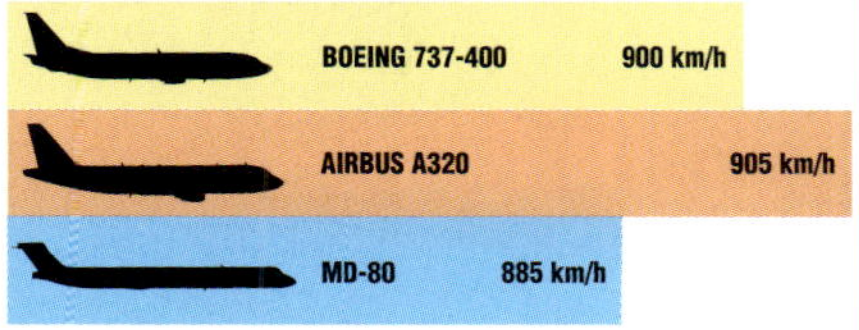

Die Höchstgeschwindigkeit der Boeing 737 beträgt etwas über 930 km/h, die Reisegeschwindigkeit ist geringer. Um einen ökonomischen Betrieb zu gewährleisten und die maximale Reichweite zu erreichen, sind 800 km/h die ideale Geschwindigkeit.

ABSATZZAHLEN

Die Boeing 737 ist mit Abstand das meistverkaufte Verkehrsflugzeug der Nachkriegszeit. In den 80er Jahren hat sie sogar die Boeing 727 überholt. Der Kurzstrecken-Jetmarkt ist aber auch der beliebteste und profitabelste. Ende 1993 waren bereits über 6150 Maschinen der Boeing 737 und ihrer beiden Hauptkonkurrenten im Dienst oder geordert.

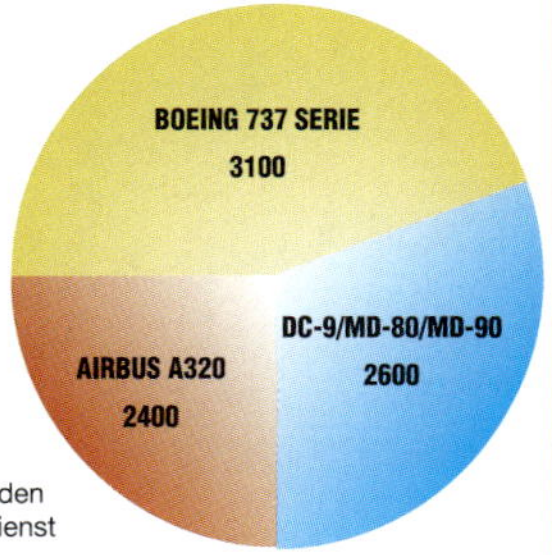

REICHWEITE

Obwohl sie als Kurzstreckenflugzeug firmiert, könnte die 737-400 leicht nonstop über den Atlantik fliegen. Doch wichtiger ist, dass sie (und ihre Konkurrenten) absolut zuverlässige und wirtschaftliche Strecken-Maschinen sind, die täglich mehrere Flüge absolvieren.

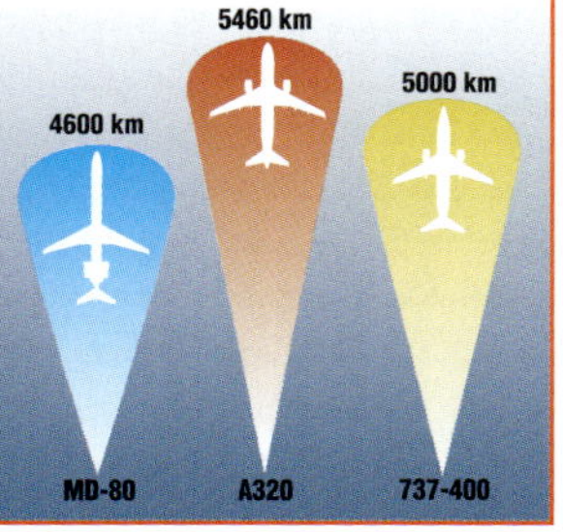

737 für jede Gelegenheit

737-100: Die erste Boeing 737 flog am 9. April 1967. Schon nach 30 gefertigten Maschinen ging die neue 737-200 in Produktion.

737-200: Die 737-200 verkaufte sich in aller Welt. Sie war zwei Meter länger als die Ursprungsversion und besaß zwölf Passagierplätze mehr.

737-300: Seit 1981 gibt es die 737-300 mit leisen und sparsamen Triebwerken und einem Platzaufkommen für bis zu 149 Passagiere.

737-400: Der Erfolg der 737-300 zog 1988 die Konstruktion der noch längeren 737-400 nach sich, die für bis zu 170 Passagiere Platz bietet.

737-500: Die kurze Variante der 737 (Erstflug 1989) setzt statt auf eine größere Kapazität auf eine vergrößerte Reichweite (5500 km).

737 SERIE 600-900

● Airliner der neuen Generation ● Neuester Typ ● Vier Versionen

Das Modell 737 ist seit den siebziger Jahren als meistverkaufter Jet-Airliner der Welt das Fundament von Boeings Mittelstreckenflugzeugproduktion. Der Erfolg der Mitte der achtziger Jahre erschienenen neuen 737-Generation bestätigte die fortdauernde Beliebtheit des Typs. Nun hat sich Boeing entschieden, eine dritte Generation zu entwickeln. Die vier Versionen des ursprünglich 737X genannten Modells verzeichnen bereits Bestellungen für mehr als 2400 Exemplare.

▲ *Boeing startete eine massive Werbe- und Verkaufskampagne für die neue 737. Diese Vorführmaschine erschien im Juni 1997 auf dem Pariser Aerosalon.*

BILDERCHRONIK

BOEING 737 SERIE 600-900

◀ High-Tech pur

Beim Bau dieses Flugzeugs kommen eigens entwickelte Präzisionsmaschinen zur Verwendung. Die Komponenten werden elektropneumatisch zusammengefügt. Lasermessgeräte gewährleisten die genaue Ausrichtung und eine präzise Passung in der Montage.

Kostenreduzierung ▶

Zur Kostenreduzierung wird der Rumpf in Wichita, Kansas, gebaut und per Eisenbahn zur Endmontage komplett nach Renton, Washington, gebracht.

▲ Größte Variante

Die 737-800, hier nach dem Erstflug im Juli 1997, ist die zweitgrößte Variante der Serie. Die 42,1 Meter lange 737-900 erhielt ihre Zulassung im März 2001.

◀ Testprogramm

Die erste 737-700 wird bei einem Testflug von einer T-38 Talon begleitet. Die Testflüge umfassten zehn Maschinen: vier 737-700, drei 737-800 und drei 737-600.

◀ Die erste neue 737

Um die Konkurrenz zu übertreffen, finden zur Präsentation neuer Modelle regelrechte Showveranstaltungen statt. Diese 737-700 wurde im Dezember 1996 bei einer Pressevorführung auf dem Boeing-Gelände in Renton bei Seattle als erstes Flugzeug der neuen 737-Serie der Öffentlichkeit vorgestellt.

FAKTEN UND ZAHLEN

- Alle Systeme der neuen 737-Generation sind digital ausgelegt, ebenso wie die gesamten 737-Produktionsanlagen.
- Der bisher größte Auftrag für 80 Muster kam von GE Capital Aviation Services.
- 1997 kündigte Boeing eine vierte und noch größere Version 737-900 an.
- Die Modelle sind mit dem Triebwerk CFM56-7 ausgestattet, einer Entwicklung von General Electric und SNECMA.
- Die Preise variieren je nach Ausstattung zwischen 36 und 40 Millionen US-Dollar.
- Das Triebwerk CFM56-7B wurde im Januar 1996 an einer Boeing 747 getestet.

Airliner der nächsten Generation

Angesichts zunehmender Verkaufserfolge des Airbus A320 begann Boeing 1990 den Bau der dritten Generation der erfolgreichen Boeing 737. Um dabei möglichst viele Abnehmerwünsche zu berücksichtigen, holte man für die projektierte 737X Anregungen von über 30 Fluglinien ein.

Dies führte dazu, dass Boeing schließlich gleich drei neue Versionen ankündigte. Die Serie -600 ist mit 108 Passagierplätzen in Standardanordnung die kleinste. Der Erstkunde war die skandinavische SAS. Die Serie -700 war die erste der neuen Generation, die im Flug getestet wurde. Sie verfügt über 128 Passagierplätze. Southwest Airlines war mit 63 Bestellungen noch vor Baubeginn ihr erster Abnehmer. Die erste Auslieferung des Modells erfolgte im Oktober 1997.

Die größte Version der ursprünglichen Dreierserie ist die -800 für 162 Passagiere in zwei Klassen. Die erste Auslieferung erfolgte im April 1998.

Später folgte die noch größere 737-900, die ihren Erstflug im September 2000 absolvierte. Mit ihren niedrigen Betriebskosten bleibt die Familie vor allem bei Billigfluglinien ein Verkaufserfolg.

Unten: Der erste Betreiber für die 737-700 ist mit einem Auftrag über 63 Muster und weiteren 63 Optionen Southwest Airlines.

Oben: Die neue Boeing 737 verfügt über eine größere Reichweite und höhere Geschwindigkeit als die früheren Varianten.

TECHNISCHE DATEN
737-800

- **Typ:** zweistrahliges Kurz-/Mittelstreckenpassagierflugzeug
- **Triebwerke:** zwei Mantelstrom-Triebwerke CFM International CFM56-7B mit je 116,5 kN
- **Höchstgeschwindigkeit:** Mach 0,82
- **Reichweite:** 5426 km bei maximaler Passagierzahl
- **Reiseflughöhe:** 10 730 m
- **Gewicht:** leer 41 554 kg; maximale Startmasse 70 535 kg
- **Kapazität:** alternativ 162 Passagiere in zwei Klassen oder 189 in Einklassenauslegung; Gesamtgepäckkapazität 9,3 m³
- **Abmessungen:** Spannweite: 34,21 m; Länge: 39,47 m; Höhe: 12,55 m; Tragflügelfläche: 125,00 m²

737-800

Die griechische Olympic Airways tätigte vier Festbestellungen und erwarb genauso viele Optionen für die 737-800. Außerdem erkärte sie die Absicht, insgesamt 25 weitere Maschinen dieses Typs zu kaufen.

Die zwei Piloten sitzen im Cockpit nebeneinander vor einer Instrumententafel mit einem CDS-(Gesamtdisplay-)Kommunikationssystem und sechs Flüssigkristallmonitoren.

Die Passagierkapazität variiert zwischen 162 bis 189: entweder zwölf Plätze in der ersten Klasse in drei Viererreihen und 150 in der Touristenklasse in Sechserreihen oder nur 189 Touristenklassesitze in Sechserreihen. Toiletten befinden sich vorn und hinten; über den Tragflächen gibt es beiderseits Notausstiege. Zur Gewichtsverringerung besteht die Innenausstattung aus hochentwickelten Leichtmaterialien.

Das Heck besteht aus einer Aluminiumlegierung. Zur Verstärkung und Gewichtsreduzierung der Höhen- und Seitenruder sind diese aus Graphit/Kevlar sowie kohlenstoff- und glasfaserverstärkten Kunststoffen hergestellt. Die Heckflächen sind größer als die der zweiten Generation der Boeing 737.

Das hydraulisch ein- und ausfahrbare Fahrwerk ist dreirädrig und mit einer Freifalleinrichtung für Notfälle ausgestattet. Es hat keine eigene Lukentür, weil die Räder selbst den Verschluss bilden. Hochleistungsbremsen gehören zur Standardausstattung.

Angetrieben werden die Maschinen der neuen Generation von zwei Mantelstrom-Triebwerken CFM56-7B von CFM International. Mit ihren verbesserten Niederdruckverdichtern sind sie noch leistungsfähiger als die der zweiten Generation der 737.

Am Rumpfheck befindet sich die Hilfsgasturbine für die Luft- und Stromversorgung am Boden und zum Starten der Triebwerke.

EINSATZDATEN

KAPAZITÄT

In der Standardzweiklassenausführung bietet der Airbus A321 die höchste Passagierkapazität, was die Kosten pro Passagier senkt. Die Boeing 737-800 hat eine vergleichbare Kapazität. Die Übernahme von McDonnell Douglas durch Boeing 1997 hat dazu geführt, dass die für denselben Markt wie die Serie 737 der neuen Generation gedachte MD-90 nicht weitergebaut wird.

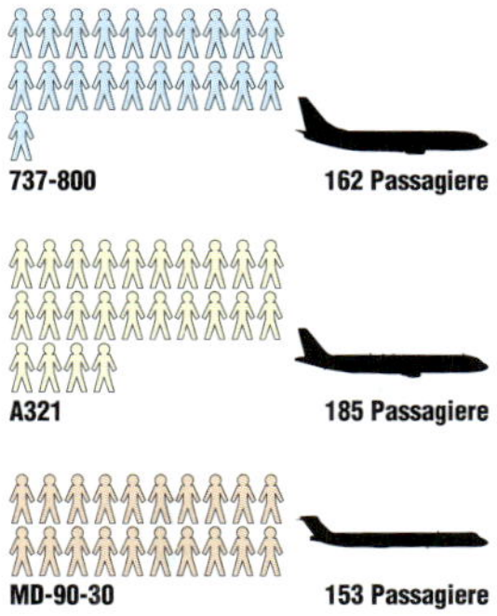

REICHWEITE

Mit ihren neuen Triebwerken und der relativ großen Treibstoffkapazität ist die 737-800 bei voller Passagierauslastung den Konkurrenzmaschinen überlegen.

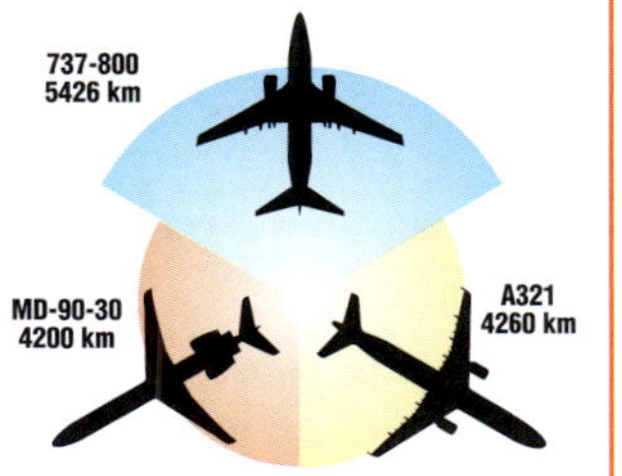

SCHUB

Als leichteste der drei Typen hat die MD-90 etwas schwächere Triebwerke als die 737 oder der A321. Die Zusatzschubkraft und die Größe des A321 erlauben eine größere Kapazität, aber das bringt auch mehr Treibstoffverbrauch mit sich.

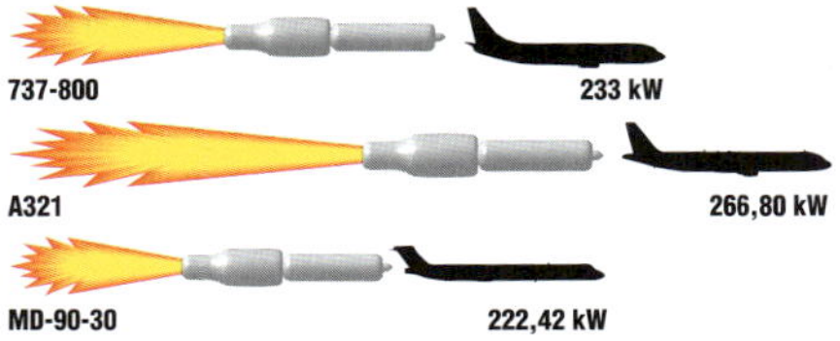

Andere Flugzeuge mit dem Triebwerk CFM56

AIRBUS A340: Der Langstrecken-Airbus A340 fliegt mit vier Triebwerken CFM56-5C2. Der Typ ging im März 1993 bei der Air France und der Lufthansa in Dienst.

BOEING E-3D: Die von der RAF georderten E-3D unterscheiden sich von den US-Varianten durch das 106,8 kN starke CFM56-2A2-Triebwerk. Die Flugdauer liegt bei über zehn Stunden.

BOEING E-6 MERCURY: Die E-6, die aus der bewährten Boeing 707 entwickelt wurde, verfügt über das Triebwerk F108-CF-100, das militärische Äquivalent des CFM-56-2A-2.

DOUGLAS DC-8 SUPER 70: Die DC-8, die im März 1983 einen Langstreckenrekord aufstellte, nämlich 13 220 km in 15 Stunden und 46 Minuten, flog auch mit dem Triebwerk CFM56.

747 SERIE 100/200

● Größter Airliner der Welt ● Langstrecken-Frachter

Die Boeing 747 kann mehr Passagiere zu geringeren Kosten über weite Strecken befördern als jede andere Verkehrsmaschine vor ihr. Dieser Gigant der Lüfte, der wegen seines riesigen Rumpfes Jumbo Jet genannt wird, verbesserte die Leistungsfähigkeit der Fluggesellschaften durch sein erheblich vergrößertes Nutzraumvolumen. Heute gilt die effektive und komfortable 747 als Grundpfeiler des Lufttransports.

▲ *Die Silhouette des Jumbo Jet ist unverwechselbar. Über 1000 dieser Giganten sind weltweit im Dienst, und selbst die Concorde konnte der Boeing 747 ihren Status als prestigeträchtigstes Airline-Symbol nicht streitig machen ...*

BOEING 747 SERIE 100/200

▼ Flugzeug-Weltlieferant
Ihr erstes Flugzeug baute Boeing im Jahr 1919. Seitdem ist diese Firma zum erfolgreichsten Hersteller von Verkehrsflugzeugen geworden. Die 747 soll noch jahrelang vom Band rollen.

▲ „Air Force One"
Zwei 747-200, als VC-25 bezeichnet, dienen dem Präsidenten der USA als Transportmaschinen. Befindet sich der Präsident an Bord, verwenden sie das Rufzeichen „Air Force One".

▼ Space-Shuttle-Transporter
Jede Space-Shuttle-Mission beginnt mit einer Boeing 747. Die NASA betreibt zwei Maschinen dieses Typs, die den Shuttle vom Landeplatz Edwards AFB in Kalifornien quer durch das Land nach Florida zum Weltraumbahnhof Cape Canaveral befördern, wo der Start erfolgt.

▲ Super-Frachtflugzeug
Nur wenige Frachttransporter können mit der 747 konkurrieren. Die Frachtversionen der Boeing, die 747F, sind mit hochklappbarem Bug und speziellem Rollenbahn-Kabinenboden ausgestattet, damit das Frachtgut geschmeidig in und aus dem Rumpf befördert werden kann.

FAKTEN UND ZAHLEN

- Mit dem Treibstoff einer Boeing 747-100 (178 709 Liter) könnte eine Cessna 150 1,8 Millionen Kilometer zurücklegen.
- Die 747 wurde zum Transporter des Raumgleiters Space Shuttle auserkoren.
- 747 befördern mehr Passagiere pro Jahr, als Deutschland Einwohner hat.
- Das Hauptfahrwerk der 747 besteht aus 16 Rädern mit Scheibenbremsen und individuellen Anti-Blockiereinrichtungen.
- Im Innern einer Boeing 747 sind 5000 km elektrische Leitungen verlegt.
- Japanische Spezialausführungen der 747 können 566 Fluggäste an Bord nehmen.

PROFIL

König der Luftstraßen

Boeings Weiterentwicklung der Original-747 (unten) zahlte sich aus: Das Flugzeug mauserte sich zum größten und erfolgreichsten Langstrecken-Airliner der Welt.

Für Boeing war die Entwicklung der 747 mit einem hohen unternehmerischen Risiko verbunden, denn der Bedarf an einem Airliner mit Sitzplätzen für 400 Passagiere erforderte Investitionen in Höhe von insgesamt einer Milliarde US-Dollar. Ermöglicht wurde der Bau dieses Riesenjets vor allem durch die Fortschritte auf dem Gebiet der Strahltriebwerke.

Die 747 flog erstmals 1969, doch es verstrichen noch einige Jahre, bis jener Ticket-Massenverkauf einsetzte, der die enormen Investitionskosten rechtfertigte. Seitdem sind mehrere 747-Versionen erschienen, einschließlich eines Langstreckenmodells, das nonstop von Frankfurt nach Tokio fliegen kann. Eine kleine Zahl von 747 übernimmt Aufgaben im Fracht- und Militärdienst, wie etwa als fliegender Kommandostand.

Auch heute noch hinterlässt die 747 aufgrund ihrer Größe bei jedem Betrachter einen tiefen Eindruck. Mehr als 60 Fluggesellschaften wissen die Vorteile und die niedrigen Betriebskosten dieses Musters zu schätzen.

TECHNISCHE DATEN 747-200B

- **Typ:** Langstrecken-Verkehrsflugzeug
- **Triebwerke:** vier Pratt & Whitney JT9D Turbofans mit je 243,62 kN Schub
- **Reisefluggeschwindigkeit:** 940 km/h in 6096 m Höhe
- **Reichweite:** 10 500 km mit Standardnutzlast
- **Dienstgipfelhöhe:** 13 715 m
- **Passagierkapazität:** maximal 490 Sitze; typische Bestuhlung sind 384 Sitze (24 in der ersten, 70 in der business- und 290 in der Standard-Klasse)
- **Gewicht:** leer 173 272 kg; beladen 356 100 kg; max. Startmasse 377 800 kg
- **Abmessungen:** Spannweite: 59,64 m; Länge: 70,66 m; Höhe: 19,33 m; Tragflügelfläche: 510,95 m²

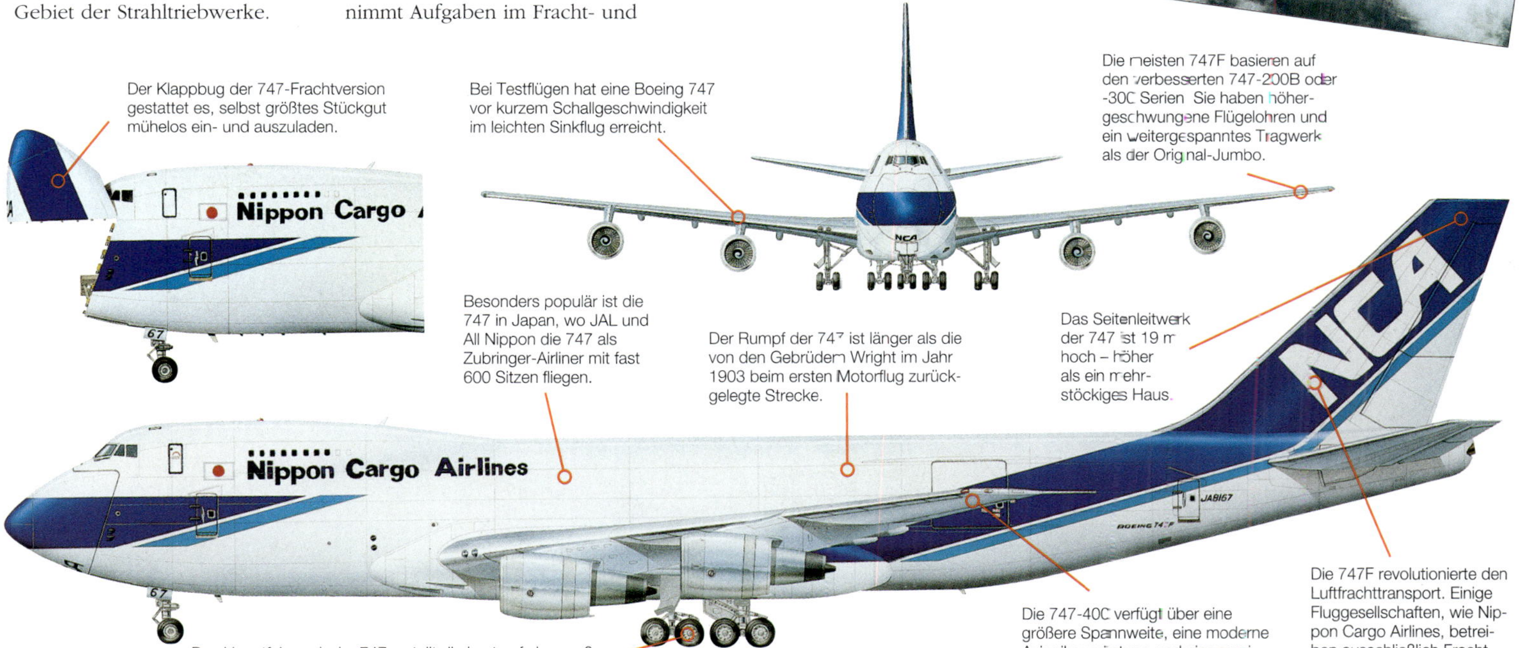

Der Klappbug der 747-Frachtversion gestattet es, selbst größtes Stückgut mühelos ein- und auszuladen.

Bei Testflügen hat eine Boeing 747 vor kurzem Schallgeschwindigkeit im leichten Sinkflug erreicht.

Die meisten 747F basieren auf den verbesserten 747-200B oder -300 Serien. Sie haben höher-geschwungene Flügelohren und ein weitergespanntes Tragwerk als der Original-Jumbo.

Besonders populär ist die 747 in Japan, wo JAL und All Nippon die 747 als Zubringer-Airliner mit fast 600 Sitzen fliegen.

Der Rumpf der 747 ist länger als die von den Gebrüdern Wright im Jahr 1903 beim ersten Motorflug zurückgelegte Strecke.

Das Seitenleitwerk der 747 ist 19 m hoch – höher als ein mehrstöckiges Haus.

Das Hauptfahrwerk der 747 verteilt die Last auf eine große Fläche, um Pistenbeschädigungen zu verhindern.

Die 747-400 verfügt über eine größere Spannweite, eine moderne Avionikausrüstung und eine zweiköpfige Crew im Cockpit.

Die 747F revolutionierte den Luftfrachttransport. Einige Fluggesellschaften, wie Nippon Cargo Airlines, betreiben ausschließlich Frachtversionen dieses Typs.

EINSATZDATEN

GESCHWINDIGKEIT

Die Boeing 747 ist einer der schnellsten Airliner, die je in Dienst gestellt wurden. Ihre vier mächtigen Triebwerke beschleunigen das Flugzeug auf fast neun Zehntel der Schallgeschwindigkeit.

BOEING 747-200	989 km/h
McDONNELL DOUGLAS DC-10	908 km/h
DOUGLAS DC-8 SERIES 63	960 km/h

NUTZLAST

Die 747 wurde speziell entworfen, um eine große Zahl von Passagieren oder entsprechende Frachtmengen über weite Entfernungen zu transportieren.

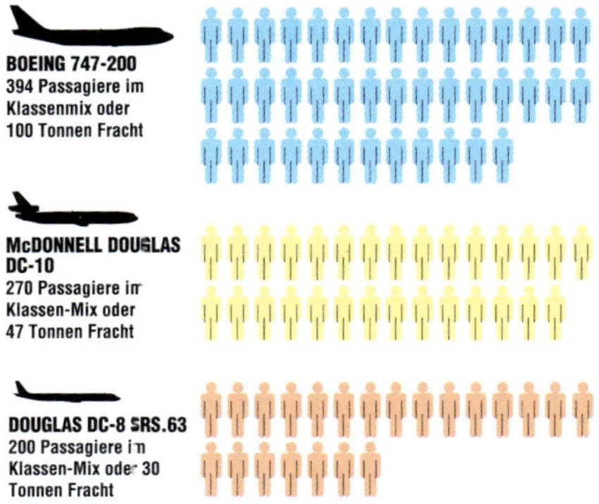

BOEING 747-200: 394 Passagiere im Klassenmix oder 100 Tonnen Fracht

McDONNELL DOUGLAS DC-10: 270 Passagiere im Klassen-Mix oder 47 Tonnen Fracht

DOUGLAS DC-8 SRS.63: 200 Passagiere im Klassen-Mix oder 30 Tonnen Fracht

REICHWEITE

Jeder Langstrecken-Jetliner muss heute nonstop von Frankfurt nach Tokio fliegen können – eine vor nur 20 Jahren undenkbare Distanz!

BOEING 747-200	10.500 km
McDONNELL DOUGLAS DC-10	7.500 km
DOUGLAS DC-8 SRS.63	7.250 km

Transatlantikflug

Nach dem Start auf einem amerikanischen Flughafen steigt die 747 zum Flug nach Europa auf rund 10 000 m Höhe. Nach einer Stunde Flugzeit wird die Maschine dem Flugverkehrszentrum Gander auf Neufundland übergeben.

Außerhalb der VHF-Funkreichweite (rund 300 km) erfolgt der Sprechverkehr mit Gander über Kurzwelle. Die Lotsen dort überwachen lediglich die einzelnen Flüge, denn eine atlantische Radarabdeckung existiert nicht.

Den Gewichtsverlust durch verbrannten Treibstoff setzt die 747 kontinuierlich in Höhe um. Auf halber Strecke über dem Atlantik geht die Zuständigkeit der Kontrolle auf Shanwick in Schottland über, dessen Funksender und -empfänger aber in Irland stehen.

Am Ende der Atlantiküberquerung begibt sich die 747 wieder in die normale Verkehrskontrolle. Bis zur Ankunft an ihrem Zielort wird die Flugleitung von den verschiedenen nationalen Kontrollzentren übernommen.

747 SERIE 300/400

● Größter Airliner der Welt ● Höhere Reichweite und Wirtschaftlichkeit

Die Verkehrsflugzeuge Boeing 747-300 und -400 sind weiterentwickelte Versionen des berühmten „Jumbo-Jet“ für einen wirtschaftlicheren Betrieb bei hohen Passagierzahlen. Hatten schon die früheren 747-Großraummaschinen durch ihre gewaltige Kapazität eine Revolution im Flugreiseverkehr ausgelöst, so sind die 747-300 und -400 wahre „Schwerlaster“, die eine noch größere Zahl von Passagieren über interkontinentale Entfernungen transportieren konnten.

▲ *Vermutlich wird die 747, eines der erfolgreichsten Verkehrsflugzeuge überhaupt, ihren Höhenflug dank neuer Versionen trotz der Konkurrenz durch den Airbus A 380 fortsetzen können.*

BOEING 747 SERIE 300/400

▼ Größtes Muster der Welt
Wie ihre Vorgängerin ist auch die High-Tech-747-400 bei vielen Airlines sehr beliebt. Auf dem Langstreckenmarkt bietet sie bis zur Einführung des A 380 die höchste Passagierkapazität.

▲ „Big Top“ und „Mega Top“
Singapore Airlines kaufte 14 Maschinen der Serie 300 und taufte sie „Big Top“. Später sind noch 24 747-400 „Mega Top“ hinzugekommen.

Neuer Frachter ▶
Die neuere Version Boeing 747-400F ist ein Frachter der zweiten Generation, der verstärkte Tragflügel und das Glascockpit der Passagier-747-400 aufweist, aber den ursprünglichen Rumpf mit dem kurzen Oberdeck beibehalten hat. Ihr Nachfolger ist die 747-400 ERF.

◀ Belgische Jumbos
Die belgische SABENA betrieb zwei 747-300 auf Langstrecken. Eine dieser Maschinen ist hier auf dem Flughafen Brüssel-Zaventem zu sehen.

Flottenstandard ▶
Hongkongs Cathay Pacific, die auf dem Flughafen Chek Lap Kok zu Hause ist, setzt viele Jumbos ein. Alle 747 ihrer Flotte besitzen das bewährte Turbofan-Triebwerk Rolls-Royce RB211.

FAKTEN UND ZAHLEN

- Erstkunden der 747-300 waren die französische UTA und die Swissair, die 1983 die ersten Exemplare übernahmen.
- Bislang wurden schon über 720 gestreckte „Jumbos“ mit Oberdeck geordert.
- Für die 747-400 wurden drei verschiedene Triebwerke gleichzeitig zugelassen.
- Ein Modell mit enger Sitzanordnung für den japanischen Inlandsverkehr bietet 509 Passagieren Platz.
- Trotz ihres erweiterten Oberdecks ist die 747-300 schneller als frühere Versionen.
- Im Gegensatz zu älteren Varianten hat die 747-400 Treibstofftanks im Höhenleitwerk.

Der Superjet aus Seattle

Die Boeing 747-300 aus dem Jahr 1982 verbesserte das bekannteste Verkehrsflugzeug der Welt durch ein erweitertes Oberdeck für bis zu 91 Passagiere in der Touristenklasse. Die ersten Maschinen dieses neuen Typs gingen an die Swissair und die UTA, die größte private Airline Frankreichs. Seitdem haben sich viele Fluggesellschaften für den Einsatz der -300 auf ihren Routen entschieden.

Boeing erkannte das Potential dieser Version und ging noch einen Schritt weiter. So erschien 1988 die 747-400 mit einem volldigitalisierten Flugdeck für zwei Piloten (die Position des dritten Besatzungsmitglieds entfiel), überarbeiteten Flächenenden mit wirtschaftlicheren, nach oben gekanteten, 1,85 m großen Winglets und gesteigerter Reichweite. Wie bei früheren Versionen der 747 stehen auch für die -400 wahlweise drei verschiedene Turbofan-Triebwerke von Pratt & Whitney, General Electric und Rolls-Royce zur Verfügung.

Die Piloten loben das moderne Glascockpit der 747-400, das ihre Arbeit erheblich erleichtert. Dennoch lassen viele Airlines für den Fall der Ermüdung eine zweite Besatzung mitfliegen. Es folgte eine reine Frachterversion, die 747-400F mit dem Cockpit und den verstärkten Flügeln der Passagierausführung. Sie wurde ab Mai 1993, beginnend bei der Air France, an insgesamt 16 Betreiber ausgeliefert.

Links: Auch weniger namhafte Linien wie die VARIG in Brasilien kauften 747-300, weil der Typ ihren Anforderungen perfekt entsprach.

Oben: Eine der Auslieferungen in jüngerer Zeit ging an Virgin Atlantic, die außer etlichen 747 auch das Konkurrenzmuster Airbus A340 betreibt.

TECHNISCHE DATEN
747-400

- **Typ:** Langstrecken-Passagierflugzeug
- **Triebwerke:** vier Turbofan-Triebwerke in der 258-kN-Schubklasse, wahlweise Pratt & Whitney PW4056, General Electric CF6-80C2 oder Rolls-Royce RB 211-425G
- **Höchstgeschwindigkeit:** 980 km/h
- **Reichweite:** 13 398 km
- **Gipfelhöhe:** 13 715 m
- **Gewicht:** leer 182 754 kg; beladen 362 875 kg
- **Startstrecke:** 3322 m
- **Kapazität:** zweiköpfige Besatzung und 450 Passagiere in einer üblichen Dreiklassenauslegung (maximal 660 Fluggäste)
- **Abmessungen:**

Spannweite:	59,64 m
Länge:	70,66 m
Höhe:	19,93 m
Tragflügelfläche:	510,95 m²

747-300

ZS-SAT ist eine von zwei Maschinen der Serie 300, die derzeit bei SAL (Suid Afrikaanse Lugdiens) fliegen. Die südafrikanische Gesellschaft betreibt ihre Jumbos auf den wichtigsten Langstreckenrouten.

Trotz ihrer enormen Größe hat die 747 ein überraschend kleines Cockpit. Bei der Serie 300 blieb es mit zahlreichen konventionellen Anzeigeinstrumenten gegenüber dem früherer Varianten weitgehend unverändert.

Im Oberdeck finden bis zu 91 Passagiere der Touristenklasse Platz, mehr als die Boeing 377 Stratocruiser von 1948 insgesamt aufnehmen konnte. Die Konfiguration erwies sich als so beliebt, dass ältere Maschinen auf diesen Standard umgerüstet werden. Beim Entwurf der 747 hatte Boeing bereits darauf geachtet, dass sich der nachträgliche Einbau von neuen Konstruktionen möglichst problemlos vollziehen lässt.

Das Hauptdeck blieb gegenüber dem der 747-200B beinahe unverändert. Einige Maschinen wurden als Combi-Varianten 737-300BC ausgeliefert oder später dazu modifiziert. Sie lassen sich für den Fracht- oder Passagierdienst oder eine Kombination aus beiden auslegen. Ein Merkmal der „Combi"-Version ist eine große Frachtklappe auf der linken Hinterrumpfseite.

Unter der Passagierkabine befinden sich zwei große Gepäckabteile, eines vorn und eines hinten. Viele Fluglinien nutzen den Raum zudem für Fracht.

Für den Antrieb sorgten Mantelstrom-Triebwerke Pratt & Whitney JT9D mit einem hohen Nebenstromverhältnis, doch bald waren auch andere Aggregate verfügbar. So wurde die Serie 300 auch mit dem General Electric CF 6 oder dem Rolls Royce RB 211 angeboten.

Jede Tragfläche weist zwei große Dreifachspaltklappensektionen auf, die einen für das enorme Startgewicht von 351 534 kg nötigen Auftrieb im Langsamflug erzeugen. Zum Abbremsen dienen Querruder für geringe Fluggeschwindigkeiten und Spoiler.

Im Heck ist eine Hilfsgasturbine montiert. Sie speist am Boden wichtige Systeme wie Elektrik, Heizung und Klimaanlage.

EINSATZDATEN

GESCHWINDIGKEIT

Verkehrsflugzeuge haben heute extrem leise Hochleistungs-Turbofan-Triebwerke. Als größter Airliner der Welt erhielt die 747 auch die stärksten Triebwerke und bietet daher eine höhere Reisegeschwindigkeit als die Konkurrenzmuster.

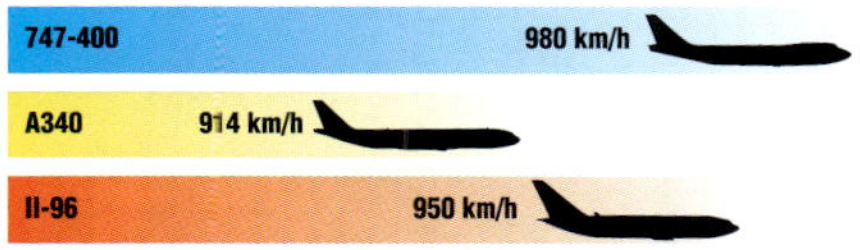

KAPAZITÄT

Auch wenn neuere Flugzeuge wie der Airbus A340 bessere Flugleistungen als die 747 bieten, bleibt diese doch einmalig in ihrer Passagierkapazität. Die russische Iljuschin Il-96 kommt ihr von allen östlichen Modellen am nächsten, erzielte aber keine großen Verkaufserfolge.

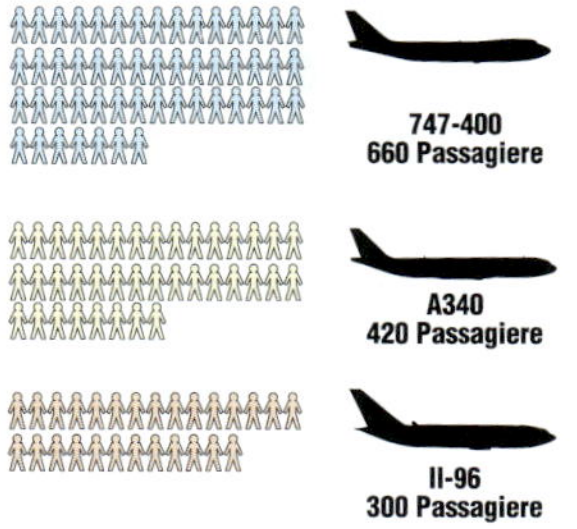

REICHWEITE

Angesichts der erhöhten Reichweiten hielt es Boeing bei der 747-400 nicht für nötig, ein besseres Hochleistungsmodell anzubieten. Auf langen, wenig frequentierten Routen hat sich der Airbus A340 bewährt, der über 14 000 km weit fliegt, ohne aufzutanken.

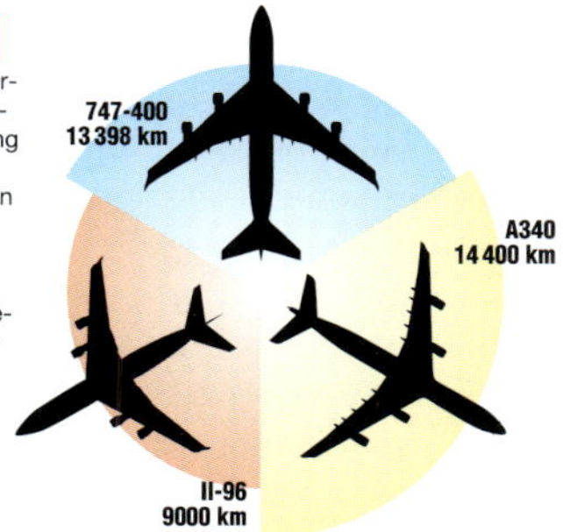

Weitere Varianten der 747

747-200B: Die frühen Varianten der 747, die noch bei vielen Gesellschaften in aller Welt fliegen, waren Pioniere des Massentourismus.

747-200F: Diese auf dem Airliner 747-200 basierende reine Frachtversion mit hochklappbarem Bug erschien Mitte der siebziger Jahre.

747SP: Dies ist eine spezielle Langstreckenvariante mit Kurzrumpf und größerem Leitwerk. Ein Hauptkunde war China Airlines in Taiwan.

E-4B: Dieses Muster würde als Hauptquartier des US-Präsidenten und seiner Berater dienen, falls Washington zerstört wäre.

BOEING

747SP

● Langstreckenvariante ● Kürzerer Rumpf ● Rekordflüge

Ein fast vergessenes Mitglied der Jumbo-Jet-Familie, die 747 Special Performance, kurz SP, verlieh der Boeing 747 ein völlig neues Aussehen. Da die 747SP höher, schneller und weiter fliegen können sollte als jedes andere 747-Modell, verkürzte man zur Gewichtreduzierung ihren Rumpf. Gleichzeitig wurde die Treibstoffkapazität vergrößert, so daß die 747SP ihre Passagiere nonstop über Entfernungen von bis zu 11 000 km befördern kann.

▲ *Nach intensiven Flugtests wurde die 747SP am 4. Februar 1976 zugelassen, und zwei Monate später führte sie für Pan Am den ersten kommerziellen Flug von New York nach Tokio durch.*

BILDERCHRONIK

BOEING 747SP

▼ Große Reichweite
Die geringere Passagierkapazität und die erweiterten Tanks machten die 747SP zum idealen Muster für wenig beflogene Fernstrecken.

▲ Erstkunde
Pan Am war der SP-Erstabnehmer. Die Gesellschaft erreichte bald eine durchschnittliche Nutzungsrate von 14,1 Stunden pro Tag und Maschine.

▼ Hauptunterschiede
Außer dem kürzeren Rumpf hatte die SP eine leichtere Tragflächenstruktur, eine höhere Seitenflosse und neue Auftriebsklappen an der Tragfläche.

▲ Im Fernen Osten
Dies war eine von vier SP, die die Civil Aviation Administration of China erwarb. Der Typ eignet sich optimal für das weitläufige Land.

Jumbo in Orange ▶
Braniff International, eine der bekanntesten Gesellschaften der siebziger Jahre, ließ ihre 747-Flotte in Orange streichen. Als Braniff in Konkurs ging, wurde dieses Muster an das Sultanat Oman verkauft.

FAKTEN UND ZAHLEN

- ➤ Insgesamt 45 Boeing 747SP wurden gebaut, 39 mit Pratt-&-Whitney- und sechs mit Rolls-Royce-Triebwerken.
- ➤ Bei ihrem Erstflug am 4. Juli 1975 erreichte die 747SP Mach 0,92.
- ➤ Sechs 747SP wurden im Nahen Osten als luxuriöse VIP-Transporter betrieben.
- ➤ Eine 747SP der South African Airlines stellte mit 16 560 km von New York nach Kapstadt einen Nonstop-Streckenrekord auf.
- ➤ Die Höhe der Boeing 747SP (19,94 m) entspricht der eines sechsstöckigen Hauses.
- ➤ Eine ehemalige American-Airlines-747SP fliegt heute für den Staat Kasachstan.

Kleiner Jumbo für lange Strecken

Als die FAA am 4. Februar 1976 die Boeing 747SP zuließ, stand der zivilen Luftfahrt ein Jetliner zur Verfügung, der weitere Entfernungen als je zuvor schnell und komfortabel zurücklegen konnte.

Große Reichweiten waren schon immer eine Herausforderung für die zivile Luftfahrt. Die propellergetriebene Douglas DC-7 der fünfziger Jahre konnte von San Francisco nach Tokio nur mit Landungen in Honolulu und Wake Island fliegen, und auch die strahlgetriebene Boeing 707 der sechziger Jahre musste einen Stopp in Honolulu einlegen. Sogar das Großraummuster Boeing 747 wurde erst dann zu einem den Globus umspannenden Airliner, als die Ultralangstreckenvariante 747SP erschien.

Pan American trat 1973 als Erstkäufer auf, doch wichtiger war die 747SP für kleine staatliche Gesellschaften wie Air Mauritius, die eine große Reichweite, aber nicht die Sitzplatzkapazität der Standard-747 brauchten.

Im April 1976 brach eine 747SP von Pan Am den Rekord für den längsten Nonstopflug einer Verkehrsmaschine. 1988 folgte ein Spezialcharterflug, bei dem eine 747SP der Pan Am die Welt in 46 Stunden und 26 Minuten umrundete. Die reine Flugzeit des Drei-Etappen-Flugs betrug 39 Stunden und 26 Minuten.

Viele 747SP näherten sich in den 90er Jahren dem Ende ihrer Lebensdauer und wurden durch 747-400 oder Airbus A340 ersetzt.

Oben: Boeings „Mini-Jumbo" behielt den Doppeldeckvorderrumpf seines größeren Bruders bei, wurde aber um drei Rumpfsektionen verkürzt und wirkt dadurch insgesamt recht gedrungen.

TECHNISCHE DATEN 747SP

- **Typ:** Langstrecken-Verkehrsflugzeug
- **Triebwerke:** vier Mantelstrom-Triebwerke Pratt & Whitney JT9D-7A je 208,8 kN oder vier Rolls-Royce RB 211-524B je 222,8 kN Schub
- **Reisegeschwindigkeit:** 940 km/h in 6096 m
- **Reichweite:** bis zu 11 397 km mit 305 Passagieren und Treibstoffreserven
- **Gipfelhöhe:** im Reiseflug 13 715 m
- **Gewicht:** leer 151 454 kg; max. Startmasse 317 515 kg
- **Kapazität:** zwei Piloten, ein Flugingenieur, bis zu zwölf Flugbegleiter und 331 bis 370 Passagiere über Distanzen von bis zu 10 900 km
- **Abmessungen:**

Spannweite:	59,64 m
Länge:	56,06 m
Höhe:	19,94 m
Tragflügelfläche:	510,95 m²

Unten: Die im Boeing-Hauptwerk in Seattle konstruierte 747SP durchlief in sieben Monaten ein weitgehend problemfreies Testprogramm.

747SP 21

Die nach dem US-Fliegerpionier Charles Lindbergh auf den Namen „Clipper Lindbergh" getaufte SP wurde Pan Am im Mai 1977 übergeben. Nach neun Dienstjahren wechselte sie zu United Air Lines.

Die dreiköpfige Standardflugbesatzung saß im Cockpit über dem Hauptdeck. Zusätzlich konnten zwei Beobachtersitze eingerichtet werden. Avionik und Ausrüstung entsprachen denjenigen der Standard-Boeing 747.

Den SP-Käufern standen mehrere Versionen unterschiedlicher Triebwerkstypen zur Wahl: das General Electric CF6-45A2 oder das -50E2-F mit einem Nennschub von 206,8 kN, das Rolls-Royce RB 211-524B mit 222,8 kN und das Pratt & Whitney JT9D-7A mit 208,8 kN.

Im Kern ging es beim Entwurf der 747SP darum, das Gewicht, aber nicht die phänomenale Treibstoffkapazität zu verringern. Dies wurde dadurch erreicht, dass man den Rumpf um zwei Abschnitte mit gleichbleibendem Durchmesser und eine sich verjüngende Sektion kürzte, insgesamt um 14,60 m.

Um die nötige Kursstabilität zu gewährleisten, erhöhte man die Seitenflosse um 1,52 m. Auch das Ruder wurde durch zweifache Lagerung modifiziert. Zur Verringerung des Gewichts trug auch eine leichtere Konstruktion des Fahrwerks bei.

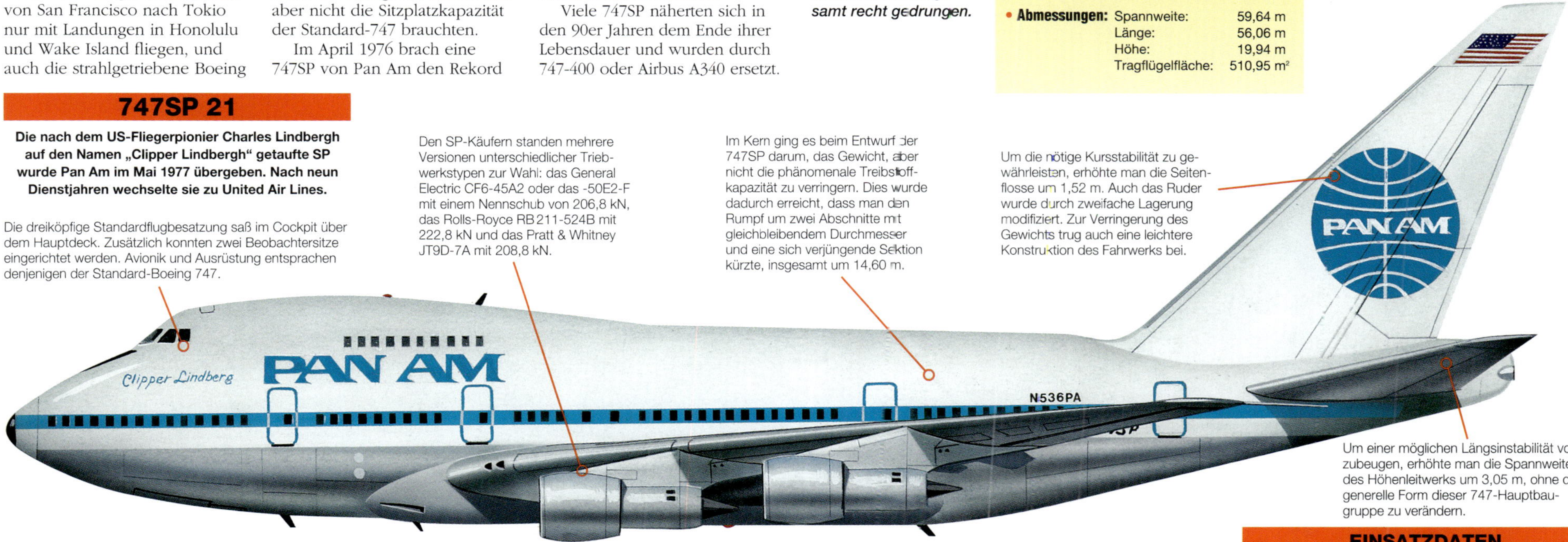

Um einer möglichen Längsinstabilität vorzubeugen, erhöhte man die Spannweite des Höhenleitwerks um 3,05 m, ohne die generelle Form dieser 747-Hauptbaugruppe zu verändern.

Langstrecken-Airliner-Varianten

AIRBUS A300-600R: Der 1987 geflogene -600ER (Extended Range) hatte einen Zusatztank im Höhenleitwerk und war für eine höhere Startmasse zugelassen. Seine Reichweite betrug 7840 km.

McDONNELL DOUGLAS DC-10 SERIE 40: Die Serie 40 war das DC-10-Muster mit der größten Reichweite. Die JT9D-59A-Triebwerke von Pratt & Whitney erlaubten ihre Flüge über 7500 km.

LOCKHEED L1011-500 TRISTAR: Die L-1011-500 mit verkürztem Rumpf und Zusatztanks im Tragflächenmittelstück ist die Langstreckenversion der TriStar-Familie und fliegt 9905 km weit.

EINSATZDATEN

REICHWEITE

Die TriStar Serie 500 und die DC-10 Serie 40 waren zwar beide Langstreckenvarianten des jeweiligen Grundmusters, erreichten allerdings mit voller Nutzlast, wofür die hier angegebenen Werte gelten, nicht die globale Leistung der SP.

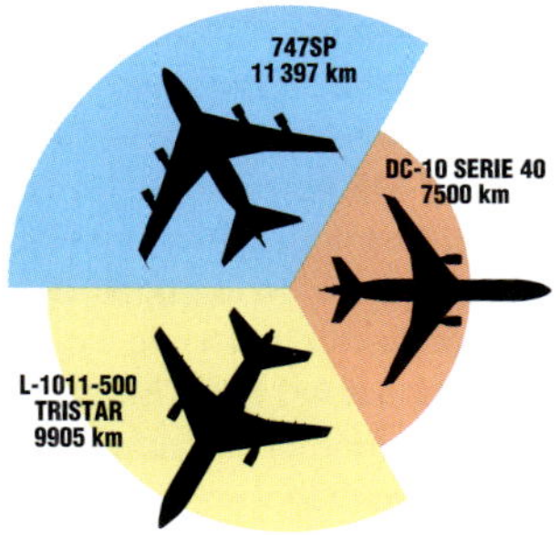

Boeing

757

● Kurz- und Mittelstrecken-Airliner ● Zweistrahliger Bestseller

▲ *Die Bugnase der ersten 757 nimmt Gestalt an. Ursprünglich sollten die 757 und 767 einander im Profil gleichen, doch das wurde nicht verwirklicht.*

Die Boeing 757 ist ein vertrauter Anblick auf den Flughäfen der Welt. Als planmäßige Nachfolgerin der dreistrahligen 727 wurde sie unter Beibehaltung der klassischen Boeing-Stärken Komfort, Wirtschaftlichkeit und Zuverlässigkeit mit vielen Neuerungen und Verbesserungen ausgestattet. Mit diesen Eigenschaften eroberte sich die zweistrahlige Maschine auch den Transatlantikverkehr, der bis dahin den drei- und vierstrahligen Flugzeugen vorbehalten gewesen war.

BILDERCHRONIK

Boeing 757

Zweistrahlig ▶
Die große vierstrahlige 747 mag zwar die berühmteste Boeing sein, doch seit der 757 baut das Werk nur noch leistungsstarke Zweistrahler.

▲ Pilotenkomfort
Die 757 besitzt ein komfortables Cockpit mit einer Mischung aus altbewährten und neuen Instrumenten.

▲ Die Sonnenroute
Iberia, eine der vielen Abnehmer der 757, flog vorwiegend „Sonnen-Urlauber“ an ihre Ferienorte.

◀ Montage
Die ersten beiden 757 mit Rolls-Royce-Triebwerken, beide für Eastern Airlines bestimmt, befinden sich in der Endmontage. Zuvor waren zwei Vorserienmaschinen des Typs zehn Monate lang intensiv getestet worden.

▲ Die erste Präsentation
Die Premiere der 757 war ein großer Tag für Boeing. Sie entstand als erster neuer Airliner des Werks seit dem „Jumbo“ von 1969.

▼ Wassertest
Ein wesentlicher Teil des Testprogramms der ersten 757 bestand im Rollen auf nasser Bahn, um das Verhalten der Triebwerke bei hochspritzendem Wasser zu untersuchen.

FAKTEN UND ZAHLEN

- **Laut Boeing passen in die 757-Frachtversion sechs Millionen Golfbälle hinein.**
- **Die mexikanische Luftwaffe unterhält eine 757-225 als Sondermaschine im Dienst des Präsidenten.**
- **Die erste Boeing 757-200 absolvierte ihren Jungfernflug am 18. Februar 1982.**
- **Alle 757 zusammen sind eine Strecke geflogen, die der 25 000fachen Entfernung zwischen Erde und Mond entspricht.**
- **Statt der 757 hätte Boeing fast eine 727 mit neuem Triebwerk und Design gebaut.**
- **Shanghai Airlines übernahm im Oktober 2004 die letzte von 1050 gebauten 757.**

Boeings beliebter Zweistrahler

Die schlanke Boeing 757 hat sich zu einem leistungsfähigen Flugzeug für Gesellschaften in aller Welt entwickelt. Sie war einer der ersten praktischen Kurz- und Mittelstrecken-Airliner mit Turbofans mit einem hohen Nebenstromverhältnis und eignete sich außer als Passagiermaschine auch als Frachter.

Ursprünglich als ein reines Kurzstreckenflugzeug geplant, wurde die 757 dann auch für längere Ozeanflüge zugelassen und besitzt inzwischen eine interkontinentale Reichweite.

Die zuverlässige Flugleistung der 757 beruht hauptsächlich auf den neuen Digitalinstrumenten, den modernen Flugsteuerungssystemen und insbesondere den treibstoffsparenden Triebwerken.

Auch die 757 kommt, wie andere moderne zweistrahlige Airliner, mit zwei statt drei Besatzungsmitgliedern aus und verbraucht nicht zuletzt sehr viel weniger Treibstoff als ein Flugzeug der Vorgängergeneration.

Insgesamt 1050 Boeing 757 sind seit 1980 geordert worden, und davon 55 Einheiten der verlängerten 757-300.

Die mit Pratt & Whitney-Triebwerken ausgerüstete 757 verzeichnete schnell eine Bestellung von 60 Maschinen durch Delta Airlines.

Heckbemalungen der 757 aus drei Kontinenten: LTU, Royal Air Maroc und Singapore Airlines.

757

Die gesamte Flugzeugflotte der marokkanischen Royal Air Maroc bestand aus Boeing-Maschinen, darunter auch zwei 757. Sie befliegen ganz Europa, den Nahen Osten und einige amerikanische Ziele.

Das schlanke Rumpfprofil der 757 lässt sich leicht von dem der 737 unterscheiden. Obwohl der Rumpf den gleichen Querschnitt hat wie die 707, 727 und 737, wurden er und die Tragflächen vollkommen neu konstruiert.

Die sehr leistungsstarken Turbofans der 757 waren wegen ihrer Sparsamkeit ein gutes Verkaufsargument in einer Zeit, in der die steigenden Ölpreise Fluglinien mit älteren Maschinen reihenweise in den Konkurs trieben.

Die Höhenruder haben eine leichte Epoxidharz-Wabenstruktur; hergestellt wurden sie von Vought Aircraft.

TECHNISCHE DATEN
757-200

- **Typ:** zweistrahliger Mittelstreckentransporter
- **Triebwerke:** zwei Turbofans mit hohem Nebenstromverhältnis Rolls-Royce RB211-535C (166,42 kN Schub) oder Pratt & Whitney PW2037 (169,98 kN Schub) oder RB211-535E4 (178,43 kN Schub) oder Pratt & Whitney PW2040 (185,56 kN Schub)
- **Höchstgeschwindigkeit:** 981 km/h
- **Reichweite:** 5150 km mit voller Nutzlast, 7400 km bei sparsamstem Verbrauch
- **Dienstgipfelhöhe:** 13 932 m
- **Nutzlast:** zwei Piloten, sechs Flugbegleiter, normalerweise 194 Mehrklassenpassagiere, 239 im Charterbetrieb; bis zu 39 690 kg Fracht und Paletten bei der Frachterversion
- **Gewicht:** leer 57 180 kg; beladen 113 400 kg
- **Abmessungen:**

Spannweite:	38,05 m
Länge:	47,35 m
Höhe:	13,60 m
Flügelfläche:	181,25 m²

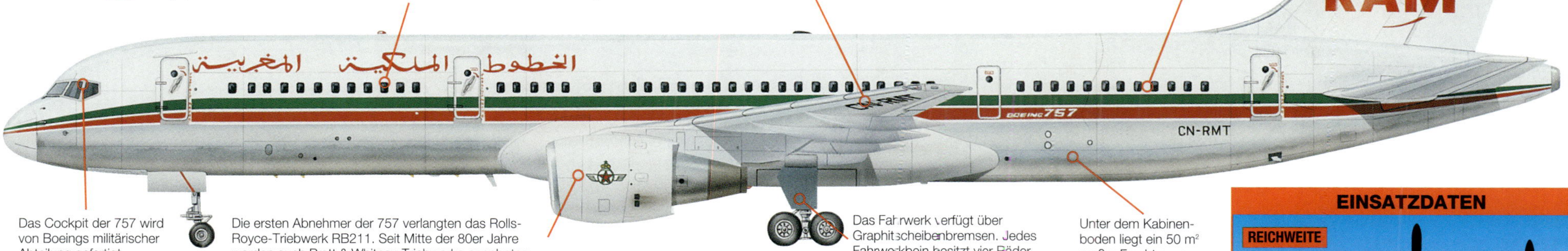

Die meisten 757 sind Passagierflugzeuge mit der vollen Anzahl von Fenstern. Es gibt nur eine reine Frachterversion ohne Fenster.

Die Steuerelemente an den Tragflächen sind Klappen, Vorflügel und Störklappen. Die Störklappen wirken als Bremsen und ergänzen die Querruder.

Die Touristenklasse verfügt in der Regel über Sechser-, die Erste Klasse über Vierersitzreihen.

Das Cockpit der 757 wird von Boeings militärischer Abteilung gefertigt.

Die ersten Abnehmer der 757 verlangten das Rolls-Royce-Triebwerk RB211. Seit Mitte der 80er Jahre werden auch Pratt & Whitney-Triebwerke angeboten.

Das Fahrwerk verfügt über Graphitscheibenbremsen. Jedes Fahrwerkbein besitzt vier Räder.

Unter dem Kabinenboden liegt ein 50 m² großer Frachtraum.

Die Dynastie der schlanken Boeings

707: Nach dem Debakel der britischen Comet machte die Boeing 707 Geschichte. Sie führte Sechsersitzreihen ein, die inzwischen in den schlanken Flugzeugen Standard sind.

727: Die 727 war Boeings Bestseller der 70er Jahre und dominierte zwei Jahrzehnte lang die Kurz- und Mittelstrecken, bis sie von der 737 und der 757 entthront wurde.

737: Anfänglich als Ergänzung zur Kurzstreckenversion der 727 gedacht, ist aus der 737 eine ganze Familie von Jets der Klasse von 100 bis 189 Passagieren hervorgegangen.

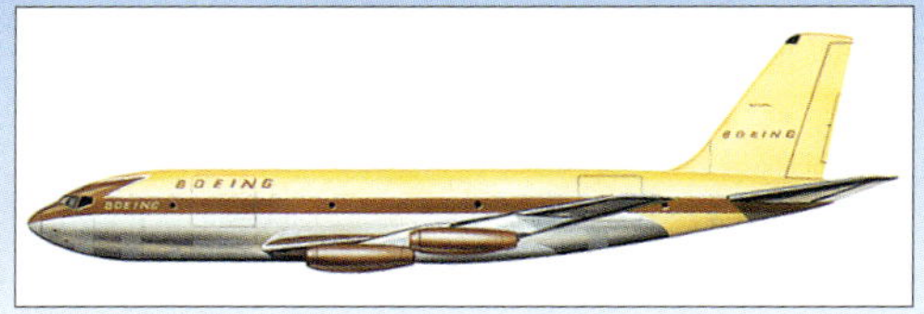

EINSATZDATEN

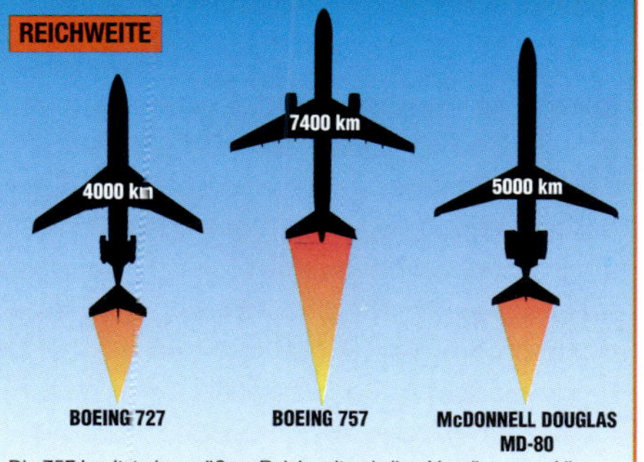

Die 757 besitzt eine größere Reichweite als ihre Vorgänger und ihr direkter Konkurrent von McDonnell Douglas, der eine modernisierte Version der DC-9 ist. Die 757 wurde daher auch für Langstrecken-Ozeanüberquerungen zugelassen.

BOEING

767

● Verkehrsflugzeug der dritten Generation ● Großraummuster

Der moderne Langstrecken-Airliner Boeing 767 ist eine Entwicklung der siebziger Jahre und nahm 1982 den Liniendienst auf. Als erfolgreiches Modell in einer Gruppe von zweistrahligen Passagiermaschinen, die für eine zweiköpfige Flugbesatzung ausgelegt sind, bietet die 767 den Fluggesellschaften ein gewinnbringendes Verkehrsflugzeug in der Größenordnung zwischen der 757 mit schmalem Rumpf und den Großraumflugzeugen 747 sowie 777.

▲ Mit der 767 konnte Boeing einen Airliner anbieten, der größer war als die 707, aber kleiner als andere Großraummuster wie etwa die 747. Viele Systeme gleichen denen in der 757.

BILDERCHRONIK

BOEING 767

▲ Cockpit der 767-300
Viele der herkömmlichen Anzeigen wurden durch sechs Bildschirme ersetzt, die sowohl Navigationsdaten als auch systembezogene Werte darstellen können.

▲ Prototyp N767BA
Die 767 flog erstmals im September 1981 und ging im August 1982 bei United Air Lines in Dienst.

▼ Vor der Auslieferung
Fabrikneue 767 erwarten auf dem Firmengelände von Boeing in Everett die Abnahmeinspektion.

▲ Großabnehmer
Mitte 1996 hatte British Airways bereits 24 Boeing 767-300ER im Einsatz und weitere fünf bestellt, die alle Turbofan-Triebwerke Rolls-Royce RB211 besitzen. Die -300 ist 6,43 m länger als die -200.

„Krieg der Sterne" ▶
Der Prototyp der 767-200 hatte eine 26,2 m lange Kuppel auf dem Rumpfrücken, um einen Langwellen-Infrarotsensor zu testen, der im Rahmen des SDI-Programms ballistische Flugkörper entdecken sollte.

FAKTEN UND ZAHLEN

- Die erste 767 rollte am 4. August 1981 aus der Fertigungshalle und startete am 26. September zu ihrem Jungfernflug.
- Eine fabrikneue Boeing 767 besteht aus rund 3,14 Millionen Einzelteilen.
- Die neueste Variante 767-400ER besitzt eine Reichweite von 10.454 Kilometern.
- Mit Hilfe von 140 Mikroprozessoren und Computern lässt sich die 767 vom Start bis zur Landung automatisch fliegen.
- Im Verbrauch ist die 767 um 54 Prozent wirtschaftlicher als eine Boeing 727.
- Anfang 2005 waren 925 von 946 bestellten 767 ausgeliefert.

Boeings zweistrahliges Großraumflugzeug

Die 767 führte zahlreiche Verbesserungen gegenüber früheren Verkehrsflugzeugen von Boeing ein. So sind ihre Tragflächen dicker, länger und weniger gepfeilt als die älterer Modelle, was zu den ausgezeichneten Startleistungen und zum niedrigen Treibstoffverbrauch beiträgt. Die Kabine der 767 ist über einen Meter breiter als die der schmaleren Boeing-Maschinen mit nur einem Gang.

Das neue Muster erzielte Verkaufserfolge bei einem Dutzend renommierter Fluglinien, die ein Muster mit der neuesten Technologie und einer bequemen Kabine mit zwei Gängen suchten. Seit die 767 im August 1982 bei United Air Lines die ersten Ertragsflüge absolvierte, kann sie beste Statistiken für Zuverlässigkeit und Leistungsfähigkeit nachweisen. Die ETOPS-Eignung (Extended-range Twin-engine OPerationS) machte sie auch für die Langstrecken interessant.

Die 767 wurde standardmäßig als -200 und in gestreckter Ausführung als -300 gebaut, die auch als ER-Variante mit größerer Reichweite (Extended Range) erhältlich ist. Bis Anfang 2005 wurden 925 Exemplare gefertigt.

ZK-NBA „Aotearoa" von 1985 war die erste 767-200 der Air New Zealand, die später auch -200ER und -300ER betrieb.

Die Ausführungen mit erhöhter Reichweite (-200ER und -300ER) haben Zusatztanks und ein Gesamttreibstoffvolumen von 91 379 Litern. Der Einfüllstutzen befindet sich außen an der Backbordfläche.

Ein wichtiges Merkmal der 767 ist ihre Eignung, mit zwei Triebwerken und erhöhter Reichweite (ETOPS) operieren zu können. Mit dieser Qualifikation, die erst durch die heutigen, äußerst zuverlässigen Triebwerke möglich wurde, dürfen zweistrahlige Maschinen die Ozeane überfliegen, sofern sie innerhalb von zwei bis drei Stunden einen Ausweichplatz erreichen können.

Zu den Zulieferern verschiedener Teile der 767 gehören Boeing Helicopter (Flügelvorderkanten), Northrop Grumman (Mittelabschnitt der Flügel), Canadair (Hinterrumpf) und Mitsubishi (Frachttüren).

767-2Q8ER

S7-AAS „Aldabra" flog erstmals im Juli 1989. Sie wurde an die International Lease Finance Corporation ausgeliefert, die sie an Air Seychelles vermietete.

Zu den Neuerungen der 767 gehörte ihre zweiköpfige Flugbesatzung. Die Piloten übernehmen die Aufgaben, die früher ein Flugingenieur erfüllte.

Das Grundmuster 767-200 bietet standardmäßig 224 Passagieren Platz, davon 18 in der ersten Klasse. Möglich sind Einklassenauslegungen für 247 bis 290 Fluggäste. Letztere erfordert allerdings Reihen mit acht Sitzen und zusätzliche Notausgänge über den Tragflächen. Die gestreckte Version 767-300 kann 269 bis 350 Passagiere aufnehmen.

Der Käufer hat die Wahl zwischen drei Triebwerkstypen, dem Rolls-Royce RB211, dem Pratt & Whitney PW4000 und dem General Electric CF6, wie in dieser 767-200ER.

Auf eine Anfrage des amerikanischen Paketdienstes UPS hin brachte Boeing eine Frachtversion der -300ER heraus, genannt -300F. Sie unterscheidet sich durch die fehlenden Kabinenfenster und eine neue Frachttür auf der linken Vorderrumpfseite.

TECHNISCHE DATEN
767-300ER

- **Typ:** zweistrahliges Langstrecken-Großraumverkehrsflugzeug
- **Triebwerke:** zwei Mantelstrom-Triebwerke Pratt & Whitney PW4056 mit 252,4 kN oder General Electric CF6-80C2B4 mit 266,9 kN
- **Reisegeschwindigkeit:** 0,8 Mach oder ca. 860 km/h in 10 000 m Höhe
- **Reichweite:** (mit Reserven) 11 230 km
- **Gipfelhöhe:** 12 192 m
- **Gewicht:** leer 81 374 kg; beladen 181 437 kg
- **Kapazität:** 269 Passagiere in der Grundausstattung (24 in der ersten und 245 in der Touristenklasse); maximal 350 Passagiere
- **Frachtvolumen:** 147 m³
- **Abmessungen:** Spannweite: 47,57 m; Länge: 54,94 m; Höhe: 15,85 m; Tragflügelfläche: 283,30 m²

EINSATZDATEN

PASSAGIERE

Die 767-200 steht im direkten Wettbewerb mit dem Airbus A310, der in der Version -200 eine ähnliche Passagierkapazität hat. Auch die DC-10-30 und -40 waren Konkurrenzmuster auf diesem Markt.

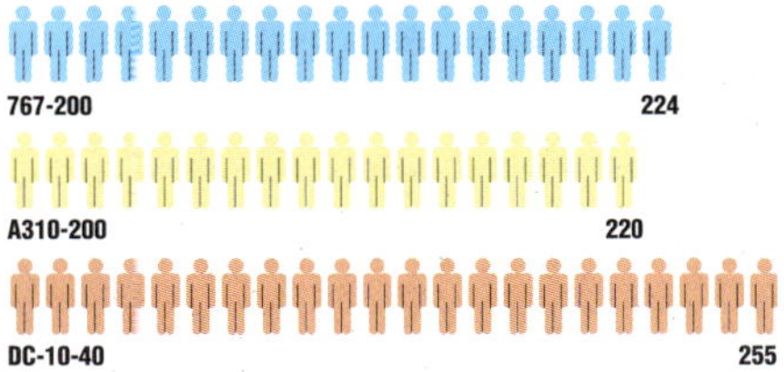

FRACHTRAUM

Unterflurfrachträume sind ein wichtiges Kriterium für moderne Verkehrsflugzeuge, da die Frachtgutbeförderung auf Passagierflügen sehr lukrativ ist. Die größere DC-10-40 ist diesbezüglich führend.

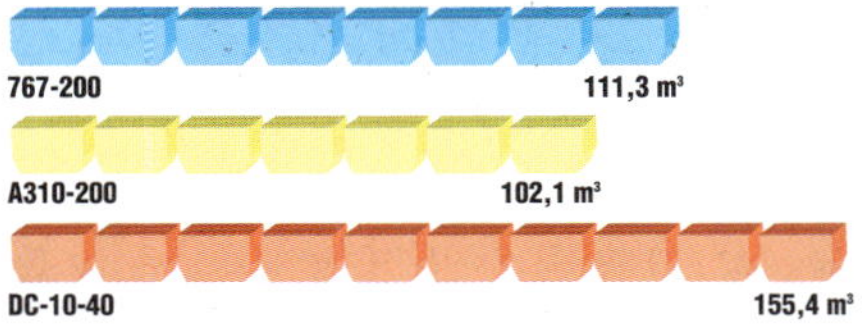

REICHWEITE

Der Airbus A310 bot bei seinem Erscheinen relativ gute Reichweitewerte, die Boeing mit der Version -200 ebenfalls erzielen wollte. Die DC-10 ist ohnehin für ihre große Reichweite bekannt.

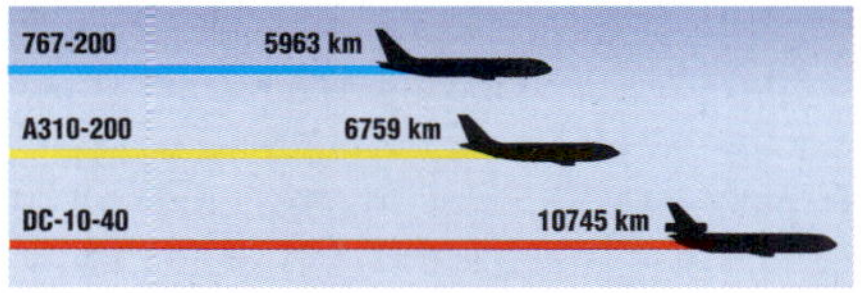

Entwicklung der 767

TRI-JET 7X7: Sowohl die 767 als auch die schmalere 757 basieren auf den Entwürfen 7X7 und 7N7 aus der Mitte der siebziger Jahre. Die 767 wurde zunächst dreistrahlig konzipiert, ähnlich wie die TriStar und die DC-10.

NEUENTWURF: In der Entwicklungsphase wurden einige Leitwerksformen diskutiert, so auch ein T-Leitwerk. Diese dreistrahlige Version sollte in Zusammenarbeit mit italienischen und japanischen Partnern gebaut werden.

E-767 AWACS: Sobald die zweistrahlige Auslegung die Serienfertigung erreicht hatte, begann Boeing mit der Entwicklung militärischer Varianten wie dem Frühwarn- und Leitsystem E-767 für die japanischen Streitkräfte.

CRJ

● Große Reichweite ● Bahnbrechendes Muster ● Düsenverkehrsflugzeug

▲ *Auf dem umkämpften Markt der Regionaljets bietet die CRJ-Serie dem Kunden einen erstaunlich hohen, nicht selbstverständlichen Komfort.*

Der im März 1989 als eine gestreckte Variante der Challenger CL-601 in Angriff genommene 50-sitzige Regional Jet von Canadair absolvierte im Mai 1991 seinen Erstflug und ging bereits im November 1992 in Dienst. Mit ihm wollte man ein Flugzeug für kürzere Strecken schaffen, die für größere Düsenmaschinen unwirtschaftlich sind. Er ist als Regionalverkehrsflugzeug erfolgreich und bildet die Basis für Bombardiers CRJ-Familie von 50 bis 86 Sitzen.

BOMBARDIER CRJ

◀ **Regionalflüge**
Im April 1994 nahm die von dem ehemaligen Rennfahrer Niki Lauda geführte Lauda Air den Flugdienst mit dem Regional Jet auf. Die Maschinen flogen von Österreich, mit Wien als Zentralflughafen, nach Berlin und Manchester.

Moderner Airliner ▶
Am 16. Oktober 1990 wurde eine bedeutende Etappe abgeschlossen, als der erste Regional Jet die Endphase der Fertigung erreichte.

▼ **Firmenflugzeug**
Die Xerox Corporation nutzt den Regional Jet für ihre Mitarbeiter in den USA. Die Maschine bietet 30 Passagieren Platz.

▼ **Auf dem neuesten Stand**
Bei der Konstruktion des Regional Jet wurden die neuesten Erkenntnisse der Flugzeugtechnik berücksichtigt. Das elegante Äußere und die großen Winglets sind ein Erkennungsmerkmal des Typs.

▲ **Flug in die Zukunft**
Unter dem neuen Eigentümer Bombardier wurde eine verlängerte Variante für 70 Passagiere entwickelt.

FAKTEN UND ZAHLEN

- **Der Regional Jet ist das erste moderne Verkehrsflugzeug, das für den Kurz- bis Mittelstreckenmarkt entwickelt wurde.**
- **In seiner Firmengeschichte hat Canadair über 4000 Flugzeuge produziert.**
- **Zwischen Rom und Hamburg sind Nonstopflüge mit dem Regional Jet möglich.**
- **Nachdem sich die Nachfrage erhöht hatte, entwickelte man den Regional Jet, um die Challenger abzulösen.**
- **Im Dezember 2003 wurde die 1000ste Maschine, ein CRJ 700, ausgeliefert.**
- **Viele europäische Fluggesellschaften übernahmen das Verkehrsflugzeug.**

PROFIL

Auf dem Weg in die Zukunft

Anders als die Challenger CL-601 besitzt der Regional Jet zur Verbesserung des Auftriebs bei niedrigen Geschwindigkeiten einen größeren Tragflügel und Winglets zur Verringerung des Widerstands. Der Rumpf wurde um 6,1 Meter gestreckt und um zwei Notausstiege ergänzt. Der CRJ hat als erstes 50-sitziges, strahlgetriebenes Regionalverkehrsflugzeug der Welt einen neuen Markt für kleine Hochleistungsverkehrsflugzeuge erschlossen, die einen mit traditionellen Airlinern vergleichbaren Komfort bieten, wie Küchen für warme Mahlzeiten und eine großzügige Kabinenhöhe. Sie braucht zehn Prozent weniger Treibstoff als vorhergesagt. Die Lufthansa CityLine war der erste Betreiber dieses Flugzeugs. Bis Anfang 2005 waren 1400 Exemplare aller Versionen geordert, von denen bereits 1170 Einheiten ausgeliefert wurden.

Der Corporate JetLiner ist für große Unternehmen und Behörden als Alternative zu Fluggesellschaften gedacht. Er lässt sich für 18 bis 35 Passagiere und für Reichweiten von bis zu 4167 km konfigurieren. Die Version Special Edition ist ein Firmenflugzeug mit einer luxuriösen Ausstattung für 19 Passagiere und einer Reichweite von 5778 km.

Oben: Bei den Zulassungstests absolvierte der Prototyp des Regional Jet in der ersten Woche der Erprobungen erfolgreich die erstaunliche Anzahl von fünf Flügen. Diese in der Zivilluftfahrt einzigartige Leistung ist bis heute unerreicht.

Rechts: Dieser Regional Jet der Air Canada trägt auf dem Leitwerk das landestypische Ahornblatt.

TECHNISCHE DATEN
CRJ 200

- **Typ:** Regionalverkehrsflugzeug
- **Triebwerke:** zwei Mantelstrom-Triebwerke General Electric CF34-3A1 mit je 41 kN Schub
- **Reisegeschwindigkeit:** 859 km/h; Langstreckenreiseflug 786 km/h
- **Anfangssteigrate:** 463 m/min
- **Reichweite:** 1787 km
- **Gipfelhöhe:** 11 278 m
- **Gewicht:** leer 13 236 kg; max. 21 523 kg
- **Kapazität:** zwei Piloten, Flugbegleiter, bis zu 50 Passagiere
- **Abmessungen:**

Spannweite:	21,44 m
Länge:	26,95 m
Höhe:	6,30 m
Tragflügelfläche:	48,31 m²

REGIONAL JET

Der abgebildete Regional Jet fliegt in Australien für die Ansett Aviation Services. Im Vergleich zu manch anderen Maschinen dieses Typs versah Ansett seine Flotte mit einem eher unauffälligen Farbmuster.

Im Regional Jet wurde ein Blickfeldsichtgerät (HUD) getestet, das bei den heute im Betrieb befindlichen Maschinen teilweise installiert ist. Das HUD hat sich vor allem bei Landungen unter schlechten Sichtbedingungen sehr gut bewährt.

Für den Regional Jet werden unzählige Optionen angeboten. Bei Bedarf kann die Maschine zur Entlastung des Piloten mit einem Flugführungssystem (FMS) ausgestattet werden.

Um die am Triebwerk und an der Triebwerksgondel erforderlichen Änderungen umzusetzen, arbeitete General Electric eng mit Canadair zusammen. Dadurch verringerten sich die Kosten erheblich.

Bei ersten Tests während der Entwicklung flog die Maschine mit einem Geräteausleger am Bug, über den Daten gesammelt und nach jedem Flug ausgewertet wurden. Später wurde er wieder entfernt.

Der Betreiber kann unter einer Vielzahl von Auslegungen wählen. Mit der engsten Bestuhlung bietet die Maschine bis zu 50 Passagieren Platz.

Winglets gehören bei den meisten modernen Flugzeugen zum Standard. Dadurch erhält der Tragflügel zusätzlichen Auftrieb, und die Steuerungseigenschaften der Maschine verbessern sich.

Zwei CF34-Turbofans von GE treiben den RJ an. Man suchte für die Maschine ein Triebwerk, das auf dem Markt sofort verfügbar und für die Fluggesellschaften leicht zu warten war.

EINSATZDATEN

REISEGESCHWINDIGKEIT

Canadair nutzte für die Entwicklung seiner Regional Jet die neuesten Erkenntnisse der Luftfahrttechnik. Durch die hohe Reisegeschwindigkeit ist der Typ in der Lage, große Entfernungen relativ kostengünstig zu überbrücken.

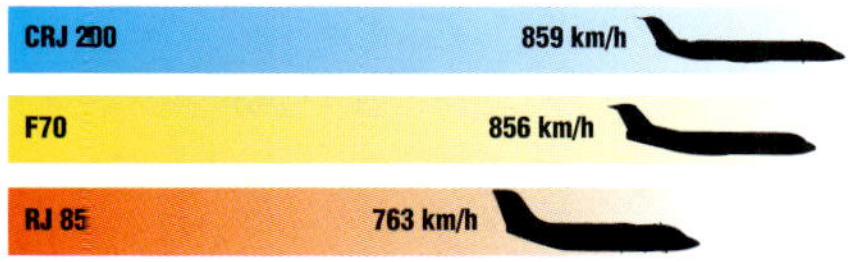

REICHWEITE

Canadair gilt als führender Hersteller von kleinen Verkehrsflugzeugen. Mit dem Regional Jet wollte das Unternehmen die Reichweite seiner Maschinen ausbauen. Trotzdem wird die CRJ200 diesbezüglich von der Fokker 70 und der Avro RJ 85 übertroffen.

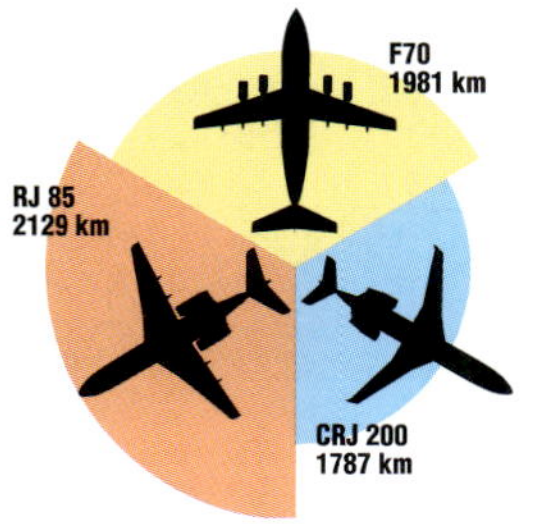

KAPAZITÄT

Auf Inlandsrouten kommt es nicht auf eine möglichst hohe Sitzplatzzahl an. Trotzdem bietet der für diesen Markt entwickelte Regional Jet 200 in seiner Klasse eine beachtliche Kapazität. Obwohl größere Maschinen mehr Fluggäste befördern können, hat sich das nicht negativ auf den Umsatz des Regional Jet 200 ausgewirkt.

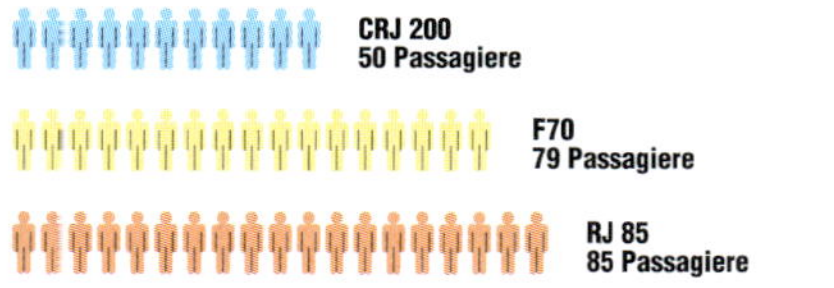

Flugzeuge für den Regionalverkehr

CHALLENGER CL-601: Die für Geschäftsreisen entwickelte Challenger wird auch von der Royal Canadian Air Force und der deutschen Luftwaffe als VIP-Maschine geflogen.

DHC-8 DASH 8: Mit ihren Propellerturbinen gilt die Dash 8 als kostengünstigere Alternative zu Düsenverkehrsflugzeugen. Ebenfalls produziert wird eine Mehrzweckfrachtversion.

LEARJET 60: Der Learjet nimmt eine Spitzenposition auf dem Markt für Geschäftsreisejets ein und wird ständig weiterentwickelt. Das abgebildete Exemplar ist eine der neuesten Varianten.

BR.763 PROVENCE

● Zwei Decks ● Passagier- und Frachttransport ● 18 Dienstjahre

▲ Die wichtigsten auf der Breguet 761 basierenden Versionen waren das Verkehrsflugzeug 763 Provence und der Militärtransporter 765 Sahara. Beide wurden auch in Algerien eingesetzt.

Nach dem Bau des Verkehrsflugzeugs Breguet 500 konzentrierte sich Breguet 1944 auf eine größere Maschine. Um eine lohnende Passagier- und Frachtkapazität anbieten zu können, entschied man sich für ein Verkehrsflugzeug, das, wie sein Name Deux-Ponts besagte, zwei Decks besaß. Insgesamt kamen 13 Exemplare als Militärtransporter zum Einsatz, davon vier Breguet 765 mit der Bezeichnung Sahara. Air France betrieb zwölf Maschinen und nannte sie Provence.

BREGUET BR.763 PROVENCE

▲ **Vorserienmaschinen**
Drei Br.761S erhielten eine Mittelflosse und die Triebwerke Pratt & Whitney R-2800-B31.

Lastenabwurf ▶
Mitte der fünfziger Jahre wurden die drei Br.761S militärischen Tests unterzogen. Diese setzt Versorgungsgüter am Fallschirm ab.

▲ **Prototyp Breguet 761**
Den Prototyp trieben Gnome-Rhône 14R von SNECMA mit nur jeweils 1178 kW an. Ihm fehlte noch die Stabilisierungsflosse.

◀ **Passagierdienst in Afrika**
Anfang der fünfziger Jahre wurde eine der Vorserienmaschinen Br.761S an Air Algerie vermietet.

◀ **Frachter**
Air France setzte ihre Br.763 zur Passagierbeförderung, für den gemischten Transport von Fluggästen und Fracht sowie als reine Frachter ein. Die Gesellschaft betrieb die Provence, zuletzt als Schwertransporter, bis 1971.

▲ **Militärische Transporte**
Bei der Br.765 Sahara bildete die nach unten ausgeklappte Heckluke eine Fahrzeugrampe.

FAKTEN UND ZAHLEN

- ➤ Air France nannte ihre zwölf Br.763 Provence, doch bekannter wurden sie als „Deux-Ponts“ (= „Doppeldeck“).
- ➤ Br.763 flogen als erste französische Serienmaschinen nach dem Krieg bei Air France.
- ➤ Der französische Transportminister wies Air France an, zwölf Br.763 zu kaufen.
- ➤ Die Br.765 Sahara konnte 146 Soldaten, 85 liegende Verwundete mit Sanitätern oder große Militärfahrzeuge befördern.
- ➤ Sahara flogen mit R-2800-CB17-Triebwerken mit einer Höchstleistung von 1417 kW.
- ➤ 1972 wurde die letzte Sahara der französischen Luftstreitkräfte ausgemustert.

Französisches Doppeldeck-Flugzeug

In der Originalkonfiguration hatte die Provence der Air France im Oberdeck 59 Sitze der Touristenklasse und im Unterdeck 48 Plätze zweiter Klasse. Die Maschine flog auf Strecken nach Nordafrika sowie zwischen Paris und London.

Der ursprüngliche Prototyp der „Deux-Ponts" besaß ein doppeltes Seitenleitwerk, doch spätere Versionen erhielten zusätzlich eine Mittelflosse, die bei der Provence auffällig abgerundet war. Um die Nutzlastanforderungen der Air France zu erfüllen, musste man einige Veränderungen hinsichtlich der Tragflügelstruktur vornehmen.

Die Sitze auf dem Unterdeck und die hintere Treppe konnten abgebaut werden, um Platz für weitere Fracht zu schaffen. Die Rumpfheckseiten waren Türen, die sich zum Beladen seitlich öffnen ließen.

Nachdem andere Passagierflugzeuge den Typ verdrängt hatten, gingen sechs Maschinen an die französischen Luftstreitkräfte. Die übrigen sechs Exemplare rüstete man unter dem Namen Universal als Frachter mit Winden und Hubvorrichtungen zum Oberdeck aus. Bei dieser Version erhöhte man die maximale Nutzlast auf 13 150 kg, und auf ihrem Oberdeck konnten bis zu 29 Sitze eingebaut werden.

Oben: Die Br.761S der Air Algerie zieht im Tiefflug vorbei und zeigt ihren großen Doppeldeckrumpf.

Unten: Die große Br.763 beherrschte die Abstellzonen der Flughäfen. Die Propeller von Hamilton Standard maßen 4,22 m im Durchmesser und konnten beim Landen auch Umkehrleistung liefern.

TECHNISCHE DATEN
Br.763 Provence

- **Typ:** Verkehrsflugzeug mit zwei Decks
- **Triebwerke:** vier luftgekühlte 18-Zylinder-Doppelsternmotoren Pratt & Whitney R-2800-CA18 mit 1566 kW
- **Reisegeschwindigkeit:** maximal 390 km/h in 3050 m Höhe
- **Startstrecke:** nach 1700 m auf 15 m Höhe
- **Reichweite:** 2290 km bei voller Last; 4100 km mit Maximaltreibstoff
- **Nutzlast:** 107 Passagiere bzw. 10 844 kg
- **Gewicht:** leer 32 241 kg; beladen maximal 51 600 kg
- **Abmessungen:** Spannweite: 42,99 m; Länge: 28,94 m; Höhe: 9,91 m; Tragflügelfläche: 185,40 m²

Br.763 Provence

Abgebildet ist eine der zwölf Air-France-Maschinen, die ausschließlich auf den Nordafrika-Strecken nach Algerien und Tunesien flogen. Später wurden sechs Br.763 den Luftstreitkräften überstellt.

Air France akzeptierte die Provence erst, nachdem man das Cockpit für einen Dreimannbetrieb umgerüstet hatte. Die Br.761S war noch für eine vierköpfige Besatzung ausgelegt.

Pratt-&-Whitney-Motoren ersetzten sehr früh die französischen Triebwerke. Beim R-2800-CA18 waren die 18 Zylinder zum Doppelstern angeordnet, und die Startleistung wurde durch Wassereinspritzung noch erhöht.

Die Passagiere saßen auf zwei Decks. Das obere bot 59 Sitze in der Touristenklasse und das untere 48 Plätze in der zweiten Klasse. In der Kombi-Version trennte ein bewegliches Schott das Frachtabteil von den Passagieren.

Nur der Prototyp der Serie, die Br.761, flog ohne die zusätzliche Mittelflosse. Diese war an der Hinterkante abgerundet, so dass sie nahtlos mit dem Rumpfheck verschmolz, und hatte keine Steuerflächen.

Das Leitwerk wurde hoch angeordnet, damit es von dem Propellerverwirbelungen verschont blieb. Hohe Seitenflossen und -ruder von geringer Tiefe waren innen gegen die Höhenflossenspitzen gesetzt und auf beiden Seiten mit der französischen Nationalflagge geschmückt.

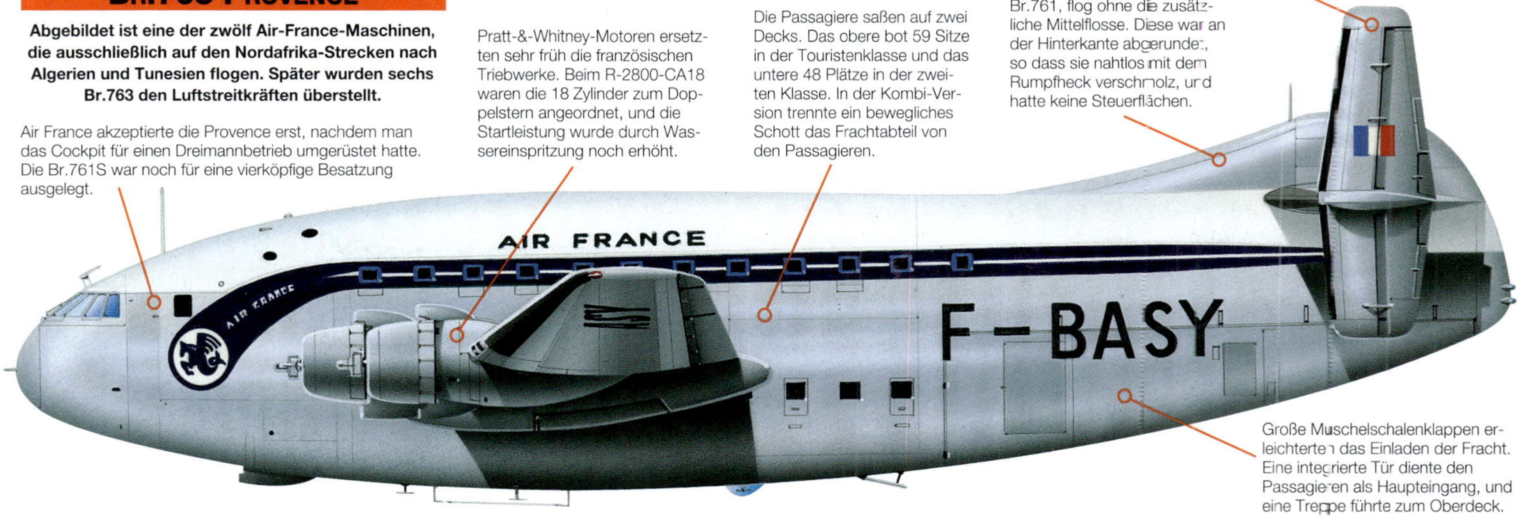

Große Muschelschalenklappen erleichterten das Einladen der Fracht. Eine integrierte Tür diente den Passagieren als Haupteingang, und eine Treppe führte zum Oberdeck.

EINSATZDATEN

REISEGESCHWINDIGKEIT

Die aus der B-29 Superfortress entwickelte Stratocruiser war eine leistungsstarke Maschine, die vom technischen Entwicklungsvorteil eines während des Krieges nicht besetzten Landes profitierte. Die unfallträchtige Avro Tudor flog etwas schneller als die Provence.

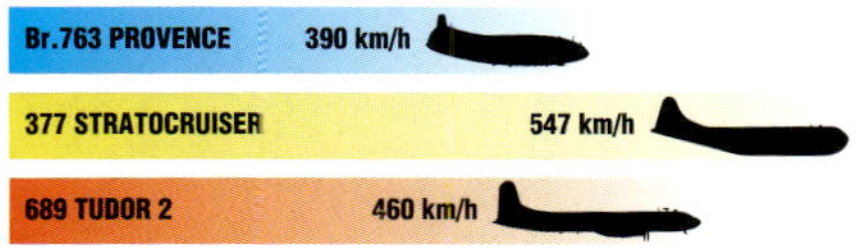

PASSAGIERE

Die Provence konnte 107 Passagiere bei bequemer oder 135 bei enger Bestuhlung unterbringen. Die Stratocruiser besaß ebenfalls zwei Decks, doch das Unterdeck blieb bei diesem Flugzeug dem Gepäck und der Fracht vorbehalten.

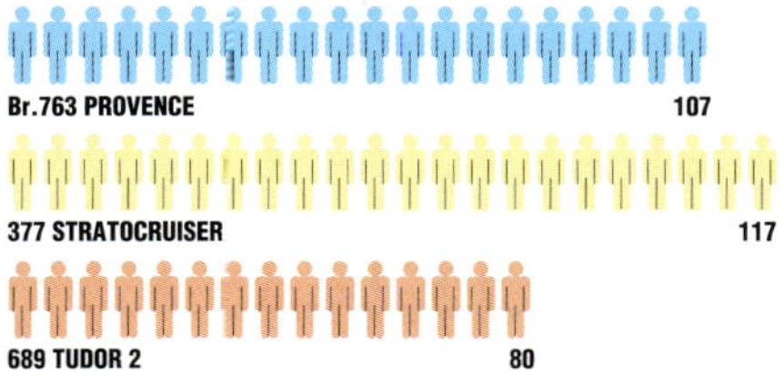

REICHWEITE

Die Stratocruiser zeichnete sich durch eine große Reichweite aus, die Interkontinentalflüge ermöglichte. Breguet entwickelte die Provence für kurze bis mittlere Strecken, wie zu den französischen Kolonialstaaten in Nordafrika, für die ihre Reichweite genügte.

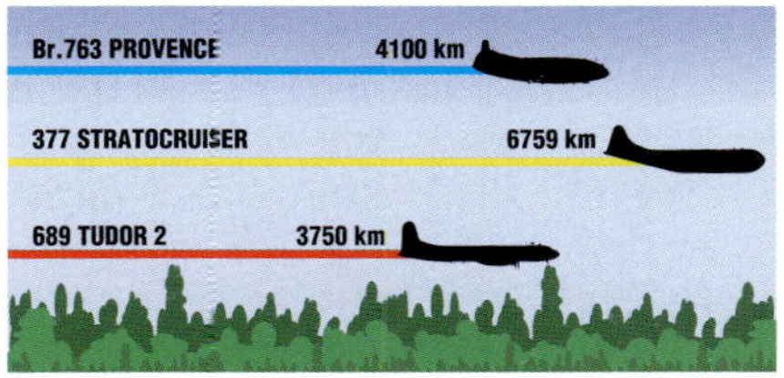

Breguets Vermächtnis

BREGUET 273: Von diesem Aufklärer/Bomber, der 1934 erstmals flog, wurden 15 Exemplare an Venezuela und sechs an China verkauft.

BREGUET 470 FULGAR: Dieser schnittige 14-sitzige Airliner, der auf der Br.462 Vultur basierte, wurde nur als Prototyp gebaut.

BREGUET 482: Von diesem eleganten Muster, einem Nachkriegsentwurf zur Erprobung von Bombern, wurde nur ein Exemplar gefertigt.

BREGUET 941: Ein Prototyp und vier Serienmaschinen dieses STOL-Flugzeugs wurden gebaut, fanden aber keinen Absatzmarkt.

BRISTOL

170 FREIGHTER

● RAF-Konzept des Zweiten Weltkriegs ● Globaler Einsatz ● Pkw-Transport

Bristol begann 1944 mit der Entwicklung der 170 als Militärtransporter, doch als sich das Ende des Krieges abzeichnete, entschied man sich für die Auslegung als ziviles Fracht-/Passagierflugzeug. Die ursprünglichen Versionen waren die Mk I Freighter mit Bugladeluken und die Mk II Wayfarer mit Sitzen für 36 Passagiere. Der erste Prototyp startete im Dezember 1945, und noch 50 Jahre danach flog die letzte der 214 gebauten Maschinen in Kanada.

▲ *Die Bristol Freighter wurde durch den Fahrzeugtransport über den Ärmelkanal bekannt, beförderte aber zudem in der ganzen Welt alle nur denkbaren Güter.*

BILDERCHRONIK

BRISTOL 170 FREIGHTER

◀ **Größere Version**
Die bekannteste Version der B.170 war die Mk 32, die Bristol auf Anforderung der Silver City Airways als Pkw-Transporter entwickelte. Der Rumpf wurde um 1,52 m gestreckt, um drei Autos und 23 Passagieren Platz zu bieten, und das Leitwerk vergrößert.

▲ **Gegen Ende der Karriere**
Diese ehemalige B.170 der RNZAF wurde auch von der Hercules Airways geflogen.

◀ **Die letzte lufttüchtige Freighter**
Im Juli 1996 musste man diese Maschine nach einem Unfall in England abschreiben.

▲ **Versorgung der Eskimos in Kanada**
Die Freighter kam überall zum Einsatz und transportierte oft schwere Lasten unter üblen Wetterbedingungen. Diese Mk 31 flog bei zwei Luftfrachtunternehmen in Kanada, bis sie 1955 in Alberta abstürzte.

▲ **Modifikationen der Mk 31**
Nach zwei Unfällen aufgrund strukturellen Versagens der Seitenflosse wurde eine Rückenfinne ergänzt. Hinzu kamen stärkere Motoren und eine höhere Flugmasse als Kennzeichen der Mk 31. Die G-AINK war die erste Serienmaschine.

FAKTEN UND ZAHLEN

- Nach der Teilung Indiens und Pakistans im Jahre 1947 beförderte eine Freighter der Silver City Airways 117 Flüchtlinge.
- Die Safe Air Neuseelands flog die Freighter 35 Jahre lang – zeitweise elf Muster.
- Von zivilen und militärischen Versionen wurden insgesamt 214 Exemplare gebaut.
- Von der B.170 wurden Versionen mit Bugradfahrgestell und Heckladerampen geplant, aber nicht gefertigt.
- Die B.170 blieb von Dezember 1945 bis März 1958 in der Produktion.
- Ende 1963 flogen 112 Exemplare. 1970 waren davon noch 40 zivile Maschinen übrig.

PROFIL

Dschungelfracht und Pkw-Transport

Die Bristol 170 wurde mit einem starren Fahrgestell konzipiert, das leichter als ein Einziehfahrwerk, preiswerter zu produzieren und zu warten war und zudem keine Hydraulik erforderte.

Die letzten B.170 kamen 1958 zur Auslieferung, doch Passagier- und Frachtunternehmen flogen die Maschinen bis in die achtziger Jahre hinein. Die Safe Air Neuseelands betrieb ihre Freighter 35 Jahre lang bis 1986. Nachfolgende Modelle führten neue Tragflügel, größere Tanks (Mk 21) und stärkere Motoren ein wie den Hercules 734 bei der Mk 31, die zudem eine Stabilisierungsflosse und eine höhere Flugmasse aufwies.

Im Juli 1948 nahm die Silver City Airways einen Pkw-Transportdienst zwischen Lympe in England und Le Touquet in Frankreich auf. Anfang der fünfziger Jahre wurde die gestreckte Mk 32 für den Autotransport entwickelt, und 1962 betrieb Silver City insgesamt 24 Freighter. Für die Luftstreitkräfte Australiens, Burmas, Kanadas, des Irak, Neuseelands und Pakistans baute Bristol den Transporter Mk 31M, der 30 ausgerüstete Soldaten oder 28 liegende Verwundete mit Sanitätern befördern konnte.

Safe Air (früher Straits Air Freight Express) in Neuseeland war der letzte große Betreiber der Freighter, der sie 1986 ausmusterte.

TECHNISCHE DATEN
Freighter Mk 32

- **Typ:** ziviles Fracht- und/oder Passagierflugzeug
- **Triebwerke:** zwei Sternmotoren Bristol Hercules 734 mit je 1476 kW
- **Höchstgeschwindigkeit:** 362 km/h
- **Anfangssteigrate:** 420 m/min in Meereshöhe
- **Reichweite:** 1320 km
- **Gipfelhöhe:** 7470 m
- **Gewicht:** leer 13 400 kg; max. Startmasse 19 960 kg
- **Nutzlast:** drei Pkws plus 23 Passagiere oder 60 Passagiere
- **Abmessungen:**

Spannweite:	32,92 m
Länge:	22,35 m
Höhe:	7,62 m
Tragflügelfläche:	138,14 m²

FREIGHTER Mk 31M

Die Maschine wurde 1955 an die Royal New Zealand Air Force (RNZAF) geliefert und 1978 ausgemustert. Ab 1981 flog sie in England und Kanada als Frachter. Als C-FDFC war sie die letzte lufttüchtige B.170.

Bristol verwendete ein starres Fahrgestell, das mechanisch zuverlässig war. Aufgrund der geringen Reichweite und Höchstgeschwindigkeit konnte man bei der B.170 auf ein Einziehfahrwerk verzichten.

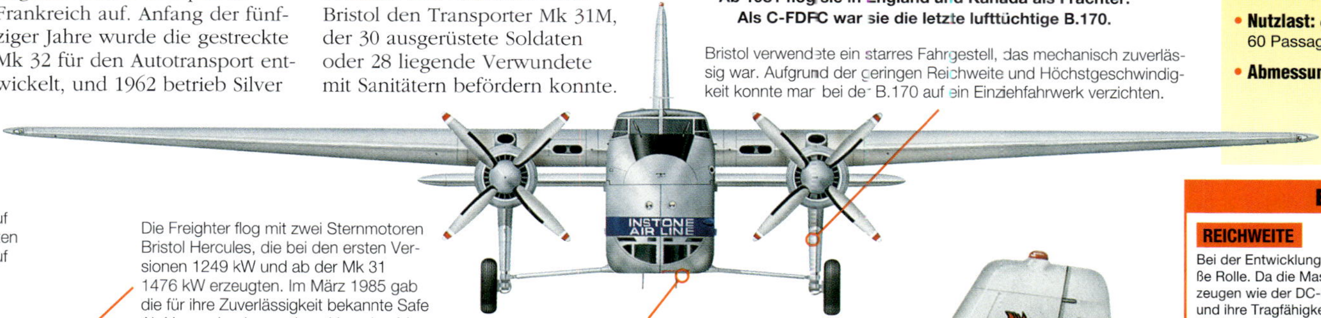

Bei der Freighter Mk I, die 1947 zur Vermessung persischer Ölfelder diente, baute man Fenster in die Bugladeluken ein. Später wurden zahlreiche militärische Freighter mit Bugfenstern gefertigt, darunter auch für die RNZAF.

Wegen der Bugladeluke musste das Cockpit auf dem Vorderrumpf angeordnet werden. Ansonsten basierte die allgemeine Auslegung der B.170 auf der des RAF-Transporters Bombay.

Die Freighter flog mit zwei Sternmotoren Bristol Hercules, die bei den ersten Versionen 1249 kW und ab der Mk 31 1476 kW erzeugten. Im März 1985 gab die für ihre Zuverlässigkeit bekannte Safe Air Neuseelands an, einen Hercules-Motor mit insgesamt 20 987 Flugstunden zu betreiben.

Die ursprünglichen RAF-Anforderungen beinhalteten die Fähigkeit, einen Drei-Tonnen-Armeelaster zu transportieren. Die Beladung der B.170 wurde durch die großen Bugluken erleichtert, die bei der reinen Passagierversion Wayfarer fehlten.

Die meisten B.170 wurden unabhängig vom Einsatzzweck mit Kabinenfenstern gebaut. Die Airliner-Version Wayfarer bot 32 Passagieren Platz.

EINSATZDATEN

REICHWEITE

Bei der Entwicklung der Freighter spielte die Reichweite keine große Rolle. Da die Maschine mit zahlreichen ehemaligen Kriegsflugzeugen wie der DC-3 (C-47) konkurrieren musste, waren ihr Preis und ihre Tragfähigkeit die wichtigsten Verkaufsargumente.

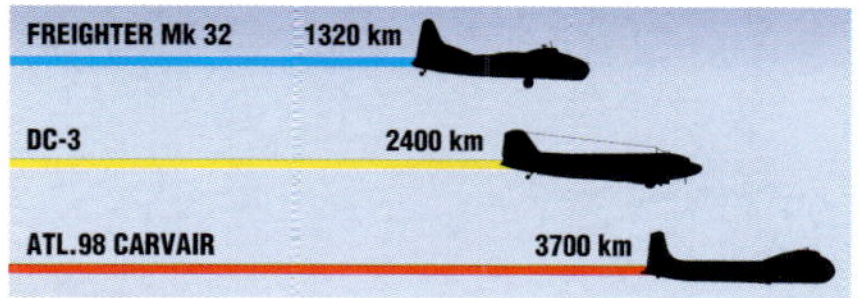

NUTZLAST

Bei reiner Passagierkonfiguration konnte die Mk 32 60 Fluggäste aufnehmen. Als Pkw-Transporter war sie weitaus vielseitiger als die DC-3, erwies sich aber bald als zu klein, so dass man die Carvair entwickelte.

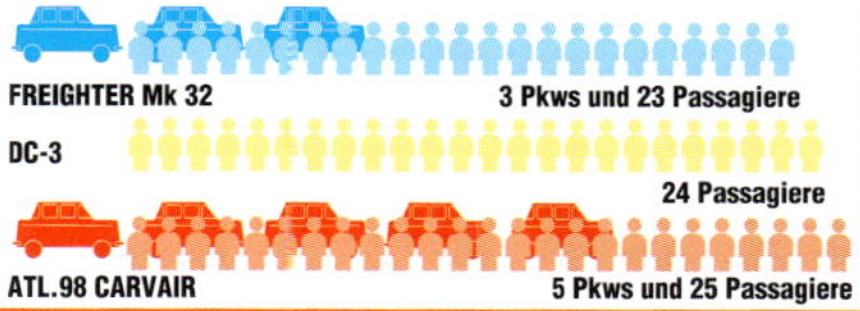

Vielseitige Freighter

KLEINE LIEFERUNG: Silver City Air Freight Services übernimmt hier in den sechziger Jahren auf einem britischen Flughafen eine Fracht Speiseeis. Die großen Bugladeluken, die die militärische Herkunft der Maschine verraten, ermöglichten die direkte Beladung mit den unterschiedlichsten Gütern, von kleinen Kisten bis hin zu sperrigen Containern und mitteIgroßen Pkws.

SPEZIALLADER: In Neuseeland betrieb die Safe Air in Zusammenarbeit mit der Eisenbahn des Landes einen „Rail-Air"-Service über die Cook Strait. Als Ladevorrichtung baute man eine Spezialplattform auf Rädern, mit der die Container, in diesem Fall Pferdeboxen eingeladen wurden. Wie man sieht, verläuft die Plattform auf Schienen.

AUTOTRANSPORT: Eine Freighter Mk 32 der Silver City Airways demonstriert die Kapazität des Typs als Pkw-Transporter. Diese Minis gehörten zu einer Lieferung für Frankreich. Die Mk 32 war die wohl bekannteste Version der Freighter, vor allem durch ihren Pkw-Transport über den Ärmelkanal, eine Rolle, für die sie sich hervorragend eignete.

BRITANNIA

● Langstrecken-Verkehrsflugzeug ● Frühes Turboprop-Muster

▲ *Der Prototyp der Britannia flog schon 1952, doch die Serienmaschinen gingen erst ab 1957 in Dienst. Insgesamt wurden 60 Verkehrsflugzeuge gebaut, die übrigen Maschinen waren Militärtransporter.*

Mit ihren modernen Propellerturbinen und ihrer großen Reichweite hätte die Bristol 175 Britannia Anfang der fünfziger Jahre den Verkehrsflugzeugmarkt erobern können. Verschiedene Probleme verzögerten jedoch die Einsatzreife, so dass sie 1957 bei ihrer Indienststellung nur ein Jahr Vorsprung vor Jets wie der Boeing 707 hatte. Dennoch bewährte sie sich als Passagier- und Frachtflugzeug bei vielen zivilen und militärischen Betreibern.

BRISTOL BRITANNIA

◀ Luxusausstattung
Die für BOAC gebauten Maschinen der Serie 100 konnten für 60 Passagiere in der ersten oder 93 in der Touristenklasse ausgelegt werden.

Mittelstrecken-Airliner ▶
Die Britannia wurde als Mittelstreckenflugzeug für die British Overseas Airways Corporation entwickelt und 1957 in Dienst gestellt.

▼ Eingespieltes Team
Im Cockpit der Britannia arbeiteten bis zu fünf Besatzungsmitglieder, einschließlich Flugingenieur, Navigator und zwei Piloten.

▶ Auslandsfertigung
Die meisten Britannia baute Bristol im Werk Filton, doch auch Shorts (Belfast) errichtete eine Montagestraße, und Canadair fertigte eine abgewandelte Version, die CL-44.

▼ Militärischer Einsatz
Die Britannia war der erste Turboprop-Transporter des RAF Transport Command. Insgesamt wurden 23 Exemplare beschafft.

FAKTEN UND ZAHLEN

- **Am 19. Dezember 1957 eröffnete die El Al die 9817 km lange Direktverbindung New York–Tel Aviv – damals Weltrekord.**
- **Die zweite Britannia verunglückte im Februar 1954 bei einem Testflug.**
- **Der Seeaufklärer CL-28 Argus war eine weitere kanadische Version.**
- **Ihre Größe und die verhältnismäßig leisen Tyne-Turbinen verhalfen der Britannia zum Beinamen „flüsternder Riese“.**
- **Die Canadair CL-44 war eine Britannia-Version mit Rolls-Royce-Tyne-Turbinen.**
- **Andere Britannia-Betreiber waren zum Beispiel Cubana und Canadian Pacific.**

PROFIL

Bristols „flüsternder Riese“

Die Bristol Aircraft Company entwickelte 1947 die 175 Britannia gemäß einer Forderung der British Overseas Airways Corporation als Mittelstrecken-Verkehrsflugzeug mit großer Kapazität.

Statt der ursprünglich geplanten Kolbenmotoren Bristol Centaurus wählte man 1950 die Proteus-Propellerturbine. Als ein Jet wie die de Havilland Comet noch als gewagt und unerprobt galt, schien die Britannia das „richtige Flugzeug zum richtigen Zeitpunkt“ zu sein. Der Prototyp flog bereits am 16. August 1952, doch Schwierigkeiten, in erster Linie mit den Triebwerken, verzögerten die Indienststellung bis Anfang 1957. Die Verkaufsaussichten verschlechterten sich erheblich, als ein Prototyp mit dem Präsidenten der KLM an Bord bei einem Testflug notlanden musste.

Bis zu Beginn der sechziger Jahre wurde die Britannia stetig weiterentwickelt, ihr Rumpf gestreckt, die Reichweite vergrößert und den Kabinenboden für Fracht verstärkt.

Der Typ entstand zwar nur in verhältnismäßig kleiner Stückzahl, erwies sich aber für seine Betreiber rund um den Globus als großer Erfolg. Einige wenige zu Frachtern umgerüstete Maschinen flogen noch Ende der achtziger Jahre.

Oben: Anfangs kam es häufig zu Triebwerksproblemen. Dies führte 1956 über Uganda zu einem kompletten Ausfall.

Oben: Die BOAC betrieb Britannia 100 und das gestreckte Langstreckenmuster der Baureihe 300, insgesamt 26 Maschinen.

TECHNISCHE DATEN
Britannia 310

- **Typ:** viermotoriges Turboprop-Verkehrsflugzeug
- **Triebwerke:** vier Turboprop-Motoren Rolls-Royce Proteus mit 3072 kW
- **Höchstgeschwindigkeit:** 639 km/h
- **Reichweite:** 6869 km mit Höchstnutzlast
- **Gipfelhöhe:** 7315 m
- **Kapazität:** 133 Passagiere (maximal)
- **Gewicht:** leer 37 438 kg; beladen 83 915 kg
- **Abmessungen:** Spannweite: 43,36 m; Länge: 37,87 m; Höhe: 11,43 m; Tragflügelfläche: 192,77 m²

BRITANNIA C.MK 1

Die Britannia 253 wurde von der RAF als Britannia C.Mk 1 eingeführt. XL636, die zweite ausgelieferte Britannia, ging 1959 bei No. 99 Squadron in Dienst.

EINSATZDATEN

PASSAGIERKAPAZITÄT

Die Canadair CL-44D war eine gestreckte Britannia-Version mit mehr Passagiersitzen. Die sowjetische Iljuschin Il-18 hatte einen etwas engeren und kürzeren Rumpf.

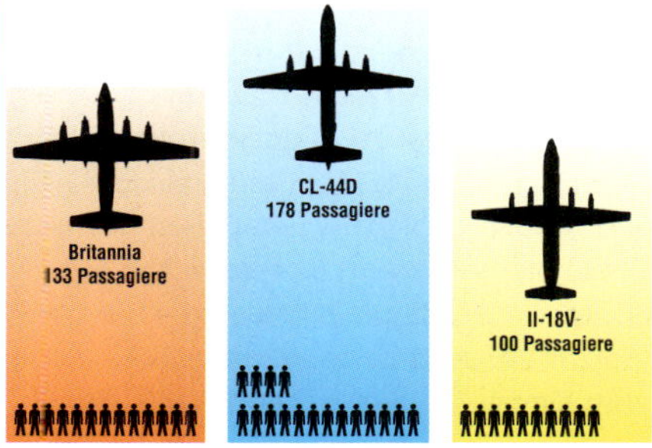

Turboprop-Verkehrsflugzeuge der fünfziger Jahre

CANADAIR CL-44: Diese lizenzgefertigte Britannia-Version war zirka drei Meter länger als die größten in England gebauten Britannia. Zur schnelleren Be- und Entladung konnte das Heck der Frachtversion CL-44D-4 seitlich aufgeschwenkt werden.

TUPOLEW TU-114: Das größte und schwerste Verkehrsflugzeug vor dem Erscheinen der Boeing 747 war die Tu-114, eine Weiterentwicklung des Turboprop-Bombers Tu-95 mit gepfeilten Tragflächen. Ihr Erstflug fand 1957 statt.

VICKERS VISCOUNT: Die Viscount startete 1948 als erstes Turboprop-Verkehrsflugzeug zum Jungfernflug und ging 1953 in Dienst. 444 Exemplare wurden gebaut und rund um den Globus eingesetzt. Spätere Versionen boten 71 Passagieren Platz.

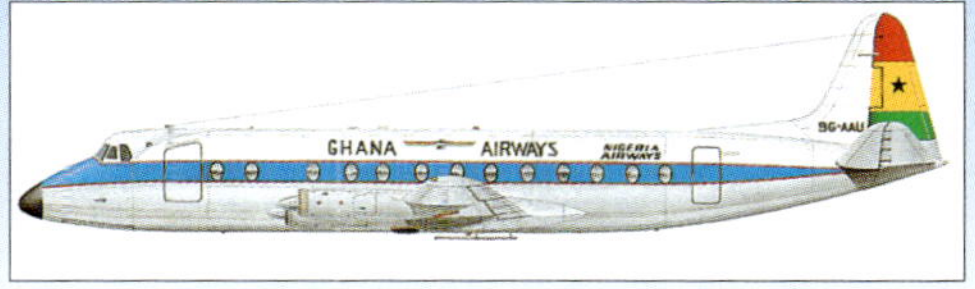

JETSTREAM 31/41

● Zubringerflugzeug ● Handley-Page-Entwurf ● Fast 400 Exemplare gebaut

▲ *Die Jetstream gab es in Konfigurationen als acht- bis 19-sitzige Airliner, Geschäftsflugzeuge und Manager-Shuttle oder mit Spezialausrüstungen für Sonderaufgaben.*

Die Jetstream, die auf einen Entwurf von Handley Page zurückgeht und im August 1967 erstmals flog, ist seit fast 30 Jahren in der Produktion. Sie wurde von Scottish Aviation übernommen, die 26 Maschinen als Navigationstrainer für die RAF baute, und 1978 von British Aerospace (BAe) als Jetstream 31 neu aufgelegt. Die spätere, 29-sitzige Jetstream 41 lief bei Jetstream Aircraft Limited, einer BAe-Tochter, vom Band.

BRITISH AEROSPACE JETSTREAM 31/41

◀ 31 und Super 31
31 und Super 31 gingen an Fluglinien, die unter dem Namen American Eagle gemeinsam operieren.

▼ In den Niederlanden
Netherlines, später Teil der KLM-Gruppe Cityhopper, flog die Jetstream 31 ab 1985.

▼ Über dem Firth of Forth
Die Jetstream 41 von Loganair stießen zur Flotte der British Regional Airlines, der 13 29-sitzige Muster gehörten. G-LOGJ heißt inzwischen G-MAJC.

▲ Birmingham Executive Airways
Diese Gesellschaft setzte mit Geschäftsreise-Interieur ausgestattete J31 von den englischen West Midlands aus nach Kopenhagen, Mailand und Zürich ein.

◀ Kanadische Zubringer
Ontario Express, eine Partnerfluglinie der Canadian, erhielt 1987 ihre ersten 14 Jetstream 31. Die Fluggesellschaft bedient Strecken in der ganzen Provinz Ontario.

FAKTEN UND ZAHLEN

- Die spätere Jetstream entstand zunächst als Handley Page H.P.137, die zwölf bis 20 Passagieren Platz bieten sollte.
- Nach dem Handley-Page-Zusammenbruch wollten US-Finanziers den Bau ankurbeln.
- Im Mai 1997 lagen Bestellungen für 100 J41 vor, als BAe die Einstellung bekannt gab.
- Die 1987 erschienene Jetstream Super 31 erhielt stärkere Triebwerke und eine mit größerem Komfort ausgestattete Kabine.
- Saudi-Arabien nutzt zwei J31 mit Tornado-IDS-Avionik als Flugbesatzungstrainer.
- Nach Fertigstellung der Flugzelle besorgte Field Aircraft den Innenausbau der J31.

Alter Entwurf in neuem Gewand

Die erstmals im März 1980 geflogene Jetstream 31 basierte auf einem Modell Mk 3 mit Garrett-Triebwerken, das die USAF als C-10A bestellt und später gestrichen hatte.

1987 kündigte British Aerospace die verbesserte Jetstream Super 31 an, die dank stärkerer Triebwerke ein um 400 kg erhöhtes maximales Startgewicht hatte. Beide Modelle wurden als 19-sitzige Regionalairliner, als acht- bis zwölfsitzige Firmenflugzeuge, aber auch als Luftambulanzen und als Militärmaschinen für Spezialeinsätze verkauft.

Der wachsende Zubringermarkt sorgte dafür, dass man die Flugzeuge für den Regionalverkehr immer größer gestaltete, und 1989 begann BAe mit der Entwicklung der 29-sitzigen Jetstream 41. Hauptabnehmer waren erneut die amerikanischen Zubringerlinien.

Im Vergleich zur 31 hat die 41 stärkere TPE331-Triebwerke, die ihr eine Höchstgeschwindigkeit von 547 km/h ermöglichen. Die Nutzlast ist seit dem Erscheinen des Modells ebenfalls gestiegen, und 1995 führte man die Wasser-Methanol-Einspritzung ein, um die Flugleistung unter „hohen und heißen" Betriebsbedingungen zu verbessern. Im Mai 1997 gab BAe die Einstellung der Fertigung bekannt.

Oben: Diese Jetstream 31 wurde an die Sun-Air of Scandinavia ausgeliefert, deren Farben sie trägt.

Unten: Die G-WAWR (jetzt G-MAJD), die sechste Serien-J41, wurde 1993 ausgeliefert. Manx Airlines gehört heute zu British Regional Airlines.

TECHNISCHE DATEN

Jetstream 41

- **Typ:** Regional-Airliner
- **Triebwerke:** zwei Propellerturbinen Honeywell TPE331-14GR/HR mit je 1230 kW
- **Höchstgeschwindigkeit:** 547 km/h in 6100 m Höhe
- **Steigrate:** 670 m/min
- **Reichweite:** 1433 km mit 29 Passagieren und IFR-Reserven
- **Gipfelhöhe:** 7925 m
- **Gewicht:** leer 6416 kg; max. 10 886 kg
- **Kapazität:** zweiköpfige Besatzung, ein Flugbegleiter und bis zu 29 Passagiere
- **Abmessungen:** Spannweite: 18,29 m; Länge: 19,25 m; Höhe: 5,74 m; Tragflügelfläche: 32,59 m²

JETSTREAM 31

Die N409AE flog im Juni 1985 und wurde an Metro Express ausgeliefert, die die Maschine unter der Fahne der American-Eagle-Zubringerlinien einsetzte, aber nach knapp zwei Jahren an Chapparal Airlines vermietete.

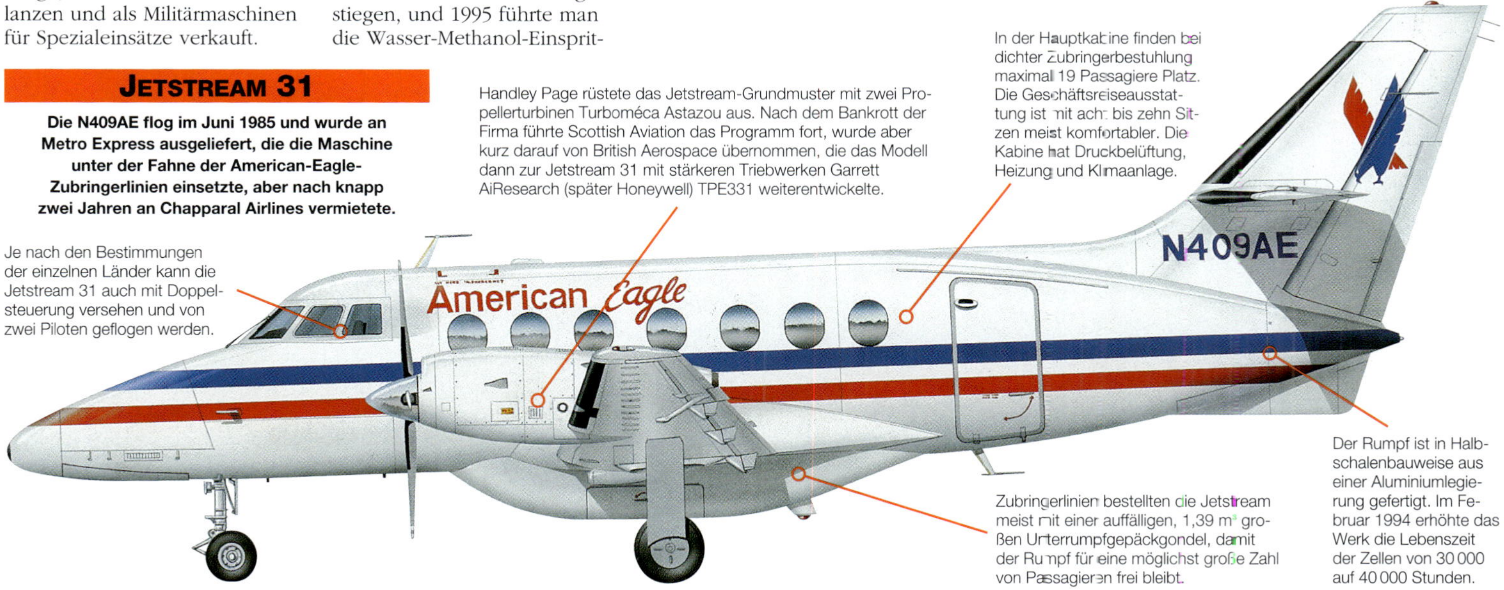

Je nach den Bestimmungen der einzelnen Länder kann die Jetstream 31 auch mit Doppelsteuerung versehen und von zwei Piloten geflogen werden.

Handley Page rüstete das Jetstream-Grundmuster mit zwei Propellerturbinen Turboméca Astazou aus. Nach dem Bankrott der Firma führte Scottish Aviation das Programm fort, wurde aber kurz darauf von British Aerospace übernommen, die das Modell dann zur Jetstream 31 mit stärkeren Triebwerken Garrett AiResearch (später Honeywell) TPE331 weiterentwickelte.

In der Hauptkabine finden bei dichter Zubringerbestuhlung maximal 19 Passagiere Platz. Die Geschäftsreiseausstattung ist mit acht bis zehn Sitzen meist komfortabler. Die Kabine hat Druckbelüftung, Heizung und Klimaanlage.

Zubringerlinien bestellten die Jetstream meist mit einer auffälligen, 1,39 m³ großen Unterrumpfgepäckgondel, damit der Rumpf für eine möglichst große Zahl von Passagieren frei bleibt.

Der Rumpf ist in Halbschalenbauweise aus einer Aluminiumlegierung gefertigt. Im Februar 1994 erhöhte das Werk die Lebenszeit der Zellen von 30 000 auf 40 000 Stunden.

EINSATZDATEN

KAPAZITÄT

Die Jetstream 31 von BAe gehört zu einer Reihe von Typen, die um den 20-Sitzer-Markt konkurrierten. Im Unterschied zur EMB-110 und zur Dornier 228 verfügt sie über Druckausgleich und kann daher in größeren Höhen fliegen, um Schlechtwetterzonen zu umgehen.

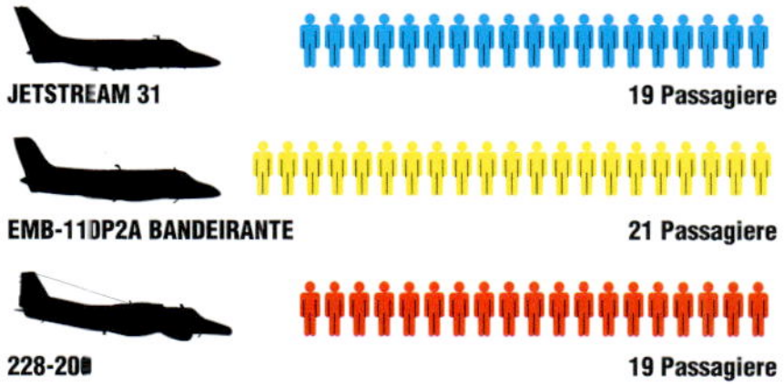

GESCHWINDIGKEIT

Die Jetstream 31 fliegt etwas schneller als EMBRAER EMB-110 und die Dornier 228. Dies bringt kürzere Reisezeiten mit sich und damit auch eine höhere Transportleistung, die den Betrieb wirtschaftlicher macht.

STARTSTRECKE

Die Jetstream hat eine längere Startstrecke als die Bandeirante und die Dornier 228, die zudem beide von rauhen Pisten aus operieren können.

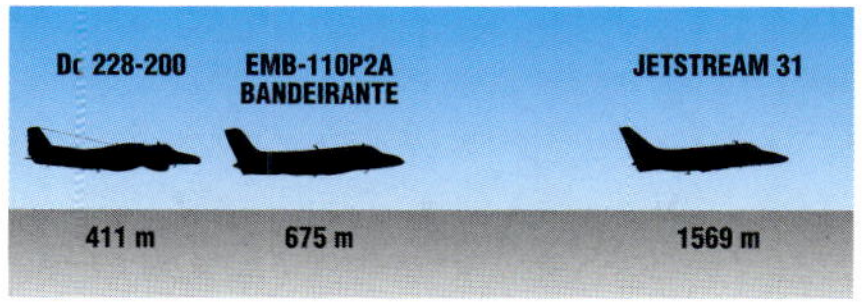

Jetstream 31 im weltweiten Zubringerdienst

AUSTRALIEN: Die VH-TOK wurde zuerst im September 1986 an die Queensland Air geliefert und flog ab 1988 bei Eastern Australia Airlines unter australischer Flagge.

DEUTSCHLAND: Ein früher Abnehmer der J31 war Contactair, die das Muster 1983 übernahm. Danach flog es in Schweden und wurde 1992 von der dänischen Sun-Air geleast.

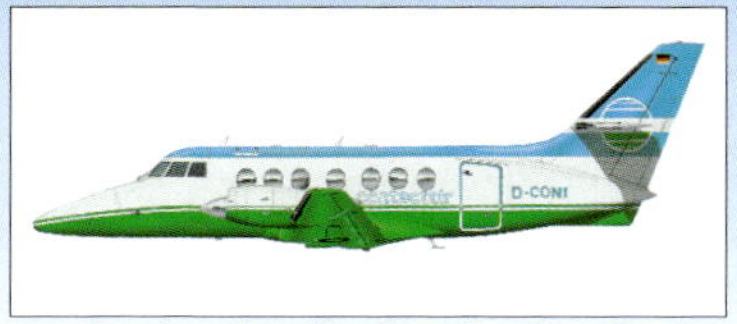

GROSSBRITANNIEN: Die vierte Serien-J31 mit der Kennung G-BKHI flog dreieinhalb Jahre lang für Peregrine Air Services. Ab 1992 war sie in Dänemark registriert.

USA: Express Airlines erhielt 1986 diese mit Paletten ausgestattete Jetstream und flog sie in den Farben von Northwest Airlink als Zubringer für Northwest Airlines.

British Aerospace

125

● Verkaufshit ● Zivile und militärische Kunden ● Luxusausstattung

▲ Käufer der 125 oder der Raytheon Hawker erhalten ein Muster, das auf ihre Erfordernisse zugeschnitten ist, und können sich auf eine seit 30 Jahren bewährte, globale Betreuung stützen.

Die 125, die heute von Raytheon als Hawker 800 gebaut wird, befand sich über 30 Jahre lang nacheinander bei de Havilland, Hawker Siddeley und British Aerospace in der Produktion. Das Muster wurde zum Bestseller unter den mittelgroßen Geschäftsreisemaschinen mit Strahlantrieb und gehörte zu den erfolgreichsten Geschäftsreiseflugzeugen Europas. Stetige Weiterentwicklung führte zu einer Leistung, die heuteTransatlantikflüge ermöglicht.

British Aerospace 125

▲ Fliegende Vorstandsetage
Dies ist eine typische Inneneinrichtung einer Hawker 800, doch im Detail wird sie nach den Wünschen des Käufers ausgelegt.

▲ Interkontinentale Reisen
British Aerospace legte die BAe 1000 1989 auf, und Raytheon übernahm das Muster als Hawker 1000. Eine 0,84 m lange Rumpfstreckung ermöglicht es, mehr Treibstoff mitzuführen. Die Reichweite steigt so auf 6204 km.

▲ Weltweite Absatzerfolge
Strahlgetriebene Geschäftsflugzeuge der Marken British Aerospace 125 und Hawker sind weltweit im Einsatz. Dieses Exemplar ist im Jemen zugelassen.

▼ Australische Kundschaft
Carlton and United Breweries nutzten in Australien diese BAe 125-800, um Personal zu befördern.

▲ „Biz-Jet" von British Aerospace
BAe flog die 125-800 ab Mai 1983. Dieses firmeneigene Flugzeug diente als Vorführmaschine. Bis heute wurden einschließlich militärischer Versionen rund 1000 Exemplare der 125-Familie gebaut. Im August 1993 kaufte Raytheon für 372 Millionen US-Dollar den Bereich BAe Corporate Jets auf, einschließlich der 125.

FAKTEN UND ZAHLEN

- Die 125-800 kam bereits 1983 in die Luft, erhielt aber erst 1993 die Zulassung in Rußland.
- Schon beim Erstflug erreichte die 125-800 ihre maximale Betriebshöhe.
- Zur Unterhaltung an Bord dienen ein CD-Spieler und ein LCD-Videobildschirm.
- Die BAe 1000 flog zuerst am 16. Juni 1990. Nach 800 Flugstunden erhielt sie am 26. November 1990 die Lufttüchtigkeit.
- Die Fertigung der Hawker 1000 wurde 1997 nach 52 Exemplaren eingestellt.
- Die maximale Passagierzahl der Hawker 1000 wurde auf 15 erhöht.

Den Luxusmarkt in fester Hand

Ein Hauptgrund für die Beliebtheit der 125 ist ihre Kabine. Die Erstkonstrukteure bestanden auf einer Kopffreiheit von 1,75 m, die lange Flüge sehr bequem macht. Das Muster bietet Raum, um 14 Passagiere zu befördern, doch acht Sitze sind eher die Norm, und die typische Zuladung besteht aus drei Fluggästen.

Ein weiterer Grund ist die anhaltende Fortentwicklung, die die Reichweite stetig wachsen ließ. So kann die Hawker 800 (vormals 125-800) mit maximaler Nutzlast 5318 km weit fliegen und die neuere Hawker 1000 sogar noch weiter. Derart lange Flugreisen müssen für die Passagiere bequem sein, und die Kabineneinrichtung bietet meist den höchsten Komfortstandard.

Schon vor der Übernahme durch Raytheon hatte Arkansas Aerospace in Little Rock die meisten 125-Interieurs entworfen. Beim Kabinendesign spielt der Preis selten eine Rolle, und die Ausstatter rühmen sich, die Sitze dem jeweiligen Topmanager auf den Leib schneidern zu können. Beste Materialien vermitteln ein Gefühl von Behaglichkeit und sparen gleichzeitig Gewicht ein. Geschäftsreiseflugzeuge müssen sich jedoch ihren Unterhalt verdienen, und Rechner- sowie Kommunikationsausrüstung dürften daher heute ebenso wichtig sein wie ein gut sortierter Getränkeschrank.

Oben: Der Baggerhersteller J. C. Bamford gehört seit langem zu den Kunden der BAe-Geschäftsreiseflugzeuge.

Oben: Mehrere frühe Flugzeuge wie diese BAe 125-700 sind weiterhin im Einsatz.

TECHNISCHE DATEN
125-800

- **Typ:** strahlgetriebenes Geschäftsreiseflugzeug
- **Triebwerke:** zwei Mantelstrom-Triebwerke Honeywell TFE731-5R-1H je 19,13 kN Schub
- **Höchstgeschwindigkeit:** 845 km/h in 8840 m
- **Steigrate:** 15,75 m/sek in Meereshöhe
- **Reichweite:** 5232 km (maximaler Treibstoff)
- **Gipfelhöhe:** 13 100 m
- **Gewicht:** leer 7076 kg; max. Startmasse 12 428 kg
- **Kapazität:** zweiköpfige Besatzung, bis zu 14 Passagiere
- **Abmessungen:** Spannweite: 15,66 m; Länge: 15,60 m; Höhe: 5,36 m; Tragflügelfläche: 34,75 m²

125 CC.MK 3

Die No. 32 (The Royal) Squadron der Royal Air Force fliegt sechs 125 CC.Mk 3, um Mitglieder der Königsfamilie und andere Persönlichkeiten zu befördern. Die Muster basieren auf der Zelle der zivilen 125, Baureihe 700.

Die CC.Mk 3 erhielt 16,46 kN Schub starke TFE731-Mantelstrom-Triebwerke von Honeywell (Garrett). Ältere RAF-125 mit Turbojets wurden ummotorisiert, um eine Baugleichheit innerhalb der Flotte sicherzustellen und die Leistung zu steigern.

Individuelle Betreiber entscheiden selbst über die Kabinenausstattung. Die RAF-Maschinen zeigen eine typische Konfiguration mit acht Sitzen für VIP-Transportflüge hochrangiger Stabsoffiziere.

Großzügige Kabinenfensterreihen bieten den Insassen eine gute Sicht nach draußen, und eine Bordküche sowie Einzeltische erhöhen den Komfort zusätzlich.

Die Anordnung der Triebwerke am Rumpfheck reduziert zwar den Kabinenlärm, erfordert aber eine hohe Position der Höhenflossen am Seitenleitwerk, damit ein sicherer Abstand zum Düsenstrahl gewährleistet ist.

Die CC.Mk 3 kann zwar sicher mit einer zweiköpfigen Crew betrieben werden, nimmt aber manchmal ein drittes Besatzungsmitglied an Bord. Die 125/Dominie hat der RAF viele Jahre lang treue Dienste geleistet.

Eine Bauchverdickung enthält das Tragflächenmittelstück, das unter dem Kabinenboden durch den Rumpf geführt wurde, um ein optimales Raumvolumen zu gewinnen.

Ein unverwechselbares Merkmal der Serie 700/CC.Mk 3 ist die große Kielflosse. Sie entfiel bei Flugzeugen der Serie 800 zugunsten einer vorn erweiterten Seitenflossenwurzel.

EINSATZDATEN

KAPAZITÄT

In typischer Auslegung haben die Flugzeuge etwa die gleiche Passagierkapazität, könnten aber alle – bei eingeschränktem Komfort – mehr Fluggäste befördern. Meist fliegen noch weniger Personen mit, als hier angegeben, nur die Astra SP ist nicht so flexibel.

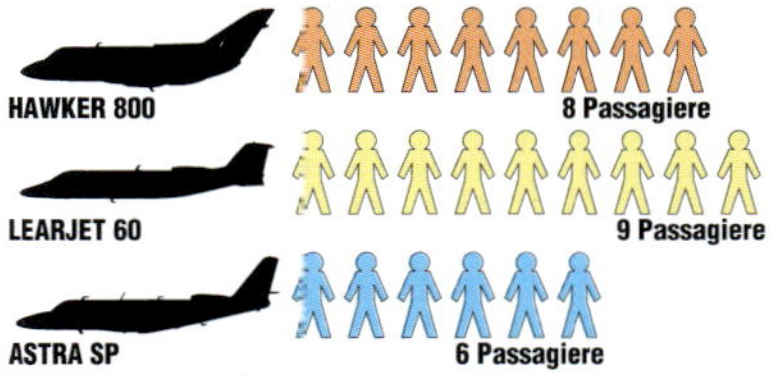

KABINENHÖHE

Manager möchten ihre Tätigkeit auch auf langen Flugreisen fortsetzen und dabei nicht gebückt gehen. Die „Stehhöhe" ist also ein wichtiges Kriterium, das die Hawker 800 am besten erfüllt.

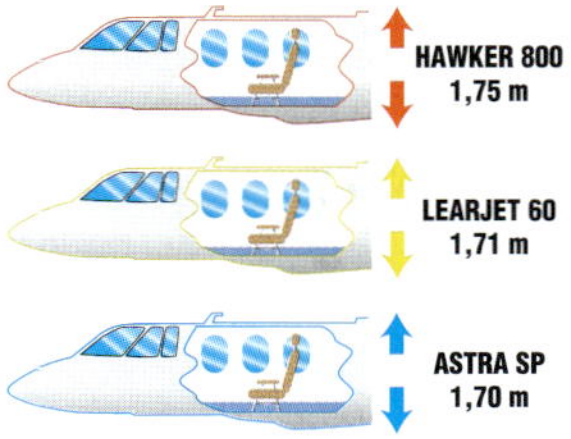

REICHWEITE

Die Astra SP kann zwar größere Distanzen als die Hawker 800 überbrücken, aber keine vergleichbare Vielseitigkeit bieten. Der Learjet 60 hat die geringste Reichweite, aber die meisten Sitze. Die Vergleichbarkeit der Muster verschärft den Wettbewerb, so dass die Hersteller die spezifischen Forderungen der Käufer erfüllen müssen, um Aufträge zu erringen.

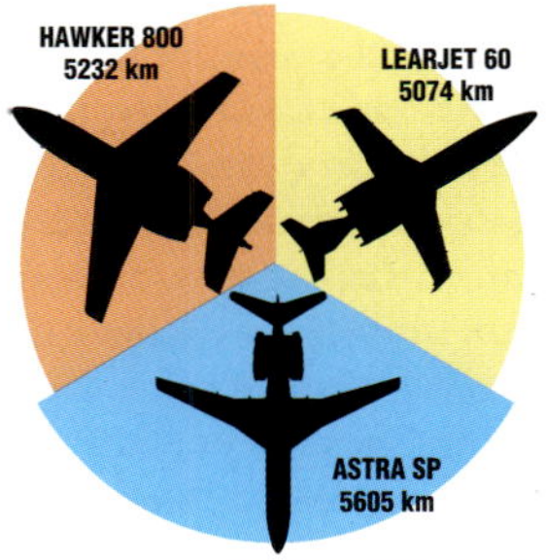

Andere Rollen der 125

LUFTAMBULANZ: Diese BAe 125-800 der Schweizer Air-Ambulance ist ein typischer Vertreter einer Reihe von 125, deren Kabine zu einem Krankentransporter ausgebaut wurde.

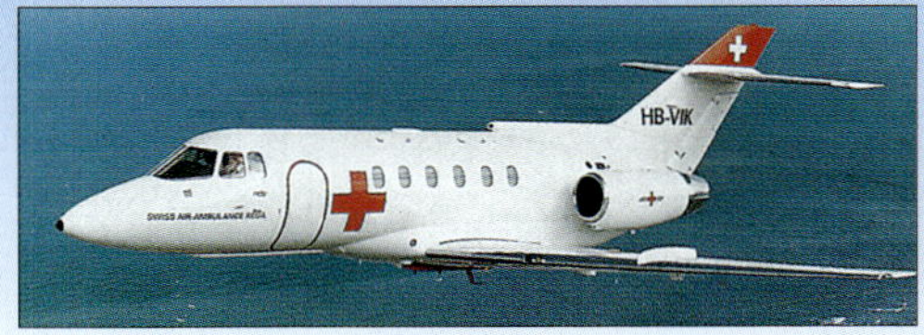

NAVIGATIONSTRAINER: Die T.Mk 1 Dominie, die auf der frühen 125-Serie 1A/-B der Hawker Siddeley basiert, war seit 1966 der Standardnavigationstrainer der Royal Air Force.

SUCH- UND RETTUNGSDIENST: Die japanischen Luftstreitkräfte (JASDF) fliegen die SAR- und Seeüberwachungsvariante U-125A der Hawker 800.

British Aerospace

146/RJ

● Flüster-Jet ● Kurzstreckenstart und -landung ● VIP-Transport

▲ Die BAe 146 konnte in den achtziger Jahren in den amerikanischen Zubringermarkt eindringen. Air Wisconsin setzte diesen Typ als erster US-Betreiber ab Juni 1983 im Passagierdienst ein.

Die ebenso schöne wie leistungsfähige British Aerospace 146 (später Avro Regional Jet genannt) wurde für den Dienst auf kleinen Flugplätzen konzipiert, die die meisten Airliner aufgrund von kurzen Pisten und Lärmschutzvorschriften nicht anfliegen durften. Der Avro Regional Jet macht seinem Ruf, eine der leisesten Maschinen zu sein, alle Ehre. Er ist beliebt, obwohl das letzte Exemplar nach 221 BAe 146 und 170 RJ im November 2003 ausgeliefert wurde.

British Aerospace 146/RJ

◀ **Hoch und heiß**
Dank ihrer Flugleistungen eignet sich die 146 optimal für die afrikanischen Hochebenen. Weiteres Plus ist der hohe Auslastungsgrad.

▼ **Neues Cockpit**
Die neuere RJ-Serie hat eine modernere Cockpitauslegung und neue Flugsysteme, die dem Piloten die Arbeit erleichtern.

◀ **Komfortable Kabine**
Die 146 bietet dem Gast viel Bequemlichkeit. Sie ist laut Hersteller das komfortabelste 100-sitzige Flugzeug der Welt.

▼ **Startschuss**
Der erste Betreiber einer 146 war Dan-Air, die im Mai 1983 diese Maschine erhielt.

Umweltfreundlich ▶
Die leisen, emissionsarmen Triebwerke waren älteren Strahltriebwerken weit überlegen.

FAKTEN UND ZAHLEN

- Der Frachtraum der BAe 146-200 kann bis zu 18,3 m³ Ladung aufnehmen.
- Aufgrund schlechter Marktaussichten beendete BAE Systems im November 2001 das Programm der verbesserten RJX.
- Die Bodentests entsprachen 168 000 Einzelflügen von je 45 Minuten Dauer.
- Der Avro Regional Jet hat ein breiteres Fahrwerk als die C-130 Hercules.
- Das Fahrwerk der BAe 146 verkraftet 200 000 Landungen ohne Reparatur.
- Die Standard-Treibstoffkapazität des Avro Regional Jet beträgt 11 729 Liter. Als Option sind 12 901 Liter möglich.

PROFIL

Leises STOL-Kurzstreckenflugzeug

Der Avro Regional Jet bietet seinen Passagieren einen Komfort, der zuvor im Bereich der Kurzstreckentransporte undenkbar war.

Seit seiner Ankündigung am 29. August 1973 hat der Avro Regional Jet schwere Zeiten und häufige Namenswechsel erlebt. Er begann als Hawker HS 146 und wurde dann zur British Aerospace BAe 146. Bemühungen, eine militärische Version zu verkaufen, schlugen fehl, und die Umsätze im zivilen Bereich haben ihr Potenzial nicht voll erreicht, doch der Avro Regional Jet ist überaus beliebt. Die Passagiere mögen es, aufrecht im Gang stehen zu können, und den Piloten liegt die leichte Steuerung.

Das elegante Passagierflugzeug bewährte sich auf Strecken, die einen geringen Geräuschpegel verlangen. Dan-Air wurde am 27. Mai 1983 zum ersten Betreiber der BAe 146. Die gestreckten BAe-146-200 und 146-300 gingen 1983 und 1987 bei Air Wisconsin in Dienst. Da dieser Typ sehr leise ist, war er als einziges Düsenverkehrsflugzeug in mehreren innerstädtischen Flughäfen zugelassen.

Links: Dank ihres beeindruckend leisen Fluges wird die BAe 146-300 QT (Quiet Trader) häufig als Kurier- und Frachtmaschine auf Nachtflügen eingesetzt.

Das große T-Leitwerk gewährleistet eine gute Längsstabilität. Die manuell betätigten Höhenruder reagieren leicht, und das Seitenruder ist kraftverstärkt.

Den geräuscharmen Flug der BAe 146 bewirken die vier Mantelstrom-Triebwerke von Honeywell. Die 146 erhielt sogar den Spitznamen „Flüsterjet".

Die wirksamen Tragflügel ermöglichen eine sehr gute Einsatzleistung und senken den Kraftstoffverbrauch. Zur Erhöhung des Auftriebs bei Start und Landung nehmen große Fowlerklappen mehr als 78 Prozent der Flügelhinterkante ein.

Das Fahrwerk ist recht robust und für unbefestigte Pisten geeignet. Die Bremsen besitzen ein Antiblockiersystem.

TECHNISCHE DATEN
RJ100

- **Typ:** Kurzstrecken-Verkehrsflugzeug
- **Triebwerke:** vier Mantelstrom-Triebwerke Honeywell (Textron Lycoming) LF507 mit je 31,15 kN Schub
- **Reisegeschwindigkeit:** 670 km/h in 8800 m Höhe
- **Reichweite:** 2909 km
- **Gewicht:** unbeladen 22 453 kg (BAe 146-100), 23 269 kg (BAe 146-200); maximales Startgewicht 38 102 kg (BAe 146-100), 42 184 kg (BAe 146-200)
- **Kapazität:** zwei Piloten und 82-94 Passagiere bei Standardbestuhlung;
- **Abmessungen:**

Spannweite:	26,21 m
Länge:	26,19 m
Höhe:	8,59 m
Tragflügelfläche:	77,29 m²

BAe 146-200

Continental Express fliegt die BAe 146-200 auf Geschäftsstrecken in den USA. Als die Produktion der 146 1993 auslief, hatte die Flotte 1,6 Millionen Flugstunden absolviert.

Fast alle Fluginstrumente sind doppelt vorhanden, so dass beide Piloten die 146 bequem fliegen können. Seit 1990 bietet die Serie RJ ein Cockpit mit elektronischen Anzeigen.

Die BAe 146 besitzt einen relativ breiten Rumpf, der eine Bestuhlung in Sechserreihen ermöglicht. Durch Rumpfstreckung entstanden die diversen RJ-Maschinen, von der kurzen RJ 70 bis hin zur maximal gestreckten RJ 100.

Ein stetiger Absatz führte zu einer Produktion von insgesamt 209 BAe 146, bevor durch Modifikation die Serie RJ entstand.

An der Flossenunterkante sind zwei Luftbremsklappen installiert. Beim Landeanflug werden sie ausgefahren, und im Flug bilden sie den Heckkonus.

EINSATZDATEN

KAPAZITÄT

Die RJ100 konkurrierte mit der zweistrahligen A319 von Airbus, einer „verkürzten" Version der A320. Diese beiden Maschinen schließen die Lücke, die der Abzug des ehemaligen Ersten dieser Klasse, der Boeing 737-200, hinterlassen hat.

GERÄUSCHPEGEL

Für die Düsenverkehrsflugzeuge der sechziger und siebziger Jahre wird der Geräuschpegel heute zum Problem. Manche Betreiber versehen ihre Maschinen zur Weiternutzung mit Schalldämpfern.

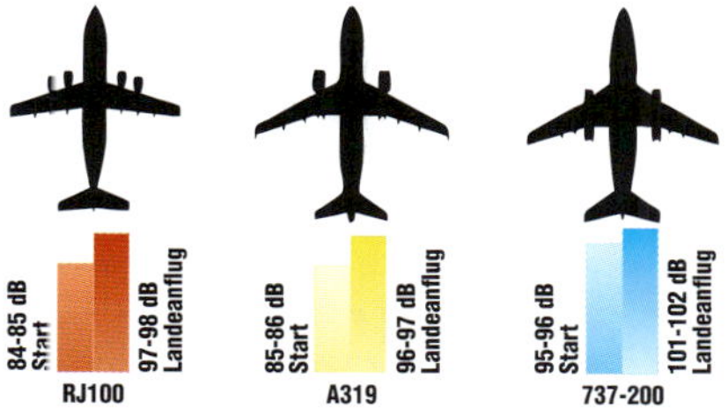

STARTSTRECKE

Die STOL-Fähigkeit (Kurzstart und -landung) war ein Verkaufsargument für die 146/RJ, da sie auch von kurzen Pisten operieren konnte. Der Typ ist ideal für kleine innerstädtische Flughäfen.

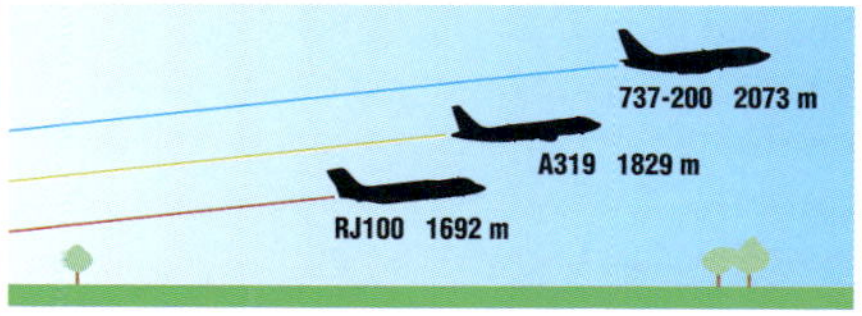

Vielseitige 146/RJ

QUIET TRADER: Die QT mit großer seitlicher Ladeluke, die ein schnelles Laden ermöglicht, ist wegen der nachts geltenden Lärmschutzbestimmungen ein ideales Frachtflugzeug.

BEIM MILITÄR: Die 146STA war eine Vorführmaschine, konzipiert als Militärtransporter. Auf dem Foto wird ein Land Rover mit langem Radstand über eine Rampe eingeladen.

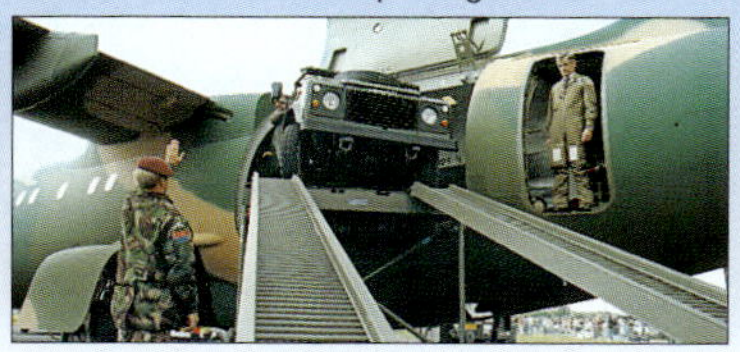

IM GEBIRGE: Die 146 eignet sich ideal für Einsätze in hochgelegenen und heißen Regionen. Druk Air fliegt mit einer 146/RJ Touristen in die Himalajagebiete Nepals.

KÖNIGLICHER EINSATZ: No. 32 (The Royal) Squadron besitzt drei BAe 146 CC. Mk 2 mit luxuriöser Innenausstattung. Sie dienen der britischen Königsfamilie bei offiziellen Anlässen.

ISLANDER

● **Einfaches Mehrzweckflugzeug** ● **Küstenüberwachung**

▲ *Die zuverlässige Islander kann aufgrund ihrer anpassungsfähigen Zelle in den heißen Wüstengebieten Afrikas ebenso operieren wie in der eisigen Wildnis Alaskas. Zwischenzeitlich stieg auch Pilatus in das Programm ein.*

Die Britten-Norman Islander war von zwei britischen Ingenieuren als einfacher Kurzstrecken-Transporter für das afrikanische Land Kamerun konstruiert worden. Sie entwickelte sich zu einem der weltweit erfolgreichsten Flugzeuge aller Zeiten und feierte kürzlich ihren 40. Geburtstag. Die genau durchdachte und überaus praktische Konstruktion des zweimotorigen Schulterdeckers hat sich bei mehr als 350 Betreibern in sage und schreibe 120 Ländern bewährt.

BRITTEN-NORMAN ISLANDER

▼ **Polizei-Patrouille**
Malawis Polizei erhielt diese Islander. Das Flugzeug wurde an viele Militär- und Polizeieinheiten in Afrika und Asien verkauft.

▲ **Urwaldeinsatz**
Die Sicherungskräfte von Belize setzen diese mit Raketen und MGs bewaffnete Defender auf Patrouillenflügen gegen Drogenschmuggler ein.

◀ **Zielschlepper**
Diese Islander mit heller Zielschleppscheibe wurde als 1000. BN-2 in dem Werk auf der Insel Wight gebaut.

▼ **Vermessung**
In dieser Islander wurde zur Landvermessung eine große Kamera in den hinteren Kabinenraum eingebaut.

▲ **Holländischer Polizeiaufklärer**
Die holländische Polizei setzte zwei Islander mit speziellen Fernmeldegeräten, Wetterradar und Infrarot-Sensoren ein.

FAKTEN UND ZAHLEN

- Ab 1969 wurde die Islander in Rumänien bei der Firma, die heute als Romaero bekannt ist, gebaut.
- Eine dreimotorige Version flog unter der Bezeichnung Trislander erstmals 1970.
- Die Islander absolvierte ihren Jungfernflug am 13. Juni 1965.
- Shenzhen Aircraft in China zog 1994 den Bau der Trislander in Erwägung.
- Die bewaffnete Defender-4000-Version wurde 1994 bei der Luftfahrtschau in Farnborough öffentlich vorgestellt.
- 1977 wurde die erste Turboprop-Version der Islander getestet.

Transporter, der überall fliegt

Desmond Norman und John Britten entwickelten 1963 ein Flugzeug für ein Lufttaxiunternehmen, das bei geringen Anschaffungs- und Betriebskosten auch von unbefestigten Rollbahnen zwischen den Städten Doula und Tiko in Kamerun operieren konnte.

Die Britten-Norman Islander entwickelte sich zu einem beliebten Kurzstrecken-Airliner. Ihre Größe lag zwischen der der Piper Apache, die eine geringere Passagierkapazität besaß, und derjenigen der DC-3, die vielen Interessenten zu groß war. Als 1967 die schottische Loganair die Islander als erste Fluggesellschaft im Liniendienst flog, begann ihr weltweiter Erfolg bei kleineren Fluglinien.

Doch ließ sich die Islander auch an anderer Stelle mit Erfolg einsetzen. So kam das Flugzeug zu Polizei, Küstenwache und Drogenfahndung. In der vergrößerten Nase einer Elektronik-Version befindet sich das APG-66-Radar des F-16-Jägers. Die Defender 4000 ist eine Militärmaschine, die Sea-Skua-Raketen und Sting-Ray-Torpedos tragen kann. Außerdem wurde auch eine Version zur fliegenden Radarfrühwarnung erwogen.

Mehrzweck-Flugzeuge haben es schwer. Wartung und Sicherheit werden in ihren Einsatzräumen oft vernachlässigt. Die Islander gelten als unübertroffen sichere Flugzeuge.

TECHNISCHE DATEN
Islander BN-2B

- **Typ:** neunsitziger Kurzstrecken-Transporter
- **Triebwerke:** zwei Kolbenmotoren Lycoming O-540-E4C5 mit je 194 kW (263 PS)
- **Höchstgeschwindigkeit:** 274 km/h
- **Gipfelhöhe:** 4938 m
- **Reichweite:** 2032 km
- **Gewicht:** leer 1638 kg; beladen 2994 kg
- **Nutzlast:** ein oder zwei Piloten; neun bankförmige Passagiersitze; Vorrichtung für 880 kg persönliches Reisegepäck und Fracht
- **Abmessungen:**

Spannweite:	14,93 m
Länge:	10,87 m
Höhe:	4,18 m
Tragflügelfläche:	30,19 m²

BN-2 ISLANDER

Transkei Airways besaß für den Flugbetrieb in dem ehemaligen südafrikanischen Homeland eine einzige Islander, die man von einer Fluggesellschaft in Kenia erworben hatte.

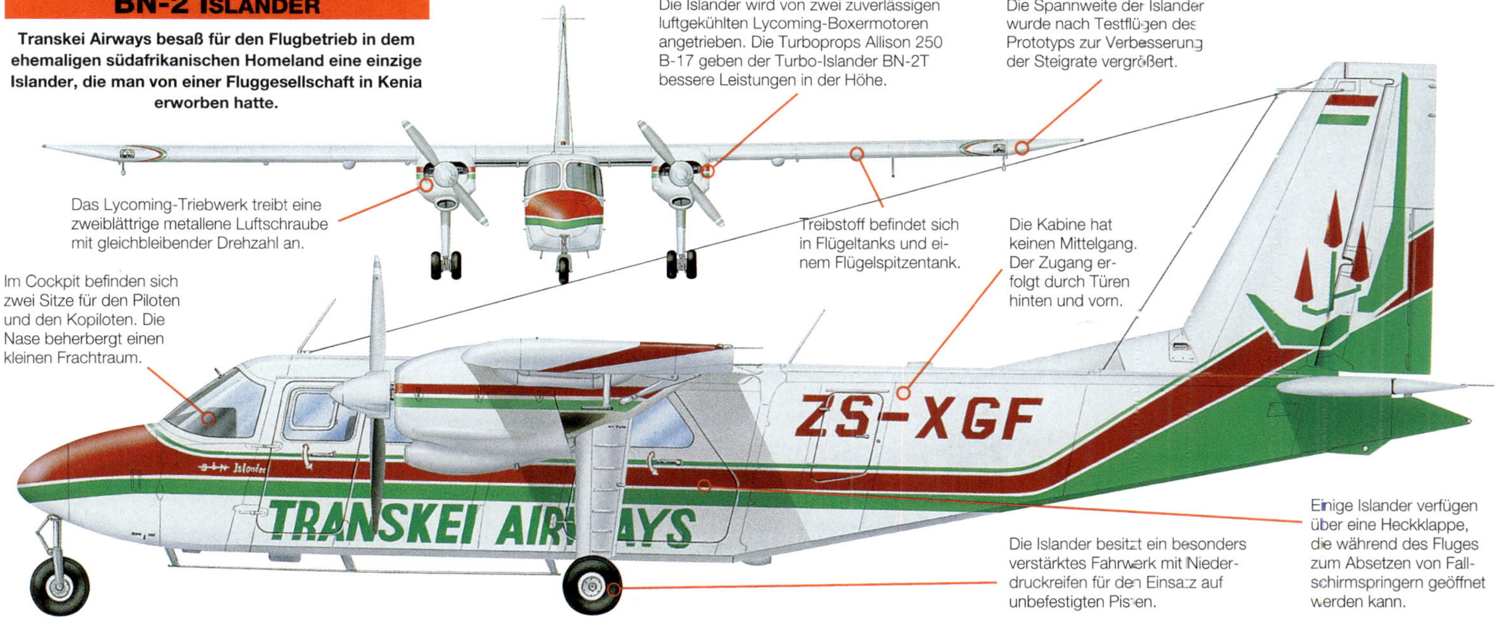

EINSATZDATEN

NUTZLAST

Die Islander eignet sich ideal für kurze Flüge mit Start und Landung an abgelegenen Orten. Sie ist stabil, zuverlässig und im Betrieb einfacher und wirtschaftlicher als die größere Twin Otter oder die PC-6. Beim Einsatz zum Absetzen von Fallschirmspringern werden die Sitzbänke gewöhnlich herausgenommen.

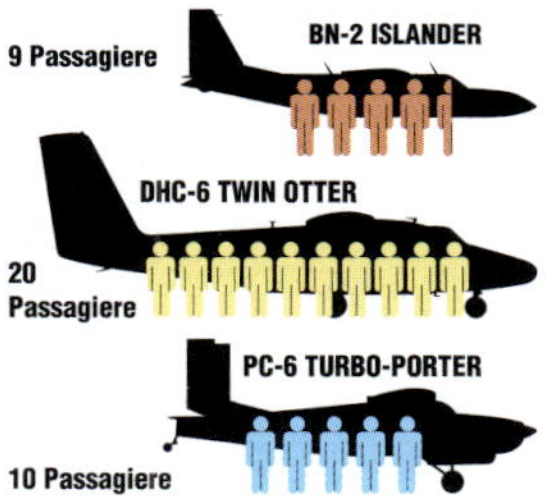

REICHWEITE

Die meisten Islander besitzen die nach den Testflügen des Prototyps entwickelten längeren Flügel und können genügend Treibstoff für relativ weite Strecken aufnehmen. Die größte Reichweite wird mit 59 Prozent Motorleistung in einer optimalen Reisehöhe von 3660 m erzielt.

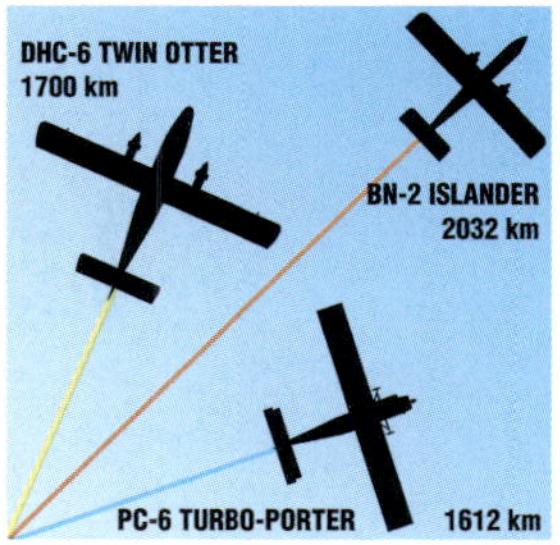

STARTSTRECKE

Die Islander besitzt ausgezeichnete Kurzstart- und -landeeigenschaften. Ihre Leistungen entsprechen denen der Twin Otter auch beim Einsatz im Hinterland, nicht aber denen der Turbo-Porter, die über einen Hochauftriebsflügel mit doppelschlitzigen Hilfsklappen und ein schlitzigen Querrudern verfügt.

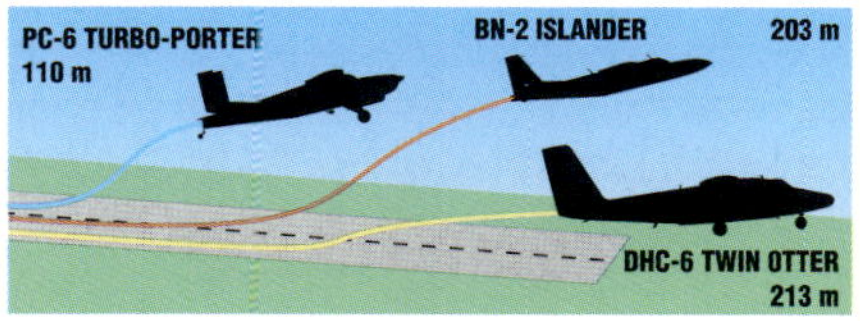

Islander weltweit im Einsatz

ZIVILE NUTZER: Kleine Fluggesellschaften schätzen die Zuverlässigkeit und einfache Handhabung der robusten Islander. Northern of Australia fliegt mit ihr regelmäßig im Linienverkehr unbefestigte Pisten im Hinterland an.

MILITÄRISCHE NUTZER: Die guten Buschflugeigenschaften machten die Islander auch zu einem leichten militärischen Transport- und Verbindungsflugzeug. Diese Maschine der mauretanischen Luftwaffe ist mit Luft-Boden-Raketen bewaffnet.

TRISLANDER: Die Trislander ist eine gestreckte Islander mit einem außergewöhnlich gelegenen dritten Triebwerk. Viele zivile und militärische Betreiber setzten sie ein, darunter auch Botswanas Verteidigungskräfte.

Britten-Norman

Trislander

● Dreimotoriger Zubringer ● Islander-Weiterentwicklung ● Über 70 Stück gebaut

▲ Die Trislander konnte in der Kabine acht Passagiere mehr aufnehmen als die Islander, erreichte aber bei weitem nicht die hohe Stückzahl ihrer erfolgreichen Vorgängerin.

Die neunsitzige Islander, gebaut auf der Isle of Wight vor Englands Südküste, zählt zu Großbritanniens erfolgreichsten Verkehrsflugzeugen. Mehr als 1200 Exemplare wurden an rund 350 Betreiber in verschiedenen Ländern verkauft. 1970, fünf Jahre nach dem Erstflug der Islander, verlängerte man den Rumpf des zweiten Prototyps um gut 2 m, so dass 17 Passagiere Platz fanden, und installierte am Leitwerk ein drittes Triebwerk. Diese Maschine wurde Trislander genannt.

Britten-Norman Trislander

▼ **Erste Trislander**
Beim Trislander-Prototyp wurde das dritte Triebwerk auf eine gestutzte Seitenflosse montiert, die man bald über die Triebwerksgondel hinaus verlängerte.

▲ **Zubringer in der Karibik**
Wie die Islander wurde auch die Trislander in viele Länder exportiert und flog auf allen Kontinenten.

▲ **STOL-Leistung**
Die Trislander bot die gleiche Kurzstart- und -landeleistung (STOL) wie die Islander, deren Hochauftriebsflügel beim neuen Muster verlängert waren.

▲ **Schräge Flügelspitzen**
Trislander wie Islander hatten typische abgeschrägte Flügelspitzen.

Erstkunde ▶
Aurigny Air Services erhielt 1971 die erste Trislander und verfügt bis heute über die größte Flotte.

FAKTEN UND ZAHLEN

- Der Trislander-Prototyp flog erstmals am 11. September 1970 und erschien am selben Tag auf der Farnborough-Flugschau.
- Die letzte im Werk gebaute Trislander ging 1984 an die Streitkräfte Botswanas.
- Ab Anfang der siebziger Jahre produzierte man im belgischen Werk von Fairey.
- Die Trislander 4 besaß eine Hilfsrakete im Heck, die Zusatzschub bot, falls beim Start ein Triebwerk ausfallen sollte.
- Die Trislander 3 war eine für den Betrieb in den USA zugelassene Trislander 2.
- Für Afrika, Asien, Australien und Südamerika wurden 60 Export-Trislander gebaut.

Zubringer von der Isle of Wight

Rechts: Loganair flog mit ihren Trislander zum schottischen Hochland und auf Inseln.

Von der Islander unterschied sich die Trislander nicht nur durch ihren verlängerten Rumpf, ein modifiziertes Leitwerk und einen zusätzlichen Motor, sondern auch durch längere Tragflügel und ein neues Hauptfahrgestell mit größeren Rädern und Reifen. Spätere Muster hatten auch einen gestreckten Bug mit Gepäckabteil.

Im September 1970 startete die Trislander zum Jungfernflug, und ihr Erstkunde war Aurigny Air Services auf den Kanalinseln, der nach wie vor größte Betreiber. Wie die Islander hat auch das dreimotorige Modell sehr geringe Betriebskosten, so dass sich zusätzliche Flüge ohne übermäßigen Kostenaufwand in den Plan aufnehmen lassen. Da man die Sitze leicht ausbauen kann, besteht die Möglichkeit, zusätzlich Fracht einzuladen.

Als die Produktion 1984 auslief, waren 72 Trislander fertiggestellt. Es bestanden Pläne, die Fertigung wiederaufzunehmen, die aber nicht verwirklicht wurden. 1982 hatte man die Rechte an der Maschine an die International Aviation Corporation von Florida verkauft, die beabsichtigte, den Typ als Tri-Commutair zu bauen. Dies geschah jedoch nicht, und die letzten zehn Bausätze gingen nach Australien. 1994 führte Pilatus Britten-Norman (wie die Firma ab 1979 hieß) erfolglose Gespräche mit einer chinesischen Firma über die Wiederaufnahme der Produktion. Zwei noch nicht vollendete Flugzeugzellen wurden 1996 fertiggestellt und an den langjährigen Betreiber Aurigny Air Services ausgeliefert.

Oben: Der Prototyp der Trislander fliegt neben einer Islander, so dass die Unterschiede zwischen den Mustern deutlich werden.

TECHNISCHE DATEN
BN-2A Mk III Trislander 3

- **Typ:** dreimotoriges Zubringerflugzeug
- **Triebwerke:** drei Sechs-Zylinder-Boxermotoren Lycoming O-540-E4C5 mit je 194 kW
- **Höchstgeschwindigkeit:** 290 km/h in Meereshöhe
- **Anfangssteigrate:** 298 m/min
- **Reichweite:** max. 1610 km
- **Gipfelhöhe:** 4010 m
- **Kapazität:** Pilot und 17 Passagiere
- **Gewicht:** leer 2650 kg; max. Startmasse 4536 kg
- **Abmessungen:** Spannweite: 16,15 m; Länge: 13,03 m; Höhe: 4,32 m; Tragflügelfläche: 31,31 m²

BN-2A Mk III Trislander 2

Die Trislander von Aurigny Air Services in auffälligem gelbem Anstrich verbinden die Kanalinseln mit der britischen Insel. Die G-OTSB wurde später als G-RBSI registriert. Sie ist eine von neun Trislander, die das Unternehmen derzeit fliegt.

Ursprünglich plante man, die Islander nur um 60 cm zu strecken, und ein Prototyp wurde 1968 geflogen. Dann aber entschied man sich für eine Verlängerung um 2,4 m und den Einbau eines dritten Triebwerks.

Die zweite Islander-Versuchsmaschine erhielt einen dritten Motor am Leitwerk und diente als Prototyp der Trislander. Anfangs reichte die Seitenflosse nicht über die Triebwerksgondel hinaus, wurde später aber verlängert, um die Steuerung zu verbessern.

Viele Trislander erhielten den wahlweise angebotenen verlängerten Bug mit Gepäckabteil (0,62 m³), der durch ein steuerbares Bugrad abgestützt wird.

Die Trislander wurde mit drei Sechs-Zylinder-Boxermotoren Lycoming O-540 ausgerüstet. Jedes dieser Aggregate, die auch die meisten Islander antrieben, gab 194 kW auf einen zweiblättrigen Hartzell-Propeller ab. Im Unterschied zur Islander hatten alle Trislander Kolbentriebwerke.

Um das zusätzliche Gewicht des Rumpfhecks aufzufangen, wurde ein neues Hauptfahrwerk mit größeren Rädern eingebaut. Die Tragflügel entsprachen denen der Islander, waren aber 1,22 m länger.

Eine ungewöhnliche Option bei der Trislander 4 war ein Raketentriebwerk mit 1,56 kN, das beim Ausfall eines Motors zwölf Sekunden lang Schub lieferte. Es wurde unter der hinteren Triebwerksgondel montiert.

EINSATZDATEN

LEISTUNG

Die zweimotorige Skyservant hat fast die gleiche Antriebskraft wie die dreimotorige Trislander, kann aber größere Lasten tragen und ist dadurch billiger im Betrieb. Die Propellerturbinen der Twin Otter bieten eine deutlich höhere Leistung.

KAPAZITÄT

Die Trislander hatte entsprechend den Markterfordernissen eine viel höhere Passagierkapazität als die Islander. Ab den achtziger Jahren begannen allerdings Turboprop-Maschinen den Zubringermarkt zu beherrschen.

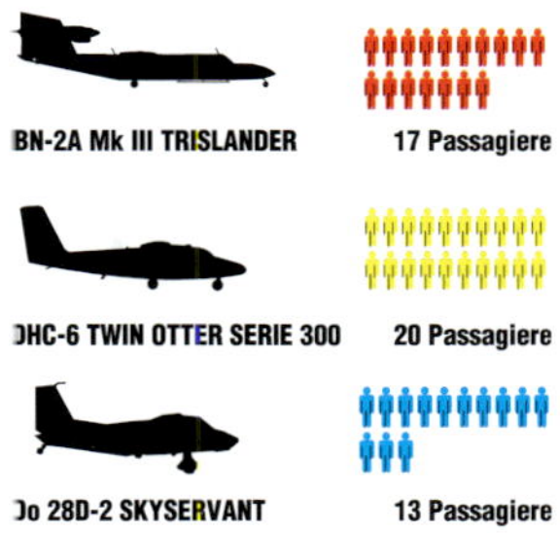

STARTSTRECKE

Die Trislander hatte zwar die gleiche Flügelkonstruktion wie die Islander, bot aber nicht deren Kurzstartleistung. Leichtere, zweimotorige Typen benötigen eine Startstrecke von rund 200 m, die Trislander eine von fast 400 m. Die Propellerturbinen verleihen der DHC-6 bei nur geringem Zusatzgewicht einen deutlichen Leistungsvorteil.

Dreimotorige Transportmaschinen der Nachkriegszeit

DE HAVILLAND AUSTRALIA DHA-3 DROVER: Der achtsitzige Mehrzwecktransporter kam 1948 in die Luft. Die ersten Muster gingen in den Liniendienst, andere flogen für die „Flying Doctors".

NORTHROP N.23 PIONEER: Die als STOL-Verkehrsflugzeug für 40 Passagiere gebaute und 1946 erstmals geflogene Pioneer wurde für die USAF als Transporter C-125 Raider entwickelt.

SPECIALIZED AIRCRAFT TRI TURBO-3: Die Umrüstung aus den siebziger Jahren sollte der DC-3/C-47 zu neuem Leben verhelfen. Dafür wurden auch drei PT6-Propellerturbinen eingebaut.

C-4 ARGONAUT

● Kanadische DC-4 ● Merlin-Motoren ● Kein Exemplar erhalten

Noch während des Zweiten Weltkriegs stellte sich heraus, dass die Trans Canada Airlines ein geeignetes Flugzeug für den Nachkriegseinsatz über dem Nordatlantik – wie auch auf den Inlandsrouten – brauchten. Die Regierung entschied sich für die Douglas DC-4 und erwarb die Lizenz zum Nachbau in Kanada. Diese kanadische Ausführung unterschied sich vom Original durch den Antrieb mit Rolls-Royce Merlin und ihre Druckkabine.

▲ *Gegenüber früheren Verkehrsflugzeugen stellte die Canadair DC-4M eine Verbesserung dar. Ein Problem bei den meisten Versionen war aber der hohe Lärmpegel in der Kabine.*

CANADAIR C-4 ARGONAUT

▼ Kanadischer „Nordstern"
Die in Kanada North Star genannte Maschine wird hier mit Fracht beladen. Die Flugzeuge waren ideal für den Einsatz in großen Höhen.

▲ Prototyp
Der erste Prototyp, CF-TEN-X, flog im Juli 1946. Es folgten Tests, bevor er zur militärischen C-54GM umgerüstet wurde und Ende 1952 an die königlich kanadischen Luftstreitkräfte (RCAF) ging.

▼ Fast ein Neuentwurf
Auf die DC-4M-1 folgte die druckbelüftete Version DC-4M-2. Sie hatte zwar die gleichen Abmessungen, war aber praktisch eine Neukonstruktion, die viele Baugruppen der größeren DC-6 aufwies.

▲ Absturz in Japan
Anfang der fünfziger Jahre dienten bei Canadian Pacific Airlines kurzzeitig vier North Star. Dieses Muster stürzte bei Tokio ab.

Argonaut in Großbritannien ▶
BOAC erwarb die C-4 als Übergangslösung, taufte sie auf den Namen Argonaut und setzte sie hauptsächlich zwischen London, Afrika und dem Fernen Osten ein. Der Typ bewährte sich so gut, dass er über zehn Jahre im Dienst blieb.

FAKTEN UND ZAHLEN

- Ab Anfang 1947 setzte Trans Canada Airways die DC-4M auf ihren Transatlantikrouten und später auch im Inland ein.
- Die C-54M der RCAF kamen im Koreakrieg häufig zum Einsatz.
- Das Trans-Canada-Muster CF-TFD prallte gegen einen Berg. Alle Insassen starben.
- Die erste der in Kanada gebauten DC-4 wurde von der Gattin des Ministers für Wiederaufbau „Howe" getauft.
- 1975 war nur noch eine einzige North Star im kommerziellen Einsatz.
- Eine RCAF-Maschine hatte als einzige C-4 luftgekühlte Sternmotoren.

DC-4-Variante von Canadair

Trans Canada Airways betrieb zunächst sechs von der RCAF ausgeliehene North Star ohne Druckbelüftung, bis sie im Oktober 1947 die ersten der 20 bestellten DC-4M erhielt. Die British Overseas Airways Corporation (BOAC) gab im November 22 Maschinen in Auftrag, die Argonaut genannt wurden und bis Anfang 1949 ausgeliefert waren. Schon bald flog dieser Typ für die Gesellschaft 30 Prozent der Gewinne ein.

Die druckbelüftete Version DC-4M-2 kam im Liniendienst gut an. Der Merlin-Motor von Rolls-Royce verlieh ihr bessere Höhenflugleistungen als sie die in den USA gebaute DC-4 aufwies. Das Auspuffsystem verursachte allerdings einen hohen Lärmpegel in der Kabine. Canadair trieb daher die Entwicklung der von Sternmotoren angetriebenen C-5 voran, von der ein Exemplar gebaut und der RCAF übergeben wurde.

Da insgesamt nur 71 Zellen entstanden und relativ viele bei Flugunfällen verlorengingen, sah man am Anfang der siebziger Jahre C-4 North Star oder Argonaut nur noch selten. Einige Maschinen wurden an kleinere Betreiber weitergegeben, die sie zumeist als Frachter einsetzten. Ein Exemplar blieb bei der RCAF für wissenschaftliche Untersuchungen im Dienst, landete aber genauso wie die letzte kommerzielle Maschine dieses Typs 1976 auf dem Schrottplatz.

Links: Alle North Star für die RCAF wurden ohne Druckbelüftung und mit Bugradom geliefert. Die meisten dienten bis in die sechziger Jahre, eine Maschine sogar bis 1976 für Vermessungsaufgaben.

Oben: Eine Argonaut der BOAC nimmt einen besonderen Platz in der britischen Geschichte ein: Mit ihr flog die kurz zuvor gekrönte Königin Elisabeth II. 1952 von Südafrika zurück.

TECHNISCHE DATEN
C-4

- **Typ:** Langstreckentransporter
- **Triebwerke:** vier flüssigkeitsgekühlte Reihenmotoren Rolls-Royce Merlin 622 mit je 1312 kW
- **Höchstgeschwindigkeit:** 523 km/h in 7680 m
- **Reisegeschwindigkeit:** 466 km/h in 3720 m
- **Reichweite:** 5150 km
- **Gipfelhöhe:** 8990 m
- **Gewicht:** leer 21 243 kg; max. 37 331 kg
- **Kapazität:** vierköpfige Besatzung und bis zu 62 Passagiere sowie 2600 kg an Fracht einschließlich Lkws und anderem schwerem Gerät
- **Abmessungen:** Spannweite: 35,81 m; Länge: 28,60 m; Höhe: 8,38 m; Tragflügelfläche: 135,63 m²

C-4 ARGONAUT

Diese C-4 Argonaut ging im August 1949 an BOAC, für die sie elf Jahre lang flog. Im Februar 1960 wurde sie an Aden Airways verkauft, die sie 1963 ausmusterte.

Bei ihrer Auslieferung an BOAC boten die C-4 40 Passagieren Platz, doch die Sitzanordnung war sehr flexibel. So konnte Aden Airways sie verändern, um auf stark frequentierten Routen mehr Fluggäste zu befördern.

Nach der Übernahme durch Aden Airways behielt diese C-4 die BOAC-Farben weitgehend bei. Viele der aufblühenden afrikanischen Fluglinien kauften gebrauchte Flugzeuge von größeren europäischen Gesellschaften.

Das Cockpit konnte eine vierköpfige Crew aus Pilot, Kopilot, Navigator und Bordingenieur aufnehmen. Später wurde die Besatzung häufig auf drei Mitglieder reduziert.

Anders als die DC-4 wurde die C-4 von vier Rolls-Royce Merlin 624 oder 724 angetrieben. Die Passagiere empfanden diese Reihenmotoren als äußerst laut.

Für eine gemischte Zuladung aus Passagieren und Fracht ließ sich der Vorderrumpf in einen Frachtraum verwandeln. Im hinteren Bereich waren 16 Sitze oder ein VIP-Raum eingerichtet.

Die C-4 hatte das gleiche herkömmliche Seitenleitwerk wie die DC-4, von der sie abstammte. Die Steuerung war leichtgängig und sprach gut an. Damit das Heck während des Beladens nicht auf den Boden prallte, konnte an der Wölbung unter dem Rumpf eine Stütze angebracht werden.

EINSATZDATEN

GESCHWINDIGKEIT

Der Einbau von Rolls-Royce Merlin in die Zelle der DC-4 hat ihre Flugleistungen verbessert, und so war die C-4 viel schneller als ihre amerikanische Verwandte mit Sternmotoren. Auch die Avro 689 Tudor 2 erhielt den Merlin, war aber größer und langsamer.

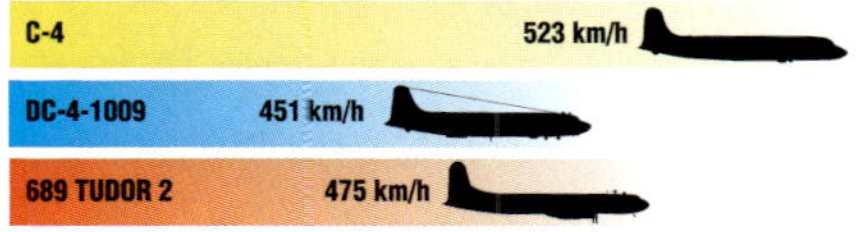

GIPFELHÖHE

Trans Canada Airlines erwarb C-4, um sie in größeren Höhen einsetzen zu können. Die Maschinen sollten die Routen über den Nordatlantik bedienen. Als Antrieb wurde deswegen der Rolls-Royce Merlin gewählt, weil er in der Höhe mehr leistete als die Sternmotoren der DC-4.

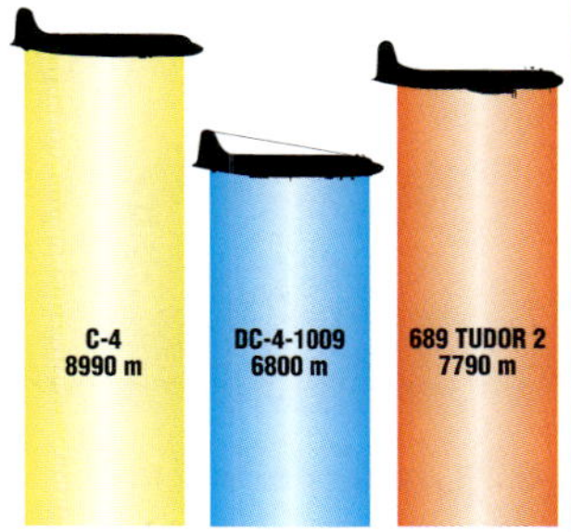

REICHWEITE

Die Merlin-Motoren ließen die C-4 nicht nur schneller und höher, sondern auch weiter fliegen als die DC-4, so dass die BOAC ihre Argonaut auf Fernflügen nach Afrika und Fernost einsetzen konnte. Die Tudor 2 lag bezüglich der Reichweite etwas zurück.

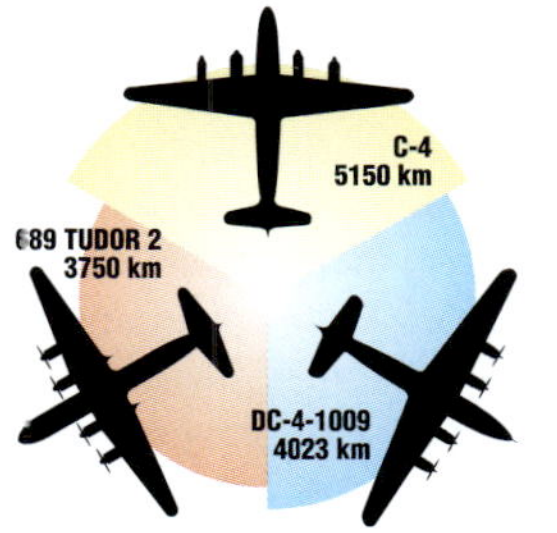

Propellermaschinen von Canadair

CANADAIR CL-44: Dieser Typ war im wesentlichen ein Nachbau der Bristol Britannia, verfügte aber über kräftigere Propellerturbinen Rolls-Royce Tyne und eine verstärkte Zelle.

CANADAIR CL-28 (CP-107) ARGUS: Auch die CL-28 basierte auf der Britannia, war aber speziell für Seepatrouillen konzipiert und hatte einen völlig neuen Rumpf ohne Druckbelüftung.

CANADAIR CL-215: Das Anfang der sechziger Jahre entwickelte Amphibium erwies sich als nützlich bei der Brandbekämpfung und wurde in ansehnlichen Stückzahlen weltweit exportiert.

MODELL A (UND ANDERE)

● Rennflugzeug ● Freitragende Fläche aus einem Stück ● Verkehrsflugzeug

▲ *Cessna-Maschinen der Serie Modell A waren schlank und so leistungsfähig wie Rennflugzeuge. Sie eroberten Amerikas Zivilflugzeugmarkt im Sturm und verkauften sich sehr gut.*

Seinen ersten eigenen Flugzeugentwurf verwirklichte Clyde V. Cessna 1911 mit einem Eindecker im Blériot-Stil, den ein 45-kW-Elbridge-Motor antrieb. Ende 1927 hatte er dann eine Firma gegründet und den Prototyp seines ersten Serienflugzeugs Modell A gebaut. Die Maschine bot gute Flugleistungen ohne Einbußen an Komfort und Brauchbarkeit und bildete die Basis für die Cessna-Muster der folgenden 25 Jahre. Mit ihr begann die lange Leichtflugzeug-Tradition dieser Firma.

BILDERCHRONIK

CESSNA MODELL A

◀ **Bestseller**
Cessnas Modell AW war lange Zeit bei zivilen Betreibern äußerst beliebt. Sein Warner-Motor überwand einige der Probleme, die der ältere und störanfällige Anzani aufgeworfen hatte.

Bahnbrechende Konstruktion ▶
Beim Modell A verwendete Cessna als einer der ersten Flugzeugbauer ein intern verstrebtes Tragwerk.

Sehr gute Flugleistungen ▶
Der kleine, luftgekühlte Motor Warner Scarab verlieh dem Modell A Flugleistungen, wie sie sonst nur größere Maschinen boten. So konnte es erfolgreich an zahlreichen Luftrennen und Flugschauen in ganz Amerika teilnehmen und dadurch die Verkaufszahlen steigern.

◀ **Klassischer Entwurf**
Die Cessna-Serie A war so ausgezeichnet konstruiert, daß sie 25 Jahre lang fast unverändert blieb und man nur die Motorisierung variierte.

Antrieb nach Wahl ▶
Cessna bot seine Flugzeuge mit unterschiedlichen Motoren an. Hier ist ein Modell AC mit Comet-Antrieb abgebildet, wie das „C" besagt. Der Warner-Motor erwies sich jedoch als der leistungsfähigste.

FAKTEN UND ZAHLEN

- 1929 flog eine Cessna AW als erstes Zivilflugzeug von den USA bis nach Sibirien und legte dabei über 16 000 km zurück.
- Das Cessna-Modell A gehörte zu den ersten Geschäftsreiseflugzeugen.
- Clyde V. Cessna war seit 1911 in der Luftfahrt tätig.
- Der Rumpf war aus verschweißten Chrom-Molybdän-Stahlrohren mit formgebender Verkleidung und Stoffbespannung.
- Bei späteren Ausführungen konnten Radbremsen eingebaut werden.
- Am Hinterrumpf war ein gummigefederter Hecksporn installiert.

Das erste Cessna-Leichtflugzeug

Das Cessna-Modell A führte als erstes Leichtflugzeug einen freitragenden Flügel ein. Das leicht modifizierte Modell AA wurde 1928 zur ersten amtlich zugelassenen Ausführung des „Freitragenden Eindeckers von Cessna", eines Konzepts, das bei Fliegern zwischen den Weltkriegen großen Anklang fand.

Das Modell AA bot drei bis vier Personen Platz und flog mit einem französischen Sternmotor Anzani mit 89 kW, weil sich auf dem US-Markt kein geeignetes Aggregat mit der nötigen Leistung fand. Es folgten Varianten mit verschiedenem Antrieb, da Cessna nach Alternativen suchte.

Am vielversprechendsten erschien der Warner Scarab des Modells AW, das 1929 entstand. Insgesamt wurden 70 Cessna A produziert, davon 48 AW. Es folgten 13 Stück des Modells BW, einer von einem Wright J5 mit 164 kW angetriebenen Variante der AW für Sportflieger.

Der Rumpf des Modells A bestand aus einer Stahlrohrkonstruktion aus Chrom-Molybdän, die Flächen hatten einen Holzrahmen, und das ganze Flugzeug war stoffbespannt. Dies ergab eine feste und doch leichte Zelle, die zu den guten Flugleistungsdaten beitrug. 1928 zählten Cessna A zu den Siegern bei amerikanischen Luftrennen.

Oben: Amerikanische Firmen übernahmen diesen Typ schon bald als Geschäftsflugzeug.

Unten: Dank ihrer soliden Bauweise haben zahlreiche Cessna A bis heute überlebt. In den USA sieht man solche „Oldtimer" häufig bei Flugschauen.

TECHNISCHE DATEN
AW

- **Typ:** einmotoriges, leichtes Passagierflugzeug
- **Triebwerk:** ein Sieben-Zylinder-Sternmotor Warner Scarab mit 82 kW
- **Höchstgeschwindigkeit:** 201 km/h
- **Reisegeschwindigkeit:** 168 km/h
- **Anfangssteigrate:** 188 m/min
- **Reichweite:** 1013 km
- **Gipfelhöhe:** 3657 m
- **Gewicht:** leer 555 kg; max. Startmasse 1025 kg
- **Kapazität:** ein Pilot und drei Passagiere
- **Abmessungen:**

Spannweite:	12,19 m
Länge:	7,58 m
Höhe:	1,86 m
Tragflügelfläche:	20,80 m²

MODELL AW

Das Modell AW hatte ähnliche Flugleistungen wie die Rennflugzeuge jener Zeit. Mit diesem Typ konnte Cessna der amerikanischen Öffentlichkeit ein kleines, sehr schnelles Passagierflugzeug anbieten, das sofort Anklang fand.

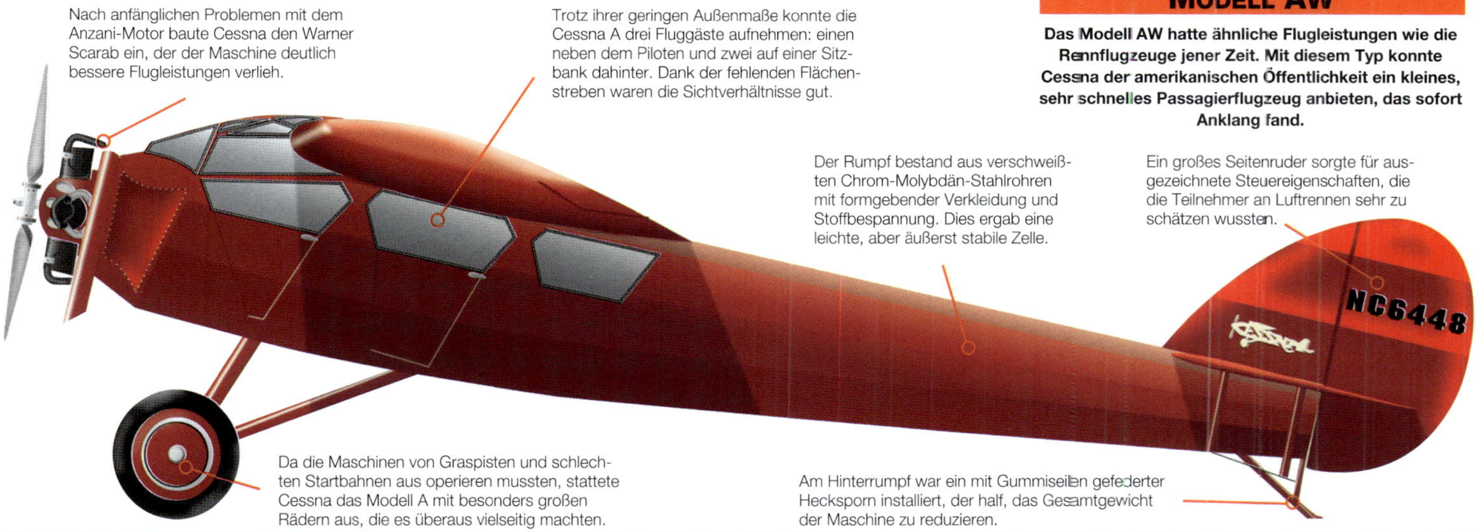

EINSATZDATEN

LEISTUNG

Das geringe Gewicht der A erforderte nur einen kleinen Motor. Spätere Ausführungen erhielten verbesserte Motoren, und ihre Flugleistungen waren überragend im Vergleich zu denen größerer Typen wie der de Havilland DH.80A Puss Moth oder der Beech 10.

GESCHWINDIGKEIT

Das Modell AW war zwar als Passagierflugzeug konzipiert, konnte aber dank seiner hohen Geschwindigkeit in den zwanziger Jahren an zahlreichen Luftrennen in ganz Amerika teilnehmen und häufig eigens dazu konstruierte Muster ausstechen. Größere Passagiermaschinen waren nur unwesentlich schneller.

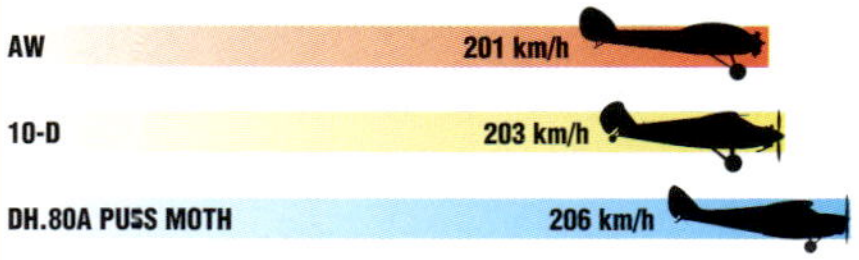

GIPFELHÖHE

Das Modell AW hatte ein nur geringes Gewicht. Trotzdem konnte es nicht so hoch aufsteigen wie die größeren Flugzeugtypen von Beech oder de Havilland. Für seine Klasse hatte es allerdings eine mehr als ausreichende Gipfelhöhe.

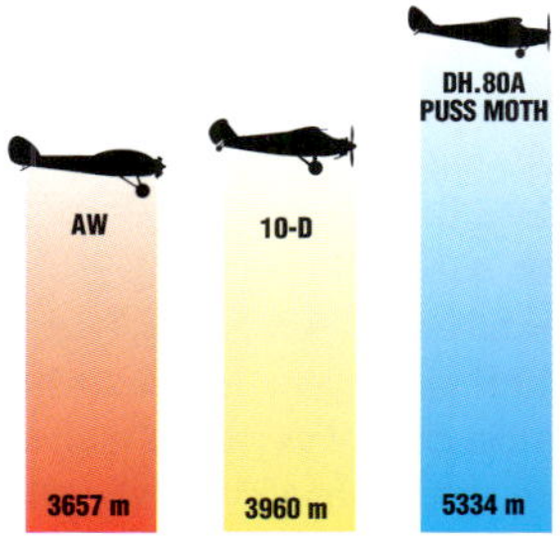

Erfolgreiche Cessna-Modelle

COMET: Das erste Cessna-Modell mit einem geschlossenen Cockpit verkaufte sich gut und war überall in den Vereinigten Staaten bei Flugschauen zu sehen.

DC-6: Dieser Typ wurde 1928 entwickelt und in zwei Versionen gebaut. Die Konstruktion war gut, aber die wirtschaftliche Rezession der dreißiger Jahre behinderte den Verkauf.

C-34: Die erstmals im Juni 1935 geflogene C-34 zeigte alle Merkmale der Leichtflugzeuge von Cessna. Spätere Ausführungen wurden auch beim Militär eingesetzt.

CESSNA

401–441

● Geschäftsflugzeug ● Militärisches Verbindungsflugzeug ● Lufttaxi

Nachdem die Firma Cessna in den fünfziger und sechziger Jahren mit ihren ein- und zweimotorigen Privatmaschinen beeindruckende Umsätze erreicht hatte, zielte sie mit dem Modell 411 auf den Markt für Geschäftsreiseflugzeuge ab. Dieses Flugzeug erwies sich von Anfang an als Erfolg; es folgten zahlreiche Versionen, von denen die letzte bis 1987 produziert wurde. Noch heute ist die Familie der Cessna 400 weltweit im Einsatz – sowohl als Geschäfts- wie als Zubringerflugzeug.

▲ *Die Cessna Serie 400 wird in der Regel zur Beförderung von Passagieren eingesetzt, doch die Cessna 402 Utiliner kann auch leichte Fracht transportieren. Dafür erhielt diese Maschine ausbaubare Sitze und Doppeltüren, die das Be- und Entladen erheblich erleichtern. Die Utiliner fliegt mit Flügelspitzentanks, die die Flugdauer erhöhen.*

BILDERCHRONIK

CESSNA 401–441

Golden Eagle ▶
Die Cessna 421 Golden Eagle mit Druckkabine wurde zum Turboprop-Modell 425 Corsair weiterentwickelt.

▲ Weltweiter Einsatz
Cessna 402 gingen an Zubringergesellschaften auf allen Kontinenten. Diese 402B der brasilianischen Fluglinie Transportes Aéreos Regionais (TAM) ist zur Verbesserung der Höhenleistung mit Turboladern ausgerüstet.

▲ Dem Sturm ausweichen
Das Geschäftsflugzeug Conquest kann dank des Wetterradars von Bendix Schlechtwetter umfliegen.

◀ Verkaufserfolg
Die Grundform der 411 prägte die ganze Serie; so auch die erfolgreiche zehnsitzige Golden Eagle.

Propellertriebwerke ▶
Mit dem druckbelüfteten Geschäftsreiseflugzeug 441 Conquest für bis zu elf Passagiere brachte Cessna sein erstes Turboprop-Modell auf den Markt. Etwa 362 Exemplare wurden verkauft.

FAKTEN UND ZAHLEN

- Mehr als 20 Luftstreitkräfte setzen Cessna-Maschinen der Serie 400 im Verbindungsdienst ein.
- Zur Serie 400 gehören zweimotorige Maschinen mit über 447 kW Leistung.
- Die Cessna 411 wurde am 17. August 1964 zugelassen.
- Im Februar 1960 übernahm Cessna 49 Prozent der französischen Avions Max Holste, die in Reims Aviation umbenannt wurde.
- Ab 1980 bot Cessna für alle Maschinen der Serie 400 eine 35-Monate-Garantie an.
- 1981 lag der Grundpreis für eine neue Cessna 402C bei 282 000 US-Dollar.

Cessnas erfolgreiche Serie 400

Die Cessna 411 nahm 1964 als erstes sechssitziges Geschäftsreiseflugzeug der Welt ihren Dienst auf. In den folgenden 20 Jahren entstand aus dem Typ eine ganze Familie zweimotoriger Muster, die Cessnas Ruf als einer der größten Flugzeughersteller dieser Klasse festigte.

Die meistverkaufte Version war die zehnsitzige Passagier-/Frachtmaschine 402, auch Utiliner oder Businessliner genannt. Wegen des weltweit guten Absatzes folgten weitere Versionen wie das druckbelüftete Modell 414 Chancellor und die 421 Golden Eagle. Mitte der siebziger Jahre entschied Cessna, die vielseitige Zelle der Serie 400 zum Modell 441 Conquest weiterzuentwickeln und sich auf den Markt für zweimotorige Turboprop-Muster vorzuwagen, der von der Beech King Air dominiert wurde. Nach anfänglichen Problemen mit dem Leitwerk, die einen tödlichen Absturz zur Folge hatten, fanden die Conquest und das kleinere Modell 425 Corsair bald großen Anklang. 1975 brachte Cessna die 404 Titan heraus, eine gestreckte Version des Modells 402B, die bei kleinen Zubringern beliebt war. Eine größere, 14-sitzige Version, die Caravan II, wurde von Reims in Frankreich hergestellt. Haftungsprobleme veranlassten Cessna 1986 zur Einstellung der Produktion ihrer leichten/mittleren Kolbenmotormaschinen.

Oben: Da die Haftungsprobleme in den USA geklärt wurden, könnte die Produktion der Serie 400 wieder anlaufen.

Rechts: Die sechssitzige 414 Chancellor war ein kleineres, zweimotoriges Muster mit Druckbelüftung.

TECHNISCHE DATEN
441 Conquest

- **Typ:** zweimotoriges, druckbelüftetes Geschäftsflugzeug
- **Triebwerke:** zwei Propellerturbinen Garrett TPE331-8 mit je 474 kW
- **Höchstgeschwindigkeit:** 547 km/h in 4875 m
- **Reisegeschwindigkeit:** max. 542 km/h in 7315 m Höhe
- **Reichweite:** 4096 km
- **Gipfelhöhe:** 11 275 m
- **Gewicht:** leer 2670 kg; max. Startmasse 4468 kg
- **Kapazität:** elf Passagiere
- **Abmessungen:**

Spannweite:	15,04 m
Länge:	11,89 m
Höhe:	4,01 m
Tragflügelfläche:	23,56 m²

404 Titan

Die vielseitige Cessna Titan wurde in drei Versionen angeboten: als Passagiermaschine Titan Ambassador, als kombinierter Passagier-/Frachttransporter Titan Courier und als Frachtflugzeug Titan Freighter.

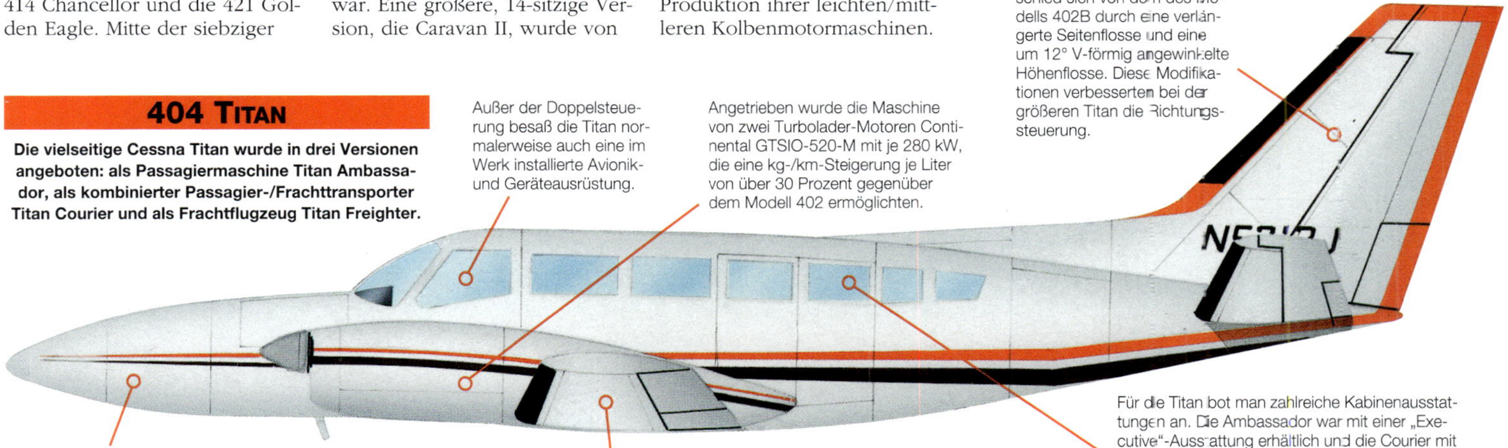

Außer der Doppelsteuerung besaß die Titan normalerweise auch eine im Werk installierte Avionik- und Geräteausrüstung.

Angetrieben wurde die Maschine von zwei Turbolader-Motoren Continental GTSIO-520-M mit je 280 kW, die eine kg-/km-Steigerung je Liter von über 30 Prozent gegenüber dem Modell 402 ermöglichten.

Das Leitwerk der Titan unterschied sich von dem des Modells 402B durch eine verlängerte Seitenflosse und eine um 12° V-förmig angewinkelte Höhenflosse. Diese Modifikationen verbesserten bei der größeren Titan die Richtungssteuerung.

Für die Titan bot man zahlreiche Kabinenausstattungen an. Die Ambassador war mit einer „Executive"-Ausstattung erhältlich und die Courier mit ausbaubaren Sitzen für bis zu zehn Passagiere. Die Freighter hatte eine stoßsichere Innenauskleidung, um den Rumpf vor Beschädigungen durch Frachtstücke zu schützen.

Die Titan ist im Prinzip eine gestreckte 402B, wie am Bugprofil zu erkennen ist. Den Bugraum nimmt ein großes Gepäckabteil ein.

Die Tragflügel und das Fahrwerk ähnelten denen der 441 Conquest, die zur gleichen Zeit wie die 404 entwickelt wurde.

EINSATZDATEN

REISEGESCHWINDIGKEIT

Die Mojave fliegt ohne Turboprop, erreicht aber dank ihrer Linienführung eine höhere Geschwindigkeit als die ebenfalls mit Kolbenmotor ausgestattete 414A. Die King Air besitzt Propellerturbinen.

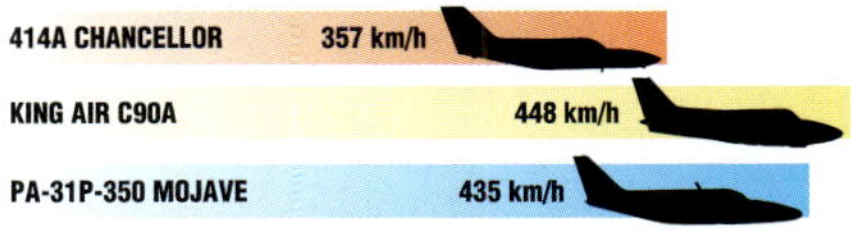

STARTSTRECKE

Auch hier ist die King Air mit ihrem Turboprop-Antrieb den Maschinen mit Kolbenmotor überlegen. Die Mojave und die 414A benötigen eine längere Startstrecke. Alle drei Muster können von kleinen Flugplätzen mit kurzen Pisten aus starten.

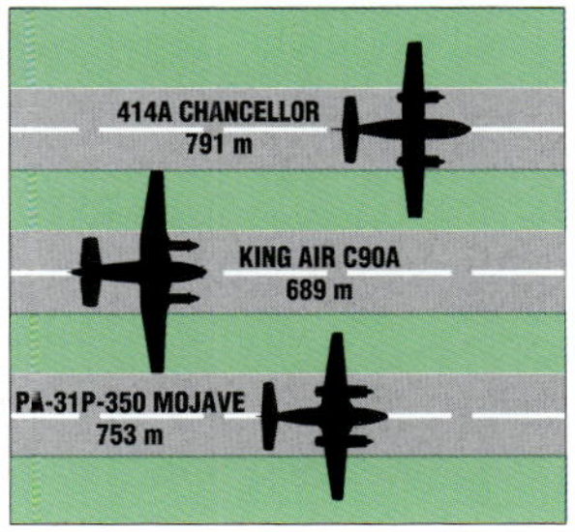

REICHWEITE

Frühe Versionen der King Air verfügten noch nicht über die Reichweite der späteren Modelle. Die Mojave und die 414A eignen sich für Zubringerflüge oder Inlandsgeschäftsreisen. Ohne Zuladung erhöht sich die Reichweite der 414A auf 2459 km, so dass weite Überführungsflüge möglich sind.

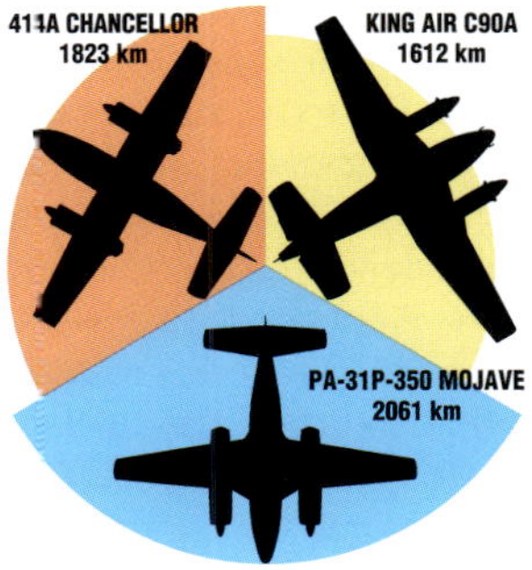

Cessna-Modelle der Serie 400

MODELL 402B: Mit über 1000 Exemplaren war die zehnsitzige 402 zahlenmäßig die stärkste Version der Serie 400. Der Prototyp startete im August 1965 zu seinem Erstflug.

MODELL 404 TITAN: Von der Titan, die am 26. Februar 1975 erstmals flog, wurden anfangs etwa 80 Exemplare pro Jahr ausgeliefert. 1981 lag ihr Grundpreis bei 415 000 US-Dollar.

MODELL 441 CONQUEST: Nach anfänglichen Strukturproblemen etablierte sich die Conquest auf dem Markt für zweimotorige Turboprop-Geschäftsflugzeuge. 362 Muster wurden gebaut.

CITATION

● Luxusserie ● Gerade und gepfeilte Tragflügel ● Hochleistungsflugzeuge

Mit der Cessna Fanjet 500, die erstmals am 15. September 1969 startete und kurz darauf in Modell 500 Citation umbenannt wurde, wagte sich Cessna auf den heißumkämpften Marktsektor strahlgetriebener Geschäftsreiseflugzeuge. Andere Hersteller hegten Zweifel an dem neuen Muster, aber Cessna ließ sich nicht beirren und produzierte eine Palette von „Bizjets“, die den Bedürfnissen der Geschäftswelt in den USA und anderen Ländern entsprechen.

▲ *Für Firmen und Einzelpersonen in ganz Amerika wurden „Bizjets“ zu einem nützlichen Instrument und Statussymbol. Sportgrößen, wie etwa Jack Nicklaus, sind häufige Citation-Kunden und rücken diese Flugzeuge so noch etwas mehr ins Rampenlicht.*

BILDERCHRONIK

CESSNA CITATION

▼ **Einsatz überall**
Ein Prototyp der Citation 501 demonstriert die Fähigkeit dieses Typs, auf Grasplätzen zu landen.

▲ **Komfortable Kabine**
Die Citation II, von der bis Januar 1995 689 Stück geliefert waren, bietet bis zu zehn Personen Platz.

Innovatives Konzept ▶
Die NASA unterstützte Cessna beim Entwurf der Tragflächen für die fortschrittlichere Citation III (Modell 650), die mit den Vorgängern nur den Namen gemein hat.

▼ **Cessnas „Beinah-Jet“**
Die Konkurrenz nannte die Citation I wegen ihres konventionellen Aussehens „Beinah-Jet“. Bei Produktionsende 1976 waren 350 Exemplare gebaut.

▲ **Einfacher und preisgünstiger**
Cessna ließ die teure Citation IV zugunsten der preiswerteren Citation VI fallen, die äußerlich der Citation III entspricht.

FAKTEN UND ZAHLEN

- Am 7. Januar 1977 wurde das Modell 501 Citation I/SP zugelassen, eine Version der Citation I für den Ein-Piloten-Betrieb.
- Bei Flugtests wurde die Citation III im Sinkflug an Mach 0,90 herangeführt.
- Der Golfprofi Arnold Palmer bestellte auch eine 750 Citation X.
- Die Citation Excel vereint die kurze Kabinenausführung der Citation X mit Trag- und Leitwerk der Citation V Ultra.
- Die Citation V basierte im wesentlichen auf der Citation I und II.
- Die High-Tech-Citation-X bietet ein „Glas-Cockpit“ und transatlantische Reichweite.

Cessnas erfolgsgekrönter „Bizjet“

Den langfristigen Erfolg ihrer Citation-Familie sicherte sich die Firma Cessna durch einen stilvollen Entwurf, der das Höchstmaß moderner Jet-Leistung zu einem erschwinglichen Kaufpreis bot.

Selbst die ersten Modelle mit ungepfeilten Flügeln waren elegante Flugzeuge mit glattem Rumpf und heckmontierten Triebwerken. Unternehmen und Prominente erkannten rasch, dass sich durch den Besitz einer Citation ihr Ansehen steigerte. Zweifel daran, ob ein Hersteller leichter Kolbenmotorflugzeuge fähig sein würde, einen Jet zu bauen, wurden durch die Erfahrung mit dem Programm T-37/ A-37 für die USAF ausgeräumt.

1976 leitete Cessna die Arbeiten an der Citation III ein, die als Fortentwicklung der Modelle I und II gedacht war, aber als ein völlig neuer Entwurf mit Pfeilflügeln und größerer Kabinenhöhe erschien. Letzteres machte dieses Flugzeug sogar noch attraktiver, so dass Aufträge aus den USA und dem Ausland einströmten. Die erste Übergabe erfolgte 1983 an den Golfprofi Arnold Palmer.

Nachfolgende Citation boten eine stete Leistungs- und Komfortsteigerung, die ihren Höhepunkt in der Mach-0,92-schnellen Citation X fand.

Im August 1987 kündigte Cessna die Citation V an. Dieser Typ hob die geradflügeligen Citation-Modelle auf moderne Standards an.

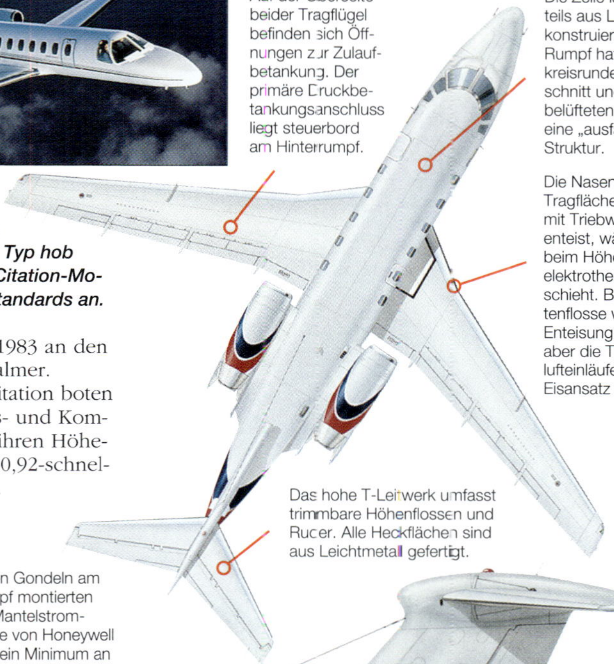

Auf der Oberseite beider Tragflügel befinden sich Öffnungen zur Zulaufbetankung. Der primäre Druckbetankungsanschluss liegt steuerbord am Hinterrumpf.

Die Zelle ist größtenteils aus Leichtmetall konstruiert. Der Rumpf hat einen kreisrunden Querschnitt und in druckbelüfteten Bereichen eine „ausfallsichere“ Struktur.

Die Nasenkanten der Tragflächen werden mit Triebwerkszapfluft enteist, während dies beim Höhenleitwerk elektrothermisch geschieht. Bei der Seitenflosse wurde auf Enteisung verzichtet, aber die Triebwerkslufteinläufe sind gegen Eisansatz geschützt.

Das hohe T-Leitwerk umfasst trimmbare Höhenflossen und Ruder. Alle Heckflächen sind aus Leichtmetall gefertigt.

TECHNISCHE DATEN
Citation VI

- **Typ:** strahlgetriebenes Geschäftsreiseflugzeug für sechs bis zehn Passagiere
- **Triebwerke:** zwei Mantelstrom-Triebwerke Honeywell TFE731-3B-100S je 16,24 kN
- **Maximale Reisegeschwindigkeit:** 885 km/h
- **Anfangssteigrate:** 18,78 m/sek
- **Reichweite:** 4345 km mit zwei Mann Besatzung, vier Passagieren und 40 Minuten Flugreserve
- **Gipfelhöhe:** 15 545 m
- **Gewicht:** leer 5851 kg; max. 9979 kg
- **Kapazität:** je nach Kabinenauslegung bis zu zehn Passagiere; Standardeinrichtung für sechs Passagiere mit einer Toilette im Heck
- **Abmessungen:**

Spannweite:	16,31 m
Länge:	16,90 m
Höhe:	5,12 m
Tragflügelfläche:	28,99 m²

CITATION VI

Die Citation VI war zwar ein ausgezeichnetes, leistungsstarkes Flugzeug, erschien aber zu einer Zeit allgemeiner Rezession. Der Absatz dieses 8 200 000 US-Dollar teuren Jets lief daher nur schleppend an.

Ein Radom an der Nasenspitze schützt das hochauflösende Farbbildwetterradar Honeywell Primus 300SL. Im Bugraum ist auch ein Abteil für das Gepäck der Besatzung eingerichtet.

Um die Citation VI erschwinglicher zu machen, begrenzte Cessna das optionale Avionikpaket und bot für die Kabineneinrichtung nur Standard-Layouts an. Die beheizte, druckbelüftete und klimatisierte Kabine ist gewöhnlich für sechs Personen ausgelegt. Die Passagiersitze sind voll verstellbar und mit komplettem Gurtzeug ausgestattet.

Die hoch in Gondeln am Hinterrumpf montierten TFE731-Mantelstrom-Triebwerke von Honeywell erzeugen ein Minimum an Kabinenlärm. Hydraulisch betätigte Schubumkehrer gehören zur Standardausrüstung.

Die Citation VI fliegt mit zwei Besatzungsmitgliedern. Bei diesem Modell gehört ein elektronisches Instrumentierungssystem (EFIS) zur Sonderausstattung.

Notsysteme sind sowohl für die Bugradsteuerung als auch für das Antiblockiersystem (ABS) der Bremsanlage vorgesehen.

Hinter dieser kleinen Tür an der Rumpfseite befindet sich der elektrisch beheizte 1,56 m³ große Passagiergepäckraum. Die Haupteinstiegstür am Vorderrumpf enthält eine Einbautreppe, und ein Notausstieg ist steuerbord über der Tragfläche eingerichtet.

EINSATZDATEN

PREIS

Für die Betreiber strahlgetriebener Geschäftsreiseflugzeuge ist der Kaufpreis wichtig, vor allem, wenn sie eine ganze Flotte benötigen. Kunden, die zehn Passagiere komfortabel befördern möchten, müssen für Leistung und Prestige der Citation X teuer bezahlen.

KAPAZITÄT

Firmen-Jets fliegen selten komplett belegt. Jedes dieser Muster kann daher eine typische Zahl von sechs bis zehn Personen über große Distanzen befördern. Die Kabinenauslegung ist dem Käufer überlassen, und zahlreiche Maschinen weisen nicht die maximale Sitzzahl auf.

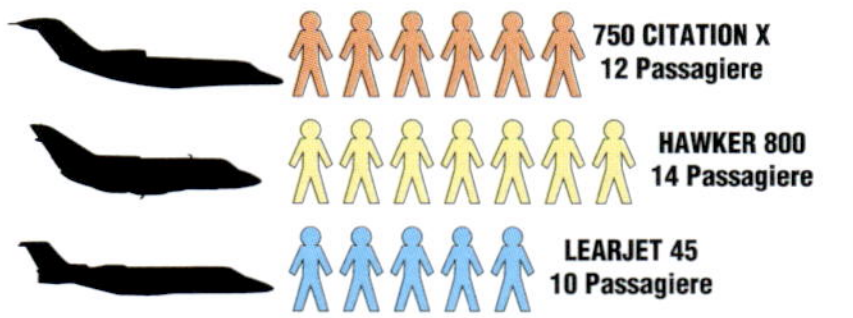

REICHWEITE

Spitzenleistungen bringt die Citation X bei Reichweite Reisegeschwindigkeit und Unterbringung. Die meisten Bizjets, die eine extreme Reichweite bieten, sind größer und dürften sich daher als weniger wirtschaftlich erweisen. Ferner haben sie einen höheren Preis und benötigen längere Pisten.

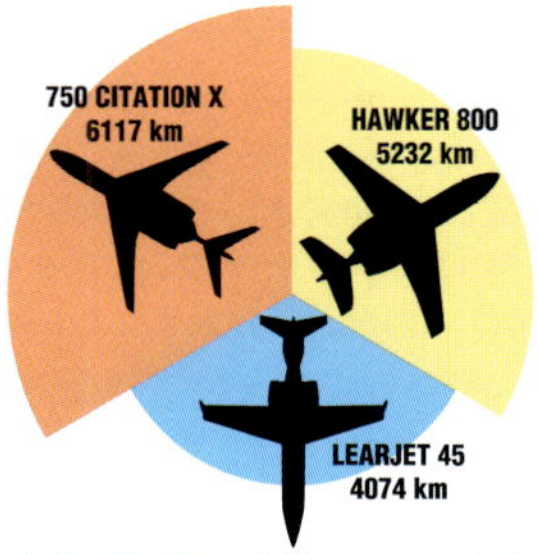

Citation für Sonderaufgaben

FLUGVERMESSUNG: Die US-Luftfahrtbehörde (FAA) nutzte diese frühe Citation zur Prüfung und Vermessung von Navigations- und Anflugsystemen an Flughäfen.

VIP- UND EILTRANSPORT: Das Militär verwendet einige Citation-Maschinen im VIP- und Kuriereinsatz. Diese 500 gehört zur venezolanischen Luftwaffe.

SCHULUNG VON RADARBEOBACHTERN: Bei der US Navy ersetzen 15 Modell 552 Citation die T-39 Sabreliner. Sie dienen als „fliegende Klassenzimmer“ für auszubildende Radarbeobachter.

Convair

CV 240-CV 440

● Linienflugzeug als Verkaufsschlager ● Langlebiger Frachter

Als American Airlines 1945 einen Nachfolger für ihre DC-3 suchte, spornte das Convair zur Entwicklung einer Serie von zweimotorigen Verkehrsflugzeugen an, die in der Ära des Luftverkehrs nach dem Zweiten Weltkrieg Furore machten. Die ursprüngliche Convair 240 wurde bis zur 440 weiterentwickelt, die den Rang eines der besten kolbengetriebenen Verkehrsflugzeuge aller Zeiten für sich beanspruchen konnte.

▲ *Das Erfolgsrezept der 240 lag in der Möglichkeit, sie ständig zu verbessern – zu einer Zeit, in der schnelle technologische Fortschritte ein Flugzeug in nur wenigen Jahren veralten ließen.*

BILDERCHRONIK

Convair CV 240-CV 440

◄ **Makellos**
Diese schöne Convair 440 stand einst in Diensten der Prinair. Die Version mit Allison-Antrieb wurde später als 580 bezeichnet und war die stärkste Variante.

Napier-Turboprop-Antrieb ►
Convair testete die 340er Serie mit dem damals neuen Napier-Eland-Turboprop-Antrieb. Die modifizierte Version, Eland-Convair genannt, firmierte als Convair 540.

Im Dienst der USAF ►
Die USAF setzte die CV 240 unter der Bezeichnung C-131 für Frachtflüge, Krankentransporte und zur Erprobung von Elektronik ein.

▲ **Bei der Lufthansa**
Die Convair 340 war der erste Flugzeugtyp, den die neue Lufthansa nach dem Krieg bestellte und von 1955 an flog. Ab 1957 kam dann die Convair 440 hinzu.

Im Ruhestand ►
Einige wenige zweimotorige Convair fliegen immer noch in Südamerika. Viele wurden als Ersatzteillager ausgeschlachtet.

FAKTEN UND ZAHLEN

- Die Linienmaschine flog erstmals im Juli 1946, sechs Monate vor der Martin 2-0-2.
- Die Convair 340 von 1951 besaß einen 1,37 m längeren Rumpf für 44 Fluggäste.
- Die kolbengetriebene Convair 440 war als letzte Ausführung die schwerste und stärkste von allen.
- Militärische Versionen gab es bei der US Air Force mit dem Trainer T-29 und dem Transporter C-131.
- Etwa 200 zweimotorige Convair wurden auf Turboprop-Antrieb umgerüstet.
- Über 500 Verkehrsmaschinen wurden bei Convair von 1947 bis 1958 gebaut.

PROFIL

Langes Leben mit zwei Motoren

Die Firma Consolidated Vultee, kurz Convair genannt, nahm in der Konkurrenz um den Bau von Kurz- und Mittelstreckentransportern nach dem Krieg neben Boeing, Douglas und Martin eine Schlüsselstellung ein. Der Flugzeugmarkt blühte auf, aber niemandem gelang es, die DC-3 gleichwertig zu ersetzen. Die Convair-Serie kam diesem Vorhaben aber recht nahe.

Die 240 absolvierte ihren Erstflug ein Jahr nach Kriegsende. Als sie 1948 ihren Dienst bei American Airlines aufnahm, wurde sie sofort als eines der besten Flugzeuge dieser Klasse gepriesen. Die kolbengetriebene 240 wurde im Lauf der Zeit ständig verbessert. Ihr folgten die Modelle 340 und 440 sowie die Turboprop-Versionen 540, 580, 600 und 640.

Maschinen von Convair flogen bei großen und kleinen Gesellschaften in 33 Ländern. Dank ihrer Wirtschaftlichkeit und Zuverlässigkeit blieben sie bis weit in das Jet-Zeitalter im Einsatz. Lange wurden Zweimotorige von Convair dazu benutzt, Skitouristen in entfernte Bergregionen oder hochgestellte Persönlichkeiten zu ihren Terminen zu fliegen. John F. Kennedy benutzte eine Convair, als er während seines erfolgreichen Wahlkampfes um die Präsidentschaft 1960 durch die Vereinigten Staaten von Amerika reiste.

Die KLM war einer der ersten Kunden für Convair-Maschinen und setzte sie bis 1964 ein.

Unten: Diese Aerochacos 240 wird beim Anlassen von einem Einweiser mit Feuerlöscher aufmerksam beobachtet. Einige 240 bleiben weiterhin im Einsatz, insbesondere als Frachter.

TECHNISCHE DATEN
Convair CV 440

- **Typ:** Mittestrecken-Transportflugzeug
- **Triebwerke:** zwei Sternmotoren Pratt & Whitney R-2800-CB16 oder -CB17 mit je 1864 kW
- **Reisegeschwindigkeit:** 493 km/h in 3960 m
- **Gipfelhöhe:** 7590 m
- **Reichweite:** 2100 km vollbeladen
- **Gewicht:** leer 15 111 kg; beladen 22 226 kg
- **Ausstattung:** zwei Piloten, ein Bordingenieur, zwei Stewardessen und 52 Passagiere
- **Abmessungen:**

Spannweite:	27,97 m
Länge:	22,76 m
Höhe:	8,20 m
Tragflügelfläche:	75,90 m²

CV 240

Braniff International Airlines setzte sowohl die Convair 240 ein, die sie durch die Fusion mit Mid-Continent Airlines erhielt, als auch die Convair 340.

Das Cockpit war für zwei Piloten ausgelegt, aber einige Linien nahmen noch einen Bordfunker mit.

Die Original-Twin-Wasp-Sternmotoren der Convair 240 waren fast identisch mit dem Motor, der im Krieg die Hellcat-Jäger der amerikanischen Marineflieger antrieb.

Obwohl Druckausgleich und größere Reiseflughöhen die Reise für die Passagiere angenehmer gestalteten, stellte der Geräuschpegel in der Kabine der ersten Zweimotorigen von Convair ein ständiges Problem dar. Bei Turboprop-Maschinen war das nicht mehr so schlimm.

Die Frachtausführungen der zweimotorigen Convair wiesen hinten am Rumpf eine große Ladeluke auf.

Das auffallend große Seitenleitwerk blieb die ganze Serie hindurch fast unverändert erhalten.

Ein Wetterbeobachtungs-Radar gab es schon in der Convair 440 serienmäßig.

Die Convair 240 verfügte über Curtiss & Hamilton-Standard-Luftschrauben.

Bei den Zweimotorigen von Convair wurden immer wieder Veränderungen an den Motorverkleidungen vorgenommen. Diejenige der 240 sorgte für die größtmögliche Kühlung bei geringem Widerstand.

Die Tragfläche der 240 wurde bei der 340 vergrößert, um ihr bessere Leistungen in großen Höhen zu ermöglichen.

EINSATZDATEN

GESCHWINDIGKEIT

Verglichen mit früheren Flugzeugen, hatten die Convair mit den starken Wasp-Motoren und der aerodynamischen Form eine höhere Geschwindigkeit anzubieten. Aber die Zeit der Kolbenmotoren war vorüber, als der Turboprop-Antrieb erfunden war.

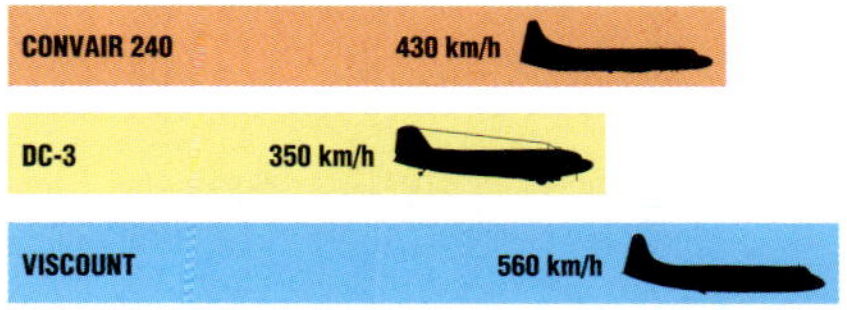

PASSAGIERE

Als die DC-3 entworfen wurde, steckte die Verkehrsfliegerei noch in den Kinderschuhen. Sowohl die Convair als auch die Viscount wurden von vornherein mit größerer Kapazität geplant, was dem wachsenden Passagieraufkommen entsprach.

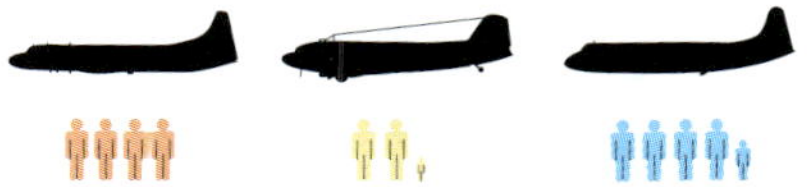

REICHWEITE

Ihre Abmessungen und ein großer Kraftstoffvorrat ermöglichten der Convair mit normaler Zuladung eine große Reichweite, die aber bei maximalem Fluggewicht deutlich geringer ausfiel.

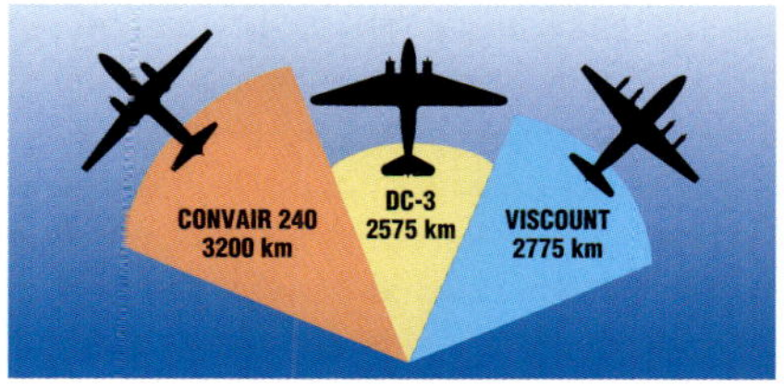

Nachfolgerinnen der DC-3

MARTIN 4-0-4: Sie zielte auf den gleichen Markt ab wie die Convair und ähnelte dieser in den Leistungen. Aber die Martin verkaufte sich nicht so gut.

VICKERS VIKING: Die Viking war eine Zeitgenossin der Convair, aber ihre Spornradauslegung zeigt, dass sie einer älteren Generation angehörte.

ILJUSCHIN IL-14: Die in großen Stückzahlen gebaute Il-14 war kleiner als die Convair und flog in vielen östlichen Staaten sowie in China.

FOKKER F27: Turboprop-Triebwerke revolutionierten die Luftfahrt. Zehn Jahre nach den Convair war die F27 schneller und wirtschaftlicher.

HAWKER SIDDELEY HS.748: Die Turboprop HS.748 datiert aus den frühen 60er Jahren und wurde weltweit an über 70 Betreiber verkauft.

Convair

880/990

● Langstreckenverkehrsflugzeug ● Konkurrent der Boeing 707 ● Frachter

Convairs elegante Flugzeuge vom Typ 880 und 990 waren nicht so erfolgreich wie die erste Generation düsengetriebener Verkehrsmaschinen, die Boeing 707 und die Douglas DC-8, erregten aber bei ihrem Erscheinen großes Aufsehen. Ihre Aerodynamik beeindruckte, und eine 880 durchbrach sogar im Sturzflug die Schallmauer. Der Typ war jedoch problembehaftet, und trotz seines vielversprechenden Äußeren trieb er seinen Hersteller schließlich in den Ruin.

▲ *Raquel Tejada tauft die 990, wie es sich gehört, mit einer Flasche Champagner. Trotz der hohen Geschwindigkeit ließ sich die 990 nicht so erfolgreich absetzen wie die Konkurrenzmuster.*

BILDERCHRONIK

Convair 880/990

▲ Über dem Pazifik
Die indonesische Garuda betrieb die 990 auf ihren Pazifikrouten. Die 990 hatte Krügerklappen und neue Schubdüsenverkleidungen.

Im Dienst der NASA ▶
Die NASA nutzte drei 990, darunter die abgebildete Galileo II, die auf dem Fliegerhorst Dryden stationiert war. Zu ihren Aufgaben gehörte auch die Erprobung des Space-Shuttle-Fahrwerks.

▲ Inneneinrichtung
Die Fünfersitzreihen sorgten für Bequemlichkeit, fanden aber bei den Fluggesellschaften nur wenig Anklang.

◀ Start bei der Spantax
Die Chartergesellschaft Spantax war ein wichtiger Kunde für Convair. Sie betrieb 14 Convair 990, davon bis zu zwölf gleichzeitig.

▲ Japanische 880
Japan Air Lines übernahm sieben 880, von denen zwei im Einsatz zerstört wurden.

FAKTEN UND ZAHLEN

- Convair hatte zunächst geplant, die 880 in einem metallischen Gold zu lackieren und sie „Goldpfeil“ zu taufen.
- Die 880 flog erstmals am 27. Januar 1959 und die 990 am 24. Januar 1961.
- Insgesamt wurden 65 Convair 880 und 37 Convair 990 gebaut.
- Als die Convair 880 in Serie ging, kostete sie pro Stück 4,7 Mio. Dollar. Dagegen kostet eine Boeing 777 heute 130 Millionen!
- Erste Abnehmer für die 990 waren American, Swissair, Varig und Garuda.
- Eine Convair 880 wurde von der US Navy als UC-880 geflogen.

PROFIL

Convairs gewagtes Spiel

Mit guten Leistungsdaten und einer eleganten Inneneinrichtung versprach die 880 ein großer Erfolg zu werden, doch tatsächlich trieb sie ihren Hersteller in den Bankrott. Sie kam kurz vor der Boeing 707 und der Douglas DC-8 auf den Markt und bot Fünfer- und nicht Sechsersitzreihen wie die Konkurrenzmuster. Die Fluggesellschaften legten jedoch mehr Wert auf eine größere Passagierkapazität als auf die etwas höhere Geschwindigkeit (880 Fuß pro sec.), die Convair in der Bezeichnung 880 hervorhob.

Leider geriet die Firma mit ihren Düsenverkehrsmaschinen in finanzielle Schwierigkeiten, da die Verkäufe keinen Profit abwarfen. Während sich die 880 normal entwickelte, zeigte die 990 aerodynamische Mängel, deren Behebung Zeit und Geld kostete. Die auffälligen Wölbungen an den Flächen reduzierten den Luftwiderstand im transsonischen Bereich. Eine Convair 880 durchbrach im Sturzflug sogar die Schallmauer. Neue Erkenntnisse führten zu Verbesserungen für die gesamte Flotte, aber der finanzielle Aufwand bedeutete letztlich auch das Ende von Convair und der 880/990. Bis 1981 blieb nur die Spantax als kommerzieller Betreiber der letzten Exemplare der 990 übrig. 1987 wurde eine eingelagerte Maschine wieder einsatzklar gemacht und nach Südafrika geliefert. Eine weitere 990 diente der NASA, um neues Gerät zu testen.

Oben: Peru und die indonesische Garuda teilten sich die letzten fünf neuen 990. Dieser Typ verblieb nur kurz bei seinen ursprünglichen Betreibern und endete häufig bei Chartergesellschaften.

Oben: Mangelnde Bestellungen einheimischer Betreiber brachten der 880 den Untergang. Kam es zum Vertragsabschluss mit einer Fluggesellschaft, dann oft nur zu ungünstigen Konditionen, wie mit American Airlines, die den Rückkauf von DC-7 zum doppelten Zeitwert aushandelte.

TECHNISCHE DATEN
Convair 990

- **Typ:** Mittelstrecken-Transportflugzeug
- **Triebwerke:** vier Mantelstrom-Triebwerke General Electric CJ805-23B mit je 68,57 kN Schub
- **Höchstgeschwindigkeit:** 990 km/h in 6095 m Höhe
- **Reisegeschwindigkeit:** 895 km/h in 10 670 m
- **Gipfelhöhe:** 12 495 m
- **Reichweite:** 8770 km
- **Gewicht:** leer 54 839 kg; beladen 114 759 kg
- **Kapazität:** zwei Piloten, Flugingenieur, Flugbegleiter und 121 Passagiere, davon zwölf in der ersten Klasse (Vierersitzreihen) und 109 in der Economy-Klasse (Fünfersitzreihen) und bis zu 8000 kg an Fracht
- **Abmessungen:**

Spannweite:	36,58 m
Länge:	42,43 m
Höhe:	12,04 m
Tragflügelfläche:	209,03 m²

CONVAIR 990

Die 990 bot zwar mehr Leistung und Kapazität als ihre Vorgängerin, war aber nicht erfolgreicher. Scandinavian Airlines System (SAS) gehörte zu den wenigen Fluglinien, die das letzte Verkehrsflugzeug aus dem Hause Convair betrieben.

Im Cockpit saßen Pilot und Kopilot nebeneinander, dahinter Navigator und Bordingenieur.

Die ersten 880 hatten vier J79-Strahltriebwerke, den gleichen Typ wie bei der McDonnell Douglas Phantom. Die 990 erhielt modifizierte Mantelstrom-Triebwerke General Electric CJ 805.

Die 990 bot eine größere Kapazität als die 880. Sie war rund drei Meter länger und nahm 96 bis 121 Passagiere in Fünfersitzreihen auf. Die Maschine flog mit Mach 0,91.

Hinter der Kabine lagen die Toiletten, und am Rumpfende befand sich eine Einstiegstür. Der Rumpf hatte einen kreisförmigen Querschnitt und war aus einer Metallegierung konstruiert. Eine Klimaanlage von Hamilton Standard sorgte für angenehme Temperaturen in der Kabine.

SAS bestellte zwei 990 und mietete zwei weitere Exemplare von Swissair.

Die Passagiere stiegen von backbord ein. Gegenüber dem Eingang befand sich eine Toilette und direkt dahinter die erste Klasse mit vier Sitzen nebeneinander.

Die vier Triebwerke verfügten über Schubumkehr und Schalldämpfer. Vier Wölbungen an der Flügelhinterkante, „Küchemanns Karotten" genannt, waren mit Treibstoff gefüllt.

Die gepfeilten Ganzmetallflügel in Doppelholmkonstruktion waren in einer V-Stellung von 7° montiert. An der Flächenwurzel befand sich ein zusätzlicher Hilfsholm. Die Flächenvorderkanten waren doppelt beplankt, und der Zwischenraum diente als Kanal für die Heißluft zur Enteisung.

EINSATZDATEN

PASSAGIERE

Die zu geringe Kapazität sollte der Convair 990 zum Verhängnis werden. Die Maschine verbrauchte fast genausoviel Treibstoff wie ihre Konkurrentinnen, flog aber weniger Geld durch Passagiere ein.

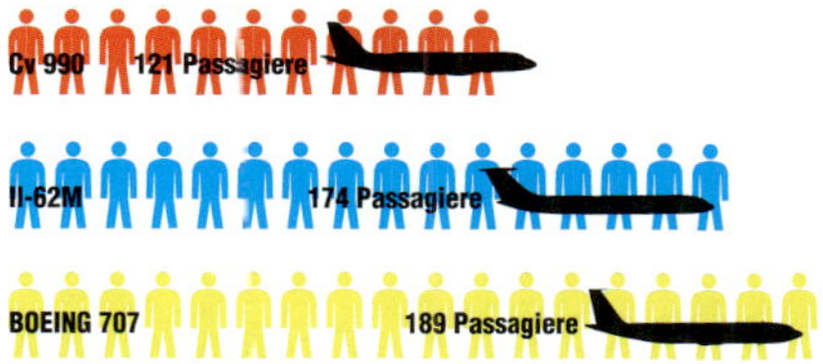

GESCHWINDIGKEIT

Dank ihrer aerodynamischen Form und starker Triebwerke war die 990 ebenso schnell wie andere große Verkehrsflugzeuge. Vielen Fluggesellschaften war die Passagierkapazität aber wichtiger.

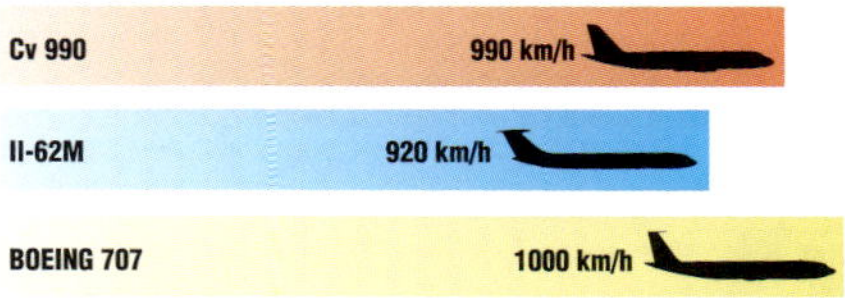

REICHWEITE

Ein weiterer Nachteil der Convair 990 bestand in ihrer begrenzten Reichweite. Auf dem US-Markt war dies zwar nicht so wesentlich, schränkte aber den Absatz im internationalen Geschäft ein.

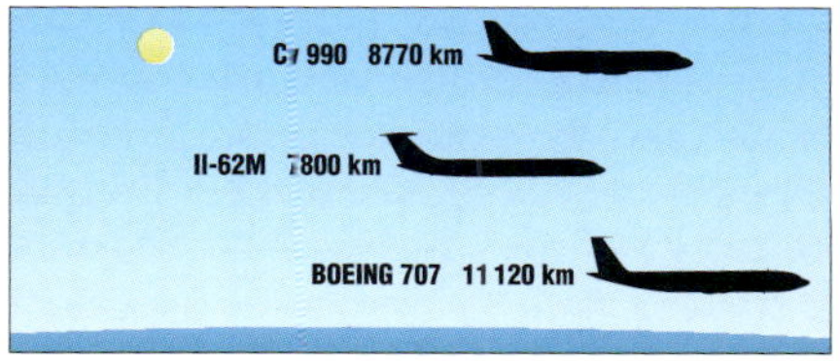

Betreiber der Convair 880 und 990

TRANSWORLD AIRLINES: TWA nahm 1961 den Betrieb mit Convair 880 auf, ergänzte sie aber bald durch Boeing 707 und 727.

CATHAY PACIFIC: Diese Gesellschaft, die von Hongkong aus flog, gehörte zu den letzten Betreibern von Convair-Maschinen.

NORTHEASTERN: Dieser US-Kunde beflog einheimische Routen und konnte daher die 880 besser nutzen als viele andere Gesellschaften.

DELTA: Auf nationalen wie internationalen Routen flog Delta Air Lines auch die Konkurrentinnen Boeing 707 und DC-8 in großer Anzahl.

Curtiss

CW-20

● Passagierflugzeug ● Militärtransporter ● Nachkriegsfrachter

▲ *Nach Kriegsende plante Curtiss, die Fertigung der CW-20 als Airliner wieder aufzunehmen, doch inzwischen waren zu viele überschüssige C-46 und modernere Entwürfe verfügbar.*

Die CW-20, von der Boeing 247 und der Douglas DC-2 inspiriert, schien bei ihrem Erstflug 1940 eine vielversprechende Zukunft als Verkehrsflugzeug vor sich zu haben. Dann aber traten die USA in den Zweiten Weltkrieg ein, und die C-46 Commando, wie man die Militärversion der CW-20 nannte, flog als größte und schwerste zweimotorige Maschine der US-Streitkräfte. Als 1945 die Waffen schwiegen, war die CW-20 überholt und wurde nur noch als Frachter eingesetzt.

Curtiss CW-20

◀ **Großer, zweimotoriger Entwurf**
Die C-46 war ähnlich ausgelegt wie die Konkurrenzmuster DC-3/C-47, brachte aber 66 Prozent mehr Leistung und hatte als größeres Flugzeug ein vergleichbares Nutzlastvermögen wie die DC-4/C-54.

▼ **Veteran im eisigen Norden**
Einige wenige C-46 überdauerten bis in die neunziger Jahre. Diese kanadische Maschine trägt noch Reste der US-Registrierung.

▼ **Doppelleitwerk**
Der Prototyp CW-20T hatte ein Doppelleitwerk auf einer V-förmigen Höhenflosse. Als Antrieb dienten zwei Wright R-2600 Twin Cyclone.

▼ **Transporter der Kriegszeit**
Die umgebaute CW-20T mit einfachem Seitenleitwerk flog beim USAAC als C-55. Die „St. Louis“ getaufte Maschine wurde 1941 an BOAC verkauft.

◀ **Zubringerdienst**
Die meisten C-46 Commando wurden als Frachter eingesetzt, jedoch gingen einige auch bei kleinen US-Airlines in Dienst.

FAKTEN UND ZAHLEN

- **In jüngerer Zeit kam die CW-20 intensiv in Lateinamerika, vor allem in Bolivien, als Frachter zum Einsatz.**
- **Von insgesamt 3182 gebauten Commando waren 1985 noch rund 300 im Dienst.**
- **Wie die USAAF übernahm die US Navy 160 C-46A mit der Bezeichnung R5C-1.**
- **Rund ein Dutzend Commando blieben rund um den Globus erhalten, darunter eine C-46D im USAF-Museum.**
- **Mitte der sechziger Jahre unterstützten C-46 US-Einsätze in Vietnam und Laos.**
- **Drei C-46 der Everts Air Fuel versorgten 1996 abgelegene Siedlungen in Alaska.**

Vom Airliner zum Transportflugzeug

Curtiss-Wright nannte die CW-20 bei ihrem Erscheinen „Substratosphere Transport“. Sie war ein metallisch glänzender Gigant, das größte je in den USA gebaute zweimotorige Verkehrsflugzeug. Ihr Hersteller plante verschiedene Versionen, darunter eine mit Schlafkojen für 20 Personen.

Curtiss' Chefkonstrukteur George A. Page wollte mit der CW-20 den Passagierfluggesellschaften ein Muster anbieten, das höhere Ertragschancen versprach als existierende Modelle, die neue, ungeprüfte Douglas DC-3 eingeschlossen. Der Zweite Weltkrieg verhinderte, dass die CW-20 als Verkehrsflugzeug ihre Eignung beweisen konnte.

Nach 1945 fanden ausgemusterte C-46 Commando, wie sie bei der USAAF hießen, rund um den Globus Verwendung. Bis in die sechziger Jahre blieben viele im Besitz der USAF, wurden aber an Gesellschaften vermietet, von denen einige Zubringer-, die meisten jedoch Frachtlinien waren.

Ein geringer Teil ging nach Europa, der größte aber blieb in Amerika, besonders in Südamerika. 1969 waren in den USA 183 Maschinen zivil registriert, und 1973 flogen noch 126 bei Linienfluggesellschaften außerhalb der USA, einige sogar noch 1997.

Oben: Eine abgestufte Cockpitfrontscheibe wurde erstmals bei der XC-26B und später bei 17 C-46E eingebaut. Diese C-46E trägt die Farben der Air America.

Unten: Auch die in Alaska beheimatete Reeve Aleutian ist ein ehemaliger C-46-Betreiber. Sie verband Anchorage mit Siedlungen und Ölförderanlagen.

TECHNISCHE DATEN
C-46A Commando

- **Typ:** Mittelstreckenfracht- und -passagierflugzeug
- **Triebwerke:** zwei Doppelsternmotoren Pratt & Whitney R-2800-34 Double Wasp mit 1566 kW
- **Höchstgeschwindigkeit:** 435 km/h in 4570 m
- **Marschgeschwindigkeit:** 378 km/h
- **Reichweite:** 2897 km
- **Gipfelhöhe:** 6705 m
- **Gewicht:** leer 13 290 kg; max. 22 680 kg
- **Kapazität:** zwei Piloten, Einrichtungen für den Navigator und den Funker sowie bei serienmäßiger Bestuhlung bis zu 36 Passagiersitze oder 6804 kg an Fracht
- **Abmessungen:** Spannweite: 32,93 m; Länge: 23,27 m; Höhe: 6,63 m; Tragflügelfläche: 126,16 m²

C-46 COMMANDO

N74171 gehörte zu den zehn ehemaligen C-46 der USAAF, die Pan Am 1948 mietete. Sie dienten als Frachter in der Karibik und in Mittelamerika, bis sie 1953 zur Army zurückkehrten.

Nach erfolgreicher Erprobung einer CW-20 als C-55 wies das USAAC die Serienfertigung des Typs als C-46 an, um den dringenden Bedarf an Lufttransportkapazität zu decken. Die CW-20 war eine Ganzmetallkonstruktion mit stoffbespannten Steuerflächen.

Fast alle der nach 1945 in den USA registrierten CW-20 waren Frachter. Maschinen im Zubringerdienst hatten, wie die ursprüngliche CW-20, oft eine Reihe von Kabinenfenstern. Manchmal wurden die Frachttüren durch eine Tür mit integrierter Treppe ersetzt.

An Flügel- und Leitwerksnasenkanten installierte Enteisungsmatten wurden pneumatisch aufgeblasen, um so am Boden oder im Flug gebildete Eisansätze abzusprengen.

Seriengefertigte C-46 erhielten zwei der beliebten 18-Zylinder-Doppelsternmotoren Pratt & Whitney R-2800 Double Wasp, die beispielsweise auch die Douglas DC-6 antrieben.

Die CW-20 wurde als Passagierflugzeug entworfen, ging aber zu Beginn des Krieges als Frachter in Produktion und erhielt daher nur vier Kabinenfenster auf der Backbord- sowie fünf auf der Steuerbordseite.

Die Kabine des in Halbschalenbauweise konstruierten Doppelrumpfes hatte ein Fassungsvermögen von 65,13 m³. Zusätzliche Frachträume waren unter dem Kabinenfußboden (7,32 m³) und unter dem Vorderrumpf (5,58 m³) eingerichtet.

EINSATZDATEN

KAPAZITÄT

In ihrem großen Rumpf konnte die CW-20 fast ein Drittel mehr Passagiere als die DC-3 bei enger Bestuhlung befördern und erreichte sogar fast die Sitzplatzkapazität des viermotorigen Verkehrsflugzeugs Armstrong Whitworth Ensign.

GIPFELHÖHE

In diesem Bereich war die CW-20B der DC-3 und auch der Ensign überlegen. Da sie in großen Höhen flog, war sie bei südamerikanischen, oft in entlegenen Bergregionen operierenden Betreibern besonders beliebt.

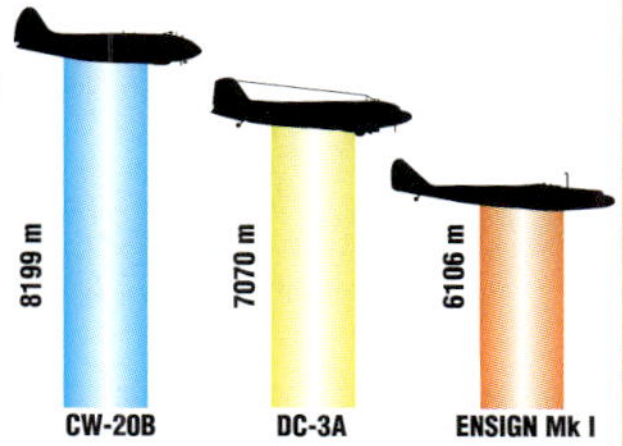

REICHWEITE

Die CW-20B hatte eine größere Nutzlastkapazität als die DC-3, aber eine um 1000 km geringere Reichweite. Die Ensign hingegen war für Kurzstrecken konzipiert und ihre Reichweite daher mit Nutzlast an Bord auf rund 1350 km begrenzt.

Commando in zivilen Farben

LUFTHANSA: Lufthansa eröffnete 1958 ihren Frachtbetrieb und setzte gemeinsam mit British European Airways Muster wie diese C-46 für Dienste zwischen London und Deutschland ein.

AEROPESCA COLOMBIA: Die kolumbianische Gesellschaft, ein Vertreter der weniger bekannten lateinamerikanischen Fluglinien, war der dritte Betreiber dieser C-46 aus Überschussbeständen.

TRANSPORTES AEREOS BOLIVAR: Diese C-46F wurde nach 1945 in China betrieben, kehrte in den sechziger Jahren in die USA zurück und flog in der Karibik, bis sie bei TAB in Dienst ging.

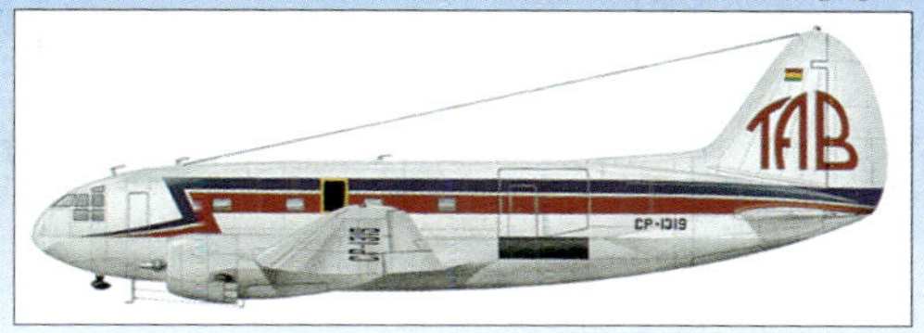

DASSAULT

FALCON

● **Langstrecken-Geschäftsflugzeug** ● **Ziviljet-Familie**

▲ *Die meisten Falcon dienen zivilen Zwecken, aber die französische Aéronavale verwendet sie auch für die Radarausbildung und für Transportzwecke.*

Die Falcon entstand Ende der 50er Jahre, um dem Geschäftsflugverkehr neue Dimensionen zu erschließen. Sie ist ein hochinteressanter Ziviljet, der sich auch gut für andere Zwecke verwenden lässt. Aus der Kombination von Flugkomfort und Langstreckeneignung erwuchs eine ganze Flugzeugfamilie. Heute gibt es die Falcon in verschiedenen Größen und Konfigurationen. Sie zählen zu den besten Geschäftsreiseflugzeugen der Welt.

DASSAULT FALCON

◄ **Eine Familie**
Das Geheimnis des Falcon-Erfolgs war es, für jeden Kundenwunsch das Richtige bereitzuhalten. Hier fliegt die ganze „Familie“: je eine Falcon 100, 200, 50 und 900 (von vorn).

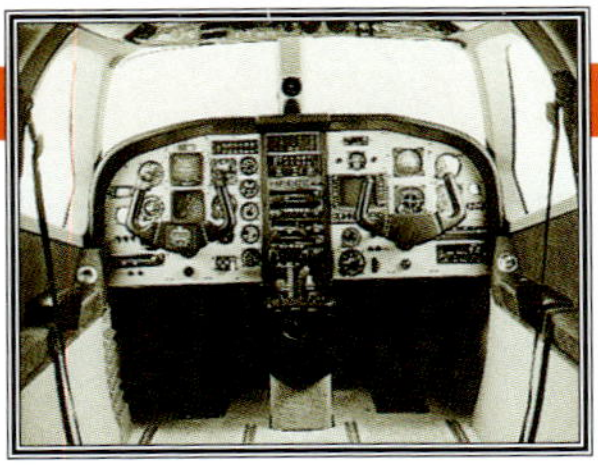

Modernste Ausstattung ▲
Die Falcon verfügt über ein angenehmes und geräumiges Cockpit, das bei neuen Versionen mit den neuesten Multifunktions- und Navigationsgeräten ausgestattet ist.

▼ **Neue Generation**
Die Falcon 900 ist mittlerweile in der verbesserten Version 900 EX erhältlich.

▲ **Die Werksmontage**
Falcon 50 in der Montagehalle der Dassault-Werke in Bordeaux-Mérignac. Nach 30 Jahren, nun in der Version 2000, wird der Typ immer noch produziert.

Firmenlimousine ►
Eine Falcon 200 bietet eine stilvolle Art, auf Geschäftsreisen zu gehen. Viele sind sehr luxuriös ausgestattet, ganz zu schweigen von den Flugleistungen und der Langstreckenreichweite.

FAKTEN UND ZAHLEN

- Mehr als 1000 Falcon sämtlicher Varianten fliegen derzeit in aller Welt.
- Der Prototyp der Falcon-Familie absolvierte seinen Erstflug am 4. Mai 1963.
- Neun verschiedene Triebwerke wurden den Abnehmern der unterschiedlichen Falcon-Varianten angeboten, ganz nach deren Wünschen und dem Einsatzzweck.
- Falcon-Jets sind zusammen fast eineinhalb Milliarden Kilometer geflogen.
- Die jüngste Version Falcon 7 X hat zwei Triebwerke PW307.
- Neun der 41 Falcon der amerikanischen Küstenwache nutzen als HU-25C-Nachtbeobachter das AN/APG-66-Radar zur Entdeckung von Schmugglern.

Frankreichs fliegende Limousine

Dassault entwickelte die schöne, zweistrahlige Falcon 20 (in Frankreich Mystère 20 genannt) 1963 zusammen mit der Sud-Aviation. Sie war die erste einer erfolgreichen Reihe attraktiver Flugzeuge für den zivilen Geschäftsreiseverkehr und andere Zwecke. Mit den Versionen – jede größer und leistungsstärker als die vorige – Falcon 50 und 900 (beide dreistrahlig) sowie der starken, zweistrahligen Falcon 2000 erreichte sie sogar Transatlantik-Reichweiten. Zusammen revolutionierte die Flugzeug-Familie den Geschäftsreiseverkehr und ließ die Handelszentren der Welt näher zusammenrücken.

Es verwundert deshalb nicht, dass dieser hervorragende Zivil-jet auch von Prominenten benutzt wurde, z.B. vom französischen Staatspräsidenten. Von der Frachtversion der Falcon zeigten sich bedeutende Benutzer wie Federal Express sehr angetan. Andere Varianten der Falcon werden aber auch im Küstenpatrouillendienst bei der US Coast Guard und bei den japanischen Selbstverteidigungs-Luftstreitkräften eingesetzt.

Die dreistrahlige Falcon 50 ist eine Seltenheit in ihrer Klasse, wenn auch die russische Jak-42 ebenfalls mit drei Triebwerken fliegt.

TECHNISCHE DATEN
Falcon 50

- **Typ:** Langstrecken-Geschäftsreiseflugzeug
- **Triebwerke:** drei Turbofans Honeywell TFE731-3-1C mit je 16,46 kN
- **Höchstgeschwindigkeit:** 870 km/h
- **Reichweite:** 6500 km bei Mach 0,75 und mit acht Passagieren
- **Dienstgipfelhöhe:** 13 800 m
- **Besatzung:** zwei Piloten und acht bis zehn Passagiere, bei engster Sitzanordnung sind maximal 14 Passagiere möglich
- **Gewicht:** leer 9000 kg; beladen 17 600 kg
- **Abmessungen:**

Spannweite:	18,86 m
Länge:	18,52 m
Höhe:	6,97 m
Tragflügelfläche:	46,83 m²

FALCON 900

Die Falcon 900 verfügt über eine enorme interkontinentale Reichweite und kann immerhin 19 Passagiere mit an Bord nehmen. Da außerdem ihre Betriebskosten recht niedrig sind, verkaufte sie sich auf dem wichtigen amerikanischen Markt sehr gut.

EINSATZDATEN

REICHWEITE

Internationale Konzerne sind heute in der ganzen Welt tätig und benötigen dementsprechende Geschäftsflugzeuge. Die größten Trusts benutzen sogar solche mit interkontinentalen Reichweiten wie etwa die Falcon. Lediglich die hochgezüchtete (und daher sehr teure) amerikanische Gulfstream IV ist noch leistungsstärker.

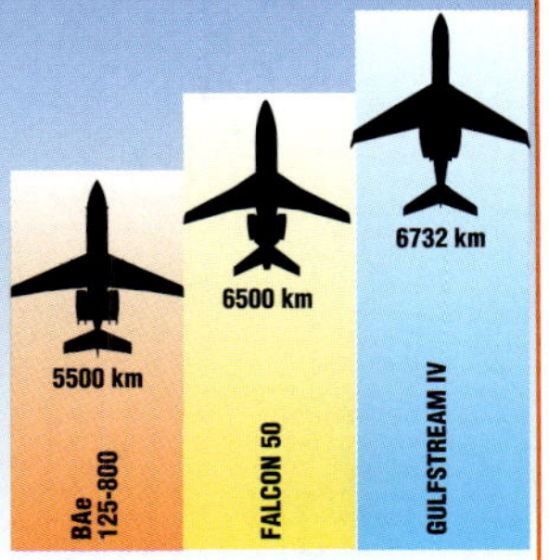

HÖCHSTGESCHWINDIGKEIT

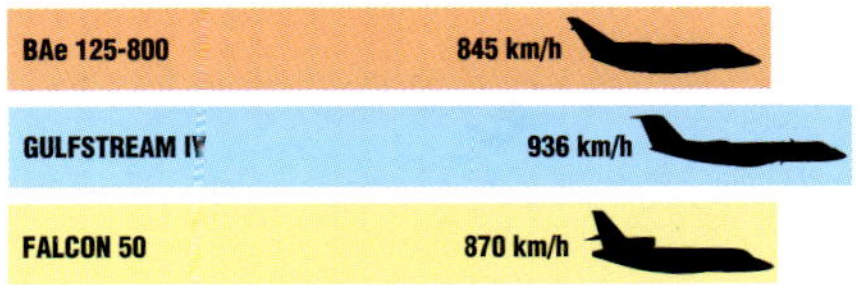

Die „Business-Jets" der ersten Generation waren oft langsamer als Linienflugzeuge. Die neueren sind sehr viel schneller, vielseitiger und besitzen größere Reichweiten. Muster wie die Falcon haben schon beinahe die Qualitäten von Airlinern – und das bei bedeutend größerem Passagierkomfort.

NUTZLAST

Die Falcon 50 ist ein wenig kleiner als andere Geschäftsflugzeuge der Oberklasse. Um konkurrenzfähiger zu werden, brachte Dassault Mitte der 80er Jahre auch noch die Falcon 900 heraus, in der bis zu 19 Passagiere in verschiedenen Varianten untergebracht werden konnten.

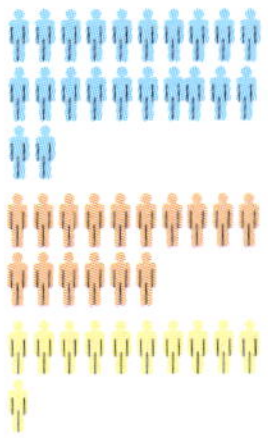

Dassaults Geschäftsreiseflugzeug-Familie

FALCON 10/100: Die 1970 erstmals geflogene 100 wurde – weil im wesentlichen eine verkleinerte 20 – zunächst „Minifalcon" genannt.

FALCON 20/200: Dieses Modell besaß Turbofans GE CF700. Spätere Exemplare waren stärker und führten mehr Treibstoff mit.

FALCON 50: Die erste Falcon mit drei Triebwerken war bei größerer Reichweite größer als frühere zweistrahlige Airliner.

FALCON 900: Die anspruchsvollste Falcon-Variante für bis zu 19 Passagiere auf interkontinentalen Strecken.

MERCURE

● **Kurzstrecken-Airliner** ● **Nur ein Betreiber** ● **Finanzieller Fehlschlag**

▲ *Als Dassault die Fertigung der Mercure aufnahm, rechnete man mit einem Verkauf von 300 Maschinen bis 1980. Es blieb jedoch bei zehn Exemplaren, so dass es zu hohen Verlusten kam.*

Die französische Mercure ähnelte der amerikanischen Boeing 737, erzielte aber bei weitem nicht deren Erfolge. Zum Zeitpunkt ihrer Entwicklung 1970 schien sie das ideale Muster für den Kurzstreckenbetrieb zu sein, und Dassault ließ voreilig die Serienproduktion anlaufen, als erst zehn Exemplare bestellt waren. Wegen ihrer ungenügenden Treibstoffkapazität konnte die Mercure aber nicht mit der 737 konkurrieren, und es gingen keine weiteren Aufträge ein.

DASSAULT MERCURE

◀ **Erstes Muster**
Der erste Mercure-Prototyp hatte die Kennung F-WTCC. TCC stand für „Transport Court-Courier“ (Kurzstreckenverkehrsflugzeug).

▼ **Im Werk**
Die Endmontage der Mercure erfolgte im Dassault-Werk in Istres bei Marseille.

▼ **Premiere**
Die erste Mercure wurde am 4. April 1971, 23 Monate nach Projektbeginn, in Bordeaux-Mérignac vorgestellt.

Einziger Kunde ▶
Air Inter war die einzige Gesellschaft, die die Mercure nutzte. In den achtziger Jahren erhielt sie zum Ausgleich der hohen Ersatzteilkosten Subventionen.

Gescheitert ▶
Bezüglich Reichweite und Betriebskosten konnte die Mercure nicht mit der Boeing 737 und Douglas DC-9 konkurrieren. Die Auftragsbücher blieben leer, weil die Gesellschaften die US-Muster bevorzugten.

FAKTEN UND ZAHLEN

- **Eine jährliche Finanzspritze vom Staat trug dazu bei, die hohen Betriebskosten der Mercure-Flotte aufzufangen.**
- **Der Prototyp der Mercure flog erstmals am 28. Mai 1971.**
- **Am 29. Januar 1972 erteilte Air Inter einen Auftrag über zehn Mercure.**
- **Die erste für den Liniendienst eingerichtete Mercure ging am 16. Mai 1974 an die französische Fluggesellschaft Air Inter.**
- **Der erste Prototyp flog mit schwächeren Mantelstrom-Triebwerken JT8D-11.**
- **Die Rentabilitätsgrenze für den Hersteller lag bei 125 bis 150 verkauften Mercure.**

Erfolgloser Kurzstrecken-Airliner

Nach dem Absatzerfolg der düsengetriebenen Geschäftsreiseflugzeuge Mystère und Falcon produzierte Dassault den Airliner Mercure, der der Boeing 737 ähnelte, aber eine geringere Reichweite hatte. Die 737 war auf den Bedarf an einem Kurz- bis Mittelstrecken-passagierflugzeug besser zugeschnitten, und Dassault beging den Fehler, die Serienproduktion der Mercure anlaufen zu lassen, als erst eine Bestellung der Air Inter über zehn Muster vorlag.

Dieser zweistrahlige Tiefdecker besaß im allgemeinen eine ansprechende Auslegung, wodurch er Fluggäste schnell und komfortabel befördern konnte. Die Piloten beurteilten die Mercure als gutmütig und recht einfach zu handhaben.

Der Fehler der Konstrukteure bei Dassault bestand vor allem darin, die Mercure angesichts der starken Konkurrenz durch die Boeing 737 und Douglas DC-9 mit einer so geringen Treibstoffkapazität auszulegen, dass sie die Einsätze meist nur mit zeitraubendem Auftanken bewältigen konnte. Wenn die Entwicklung dieses Flugzeugs auch stark vom Staat subventioniert wurde, so erwies sich die Mercure für die Inlandsgesellschaft Air Inter, die alle zehn Maschinen bestellt hatte, zu keiner Zeit als wirtschaftlich.

Aufträge für die verbesserte Mercure 200 kamen gar nicht erst zustande, und man musste das gesamte Projekt mit Riesenverlusten aufgeben. Inzwischen sind alle Mercure ausgemustert, doch einige Exemplare blieben in Museen erhalten.

Oben: Die Mercure der Air Inter gab es in einigen Farbschemata. Dieses aus der Mitte der achtziger Jahre war das letzte.

Links: Der zweite Prototyp F-WTMD erhielt das serienmäßige JT8D-15-Triebwerk.

TECHNISCHE DATEN
Mercure 100

- **Typ:** zweistrahliges Kurzstreckenverkehrsflugzeug
- **Triebwerke:** zwei Mantelstrom-Triebwerke Pratt & Whitney JT8D-15 mit je 68,95 kN Schub
- **Höchstgeschwindigkeit:** 941 km/h in 6096 m
- **Reisegeschwindigkeit:** 925 km/h in 6096 m
- **Sparfluggeschwindigkeit:** 858 km/h in 9145 m
- **Reichweite:** 756 km
- **Gipfelhöhe:** ca. 12 000 m
- **Gewicht:** Leermasse 31 800 kg; max. Startmasse 56 500 kg
- **Kapazität:** zwei Piloten, ein Bordingenieur, zwei Flugbegleiter für die Kabine, 120 bis 150 Passagiere (maximal 162) und bis zu 4400 kg Gepäck
- **Abmessungen:**

Spannweite:	30,56 m
Länge:	34,84 m
Höhe:	11,37 m
Tragflügelfläche:	116,00 m²

MERCURE 100

Mitte der achtziger Jahre betrieb Air Inter ihre Mercure 100 auf Kurzstrecken, meist innerhalb von Frankreich. Die abgebildete Maschine wurde Anfang der neunziger Jahre abgezogen.

Pilot und Kopilot saßen nebeneinander im Cockpit, und wahlweise ließen sich zwei weitere Sitze einrichten. Die Grundausführung Mercure 100 war für den Allwettereinsatz (Kategorie III) ausgelegt. Strom für den Notfall oder zum Anlassen der Triebwerke lieferte ein Hilfsaggregat von Garrett AiResearch.

Die typische Gemischte-Klassen-Innenauslegung bot drei Viererreihen mit 96,5 cm Abstand und 20 Sechserreihen mit 81,5 cm Abstand. Am vorderen wie am hinteren Ende der Kabine befand sich eine Bordküche, und die Fenster waren entspiegelt.

Die Flächen des freitragenden Tiefdeckers waren ausfallsicher mit zwei Holmen konstruiert. Beide Flügelhinterkanten wiesen zwei Dreifach-Spaltklappen und ein Querruder auf. Auf der Flügeloberseite befanden sich Störklappen, um bei Bedarf den Auftrieb mindern zu können.

Zur Quersteuerung diente das zweigeteilte Seitenruder, das Trimmklappen erübrigte. Die Höhenflosse war im Anstellwinkel verstellbar, so dass sie notfalls bei Ausfall des Höhenruders zur Steuerung um die Querachse benutzt werden konnte.

Das einziehbare Dreibeinfahrwerk hatte an jeder Baugruppe Zwillingsräder und Stoßdämpfer. Das Bugfahrwerk war um 70 Grad nach links oder rechts steuerbar.

In Gondeln unter den Flächen hingen zwei Mantelstrom-Triebwerke Pratt & Whitney JT8D-15 mit Schubumkehr und von Dassault entwickelten Schalldämpfern.

Unter dem Kabinenboden der Mercure waren drei Gepäckräume eingerichtet, einer vor den Tragflächen und zwei dahinter. Das Be- und Entladen erfolgte über zwei Frachtluken auf der Steuerbordseite.

EINSATZDATEN

PASSAGIERE

Die Mercure konnte zwar mehr Fluggäste befördern als andere zweistrahlige Muster jener Zeit, war aber wegen ihrer geringen Treibstoffkapazität unwirtschaftlich. Sie hätte vielleicht erfolgreicher sein können, wenn die 737 nicht ein so hervorragender Airliner gewesen wäre.

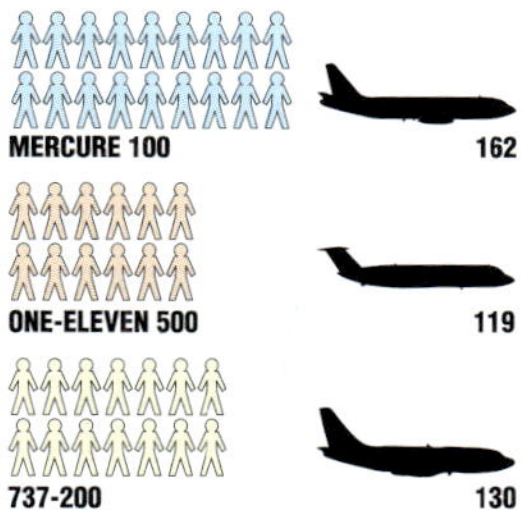

GESCHWINDIGKEIT

Die Mercure flog wie die Boeing 737 sehr schnell und verkürzte die Reisezeit für die Fluggäste. Sie eignete sich aber nur für Kurzstrecken, so dass der Geschwindigkeitsvorteil kaum zum Tragen kam.

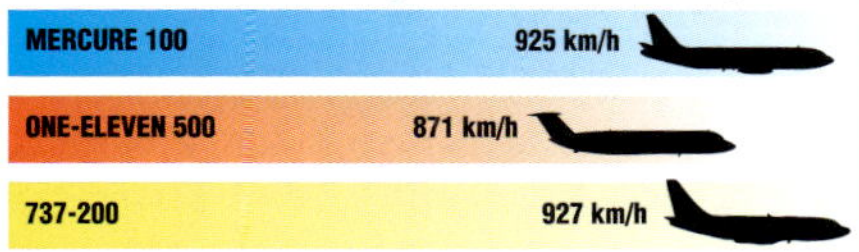

REICHWEITE

Größter Schwachpunkt der Mercure war ihre geringe Reichweite. Auch die BAC One Eleven eignete sich nur für Mittelstrecken. Als Hauptkonkurrentin der Mercure flog die 737 mehr als fünfmal so weit.

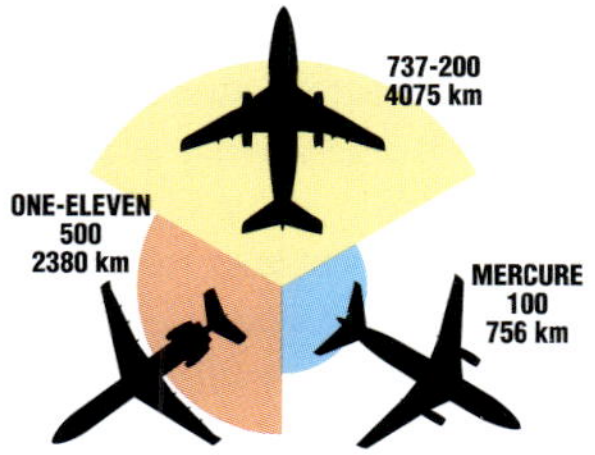

Französische Verkehrsflugzeuge

AEROSPATIALE (SUD AVIATION) CARAVELLE: Frankreichs erstes strahlgetriebenes Verkehrsflugzeug führte die damals einzigartige Auslegung mit zwei Triebwerken am Hinterrumpf ein. Die letzten Exemplare flogen noch bis Ende der 90er Jahre.

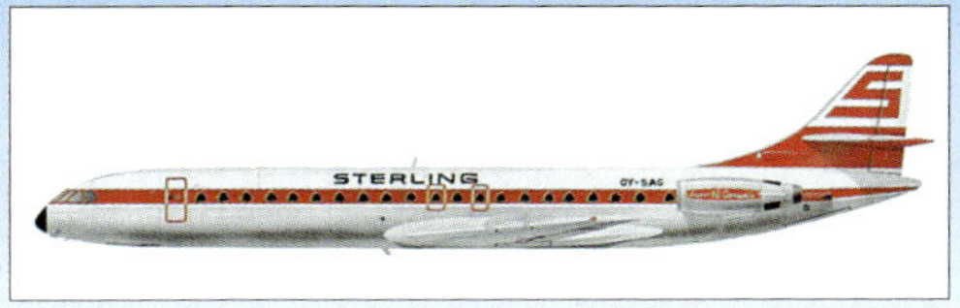

AEROSPATIALE/BAC CONCORDE: Das neben der Tu-144 einzige Überschallverkehrsflugzeug, ein anglofranzösisches Produkt, ist das Flaggschiff von Air France und British Airways und flog noch bis ins Jahr 2003.

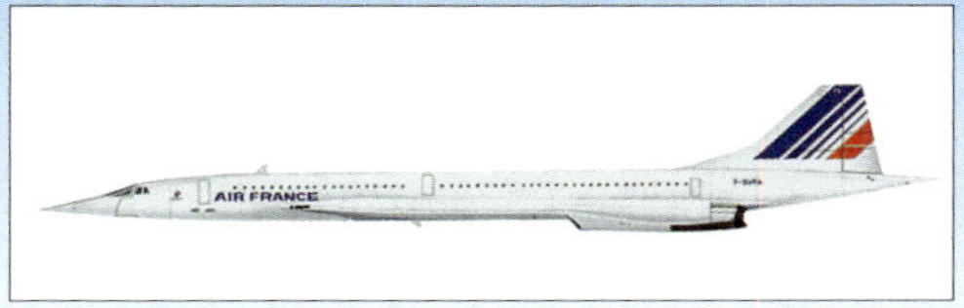

AIRBUS INDUSTRIE A300: Der A300, der die Reihe der erfolgreichen Produkte von Airbus Industrie mit Sitz in Toulouse eröffnete, flog erstmals 1972. Er verkaufte sich gut und wurde inzwischen zu einem erfolgreichen Frachtflugzeug umgerüstet.

DH.104 DOVE

● Leichter Transporter ● Geschäftsreisen ● Militärische Verwendung

▲ *Neben ihrer langen und erfolgreichen Karriere als Kurzstrecken-Verkehrsflugzeug wurde die Dove auch militärisch genutzt, so zum Beispiel von der Royal Canadian Mounted Police.*

Die unmittelbar nach dem Zweiten Weltkrieg bei der Firma de Havilland entwickelte DH.104 Dove war eine ausgezeichnete Kurzstrecken-Passagiermaschine, die den eleganten Vorkriegsdoppeldecker DH.89 Rapide ablösen sollte. Das neue Muster, ein angenehmer und praktischer Airliner für Geschäftsreisen, eignete sich für viele Aufgaben und diente unter der Bezeichnung Devon auch als militärisches Verbindungsflugzeug.

DE HAVILLAND DH.104 DOVE

◀ **Devon in Neuseeland**
Neben der RAF und der Royal Navy flog auch Neuseeland die militärische Version Devon.

▼ **Gepfeiltes Leitwerk**
Sky Tours Hawaii flog fünf modernisierte Dove mit gepfeiltem Leitwerk und Lycoming-Triebwerken.

▼ **Mit Schwimmern**
Die einzige Dove mit Schwimmern – hier 1947 über Toronto – wurde von de Havilland Canada umgerüstet. Man erkannte aber bald, dass sich die Dove besser für landgestützte Einsätze eignete.

In Indien ▶
Drei Maschinen eines ersten Bauloses von C.Mk 1 sind hier in Formation vor der Auslieferung an Indiens Luftstreitkräfte zu sehen.

◀ **Firmenflugzeug**
Diese Dove 8 in den Farben der British Aerospace kam bis Ende der achtziger Jahre als Geschäftsreiseflugzeug von Brough, England, aus zum Einsatz.

FAKTEN UND ZAHLEN

- **Die Dove war der erste britische Transporter, der als Bremshilfe verstellbare Propeller einsetzte.**
- **Der Prototyp der Dove-Serie flog erstmals am 25. September 1945.**
- **Die Produktion der Dove endete 1968 nach mehr als 500 Exemplaren.**
- **Apache Airlines in Arizona nutzte stark modifizierte Dove für Passagierflüge über den Grand Canyon.**
- **Etwa 100 Maschinen waren als Devon zur militärischen Verwendung vorgesehen.**
- **Weltweit sind noch über 30 restaurierte Dove in Museen ausgestellt.**

Eines der ersten Geschäftsflugzeuge

Die gegen Ende des Zweiten Weltkriegs entworfene Dove war ein zweimotoriger Tiefdecker mit Bugradfahrgestell für den erwarteten Nachkriegsbedarf an Kurzstrecken-Verkehrsflugzeugen.

Ab 1945 wurde deutlich, dass man die Dove von Anfang an richtig ausgelegt hatte. Die Serienmaschinen erhielten zwar eine Rückenflosse, die beim Prototyp noch fehlte, und ein gewölbtes Cockpitdach, das den Piloten mehr Bewegungsfreiheit erlaubte, aber ansonsten kamen kaum Änderungen hinzu. Betreiber, Piloten und Passagiere setzten stets großes Vertrauen in den äußerst zuverlässigen Typ.

Die Dove flog mit verschiedenen Triebwerken und erwies sich als flexible, vielseitige Maschine, die unter den meisten klimatischen Bedingungen gute Flugleistungen zeigte. Der Pilot der Dove hatte nicht viel Bewegungsspielraum, genoss aber auf seinem etwa einen Meter hinter und über dem Bugrad angeordneten Sitz eine ausgezeichnete Sicht. Die Piloten schätzten die schnell ansprechende und gefügige Steuerung der Dove.

Der Typ ist heute zwar nicht mehr als Linienflugzeug im Einsatz, doch eine kleine Anzahl fliegt weiterhin als Oldtimer.

Oben: Der Prototyp G-AGPJ startete am 25. September 1945, dem 25. Gründungstag von de Havilland, zum Erstflug.

Unten: Dank des hervorragenden Grundkonzepts der Dove musste man später nur das Leitwerk geringfügig verändern.

TECHNISCHE DATEN
DH.104 Dove 7

- **Typ:** zweimotorige, leichte Passagiermaschine
- **Triebwerke:** zwei Reihenmotoren de Havilland Gipsy Moth Queen 70 mit je 246 kW oder Gipsy Queen 70 Mk 3 mit je 298 kW
- **Höchstgeschwindigkeit:** 378 km/h
- **Reisegeschwindigkeit:** 261 km/h
- **Reichweite:** 1891 km
- **Gipfelhöhe:** 6615 m
- **Gewicht:** leer 2985 kg; max. Startmasse 4060 kg
- **Kapazität:** zwei Piloten, ein Flugbegleiter, acht bis elf Passagiere oder bis zu 9300 kg Fracht
- **Abmessungen:** Spannweite: 17,37 m; Länge: 11,99 m; Höhe: 4,06 m; Tragflügelfläche: 31,12 m²

DH.104 Dove 1

Die belgische Fluggesellschaft SABENA bestellte 1947 sechs Dove 1. Drei flogen auf regionalen Strecken in Belgisch-Kongo und die anderen zwischen Brüssel und Deauville.

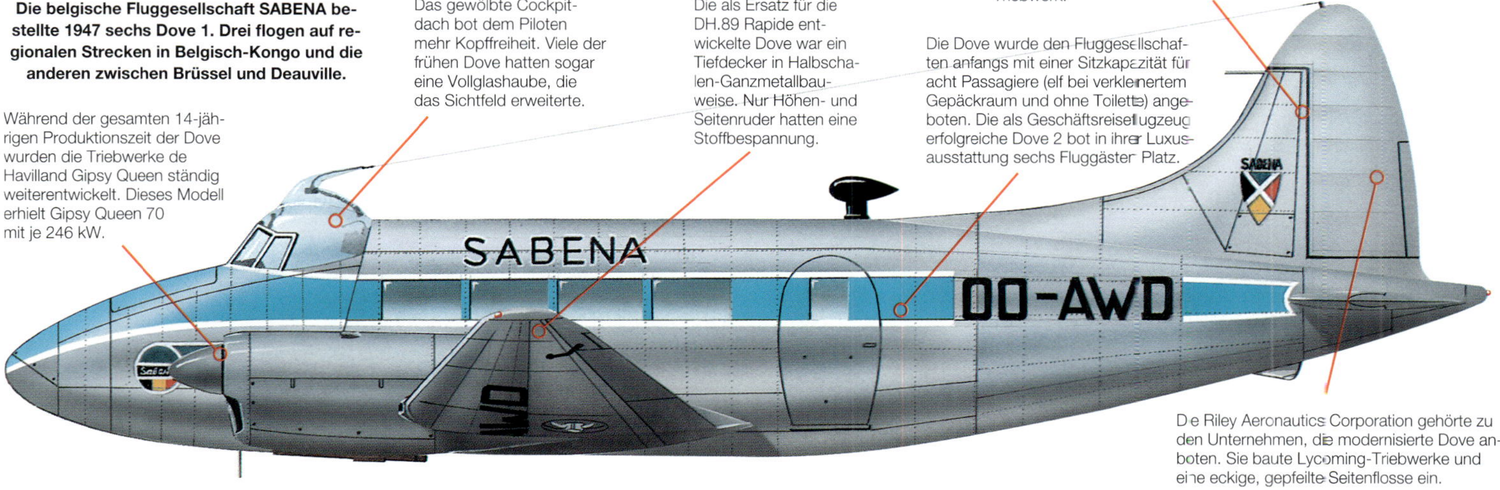

EINSATZDATEN

REISEGESCHWINDIGKEIT

Von den drei Typen war nur die Dove ein neues Flugzeug. Bei der Avro 19 handelte es sich um eine zivile Version des Kriegsmusters Anson, und die Consul wurde aus der Oxford entwickelt. Die Dove bot eine höhere Reisegeschwindigkeit als die Konkurrenzmuster.

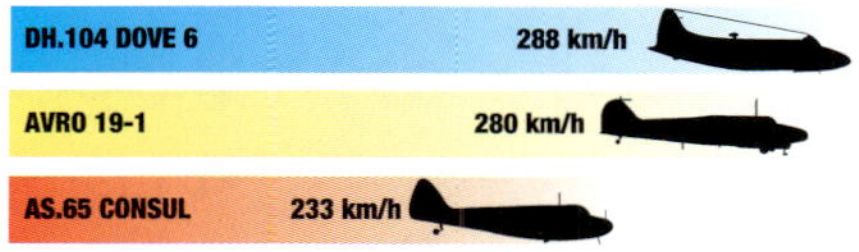

KAPAZITÄT

Alle drei Maschinen zielten auf den Zubringermarkt ab und hatten daher eine recht geringe Passagierkapazität. Die Consul war sogar für nur sechs Fluggäste ausgelegt.

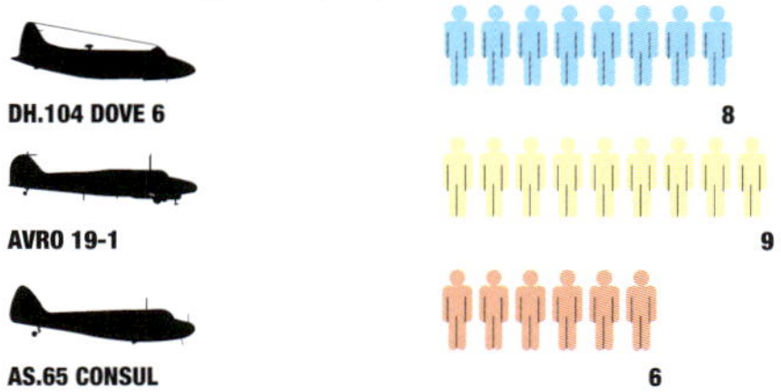

REICHWEITE

Da die Dove als Zubringer- und Geschäftsreiseflugzeug entwickelt wurde, bot sie die beste Reichweite und damit eine größere Flexibilität. Die Avro 19 und die Consul waren nur auf Kurzstrecken einsetzbar und für Geschäftsreisen nicht geeignet.

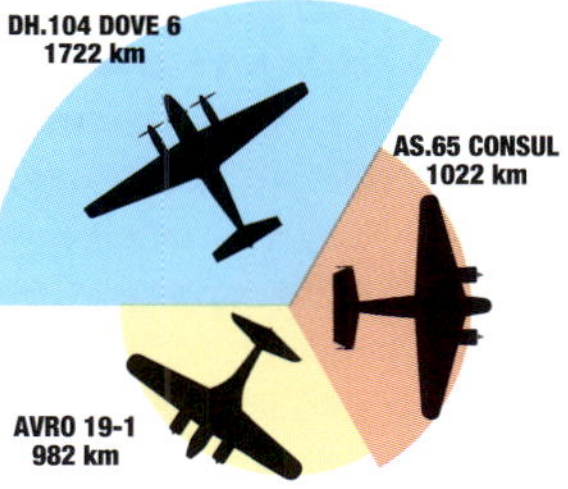

Nachkriegsverkehrsflugzeuge von de Havilland

DH.106 COMET: Im Juli 1949 startete das erste Düsenverkehrsflugzeug zum Jungfernflug. Die frühen Versionen stürzten leider oft ab.

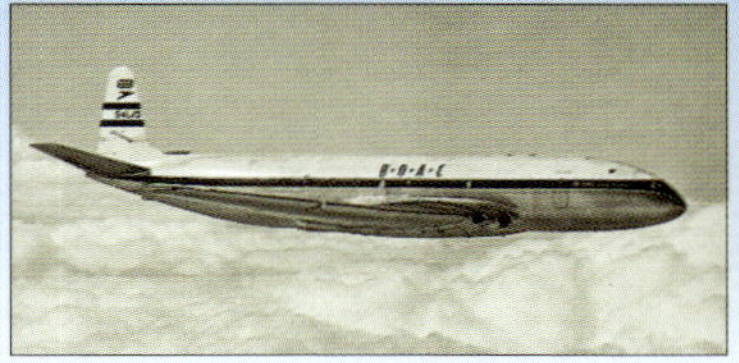

DH.114 HERON: Die Heron, die erstmals im Mai 1950 flog, war im Prinzip eine größere Dove mit vier Triebwerken und 17 Passagiersitzen.

DH.121 TRIDENT: Die Trident wurde als Kurzstreckendüsenflugzeug entwickelt und schließlich von Hawker Siddeley produziert.

DH.125: Ein weiterer vor der Fusion mit Hawker Siddeley begonnener Entwurf war die 125, die die Dove für Geschäftsreisen ablöste.

DE HAVILLAND

DH.106 COMET

● Erster Jet-Airliner ● Lange Dienstzeit ● Militärtransporter

Der erste Jet-Airliner der Welt, die Comet von de Havilland, war zu ihrer Zeit 1952 absolut konkurrenzlos. Als das Erfolgsflugzeug aber mysteriöserweise immer wieder abstürzte, brachte Detektivarbeit an den Wracks einen Strukturfehler zutage. In den Schlagzeilen der Weltpresse wurde das Flugzeug als tragischer Fehlschlag bezeichnet. Obwohl die verbesserte Comet 4 wiederum der erste Transatlantik-Jetliner war und lange Zeit problemlos flog, wurde sie ihren schlechten Ruf nicht mehr los.

▲ *John Cunningham, Nachtjäger-Fliegeras des Zweiten Weltkriegs, flog 1949 den Comet-Prototyp, der den Zivilluftverkehr revolutionierte und das Jet-Zeitalter einleitete.*

BILDERCHRONIK

DE HAVILLAND DH.106 COMET

▼ Veteranen-Einsatz

Als letzte britische Gesellschaft benutzte Dan-Air die Comet, und zwar für Charterflüge in den Mittelmeerraum. Nach anfänglichen Sicherheitsproblemen leistete die Comet ihren Betreibern 30 Jahre lang treue Dienste.

▲ Schlanke Form

Die Triebwerke in der Flügelwurzel verminderten den Luftwiderstand und verliehen dem Flugzeug ein schlankes Aussehen. Die Wartung wurde dadurch allerdings erschwert.

▲ In aller Welt

Ein Empfangskomitee begrüßt die erste Comet in Neuseeland. Sie verkürzte die Flugzeiten drastisch und bahnte dadurch Jet-Routen in aller Welt den Weg.

▲ Die Comet wird zur Nimrod

Das Marineflugzeug Nimrod ist eine modifizierte Comet 4. Es ging im Oktober 1969 in Dienst und wird noch für lange Zeit an den britischen Küsten patrouillieren.

Radartestflugzeug ▶

Die Comet-Konstruktion wurde auch als Frühwarnradarflugzeug erprobt, erwies sich dafür allerdings als recht ungeeignet.

FAKTEN UND ZAHLEN

- Die erste Serien-Comet absolvierte ihren Jungfernflug am 9. Januar 1951.
- Die ersten kommerziellen Flüge der Comet waren reine Frachtflüge zwischen England und Südafrika.
- Nur England und Kanada verwendeten die militärischen Comet-Versionen.
- Comet 2 besaßen dieselben Rolls-Royce-Avon-Triebwerke wie die Lightning.
- Zwei Flugzellen der Comet 4C wurden zu den Prototypen des Marine-Patrouillenflugzeugs Nimrod konvertiert.
- Die Comet 3 führte den langen Rumpf ein, der auch die Comet 4 auszeichnete.

Der erste Jet-Airliner der Welt

Als die Comet im Mai 1952 in den Flugliniendienst eintrat, galt sie als das Flaggschiff der britischen Flugzeugindustrie. Von ihrer äußeren Eleganz abgesehen, war sie auch ein technisches Wunderwerk. In fast allen Bereichen von Aerodynamik, Struktur und Antrieb gab es nichts Vergleichbares.

Der Erfolg der Comet währte, bis mehrere nacheinander vom Himmel fielen. Der Absturz bei Kalkutta am 2. Mai 1953 – dem ersten Jahrestag der Indienststellung durch die BOAC – machte zuerst weltweite Schlagzeilen.

Zwei weitere Desaster folgten. Schließlich fand die Untersuchungskommission an einem aus dem Mittelmeer geborgenen Wrack Materialermüdungsbrüche, also den Beweis eines Strukturfehlers. Die Produktion musste gestoppt werden. Das Schicksal des Flugzeugs schien damit besiegelt. Aber de Havilland „reparierte" die Fehler und gewann in den 60er Jahren mit der Comet 4 das öffentliche Vertrauen zurück.

Allerdings beherrschten zu dieser Zeit bereits die viel größeren und schnelleren Airliner von Boeing und Douglas den Himmel, und obwohl sich die Comet als zuverlässig erwies, konnte sie den Erfolg, der ihr am Beginn ihrer Karriere so sicher schien, nie mehr erlangen.

Die Comet 4C mit ihrer vergrößerten Reichweite ermöglichte vielen Fluggesellschaften in Südamerika und dem Nahen Osten den ersten Jet-Betrieb. Sudan Airways flog mit ihr bis Mitte der 70er.

Für Kurzstreckenflüge mit 100 Passagieren war die Comet 4B mit ihrer verringerten Spannweite gedacht. Die ersten Abnehmer waren British European Airways und die griechische Olympic Airways.

TECHNISCHE DATEN
Comet 4B

- **Typ:** Mittelstrecken-Passagierflugzeug
- **Triebwerke:** vier Turbojets Rolls-Royce Avon Mk 542 (später Mk 525B) mit je 46,73 kN Schub
- **Höchstgeschwindigkeit:** 856 km/h in Meereshöhe
- **Gipfelhöhe:** 12 500 m
- **Reichweite:** 3700 km mit max. Ladung, später erhöht auf 5400 km
- **Gewicht:** leer 33 483 kg; beladen 70 762 kg, später erhöht auf 73 483 kg
- **Besatzung:** zwei Piloten, ein oder zwei Flugingenieure, Stewardessen und 101 bis 119 Passagiere in zwei Klassen
- **Abmessungen:**

Spannweite:	32,87 m
Länge:	35,97 m
Höhe:	8,69 m
Tragflügelfläche:	191,28 m²

COMET 4C

Die Comet 4C war das erfolgreichste Modell der Serie mit langem Rumpf und neuen Tragflächen. Die Middle East Airways war eine von vielen Fluggesellschaften der Region, die sie kaufte.

Die Comet wurde konstruiert, bevor der gepfeilte Flügel allgemein üblich wurde. Das Leitwerk war konventionell gerade.

Die Tragfläche war sehr wirkungsvoll. Sie ermöglichte der Comet eine geringere Überziehgeschwindigkeit, als sie die meisten Propellermaschinen damals aufwiesen. Zudem wurde sie fast ganz als riesiger, versiegelter Treibstofftank genutzt.

Die Comet war eines der ersten Verkehrsflugzeuge mit Druckausgleichkabine. Sie bot den atmosphärischen Druck von 3000 m Höhe bis in Höhen von 12 500 m.

Die Comet 4 war um fast acht Meter länger als die Comet 1. Sie sollte 101 Passagiere aufnehmen, besaß aber später als Charterflugzeug sogar 119 Sitze.

In der druckausgeglichenen Kabine fanden bis zu 119 Passagiere in zwei Klassen Platz.

Die Besatzung bestand aus zwei Piloten, einem Flugingenieur und einem Navigator.

Die Triebwerke waren in den Tragflächenansätzen untergebracht. Das war aerodynamisch günstiger als die Triebwerkgondel der Boeing 707, erschwerte aber die Wartung und Modernisierung.

Der Treibstofftank außen unter der Flügelvorderkante war das Hauptkennzeichen der Comet 4C.

Ein halbes Jahrhundert am Himmel

COMET 2: Die Comet 2 leistete bis Ende der 60er Jahre als Militärflugzeug ihren Dienst. Nach der Unfallserie des ersten Ziviltyps wurde sie überarbeitet und erhielt eine dickere Außenhaut. Die rechteckigen Fenster, die die Ermüdungsbrüche verursacht hatten, wurden durch ovale ersetzt.

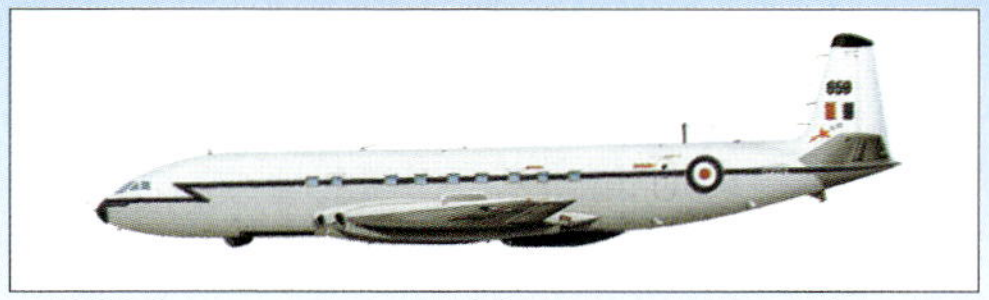

COMET 4: Die Comet 4 war der erste Jet im Transatlantik-Linienverkehr und bewährte sich als sicherer und zuverlässiger Airliner. Sie war die erfolgreichste Comet, wurde in drei Versionen gefertigt und fasste bis zu 119 Passagiere. 67 Exemplare wurden in eine Vielzahl von Ländern in aller Welt exportiert.

NIMROD: Das Marinepatrouillenflugzeug Nimrod entstand aus einer stark modifizierten Comet. Seit den 70er Jahren bei der RAF zur zuverlässigen U-Boot-Abwehrpatrouille eingesetzt, wird es noch bis weit in dieses Jahrhundert fliegen und der Comet-Familie damit ein halbes Jahrhundert Existenz sichern.

EINSATZDATEN

GIPFELHÖHE

Der große Vorteil von Düsenflugzeugen gegenüber denen mit Kolbenmotoren ist, dass sie hoch über dem Wetter fliegen können. Die frühen Comet-Passagiere wollten gar nicht glauben, dass man so ruhig fliegen konnte, verglichen mit dem Schaukeln und Durchsinken selbst der besten Propellerflugzeuge.

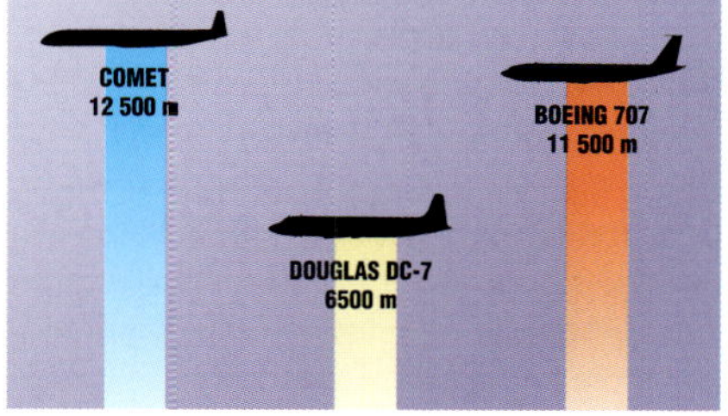

DE HAVILLAND

DH.114 HERON

● Ableitung der Dove ● VIP-Varianten ● Turbo-Versionen

Der steigende Bedarf an Kurz- und Mittelstreckenflugzeugen nach dem Krieg in Europa veranlasste de Havilland dazu, eine größere, viermotorige Version der Dove, die Heron (Reiher), zu entwerfen. Der Typ wurde in geringerer Stückzahl gebaut als sein Vorgänger, bewährte sich aber im zivilen wie im militärischen Einsatz. In den siebziger Jahren rüstete man einige Heron auf Lycoming-Propellerturbinen um, und viele dieser Muster blieben bis in die späten achtziger Jahre im Einsatz.

▲ *Das Cockpit wies Doppelsteuerung für zwei nebeneinandersitzende Piloten auf. Der Passagierraum war mit Zweisitzreihen und Mittelgang ausgelegt; im Heck befand sich eine Toilette.*

BILDERCHRONIK

DE HAVILLAND DH.114 HERON

◀ **In Australien**
Die australische Butler Air Transport verwendete die Heron Mk 1 für den Postdienst und Personentransport in New South Wales.

▼ **Zubringer**
Heron Mk 1 der SABENA in Belgien beflogen eine der ersten europäischen Zubringerrouten.

▼ **In königlichen Händen**
Die XH375 wurde 1955 an die Queen's Flight ausgeliefert und oft von Prinz Philip geflogen.

▼ **Turbinenantrieb**
Im Mai 1969 flog bei Saunders Aircraft of Canada die erste von 13 auf zwei Propellerturbinen PT-6A umgerüsteten Heron, die die Bezeichnung ST-27 erhielten. Dazu gehörte auch das Muster der Queen's Flight, das 1972 zu Skywest Canada kam.

◀ **Turbo Skyliner**
Auf Lycoming mit Turbolader umgerüstete Heron, Riley Turbo Skyliner genannt, boten eine höhere Nutzlast und verbesserte Flugleistungen.

FAKTEN UND ZAHLEN

- **Den Heron-Prototyp G-ALZL steuerte G. H. Pike am 10. Mai 1950 in Hatfield bei seinem Erstflug.**
- **Die Mk 2 mit Einziehfahrwerk flog bei geringerem Verbrauch 32 km/h schneller.**
- **Eine Heron Mk 2B war das Privatflugzeug des saudischen Prinzen Talal as-Saud.**
- **Ferranti Ltd. bestellte eine Spezialversion Mk 2E mit vier VIP- und acht weiteren Sitzen sowie einer Elektrokombüse.**
- **Iraks König Feisal und Jordaniens König Hussein nutzten eine VIP-Heron.**
- **Insgesamt 148 Heron wurden produziert, davon 52 Mk 1 mit starrem Fahrwerk.**

Vom Kolbenmotor zum Turbinenantrieb

Die Heron von de Havilland wurde 1949 unter der Leitung von W. A. Tamblin als einfaches und robustes Kurz- und Mittelstreckenflugzeug entworfen, das einen wirtschaftlichen Betrieb in Regionen mit unbefestigten Pisten gewährleisten sollte.

Der Typ basierte weitgehend auf der Dove und erhielt vier Gipsy-Queen-Motoren, die für hervorragende Leistungen auf kleinen Flugfeldern sorgten. Nach 180 Testflugstunden ergab sich als einzige größere Änderung am Muster die V-Stellung der ursprünglichen gerade ausgelegten Höhenflosse.

Nach Versuchen unter tropischen Bedingungen in Khartoum und Nairobi begann in Hatfield die Produktion. Das erste Muster absolvierte einen 21 000 km weiten Überführungsflug an die National Airways in Neuseeland.

Nach nur sieben Maschinen wurde die Produktion nach Chester verlegt und die verbesserte Mk 2 mit Einziehfahrwerk eingeführt. Mitte der sechziger Jahre flog der Typ in über 30 Ländern, und viele Maschinen hatten als VIP- und Geschäftsreiseflugzeuge luxuriöse Innenausstattungen erhalten.

Die Heron diente als Luftambulanz bei der BEA, als Postflugzeug in Australien und bei der Queen's Flight sowie bei der Royal Navy.

BEA in Schottland betrieb zwei Mk 1B mit starrem Fahrwerk, die, oft von Strandpisten aus, Ambulanzeinsätze, aber auch Linienflüge zwischen den Inseln absolvierten.

TECHNISCHE DATEN
DH.114 Heron Mk 2B

- **Typ:** viermotoriges Kurz- und Mittelstrecken-Verkehrs- oder Geschäftsreiseflugzeug
- **Triebwerke:** vier Kolbenmotoren de Havilland Gipsy Queen Mk 2 mit je 186,4 kW
- **Reisegeschwindigkeit:** 266 km/h
- **Anfangssteigrate:** 323 m/min
- **Reichweite:** 1296 km
- **Gipfelhöhe:** 5639 m
- **Gewicht:** leer 3622 kg; max. Startmasse 5897 kg
- **Kapazität:** zwei Piloten, 14 Passagiere (ohne Toilette 17)
- **Abmessungen:** Spannweite: 21,79 m; Länge: 14,78 m; Höhe: 4,75 m; Tragflügelfläche: 46,36 m²

Der Heron-Prototyp hatte noch gerade Höhenflossen, doch Tests ergaben, dass eine V-Stellung größere Stabilität bot. Alle nachfolgenden Maschinen erhielten daher diese Form.

Die Tragflächen waren im Grunde maßstäblich vergrößerte Dove-Flügel. Sie hatten eine geringere V-Stellung als die Höhenflossen.

TURBO SKYLINER

Riley motorisierte einige Heron in Turbo Skyliner um und verhalf dem Flugzeug so zu einer verlängerten Einsatzzeit. Diese Maschine führte Touristenflüge für die Sunflower Airlines (Fidschi) durch.

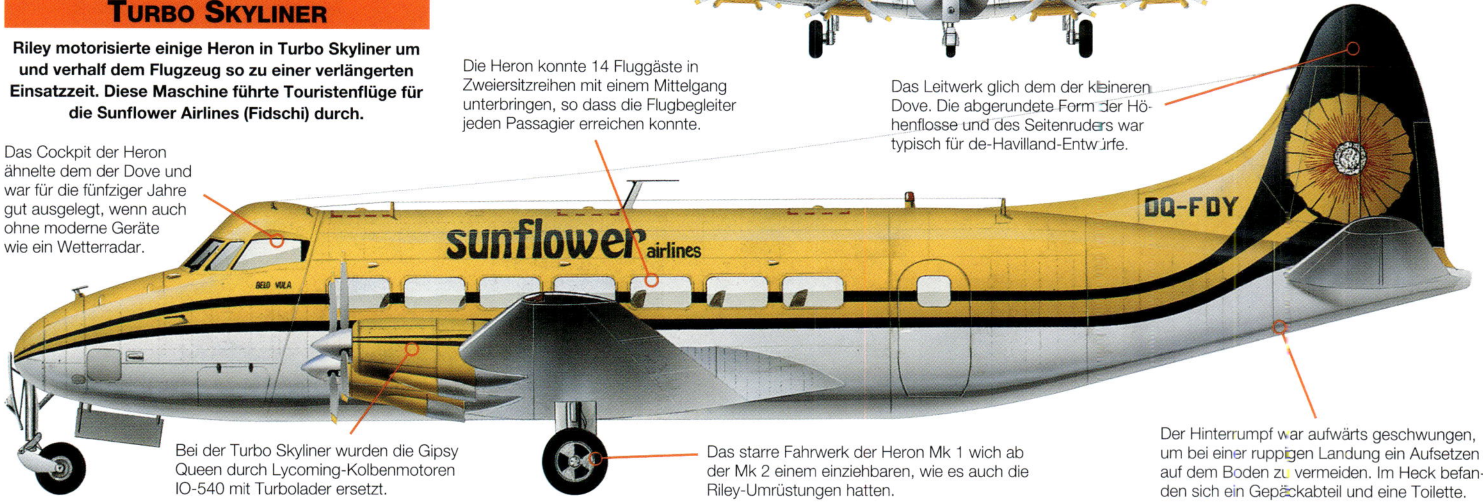

Das Cockpit der Heron ähnelte dem der Dove und war für die fünfziger Jahre gut ausgelegt, wenn auch ohne moderne Geräte wie ein Wetterradar.

Die Heron konnte 14 Fluggäste in Zweiersitzreihen mit einem Mittelgang unterbringen, so dass die Flugbegleiter jeden Passagier erreichen konnte.

Das Leitwerk glich dem der kleineren Dove. Die abgerundete Form der Höhenflosse und des Seitenruders war typisch für de-Havilland-Entwürfe.

Bei der Turbo Skyliner wurden die Gipsy Queen durch Lycoming-Kolbenmotoren IO-540 mit Turbolader ersetzt.

Das starre Fahrwerk der Heron Mk 1 wich ab der Mk 2 einem einziehbaren, wie es auch die Riley-Umrüstungen hatten.

Der Hinterrumpf war aufwärts geschwungen, um bei einer ruppigen Landung ein Aufsetzen auf dem Boden zu vermeiden. Im Heck befanden sich ein Gepäckabteil und eine Toilette.

EINSATZDATEN

REISEGESCHWINDIGKEIT

Die Heron erschien 15 Jahre nach der beliebten DC-3 und bot nicht ganz deren Geschwindigkeit, was aber im Kurzstreckenbetrieb kaum ins Gewicht fiel. Die kleinere, stromlinienförmigere Beech Super H18 war schneller und damit ein ideales Geschäftsflugzeug.

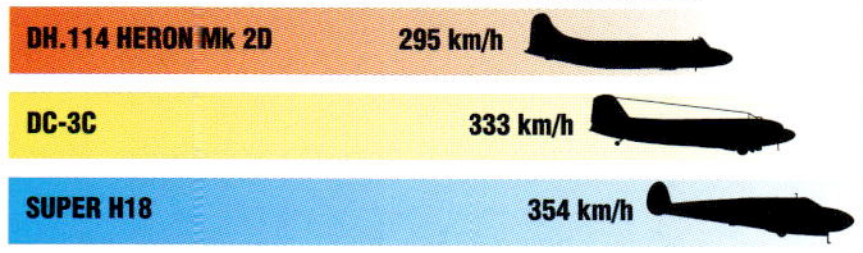

PASSAGIERE

Die DC-3 war größer als die Heron und dafür ausgelegt, mehr Fluggäste über weitere Strecken zu befördern. Die Heron Mk 2D konnte 17 Passagiere aufnehmen, flog aber meist mit 14. Die Beech 18 hatte eine geringere Kapazität und war somit weniger wirtschaftlich.

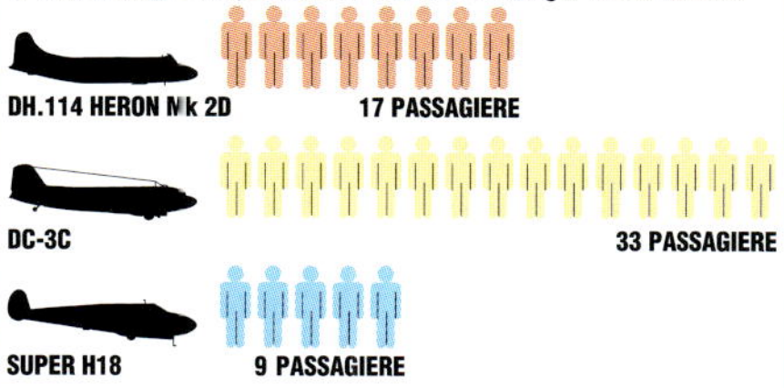

REICHWEITE

Alle drei Typen konnten Kurz- und Mittelstrecken befliegen. Eine gute Reichweite war vor allem für Einsätze in Afrika und Nordamerika wichtig, wo die Städte weit auseinanderliegen, aber auch für die Rolle als Geschäftsflugzeug, in der es gilt, ein Ziel rasch zu erreichen. Hier bot die Super H18 die besten Leistungen.

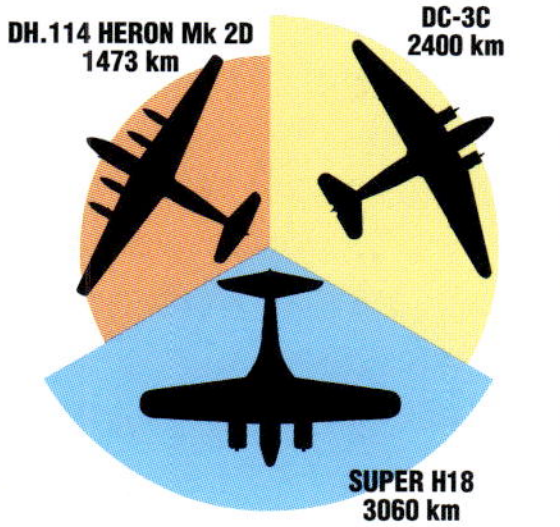

Kurzstrecken-Airliner von de Havilland

DH.84 DRAGON: Die Dragon, die ab 1932 flog, basierte auf der Ausschreibung von Hillman Airways für ein sechssitziges Passagierflugzeug.

DH.89 RAPIDE: Von der DH.89, einer Weiterentwicklung der Dragon, entstanden über 700 Exemplare für Zivil- und Militärabnehmer.

DH.95 FLAMINGO: Nur eine DH.95, ausgelegt für 18 Passagiere, ging in zivilen Dienst, bevor der Zweite Weltkrieg die Produktion stoppte

DH.104 DOVE: De Havillands Dove, die bis zu elf Passagieren Platz bot, war der erste Nachkriegs-Airliner Großbritanniens.

DHC-2 BEAVER BUSCHFLUGZEUGE

● **Robust und zuverlässig** ● **Kurze Start- und Landestrecke**

▲ *Die Beaver ist ein typisches Schwimmerflugzeug für die Wildnis. Sie besitzt eine stabile Zelle mit einem geräumigen Cockpit und wird von einem sehr robusten Sternmotor angetrieben.*

Flüge über dem eiskalten Norden stellen eine große technische Herausforderung dar. Um sich auf Schwimmern in enge Fjorde hineinzumogeln oder auf Skiern von Gletschern aus zu starten, um Passagiere und Fracht zu abgelegenen Orten zu transportieren oder ein Gebiet zu überwachen, das Tausende von Quadratkilometern wegloser Wildnis umfasst, benötigt man ein wendiges und vielseitiges Flugzeug wie die kanadische de Havilland Beaver.

DE HAVILLAND CANADA DHC-2 BEAVER

Angelausflug ▶
Jährlich bringt die Lachssaison Tausende von gutbetuchten Anglern zu den kanadischen Flüssen und Seen. Oft ist dort die Beaver das einzige Verkehrsmittel.

▼ Auf dem Wasser
Abgesehen vom Ausweichen vor im Wasser treibenden Hindernissen, müssen die Piloten zum Starten und Landen auf dem Wasser einiges lernen, wie den Einsatz von Gas und Ruder zur Vermeidung einer Drehung des Flugzeugs im Wind.

▲ Flug durch die Wildnis
Seit fast 50 Jahren ist die de Havilland Beaver über den Seen, Wäldern und Bergen der nordkanadischen Wildnis und ähnlichen Gebieten im Einsatz.

◀ Waldbrand
Die Grundkonzeption der Beaver als Hochdecker mit Kurzstart- und Landeeigenschaften ist erweitert worden, um die DHC-3 Otter zu bauen. Beide Transport- und Verbindungsflugzeuge wurden auch zur Feuerbekämpfung umgerüstet.

▲ Amphibium
Wenn Räder in den Schwimmern ausgefahren werden, kann die Beaver auf Flugplätzen landen. Eine Wasserung fällt ihr aber leichter als eine Landung.

FAKTEN UND ZAHLEN

- ➤ Der Erstflug eines Beaver-Prototyps erfolgte am 16. August 1947.
- ➤ Fünf Stunden Höchstflugdauer machen die Beaver zu einem idealen Such- und Rettungsflugzeug in der Wildnis.
- ➤ 60 größere Beaver III Turboprop-Maschinen für zehn Passagiere wurden gebaut.
- ➤ Auf der Beaver basiert die DHC-3 Otter für 14 Passagiere, die ebenfalls in arktischen Regionen eingesetzt wird.
- ➤ Zivile und militärische Beaver wurden in 65 Ländern eingesetzt.
- ➤ Von 1947 bis 1965 wurden insgesamt über 1700 Beaver gebaut.

Fliegen, wo der Grizzlybär lebt

Die kanadische Polizei setzt mit der kräftigen DHC-2 Beaver einen typischen Vertreter der Buschflugzeuge ein. In den Jahren 1946/47 entwickelt, war die Beaver für abenteuerliches Fliegen unter erschwerten Bedingungen geradezu maßgeschneidert. Sie verfügt über gute Kurzstart- und -landeeigenschaften und kann mit Rädern, Skiern, Schwimmern oder amphibischen Pontons ausgerüstet werden. So ist ihr Einsatz beinahe überall möglich. Buschflieger benutzen die Beaver, um Vorräte in abgelegene Gegenden zu schaffen – sogar im Winter, wenn die Temperaturen in Kanada auf minus 40 Grad Celsius absinken.

Ihre enorme Kurzstartfähigkeit stellt sicher, dass sie selbst abgelegene Örtlichkeiten anfliegen kann, mit denen andere Maschinen wohl nicht zurechtkämen. Auch jetzt noch macht diese Eigenschaft die Beaver ein halbes Jahrhundert nach ihrem Erstflug zu einem höchst effektiven Buschtransporter.

In der Draufsicht fällt sofort die riesige Fläche der beiden Schwimmer auf, die zwar auf dem Wasser wichtig sind, im Flug aber einigen Widerstand verursachen. Deshalb können Schwimmerflugzeuge nicht sehr schnell oder wirtschaftlich fliegen.

Die langen, geraden Tragflächen verleihen der Beaver und ihrer größeren Schwester, der DHC-3 Otter, gute Kurzstarteigenschaften.

TECHNISCHE DATEN
DHC-2 Beaver

- **Typ:** leichtes Transport- und Nutzflugzeug
- **Triebwerk:** ein Pratt & Whitney R-985 Wasp Junior Sternmotor mit 936 kW (1272 PS)
- **Höchstgeschwindigkeit:** 262 km/h in 1520 m
- **Gipfelhöhe:** 5485 m
- **Reichweite:** 1252 km
- **Gewicht:** leer 1923 kg; beladen 2313 kg
- **Nutzlast:** ein Pilot und bis zu sieben Passagiere oder 680 kg Fracht auf einem verstärkten Kabinenboden
- **Abmessungen:**

Spannweite:	14,63 m
Länge:	9,22 m
Höhe:	2,74 m
Tragflügelfläche:	23,22 m²

DHC-2 Beaver

Immer noch weltweit im Einsatz, bleibt die DHC-2 Beaver (zu deutsch „Biber") das klassische Schwimmerflugzeug für die Wildnis.

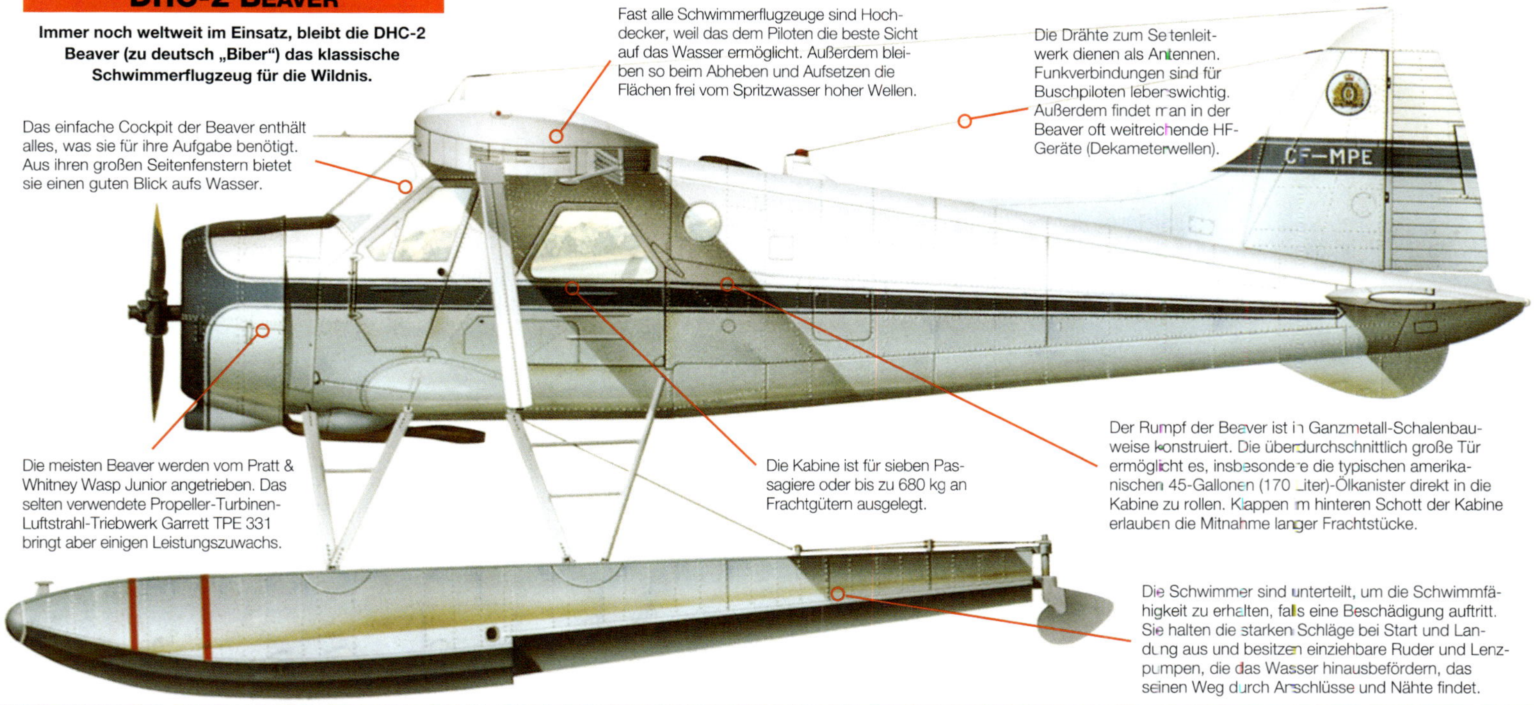

Das einfache Cockpit der Beaver enthält alles, was sie für ihre Aufgabe benötigt. Aus ihren großen Seitenfenstern bietet sie einen guten Blick aufs Wasser.

Fast alle Schwimmerflugzeuge sind Hochdecker, weil das dem Piloten die beste Sicht auf das Wasser ermöglicht. Außerdem bleiben so beim Abheben und Aufsetzen die Flächen frei vom Spritzwasser hoher Wellen.

Die Drähte zum Seitenleitwerk dienen als Antennen. Funkverbindungen sind für Buschpiloten lebenswichtig. Außerdem findet man in der Beaver oft weitreichende HF-Geräte (Dekameterwellen).

Die meisten Beaver werden vom Pratt & Whitney Wasp Junior angetrieben. Das selten verwendete Propeller-Turbinen-Luftstrahl-Triebwerk Garrett TPE 331 bringt aber einigen Leistungszuwachs.

Die Kabine ist für sieben Passagiere oder bis zu 680 kg an Frachtgütern ausgelegt.

Der Rumpf der Beaver ist in Ganzmetall-Schalenbauweise konstruiert. Die überdurchschnittlich große Tür ermöglicht es, insbesondere die typischen amerikanischen 45-Gallonen (170 Liter)-Ölkanister direkt in die Kabine zu rollen. Klappen im hinteren Schott der Kabine erlauben die Mitnahme langer Frachtstücke.

Die Schwimmer sind unterteilt, um die Schwimmfähigkeit zu erhalten, falls eine Beschädigung auftritt. Sie halten die starken Schläge bei Start und Landung aus und besitzen einziehbare Ruder und Lenzpumpen, die das Wasser hinausbefördern, das seinen Weg durch Anschlüsse und Nähte findet.

Die neuseeländischen Luftstreitkräfte setzten Beaver auf Skiern ein, um über den schneebedeckten Gipfeln und Fjorden auf der Südinsel des Landes zu patrouillieren.

Manöver auf dem Wasser

PFLUGKURVE:
Schwimmerflugzeuge drehen stets in den Wind, wenn man sie sich selbst überläßt. Um quer zum Wind einzudrehen, braucht man einige Motorkraft. Dadurch hebt sich die Flugzeugnase, und die Ruder graben sich tief ins Wasser. Eine kleine Richtungsänderung läßt die Ruder wirksamer werden.

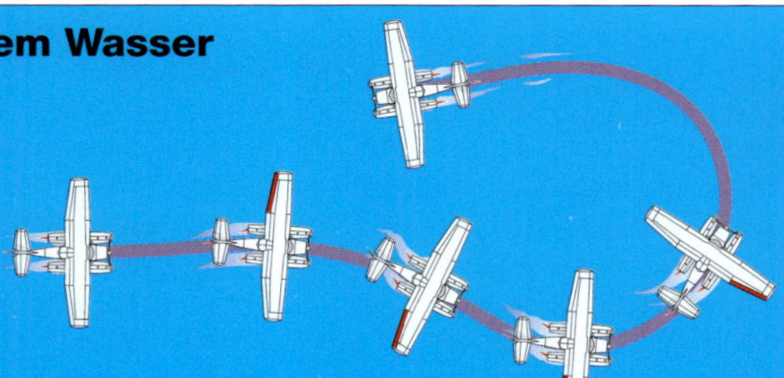

SEGELN MIT SCHWIMMERFLUGZEUGEN:
Bei starkem Wind gibt es zwei Methoden, um von A nach B zu kommen:

1. Mittels Motorkraft quer zum Wind treiben, dann austrimmen und rückwärts treiben.
2. Rückwärts treiben lassen, dann Motorkraft und Wind nutzen, um quer voranzukommen.

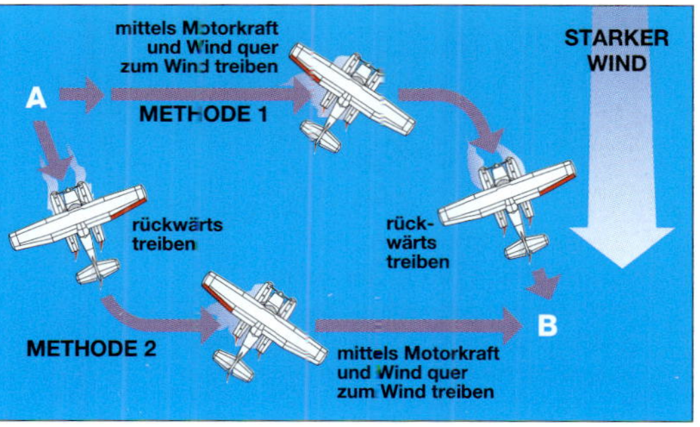

EINSATZDATEN

NUTZLAST

In abgelegenen Gegenden sind Leichtflugzeuge lebenswichtig für Verkehr und Nachschub. Am erfolgreichsten sind dabei solche, die umrüstbar sind, um Passagiere oder Fracht aufzunehmen. Beliebte Modelle wie die Cessna der 180er Serie oder eben die Beaver sind Landflugzeuge, die mit Schwimmern ausgerüstet werden können. Die Lake Buccaneer dagegen ist ein reines Flugboot.

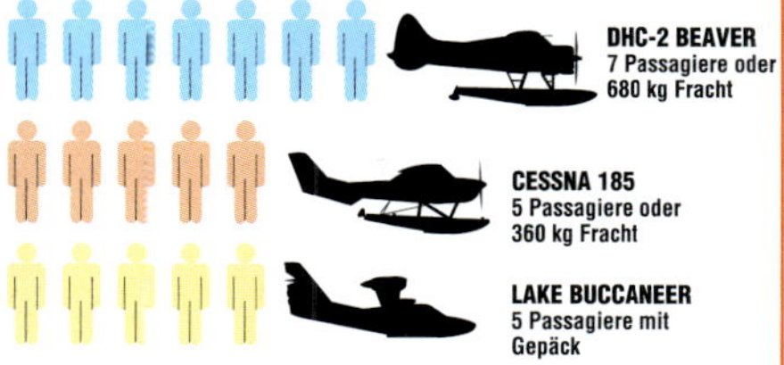

DHC-6 TWIN OTTER

● **Kurzstreckenstart** ● **Regionalstrecken** ● **Schwimmerflugzeug**

Die wegen ihrer Vielseitigkeit beliebte DHC-6 Twin Otter von de Havilland Canada ist ein hervorragender Zubringer-Airliner und Mehrzwecktransporter. Sie wurde entwickelt, um im Passagierdienst auch abgelegene Pisten wie die im Hinterland von Kanada anfliegen zu können, wo Kurzstreckenstart und -landefähigkeit ein Muss ist. Die Twin Otter fliegt auch als Sanitätsflugzeug, bei der Seeüberwachung und als leichter militärischer Transporter.

▲ *Die Twin Otter von de Havilland Canada hat sich als sehr praktisch erwiesen. Sie setzte Maßstäbe, nach denen andere leichte Mehrzweckmuster bewertet werden.*

DE HAVILLAND CANADA DHC-6 TWIN OTTER

▼ **Schwimmerflugzeug**
Im Seengebiet von British Columbia kann man abgelegene Regionen nur mit Schwimmerflugzeugen wie der kurznasigen Twin Otter erreichen.

▲ **Auf Kontrollflug**
Diese auf der Pariser Luftfahrtausstellung gezeigte Twin Otter trägt für Überwachungs- und Rettungseinsätze ein auffälliges Radar unter dem Bug.

◀ **Wasserbomber**
Im Einsatz bei der Brandbekämpfung nimmt die Twin Otter Wasser mit den Schwimmern auf.

Brymon Airways ▶
Die Brymon Airways mit Sitz in Großbritannien gehörte zu den vielen Betreibern der Twin Otter.

Im ewigen Eis ▶
Die Gesellschaft British Antarctic Survey nutzt eine Twin Otter mit Landekufen, um die Stationen am Südpol zu versorgen.

FAKTEN UND ZAHLEN

- **Durch den Wechsel vom PT6A-6 zum PT6A-20 und dann zum PT6A-27 erhöhte sich die Triebwerksleistung der Twin Otter.**
- **Die US Air Force Academy setzt drei Twin Otter zur Fallschirmspringerausbildung ein.**
- **Als 1988 die Produktion auslief, waren mehr als 830 Twin Otter gebaut.**
- **Die Twin Otter in Sondrestrom, Grönland, fliegen routinemäßig bei Temperaturen von zehn Grad unter Null.**
- **Der Prototyp startete am 20. Mai 1965 mit dem Triebwerk PT6A-6 zum Erstflug.**
- **Twin Otter mit großen Sichtfenstern bieten Rundflüge über den Grand Canyon an.**

Kanadas Mini-Turboprop

Die Twin Otter ist der Favorit kleiner Fluggesellschaften, die für ihre Passagierdienste in abgelegene Gegenden Wert auf Komfort und Wirtschaftlichkeit legen. Als Landflugzeug operiert die Twin Otter erfolgreich von halbbefestigten, nur 200 m langen Pisten. In der Version als Schwimmerflugzeug ist die Twin Otter in abgelegenen Gebieten Kanadas, in denen es nur Seen als Landeplätze gibt, oft die einzige Verbindung zur Außenwelt. In Grönland und über dem Polargebiet fliegt sie routinemäßig auch mit Schneekufen.

Schon während der Produktion wurde die Maschine ständig modifiziert, und als die drei Hauptversionen aus dem Werk rollten, waren Geschwindigkeit, Start- und Landeeigenschaften sowie Nutzlastkapazität bereits verbessert. Spätere Twin Otter der Serien 200 und 300 sind an der längeren Nase zu erkennen.

Die Twin Otter war für den Dienst bei Zubringerlinien vorgesehen, aber auch bei Luftstreitkräften und Regierungsvertretungen weit verbreitet. 1982 stellte DHC die gepanzerte und MG-bewaffnete DHC-6-300M COIN sowie die Seepatrouillenversion -300MR mit einem Suchradar unter dem Bug vor.

Links: Die Twin Otter ist überall anzutreffen, vor allem in Gebirgsländern wie Chile, Nepal und der Schweiz, in denen man ohne Kurzstreckenstarts nicht auskommt.

Oben: In vielen kleinen Ländern der dritten Welt spielt die Twin Otter eine wesentliche Rolle, und etliche Fluggesellschaften betreiben diesen Typ sogar hauptsächlich.

TECHNISCHE DATEN
DHC-6 Twin Otter

- **Typ:** Mehrzweck-STOL (Kurzstart und -landung)-Transportflugzeug
- **Triebwerke:** zwei Propellerturbinen Pratt & Whitney Canada PT6A-27 mit je 486 kW
- **Höchstgeschwindigkeit:** 338 km/h in 3050 m
- **Gipfelhöhe:** 8140 m
- **Reichweite:** 1297 km
- **Kapazität:** zwei Piloten, 13 bis 18 Passagiere (frühe Maschinen), 20 Passagiere (neuere Maschinen)
- **Gewicht:** leer 3363 kg; beladen 5670 kg
- **Abmessungen:**

Spannweite:	19,81 m
Länge (Wasserflugzeug):	15,09 m
Länge (Landflugzeug):	15,77 m
Höhe:	6,05 m
Tragflügelfläche:	39,02 m²

DHC-6 Twin Otter

Die von 1964 bis 1988 gebaute Twin Otter wurde weltweit an regionale Fluggesellschaften wie zum Beispiel die kanadische norOntair verkauft.

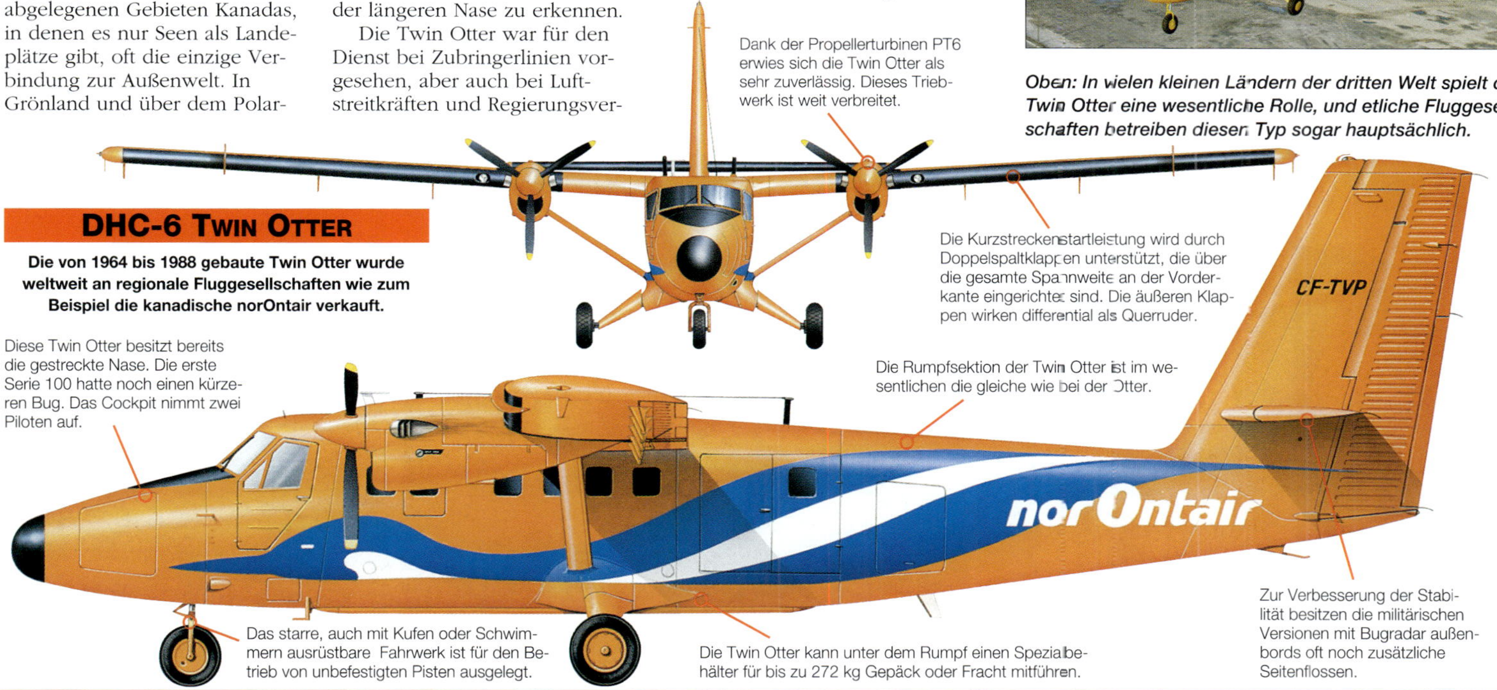

Dank der Propellerturbinen PT6 erwies sich die Twin Otter als sehr zuverlässig. Dieses Triebwerk ist weit verbreitet.

Die Kurzstreckenstartleistung wird durch Doppelspaltklappen unterstützt, die über die gesamte Spannweite an der Vorderkante eingerichtet sind. Die äußeren Klappen wirken differential als Querruder.

Diese Twin Otter besitzt bereits die gestreckte Nase. Die erste Serie 100 hatte noch einen kürzeren Bug. Das Cockpit nimmt zwei Piloten auf.

Die Rumpfsektion der Twin Otter ist im wesentlichen die gleiche wie bei der Otter.

Das starre, auch mit Kufen oder Schwimmern ausrüstbare Fahrwerk ist für den Betrieb von unbefestigten Pisten ausgelegt.

Die Twin Otter kann unter dem Rumpf einen Spezialbehälter für bis zu 272 kg Gepäck oder Fracht mitführen.

Zur Verbesserung der Stabilität besitzen die militärischen Versionen mit Bugradar außenbords oft noch zusätzliche Seitenflossen.

EINSATZDATEN

STARTSTRECKE

Die Startleistung der Twin Otter ist sehr gut. Die An-28 kommt ihr fast gleich und startet häufig von schlechten Pisten tief in der russischen Taiga, ähnlich der Twin Otter im kanadischen Hinterland.

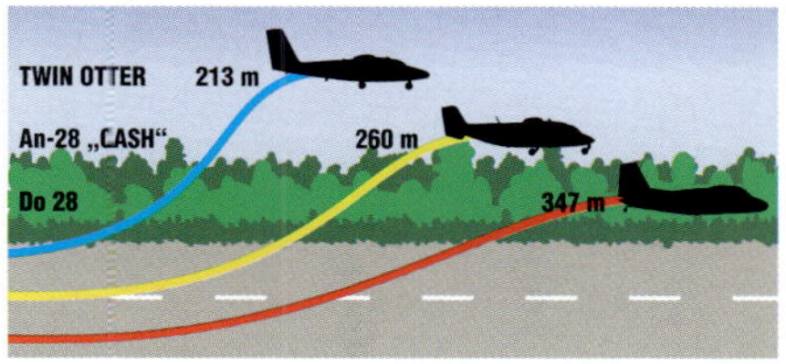

REICHWEITE

Die Twin Otter dient vorrangig für kurze Flüge, zumeist um 800 km, zwischen den Städten. Der angegebene Wert gilt mit einer Nutzlast von 1134 kg. Für ein Kleinflugzeug bietet die Twin Otter eine gute Reichweite und Nutzlastkapazität.

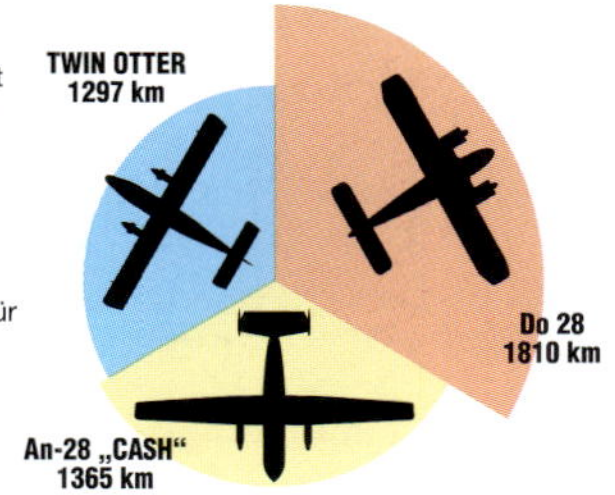

NUTZLAST

Die Twin Otter ist größer als die Do 28 und kann mehr Nutzlast tragen, doch auch die kleine An-28 trägt zwei Tonnen. Sowohl die Twin Otter wie auch die Antonow sind für 17 Passagiere ausgelegt.

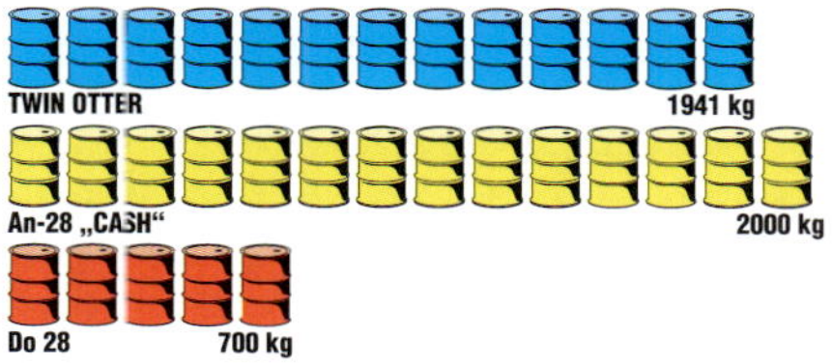

Twin Otter bei der Arbeit

KÜSTENPATROUILLE: Für offensive Seepatrouillen erhielt diese 300M-Maschine ein Radar und zwei Raketenbehälter unter dem Flügel.

LANDEKUFEN: Diese in Kanada registrierte Twin Otter startet mit Landekufen von einem zugefrorenen See zu einem Passagierflug. Im Sommer wird diese Maschine vielleicht mit Schwimmwerk von demselben See abheben.

SPRÜHFLUGZEUG: Mit einem großen Unterrumpfbehälter kann die Twin Otter auch beim Pflanzenschutz zum Einsatz kommen.

BRANDBEKÄMPFUNG: Eine andere wichtige Aufgabe der kanadischen Twin Otter ist die Brandbekämpfung. Die Maschinen füllen die Schwimmertanks in den nahegelegenen Seen auf und sind so minutenschnell am Brandherd.

DHC-7 DASH 7

● Viermotorig ● STOL-Leistung ● Flüster-Airliner

▲ *Als erste britische Fluglinie stellte Brymon Airways die Dash 7 in Dienst. Wie viele kleinere Gesellschaften befand sie die Maschine für höchst leistungsfähig auf kurzen regionalen Zubringerrouten.*

Mit ihren eindrucksvollen Kurzstart- und -landeeigenschaften (STOL = Short Take-Off and Landing) bietet die Dash 7 mittleren Luftfahrtunternehmen ein wirtschaftliches und äußerst sicheres Muster, das bis zu 50 Passagiere transportieren kann. Propellerturbinen sind nicht nur sparsamer im Verbrauch als Strahltriebwerke, sondern auch viel leiser. Da dies die Lärmbelästigung für Anwohner verringert, ist die Dash 7 daher vor allem auf städtischen Flughäfen beliebt.

DE HAVILLAND CANADA DHC-7 DASH 7

▲ Im Cockpit
Das Cockpit der Dash 7 ist konventionell ausgelegt. Alle wichtigen Instrumente sowie die Steuerung sind in zweifacher Ausführung vorhanden.

▲ Vierfacher Antrieb
Die vier Propellerturbinen von Pratt & Whitney Canada verleihen der Dash 7 einmalige STOL-Eigenschaften für einen 50-sitzigen Airliner.

◄ Inselhüpfer
Die dänische Grønlandsfly setzte ihre Dash 7 auf Verbindungsflügen zwischen Provinzflughäfen und zu Inseln wie den Färöer ein.

▼ Regionalflugzeug
Dash 7 waren ein gewohnter Anblick auf amerikanischen Zubringerflughäfen. Sie zeichneten sich durch kurze Umlaufzeiten und eine sinnvolle Passagierkapazität aus.

▲ Bestseller
Mitte der achtziger Jahren war die DHC-7, wie diese Maschine der norwegischen Widerøe, der beliebteste STOL-Airliner.

FAKTEN UND ZAHLEN

- **Im Oktober 1968 wurde die DHC-7 als erstes QSTOL-Verkehrsflugzeug angekündigt (Q für Quiet = leise).**
- **Insgesamt wurden 1110 Exemplare der Dash 7 hergestellt.**
- **Die Dash 7 fand insgesamt 35 Abnehmer in 22 Ländern.**
- **Die Dash 7 gehört zu den wenigen Verkehrsflugzeugen, die den London City Airport anfliegen dürfen.**
- **Die kanadischen Streitkräfte bestellten zwei CC-132 genannte militärische Dash 7.**
- **Die US Army setzte Dash 7 „Grizzly Hunter“ für die Drogenbekämpfung ein.**

Erfolgreicher STOL-Airliner aus Kanda

Die erstaunlichen STOL-Eigenschaften der Dash 7 ermöglichen den Betrieb von kleineren Plätzen, die andere Verkehrsmaschinen dieser Größe nicht anfliegen können. Die langen Tragflächen mit großen Klappen und vier starke Triebwerke sind die Schlüssel zu dieser Leistung.

Der erste von zwei Prototypen der Dash 7 hob am 27. März 1975 zum Jungfernflug ab. Rocky Mountain Airways war der erste Betreiber dieses Typs in der Grundausführung Serie 100 und stellte ihn am 3. Februar 1978 in Dienst. Die weitere Entwicklung führte zur Serie 150 und der Frachtversion 151 von 1986 mit gestiegener Starthöchstmasse von 21 319 kg im Vergleich zu 19 958 kg bei der Standardversion. Einen Teil des Zusatzgewichts machte die größere Tankkapazität aus.

Dank ihrer hervorragenden STOL-Eigenschaften und des geringen Geräuschpegels ihrer Triebwerke war die Dash 7 bei regionalen Fluglinien beliebt, die einige der anspruchsvolleren Flughäfen wie den London City Airport mit seinen strengen Lärmschutzauflagen, die eine Voraussetzung für die Betriebserlaubnis sind, anflogen. Zu den Gesellschaften, die Dash 7 in ihrer Flotte führen, gehören Brymon Airways, Hawaiian Airlines, Greenlandair und Air Niugin.

Die Serienfertigung der Dash 7 endete 1988, rund zwei Jahre nach der Übernahme von de Havilland Canada durch den US-Giganten Boeing, der sich auf ein zweimotoriges Nachfolgemuster, die Dash 8, konzentrierte. Die letzte Dash 7 wurde 1988 an Tyrolean Airways in Österreich ausgeliefert.

TECHNISCHE DATEN
Dash 7

- **Typ:** STOL-Regionalverkehrsflugzeug
- **Triebwerke:** vier Propellerturbinen Pratt & Whitney Canada PT6A-50 mit je 835 kW
- **Reisegeschwindigkeit:** 428 km/h (maximal)
- **Gipfelhöhe:** 7315 m
- **Anfangssteigrate:** 372 m/min
- **Kapazität:** 50 Passagiere (in der Standardauslegung)
- **Reichweite:** 1279 km
- **Gewicht:** leer 12 560 kg; beladen 21 319 kg
- **Abmessungen:**

Spannweite:	28,35 m
Länge:	24,54 m
Höhe:	7,98 m
Tragflügelfläche:	79,90 m²

Das freitragende Ganzmetall-T-Leitwerk hat seilbetätigte Höhenruder mit Hornausgleich und Vorderkantenenteisung.

Die Flächen haben eine leichte V-Stellung und Doppelspaltklappen, die etwa 80 Prozent der Hinterkante einnehmen.

Dash 7-100

Brymon Airways bestellte zunächst drei Dash 7, von denen die G-BRYA als erste ausgeliefert wurde. Sie flogen hauptsächlich von Heathrow nach Plymouth und Newquay sowie zu den Kanalinseln.

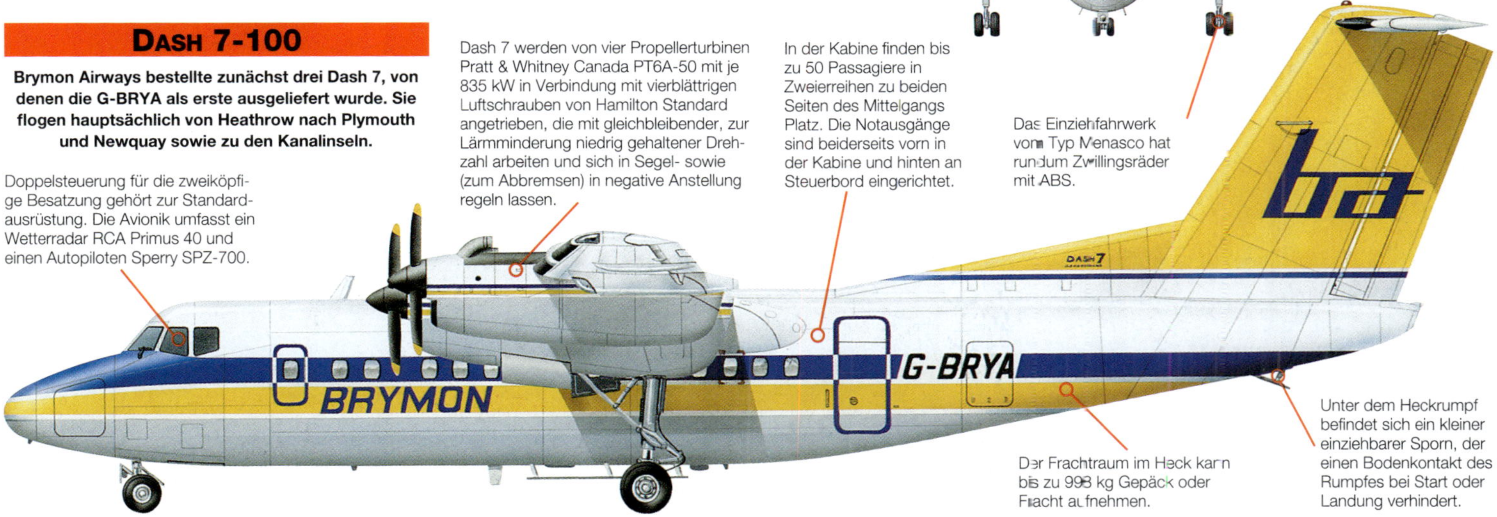

Doppelsteuerung für die zweiköpfige Besatzung gehört zur Standardausrüstung. Die Avionik umfasst ein Wetterradar RCA Primus 40 und einen Autopiloten Sperry SPZ-700.

Dash 7 werden von vier Propellerturbinen Pratt & Whitney Canada PT6A-50 mit je 835 kW in Verbindung mit vierblättrigen Luftschrauben von Hamilton Standard angetrieben, die mit gleichbleibender, zur Lärmminderung niedrig gehaltener Drehzahl arbeiten und sich in Segel- sowie (zum Abbremsen) in negative Anstellung regeln lassen.

In der Kabine finden bis zu 50 Passagiere in Zweierreihen zu beiden Seiten des Mittelgangs Platz. Die Notausgänge sind beiderseits vorn in der Kabine und hinten an Steuerbord eingerichtet.

Das Einziehfahrwerk vom Typ Menasco hat rundum Zwillingsräder mit ABS.

Der Frachtraum im Heck kann bis zu 998 kg Gepäck oder Fracht aufnehmen.

Unter dem Heckrumpf befindet sich ein kleiner einziehbarer Sporn, der einen Bodenkontakt des Rumpfes bei Start oder Landung verhindert.

EINSATZDATEN

MAXIMALE REISEGESCHWINDIGKEIT

Die hohen Auftrieb erzeugenden Tragflügel verleihen der Dash 7 ihre großartige STOL-Leistung, verursachen aber mehr Luftwiderstand als die Flächen der Konkurrenzmuster. Die Dash 7 fliegt daher rund 50 km/h langsamer.

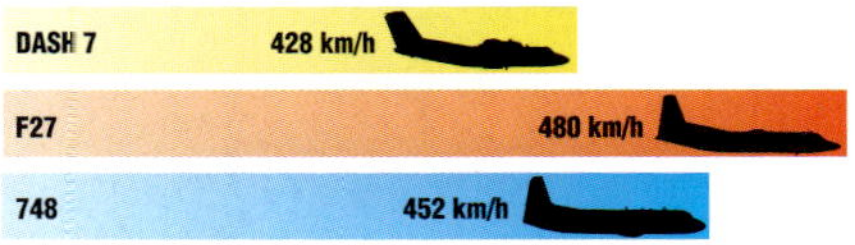

STARTSTRECKE

Der Vergleich der Startrollstrecken belegt die einmaligen STOL-Leistungen der Dash 7. Sie benötigt zum Abheben weniger als die Hälfte der Startstrecke der 748 und nur gut ein Drittel des Startweges einer F27.

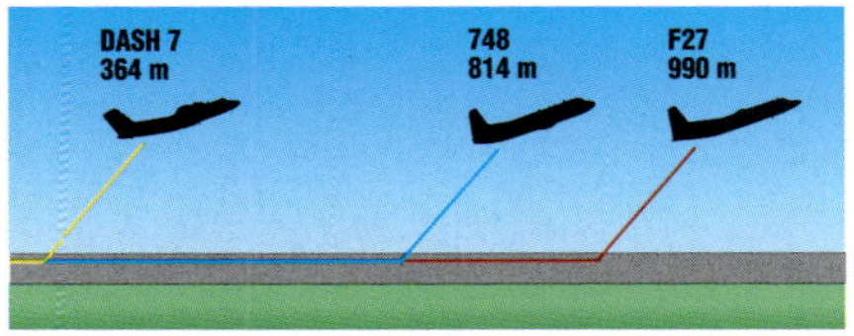

KAPAZITÄT

Alle drei Typen bieten etwa gleich vielen Passagieren Platz, aber nur die Dash 7 kann sie von kleineren Regional- oder Stadtflughäfen aus befördern. Bei voller Zuladung hat die Dash 7 einen ähnlichen Treibstoffverbrauch wie ihre zweimotorigen Konkurrentinnen.

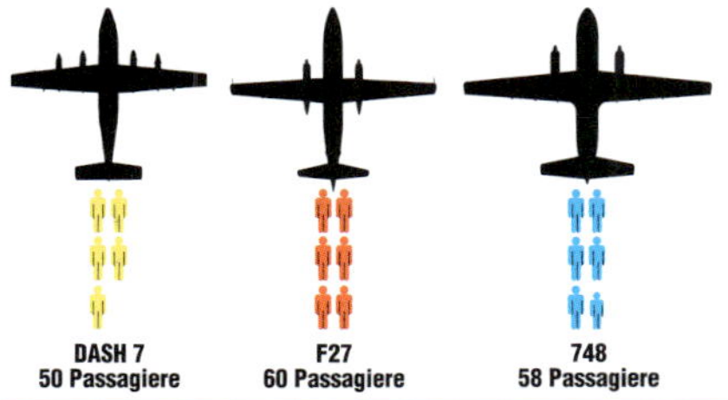

Auf einem STOL-Flughafen

Die Fähigkeit der Dash 7, von den kurzen Bahnen kleinerer Regional- oder Stadtflughäfen bei nur geringer Lärmentwicklung zu operieren, ist in ihrer Klasse fast einmalig.

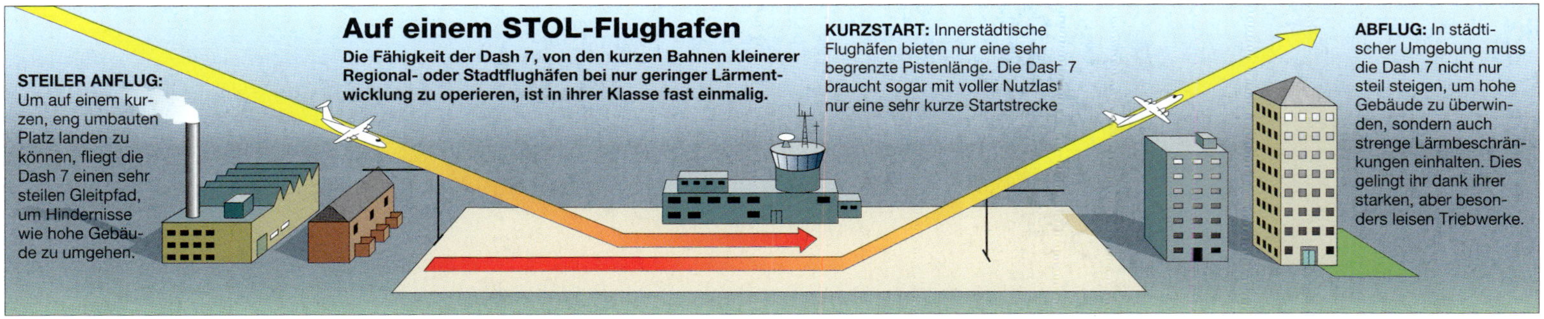

STEILER ANFLUG: Um auf einem kurzen, eng umbauten Platz landen zu können, fliegt die Dash 7 einen sehr steilen Gleitpfad, um Hindernisse wie hohe Gebäude zu umgehen.

KURZSTART: Innerstädtische Flughäfen bieten nur eine sehr begrenzte Pistenlänge. Die Dash 7 braucht sogar mit voller Nutzlast nur eine sehr kurze Startstrecke

ABFLUG: In städtischer Umgebung muss die Dash 7 nicht nur steil steigen, um hohe Gebäude zu überwinden, sondern auch strenge Lärmbeschränkungen einhalten. Dies gelingt ihr dank ihrer starken, aber besonders leisen Triebwerke.

DE HAVILLAND CANADA (BOMBARDIER)

DHC-8 DASH 8

● **Kurzstreckentransporter** ● **Gestreckte Ausführungen** ● **USAF-Einsatz**

Seit dem Jungfernflug der ersten Dash 8 im Juni 1983 hat sich der Typ zu einem gefragten Muster im regionalen Flugverkehr entwickelt. Der für 37 Passagiere ausgelegte Rumpf wurde bei der Serie 300 gestreckt, um bis zu 56 Gästen Platz zu bieten, und die Serie 400 erhielt sogar 70 Sitze. Inzwischen haben sich die Besitzverhältnisse geändert: Nach der kanadischen Regierung und Boeing ist heute Bombardier Aerospace Eigentümer von de Havilland Canada.

▲ *Der erste Auftrag über zwei Dash 8 ging 1980 ein; ab 1996 kam ein Q (für „quiet") zur Typenbezeichnung hinzu. Bis Ende 2004 lieferte Bombardier 693 Maschinen aus.*

BILDERCHRONIK

DE HAVILLAND CANADA DHC-8 DASH 8

◄ **Kanadische Motoren**
Alle Dash 8 erhielten Turboprop-Triebwerke von Pratt & Whitney Canada in Verbindung mit Verstellpropellern.

▼ **Gestreckte Version**
Die Dash 8-400, die in Zusammenarbeit mit Mitsubishi entwickelt wurde, flog mit einem wesentlich längeren Rumpf erstmals im Januar 1998.

▼ **Im Regionalverkehr**
British Airways Express mit Sitz in Gatwick setzte Dash 8 gegen die Konkurrenz von ATR42, ATR72 und RJ 100 ein. Im Sommer führten zusätzliche Routen nach Bremen und Luxemburg.

▼ **Einsatz in den USA**
United Express, eine Tochter der Inlandsfluggesellschaft United Airlines, betrieb zehn Dash 8 als Zubringer zu über 60 US-Städten.

◄ **Dash-Familie**
Die kanadische City Express flog nicht nur das Modell Dash 8-100, sondern auch die viermotorige Vorgängerin Dash 7. Beide Typen sind hier über Toronto zu sehen.

FAKTEN UND ZAHLEN

- **Die Baureihe 200 mit höherer Geschwindigkeit und Nutzlast dient unter anderem bei National Jet Systems für Seepatrouillen.**
- **Die 1990 eingeführte Serie 100A bietet den Passagieren mehr Kopffreiheit.**
- **Die Dash 8 der Streitkräfte Kanadas sind Transporter (CC-142) und Trainer (CT-142).**
- **Aktuelle Version ist die Q400, die dank stärkerer Triebwerke Mach 0,58 bei niedrigen Betriebskosten erreicht.**
- **Der erste Prototyp der Dash 8 mit der Kennung C-GDNK flog am 20. Juni 1983.**
- **Im September 1984 erhielt die Dash 8 ihre zivile Verkehrszulassung.**

Leistungsstarker Zubringer

Moderne Turboprop-Maschinen wirken zwar klein im Vergleich zu den großen Düsenmaschinen der namhaften Fluglinien, sind aber technisch ebenso ausgereift. Die Dash 8-400 erhielt 3602 kW starke Propellerturbinen PW150 und eine Bordavionik mit Flüssigkristallbildschirmen.

Frühere Ausführungen waren herkömmlicher ausgestattet. Sie haben Käufer in aller Welt gefunden und dienen als Zubringer für die Hauptliniengesellschaften, häufig von kleinen Plätzen aus und auf Kurzstrecken mit geringem Verkehrsaufkommen, wo sich der Einsatz größerer Typen nicht lohnt, sowie als Geschäftsflugzeuge mit weniger Sitzen, aber größerem Komfort.

Die ursprüngliche Serie 100 gab es auch als Modell 102 mit 1491 kW starkem PW120A oder als leistungsfähigeres Modell 103 mit dem 1603-kW-PW121. Die Maschinen der Serie 300 sind mit einem um 3,43 m längeren Rumpf für bis zu 56 Passagiersitze um einiges größer und werden von PW123 mit 1775 kW angetrieben.

Neben Dash-8-Nahverkehrsmustern erschienen Militärversionen. So betreiben die Streitkräfte Kanadas Transporter CC-142 und Navigationstrainer CT-142. Die USAF nutzt zwei E-9 mit ausgereifter Avionik als luftgestützte Datenbrücken.

Die Verkaufsmöglichkeiten für die Dash 8 vergrößern sich durch die gestreckten Versionen -300 und die noch modernere -400.

TECHNISCHE DATEN
Dash 8-300A

- **Typ:** Regionalverkehrsflugzeug
- **Triebwerke:** zwei Propellerturbinen Pratt & Whitney Canada PW123A mit je 1775 kW
- **Höchstgeschwindigkeit:** 527 km/h
- **Startstrecke:** 1085 m
- **Anfangssteigrate:** 549 m/min
- **Reichweite:** 1540 km mit 56 Passagieren und Standardbetankung
- **Gipfelhöhe:** 7620 m
- **Gewicht:** Leermasse 11 666 kg; max. Startmasse 18 642 kg
- **Kapazität:** maximal 56 Passagiere
- **Abmessungen:**

Spannweite:	27,43 m
Länge:	25,68 m
Höhe:	7,49 m
Tragflügelfläche:	56,21 m²

DASH 8-100

Die C-GGTO wurde als fünfte Dash 8 gebaut und im September 1985 an City Express ausgeliefert. Nach der Ausmusterung ging sie in den Besitz von Canopus über.

In typischer Auslegung nimmt die Dash 8-100 37 Fluggäste in Vierersitzreihen auf und bietet eine Bordküche, eine Toilette sowie ein Gepäckabteil.

Beide Doppelrad-Hauptfahrwerksbaugruppen ziehen in die Triebwerksgondeln ein. Das Bugfahrwerk ist steuerbar und hat Goodrich-Bremsen.

Im Cockpit der Dash 8 findet die zweiköpfige Besatzung Platz. Zur Avionik gehört ein Wetterradar Primus 800. Der Rumpf ist vollklimatisiert und druckbelüftet, und die Version Q100 bietet eine Kabine mit besonders niedrigem Geräuschpegel.

Die in zwei Gondeln montierten Propellerturbinen Pratt & Whitney Canada PW120A treiben Vierblattluftschrauben von Hamilton Standard mit konstanter Drehzahl an. Über jedem Triebwerk ist ein Einfüllstutzen zur Druckbetankung installiert.

Außer den Notausstiegen auf beiden Seiten befindet sich links im Vorderrumpf eine Passagier-/Besatzungstür mit integrierter Treppe und links im Hinterrumpf eine nach innen öffnende Frachtluke.

Die Dash 8 ist hauptsächlich in herkömmlicher Aluminiumbauweise ausgeführt, doch die Flügelhinterkanten und die Fahrwerksklappen bestehen aus starken, aber leichten Kevlar-Nomex-Verbundwerkstoffen.

EINSATZDATEN

KAPAZITÄT

Die Dash 8-300 bietet standardmäßig 50, bei engerer Bestuhlung aber auch 56 Fluggästen Platz. Ein Hauptkonkurrenzmuster ist die ATR42-300.

STARTSTRECKE

Mit der Dash 7 zielte de Havilland Canada auf Betreiber ab, die auf Kurzstart und -landung spezialisiert sind. Die Dash 8 aber wurde für eine Startstrecke von rund 1000 m ausgelegt und entspricht in dieser Hinsicht etwa der ATR42-300. Angegeben sind die Startstrecken bis auf 15 m Flughöhe.

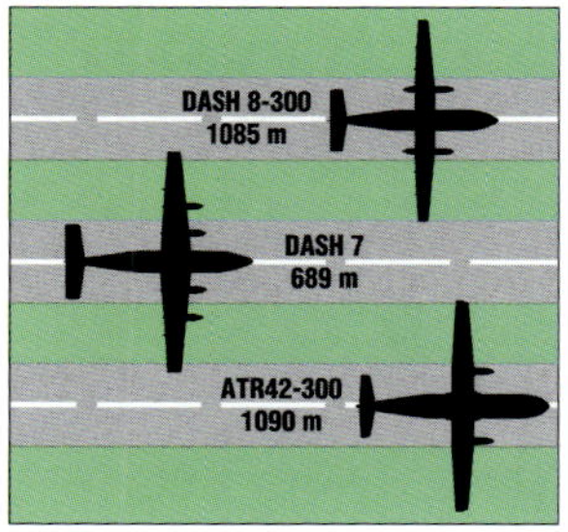

REICHWEITE

Mit voller Passagierlast und Standardbetankung fliegt die Dash 8-300A bis zu 1540 km weit. Die ATR42-300 hat eine bessere Reichweite, aber eine geringere Passagierkapazität, und die auf Kurzstart und -landung spezialisierte Dash 7-100 bietet die geringste Reichweite.

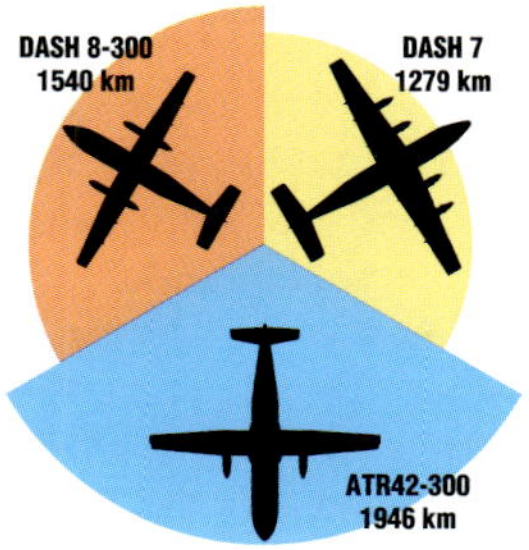

Dash 8 bei zivilen Fluggesellschaften

TALAIR: In Papua-Neuguinea fliegen vier Dash 8, alle mit dem Nationalitätskennzeichen P2. Die abgebildete Maschine der Talair wurde als 102. Exemplar gebaut und 1986 ausgeliefert.

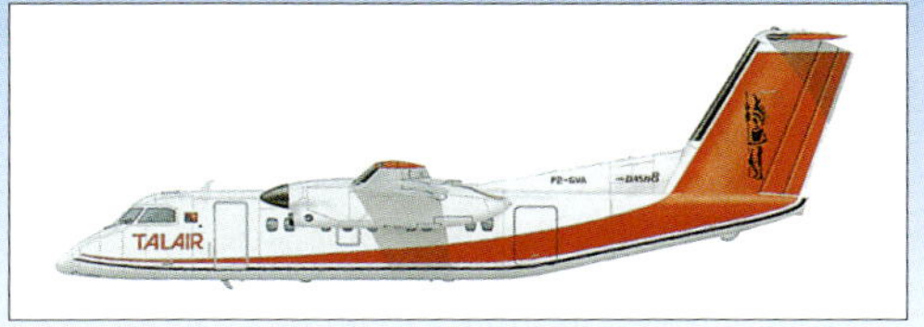

BRYMON EUROPEAN: Die britische Brymon mit Sitz in Plymouth hatte Mitte 1997 sieben Dash 8-300 und zwei Dash 7 in ihrem Bestand. Ihr Netz reichte von Großbritannien bis nach Paris.

EASTERN METRO EXPRESS: In den USA flog die als siebtes Muster gelieferte Dash 8 erst bei Metro Airlines, bevor sie 1993 zu Allegheny Commuter Airlines kam.

KOMET/DELPHIN/MERKUR

● Ganzmetallmaschinen ● Flugboote und Landflugzeuge ● Einsatz bis 1934

▲ *Die Delphin, Komet und Merkur mit ihrer ungewöhnlichen Ganzmetallkonstruktion erzielten gute Flugleistungen und waren für ihre Zeit komfortabel ausgestattet. Die Lufthansa bediente damals deutsche und europäische Zielorte.*

Die Do Cs II Delphin gehörte nicht gerade zu den attraktivsten Flugzeugen aller Zeiten, doch ging aus ihr eine Serie von Verkehrsmaschinen hervor, die von 1920 bis 1934 zuverlässig von Wasser und von Land aus operierten. Delphin, Komet und Merkur befanden sich vor allem in Deutschland im Einsatz, wurden in geringeren Stückzahlen aber auch exportiert. Eine mit Schwimmern ausgestattete Merkur flog 1926/27 in mehreren Etappen von Zürich nach Kapstadt.

DORNIER KOMET/DELPHIN/MERKUR

Erste Komet der Serie ▶
Der Pilot der Komet I saß in einem offenen, in der Flügelvorderkante und direkt hinter dem Motor angeordneten Cockpit. Die vier Fluggäste waren erheblich komfortabler in einer geschlossenen Kabine untergebracht.

▼ Fliegender Delphin
Die Delphin III wirkte eleganter als die früheren Modelle, und ihr Pilot saß direkt vor der Kabine.

▲ In England erprobt
Ende der zwanziger Jahre erprobte das britische Luftfahrtministerium eine Delphin II, weitere Maschinen wurden jedoch nicht gekauft.

◀ Merkur in Südamerika
Syndicato Condor betrieb diese Merkur mit Schwimmern in Brasilien. Eine ähnliche Merkur (CH 171) flog 1926/27 mit zwei Passagieren in 97 1/2 Stunden reiner Flugzeit von Zürich nach Kapstadt.

Streckenausbau ▶
Ab dem 2. Mai 1927 verlängerte Deruluft die Strecke von Moskau nach Königsberg bis Berlin. Dieses deutsch-sowjetische Gemeinschaftsunternehmen setzte bis zu neun Merkur auf der Route ein.

FAKTEN UND ZAHLEN

- Frühe Komet überschritten mit den 138 kW starken BMW IIIa die von den Siegermächten erlaubte Gipfelhöhe.
- Die Delphin III war auch unter der Bezeichnung Do L 3 bekannt.
- Bei einer Komet war der Führerraum hinter der Tragfläche angeordnet.
- Für den hinteren Kabinenbereich konnten die Delphin-III-Käufer zwischen runden und viereckigen Fenstern wählen.
- Die Lufthansa baute ihre Komet I auf Komet-II-Standard mit 186-kW-Motoren um.
- In Japan lizenzgefertigte Komet III erhielten einige Merkur-Komponenten.

Dorniers frühe Ganzmetallflugzeuge

Schon 1920, zu ihrer Enstehungszeit, wirkte die Delphin merkwürdig, und von stromlinienförmiger Gestaltung schien ihr Schöpfer nichts gehört zu haben. Sie bestand aus Duraluminium und Stahl, bot vier bis fünf Passagieren in der Kabine Platz, und ihr Pilot flog in einem offenen Cockpit hinter dem hoch angeordneten Motor.

1922 erschien die gestreckte Do L 1a, deren Motorverkleidung wie ein Dach über den Pilotensitz nach hinten reichte. Eine weitere Rumpfverlängerung führte zur sechs- bis siebensitzigen Do L 2 Delphin II, deren Pilot nun unter dem Motor im Bootskörper saß. Wie alle frühen Delphin war die Do L 2 kein Verkaufserfolg, und man änderte den Entwurf erneut. So entstand die 13sitzige Delphin III, doch von drei gebauten Mustern wurden zwei als unverkäuflich verschrottet, das dritte stürzte ab.

Die Komet I und II waren landgestützte Versionen der L 1 Delphin. Die erste CIII Komet erschien 1921, und die Typen flogen zuverlässig, bis 1930 die letzte Maschine ausgemustert wurde. Dornier entwarf die Komet III, die auf der Delphin III basierte. Der Einbau eines stärkeren Motors und kleinere Änderungen der Zelle machten aus der Komet III die erfolgreiche Merkur, von der umgerüstete und neue Exemplare entstanden.

Oben: Ad Astra Aero kaufte zwei Merkur; die zweite wurde als CH 171 registriert. Beide gingen später an Swissair, und die CH 171 erhielt Schwimmer.

Unten: Diese Do L 1a Delphin trägt japanische Kennzeichen. Mehrere Länder wollten Erfahrungen mit der Ganzmetallkonstruktion der Delphin, einer Kombination aus Stahl und Leichtmetallegierungen, gewinnen.

TECHNISCHE DATEN
Merkur II

- **Typ:** Passagierflugzeug
- **Triebwerk:** ein V-12-Kolbenmotor BMW VI mit 373 kW
- **Höchstgeschwindigkeit:** 192 km/h
- **Reisegeschwindigkeit:** 180 km/h
- **Reichweite:** 750 km
- **Gipfelhöhe:** 4000 m
- **Gewicht:** leer 2780 kg; max. Startmasse 4100 kg
- **Kapazität:** zweiköpfige Besatzung und sechs bis acht Passagiere
- **Abmessungen:**

Spannweite:	19,60 m
Länge:	12,85 m
Höhe:	3,56 m
Tragflügelfläche:	62,00 m²

MERKUR I

Die Lufthansa hat wahrscheinlich mindestens 36 Merkur betrieben, von denen sieben aus Komet III entstanden waren. Die letzte schied im Jahr 1934 aus dem Flugdienst aus.

Komet- und Merkur-Piloten flogen ungeschützt und müssen bei widrigen Wetterverhältnissen sehr gelitten haben. Bei Komet III und Merkur bot die Tragfläche etwas Deckung, doch bei den ersten Komet lag der Führersitz über dem Flügel.

Quer- und Höhenruder waren aerodynamisch ausgeglichen konstruiert. Solche Ausgleichsflächen kennzeichneten auch die Delphin und die Komet.

BMW-VI-Motoren mit 373 kW trieben die Merkur und einige umgebaute Komet III an. Der Kühler war unter dem Bug montiert.

In der Merkur-Kabine fanden bis zu acht Fluggäste Platz, die dank der großen Fenster eine ausgezeichnete Sicht genießen konnten.

Wie die Komet und die frühere Delphin war auch die Merkur eine Ganzmetallkonstruktion. Diese Bauweise galt damals als revolutionär. Auch andere Flugzeughersteller stellten umfassende Untersuchungen zu diesem Konzept an.

Zwischen Komet III und Merkur gab es nur wenige augenfällige Unterschiede. Die Merkur hatte allerdings keine extern abgestrebten Höhenflossen, dafür aber einen stärkeren Motor und im Mittelstück der Tragflächenhinterkante einen Ausschnitt.

EINSATZDATEN

REISEGESCHWINDIGKEIT

Dank ihrer höheren Reisegeschwindigkeit bot die Westland Limousine II kürzere Flugzeiten, wirkte jedoch durch ihre Doppeldeckerkonstruktion weniger fortschrittlich und fand daher bei den Passagieren nur geringen Anklang. Die meisten Konkurrenzmuster der Komet waren Schulterdecker.

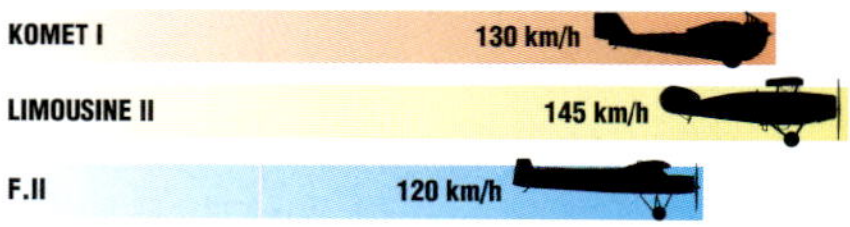

KAPAZITÄT

Die Fokker F.II konnte zwar einen Passagier mehr als die Komet I befördern, doch dieser zusätzliche Fluggast musste im offenen Führerraum neben dem Piloten sitzen. Die Limousine II war nur für drei Passagiere ausgelegt und als Verkehrsflugzeug weniger erfolgreich.

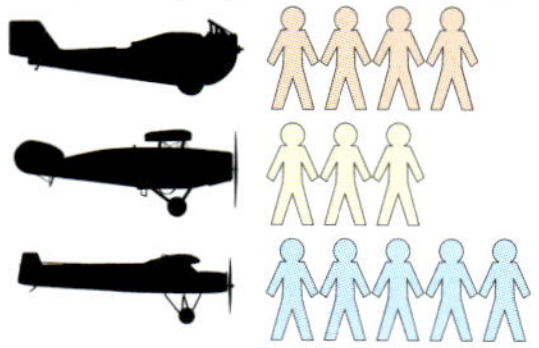

REICHWEITE

Hauptmerkmal der F.II war ihre hervorragende Reichweite, aber ihre geringe Reisegeschwindigkeit machte die Flüge unangenehm lang, besonders für den fünften Passagier. Die Komet II konnte beträchtlich weiter fliegen als die Komet I. Diese hatte eine ähnliche Reichweite wie die Limousine II, die in Europa aber keine große Rolle spielte.

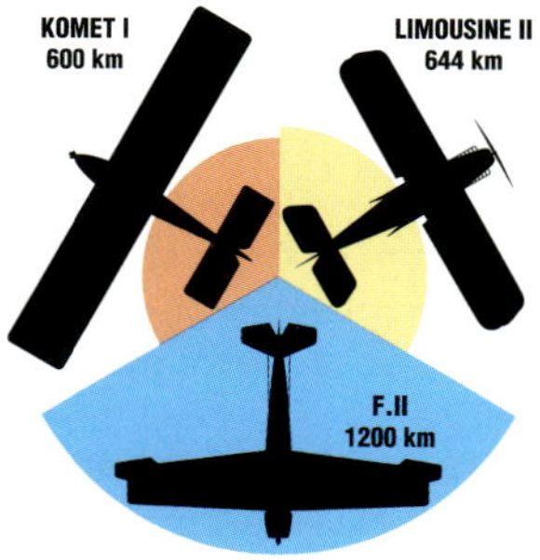

Zivile Dornier-Flugzeuge zwischen den Weltkriegen

LIBELLE: Nach 1918 sagte man in Deutschland dem Wasserflugzeug eine große Zukunft voraus. Die erwartete Nachfrage veranlasste Dornier, das Sport-/Schulflugboot Libelle zu bauen.

Do J WAL: Dieser in großer Zahl und einer verwirrenden Vielfalt von Versionen gebaute Typ zählt zu den erfolgreichsten Flugbooten. Frühe Exemplare wurden in Italien endmontiert.

Do X: Von dem ungewöhnlichen Flugboot baute Dornier nur ein Muster für Deutschland und zwei für Italien. 1929 stellte die Do X bei einem Flug mit 169 Personen einen Rekord auf.

Do 11: Nur wenige Frachtflugzeuge dieses Typs wurden gebaut. Einige von ihnen erschienen als Maschinen für den zivilen Bereich, kamen dort aber nur begrenzt zum Einsatz.

Do X

● **Pionier-Flugboot** ● **Das größte Luftfahrzeug seiner Zeit**

▲ *Dorniers leitender Testpilot Richard Wagner saß beim Jungfernflug hinter dem riesigen Steuerrad. Sein Name war der monumentalen Größe der Do X angemessen.*

Heute tummeln sich Hobbysegler und Windsurfer auf dem Bodensee, doch 1929 war dieses Gewässer die Heimat des größten Luftfahrzeugs der Welt. Die zwölfmotorige Dornier Do X war als transatlantisches Passagierflugzeug entworfen worden, bot aber so dürftige Flugleistungen, dass ihr der kommerzielle Erfolg versagt blieb. Dennoch eröffnete sie der Luftfahrt neue Horizonte.

DORNIER Do X

Hauptattraktion ▶
Wo immer die Do X auftauchte, lockte sie stets große Zuschauermengen an.

▲ **Innovation**
Dornier war einer der großen Pioniere der Luftfahrt. Schon früher hatte er Flugboote gebaut, deren Weiterentwicklung schließlich zur Konstruktion der Do X führte.

▲ **Luxuskabinen**
In den zwanziger und dreißiger Jahren konnten sich nur Wohlhabende einen Flug in der luxuriös ausgestatteten Do X leisten.

▲ **Antrieb**
Zwölf Sternmotoren machten die Do X zum antriebsstärksten Flugzeug ihrer Zeit.

Auf dem Wasser zu Hause ▶
Die Do X entsprach eher einem Flugboot als einem schwimmtüchtigen Luftfahrzeug.

FAKTEN UND ZAHLEN

- Die Rekord-Passagierzahl der Do X betrug zehn Mann Besatzung, 150 geladene Fluggäste und neun blinde Passagiere.
- Der Prototyp der Do X brauchte 20 Minuten, um eine Höhe von 600 m zu erreichen.
- Die Tragflächen waren enorm dick, um die zwölf Sternmotoren tragen zu können.
- Bei einem Startversuch kam die Do X selbst nach 13 Kilometern nicht in die Luft.
- Bei ihrem ersten Transatlantikflug befand sich die Do X 211 Stunden in der Luft – verteilt über einen Zeitraum von 19 Monaten!
- Auch mit stärkeren Motoren kam die Do X niemals über 175 km/h hinaus.

Transatlantik-Gigant

Majestätisch erhebt sich die Do X am Morgen des 12. Juli 1929 vom Bodensee.

Mit einem Gesamtgewicht von 52 Tonnen war die Do X das mit Abstand größte Luftfahrzeug der Welt. Obwohl sie den stärksten Antrieb aller bis dahin gebauten Flugzeuge besaß, blieben ihre Flugleistungen schwach. Das riesige Flugboot war außerordentlich träge und brauchte eine Ewigkeit, um seine Flughöhe von etwa 1000 Metern zu erreichen.

Aber die Do X repräsentierte auch die Wiedergeburt der deutschen Luftfahrtindustrie elf Jahre nach dem Ende des Ersten Weltkriegs. Dieser Aufbruch wurde mit einem bahnbrechenden Flug gefeiert, der von Europa nach Afrika, über den Atlantik nach Südamerika, weiter nach New York und schließlich wieder nach Europa zurück führte.

Die Do X wurde später der Lufthansa übergeben, die mit der gigantischen Maschine allerdings niemals auch nur einen einzigen zahlenden Fluggast beförderte. So beendete das Flugboot seine Laufbahn in einem Berliner Museum, wo es bei einem Angriff der Alliierten zerstört wurde.

Der Flug der Do X nach New York führte zu einem kräftigen Aufschwung in der deutschen Luftfahrtindustrie.

TECHNISCHE DATEN

- **Typ:** experimentelles Passagierflugboot für Transatlantikverbindungen
- **Triebwerke:** Zwölf Neun-Zylinder Sternmotoren Curtiss Conqueror mit einer Nennleistung von je 450 kW (600 PS)
- **Höchstgeschwindigkeit:** 210 km/h
- **Reisefluggeschwindigkeit** 175 km/h
- **Steigzeit auf 1000 m:** 14 min
- **max. Reichweite:** 2200 km
- **Dienstgipfelhöhe:** 1250 m
- **Fassungsvermögen:** 14 Besatzungsmitglieder, 66 Passagiere und max. 23 300 Liter Kraftstoff; bei einem Werkstattflug vom Bodensee aus hatte die Do X zehn Besatzungsmitglieder, 150 Fluggäste und neun blinde Passagiere an Bord (169 Personen insgesamt)
- **Gewicht:** Rüstmasse 32 675 kg; normale Nutzlast 15 325 kg; Abflugmasse 56 000 kg
- **Abmessungen:**

Spannweite	48 m
Länge	40,05 m
Höhe	10,10 m
Tragflügelfläche	450 m²

„Das Ungeheuer vom See“

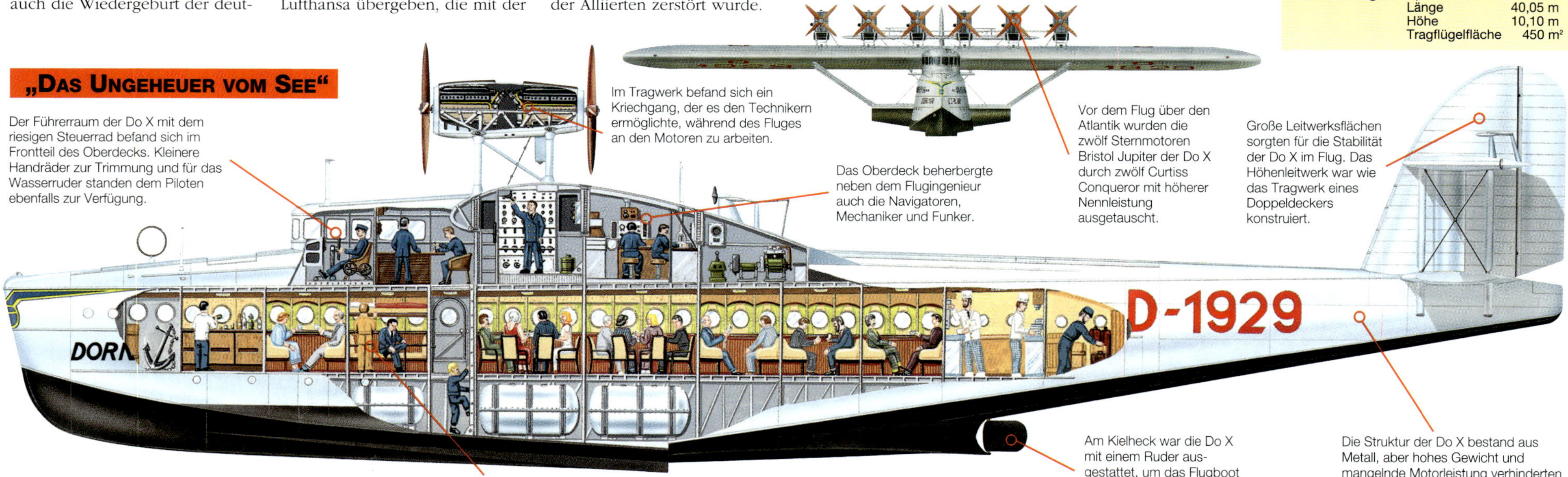

Mit der Do X über den Atlantik

ABFLUG: Der Flug war in Etappen unterteilt, mit Zwischenstopp in Amsterdam (links) und Calshot, Südengland. Wo immer die Do X auftauchte, fand sich eine große Zuschauermenge ein.

WESTAFRIKA: Am 3. Juni 1931 startete die Do X von Portugiesisch-Guinea zum Flug über den Atlantik, den sie aufgrund ihrer begrenzten Reichweite an der engsten Stelle überqueren musste.

ANKUNFT IN RIO: 17 Tage später traf die Do X in Rio de Janeiro ein. Die Flugzeit für die längste Teilstrecke, von den Kapverdischen Inseln nach Fernando Noronha, betrug 13 Stunden.

WILLKOMMEN IN NEW YORK: In acht Wochen flog die Do X über die Karibik nach Nordamerika. Die Ankunft des Flugbootes in New York lockte eine riesige Menschenmenge an den Kai.

ZURÜCK IN DIE HEIMAT: Nachdem sie in Amerika überwintert hatte, trat die Do X den Rückflug nach Deutschland an. Am 24. Mai 1932 landete sie auf dem Müggelsee bei Berlin.

DORNIER

228

● Zweimotoriger Zubringer ● Moderne Tragfläche ● Militärische Versionen

Ihre fortschrittliche Flügelkonstruktion, die zu einer hervorragenden Reichweite und Ladekapazität beiträgt, verhalf der Dornier 228 zu weltweiten Verkaufserfolgen. Sie wurde bis in die 90er Jahre gebaut, und rund um den Erdball entschieden sich Zubringergesellschaften sowie kleinere Fluglinien und Luftstreitkräfte für diese wirtschaftliche Maschine. Ihre Vielseitigkeit erlaubte eine breite Einsatzpalette, die vom Transport bis hin zur Umweltkontrolle reicht.

▲ *Die 228 hat sich in aller Welt gut verkauft, speziell auf kleineren Märkten wie etwa im Königreich Bhutan. Dank ihrer fortschrittlichen Auslegung eignet sie sich auch zur Montage vor Ort; einige Maschinen wurden daher in Indien gebaut.*

BILDERCHRONIK

DORNIER 228

◀ **Klassisches Cockpit**
Die 228 hat kein modernes „Glas"-Cockpit, sondern eine traditionelle, beinahe altmodisch wirkende Instrumentierung.

▲ **Seeaufklärer im Fernen Osten**
Die thailändische Marine setzt drei Dornier 228 zur Seeaufklärung ein. Das Radom unter dem Rumpf enthält eine Radarantenne Bendix 1500. Die Flugzeuge der indischen Küstenwache verfügen über eine ähnliche Austattung.

▲ **Dornier-Stil**
Die 228 erhielt den gleichen Rumpfquerschnitt wie die Dornier 128, eine Turbopropversion der Do 28D Skyservant aus den sechziger Jahren.

▼ **Militärische Verwendung**
Bei der deutschen Bundeswehr waren nur wenige 228 in Gebrauch. Der größte militärische Betreiber ist Indien, das das Muster sowohl bei der Luftwaffe als auch bei Heer und Marine einsetzt.

▲ **Hochentwickelte Tragflügel**
Die TNT („Tragflügel Neuer Technologie") der 228 wurden seit 1979 an einer modifizierten Do 28 umfangreich erprobt. Die spätere 328 verwendete ein ähnliches Tragwerk.

FAKTEN UND ZAHLEN

- Die Entwicklung der Tragflächen für die 228 wurde teilweise aus staatlichen Mitteln finanziert.
- Die Flügel der Dornier 228 wurden im Juni 1979 an einer modifizierten Do 28 erprobt.
- Insgesamt wurden 247 Exemplare gefertigt.
- Die Erfahrungen aus mehr als einer Million Flugkilometern mit der 228 flossen in den Entwurf der Dornier 328 ein.
- Gebrauchte 228 wurden später zu Frachtflugzeugen umgebaut.
- Die Polizeibehörde von Oman setzt zwei Do 228-100 ein.

PROFIL

Zeitgemäßer Turboprop-Zubringer

Mit ihrem abfallenden Bug und der bauchigen Fahrwerksverkleidung wirkt die 228 ein wenig wie eine „schwangere Ente". Dieses Modell von Dornier (später Teil der Fairchild-Gruppe) war das erste Nachkriegsflugzeug des berühmten Unternehmens, das eine wahrhaft neue technische Leistung darstellte.

Die 228 verband das Basisrumpfmodell der früheren Nachkriegsmuster von Dornier mit einem neuen, fortschrittlichen Flügel aus Verbundwerkstoffen. Man bot zwei Flugzellengrößen an. Als erste Version kam am 28. März 1981 der 15-Sitzer Do-228-100 in die Luft, und nur sechs Wochen später flog die erste Maschine der größeren Serie 200.

1986 lagen bereits Aufträge von 40 Abnehmern vor, darunter viele kleinere Airlines in Ländern der Dritten Welt. Die Dornier wurde in Indien in Lizenz gebaut. Der Absatz in den USA und anderen Industrieländern blieb aber begrenzt, was sich zum Teil wohl dadurch erklärt, daß die Kabine nicht über Druckausgleich verfügt.

Eine amerikanische Analyse besagt, dass kein anderer Airliner dieser Klasse die gleiche Passagierzahl über so große Entfernungen befördern könne. 1995 verringerte sich die Produktion der verbesserten 228-212 in Deutschland aufgrund mangelnder Nachfrage, während der indische Lizenzbau gleich blieb.

Links: Mehrere Spezialversionen der 228 wurden verkauft, darunter für Seepatrouillen oder zur Umweltkontrolle.

Unten: Als Hochdecker zieht die 228 ihr Fahrwerk in den Rumpf ein.

TECHNISCHE DATEN
228-200

- **Typ:** zweimotoriger Zubringer
- **Triebwerke:** zwei Propellerturbinen Honeywell TPE331-5-252D mit je 579 kW
- **Höchstgeschwindigkeit:** 440 km/h
- **Gipfelhöhe:** 8535 m
- **Reichweite:** 1740 km
- **Kapazität:** zwei Piloten, ein Flugbegleiter und bis zu 19 Passagiere oder in der Auslegung als Luftambulanz bis zu sechs Bahren oder 2200 kg Fracht
- **Gewicht:** leer 3547 kg; beladen 5700 kg
- **Abmessungen:**

Spannweite:	16,97 m
Länge:	16,56 m
Höhe:	4,86 m
Tragflügelfläche:	32 m²

Do 228-200

F-OGOF ist eine Do 228-200 der Air Guadeloupe. Die meisten Maschinen dieses Typs wurden als Zubringer verkauft.

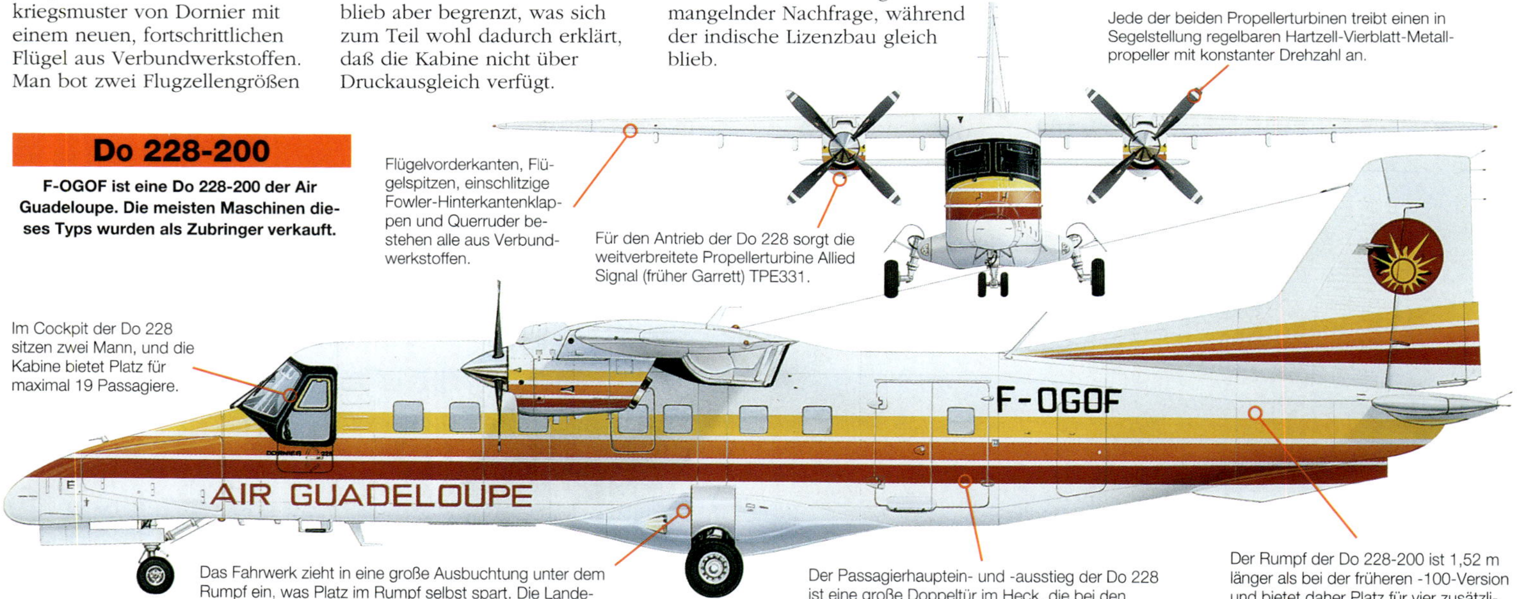

Jede der beiden Propellerturbinen treibt einen in Segelstellung regelbaren Hartzell-Vierblatt-Metallpropeller mit konstanter Drehzahl an.

Flügelvorderkanten, Flügelspitzen, einschlitzige Fowler-Hinterkantenklappen und Querruder bestehen alle aus Verbundwerkstoffen.

Für den Antrieb der Do 228 sorgt die weitverbreitete Propellerturbine Allied Signal (früher Garrett) TPE331.

Im Cockpit der Do 228 sitzen zwei Mann, und die Kabine bietet Platz für maximal 19 Passagiere.

Das Fahrwerk zieht in eine große Ausbuchtung unter dem Rumpf ein, was Platz im Rumpf selbst spart. Die Landescheinwerfer sind vor den Fahrwerksluken installiert.

Der Passagierhauptein- und -ausstieg der Do 228 ist eine große Doppeltür im Heck, die bei den Transporterversionen als Frachtladeluke dient.

Der Rumpf der Do 228-200 ist 1,52 m länger als bei der früheren -100-Version und bietet daher Platz für vier zusätzliche Passagiere und mehr Gepäck.

EINSATZDATEN

REISEGESCHWINDIGKEIT

Die 228 wurde einige Zeit nach der L-410 und der DHC-6 konstruiert. Sie hat daher eine bessere Aerodynamik, stärkere Triebwerke und somit auch eine höhere Spitzengeschwindigkeit.

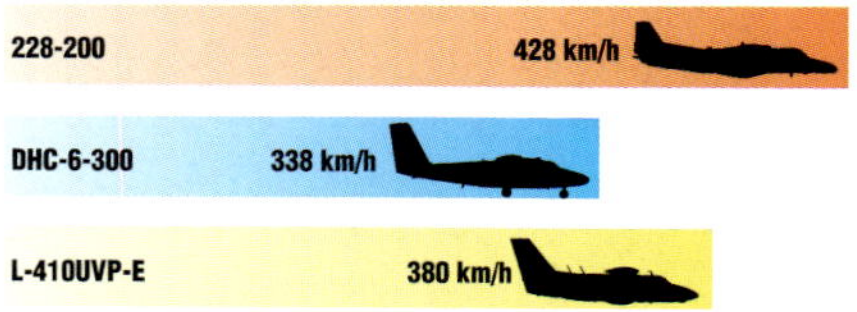

REICHWEITE

Die Treibstoffeffizienz und Reichweite der 228 kommen von der Flügelkonstruktion. Die Flügel der DHC-6 sind eher für Kurzstreckenstart und -landung (STOL) als für Reichweite optimiert.

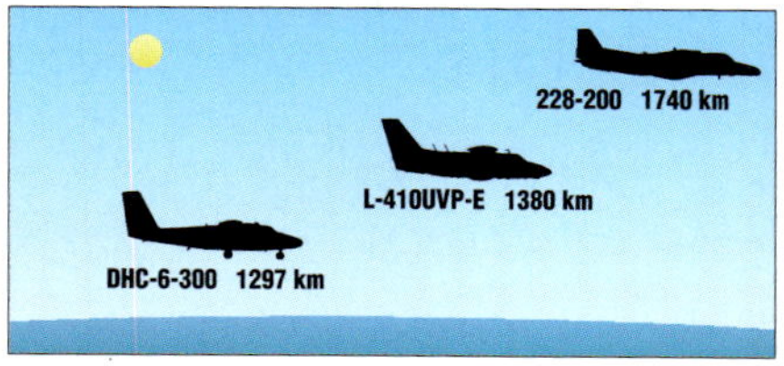

GIPFELHÖHE

Die Dornier hat eine etwas bessere Gipfelhöhe, als sie für moderne Zubringer-Airliner dieses Typs und dieser Größe üblich ist. Dies liegt in erster Linie an der modernen Flügelkonstruktion, die auch für die guten STOL-Leistungen sorgt.

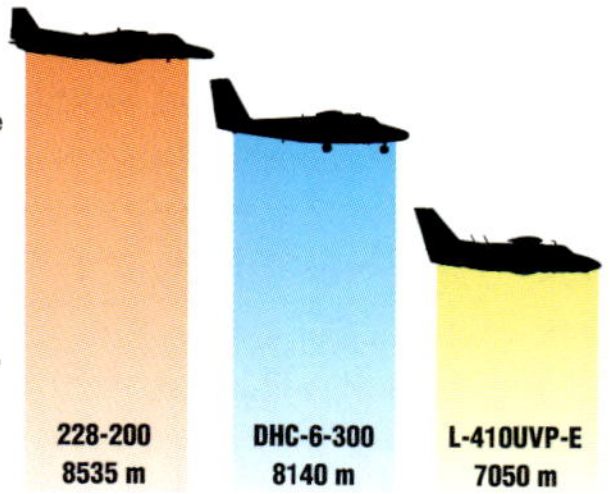

Leichte zweimotorige Zubringer

DE HAVILLAND CANADA DHC-6 TWIN OTTER: Die Firma de Havilland Canada nutzte ihre Erfahrung mit dem einmotorigen STOL-Flugzeug für die DHC-6 von 1965. Bis die Produktion 1988 endete, waren über 800 Exemplare gebaut.

LET L-410: Die 19sitzige L-410 war seit 1969 in den einstigen Ostblockstaaten, speziell der Sowjetunion, sehr beliebt. Der größeren L-610 für den Westmarkt blieb allerdings kein Erfolg beschert.

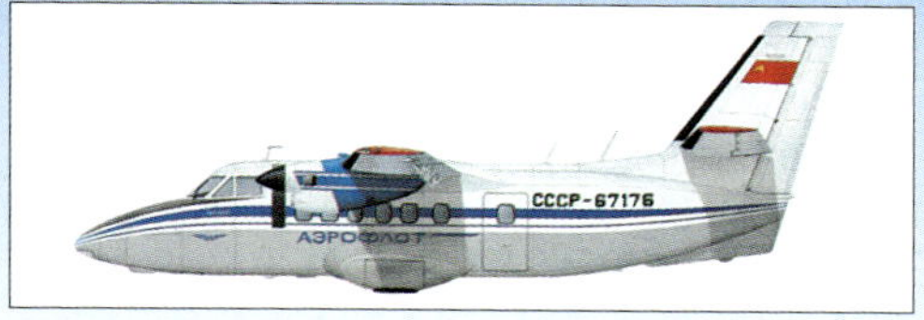

BRITISH AEROSPACE JETSTREAM: Die Jetstream, die von Handley Page entwickelt wurde, fiel nach dem Bankrott der Firma zu Beginn der siebziger Jahre an Scottish Aviation. Frühe Versionen flogen mit dem Triebwerk Astazou, spätere mit dem TPE331.

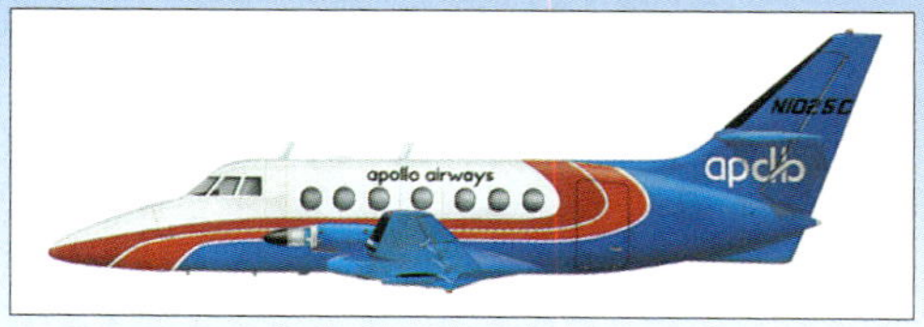

Douglas

DC-3

● Zweimotoriges Verkehrsflugzeug ● Wichtigster Airliner in der Geschichte

▲ *DC-3 sind für jede nur denkbare Aufgabe herangezogen worden – vom Rentiertransport in der Arktis bis hin zu elektronischen Spionageflügen für die US Navy.*

Die Douglas DC-3 hat die Welt verändert. Der erstmals in den 30er Jahren geflogene klassische Airliner ist in beinahe jedem Land der Welt betrieben worden. Die vielseitige DC-3 wurde als Passagierflugzeug, Frachttransporter und sogar zur Schädlingsbekämpfung durch Sprühen von Insektiziden eingesetzt. Vor allem aber bahnte sie dem kommerziellen Passagierluftverkehr, wie wir ihn heute kennen, den Weg.

Douglas DC-3

Pionier der kommerziellen Luftfahrt ▶
Eine DC-3 der Swissair überfliegt den Ärmelkanal in Richtung Zürich. In der unmittelbaren Nachkriegszeit war die DC-3 das Standardmuster der meisten europäischen Fluggesellschaften.

▼ Komfortable Flugreise
Die DC-3 revolutionierte den Luftverkehr in den USA, als sie in den 30er Jahren mit Geschwindigkeit und hohem Komfort aufwartete.

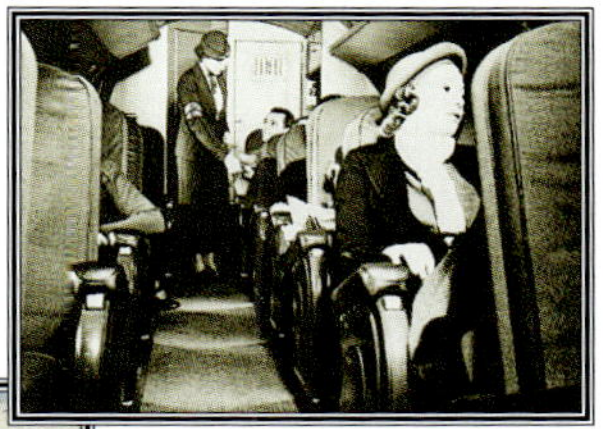

▲ 60 Jahre im Geschäft
Noch immer sind zahlreiche DC-3 aktiv, z. B. im Frachttransport im südamerikanischen Raum, für Vergnügungsflüge und für Auftritte bei Luftfahrtveranstaltungen.

Militärisches Fossil ▶
Varianten der DC-3 dienen weiterhin in geringer Zahl bei einigen Luftstreitkräften.

▼ Nothilfe-Einsatz
DC-3 wurden weltweit für Hilfsmissionen, unter anderem für die Vereinten Nationen, eingesetzt. Sie eigneten sich dafür aufgrund ihrer niedrigen Betriebskosten hervorragend.

▲ Glanzzeit der DC-3
Als zweiter DC-3-Käufer bestellte Howard Hughes ein Dutzend Exemplare für Transcontinental und Western Air (später TWA).

FAKTEN UND ZAHLEN

- Der Jungfernflug der DC-3 am 17. Dezember 1935 war der 32. Jahrestag des ersten Motorflugs der Gebrüder Wright.
- 10 636 DC-3 wurden in den USA gebaut, 4878 Exemplare allein im Jahr 1944.
- Die erstmals am 23. Juni 1949 geflogene Super DC-3 bot einige Verbesserungen, war aber kein Verkaufserfolg.
- In Vietnam beteiligte sich die DC-3 an der psychologischen Kriegsführung und warf Propagandamaterial aus der Luft ab.
- Fachleute halten die teilweise seit 60 Jahren eingesetzte DC-3 für das bedeutendste Flugzeug in der Geschichte.
- Mehrere Firmen rüsteten die DC-3 nachträglich mit Turboprops aus.

Einsatz in aller Welt

Die DC-3 wurde 1936 von amerikanischen Luftverkehrsgesellschaften erstmals in Dienst gestellt. Noch bevor man sie im Zweiten Weltkrieg zum „Wehrdienst" heranzog, hatte ein Dutzend Liniengesellschaften bereits die günstige Gelegenheit genutzt, ihren Passagieren ein nie zuvor gekanntes Maß an Komfort und Bequemlichkeit zu bieten. Nach 1945 setzten dann über 100 Fluggesellschaften die DC-3 ein.

Ursprünglich war die DC-3 als Nachtverkehrsflugzeug mit 14 Doppelsitzen konzipiert worden, die in obere und untere Schlafliegen verwandelt werden konnten. Im Lauf der Zeit hat die DC-3-Kabine allerdings jede nur vorstellbare Kombination an Personen und Gegenständen befördert. General Dwight Eisenhower bezeichnete die Militärversion C-47 als eine der vier wichtigsten Waffen der Amerikaner im Zweiten Weltkrieg.

Die DC-3 erledigt noch immer verschiedenste Aufgaben im militärischen und zivilen Bereich.

Die DC-3 war während ihrer langen Dienstzeit mit einer Vielzahl von verschiedenen Aufgaben betraut, und von elektronischen Spähflügen über Ziviltransporte bis hin zur Erforschung der Antarktis hat sie alle zur Zufriedenheit ihrer Nutzer erfüllt.

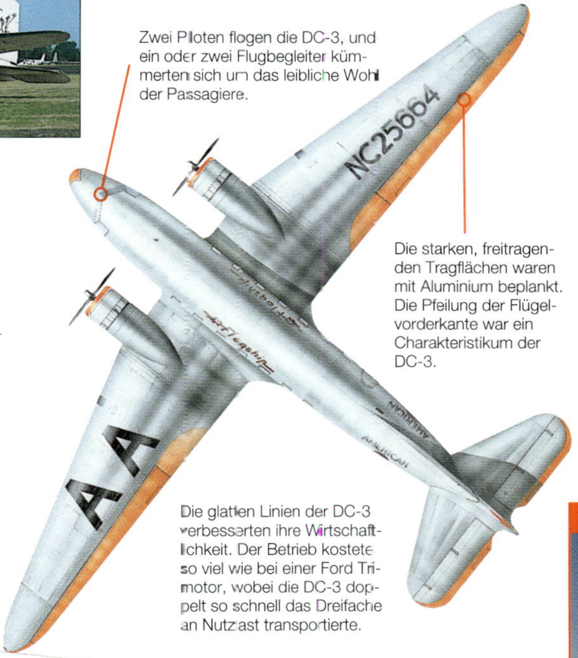

Zwei Piloten flogen die DC-3, und ein oder zwei Flugbegleiter kümmerten sich um das leibliche Wohl der Passagiere.

Die starken, freitragenden Tragflächen waren mit Aluminium beplankt. Die Pfeilung der Flügelvorderkante war ein Charakteristikum der DC-3.

Die glatten Linien der DC-3 verbesserten ihre Wirtschaftlichkeit. Der Betrieb kostete so viel wie bei einer Ford Trimotor, wobei die DC-3 doppelt so schnell das Dreifache an Nutzlast transportierte.

TECHNISCHE DATEN DC-3

- **Typ:** Kurz-/Mittelstrecken-Verkehrsflugzeug
- **Triebwerke:** zwei Sternmotoren Pratt & Whitney R-1830-S1C3G Twin Wasp, je 895 kW (1217 PS)
- **Höchstgeschwindigkeit:** 370 km/h in 2590 m Höhe
- **Reichweite:** 2400 km
- **Dienstgipfelhöhe:** 7070 m
- **Gewicht:** leer 7650 kg; beladen 11 430 kg
- **Besatzung/Passagiere:** zwei Piloten, eine Stewardess und 21 bis 28 (typisch 24, max. 33) Passagiere oder 14 Fluggäste in Schlafliegen
- **Abmessungen:**

Spannweite:	28,96 m
Länge:	19,65 m
Höhe:	5,17 m
Tragflügelfläche:	91,69 m²

Douglas Sleeper Transport

American Airlines war Erstabnehmer der DC-3. Die Gesellschaft wünschte ein Muster, das die Boeing 247 und DC-2 ihrer Konkurrenten ausstechen konnte. Der neue Airliner genügte diesem Anspruch in jeder Beziehung.

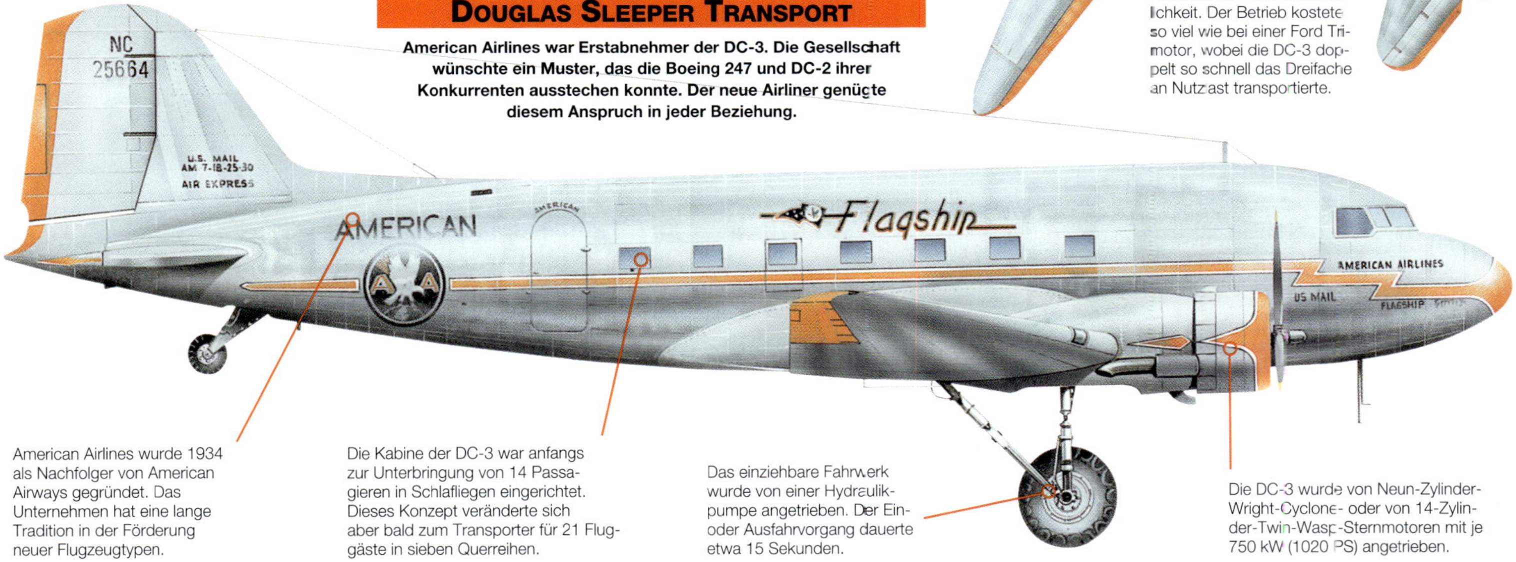

American Airlines wurde 1934 als Nachfolger von American Airways gegründet. Das Unternehmen hat eine lange Tradition in der Förderung neuer Flugzeugtypen.

Die Kabine der DC-3 war anfangs zur Unterbringung von 14 Passagieren in Schlafliegen eingerichtet. Dieses Konzept veränderte sich aber bald zum Transporter für 21 Fluggäste in sieben Querreihen.

Das einziehbare Fahrwerk wurde von einer Hydraulikpumpe angetrieben. Der Einoder Ausfahrvorgang dauerte etwa 15 Sekunden.

Die DC-3 wurde von Neun-Zylinder-Wright-Cyclone- oder von 14-Zylinder-Twin-Wasp-Sternmotoren mit je 750 kW (1020 PS) angetrieben.

EINSATZDATEN

REICHWEITE

Die DC-3 überquerte als erster Airliner der Welt die USA mit einer Zwischenlandung von Küste zu Küste. Die Konkurrentin Boeing 247 war zwar der erste moderne Airliner, aber mit der Douglas DC-3 konnte die Maschine nicht mithalten, weil sie nicht so viel Kraftstoff mitführen konnte.

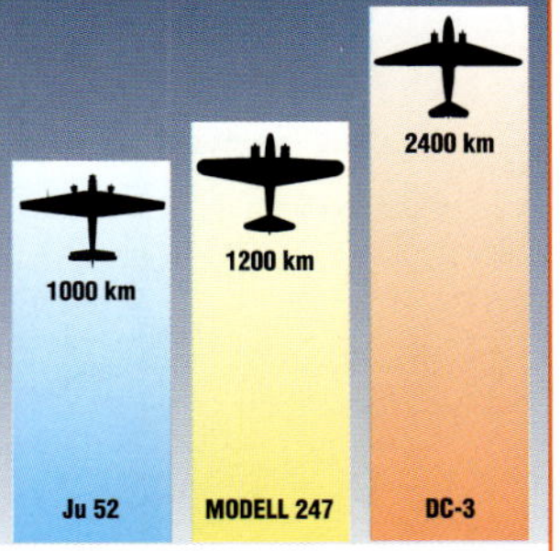

GESCHWINDIGKEIT

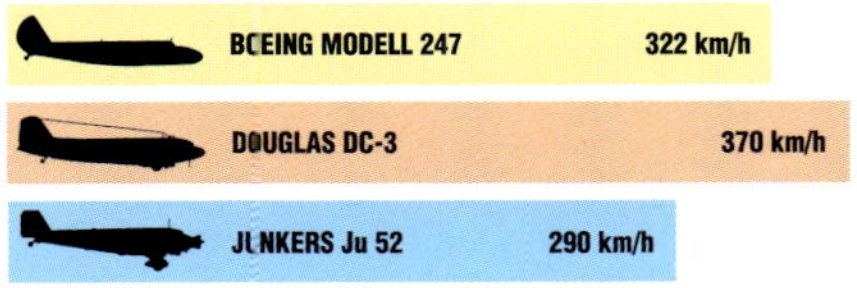

Weniger als drei Jahre lagen die Erstflüge der dreimotorigen Ju 52 und der DC-3 auseinander, aber in bezug auf Technologie und Komfort trennten sie Welten. Die Junkers-Verkehrsmaschine war der Höhepunkt einer Serie, die 1919 begonnen hatte, während die Douglas eine neue Ära des Passagiertransports einläutete.

NUTZLAST

Als die Boeing 247 Anfang der 30er Jahre entworfen wurde, galten zehn Passagiere noch als achtbare Nutzlast. Erst die spätere DC-3 mit ihrer enormen Nutzlastkapazität war in der Lage, das gestiegene Passagieraufkommen zu bewältigen.

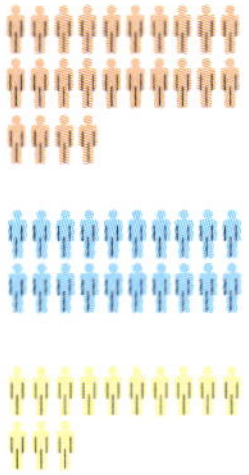

DOUGLAS DC-3
21 Passagiere und dreiköpfige Besatzung

JUNKERS Ju 52
17 Passagiere und dreiköpfige Besatzung

BOEING MODELL 247
10 Passagiere und dreiköpfige Besatzung

Von Doppeldeckern zu Eindeckern: frühe amerikanische Airliner

CURTISS CONDOR: Dieser Doppeldecker repräsentierte den Stand der Airliner-Technik in den 20er Jahren und kam noch zehn Jahre später auf den Post- und Passagierstrecken der USA zum Einsatz. Mit den neuen Eindeckern konnten diese Flugzeuge aber nicht mithalten.

FORD TRIMOTOR: Ähnlich revolutionär wie die DC-3, gab die Trimotor den Anstoß zur ersten Ausweitung des Luftverkehrs. Nach heutigem Maßstab war die Maschine zwar unbequem und laut, aber für die damalige Zeit bot die Trimotor ihren Fluggästen eine ganze Menge.

BOEING MODELL 247: Ab 1933 flog das Modell 247, das erste zweimotorige Verkehrsflugzeug in der Auslegung eines Ganzmetall-Tiefdeckers mit Einziehfahrwerk.

DOUGLAS

DC-4

● Viermotoriges Verkehrsflugzeug ● Viele militärische C-54 umgerüstet

▲ *Während des Krieges hatte sich die C-54 einen ausgezeichneten Ruf erworben. Bei 79 642 Überseeflügen kam es zu nur drei Notwasserungen, von denen eine sogar für Testzwecke herbeigeführt wurde.*

Mit der DC-4 begann die Entwicklung eines den ganzen Globus umspannenden Flugliniennetzes. Zum ersten Mal hatten die Fluggesellschaften die Möglichkeit, die Ozeane zu überqueren und interkontinentale Flugdienste einzurichten. Planung und Bau dieses viermotorigen Verkehrsflugzeugs verzögerten sich zwar durch den Zweiten Weltkrieg, doch in den Nachkriegsjahren erwies sich die DC-4 als ein wichtiger Pionier der internationalen Luftfahrt.

DOUGLAS DC-4

▲ Erfahrene Piloten
Viele Piloten, die C-54 während des Krieges geflogen hatten, gingen zu zivilen Fluggesellschaften.

▲ Holländische Skymaster
Die Fluggesellschaften KLM und KNILM übernahmen sowohl umgerüstete C-54 als auch neue DC-4, die im November 1945 Routen nach Niederländisch-Ostindien eröffneten.

▲ Über dem Nordatlantik
Air France nahm ihren Nordatlantikdienst mit neuen und ehemals militärischen DC-4 auf.

▲ In Australien
In den Nachkriegsjahren war die DC-4 in aller Welt anzutreffen. Diese australische Maschine flog für Ansett. Ab 1946 überquerte Australian National Airways auch den Pazifik.

▲ Pionier der PanAm
Die Pan American eröffnete mit ihren DC-4 Strecken über den Pazifik.

◀ Veteran
Diese in Südafrika registrierte Maschine wurde von der Dutch Dakota Association geflogen.

FAKTEN UND ZAHLEN

- ➤ Einige US-Fluggesellschaften ließen eckige Rahmen um die runden Fenster der DC-4 malen, damit diese wie die DC-6 aussah.
- ➤ Mit der DC-4 verkürzte sich der Flug New York–Los Angeles auf 14 1/2 Stunden.
- ➤ Die ersten zivilen DC-4 wurden von American, Eastern und United Airlines bestellt.
- ➤ Für Starts in der Höhe von La Paz in Bolivien nutzte die US-Fluggesellschaft Braniff einen Hilfsstrahlantrieb (JATO).
- ➤ Der Prototyp der DC-4, eine C-54, flog erstmals am 14. Februar 1942.
- ➤ Canadair baute eine DC-4 als C-5 mit Sternmotoren R-2800.

Zivile Skymaster

Die als zivile Maschine entwickelte DC-4 startete 1942 als C-54 in der Militärversion zum Erstflug. Die Absicht, in der Verkehrsfliegerei neue Maßstäbe zu setzen, musste für die Zeit des Krieges zurückgestellt werden. Doch als nach 1945 der Bedarf des Militärs sank, baute Douglas 79 zivile DC-4.

Diese Exemplare und die große Zahl ehemals militärischer Maschinen leisteten im Langstrecken-Passagiertransport sowie als Frachtflugzeuge innerhalb der USA sehr gute Dienste und eröffneten zudem viele Überseerouten. Bis zum Eintreffen modernerer Typen mit druckbelüfteter Kabine bildete die DC-4 das Rückgrat etlicher Fluggesellschaften.

Zu den zahlreichen Versionen der DC-4 gehörten auch in Kanada von Canadair gebaute Maschinen mit Rolls-Royce-Triebwerken. Zivile sowie militärische Modelle waren 1948 an der Berliner Luftbrücke beteiligt.

Die Betreiber schätzten die DC-4 als eine äußerst zuverlässige Maschine für Langstreckeneinsätze. Sie konnte sich zwar nicht mit der DC-6 und der Constellation messen, denen sie bald weichen musste, kam aber bei kleineren Fluggesellschaften trotzdem noch viele Jahre lang intensiv zum Einsatz.

Große Fluglinien gaben ihre DC-4 schon bald zugunsten modernerer Typen auf, doch kleinere Gesellschaften hielten ihr noch lange die Treue.

Der Tragflügel der DC-4 verdeutlicht die einfache Konstruktion des Flugzeugs. Er verjüngte sich gleichmäßig zur Flügelspitze hin und zeigte den für die Douglas-Maschinen typischen Querschnitt mit drei Holmen.

Douglas verkaufte nach dem Zweiten Weltkrieg 79 neue DC-4, doch die meisten in Dienst gestellten Maschinen waren ehemalige USAAF-Exemplare mit ihren typischen großen Backbordladeluken, die die vor und nach dem Krieg gebauten DC-4 nicht aufwiesen.

TECHNISCHE DATEN
DC-4

- **Typ:** Langstrecken-Passagierflugzeug
- **Triebwerke:** vier Sternmotoren Pratt & Whitney R-2000-2SD13G Twin Wasp je 1081 kW
- **Höchstgeschwindigkeit:** 451 km/h in 4265 m Höhe
- **Reisegeschwindigkeit:** 365 km/h in 3050 m Höhe
- **Reichweite:** 4023 km
- **Gipfelhöhe:** 6800 m
- **Kapazität:** fünfköpfige Besatzung und bis zu 44 Passagiere, Gepäck sowie Fracht bei Tagesflügen oder 22 Passagiere auf Schlafliegen, Gepäck und Fracht bei Nachtflügen
- **Gewicht:** leer 19 640 kg; beladen 33 112 kg
- **Abmessungen:**

Spannweite:	35,81 m
Länge:	28,60 m
Höhe:	8,38 m
Tragflügelfläche:	135,63 m²

C-4 „ARGONAUT"

„Astraea" war eine der 22 C-4, die 1949 an die British Overseas Airways Corporation ausgeliefert wurden. BOAC setzte sie als „Argonaut"-Klasse bis 1960 auf ihren Strecken nach Nah- und Fernost sowie nach Südamerika ein.

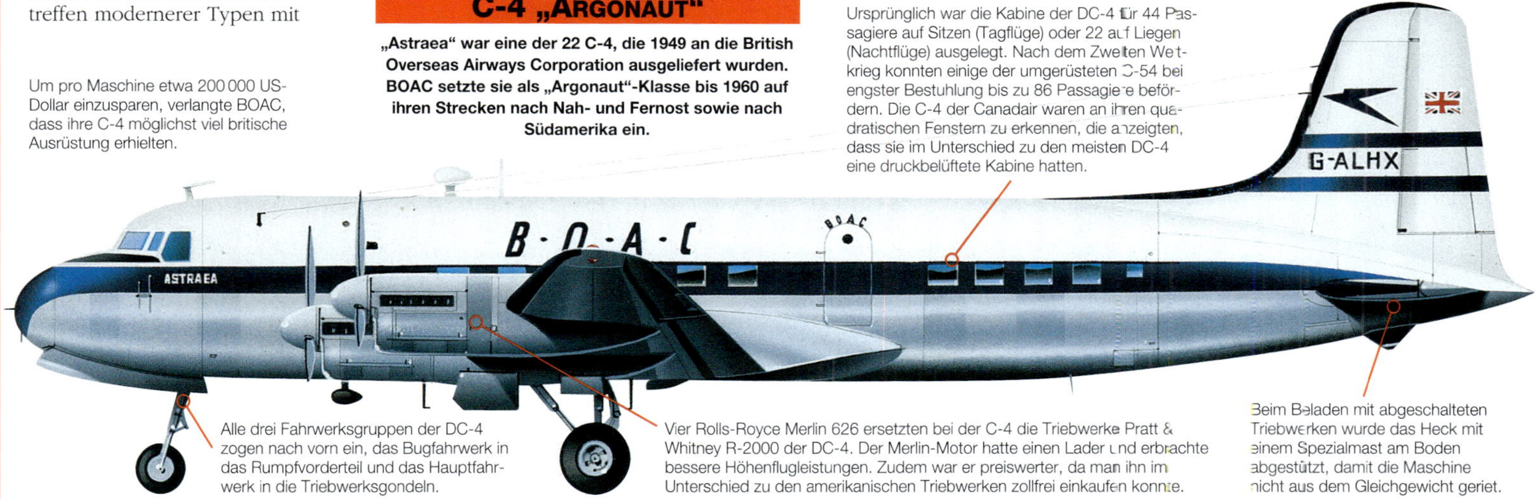

Um pro Maschine etwa 200 000 US-Dollar einzusparen, verlangte BOAC, dass ihre C-4 möglichst viel britische Ausrüstung erhielten.

Ursprünglich war die Kabine der DC-4 für 44 Passagiere auf Sitzen (Tagflüge) oder 22 auf Liegen (Nachtflüge) ausgelegt. Nach dem Zweiten Weltkrieg konnten einige der umgerüsteten C-54 bei engster Bestuhlung bis zu 86 Passagiere befördern. Die C-4 der Canadair waren an ihren quadratischen Fenstern zu erkennen, die anzeigten, dass sie im Unterschied zu den meisten DC-4 eine druckbelüftete Kabine hatten.

Alle drei Fahrwerksgruppen der DC-4 zogen nach vorn ein, das Bugfahrwerk in das Rumpfvorderteil und das Hauptfahrwerk in die Triebwerksgondeln.

Vier Rolls-Royce Merlin 626 ersetzten bei der C-4 die Triebwerke Pratt & Whitney R-2000 der DC-4. Der Merlin-Motor hatte einen Lader und erbrachte bessere Höhenflugleistungen. Zudem war er preiswerter, da man ihn im Unterschied zu den amerikanischen Triebwerken zollfrei einkaufen konnte.

Beim Beladen mit abgeschalteten Triebwerken wurde das Heck mit einem Spezialmast am Boden abgestützt, damit die Maschine nicht aus dem Gleichgewicht geriet.

EINSATZDATEN

REISEGESCHWINDIGKEIT

Angegeben ist die Reisegeschwindigkeit der DC-4 im Vergleich zu der ihrer Vorgängerin und ihrer Nachfolgerin. Die DC-4 verkürzte die Reisezeit zwischen der US-Ost- und der Westküste erheblich.

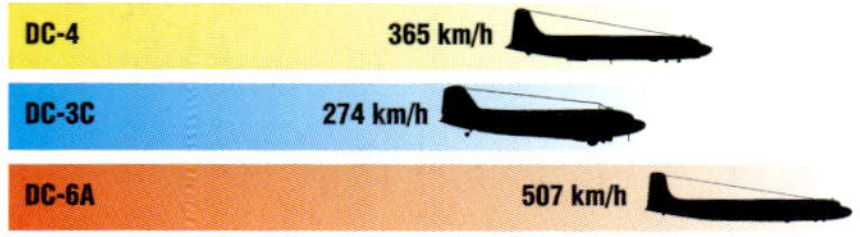

KAPAZITÄT

Auch das größere Passagierplatzangebot der DC-4 und der DC-6 brachte den Betreibern Einsparungen, so dass sie den Passagieren Flüge zu günstigeren Preisen anbieten und ihre Streckenkapazitäten ausbauen konnten.

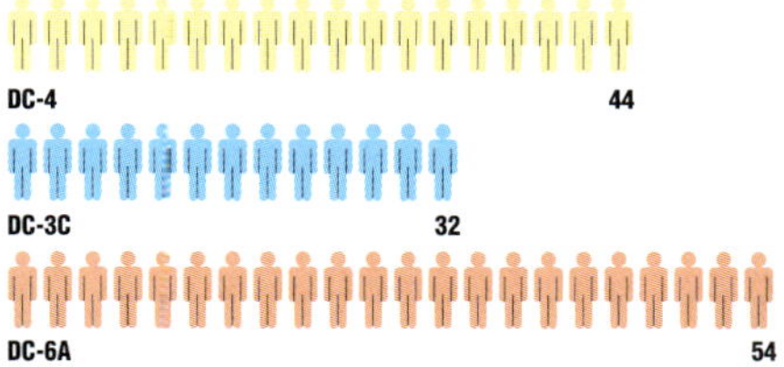

REICHWEITE

Eine der bedeutendsten Verbesserungen durch viermotorige Maschinen war deren größere Reichweite. Die eigentlich für den Inlandsverkehr gebaute DC-4 eröffnete auch Überseerouten, blieb aber nicht lange im Dienst, da bald neuere Typen mit Druckkabinen, zum Beispiel die DC-6, nachrückten.

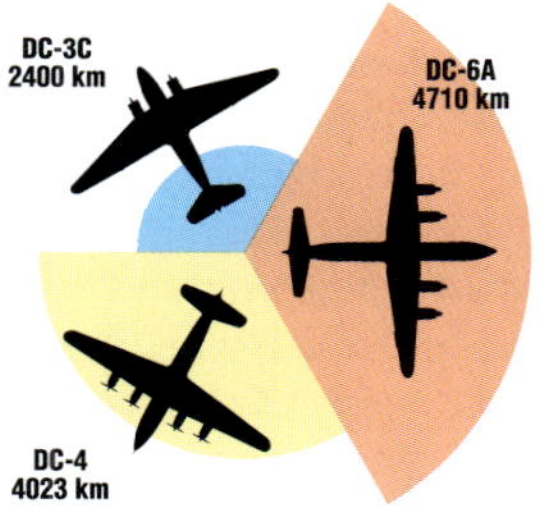

Ehemalige Militärmaschinen in der Zivilluftfahrt

AVRO YORK: Die York, ein Langstreckentransporter der RAF, wurde nach dem Krieg in großer Zahl an Fluggesellschaften verkauft.

CURTISS C-46 COMMANDO: Die CW-20 wurde während des Kriegs vom Militär requiriert. Sie flog hauptsächlich als Frachter.

DOUGLAS C-47 SKYTRAIN: Nach dem Krieg wurden überzählige militärische DC-3 in großer Zahl zu Verkehrsflugzeugen umgerüstet.

LOCKHEED C-69 CONSTELLATION: Die von TWA ab 1943 geflogenen ersten 20 „Connies" wurden von der USAAF requiriert.

DOUGLAS

DC-6

● Interkontinental-Airliner ● Bewährter Frachter ● Militärtransporter

Die Douglas DC-6 zählt zu den schönsten und zweckmäßigsten Verkehrsflugzeugen der Nachkriegsjahre. Das ausgezeichnete Flugzeug war eines von vielen hervorragenden Douglas-Mustern, die zur Entwicklung der Luftfahrtindustrie wichtige Beiträge leisteten. Als die DC-6 1947 in Dienst ging, verband sie hohen Komfort mit großer Reichweite. Sie war zwar als Passagierflugzeug konzipiert, bewährte sich aber auch als Frachter und Militärtransporter.

▲ *Die druckbelüftete DC-6 stammte von der DC-4 ab, die während des Krieges über 80 000 Atlantiküberquerungen absolviert hatte. Die DC-6 bot eine größere Reichweite und mehr Komfort.*

BILDERCHRONIK

DOUGLAS DC-6

◀ Atlantik-Clipper
Pan American betrieb die leistungsgesteigerte DC-6 in den fünfziger Jahren auf ihren Transatlantikstrecken, bis Jets wie die Boeing 707 die Propellermaschinen endgültig ablösten.

▲ Lange Nutzungsdauer
Obwohl sie technisch überholt waren, blieben die DC-6 für das Frachtchartergeschäft noch bis in die neunziger Jahre interessant. Der teure Betrieb wurde von geringen Anschaffungskosten aufgewogen.

▲ Internationaler Erfolg
Wichtigste Passagierversion war die DC-6B, von der 288 Stück gebaut und an Fluggesellschaften in aller Welt geliefert wurden. Einige blieben bis weit in die siebziger Jahre im Liniendienst.

Touristikspezialist ▶
Pan Am orderte 45 88-sitzige DC-6B zum Einsatz auf ihren Tourist-Class-Routen. Frühere Verkehrsflugzeuge dienten fast nur für Luxusreisen, bei denen die Passagiere ausschließlich in der ersten Klasse saßen.

FAKTEN UND ZAHLEN

- Am 15. Februar 1946 startete die DC-6 in Santa Monica, Kalifornien, zum Erstflug.
- Die ersten DC-6 wurden am 20. November 1946 an American Airlines und United Air Lines ausgeliefert.
- Zur leichteren Frachtbeladung erhielten zwei DC-6B seitlich wegklappbare Hecks.
- Die US Air Transport Association schätzt, dass DC-6 im Liniendienst über 100 Millionen Passagiere beförderten.
- Einschließlich der militärischen Versionen wurden insgesamt 704 DC-6 gebaut.
- Die letzte DC-6 wurde am 17. November 1958 nach Jugoslawien geliefert.

PROFIL

Mit Kolbenmotoren über die Weltmeere

In den fünfziger Jahren, als Fliegen noch ein Erlebnis war, das sich nur wenige, wohlhabende Menschen leisten konnten, offerierte die Douglas DC-6 ihren Fluggästen Stil und Eleganz. Die Passagiere hatten viel Bewegungsfreiheit und wurden mit Feinschmeckergerichten und edlen Weinen verwöhnt.

Die aerodynamisch optimierte DC-6 war eine Weiterentwicklung der DC-4. Sie bot bessere Flugleistungen und die niedrigsten Betriebskosten ihrer Klasse. Es verwundert daher nicht, dass sie zum begehrtesten Verkehrsflugzeug ihrer Zeit wurde.

Sie verfügte als erstes Douglas-Verkehrsflugzeug über eine druckbelüftete Kabine. Die Versionen DC-6A, -B und -C zeichneten sich durch leistungsstärkere R-2800-Kolbenmotoren sowie größere Passagier- und Frachtkapazitäten aus.

Mit der Einführung strahlgetriebener Verkehrsflugzeuge Ende der fünfziger Jahre wurde die DC-6 auf sekundäre Strecken verbannt, blieb aber wegen ihres günstigen Kaufpreises und ihrer Zuverlässigkeit weiterhin beliebt.

Aber auch als Militärtransporter bewährte sich die DC-6. Bei der US Air Force und bei der US Navy operierte sie als C-118 beziehungsweise als R6D in allen Erdteilen.

TECHNISCHE DATEN DC-6B

- **Typ:** Langstrecken-Verkehrsflugzeug
- **Triebwerke:** vier Sternmotoren Pratt & Whitney R-2300-CB17 Double Wasp mit je 1864 kW
- **Höchstgeschwindigkeit:** 645 km/h
- **Reisegeschwindigkeit:** 507 km/h
- **Gipfelhöhe:** 7620 m
- **Reichweite:** 4836 km mit Höchstnutzlast; 7596 km mit max. Tankfüllung
- **Gewicht:** leer 25 110 kg; beladen 48 534 kg
- **Kapazität:** zwei Piloten, Flugingenieure und Flugbegleiterinnen; bis zu 54 Passagiere bei Standardbestuhlung, bis zu 88 Passagiere bei enger Sitzplatzanordnung
- **Abmessungen:** Spannweite: 35,81 m; Länge: 32,18 m; Höhe: 8,74 m; Tragflügelfläche: 135,91 m²

Auch nach einem halben Jahrhundert war die DC-6 noch immer im Einsatz. In jüngerer Zeit flog sie für Frachtgesellschaften wie Instone (unten) und Air Atlantique (oben); letztere mit Heimatbasis in Coventry in Mittelengland.

DC-6B

KLM betrieb die DC-6 in den fünfziger Jahren auf ihrem ausgedehnten Interkontinental-Streckennetz nach Afrika und Südamerika.

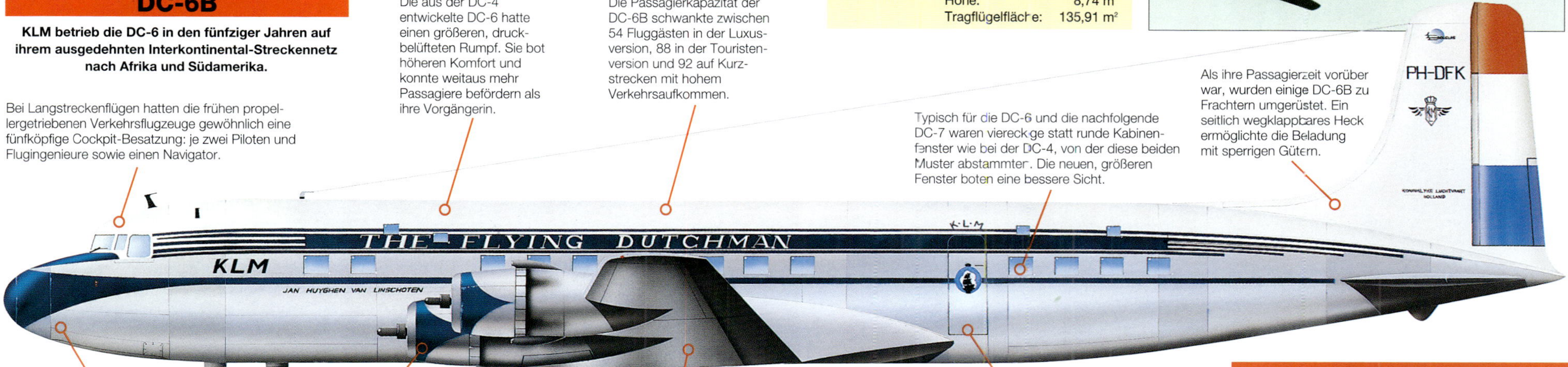

Bei Langstreckenflügen hatten die frühen propellergetriebenen Verkehrsflugzeuge gewöhnlich eine fünfköpfige Cockpit-Besatzung: je zwei Piloten und Flugingenieure sowie einen Navigator.

Die aus der DC-4 entwickelte DC-6 hatte einen größeren, druckbelüfteten Rumpf. Sie bot höheren Komfort und konnte weitaus mehr Passagiere befördern als ihre Vorgängerin.

Die Passagierkapazität der DC-6B schwankte zwischen 54 Fluggästen in der Luxusversion, 88 in der Touristenversion und 92 auf Kurzstrecken mit hohem Verkehrsaufkommen.

Typisch für die DC-6 und die nachfolgende DC-7 waren viereckige statt runde Kabinenfenster wie bei der DC-4, von der diese beiden Muster abstammten. Die neuen, größeren Fenster boten eine bessere Sicht.

Als ihre Passagierzeit vorüber war, wurden einige DC-6B zu Frachtern umgerüstet. Ein seitlich wegklappbares Heck ermöglichte die Beladung mit sperrigen Gütern.

Die DC-6 besaß noch kein Radar. Erst die DC-7 wurde als eines der ersten Verkehrsflugzeuge serienmäßig mit einem Wetterradar ausgerüstet.

Als Antrieb dienten vier Sternmotoren Pratt & Whitney Double Wasp, die anfangs je 1790 kW und später (mit Wassereinspritzung) 1864 kW leisteten.

Die DC-6 erhielt die 35,81 m langen Flügel der DC-4. Einziger Unterschied war das robustere, für höheres Startgewicht ausgelegte Fahrwerk.

Die DC-6B war als Passagierflugzeug konzipiert und hatte daher nicht die nach oben aufklappbaren Frachttüren der meisten Frachtversionen.

EINSATZDATEN

PASSAGIERKAPAZITÄT

Die explosionsartig angestiegene Nachfrage im zivilen Luftverkehr spiegelte sich im Sitzplatzangebot wieder. Hatte sich die Kapazität in 15 Jahren bis zur DC-6 nur verdoppelt, so beförderte die DC-8 zehn Jahre später bereits siebenmal mehr Passagiere.

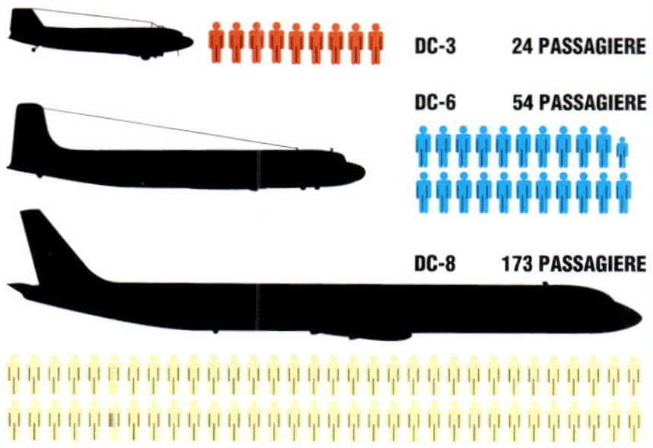

Versionen der DC-6

MILITÄRTRANSPORTER: Gemäß einer militärischen Forderung der USAF entstand aus der DC-6 die C-118A, die 74 vollausgerüstete Soldaten oder zwölf Tonnen Fracht befördern konnte.

GUTER SAMARITER: Die C-118 bot 60 Tragbahren Platz und diente oft als fliegende Ambulanz. In den ersten Jahren des Vietnamkrieges war sie das wichtigste Sanitätsflugzeug der USAF.

FEUERLÖSCHER: Einige DC-6 wurden mit einem Unterrumpfbehälter umgerüstet, der normalerweise mit chemischen Feuerlöschmitteln gefüllt ist.

IDEALER FRACHTER: Am Ende ihrer langen und erfolgreichen Einsatzkarriere erfüllte die DC-6 noch zuverlässig verschiedene Aufgaben im Frachtdienst.

Douglas

DC-7

● Kolbenmotor-Airliner ● Verbesserte DC-6 ● Transatlantikflüge

▲ *Eine Szene aus der vergangenen Zeit der Luxusreisen. Die Passagiere werden zu einem Flug nach Südafrika bis auf das Vorfeld gefahren und von der Besatzung ihrer DC-7 begrüßt.*

Die DC-7, der letzte propellergetriebene Airliner von Douglas, war als direkte Konkurrenz zur Lockheed Super Constellation konzipiert und wurde selbst ein „Klassiker“. Dieser Typ überquerte die Weltmeere zu einer Zeit, in der der Flugverkehr noch bei weitem nicht die heutigen Geschwindigkeiten, dafür aber einen luxuriösen Service bot. Die letzte Version, die DC-7C „Seven Seas“, war etwas größer und hatte eine erhöhte Reichweite für „Marathonstrecken“.

Douglas DC-7

◀ **Douglas-Airliner**
Eine DC-7 neben anderen Douglas-Mustern. Der Typ brachte den Betreibern bedeutende Verbesserungen.

▼ **Britischer Betreiber**
Das Foto zeigt eine der DC-7 der BOAC, die gerade wieder in London gelandet ist.

▲ **Überall in Amerika**
Die DC-7 konnte sich auf dem wachsenden Markt behaupten und wurde von den meisten US-Fluggesellschaften beschafft. Pan American flog sie als „Super 7“. Auch aus Übersee gingen Bestellungen ein.

▲ **Anmutige Linien**
Eine DC-7 auf einem Transatlantikflug zeigt die typische Eleganz der Propellermaschinen.

◀ **Aus zweiter Hand**
Nach ihrer Dienstzeit als Airliner wurden viele DC-7 als Transporter in Dritte-Welt-Länder verkauft.

FAKTEN UND ZAHLEN

- **Das Grundmuster DC-7 war eine direkte Weiterentwicklung der DC-6B mit verlängertem Rumpf für mehr Passagiersitze.**
- **Die Gesamtproduktion der DC-7 ergab 337 Exemplare aller Varianten.**
- **Eine Nonstopverbindung London–New York wurde am 13. Juni 1955 eingeweiht.**
- **Ende der achtziger Jahre flogen nur noch weniger als zehn DC-7 als Frachter in Südamerika und Afrika.**
- **Einige DC-7 wurden mit einem Unterrumpftank zur Brandbekämpfung genutzt.**
- **Die DC-7 wurde schließlich von der strahlgetriebenen DC-8 abgelöst.**

Pionier auf den Transatlantikrouten

Die 1953 in Dienst gegangene Douglas DC-7 bildete den krönenden Abschluss einer ganzen Dynastie von Douglas-Passagierflugzeugen. Sie war als Konkurrenz zur Super Constellation konzipiert worden, und beide Typen stellten zusammen den Höhepunkt in der Entwicklung von Kolbenmotor-Airlinern dar.

American Airlines war der Erstkunde der DC-7. Das Flugzeug bot Verbundsternmotoren von Wright mit je drei abgasgetriebenen Turbinen. Viele Betreiber kauften DC-7 mit erhöhter Treibstoffkapazität, so auch Pan American, die am 13. Juni 1955 einen Nonstopdienst New York–London eröffnete. Schon damals wurde der Ruf nach größerer Leistung laut, und um die Reichweite zu steigern, baute Douglas die Variante DC-7C „Seven Seas“ für noch längere Flugstrecken.

Die DC-7-Serie war zwar sehr beliebt, aber auch relativ teuer im Betrieb, vor allem aufgrund ihrer Turbinen-Verbundmotoren. So musste dieses vorzügliche Flugzeug schon bald den ersten Maschinen mit Turboprop- und Strahlantrieb weichen.

Oben: Diese DC-7 wird über die aufgeklappten Frachttüren für einen Flug nach Südamerika beladen. Viele kleine Fluglinien setzten den Typ als Frachttransporter ein.

Rechts: Eine frühe DC-7B in leuchtendem blau-weißem Anstrich steigt zu einem Flug über den Atlantik auf.

TECHNISCHE DATEN
DC-7C

- **Typ:** Passagierflugzeug
- **Triebwerke:** vier Turbinen-Verbundsternmotoren Wright R-3350-18EA-1 mit je 2535 kW
- **Höchstgeschwindigkeit:** 653 km/h in 6615 m
- **Anfangssteigrate:** 536 m/min
- **Reichweite:** 7410 km mit max. Nutzlast; 9075 km mit max. Treibstoffzuladung
- **Gipfelhöhe:** 6615 m
- **Kapazität:** 105 Passagiere und Besatzung
- **Gewicht:** leer 33 005 kg; max. Startmasse 64 864 kg
- **Abmessungen:**

Spannweite:	38,86 m
Länge:	34,21 m
Höhe:	9,70 m
Tragflügelfläche:	152,08 m²

DC-7C

Diese DC-7, die 1956 an Pan American World Airways ging, war als „Clipper Blue Jacket“ bekannt. Sie wurde an einen Betreiber auf den Bermudas verkauft, aber dort nach einem Unfall abgeschrieben.

Das Flugdeck blieb bei der gesamten DC-7-Serie nahezu gleich und erleichterte den Piloten damit den Übergang von früheren Douglas-Typen.

Die DC-7 mit gestrecktem Rumpf hatte im Vergleich zur DC-6 eine geräumige Passagierkabine. Dies war für Transatlantikflüge ein Vorteil, da Passagierkomfort damals eine große Rolle spielte.

Um der DC-7 ein höheres Betriebsgewicht zu ermöglichen, nahm man im Vergleich zur Vorgängerin DC-6 strukturelle Änderungen vor, darunter eine Erhöhung des Leitwerks.

In den frühen Tagen des Luftverkehrs gaben viele Fluggesellschaften ihren Maschinen aus Publicitygründen Namen, so auch Pan American World Airways, die die Namen auf den Bug ihrer Flugzeuge malen ließ.

Die vier Sternmotoren waren bei den frühen Versionen des Typs noch unzuverlässig, doch von den Abnehmern verlangte Modifikationen führten zu zufriedenstellenden Leistungen. Als Strahltriebwerke auf den Markt kamen, erwiesen sich die Wartungskosten als vergleichsweise zu hoch.

Nach ihrer Ausmusterung als Passagierflugzeuge wurden viele DC-7 noch als Frachttransporter auf kürzeren Inlandsstrecken in Südamerika eingesetzt. Dies erforderte häufig den Einbau von zwei großen Frachttüren auf der linken Rumpfseite.

EINSATZDATEN

GESCHWINDIGKEIT

Stete Verbesserungen der Kolbenmotoren machten die Airliner nach 1945 immer schneller. Die DC-7 bot im Vergleich zur berühmten DC-3 der Kriegszeit eine bedeutend höhere Geschwindigkeit, wurde aber später von der strahlgetriebenen DC-8 weit übertroffen.

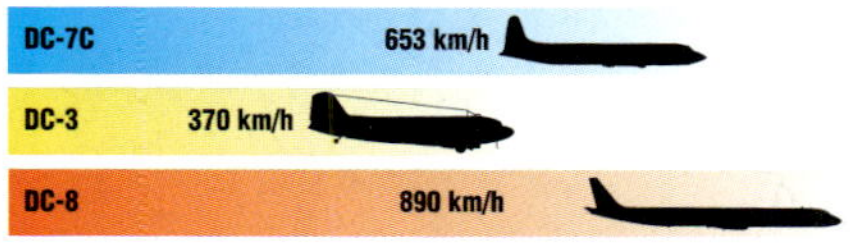

REICHWEITE

Die Reichweitensteigerung ermöglichte den Fluglinien ein vielfältigeres Streckenangebot. Die DC-7 machte die Atlantik- und Pazifiküberquerung zur Routine. Die schrittweise Weiterentwicklung des Typs brachte auch eine höhere Treibstoffkapazität für noch längere Routen. Die DC-3 konnte hier nicht mithalten.

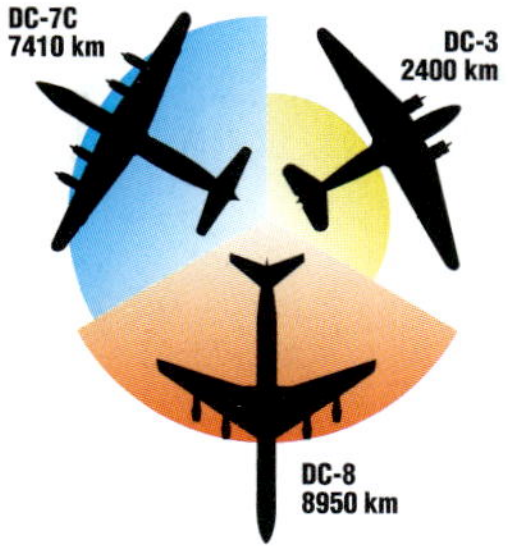

KAPAZITÄT

Mit wachsender Motorleistung wurden die Flugzeuge größer und konnten mehr Passagiere aufnehmen. Die kleine DC-3 nahm üblicherweise 24, maximal 33 Passagiere auf und konnte mit modernen Mustern nicht konkurrieren.

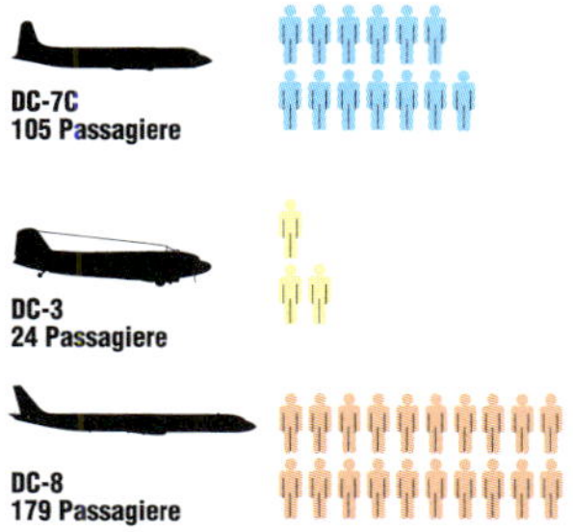

Die Douglas-Airliner-Familie

DC-3: Die zivile Variante der DC-3, die sich im Zweiten Weltkrieg einen legendären Ruf erwarb, ist noch zahlreich als Oldtimer unterwegs.

DC-4: Die DC-4 war eine Weiterentwicklung der DC-3 mit größerer Reichweite und Tragfähigkeit. Viele Fluglinien im Ausland flogen sie.

DC-6: Nach ihrem Dienst als Passagierflugzeug wurde diese DC-6 später in Frankreich zur Bekämpfung von Waldbränden eingesetzt.

DC-8: Dieser erste Düsen-Airliner von Douglas läutete zugleich das Ende der propellergetriebenen Passagierflugzeuge ein.

DC-8

● Vierstrahliges Verkehrsflugzeug ● Bewährter Frachter ● Rivalin der 707

▲ *Die DC-8 erlebte eine wechselvolle Geschichte. Betriebswirtschaftler vertraten sogar die Ansicht, sie sei Ende der 60er Jahre in gebrauchtem Zustand wertvoller gewesen als vorher fabrikneu.*

Am Übergang vom Propeller- zum Düsenflugzeug standen zwei Modelle: die Douglas DC-8 und die Boeing 707. Als Douglas beschloss, der 707 mit einem vierstrahligen Jet Konkurrenz zu machen, konnte man sich zur Deckung der Entwicklungskosten nicht – wie Boeing – durch Militäraufträge absichern. Schien es anfangs, als habe die DC-8 den Anschluss verloren, konnte sie nach Modifizierungen später wieder mit der 707 mithalten.

Douglas DC-8

▲ Swissairs Eintritt ins Düsenzeitalter
Als alte Douglas-Kunden wählten die Schweizer die DC-8 und stellten ihr erstes Düsenverkehrsflugzeug 1960 in Dienst. Parallel dazu bestellten sie auch sieben weniger kostengünstige Convair 990A.

▲ Bei United im Einsatz
Mit 30 umgebauten Maschinen war United Airlines der hauptsächliche Betreiber der mit schubstärkeren Triebwerken nachgerüsteten DC-8 Super 71.

▲ Frachter
Cargolux war eine von vielen Fluglinien, die DC-8 als Frachter kauften. Diese nicht nachgerüsteten Maschinen wurden Ende der 80er durch Boeing 747 ersetzt.

▲ Second hand
In den 60er Jahren kauften US-Linien gebrauchte DC-8. Hier steht eine DC-8 auf dem Flughafen von San Francisco.

▲ Veraltetes Cockpit
Von der Technologie der 50er mit Lämpchen, Schaltern und Hebeln war es noch ein langer Weg zum modernen „Glas-Cockpit“.

Laut und gefräßig ▶
Die Rolls-Royce-Conway- oder Pratt & Whitney-JT4-Triebwerke waren laut und unökonomisch im Verbrauch. Später erhielten viele DC-8 leisere und sparsame CFM56.

FAKTEN UND ZAHLEN

- Der Prototyp der DC-8 flog erstmals am 30. Mai 1958 von Edwards AFB aus.
- Die DC-8, seit September 1959 im Liniendienst, hatte zuerst Reichweitenprobleme.
- Als einziges Unterschall-Düsenverkehrsflugzeug durchbrach eine DC-8 im August 1961 im Sinkflug die Schallmauer.
- Die gestreckte Version DC-8 Super 61 flog am 14. März 1966 zum ersten Mal.
- Die gestreckte DC-8 hatte eine enorme Reichweite. United setzte sie zwischen Baltimore und Honolulu ein.
- Der US Navy dient eine DC-8 (EC-24A) als elektronisches Forschungsflugzeug.

Douglas fliegt ins Düsenzeitalter

Douglas' langjährige Erfahrung mit Passagiermaschinen zeigte sich eindrucksvoll beim Bau der erfolgreichen DC-8-Familie vom eleganten Prototyp des Jahres 1958 bis hin zu den gestreckten Super 60/70, von denen heute immer noch viele bei kleineren Fluggesellschaften fliegen.

Mit ihren schwächer gepfeilten Tragflächen, fehlenden Vorflügelauftriebshilfen und Turbulenzblechen war die DC-8, verglichen mit der konkurrierenden Boeing 707, der sehr viel konventionellere Entwurf. Niedrige Anschaffungskosten und die enorme Reichweite bei späten Modellen glichen das aus.

Als größtes auf dem Markt befindliche Passagierflugzeug mit einem Mittelgang in der Kabine gewann die DC-8 durch die Ölkrise von 1973 neue Freunde. Obwohl die Serienfertigung 1972 ausgelaufen war, wurden gebrauchte DC-8 damals zu hohen Preisen gehandelt.

Zahlreiche, wegen neuen und strengeren Fluglärmgesetzen in den 70er Jahren vorzeitig außer Dienst gestellte DC-8 wurden Anfang der 80er mit CFM56-Triebwerken nachgerüstet und waren plötzlich wieder attraktiv. Viele fliegen heute noch; einige mit modernisierten Cockpits und lärmgedämmten Triebwerken.

Die DC-8 konnte – besonders mit neuen Triebwerken – ihre eigene Marktnische erobern. Mit der Entwicklung von Großraumflugzeugen war sie in den 70er Jahren aber nicht mehr wettbewerbsfähig.

TECHNISCHE DATEN
DC-8 Super 63

- **Typ:** Langstrecken-Verkehrsflugzeug
- **Triebwerke:** vier Turbofans Pratt & Whitney JT3D-7 mit je 84,54 kN Schub
- **Maximale Reisegeschwindigkeit:** 966 km/h in 9145 m Höhe
- **Gipfelhöhe:** ca. 12 690 m
- **Reichweite:** 7242 km (mit max. Nutzlast)
- **Gewicht:** leer 69 739 kg; beladen 158 760 kg
- **Nutzlast:** als Frachter auf Kurzstrecken max. Nutzlast 52 000 kg; als Passagierflugzeug bis zu 259 Fluggäste (abhängig von Bestuhlung)
- **Abmessungen:** Spannweite: 45,24 m; Länge: 57,12 m; Höhe: 12,93 m; Tragflügelfläche: 271,92 m²

DC-8 Serie 30

KLM Royal Dutch Airlines begann 1960 mit der Indienststellung der DC-8 und flog später auch mit Maschinen der Baureihen 30, 53 und Super 63. Sie wurden 1983 durch den Airbus A310 abgelöst.

Im Cockpit vieler DC-8 saßen früher nicht nur Pilot, Kopilot und Flugingenieur, sondern auch ein Navigator. UPS hat ihre DC-8 mit modernsten elektronischen Flugführungssystemen (EFIS) nachgerüstet.

Vor den Doppelspaltklappen waren fünf kleine Spoiler angeordnet. Sie fuhren automatisch aus, sobald das Bugrad bei der Landung den Boden berührte, und unterbanden damit den Tragflächenauftrieb.

Ungewöhnlich war die zweigeteilte Querruderanordnung. Die äußere Querruderhälfte wurde nur bei niedriger Geschwindigkeit benutzt, während die innere konstant hydraulisch angelenkt war. Die Flügelhinterkante war innen mit mächtigen Doppelspaltklappen besetzt.

Das in Dreiholmbauweise konstruierte Seitenleitwerk hatte ein über die ganze Höhe reichendes Ruder. In der Flosse waren die Antennen für die HF- und die VHF-Funkanlagen sowie das VOR-Navigationssystem installiert.

Kleine, seitlich an der Nasenspitze angeordnete Lufteinlässe speisten die Klimaanlage. Hinter der schwarzen, dielektrischen Nasenverkleidung war die Antenne des Wetterradars installiert.

Große vor und hinter den Tragflügeln angeordnete Gepäckräume hatten ein Fassungsvermögen von 36 m³. Die Gepäckraumtüren waren steuerbord angeordnet.

Meistens wurden DC-8 von Pratt & Whitney-Turbofans angetrieben. Das in charakteristischen Halbgondeln installierte JT3D blies Nebenstromluft aus dem Verdichter aus.

Der Tragflügel war im wesentlichen ein einziger riesiger Treibstofftank. Zwischen den Holmen war Platz für 87 360 Liter.

Der Rumpf bestand aus zwei halbkreisförmigen Röhren. Da die obere einen größeren Durchmesser hatte, wirkte die DC-8 etwas gestaucht.

EINSATZDATEN

PASSAGIERKAPAZITÄT

Die Ende der 50er Jahre entworfenen Verkehrsflugzeuge waren für rund 120 Passagiere ausgelegt. Durch die beispiellose Entwicklung des Luftverkehrs wurden schnell größere und gestrecktere Flugzeuge mit sehr viel engerer Bestuhlung gebaut. Keiner der großen vierstrahligen Jets ließ sich länger strecken als die DC-8, und keine andere Maschine konnte – bevor in den 70er Jahren die Großraumflugzeuge erschienen – mehr Fluggäste befördern.

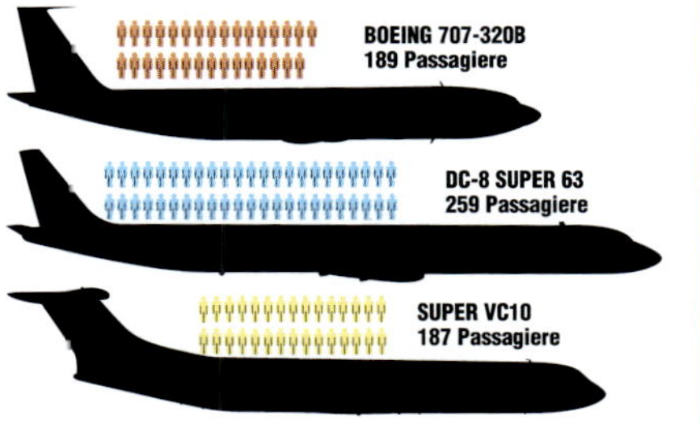

Streckung der DC-8

DC-8-10: Bei den ersten DC-8-Modellen waren die Abmessungen identisch. Größere Unterschiede gab es nur bei Triebwerk, Tankkapazität und Reichweite. Als Erstkunde der DC-8-10 setzte Pan American 20 Maschinen auf Inlandsstrecken ein.

DC-8-61 und -63: Mitte der 60er Jahre bot Douglas eine gestreckte Version der DC-8 an, um erfolgreicher mit Boeing konkurrieren zu können. Die DC-8-61 und -63 waren 11,18 m länger als das Basismodell DC-8-50 und für 259 Passagiere bestuhlt.

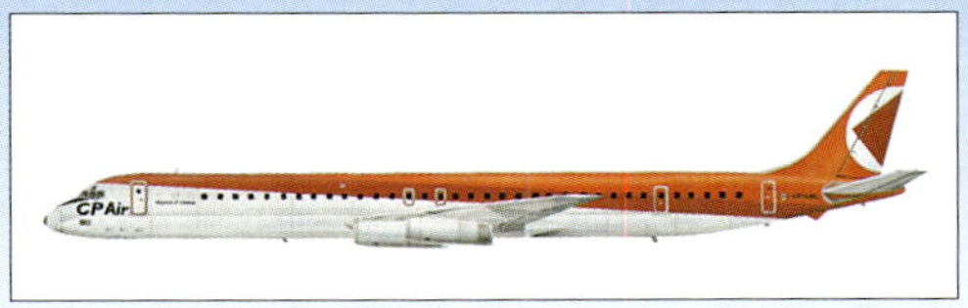

DC-8 SUPER 62: Nur um 2,03 m gestreckt, war ihre Reichweite dank größerer Tankkapazität und aerodynamischer Verfeinerungen sehr groß. Bei der Super 63 hatte Douglas diese Verbesserungen mit dem langen Rumpf der DC-8-61 kombiniert.

EMB-110 Bandeirante

● Zweimotoriges Regionalflugzeug ● Brasilianisches Erfolgsmuster

Die zweimotorige Bandeirante (Pionier) von EMBRAER wurde für die brasilianische Luftwaffe geschaffen, entwickelte sich dann aber zu einem beliebten Verkehrsflugzeug, das eine Schlüsselrolle beim Aufbau des Binnenluftverkehrs in diesem riesigen Land spielte. Die Bandeirante hat sich als sehr guter Kurzstrecken-Airliner bewährt, der seine Fluggäste zufriedenstellte und so den Weg für das Nachfolgemuster Brasilia ebnete, das heute weltweit im Einsatz ist.

▲ *Für Muster wie die Bandeirante waren die USA stets ein wichtiger Absatzmarkt. Dort verkaufte sich die EMB-110 ebensogut wie in anderen Teilen der Welt, von Frankreich bis Neuseeland.*

EMBRAER EMB-110 Bandeirante

▼ Fundament für die Industrie
Die Bandeirante trug nicht nur dazu bei, ein Binnenluftverkehrsnetz aufzubauen, ihre Produktion legte auch den Grundstein für die Luftfahrtindustrie des Landes.

▲ C-95 der brasilianischen Luftwaffe
Der erste und wichtigste Bandeirante-Käufer war die brasilianische Luftwaffe, die diesem Muster die Bezeichnung C-95 gab.

Dolphins Dutzend ▶
Dolphin Airways in Tampa, Florida, bediente zu Beginn der achtziger Jahre mit zwölf Bandeirante 22 Städte in fünf US-Bundesstaaten. Dies ist eine EMB-110P1.

▼ Zwei Versionen
Die beiden wichtigsten Zubringervarianten waren die EMB-110P1 und die EMB-110P2. Erstere hatte eine Frachtklappe, letztere einen um 85 cm längeren Rumpf.

Konventionelles Cockpit ▶
Die Cockpitauslegung war typisch für Verkehrsflugzeuge der siebziger Jahre. Rechts oben erkennt man den Radarbildschirm.

FAKTEN UND ZAHLEN

- ➤ Die EMB-110 wurde durch neuere Muster ersetzt, ist aber in einigen Ländern noch immer im Einsatz.
- ➤ Von August 1969 bis September 1990 produzierte EMBRAER 490 Bandeirante.
- ➤ Der militärische Prototyp dieser Flugzeugserie flog erstmals am 26. Oktober 1968.
- ➤ Für den Bandeirante-Entwurf zeichnete in erster Linie der französische Konstrukteur Max Holste verantwortlich.
- ➤ Eine seriengefertigte EMB-110 Bandeirante flog am 9. August 1972 zum ersten Mal.
- ➤ Die EMB-110 war die Basis für den kurzrumpfigen Turboprop EMB-121 Xingu.

PROFIL

Zweimotoriger Pionier in Brasilien

YC-95 (EMB-100) mit der Seriennummer 2131 war der zweite Bandeirante-Prototyp. Das erste Serienmodell, die EMB-110, erhielt einen längeren Rumpf mit neuem Bug und überarbeiteten Kabinenfenstern.

Das ausgedehnte brasilianische Hinterland mit der großen Amazonasregion wird von der EMBRAER EMB-110 Bandeirante erschlossen, einem kleinen Airliner, der beinahe menschenleere Landstriche mit den Ballungszentren des Landes verbindet. Die Entscheidung von 1968, dieses Muster als C-95 für die brasilianischen Luftstreitkräfte zu produzieren, zog im Jahr darauf die Gründung von EMBRAER und den Bau Hunderter von Bandeirante für kleinere und mittlere Luftfahrtgesellschaften nach sich.

Die EMB-110 ist schön zu fliegen und bietet die Möglichkeit, gefahrlos von kleinen Flugfeldern aus zu operieren. Piloten und Mechaniker loben einstimmig die Einfachheit und Nützlichkeit der Bandeirante, auch wenn ihre Reichweite und Passagierkapazität begrenzt sind.

Die EMB-110 dient bei Betreibern in aller Welt vor allem als Zubringer. Es gibt aber auch eine siebensitzige Version für Geschäftsreisende und eine Variante mit zusätzlichen Flügeltanks für geophysikalische Messflüge. Ein geplantes druckbelüftetes Modell kam nicht zustande, doch die mit der Bandeirante gewonnene Erfahrung war für die Entwicklung der EMB-120 Brasilia wertvoll. Die Produktion der Bandeirante wurde im Jahr 1990 eingestellt.

TECHNISCHE DATEN
EMB-110P1 Bandeirante

- **Typ:** 18sitziges Zubringer-/Mehrzweckverkehrsflugzeug
- **Triebwerke:** zwei Propellerturbinen Pratt & Whitney Canada PT6A-34 je 559 kW
- **Reisefluggeschwindigkeit:** max. 411 km/h in Meereshöhe
- **Gipfelhöhe:** 6550 m
- **Reichweite:** (mit vollen Tanks und Reserven) 2010 km
- **Gewicht:** leer 3590 kg; beladen 5900 kg
- **Kapazität:** zweiköpfige Besatzung und 18 Passagiere
- **Abmessungen:** Spannweite: 15,32 m; Länge: 15,10 m; Höhe: 4,91 m; Tragflügelfläche: 29,10 m²

EMB-110P1 Bandeirante

N61DA ist eine EMB-110P1, die ab 1981 bei der Regionalgesellschaft Dolphin Airways aus Florida flog. Zur US-Zulassung nach FAR Part 41 wurde die EMB-110P1 für ein höheres Abfluggewicht modifiziert.

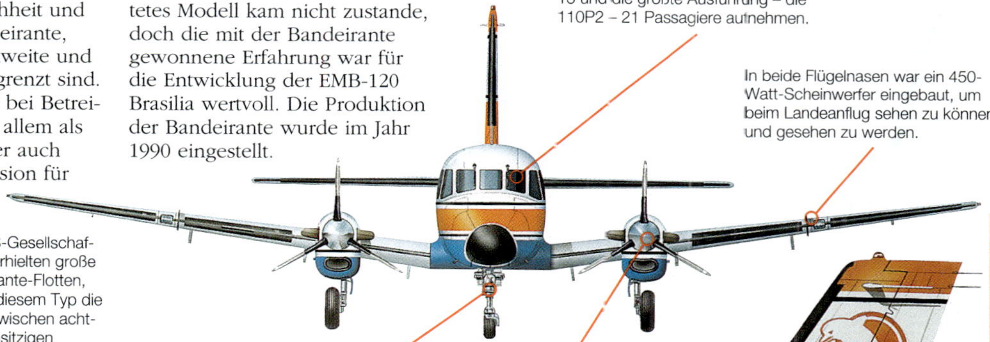

Die Kabine der EMB-110 wuchs während der Produktion dieses Musters. Die erste Zivilversion EMB-110C konnte 15 und die größte Ausführung – die 110P2 – 21 Passagiere aufnehmen.

In beide Flügelnasen war ein 450-Watt-Scheinwerfer eingebaut, um beim Landeanflug sehen zu können und gesehen zu werden.

Viele US-Gesellschaften unterhielten große Bandeirante-Flotten, um mit diesem Typ die Lücke zwischen acht- bis zehnsitzigen Leichtflugzeugen und größeren Turboprop-Mustern mit 30 bis 40 Sitzen zu schließen.

Alle Fahrwerksbaugruppen sind einrädrig und ziehen nach vorn ein.

Zwei Propellerturbinen Pratt & Whitney Canada PT6A, Kanadas Verkaufsschlager, sorgen bei allen Bandeirante in Verbindung mit Hartzelldreiblatt-Propellern für den Antrieb.

Die Standard-Crew einer Bandeirante besteht aus zwei Flugzeugführern. Die mittleren Frontscheiben aus Acryl haben eine Stärke von 13 mm.

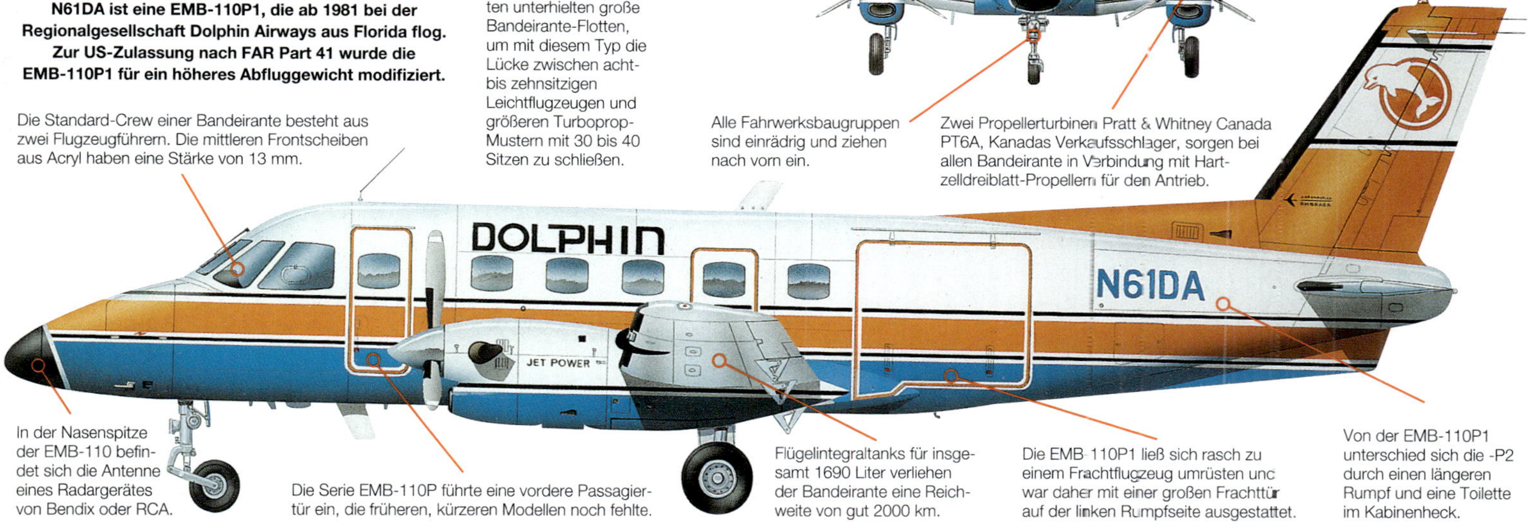

In der Nasenspitze der EMB-110 befindet sich die Antenne eines Radargerätes von Bendix oder RCA.

Die Serie EMB-110P führte eine vordere Passagiertür ein, die früheren, kürzeren Modellen noch fehlte.

Flügelintegraltanks für insgesamt 1690 Liter verliehen der Bandeirante eine Reichweite von gut 2000 km.

Die EMB-110P1 ließ sich rasch zu einem Frachtflugzeug umrüsten und war daher mit einer großen Frachttür auf der linken Rumpfseite ausgestattet.

Von der EMB-110P1 unterschied sich die -P2 durch einen längeren Rumpf und eine Toilette im Kabinenheck.

EINSATZDATEN

REICHWEITE

In den weiten Einödgebieten Brasiliens ist Reichweite ein bedeutender Faktor, da die Flugfelder weit auseinanderliegen, und die Bandeirante kann dem genügen. Die Metro hingegen wurde für die relativ kurzen Distanzen zwischen US-Flughäfen konzipiert.

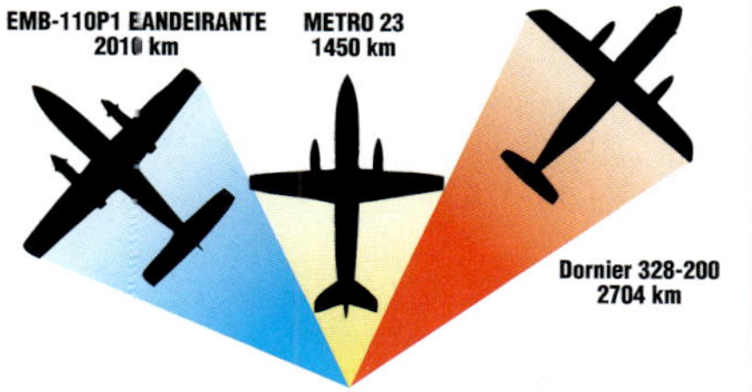

PASSAGIERE

Alle drei Flugzeugtypen sind zur Beförderung von 18 bis 19 Personen ausgelegt, und in allen Fällen wurden größere Versionen mit erhöhter Kapazität entwickelt. Meist kann der Käufer auch Frachttüren fordern, um die Maschine bei Bedarf als Frachter zu nutzen.

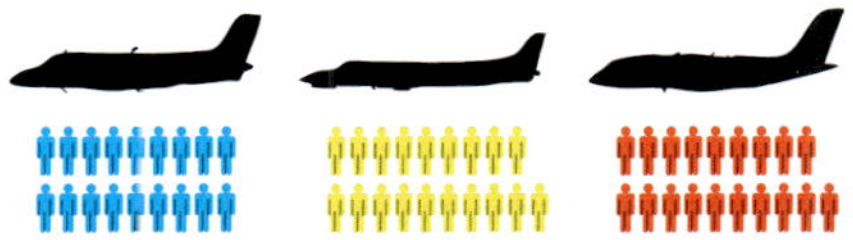

REISEGESCHWINDIGKEIT

Gegenüber den beiden anderen Produkten der gleichen Klasse ist Fairchilds Metro recht schnell. Die Dornier 328 bietet eine gute Steigleistung und Reiseflughöhe.

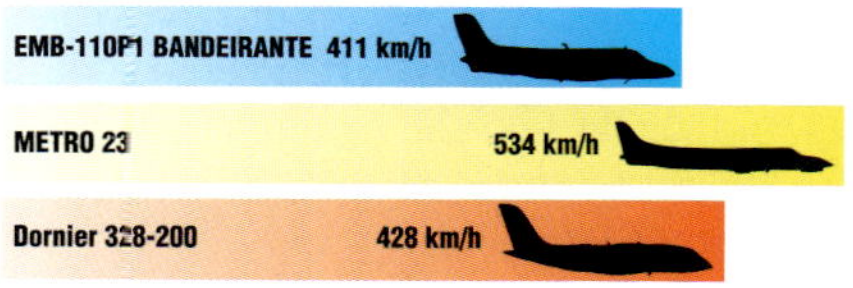

Kleine Zubringer-Propliner

FAIRCHILD METRO IIIA: Metro gehen auf einen Entwurf von Swearingen Aircraft aus den sechziger Jahren zurück. Gestreckte und aktualisierte Versionen werden noch immer produziert.

BRITTEN-NORMAN TRISLANDER: Die Trislander von 1970 ging aus der erfolgreichen zweimotorigen Islander hervor. Die letzten Maschinen wurden im Jahr 1984 gebaut.

DE HAVILLAND CANADA DHC-6: Das bis 1988 gebaute STOL-Verkehrsflugzeug Twin Otter befindet sich noch in großer Zahl im Einsatz, darunter auch Versionen mit Schwimmwerk.

BEECHCRAFT MODELL 99: Dieses Muster war eine größere Ausgabe des zweimotorigen Geschäftsreiseflugzeug Queen Air für zehn Passagiere. Die Produktion wurde 1986 eingestellt.

EMBRAER

EMB-120 Brasilia

● Muster aus Brasilien ● Propellerturbinen und Druckkabine

▲ *Seit dem Erscheinen der erfolgreichen Bandeirante hat sich das Unternehmen EMBRAER zu einem geachteten Flugzeughersteller entwickelt, der zivile und militärische Muster baut.*

Eine ganze Reihe von Projekten, die auf eine Weiterentwicklung der 18sitzigen EMBRAER Bandeirante mit größerer Sitzkapazität und Druckbelüftung abzielten, gipfelte 1979 in einem völlig neuen Muster, der Brasilia. Sie bietet bis zu 30 Passagieren Platz und wird von zwei Propellerturbinen Pratt & Whitney PW100 angetrieben. Von der EMB-120, die sich seit fast zwei Jahrzehnten im Einsatz befindet, sind 352 Exemplare ausgeliefert worden.

EMBRAER EMB-120 Brasilia

▲ VIP-Flugzeug
Die 6. Esquadrão de Transporte Aérea und Grupo de Transporte Especial der brasilianischen Luftstreitkräfte fliegen zehn VC-97.

▼ Konventionelles Cockpit
Die Brasilia-Cockpits sind im wesentlichen mit konventioneller Avionik – einschließlich einem Wetterradar – ausgerüstet.

▼ Dritter Prototyp
Die PT-ZBC war die dritte EMB-120, die hier mit dem Werksanstrich und dem EMBRAER-Logo auf der Seitenflosse zu sehen ist.

▲ Der erste Kunde
Erstkunde der EMB-120 war die Atlantic Southeast in Atlanta, Georgia, die den Typ im Oktober 1985 in Dienst stellte. Frühe Maschinen wurden von kleineren PW115-Turbinen mit je 1119 kW angetrieben.

Verkaufserfolg ▶
Comair, eine der größten regionalen Fluggesellschaften der USA, betrieb 1997 40 Brasilia, die Zubringerdienste für Delta Airlines leisteten.

FAKTEN UND ZAHLEN

- 1995 erwarb die US-Gesellschaft SkyWest zehn EMB-120ER inklusive Ersatzteile und Ausbildung für 75 Millionen Dollar.
- Verbundwerkstoffe machen zehn Prozent des Leergewichts der Brasilia aus.
- Im September 1995 wurde die 300ste Brasilia ausgeliefert.
- Die brasilianischen Luftstreitkräfte haben fünf Frühwarnflugzeuge EMB-120SA mit am Rumpf montiertem Radar bestellt.
- Bis Januar 1996 hatten Brasilia beinahe 86 Millionen Passagiere befördert.
- Die EMBRAER EMB-145 verwendet Teile der EMB-120, darunter auch das Cockpit.

PROFIL

Brasiliens neuer Turboprop-Airliner

Die Brasilia entspricht in der Grundkonfiguration der Bandeirante, weist aber wesentliche Unterschiede auf. So hat sie einen Rumpf mit kreisrundem Querschnitt und ein T-Leitwerk, behielt aber die nichtgepfeilten Tragflächen bei.

Nach dem Erstflug des Prototyps am 27. Juli 1983 wählte man den Pariser Luftfahrtsalon 1985, um die erste Lieferung an die US-Fluggesellschaft Atlantic Southeast bekanntzugeben.

Ab 1993 ersetzte man die PW115-Triebwerke durch stärkere PW118, die 1987 bereits eine Version für den Betrieb von „hohen und heißen" Plätzen als PW118A erhalten hatte.

Standard-Serienversion wurde 1994 die EMB-120ER Brasilia Advanced. Zu den Verbesserungen gehörten ein höheres maximales Startgewicht, so dass man die Treibstoffkapazität und damit die Reichweite steigern konnte, und ein geringerer Geräuschpegel in der Kabine. Ältere Maschinen lassen sich leicht auf den Standard der -120ER nachrüsten.

EMBRAER bot zudem reine Fracht- und auch Kombiversionen an, die nicht viele Abnehmer gefunden haben. Die Variante EMB-120QC („Quick Change") aber, die 30 Passagiere oder 3500 kg Fracht befördern kann, ging 1993 bei der Total Linheas Aereas in Brasilien in Dienst. United Technologies gab 1986 eine Firmenflugzeugversion in Auftrag, und die Luftstreitkräfte Brasiliens erwarben zehn VIP-Transporter VC-97.

Links: Air Midwest, die damals für American Eagle Zubringerflüge ausführte, gehörte zu den Erstkunden. Inzwischen hat die Firma auf die größere Beech 1900D umgestellt.

Oben: Ein wichtiger Absatzmarkt für jedes Regionalverkehrsflugzeug sind die USA, und auch die EMBRAER Brasilia fand hier Anklang. Diese Maschine gehört United Express.

TECHNISCHE DATEN
EMB-120ER Brasilia Advanced

- **Typ:** druckbelüftetes Nahverkehrsflugzeug
- **Triebwerke:** zwei Propellerturbinen Pratt & Whitney PW118 oder PW118A mit je 1342 kW
- **Höchstgeschwindigkeit:** 606 km/h in 6100 m
- **Anfangssteigrate:** 762 m/min
- **Reichweite:** 1575 km mit maximaler Treibstoffmenge, Nutzlast und Reserven
- **Gipfelhöhe:** 9750 m
- **Gewicht:** Rüstmasse 7150 kg; max. 11 990 kg
- **Kapazität:** dreiköpfige Besatzung und bis zu 30 Passagiere oder 3500 kg an Fracht
- **Abmessungen:** Spannweite: 19,78 m; Länge: 20,07 m; Höhe: 6,35 m; Tragflügelfläche: 39,43 m²

EMB-120 Brasilia

N180YV ist eine von 20 EMB-120, die von fünf Gesellschaften unter der Flagge der United Express betrieben werden und Zubringerdienste für United Airlines leisten. Von fünf Luftverkehrsknotenpunkten aus fliegen 85 United-Express-Maschinen 60 Städte an.

In der Standardkonfiguration bietet die EMB-120 30 Passagierplätze in zwei möglichen Auslegungen, jede mit Dreierreihen im Abstand von 79 cm. Ferner sind ein Sitz für den Flugbegleiter, eine Küche und eine Toilette eingerichtet. Zum Standard gehört außer der Druckbelüftung auch eine Klimaanlage.

Zu den Veränderungen an der EMB-120ER zählt der Verzicht auf die Enteisungsmanschetten an der Seitenflossenvorderkante.

Das Gepäck wird in einem Abteil hinter der Hauptkabine verstaut. Bei der „QC"-Frachtversion erfolgt die Be- und Entladung der Hauptkabine über die Frachtraumtür.

Die Brasilia wird von zwei Piloten gesteuert. Ein kleines Bugradom birgt das Wetterradar.

Die Passagiere steigen vorn auf der linken Rumpfseite über eine in die Kabinentür integrierte Treppe ein, die es der Maschine ermöglicht, auch von Flughäfen mit minimalen Bodeneinrichtungen zu operieren.

Die Brasilia fliegt mit Triebwerken der PW100-Familie von Pratt & Whitney. Die ersten Maschinen erhielten zwei PW115, während man später die stärkeren PW118 und PW118A einbaute.

EMBRAER bietet auch eine reine Frachtversion der Brasilia mit einer Kapazität von 4000 kg an sowie die EMB-120QC, die maximal 3500 kg Nutzlast aufnehmen kann.

EINSATZDATEN

MAXIMALE REISEGESCHWINDIGKEIT

Die Brasilia hat eine ähnliche maximale Reisegeschwindigkeit wie andere Typen der 30-Sitzer-Klasse. Die Dornier 328 liegt in diesem Vergleich an der Spitze, und die Jetstream 41 fliegt langsamer als die zwei Konkurrenzmuster.

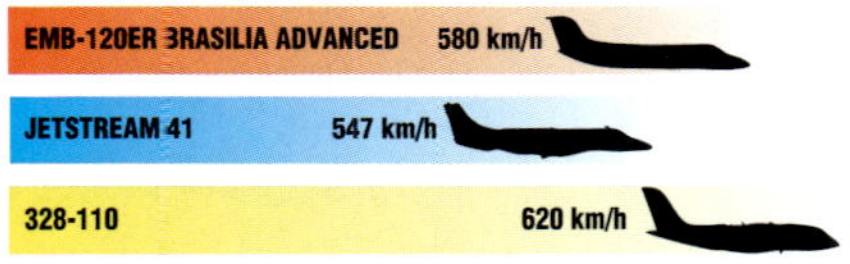

KAPAZITÄT

Alle drei Typen zielen auf den regionalen Markt für 30-Sitzer ab. Die Jetstream 41 wie auch die Brasilia verkauften sich in den USA, der Absatz der 328 lief jedoch nur langsam an. Von der Jetstream und der Dornier wurden auch gestreckte Versionen geplant.

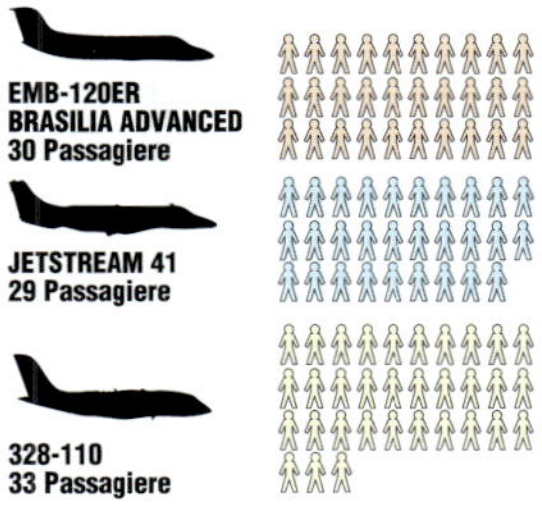

REICHWEITE

Auch hier liegt das modernste Muster an der Spitze. Die Dornier, die 1991 in die Luft kam, kann weiter fliegen als die Brasilia und übertrifft die ältere Jetstream 41 sogar um über 200 km. Eine große Reichweite ist oft ein wichtiges Verkaufsargument bei den Fluggesellschaften.

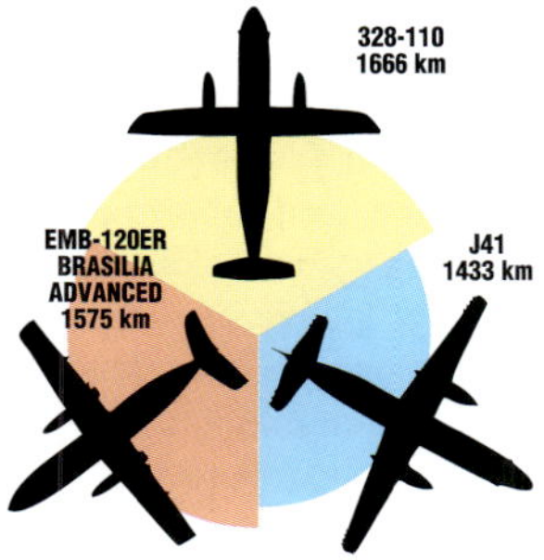

Zweimotorige Turboprop-Flugzeuge mit Druckkabine und T-Leitwerk

BEECHCRAFT 1900: Das 21sitzige Muster wurde aus dem Modell 200 abgeleitet und ab September 1982 geflogen. Es folgte die 1900D mit einem um 35,6 cm höherem Rumpf.

DE HAVILLAND CANADA DHC-8 DASH 8: Der Bedarf an 30- bis 40sitzigen Regionalflugzeugen führte Ende der siebziger Jahre zur Entwicklung der Dash 8, die Mitte 1983 flog.

DORNIER Do 328: Die Dornier ist als weiterer 30-Sitzer auf dem umkämpften Markt bisher nicht erfolgreich. Sie flog erstmals 1991 und ging 1993 in der Schweiz in Dienst.

PIPER PA-42 CHEYENNE III: Die PA-42 Cheyenne III geht auf die PA-31 Navajo mit Kolbenmotor aus den sechziger Jahren zurück. In der Hauptkabine finden elf Passagiere Platz.

Fairchild

Merlin/Metro

● **Firmenflugzeug** ● **Turboprop-Antrieb** ● **Stromliniendesign**

Merlin und Metro aus der Kategorie der besseren Turboprop-Zubringer- und Geschäftsflugzeuge hatten ihre Anfänge in den sechziger Jahren. Swearingen Aircraft wurde 1959 von Edward J. Swearingen in San Antonio, Texas, gegründet. Seine Firma bot anfangs nur Turboprop-Umrüstungen von Flugzeugen an, kam dann aber 1964 mit dem völlig neuen Entwurf der Merlin auf den Markt. Daraus entwickelte sich dann ein Zubringermodell mit Druckkabine – die Metro.

▲ *Mit ihrer großen Reichweite und dem geräumigen Inneren konnten sich Merlin und Metro von Fairchild auf dem Markt für schnelle kommerzielle und Firmenflüge gut behaupten.*

Fairchild Merlin/Metro

▼ **Farbenprächtige Merlin**
Durch stete Modifizierungen an der Merlin-Serie behauptete Fairchild deren gute Stellung im hartumkämpften Markt der regionalen Airliner.

▲ **Klare Linien**
Die außergewöhnlich saubere Stromlinienform der Merlin macht sie zu einem der schönsten Modelle auf dem Regionalflugzeugmarkt. Dies wird noch durch die attraktive Farbgebung unterstrichen.

Einsatz in Europa ▶
Die österreichische Fluggesellschaft Trans Adria flog ihre Routen über die Alpen mit einer Merlin IVA, die sich als sehr erfolgreich erwies und sich auch unter widrigen Wetterbedingungen bewährte.

◀ **Born in the USA**
Die Fairchild Merlin war auf den inneramerikanischen Strecken als Zubringer zu zahlreichen Hauptstrecken im Einsatz. Man fand das Modell daher auf den meisten amerikanischen Flughäfen.

„Kanalrohr" ▶
Die wegen ihres schmalen, kreisrunden Rumpfs oft auch spöttisch als „Kanalrohr" bezeichnete Merlin hat hinten eine große separate Frachttür und vorn im Rumpf den Passagiereinstieg.

FAKTEN UND ZAHLEN

- Finanzprobleme von Swearingen führten 1971 zu Fusionsgesprächen mit Piper, die allerdings scheiterten.
- Nach Forderungen von US-Airlines bekam die Metro IIIA wieder das Triebwerk PT6A.
- Eine UC-26C der US-Luftnationalgarde erhielt zur Drogenfahndung ein Radar.
- Die Metro II von 1974 konnte für „hohe und heiße" Flugplätze mit zusätzlicher Raketenstarthilfe geliefert werden.
- Eine reine Frachtversion der Metro 23 läuft unter dem Namen Expeditor.
- Aktuelle Merlin und Metro haben den gleichen Rumpf, aber eine andere Einrichtung.

Elegante Zubringer von Fairchild

Die Merlin ging 1965 in Produktion und war anfangs mit dem Turboproptriebwerk Pratt & Whitney PT6A bestückt. AiResearch Aviation, die die Vermarktung für Swearingen übernommen hatte, forderte aber den Einsatz des Turboprops Garrett AiResearch TPE331, die das verbesserte Modell Metro dann auch erhielt.

Wegen der damaligen US-Vorschriften für Zubringerflugzeuge war die Metro anfangs auf ein Gesamtgewicht von 5670 kg beschränkt. Ihr kreisrunder Rumpf mit 19 Passagiersitzen stammte von dem der Merlin ab.

1971 wurde Swearingen von Fairchild übernommen. Schon die Entwicklung der Metro war gemeinsam mit dieser Firma erfolgt, die auch mehrere Submontagen des Musters besorgt hatte.

Es folgten mehrere verbesserte Merlin- und Metro-Modelle. Die Metro IIA von 1980 konnte dabei von den gelockerten Gewichtsbeschränkungen profitieren, die Metro III bekam zwei Turboprops TPE331 je 745 kW sowie eine größere Spannweite.

Die Metro verkaufte sich gut und fand nicht nur in Amerika, sondern auch im Ausland Abnehmer. Die achtziger Jahre brachten einen großen Schritt vorwärts, als die amerikanische Air National Gard 50 modifizierte Metro III anschaffte (C-26A und -B). Mit Ausstattungsdetails aus diesem Flugzeug brachte Fairchild dann auch noch die zivile Metro 23 mit einem Höchstgewicht von 7484 kg heraus, die noch 1997 in Produktion war.

Links: Wie die schweizerischen Crossair nutzen viele Betreiber in ganz Europa die Merlin/Metro auf ihren Regionalstrecken.

Rechts: Spätere Modelle hatten eine größere Spannweite. Dies verbesserte das Abfluggewicht und die Flughöhe und damit auch die Reichweite, was die Kosten senkt.

TECHNISCHE DATEN
Metro III

- **Typ:** zweimotoriges Regionalflugzeug
- **Triebwerke:** zwei Turboprop (Propellerturbiner) Garrett AiResearch TPE331-11U-601G mit je 745 kW
- **Höchstgeschwindigkeit:** 555 km/h
- **Reisegeschwindigkeit:** 513 km/h
- **Anfangssteigrate:** 743 m/min
- **Reichweite:** 1149 km
- **Gewicht:** ohne Ladung 3963 kg; max. Startmasse 6350 kg
- **Kapazität:** zweiköpfige Besatzung, 19 Passagiere
- **Abmessungen:** Spannweite: 17,37 m; Länge: 18,09 m; Höhe: 5,08 m; Tragflügelfläche: 28,71 m²

METRO III

Die hier abgebildete Metro III ging 1982 an die Houston Aircraft Leasing. Nach deren Liquidierung gelangte sie als Firmenflugzeug an die Chrysler Management Corporation.

Für ein größeres Gesamtgewicht bekam die Metro III stärkere Triebwerke und kräftigere Tragflächen. Rumpfgröße und Passagierkapazität blieben unverändert. Sie könnte bis zu 20 Passagiere aufnehmen, normalerweise ist diese Zahl aber zugunsten eines Flugbegleiters auf maximal 19 begrenzt.

Bei der Perfektionierung des Designs der Metro spielte die Stromlinienausformung eine große Rolle. Dazu dienten auch die neuen superkritischen Dowty-Rotol-Propeller. Zur Verringerung des Luftwiderstands trugen die verbesserte Form der Triebwerksgondeln sowie die nach dem Ausfahren des Fahrwerks verschließbaren Fahrwerksluken bei.

Die große Ladetür befindet sich hinten im Rumpf. Damit ist eine begrenzte Gepäckzuladung möglich. Ein zusätzlicher Vorteil dieser Anordnung ist, dass bei kommerzieller Nutzung Passagiere und Fracht gleichzeitig aussteigen beziehungsweise entladen werden können.

Der vordere Passagiereinstieg hat eine eingebaute Treppe und wird auch von der Besatzung benutzt.

Die Metro III ist mit TPE331-Turboprops bestückt, die optional zur Flugleistungsverbesserung in heißem Klima noch mit einem Wasser-Alkohol-Einspritzgemisch betrieben werden können.

Die neuen Tragflächen der Metro III sind insgesamt 3,05 m länger als bei der ursprünglichen Merlin. Zur Luftwiderstandsverringerung besitzen die Flügelspitzen eine konische Form.

Bei der Vergrößerung des Rumpfs erhielt die Metro-Serie auch eine Kielflosse. Frühere Modelle waren zur Verkürzung der Startstrecke mit kleinen Raketen als Starthilfe ausgestattet.

EINSATZDATEN

REISEGESCHWINDIGKEIT

Bestückt wie vergleichbare kleine Regionalairliner mit zwei Turboprop-Triebwerken, besitzt die Metro 23 eine außergewöhnlich hohe Reisegeschwindigkeit, was hauptsächlich an ihrer Stromlinienform liegt. Am langsamsten ist hier die brasilianische EMB-110.

METRO 23	534 km/h
EMB-110P1 BANDEIRANTE	411 km/h
JETSTREAM 31	450 km/h

REICHWEITE

Die Reichweite der stetig nachgebesserten Metro konnte so gesteigert werden, dass sich das Flugzeug unter den Zubringern eine Spitzenstellung erworben hat. Rumpf- und Spannweitenvergrößerungen ermöglichten Zusatztanks.

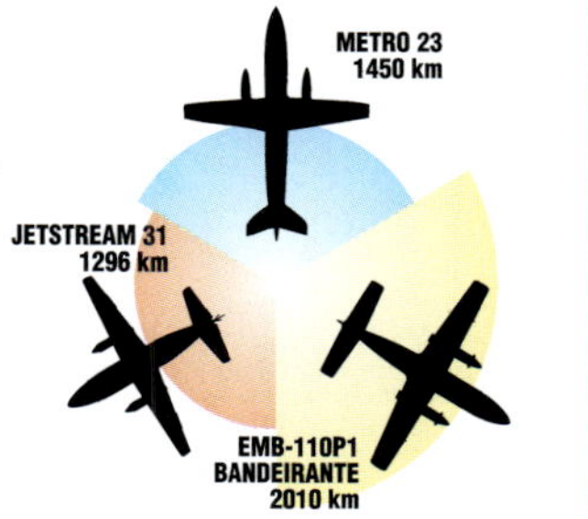

KAPAZITÄT

Obwohl sie keine größere Passagierkapazität als vergleichbare Zubringer hat, erlaubt das Design der Metro einen viel schnelleren Turnover zwischen den Flügen. Die Passagierkapazität ist deshalb angesichts der Regelmäßigkeit der Zubringerdienste kein Nachteil.

METRO 23	19 Passagiere
EMB-110P1 BANDEIRANTE	18 Passagiere
JETSTREAM 31	19 Passagiere

Hervorragende Verwendbarkeit

MILITÄRISCHE VERWENDUNG: Als Staffeltransporter fliegt diese Merlin bei der belgischen Luftwaffe und dient dort auch zum Transport hochrangiger Offiziere.

ZIVILE VERWENDUNG: Diese 1978 ausgelieferte Metro diente der kolumbianischen Tavina für Inlandsflüge. Zuvor war sie bei British Aerospace in Dienst.

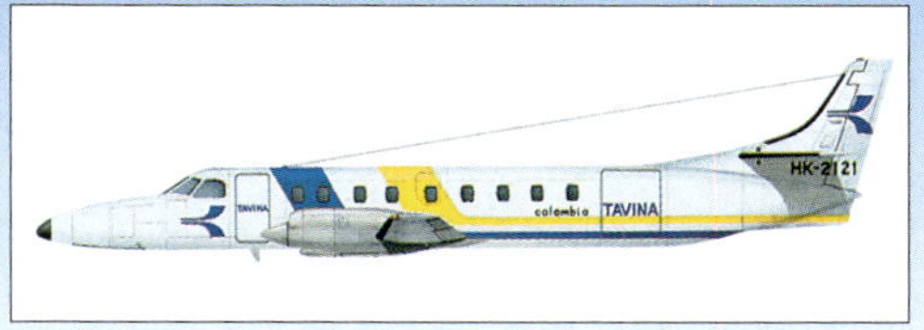

VIP-TRANSPORT: Die Anschaffung dieser Merlin bedeutete für die südafrikanische Militärtransportflotte im Langstrecken-VIP-Transport einen spürbaren Fortschritt.

F.VII

● **Erfolgreiches Verkehrsflugzeug** ● **Rekordflüge** ● **Lizenzfertigung**

▲ *Unmittelbar nach dem Ersten Weltkrieg bauten Junkers und Fokker ihre Airliner in denselben deutschen Werken, in denen kurz zuvor noch Hochleistungsjäger entstanden waren.*

Im November 1918 nutzte Anthony Fokker das Chaos in Deutschland, um ganze Güterzüge mit Flugzeugteilen in seine niederländische Heimat zu schmuggeln. Aber damit nicht genug: Er hatte bereits ein Passagierflugzeug entworfen, zum Prototyp V45 beziehungsweise F.II modifiziert und in die Luft gebracht. Diese Maschine ließ Fokker 1920 von seinem Testpiloten de Waal heimlich in die Niederlande fliegen und begründete mit ihr seinen Ruf als Verkehrsflugzeugkonstrukteur.

FOKKER F.VII

▲ **Airliner für die Schweiz**
HB-LBO wurde 1927 als erste F.VIIa an die schweizerische Balair geliefert, später von Swissair betrieben und 1948 ausgemustert. Sie steht heute im Verkehrsmuseum in Luzern.

▼ **Amerikanische Kunden**
Zahlreiche F.VII lieferte Fokker in die USA, gewöhnlich ohne Motor. Dieser wurde vor Ort montiert. Diese F.VIIa der Fluggesellschaft Standard Airlines flog mit einem Pratt & Whitney Hornet.

▼ **Dreimotoriger Bomber**
Europäische Länder fertigten F.VIIb-3m in Lizenz, darunter Bomberversionen in Polen und der Tschechoslowakei.

▲ **F.VIIa im Sanitätseinsatz**
Die Maschine wechselte im Zweiten Weltkrieg von H-NADP zum finnischen Kennzeichen FE-2.

Berühmte Fokker ▶
Floyd Bennett überflog mit dieser F.VIIa-3m, der ersten dreimotorigen F.VII, am 9. Mai 1926 den Nordpol. Gekauft von Edsel Ford, steht sie heute im Ford Museum.

FAKTEN UND ZAHLEN

- **Nach der Erprobung einer F.VIIa-3m beschaffte die US Army einige in den USA gebaute dreimotorige Muster als C-2.**
- **Im Spanischen Bürgerkrieg dienten F.VII auf beiden Seiten, einige als Bomber.**
- **Auch die in Großbritannien gebauten Avro Ten waren lizenzgefertigte F.VII.**
- **Die vielleicht berühmteste Fokker F.VII war die Southern Cross, die 1928 in 88 Stunden nonstop den Pazifik überquerte.**
- **1928 erhielten drei F.VIIb-3m Schwimmer für eine Antarktisexpedition.**
- **Die erste F.VII flog 1924 mit einem Rolls-Royce Eagle.**

Vom Jäger zum Airliner

Anfang 1923 begann Fokker mit der Entwicklung der F.VII, die in der Grundauslegung stark der F.II sowie den nachfolgenden F.III und F.IV ähnelte.

Der Prototyp flog im April 1924 mit einem Rolls-Royce Eagle-Motor. Sein Rumpf bot sechs Passagieren Platz. Nur fünf Maschinen wurden gebaut, doch im Jahr darauf erschien bereits die F.VIIa mit kleinerem Tragwerk und stärkerem Motor für höhere Geschwindigkeit sowie mit einer achtsitzigen Kabine. Fluglinien wie der KLM diente der Typ für Passagier- und Frachtdienste.

Im Sommer 1924 schrieb KLM einen neuen Airliner mit zehn Sitzplätzen aus, der fähig sein sollte, beim Ausfall eines Motors weiterzufliegen. So entstand die F.VIIa-3m. Dieser dreimotorige Fokker-Typ wurde zu einem der bekanntesten Verkehrsflugzeuge der Welt. Das erste Muster überflog 1926 erstmals den Nordpol. Mit einer stärkeren F.VIIb-3m, der Southern Cross, überquerte Charles Kingsford-Smith 1928 den Pazifik. Von 1927 bis 1933 war die F.VII-3m das weltweit führende Verkehrsflugzeug und wurde in sieben Ländern lizenzgefertigt.

Oben: Die H-NACT war die erste F.VIIa der niederländischen KLM. Bald forderte KLM eine dreimotorige Version. Drei Motoren bedeuteten größere Sicherheit.

Unten: Dies ist eine von vier in Großbritannien registrierten F.VIIa-3m mit Armstrong-Siddeley-Lynx-Motoren. Die G-EBYI gehörte einem belgischen Bankier.

TECHNISCHE DATEN
F.VIIa

- **Typ:** einmotoriges Verkehrsflugzeug
- **Triebwerk:** ein bei Gnome-Rhône gefertigter Neun-Zylinder-Sternmotor Jupiter mit 298 kW
- **Höchstgeschwindigkeit:** 185 km/h
- **Reisegeschwindigkeit:** 155 km/h
- **Flugdauer:** sieben Stunden, 35 Minuten bei Reisegeschwindigkeit
- **Reichweite:** 1160 km
- **Gipfelhöhe:** 2600 m
- **Gewicht:** leer 1950 kg; max. 3650 kg
- **Kapazität:** zwei Piloten und acht Passagiere
- **Abmessungen:** Spannweite: 19,31 m; Länge: 14,35 m; Höhe: 3,90 m; Tragflügelfläche: 58,50 m²

F.VIIb-3m

E. Plage & Laskiewicz in Lublin baute 19 F.VIIb-3m für die polnische Linie LOT. SP-ABK „Krysia“ war eine von elf Maschinen mit Wright-Whirlwind-J5A-Motoren. Die übrigen hatten Pratt & Whitney Wasp Junior.

Die F.VIIb-3m ließ sich mit einer Vielzahl von Motortypen ausrüsten. Von mindestens zwölf verschiedenen ist sicher, dass sie eingebaut wurden. Diese LOT-Maschine flog mit drei von Skoda gefertigten Neun-Zylinder-Wright-Whirlwind-J5A.

Zur Erhöhung der Zuladung erhielt die F.VIIb-3m Flügel größerer Spannweite. Diese Tragfläche hatte eine Sperrholzbeplankung. Über dem Cockpit waren die Treibstofftanks eingebaut.

Das verschweißte Rumpfstahlrohrgerüst und die Steuerflächen waren stoffbespannt. In den dreißiger Jahren setzte sich aber schon bald die Ganzmetallschalenbauweise durch.

Für den Winterbetrieb rüstete LOT ihre F.VIIb-3m mit Kufen aus. Flugzeuge mit Radfahrwerk erhielten hydraulische Bremsen. In der Verkleidung oberhalb des Rad-Kufen-Bauteils befand sich ein Elastikbandstoßdämpfer.

Die Kabine war gewöhnlich für zwei Besatzungsmitglieder und acht Passagiere ausgelegt, doch bei einigen Fluglinien auch für neun oder zehn Fluggäste. Auf der kleinen Tafel unter den Fenstern ist die Flugroute dargestellt.

Wie einige der ersten dreimotorigen F.VII waren auch die „großflügeligen“ F.VIIb-3m teilweise umgebaute einmotorige F.VIIa.

EINSATZDATEN

LEISTUNG

Gegenüber der zeitgleichen Junkers W33 bot die F.VIIb-3m drei Motoren und entsprechend mehr Leistung. Die Ford Trimotor in Ganzmetallbauweise war noch stärker als die Fokker, die sie in den USA ablösen sollte.

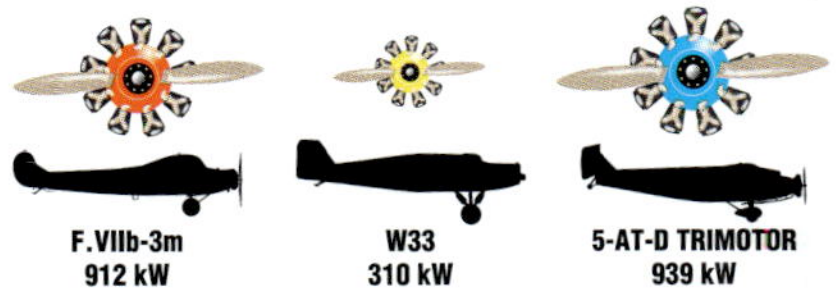

KAPAZITÄT

Als Einmotorige wie auch als Dreimotorige hatte die F.VII eine recht hohe Nutzlastkapazität. Drei Motoren aber verbesserten die Sicherheit. Die Trimotor stand gleichbedeutend für Fortschritt und erhöhten Passagierkomfort.

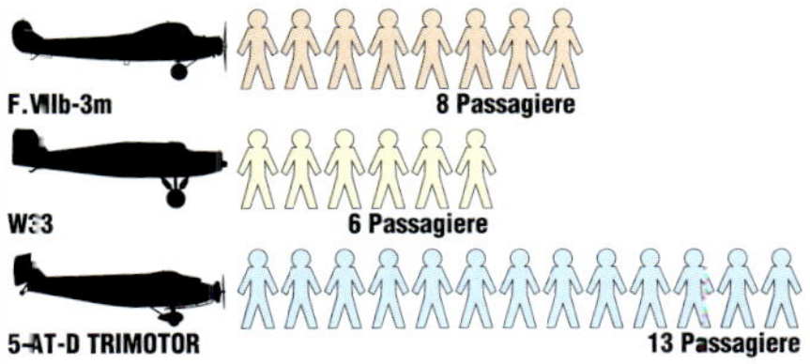

REICHWEITE

Da die dreimotorige F.VII mit unterschiedlichen Motortypen flog, variierten auch ihre Leistungen. So konnte sie beispielsweise mit drei Sternmotoren Wright Whirlwind J6 bei maximaler Nutzlast und gefüllten Tanks 1200 km zurücklegen, über 300 km mehr als die Ford Trimotor.

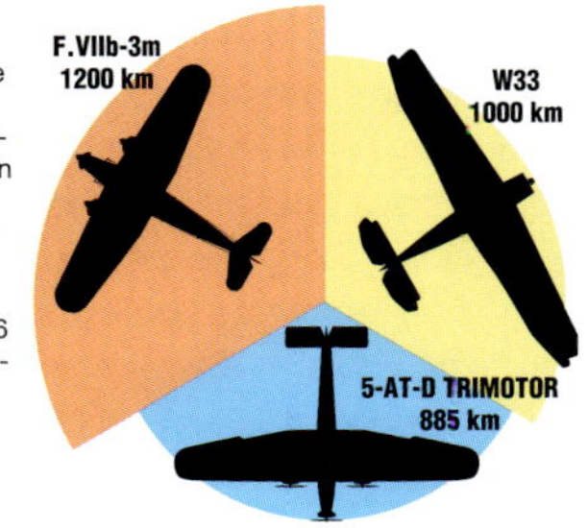

Fokker-Dreimotorige aus drei Werken

FOKKER-PRODUKT: KLM, ein führender Betreiber von ein- und dreimotorigen F.VII, verkaufte diese F.VIIb-3m PH-AFS nach Spanien, wo sie im Bürgerkrieg den Nationalisten diente.

ATLANTIC AIRCRAFT CORPORATION F-10/F-10A: Wegen des US-Nationalgefühls gründete Fokker eine „Tochtergesellschaft“ in den USA. Die F-10 war eine modifizierte F.VIIb-3m.

POLNISCHE F.VIIb-3m: Dieser in Lizenz in Polen gefertigte Bomber der 211. Staffel besaß einen offenen, im Mittelrumpf eingebauten Waffenstand und Unterrumpfbombenschlösser.

Fokker
F27 Friendship

● Turboprop-Antrieb ● Kurzstart und -landung

Fokkers erstes Verkehrsflugzeug mit Turboprop-Antrieb war in der ganzen Welt zu Hause. Hollands bekanntester Flugzeughersteller brachte diesen Mittelstrecken-Airliner 1955 auf den Markt, und schon bald baute Fairchild in den USA eine eigene Version. Die zweimotorige, als Schulterdecker ausgelegte F27 war zwar laut und rüttelte zuweilen wie ein „Zementmischer", erwies sich aber als eine kostengünstige und zuverlässige Maschine.

▲ *Als einer der ersten Turboprop-Airliner stieß die F27 zunächst auf Misstrauen, wurde aber dank ihrer ausgezeichneten Passagierkapazität und Wirtschaftlichkeit bald zum Verkaufsschlager.*

Fokker F27 Friendship

◀ **Verkaufserfolg**
Air New Zealand zählte zu den wichtigsten Kunden der F27. Diese Mk 500 wurde 1977 ausgeliefert und flog 15 Jahre lang.

▼ **„Hoch und heiß"**
Die gute Kurzpistenleistung machte die F27 zur ersten Wahl für Airlines wie die Comair Südafrikas.

▼ **Ausdauernd**
Auch als Fokker die modernere F50 einführte, blieb die F27 weltweit im Dienst. Diese Mk 500 fliegt zur Zeit bei der Air UK.

▼ **Erstkunde in Europa**
Als erste europäische Fluggesellschaft führte die irische Aer Lingus 1958 die F27 im Liniendienst ein.

▲ **In Nordamerika**
Pilgrim Airlines flog zwei F27 Mk 100 auf Routen in den USA und nach Kanada. Die Maschinen wurden wegen ihrer Zuverlässigkeit und ihrer Flugleistungen geschätzt und erst kürzlich ausgemustert.

Fakten und Zahlen

- Die Friendship war anfangs als möglicher Ersatz für die altehrwürdige Douglas DC-3 vorgesehen.
- Dieses Verkehrsflugzeug ging an 168 Kunden in 63 Ländern.
- Der erste der beiden F27-Prototypen flog erstmals am 24. November 1955.
- Zu ihrer Zeit war die Friendship das in größter Stückzahl gebaute Verkehrsflugzeug Europas.
- Im Januar 1966 kam der Prototyp der größeren Fairchild-Version in die Luft.
- Die Produktion der F27 endete im Juni 1986 zugunsten der F50.

PROFIL

Weltweit beliebtes Turboprop-Muster

Anfang der fünfziger Jahre begann Fokker mit Unterstützung der holländischen Regierung, dieses hervorragende zweimotorige Verkehrsflugzeug zu entwickeln, da ein weltweiter Bedarf nach einer Mittelstreckenmaschine mit 32 Passagiersitzen bestand. Dieses von Fokker in Holland und von Fairchild in den USA gebaute Turboprop-Muster nahm nach 1958 den Liniendienst auf.

Anfängliche Vorbehalte gegenüber Verkehrsflugzeugen mit Turboprop-Antrieb konnte die F27 bald zerstreuen, da sie sich als sehr sicher erwies. Noch bei laufender Produktion entwickelten Fokker und Fairchild größere Versionen: Die Passagierkapazität der Friendship wurde von 32 auf 40 (bei enger Bestuhlung bis auf 52) gesteigert, die Treibstoffzuladung erhöht und ein Wetterradar eingebaut. Der Fairchild-Typ war gestreckt und unterschied sich äußerlich auch ansonsten ein wenig von der Fokker-Variante.

Die F27 eroberte sich eine Marktnische als eines der wirtschaftlichsten Verkehrsflugzeuge ihrer Klasse und diente auch erfolgreich als Frachter und als VIP-Transporter.

Oben: Air Sinai in Ägypten ist einer der vielen afrikanischen Betreiber der F27 und fliegt die Mk 500. Die abgebildete Maschine stürzte 1986 beim Anflug auf Kairo in einem Sandsturm ab.

Links: Diese F27 Mk 500 wurde 1980 an die Mississippi Valley Airlines geliefert und wechselte 1990 nach Frankreich.

TECHNISCHE DATEN
F27 Mk 300 Friendship

- **Typ:** Passagierflugzeug
- **Triebwerke:** zwei Propellerturbinen Rolls-Royce Dart Mk 528-7E mit je 1424 kW und je 2,25 kN möglichem Zusatzschub
- **Reisegeschwindigkeit:** 428 km/h in 6100 m Höhe
- **Reichweite:** 2010 km mit 3050 kg Nutzlast und vollen Tanks
- **Gipfelhöhe:** 9020 m
- **Gewicht:** leer 10 257 kg; max. Startmasse 17 710 kg
- **Kapazität:** zwei Piloten, ein Flugbegleiter und 40 oder bei enger Bestuhlung bis zu 52 Passagiere
- **Abmessungen:**

Spannweite:	29,00 m
Länge:	23,56 m
Höhe:	8,50 m
Tragflügelfläche:	70 m²

FH-227B Friendship

Diese FH-227 wurde im Juli 1967 an Ozark Airlines geliefert und wechselte 1977 zu Delta Air Transport. Von 1983 bis 1984 übernahm Air Lesotho die Maschine für neun Monate.

Die beiden Piloten saßen nebeneinander; bei Bedarf fand ein drittes Besatzungsmitglied auf einem Klappsitz Platz. Zur Ausstattung zählten ein Wetterradar, ein Autopilot und ILS-(Instrumenten-Lande-System-)Anlagen.

Für den Antrieb der F27 und FH-227 sorgten leistungsgesteigerte Propellerturbinen Rolls-Royce Dart. Dieses zuverlässige Triebwerk wurde später für viele verschiedene Flugzeuge verwendet.

Die freitragenden, hochangesetzten Tragflügel wiesen ab den Triebwerken einen V-Winkel auf und bestanden aus einer ausfallsicheren Struktur mit zwei Holmen. Die Querruder hatten je eine Trimmklappe und wurden manuell betätigt.

Der Ganzmetallrumpf wurde ausfallsicher in Halbschalenbauweise gefertigt. Lediglich die Bugkappe bestand aus Glasfaser.

Mit Ausnahme der Glasfaservorderkanten an den Steuerflächen bestand das Leitwerk aus Metall. Die Vorderkanten von Seiten- und Höhenflosse waren mit Goodrich-Enteisern versehen.

In den USA wurde die F27 von Fairchild Hiller entwickelt und produziert. Die FH-227 hatte einen um 1,83 m gestreckten Rumpf. Insgesamt wurden 78 Exemplare gebaut.

EINSATZDATEN

REISEGESCHWINDIGKEIT

Die F27 war eines der wirtschaftlichsten Flugzeuge ihrer Klasse und ungefähr so schnell wie die meisten Konkurrenzmuster. Spitzengeschwindigkeiten um 450 km/h waren für Turbopropmaschinen dieser Größenklasse üblich.

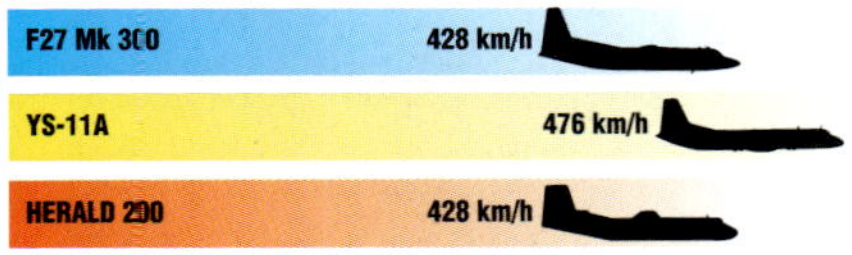

PASSAGIERE

Um mit größeren Maschinen wie der YS-11 konkurrieren zu können, wurde die Kapazität in Holland gebauter F27 auf 60 Passagiere erhöht. Hersteller reagieren auf Veränderungen bei Konkurrenzmustern zumeist mit einer Verbesserung von Kapazität, Treibstoffmenge und Reichweite bei gleichzeitiger Reduzierung der Betriebskosten.

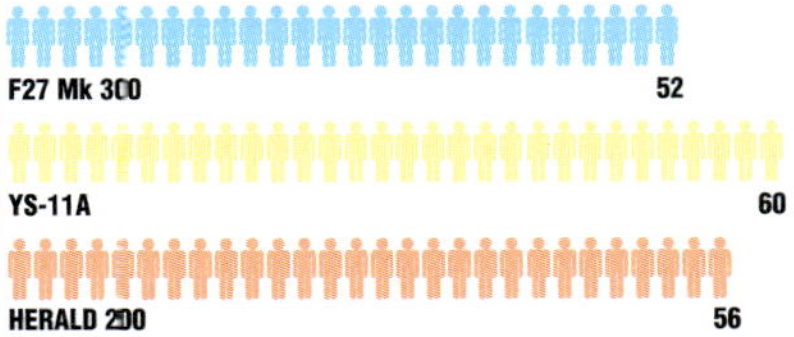

REICHWEITE

Die F27 Mk 300 bot eine gute Reichweite, die den Betrieb auf Europas internationalen Strecken erlaubte. Die Reichweite der YS-11A war noch etwas höher. Ursprünglich von Kolbenmotoren angetrieben, wurde die Herald später mit Dart-Triebwerken ausgerüstet.

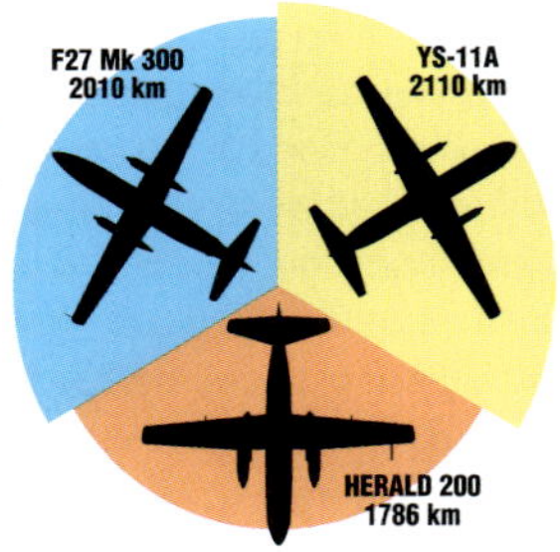

Mit der Friendship durch die Jahrzehnte

F27 PROTOTYP: Die PH-NIV flog als erste Friendship. Ihre Flugleistungen führten zu ersten Bestellungen von Aer Lingus.

F27 TROOPSHIP: Der Militärtransporter entstand für die niederländischen Luftstreitkräfte, die einige Muster durch die Fokker 60 ersetzten.

F27 MK 500: Die F27 wurde bis in die achtziger Jahre hinein in Form der verbesserten Mk 500 produziert, die sich global gut verkaufte.

F50: Fokker beendete die Produktion der F27 schließlich zugunsten der F50, die viele Merkmale von der Friendship übernommen hat.

F28 FELLOWSHIP

● Kleiner Airliner ● Inlandsstrecken ● Zweimotorig

▲ *Ihre geringe Größe und die niedrigen Betriebskosten machten die F28 für viele Dritte-Welt-Länder attraktiv. Von Bangladesch bis Südkorea ist dieses Muster noch immer im Einsatz.*

Wie die zeitgleichen DC-9 und die BAC 1-11 hatte auch die Fellowship mäßig zurückgepfeilte Tragflügel, zwei heckmontierte Mantelstrom-Triebwerke und ein T-Leitwerk. Das Fokker-Muster war kleiner und langsamer als die beiden anderen Typen und bot eine kürzere Reichweite als die DC-9. So verkaufte sich die F28 nur in recht kleiner Stückzahl, und schon nach wenigen Produktionsjahren ging Fokker zu einem größeren Modell über.

FOKKER F28 FELLOWSHIP

◀ **Landung in Peru**
AeroPeru nutzte die F28 im Inlandsverkehr und flog häufig abgelegene Plätze in Hochlagen an.

▼ **Einsatz in Fernost**
Die Fokker F28 diente auch in Burma, wo sie unter unwirtlichen Bedingungen gute Dienste leistete.

▼ **In Europa**
Air France hat inzwischen ihre F28 durch wirtschaftlichere Muster ersetzt. Zum Hauptnutzerkreis in Europa zählten daneben auch TAT, KLM und Linjeflyg.

▲ **Linjeflyg-Flotte**
Die schwedische Linjeflyg betrieb zeitweise eine reine Fellowship-Flotte mit 13 F28 der Serie 4000.

◀ **Verlässliches Triebwerk**
Die F28 nutzte das bewährte Rolls-Royce-Triebwerk Spey Mk 555. Es war zur Lärmdämpfung mit Schall schluckenden Matten ausgestattet.

FAKTEN UND ZAHLEN

- Die Mk 3000R mit Wasser-/Methanol-Einspritzung eignete sich für Einsätze in großer Höhe und bei heißem Klima.
- Die Frachtversion Mk 1000C war mit einer großen vorderen Ladeklappe ausgestattet.
- Auch militärische Betreiber flogen die F28, darunter die argentinische Luftwaffe.
- Zu den F28-Versionen gehörten die Mk 6000 mit Nasenklappen an den Tragflügeln und die dichtbestuhlten Mk 4000 für Linjeflyg.
- Das Rolls-Royce Spey trieb auch Kampfflugzeuge wie die Phantom (der RAF) an.
- Als die F28 im Februar 1969 zugelassen wurde, lagen 22 Bestellungen vor.

Der holländische Kurzstrecken-Jet

Die Fellowship wurde in Zusammenarbeit mit Shorts in Großbritannien (Tragflügel) und HFB sowie VFW in Deutschland (Rumpfbaugruppen) entwickelt und mit zwei Mantelstrom-Triebwerken ausgestattet. Man hoffte, mit ihr an den Erfolg der F27 Friendship anknüpfen zu können. Die F28 vermochte mehr Passagiere mit der Geschwindigkeit eines Strahlflugzeugs über kurze und mittlere Strecken zu befördern.

Die Originalversion Mk 1000 wurde erstmals 1969 ausgeliefert und bot 65 Passagieren Platz. Die nachfolgende Mk 2000 hatte einen längeren Rumpf für 79 Passagiersitze, und die Mk 3000 sowie die 85sitzige Mk 4000 verfügten über neue Tragflügel und leisere Triebwerke. Darüber hinaus erschien die Mk 6000, die Nasenklappen über die volle Spannweite zur Verbesserung der Startleistung bot. Diese Ausführung wurde 1973 zugelassen, fand aber keine Abnehmer.

Die deutsche LTU war der erste F28-Kunde, und das letzte Serienexemplar ging 1987 an Linjeflyg in Schweden. Bis dahin hatte Fokker 241 Fellowship an 59 Käufer in 39 Ländern geliefert.

Die Standard-F28 gab ein effektives und preiswertes leichtes Transport- und/oder VIP-Flugzeug für das Militär ab. Sie ging an die Luftstreitkräfte Argentiniens (oben) und Kolumbiens sowie an die holländische Regierung.

Steuerbord unter dem Flächenansatz befindet sich ein Druckbetankungsanschluss.

Das zurückgepfeilte Höhenleitwerk thront auf der Seitenflosse. Es ist eine Vielholmstruktur mit hochfesten Waben-Sandwich-Paneelen.

Flugzeuge der Serien 5000 und 6000 hatten größere Tragflächen mit hydraulisch betätigten Nasenklappen über die volle Spannweite.

Der Bug der F28 enthält ein einfaches Wetterradar zur Anzeige von Gewittern und das Autopilotgerät SEP6 von Smiths.

Alle Baugruppen des Fahrgestells haben Zwillingsräder. Das Bugradpaar ist lenkbar, und auf Wunsch werden alle Baugruppen mit Niederdruckreifen ausgestattet.

F28 Mk 1000

Die Mk 1000 war die erste Serienversion. Dieses Exemplar flog bei Aviaction, bevor es zu Liniengesellschaften in Äthiopien, Südafrika, Frankreich und im Iran wechselte.

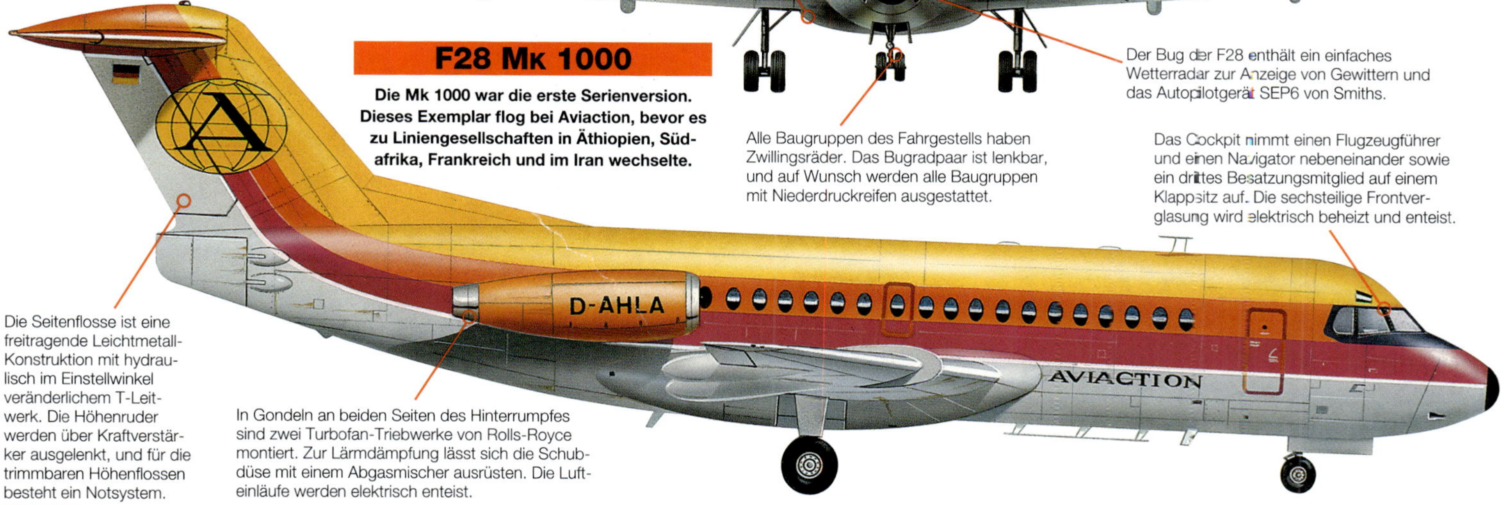

Das Cockpit nimmt einen Flugzeugführer und einen Navigator nebeneinander sowie ein drittes Besatzungsmitglied auf einem Klappsitz auf. Die sechsteilige Frontverglasung wird elektrisch beheizt und enteist.

Die Seitenflosse ist eine freitragende Leichtmetall-Konstruktion mit hydraulisch im Einstellwinkel veränderlichem T-Leitwerk. Die Höhenruder werden über Kraftverstärker ausgelenkt, und für die trimmbaren Höhenflossen besteht ein Notsystem.

In Gondeln an beiden Seiten des Hinterrumpfes sind zwei Turbofan-Triebwerke von Rolls-Royce montiert. Zur Lärmdämpfung lässt sich die Schubdüse mit einem Abgasmischer ausrüsten. Die Lufteinläufe werden elektrisch enteist.

TECHNISCHE DATEN
F28 Mk 4000

- **Typ:** Kurz-/Mittelstrecken-Verkehrsflugzeug
- **Triebwerke:** zwei Mantelstrom-Triebwerke Rolls-Royce Spey Mk 555-1P je 44 kN Schub
- **Höchstgeschwindigkeit:** 842 km/h
- **Reisefluggeschwindigkeit:** 787 km/h
- **Reichweite:** 3380 km mit maximaler Nutzlast und Treibstoffmenge
- **Gipfelhöhe:** 10 675 m
- **Kapazität:** zweiköpfige Besatzung im Cockpit und bis zu 85 Passagiere
- **Gewicht:** beladen maximal 31 523 kg
- **Abmessungen:**

Spannweite:	25,07 m
Länge:	29,61 m
Höhe:	8,47 m
Tragflügelfläche:	76,30 m²

EINSATZDATEN

GESCHWINDIGKEIT

Die F28 bietet eine Geschwindigkeit, die die der deutschen VFW 614 weit übertrifft und fast an die der größeren BAC One-Eleven heranreicht. Beim Reiseflug mit 780 km/h wird aber weniger Treibstoff verbrannt und eine größere Reichweite erzielt.

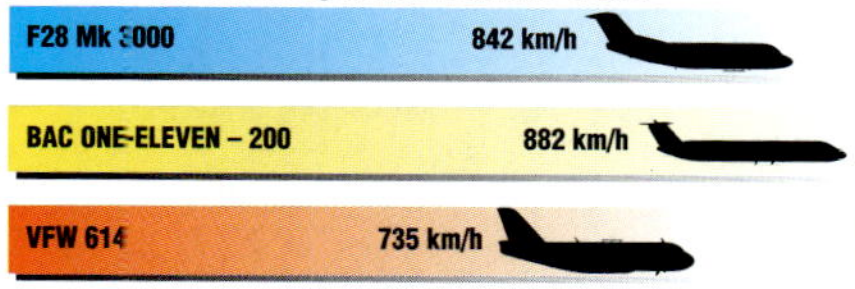

PASSAGIERE

Für ein Muster ihrer Größe kann die F28 relativ viele Fluggäste befördern, dank der Bestuhlung mit Fünfer-Querreihen und seitlich versetztem Gang. Ihr Nutzlastvermögen machte die F28 auch als leichtes bis mittleres Transportflugzeug für das Militär interessant.

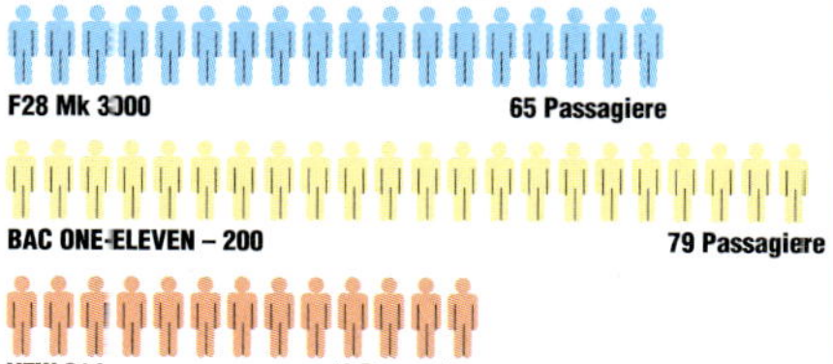

REICHWEITE

Die britischen Spey-Triebwerke verhalfen der F28 und der BAC One-Eleven zu Reichweiten, die die der „durstigen" VFW 614 bei weitem übertrafen. Sowohl die BAC One-Eleven als auch die F28 führten europaweite Flüge durch, während die VFW 614 auf regionale Bereiche begrenzt blieb.

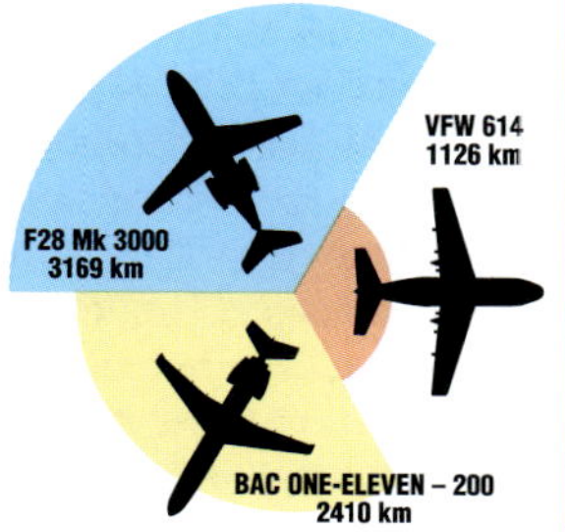

Entwicklungen aus der Fellowship

FOKKER 70: Die 70 mit Tay-Mantelstrom-Triebwerken von Rolls-Royce wurde als Marktpartner für die 100 entwickelt. Die Maschine mit 79 Plätzen flog im April 1993 zum ersten Mal.

FOKKER 100: Die zur Nachfolge der F28 bestimmte 107sitzige 100 wurde auf derselben Fertigungsstrecke wie das Modell 70 produziert. Sie fliegt unter anderem für American Airlines.

FOKKER 130: Diese vielversprechende Weiterentwicklung der 100 war 1996, als die Firma Fokker in den Niederlanden den Bankrott anmelden musste, noch nicht in der Produktion.

FOKKER 70/100

● Moderner Entwurf ● Regionalflüge ● Gemeinschaftsproduktion

▲ *Auf dem heiß umkämpften Markt der Zivilmaschinen konnte sich Fokker lange Zeit mit einer Vielzahl erfolgreicher Muster behaupten, die sich alle gut verkauften.*

Die Fokker 100, eine gestreckte Version der F28 Fellowship, flog erstmals im November 1986. Sie hat einen längeren Rumpf für 107 Passagiersitze, modifizierte Tragflügel, Tay-Triebwerke statt Spey wie die F28, ein neues Cockpit und modernisierte Systeme. Die Fokker 70 ist eine verkürzte Variante mit den gleichen Tragflügeln und Triebwerken, die 79 Fluggäste aufnehmen kann. Nach dem Konkurs von Fokker Anfang 1996 wurde die Produktion beider Typen eingestellt.

FOKKER 70/100

▲ In den USA
Diese Fokker 100 mit einem an die amerikanische Flagge angelehnten Farbmuster wird für Inlandsflüge in den Vereinigten Staaten eingesetzt.

▲ Effektives Marketing
Dank intensiver Verkaufsbemühungen konnte Fokker den Typ an einige europäische Länder verkaufen. Dieses Exemplar flog bei der ungarischen MALEV, die damals an weiteren Maschinen interessiert war.

▲ Breite Farbpalette
Die Fluglinien versehen ihre Maschinen mit den verschiedensten Farben. Zu den attraktivsten Beispielen gehört das Exemplar der Korean Air.

▼ Britische Flüge
British Midland Airways setzt die Fokker 100 auf Inlandsstrecken ein und befand den Typ als äußerst kostengünstig.

▲ Partnerschaft
Angesichts der heutigen Kosten für die Entwicklung eines Verkehrsflugzeugs ließ Fokker vor der Endmontage Sektionen des Flugzeuges in europäischen Ländern fertigen, um dann die Endmontage vorzunehmen.

FAKTEN UND ZAHLEN

- Die Anforderung für die Fokker 70 zielte auf einen kostengünstigeren Ersatz für die alternde F28 Fellowship ab.
- Die erste Bestellung für die 100 erfolgte 1984 mit zehn Mustern für die Swissair.
- Am 30. November 1986 fand der Erstflug der 100 statt.
- 1992 gab Fokker grünes Licht für die Entwicklung einer Fokker-100-Variante mit verkürztem Rumpf, die zur Fokker 70 führte.
- Die Erstaufträge für die 70 kamen von Pelita und Sempati Air aus Indonesien.
- Fokker-Maschinen fliegen in über 100 Ländern.

PROFIL

Fokkers letztes Düsenflugzeug

Nach der Vereinbarung von 1992 mit der Deutschen Aerospace, die sich umfangreich an Fokker beteiligt hatte, plante die Firma die Entwicklung von Verkehrsflugzeugen auf der Basis der Fokker 100. Dazu zählten ein 80-Sitzer und eine gestreckte Version mit 130 Sitzplätzen, doch gebaut wurde nur die Fokker 70.

Die leise und effektive Fokker 100 errang Erfolge. Mit einer Flotte von 75 Stück wurde American Airlines zum größten Betreiber dieses Typs und hatte zum Zeitpunkt des Fokker-Konkurses 290 Maschinen bestellt.

Die Fokker 70 war mit 71 Aufträgen weniger erfolgreich, doch ihr Erscheinen fiel auch mit einer Krise auf dem Flugzeugmarkt zusammen. Sie flog im April 1993 erstmals, und im März 1995 führte sie bei der Sempati Air in Indonesien die ersten Ertragsflüge durch. Ohne den Konkurs hätte sie wohl an den Erfolg der größeren Vorgängerin anknüpfen können.

Die Firma Fokker Aviation übernahm die Betreuung der vorhandenen Fokker-Verkehrsflugzeuge. Einige Maschinen dürften sich wohl auch am 100. Geburtstag von Fokker im Jahre 2019 noch im Einsatz befinden.

Oben: Diese Fokker 100 wendet vor der Kamera. Die Piloten loben die guten Flugleistungen des Typs.

Unten: Die auf Inlandsstrecken nur in mittleren Höhen fliegende Fokker 100 war eine der kostengünstigsten Verkehrsmaschinen, die sich zu ihrer Zeit in Europa im Liniendienst befanden.

TECHNISCHE DATEN
Fokker 100

- **Typ:** zweistrahliges Regionalverkehrsflugzeug
- **Triebwerke:** zwei Mantelstrom-Triebwerke Rolls-Royce Tay Mk 620-15 mit je 44 kN Schub
- **Reisegeschwindigkeit:** 861 km/h in Einsatzhöhe
- **Reichweite:** 2956 km
- **Gipfelhöhe:** 10 670 m
- **Gewicht:** leer 23 250 kg; max. 41 500 kg
- **Kapazität:** vier Besatzungsmitglieder (zwei Piloten und zwei Flugbegleiter) und 107 Passagiere
- **Abmessungen:**

	Spannweite:	28,08 m
	Länge:	35,31 m
	Höhe:	8,50 m
	Tragflügelfläche:	93,50 m²

FOKKER 100

Von ihrer Heimat Schweden aus fliegt die Transwede in zahlreiche europäische Länder, betreibt aber auch viele Inlandsrouten. Die Maschinen dieser Fluggesellschaft tragen ein zurückhaltendes Farbmuster.

Für den Betrieb der Fokker 100 ist nur eine zweiköpfige Flugbesatzung erforderlich. Für die Piloten erwies sich der Umstieg von früheren Fokker-Airlinern auf den neuen Typ als problemlos.

Gemäß der Partnerschaftsvereinbarung übernahm die deutsche MBB den Bau des Rumpfmittelstücks und des Hecks. Auf beiden Rumpfseiten sind die üblichen Notausstiege eingerichtet.

Der Rumpf hat einen kreisförmigen Querschnitt und wurde in Halbschalenbauweise aus Leichtmetall gefertigt. Diese Konstruktion bietet die nötige Festigkeit und ermöglicht im Vergleich zu konventionellen Verkehrsflugzeugen Gewichtseinsparungen. Die Passagiersitze lassen sich vom Betreiber der jeweiligen Art des Fluges anpassen.

Ein hochangesetztes Höhenleitwerk, das die besten Steuereigenschaften bietet, ist bei fast allen kleinen regionalen Fluglinien zum Standard geworden. Durch das große Seitenruder vermag die Fokker 100 auch von sehr kleinen Flugplätzen aus zu operieren, die nur begrenzt Bodenmanöver erlauben. Um die Besatzung beim Flug zu entlasten, sind alle Hecksteuerungen hydraulisch verstärkt.

Das mit Kathodenstrahlbildschirmen ausgestattete Flugdeck gehört zu den modernsten in der heutigen Airliner-Flotte.

Die Tragflügel wurden von Short Brothers in Nordirland gebaut und anschließend zur Endmontage zu Fokker geschickt.

Im Hinterrumpf der Fokker 100 sind die beiden Triebwerke Rolls-Royce Tay eingebaut. Jedes ist mit Schubumkehr ausgestattet, um die Landestrecke zu verkürzen, ein wünschenswertes Merkmal bei Maschinen, die von zum Teil beengten städtischen Flughäfen aus operieren. Die Triebwerke sind äußerst zuverlässig.

EINSATZDATEN

KAPAZITÄT

Die auf dem umkämpften Markt für Inlandsrouten operierende Fokker 100 kann eine große Zahl von Passagieren aufnehmen, aber nicht so viele wie die beiden anderen Typen. Die sparsamen Triebwerke sorgen jedoch dafür, dass die Kosten pro Passagier gering bleiben.

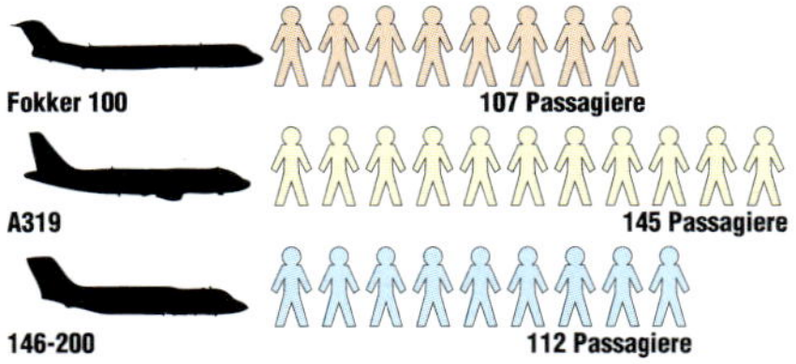

GESCHWINDIGKEIT

Zur Zeit zählt die Fokker 100 zu den schnellsten Flugzeugen ihrer Klasse. Eine hohe Reisegeschwindigkeit ist für Geschäftskunden ein wichtiger Faktor. Die BAe 146 liegt hier ein wenig zurück.

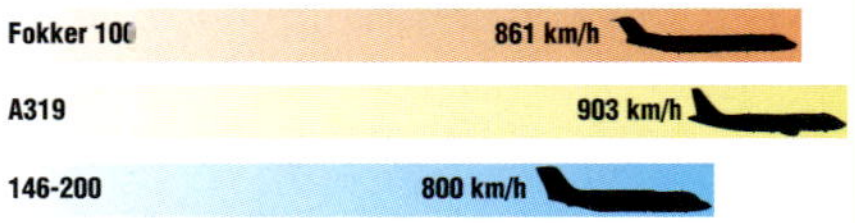

STARTMASSE

Je mehr Gewicht ein Verkehrsflugzeug vom Boden heben kann, desto profitabler wird es, da sich das Gewicht in den Passagier- und Frachteinnahmen niederschlägt. In diesem Bereich führt der europäische Airbus A319, vor allem wegen seiner Größe.

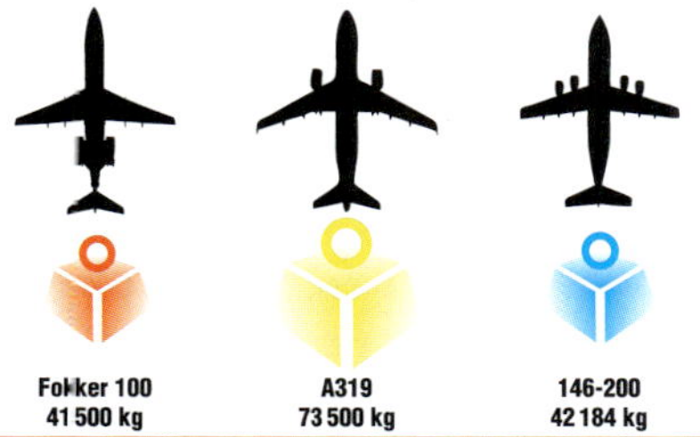

Vorgängermuster der Fokker 100

AÉROSPATIALE CARAVELLE: Die Caravelle war das erste strahlgetriebene Verkehrsflugzeug Frankreichs und wurde auf Kurz- und Mittelstrecken eingesetzt.

BAC ONE-ELEVEN: Dieses ältere, in England entwickelte Muster wurde von zahlreichen Fluglinien auf der ganzen Welt eingesetzt und dient noch heute kleineren Airlines auf Inlandsrouten.

FOKKER F28 FELLOWSHIP: Für die Fellowship, die erstmals im Mai 1967 flog und bis zu 85 Passagiere befördern konnte, gingen bei Fokker noch 1980 Bestellungen ein.

FORD

TRIMOTOR

● Ganzmetallkonstruktion ● Airliner-Pionier ● US-Postdienst

Die Ford Trimotor, entsprechend der „Tin Lizzie“, dem Pkw-Modell T desselben Herstellers, „Tin Goose“ („Blechgans“) genannt, verband das bei Fokker entwickelte dreimotorige Hochdeckerkonzept mit der von Junkers eingeführten Ganzmetallbauweise. Diese Kombination machte Henry Fords stämmige Verkehrsmaschine zu einem der wichtigsten Flugzeuge ihrer Zeit. Die Trimotor stellte als ziviler Airliner Rekorde auf und fand auch beim Militär Verwendung.

▲ *Die Ford Trimotor mit ihren drei Motoren und der robusten Ganzmetallkonstruktion erwies sich als ein äußerst zuverlässiges Flugzeug und wurde schon bald von US-amerikanischen Passagier- und Frachtfluglinien bestellt.*

FORD TRIMOTOR

▲ „Fliegende Postkutsche“
Diese späte Version der Trimotor, die hier beladen mit Postsendungen landet, diente der US Mail.

▲ Die Trimotor lebt
Das Foto zeigt eine restaurierte Trimotor auf einer Luftfahrtschau in den sechziger Jahren in den USA. Einige der robusten Trimotor sind bis heute flugtüchtig.

▲ Ford-Schwimmerflugzeug
Erste Einsätze als Schwimmerflugzeug fanden im Gebiet der nordamerikanischen Großen Seen statt. Andere Muster dienten der chilenischen Luftwaffe.

▲ Stärkerer Antrieb
Spätere Trimotor-Versionen erhielten stärkere Motoren, wodurch sie sich besser verkauften.

Arctic Airways ▶
Ersetzte man ihre Räder durch Kufen, konnte die Trimotor auch im Winter betrieben werden.

FAKTEN UND ZAHLEN

- Das erste endgültige Exemplar der Trimotor, die 4-AT, hatte ein offenes Cockpit und Schmutzabweiser an den Rädern.
- Eine modifizierte 4-AT-B überflog 1929 als erstes Luftfahrzeug den Südpol.
- Eine von Ford finanzierte Bomberversion war geplant, wurde aber nicht realisiert.
- Maddux Air Lines, eine der ersten Passagierfluggesellschaften, eröffnete ihren Flugbetrieb im Juni 1927 mit Trimotor.
- Insgesamt 22 Trimotor wurden für militärische Aufgaben gebaut.
- Eine Trimotor absolvierte bis zu ihrer Ausmusterung mehr als 23 000 Flugstunden.

Pionier unter den Verkehrsflugzeugen

Die Frage, ob William Stout der Ruhm für die Konstruktion der Trimotor gebührt oder nicht, wird sich nicht klären lassen. Es war ein brillanter Entwurf. Henry Ford hatte William Stouts Unternehmen und damit auch dessen Fachwissen und Pläne erworben, aber Stout im Streit entlassen, noch bevor die erste Trimotor 1926 fertiggestellt war.

Als anfängliche Mängel beseitigt waren, hatte die Trimotor ein geschlossenes Cockpit, leistungsfähige Motoren und die Fähigkeit, bis zu 15 Fluggäste zu befördern. Erstkunde der Trimotor wurde Maddux Air Lines, Los Angeles. Andere Luftverkehrsgesellschaften folgten.

Nach 1930 kamen viele Muster aus zweiter Hand auf den Markt. Standard Oil war das erste Unternehmen, das eine Trimotor als Geschäftsflugzeug betrieb. Royal Typewriter kaufte eine Trimotor und schrieb auf den Rumpf: „Kapazität: 210 Reiseschreibmaschinen".

Trimotor dienten den Streitkräften Australiens, Chiles, Kanadas, Kolumbiens, Spaniens und der USA. Die US Army nutzte sie als Transporter und testete eine als Bomber. Neun Muster flogen bei US Navy und Marine Corps.

Oben: Die aus drei Baugruppen konstruierten Tragflügel waren außergewöhnlich stabil. Das rechteckige Mittelstück war in den Rumpf integriert.

Rechts: Die Trimotor, das beste Verkehrsflugzeug ihrer Zeit, ermöglichte einen zuverlässigen Linienflugbetrieb.

TECHNISCHE DATEN
Trimotor 5AT-C

- **Typ:** dreimotoriges Passagierflugzeug
- **Triebwerke:** drei Sternmotoren Pratt & Whitney Wasp mit je 313 kW
- **Höchstgeschwindigkeit:** 246 km/h
- **Reisegeschwindigkeit:** 196 km/h
- **Anfangssteigrate:** 320 m/min
- **Reichweite:** 900 km
- **Gipfelhöhe:** 5639 m
- **Gewicht:** leer 3447 kg; max. 6124 kg
- **Kapazität:** zwei Piloten und 13 bis 15 Passagiere
- **Abmessungen:**

Spannweite:	23,72 m
Länge:	15,30 m
Höhe:	3,66 m
Tragflügelfläche:	77,57 m²

TRIMOTOR 5-AT-39

Diese Trimotor, hier in den Farben der American Airways (AA) von 1933, hatte eine lange und sehr aktive Dienstzeit. Nach ihrer Ausmusterung bei AA flog sie in Lateinamerika sowie in Alaska und Mexiko.

Die 5-AT mit Wasp-Motoren war erheblich leistungsfähiger. Wahlweise wurde eine Verkleidung des Bugmotors angeboten, aber selten verwendet.

Das dreiteilige Tragwerk war sehr stabil, doch seine Wellblechbeplankung verursachte hohen Widerstand, weil die Luft auf der Flächenoberseite fast nie in Wellenrichtung strömte.

Der Rumpf war mit Akladblech beplankt, einem mit korrosionsbeständigem Reinaluminium überzogenen Duralumin. Nach der Endmontage erhielt die Trimotor noch einen Klarlackanstrich. Die Wellblechbeplankung war aerodynamisch zwar ungünstig, verkraftete aber größte Knickbeanspruchung und härteste Landestöße.

Ford integrierte zwar einige Neuerungen wie Radbremsen, hielt aber an der bewährten Praxis fest, die Leitwerkssteuerseile außen am Rumpf entlang zu führen und über große, außen am Bug angeordnete Schwenkarme zu betätigen.

Alle Steuerflächen waren metallbeplankt. Die in den Flügelnasen installierten Landescheinwerfer wurden von einem Generator gespeist.

Ein an der Rumpfunterseite angebrachtes Rohr führte die Abgase ab. Es war mit einem vorn offenen Mantel umgeben, so dass Frischluft eintreten konnte, die sich auf dem Weg nach hinten erwärmte und von dort in die Kabine geleitet wurde.

EINSATZDATEN

GESCHWINDIGKEIT

Da ihre Wellblechbeplankung einen hohen Luftwiderstand verursachte, flog die Trimotor, verglichen mit den auf den Markt drängenden, „glatthäutigen" Verkehrsflugzeugen, zu langsam. Am schnellsten war die begrenzt eingesetzte de Havilland Albatross.

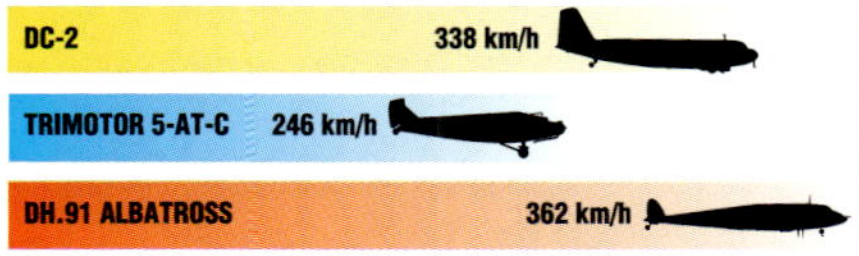

KAPAZITÄT

Die als Passagier- und Frachtflugzeug betriebene Trimotor war die erste Verkehrsmaschine, die ihren Passagieren einen annehmbaren Komfort bot. Typische Gestaltungsmerkmale wurden für die Nachfolgemuster der Trimotor wie die Douglas DC-2 übernommen.

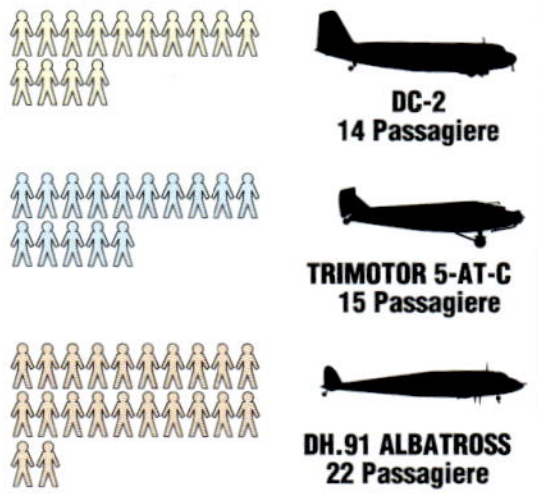

REICHWEITE

In den Pioniertagen des Luftverkehrs bestimmte die Treibstoffkapazität die Reichweite der Flugzeuge. Als die Triebwerke leistungsfähiger und die Maschinen immer größer wurden, steigerte sich auch die Reichweite, so dass die Fluglinien ihre Streckennetze ausbauen und immer mehr Zielorte anfliegen konnten.

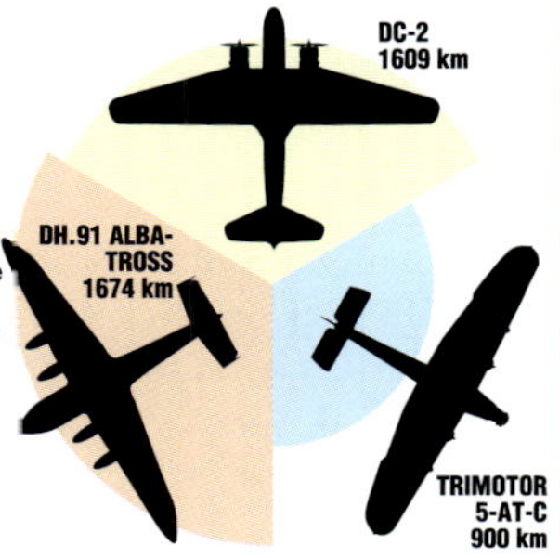

Unermüdliche Trimotor im Dienst

CIA MEXICANA DE AVIACION: Dieses Tochterunternehmen der Pan American übernahm 1930 vier Trimotor und setzte sie in ganz Lateinamerika ein. Nach dem Zweiten Weltkrieg wurden sie mit verschiedenen Motoren nachgerüstet.

SCENIC AIRWAYS: Diese Maschine, die wahrscheinlich letzte in der US-Luftfahrzeugrolle registrierte aktive Trimotor, wird von Las Vegas (Nevada, USA) zu Vergnügungsflügen über den Grand Canyon eingesetzt. Ein Exemplar ging bei einem Landeunfall zu Bruch.

ISLAND AIRLINES: Nach dem Ende des Zweiten Weltkriegs setzten kleine Fluggesellschaften die Trimotor erneut ein. Wie extrem langlebig die Maschine war, beweist dieses Exemplar, das sogar nach einem Unfall 1977 wieder in Dienst gestellt wurde.

GAF

Nomad

● **Mehrzweck- und Sanitätsflugzeug** ● **Kurzstart und -landung** ● **Fliegende Ärzte**

▲ *Die Nomad ist nicht nur ein hervorragendes Sanitätsflugzeug, sondern bietet in der gestreckten Version N24 auch bis zu 17 Passagieren Platz. Das Geheimnis ihres Erfolges sind die erstaunlichen Kurzstart- und -landefähigkeiten, mit denen sie die besonderen Probleme des inneraustralischen Luftverkehrs mühelos meistert.*

Im Innern Australiens sind die Entfernungen von weit abgelegenen Farmen und Dörfern zur nächsten größeren Siedlung so groß, dass die dort lebenden Menschen nur aus der Luft medizinisch betreut werden können. Das wichtigste Hilfsmittel der „fliegenden Ärzte“ sind Flugzeuge mit Kurzstart- und -landefähigkeiten. Ideal eignet sich die von der Government Aircraft Factory entwickelte Nomad, mit der Kranke unter ärztlicher Aufsicht schnell in Krankenhäuser eingeliefert werden können.

GAF Nomad

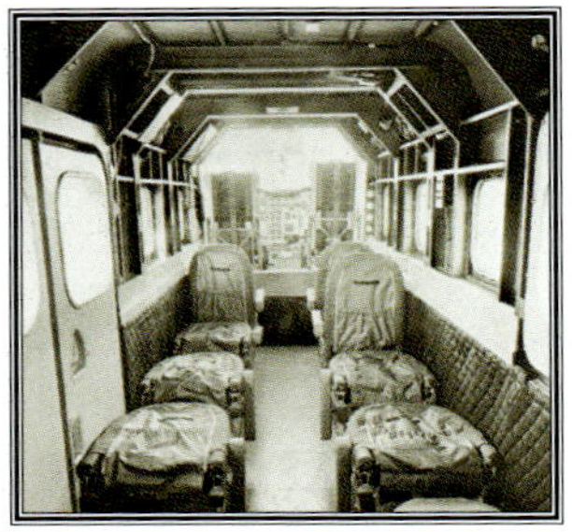

▲ Innenausstattung
In ihrer geräumigen Kabine bietet die Nomad Platz für bis zu zwölf Passagiere oder 1685 kg Fracht.

▲ Kurzstart
Ihre guten Kurzstart- und -landefähigkeiten – unabdingbar für die „fliegenden Ärzte“ – verdankt die Nomad ihren hoch angesetzten Flügeln, den starken Turboprops und den Doppelspaltklappen.

▲ Gestreckte Version
Dank des um 1,14 m verlängerten Rumpfs lassen sich in der N24A 17 Passagiere unterbringen, und die Höchststartmasse beträgt bei ihr 4263 kg.

▲ Auch auf dem Wasser zu Hause
Seit 1979 darf die N22B auch als Schwimmerflugzeug von Flüssen und Seen aus operieren.

„Fliegende Ärzte“ und Luftrettung ▶
Die überall in Ausralien operierenden fliegenden Arztdienste sind die Hauptbetreiber der Nomad.

FAKTEN UND ZAHLEN

- Mehr als 5000 Einsätze hat der australische Northern Territory Aeromedical Service bis heute geflogen.
- Der erste Nomad-Prototyp absolvierte seinen Jungfernflug am 23. Juli 1971.
- Die australische Zollbehörde nutzt mit Radar ausgerüstete Nomad Searchmaster.
- Die „fliegenden Ärzte“ sind rund um die Uhr einsatzbereit und etwa zehn Minuten nach Eingang eines Notrufs in der Luft.
- Die Nomad wurde speziell für Aufgaben in den australischen Buschgebieten gebaut.
- Eine N22B mit Schwimmern kam als Wasser- und Amphibienflugzeug zum Einsatz.

Lebensrettung im australischen Hinterland

Mitte der sechziger Jahre entwickelte Government Aircraft Factory (GAF) die Nomad mit dem typischen rechteckigen Rumpfquerschnitt, zwei Propellerturbinen und einem hochangesetzten Leitwerk. Das einziehbare Hauptfahrwerk des Schulterdeckers ist an den Flügelstützstreben angeordnet. Auch das Militär und zivile Behörden nutzen die als Verkehrsflugzeug konzipierte Nomad. Ihre wichtigsten Einsätze sind aber Flüge mit den „fliegenden Ärzten“, die im schwer erreichbaren australischen Hinterland die medizinische Versorgung gewährleisten.

Dank ihrer exzellenten Kurzlandefähigkeit kann die Nomad auf geeigneten Weideflächen bei Farmen ebensogut landen wie auf dem Perth Highway. Dabei lassen sich in ihrem großzügigen Inneren nicht nur ein Arzt und ein Verwundeter, sondern eine komplette Erste-Hilfe-Einrichtung unterbringen.

Aber auch bei militärischen Betreibern wie den Luftstreitkräften Australiens, der Philippinen, Thailands, Papua-Neuguineas und der indonesischen Marine hat sich die Nomad bewährt.

Die 1986 als Nachfolgerin der GAF gegründete ASTA (Aerospace Technologies of Australia) hat inzwischen das Ende der Nomad-Produktion beschlossen. Das 170. und letzte Exemplar verließ bereits 1984 die Fertigungshallen. Auch bei der RAAF sind die Nomad inzwischen ausgemustert, doch bei den „fliegenden Ärzten“ werden sie als Lebensretter noch einige Zeit im Dienst bleiben.

Aufgrund ihrer Behelfspisteneignung ist die Nomad ideal geeignet für Überwachungs-, Agrar- und Rettungsaufgaben in Australiens weiten und rauen ländlichen Gebieten.

TECHNISCHE DATEN
Nomad N22B

- **Typ:** STOL-Mehrzwecktransporter
- **Triebwerke:** zwei Propellerturbinen Allison 250-B17B mit je 298 kW oder 250-B17C mit je 313 kW
- **Reisegeschwindigkeit:** 311 km/h
- **Reichweite:** 1352 km
- **Gipfelhöhe:** 6400 m
- **Kapazität:** zwei Piloten, 13 Passagiere (N22B) oder 17 Passagiere (N24A); mehrere Versionen für Verletzte zum Liegen oder bis zu 1685 kg an medizinischer Ausrüstung und Personal
- **Gewicht:** leer 2150 kg; beladen 3629 kg (N22) bzw. 3855 kg (N22B) oder 4263 kg (N24A)
- **Abmessungen:**

Spannweite:	16,52 m
Länge:	12,56 m
Höhe:	5,52 m
Tragflügelfläche:	30,10 m²

Nomad N22

Heute sind alle Government Aircraft Factories Nomad der australischen Streitkräfte ausgemustert, doch viele Jahre lang haben sie den Heeresfliegern gute Dienste geleistet. Diese N22 gehörte zur in Oakey stationierten No. 73 (GS) Squadron.

Das ungewöhnlich große Leitwerk trägt wesentlich zu den Kurzstart- und -landefähigkeiten der Nomad bei. Mit der Höchststartmasse von 3629 kg hebt sie nach nur 200 m ab.

Zwei Propellerturbinen Allison 250-B17C (Nennleistung 313 kW) verleihen der Nomad auf eine Distanz von 1353 km eine mittlere Marschgeschwindigkeit von 311 km/h.

Die geräumige Kabine kann zwölf Soldaten oder bis zu 1685 kg an Fracht oder Notausrüstung aufnehmen. Die Fracht muss stets gut verzurrt werden, weil die kurzen Starts und Landungen große Schräglagen mit sich bringen.

Die einfache und robuste Nomad eignete sich ideal als militärischer Mehrzwecktransporter. In einem Konfliktfall hätte sie 907 kg Kampfbeladung an Unterflügelträgern mitführen können.

Im Einsatz zur Unterstützung von Heeresverbänden im unwegsamen australischen Busch trug diese Nomad der Heeresflieger einen dreifarbigen Tarnanstrich.

Das Cockpit ist mit einfachen, analogen und zuverlässigen Instrumenten ausgestattet und für einen Piloten und einen Kopiloten eingerichtet. Die Sicht ist sehr gut.

Das robuste Bugradfahrwerk zieht in stromlinienförmige Verkleidungen ein, die mit der Unterseite der Tragflächen verstrebt sind.

EINSATZDATEN

KAPAZITÄT

Die Passagierzahlen zeigen, dass die drei Modelle für ähnliche Aufgaben gedacht waren. Bei der Nomad verzichtete man zugunsten besserer Kurzstartfähigkeiten auf eine höhere Nutzlastkapazität.

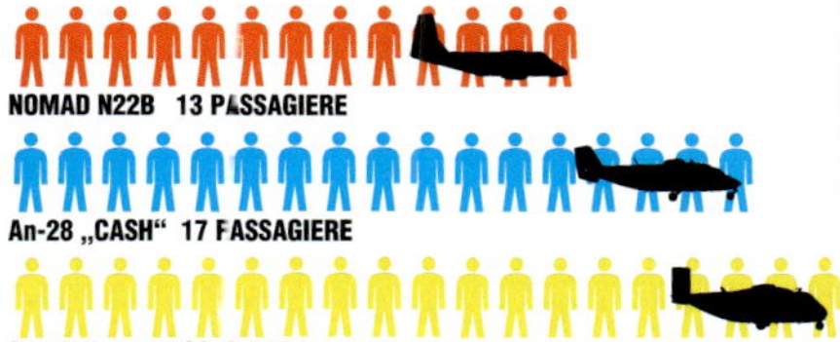

REICHWEITE

Im Vergleich mit der Skyvan verfügen die moderneren Nomad und An-28 über die größeren Reichweiten. Um die Flugleistungen zu verbessern, haben beide eine etwas geringere Nutzlast.

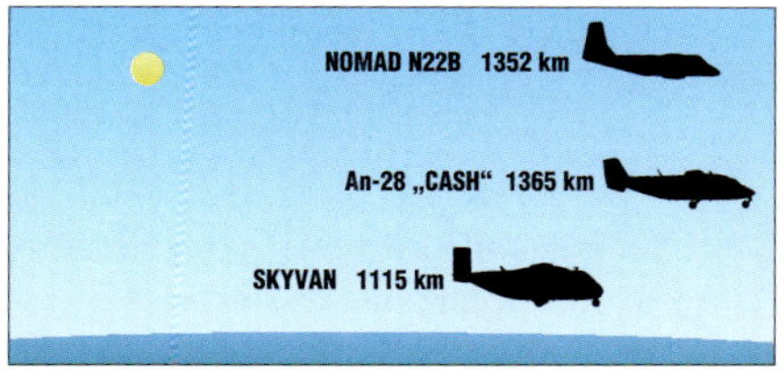

GESCHWINDIGKEIT

Die einfach und robust gebaute Nomad ist nicht ganz so schnell wie die stromlinienförmigere An-28 oder die stärkere Skyvan. Geschwindigkeit hat aber für Flugzeuge dieses Typs keine Priorität.

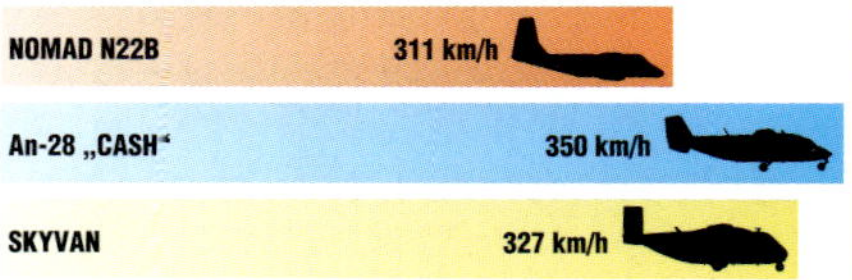

Flugzeuge im Dienst der „fliegenden Ärzte“

DE HAVILLAND DHA-3 DROVER: Sechs Drover flogen für die „fliegenden Ärzte“. Die achtsitzige Drover basierte auf der Dove, wurde aber von drei Gipsy-Major-Motoren angetrieben.

BEECH KING AIR 90: Das weit verbreitete Geschäftsflugzeug wurde auch bei der US Army eingeführt. Es verfügt über eine Druckkabine mit 16 Sitzen. Mehr als 1000 Stück wurden gebaut.

CESSNA 425: Ein anderes beliebtes Geschäftsflugzeug, die Cessna 425, wird von zwei Propellerturbinen PT6A angetrieben. Die Standardauslegung bietet sechs bis acht Passagieren Platz.

GULFSTREAM I

● Geschäftsflugzeug ● Regional-Airliner ● Navigatorentrainer

Mitte der fünfziger Jahre wagte sich Grumman, bis dahin bekannt für Kampfflugzeuge, auf das Feld der leichten Turboprop-Verkehrsmaschinen. Die Gulfstream war zwar in der Klasse der kleinen Zubringer-Airliner angesiedelt, aber als Geschäftsflugzeug konzipiert. Grumman baute den Typ sowohl für zivile wie für militärische Zwecke. Später ging die Vermarktung der Gulfstream-Modelle auf die eigens hierfür gegründete Firma Gulfstream über.

▲ *Die Gulfstream I hat zwar hohe Betriebskosten, wird aber als Geschäftsreiseflugzeug wegen ihrer Flugleistungen und des großzügigen, gut ausgestatteten Innenraums geschätzt.*

GULFSTREAM GULFSTREAM I COMMUTER

◀ **American Eagle**
Die Gulfstream I ist zwar teurer im Betrieb als die Konkurrenzmuster, erwies sich aber als idealer Zubringer und Regional-Airliner. Dieses gestreckte Modell flog in den USA.

Hohe Flugleistung ▶
Die Gulfstream konkurrierte mit vielen Bombern aus dem Zweiten Weltkrieg, bot aber bessere Leistungen und war wirtschaftlicher.

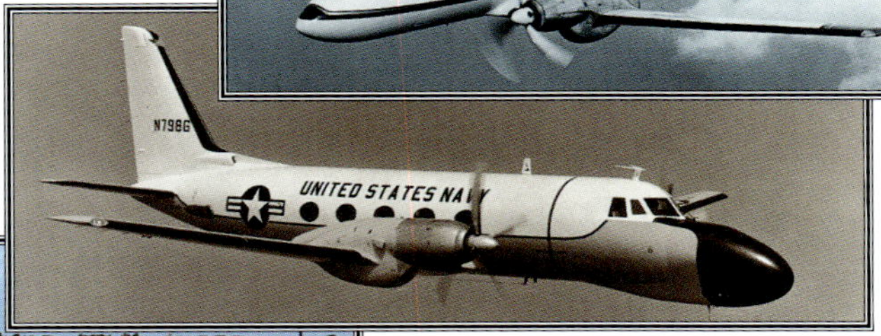

Intruder-Trainer ▶
Diese TC-4C mit A-6-Intruder-Bug diente zur Schulung von Bombenschützen/Navigatoren der US Navy. Ein Lehrer flog dabei mit sechs Schülern.

▲ **Absatz in Europa**
Die Verkäufe blieben meist auf Nordamerika beschränkt, doch einige Maschinen flogen in Italien.

Solides Design ▶
Im Vergleich zur Gulfstream I (hinten) weist die G-1C (vorn) einen längeren Rumpf und zwei zusätzliche Kabinenfenster auf.

FAKTEN UND ZAHLEN

- Die Gulfstream absolvierte ihr Testprogramm ziemlich problemlos und wurde am 21. Mai 1959 zugelassen.
- Der Prototyp flog erstmals am 14. August 1958.
- Grumman baute von 1959 bis 1969 insgesamt 200 Exemplare dieses Typs.
- Die Gulfstream war kein großer Erfolg bei den Fluggesellschaften, aber ideal als Geschäftsmuster und Regierungstransporter.
- Grumman nutzte die erste Gulfstream 40 Jahre lang als eigenes Firmenflugzeug.
- Mit der Machine begann eine Reihe erfolgreicher Geschäftsreiseflugzeuge aus dem Hause Gulfstream.

Die erste Gulfstream macht Furore

Links: Eine Rumpfverlängerung von 3,25 m ermöglichte die Beförderung von maximal 37 Passagieren, aber ansonsten blieb die Maschine unverändert.

Grumman entwickelte die G-159 Gulfstream, um sich die Verfügbarkeit des zuverlässigen Rolls-Royce-Motors Dart zunutze zu machen. Ihren Beiname Commuter hatte sie mit Bezug auf den Einsatz im Zubringerdienst erhalten.

Als hervorragendes Geschäftsreiseflugzeug füllte die Gulfstream die Lücke aus, die entstanden war, als die großen Firmen ihre aus dem Zweiten Weltkrieg stammenden Transporter allmählich ausmustern mussten. Manager, die ein schnelles Beförderungsmittel benötigten, schätzten die Gulfstream wegen ihrer guten Flugleistungen und der bequemen Innenausstattung. Die Piloten rühmten die Spritzigkeit und die sehr guten Steuereigenschaften des Typs.

Für ein Flugzeug ihrer Klasse war die Gulfstream recht teuer und fand daher im Ausland kaum Anklang. Einige Muster wurden von der Regierung übernommen, so ein VIP-Transporter für die US-Küstenwache und Bombenschützen/Navigatorentrainer für die US Navy. Aus der Gulfstream wurde die Gulfstream I Commuter, als eine neue, von Grumman-Managern gegründete Firma den Namen „Gulfstream" übernahm. Seither hat dieser Hersteller mehrere Dutzend Gulfstream-Varianten gebaut, die noch heute, vier Jahrzehnte nach der Konstruktion des Typs, fliegen.

Grummans Verbindungen zur US Navy führten zu einer recht bizarren Modifikation der Gulfstream-Flugzelle. Dabei wurde ihr der Bug einer A-6 Intruder, einschließlich Avionik, verliehen, um einen Trainer für künftige A-6-Besatzungen zu schaffen.

Oben: Die britische Verwendung der Gulfstream beschränkte sich auf Geschäftsflüge einiger großer Firmen. Diese Maschine operierte vom internationalen Flughafen Birmingham aus.

TECHNISCHE DATEN
Gulfstream I

- **Typ:** zweimotoriges Zubringer- oder Geschäftsflugzeug
- **Triebwerke:** zwei Propellerturbinen Rolls-Royce Dart Mk 529-8X mit je 1484 kW
- **Reisegeschwindigkeit:** 556 km/h
- **Zugelassene Höhe:** 9145 m
- **Gipfelhöhe:** 11 245 m
- **Reichweite:** 338 km mit max. Nutzlast
- **Gewicht:** leer 10 747 kg; max. Startmasse 16 329 kg
- **Kapazität:** 14 bis 18 Passagiere in der Ausführung als Geschäftsflugzeug oder max. 24 Passagiere in der als Zubringer
- **Abmessungen:**

Spannweite:	23,88 m
Länge:	22,96 m
Höhe:	7,01 m
Tragflügelfläche:	56,70 m²

GULFSTREAM I

Einige Gulfstream I wurden von Zubringergesellschaften in Europa betrieben. Dieses Exemplar zum Beispiel flog jahrelang bei der italienischen TAS.

Die Passagierkapazität ließ sich dem Betreiberbedarf anpassen. Die Auslegung als Geschäftsflugzeug bot 18 und die als Zubringer bei enger Bestuhlung bis zu 24 Fluggästen Platz.

Für den Frachttransport konnte der Rumpf mit maximal 2735 kg beladen werden. Dafür war eine große Tür auf der Backbordseite direkt hinter der Tragfläche eingerichtet.

Das hohe Leitwerk der Gulfstream verlieh ihr eine ausgezeichnete Manövrierfähigkeit, und ihre freitragende Ganzmetallkonstruktion erwies sich als überaus stabil.

Die beiden Piloten saßen nebeneinander im Cockpit, das eine ausgezeichnete Sicht bot, vor allem dank der detaillierten Untersuchungen, die Grumman für diesen Entwurf vorgenommen hatte.

Grumman wählte einen bereits bewährten Antrieb und baute zwei Propellerturbinen Rolls-Royce Dart ein, die die vierblättrige Rotol-Luftschraube mit konstanter Geschwindigkeit drehten. Die Triebwerke erwiesen sich als zuverlässig und wurden während der gesamten Produktionszeit verwendet.

Das hydraulische Dreipunktfahrgestell hatte Zwillingsräder an jeder Baugruppe. Das Hauptfahrwerk zog nach vorn in die Motorgondel ein und das Bugfahrwerk nach vorn unter das Flugdeck.

Wenn die Gulfstream I auch nur als Zubringer konzipiert war, erhielt sie dennoch einen Toilettenraum mit Kalt- und Warmwasser. Eine hydraulisch betätigte, eingebaute Treppe vor der Hauptkabine erleichterte den Einstieg für Passagiere wie Besatzung und ermöglichte kurze Abfertigungszeiten.

EINSATZDATEN

REISEGESCHWINDIGKEIT

Der Gulfstream-Entwurf ist zwar 40 Jahre alt, bietet aber nach wie vor eine hohe Geschwindigkeit. Dies liegt vor allem am Triebwerk und dem sehr sauber konstruierten Rumpf.

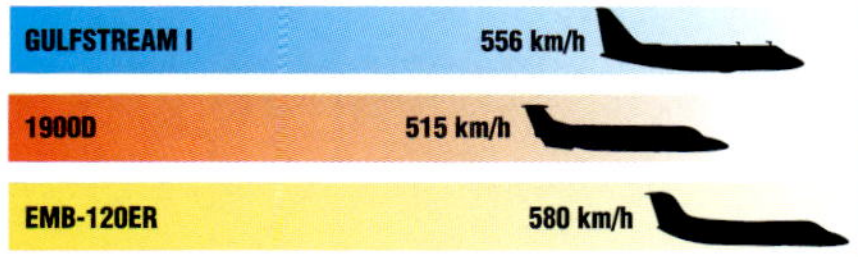

KAPAZITÄT

Spätere Gulfstream-Muster haben dank einer Rumpfstreckung mehr Kapazität. Zubringer sind oft spartanisch eingerichtet, aber ihre Aufgabe besteht darin, maximale Kapazität auf kurzen Flügen zu bieten. Im Vergleich zur modernen Beechcraft 1900D ist die Gulfstream I gut ausgestattet.

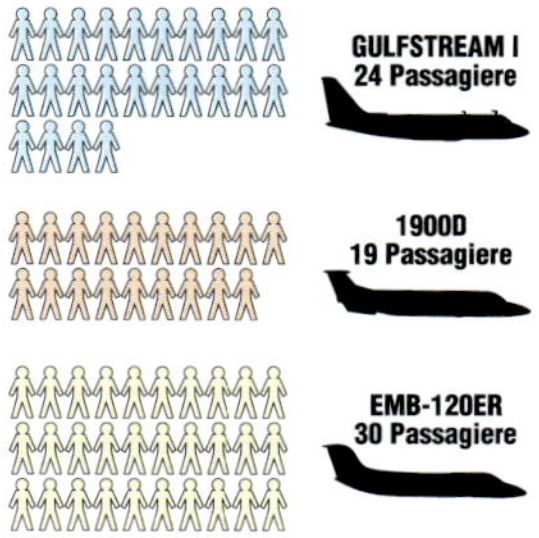

REICHWEITE

Die Reichweite gilt allgemein als der schwächste Punkt der Gulfstream. Der heutige Zubringermarkt ist überschwemmt von modernen Mustern, die stetig verbessert werden, um effizienter zu arbeiten. Die neuen Turboprop-Triebwerke sind nicht nur sparsamer, sondern auch leiser.

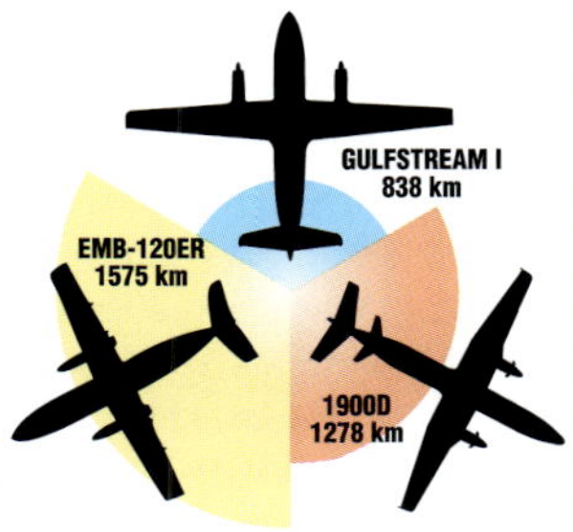

Flugzeugtypen mit Dart-Triebwerk

■ **CONVAIR 600:** Diese Variante, die 1965 in Dienst ging, war die letzte der Serie mit Rolls-Royce-Dart-Antrieb.

■ **DOUGLAS DC-3:** Der klassische Airliner ist hier mit experimentellen Dart-Triebwerken ausgestattet, doch diese Umrüstung war kein Erfolg.

■ **FOKKER F27 FRIENDSHIP:** Dieses Muster mit Dart-Triebwerken wurde in ziviler und in militärischer Ausführung verkauft.

■ **HANDLEY PAGE HERALD:** Das britische Flugzeug war für ähnliche Anforderungen konzipiert wie die Gulfstream und hatte Dart-Motoren.

Y-11/Y-12

● Leichtes Passagierflugzeug ● Agrareinsatz ● Kurzstart- und -landung

Nachdem die Harbin Aircraft Manufacturing Company (HAMC) jahrelang den sowjetischen Hubschrauber Mi-4 und leichten Bomber Il-28 nachgebaut hatte, begann sie Anfang der siebziger Jahre mit der Entwicklung der Y-11. Der Typ, der ähnlich ausgelegt war wie die Britten-Norman Islander, flog erstmals 1975. Die spätere Y-12 erhielt einen längeren Rumpf, um die Nutzlast zu erhöhen, und effektive 375-kW-Triebwerke PT6A-11, die die Flugleistungen verbesserten.

▲ *Die von Harbin Aircraft Manufacturing Company gebauten Y-11 und Y-12 wurden im Ausland von CATIC angeboten. HAMC fertigt zudem in Lizenz den Hubschrauber AS 365 Dauphin.*

HAMC Y-11/Y-12

◀ **Militärische Verwendung**
Y-12 wurden auch an die Luftwaffen von Kambodscha, Eritrea, Mauretanien, Peru, Sri Lanka, Tansania und Simbabwe geliefert.

▼ **Ziviler Airliner**
In China betreiben fünf Linien die Y-12, von der bis Februar 1996 101 Stück fertiggestellt waren.

▼ **Fallschirmjäger**
Militärische Y-12 können bis zu 15 Fallschirmjäger oder Fracht aufnehmen, die an elf Ringen befestigt wird. Die Nutzlast der verbesserten Y-12 (IV) beträgt fast 2000 kg.

▼ **Agrarflieger**
Als Agrarflugzeug kann diese Y-12 einen 1200-Liter-Behälter für flüssige oder feste Chemikalien sowie vier Ausbringvorrichtungen tragen.

◀ **Nachfolgemuster**
Nach der Y-11 mit Kolbenmotor brachte HAMC 1982 die bessere Y-12 in die Luft.

FAKTEN UND ZAHLEN

- Zur Zeit fertigt Harbin in einem Gemeinschaftsunternehmen mit Embraer die ERJ145.
- Die Y-11 war mit chinesischen Sternmotoren Zhuzhou HS6A ausgerüstet.
- Für Steillandungen und nicht betonierte Pisten erhielt die Y-11 eine Heckstütze.
- Erstkunde für vom Teledyne Continental angetriebene Y-11B war die Flying Dragon Aviation mit Sitz in China.
- Für geophysikalische Vermessungen hat die Y-12 (II) einen langen Sensorausleger.
- Die Serie Y-12 ist mit einem US-Wetterradar Bendix/King ausgestattet.

PROFIL

Chinesisches Mehrzweckflugzeug

Die 40 gebauten Y-11, die ein oder zwei Piloten und sieben oder acht Passagiere aufnehmen konnten, kamen meist in der Land- und Forstwirtschaft zum Einsatz. Sie flogen mit chinesischen 213-kW-Motoren HS-16, brauchten eine Start- und Landestrecke von nur 140 m und hatten eine Höchstgeschwindigkeit von 220 km/h.

Im Juli 1982 brachte Harbin die erste von zwei Y-12 (I) in die Luft, und 1983 folgte der Jungfernflug der Y-12 (II). Die Version bietet neue Tragflügel mit Integraltanks für 1600 Liter Treibstoff und eine Ganzmetallstruktur, die fast zur Hälfte nicht genietet, sondern geklebt ist.

In die sechste Maschine baute Hong Kong Aircraft Engineering westliche Avionik und Kabinenausstattung ein, um das Interesse ausländischer Kunden zu gewinnen. Im Jahr 1986 ging die erste Y-12 nach Sri Lanka, und seither sind fast 100 Maschinen in über 18 Länder in aller Welt exportiert worden.

Der Hauptnutzer ist die chinesische Luftfahrtbehörde CAAC, die an die 200 Stück erwerben dürfte. Angeboten wird auch eine Version Y-12 (IV) mit Winglets, einem verstärkten Fahrgestell und einigen anderen Verbesserungen. Militärvarianten fliegen in Sri Lanka, dem Iran, Peru und Paraguay.

Oben: Zur Zeit baut HAMC die Y-12 (II) und die Y-12 (IV) mit höherer Betriebsmasse, modifizierten Tragflügeln, verstärktem Fahrgestell und Sitzen für 19 Passagiere.

Unten: 40 Exemplare der Y-11 wurden gebaut, bevor man die Produktion auf die Y-11B mit amerikanischen Triebwerken umstellte.

TECHNISCHE DATEN
Y-12 (II)

- **Typ:** Mehrzwecktransportflugzeug
- **Triebwerke:** zwei Propellerturbinen Pratt & Whitney Canada PT6A-27 mit je 507 kW
- **Höchstgeschwindigkeit:** 292 km/h in 3000 m
- **Flugdauer:** fünf Stunden, zwölf Minuten
- **Anfangssteigrate:** 504 m/min
- **Reichweite:** 1340 km
- **Gipfelhöhe:** 7000 m
- **Gewicht:** max. Startmasse 5300 kg
- **Kapazität:** zweiköpfige Besatzung, 17 Passagiere oder 1700 kg Fracht
- **Abmessungen:**

Spannweite:	17,24 m
Länge:	14,86 m
Höhe:	5,58 m
Tragflügelfläche:	34,27 m²

Y-12 (II)

Abgebildet ist eine typische zivile Y-12 (II). 1996 waren weltweit etwa 55 Stück dieser Variante im Einsatz, meist als Mehrzwecktransporter und kleine Airliner.

Auf der Spitze der Seitenflosse befindet sich eine große Kollisionsschutzleuchte, die vor allem bei schlechtem Wetter sehr hilfreich ist.

Pilot und Kopilot fliegen in einem kleinen Cockpit, aber auf Sitzen, die sich in vier Positionen verstellen lassen und vor allem bei langen Flügen den nötigen Komfort bieten sollen. Die Doppelsteuerung gehört zum Standard, und die Instrumente sind konventionell angeordnet.

Alle HAMC Y-12 fliegen mit den bewährten Propellerturbinen Pratt & Whitney Canada PT6. Diese Triebwerke gelten als leistungsstark und zuverlässig und wurden im Laufe der Jahre in unzählige andere Typen eingebaut. In der Y-12 bringen sie eine Nennleistung von je 507 kW.

Die Hauptkabine bietet in Dreierreihen 17 Passagieren Platz. Alternativ kann die gesamte Kabine aber auch für Fracht genutzt werden. Eine zweiteilige Frachtluke ähnlich wie bei der de Havilland Canada Twin Otter, erleichtert beträchtlich das Be- und Entladen.

Für Flüge in relativ geringer Höhe ist keine Druckkabine erforderlich, so dass die Y-12 standardmäßig große eckige Fenster erhielt.

Die einzeln bereiften Hauptfahrwerksräder sind nicht einziehbar und an Stummeln befestigt, die aus dem Rumpf herausragen. Für höhere Festigkeit wurden sie über große Streben mit dem Flügel verbunden.

Zu den äußeren Unterschieden der Y-12 gegenüber der Y-11 gehören eine große Kielflosse, wie sie auch die Y-12 (II) bietet, und etwas größere Leitwerksflächen. Das Leitwerk wurde in Ganzmetallbauweise gefertigt, und das Seitenruder weist waagerechte Rippen für größere Strukturfestigkeit auf.

EINSATZDATEN

REISEGESCHWINDIGKEIT

Die Y-11 ist an sich ein gutes Flugzeug mit herausragenden STOL-Fähigkeiten, aber langsamer als Muster wie die Dornier 228 und die LET L-410.

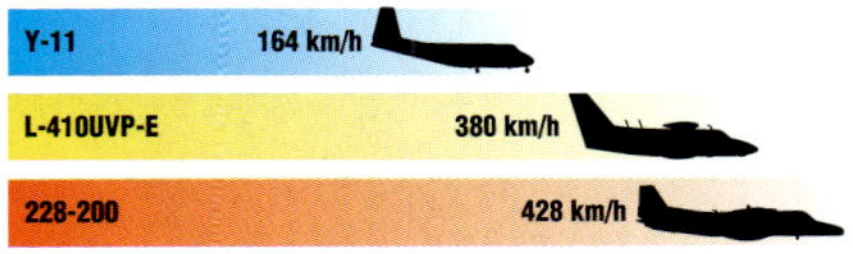

GIPFELHÖHE

Die Y-11 ist einfach wie robust und so optimal als leichter Mehrzwecktransporter geeignet. Sie erreicht zwar nicht die Höhe der 228, doch dafür ist die Dornier kein echtes STOL-Flugzeug. Die geringeren Flugleistungen der Y-11 sind teilweise auf die Kolbenmotoren zurückzuführen.

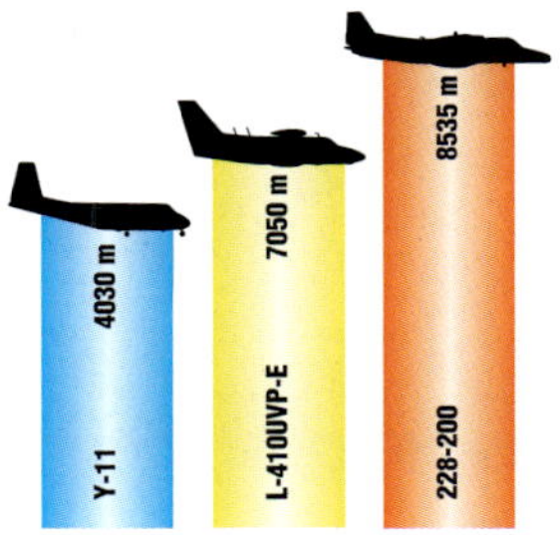

KAPAZITÄT

Beide europäischen Typen, die tschechische L-410 und die 228, waren als Zubringer konzipiert und sind moderner, fliegen leiser und bieten mehr Passagieren Platz als die chinesische zweimotorige Maschine. Ungeachtet der geringen Kapazität ist die Y-11 ein zuverlässiger und preiswerter Mehrzwecktransporter.

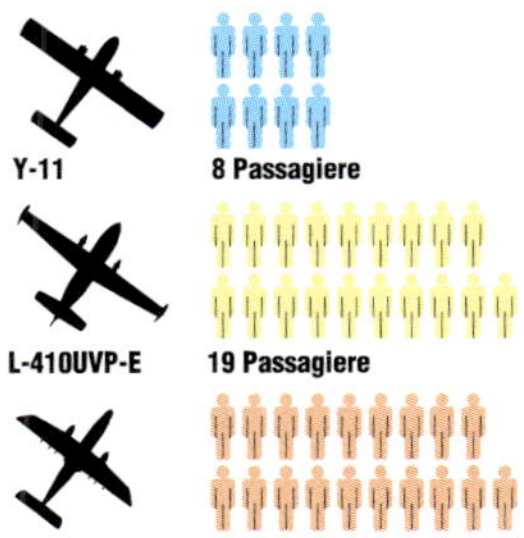

Harbin-Produktpalette

HAMC SH-5: China hält noch an Langstrecken-Flugbooten fest. Die SH-5 erfüllt viele Aufgaben, fliegt meist aber zur U-Boot-Bekämpfung und im Such- und Rettungsdienst.

HAMC Z-5: Der vielseitige Hubschrauber, im wesentlichen eine Kopie des sowjetischen Mil Mi-4 „Hound", wurde bis 1979 gebaut und dient noch in großer Zahl in Zivil- und Militärversionen.

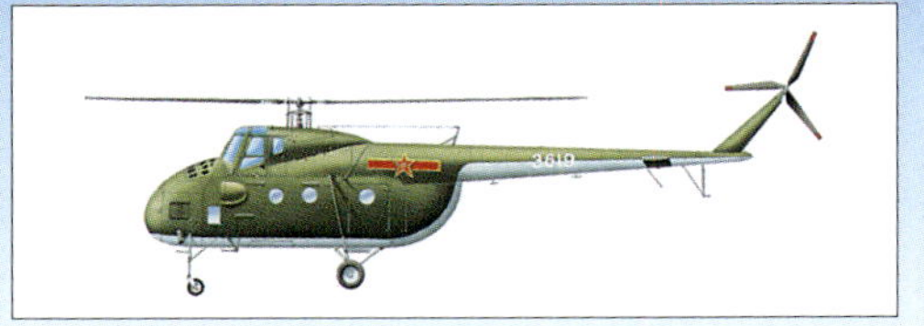

HAMC Z-9 HAITUN: Der aus dem französischen AS 365 Dauphin abgeleitete Z-9 wird seit Mitte der achtziger Jahre produziert. Die aktuellen Versionen enthalten viele chinesische Bestandteile.

H-47 METALPLANE

● Eindecker-Verkehrsflugzeug ● Ganzmetallkonstruktion ● 29 Exemplare

Die von der Hamilton Metalplane Company in Milwaukee, Wisconsin, gebaute Metalplane spiegelte die Innovationen der zwanziger Jahre wider. Als im September 1928 zwei H-45 bei Northwest Airlines in Dienst gingen, setzten sie den Maßstab für Komfort. Lederbezogene Korbsessel waren nicht neu, Kabinenheizgeräte und eine Toilette hingegen revolutionär. Die Maschinen stellten auch die ersten Ganzmetallverkehrsflugzeuge im US-Liniendienst dar.

▲ *Die meisten der 29 gebauten „Metallflugzeuge" gingen an US-Firmen, doch einige wurden nach Kanada und Panama exportiert. Einzelne Muster gelangten nach Frankreich und Italien.*

HAMILTON H-47 METALPLANE

◀ **Einsatz bei Northwest**
Bei Northwest wurden Metalplane zuerst zum Transport von Post verwendet. Später folgten Passagierflüge bis nach Kanada.

▲ **Vorführflugzeug der Firma**
NC538E reihte sich als Nummer 24 in die Northwest-Flotte ein, nachdem sie Hamilton zuerst zur Verkaufsförderung gedient hatte.

▲ **Premiere Schiene-Luft**
Im September 1928 richtete Northwest den ersten koordinierten Luft-Schienen-Dienst der Welt ein. Hier übernimmt eine H-47 gerade Fracht von einem Chicago-Pazifik-Zug.

▼ **H-45**
Die Flugzeuge 20 und 21 waren vom Pratt & Whitney Wasp angetriebene H-45. Sie blieben auch nach Einführung der H-47 noch im Dienst.

▲ **Bei jedem Wetter**
Nur die H-47 mit Skifahrgestell konnten Chicago im Winter anfliegen, ohne dass man die Pisten von Schnee befreien musste.

FAKTEN UND ZAHLEN

- Eine Hamilton einer Gesellschaft in Panama wurde vom USAAC im Zweiten Weltkrieg als UC-89 requiriert.
- Die Metalplane ließen sich mit zwei metallenen Hamilton-Schwimmern ausrüsten.
- Die erste Metalplane war die H-18 mit gerundetem Rumpf und offenem Cockpit.
- Der berühmte Arktisforscher Carl Van Eissen kam Anfang der fünfziger Jahre in einer Metalplane ums Leben.
- Die H-47 nannte man auch „Silver Eagles", mit Schwimmwerk „Silver Swans".
- Meist wurden die Metalplane von Boeings Hamilton Metalplane Division gebaut.

Frühes Verkehrsflugzeug aus Metall

Luftfahrtpionier Thomas F. Hamilton zeichnete – unterstützt von anderen wie James S. McDonnell (später ein bedeutender Name bei McDonnell Douglas) – für die Hamilton Metalplane verantwortlich. Das revolutionäre Flugzeug wies den Weg in die Zukunft und veränderte das Bild des Luftverkehrs.

Hamiltons erste Metalplane von 1925 war ein Einzelmuster, das nur sechs Personen befördern konnte, aber die größeren und stärker motorisierten H-45 und H-47 stellten die besten Airliner ihrer Klasse dar. Northwest Airways und andere Firmen nutzten diese Flugzeuge unter verschiedenen Bedingungen, sogar bei widrigen Wetterverhältnissen im Winter, die sie mit Schneekufen meisterten.

Die Metalplane waren angenehm zu fliegen und ihre Kabinen komfortabel. Northwest taufte sie „Silver Streak" und weihte mit ihnen den weltweit ersten koordinierten Luft-Schienen-Dienst für Passagiere und Eilpost ein. Fluggesellschaften hielten die Metalplane für wirtschaftlich, und sie leisteten noch bis zum Zweiten Weltkrieg ausgezeichnete Dienste, als bereits Douglas DC-3 und andere neue Muster zur Verfügung standen.

Mindestens eine Metalplane ist auch heute noch flugtüchtig.

Die in Vergessenheit geratene Metalplane war ein wichtiger Typ der Northwest-Flotte. Insgesamt neun Exemplare wurden von 1928 bis 1941 verwendet, als sich die modernere Douglas DC-3 schon weit verbreitet im Dienst befand.

TECHNISCHE DATEN
H-45 Metalplane

- **Typ:** Ganzmetall-Eindecker-Verkehrsflugzeug
- **Triebwerk:** ein Neun-Zylinder-Sternmotor Pratt & Whitney R-1340 Wasp mit 298 kW oder 336 kW
- **Höchstgeschwindigkeit:** 222 km/h
- **Reisegeschwindigkeit:** 185 km/h
- **Gipfelhöhe:** 3962 m
- **Reichweite:** 1086 km
- **Gewicht:** leer 1315 kg; Gesamtmasse 2449 kg (mit 336-kW-Motor: leer 1650 kg; Gesamtmasse 2608 kg)
- **Abmessungen:** Spannweite: 15,57 m; Länge: 10,62 m; Höhe: 2,62 m; Tragflügelfläche: 33,44 m²

Northwest, der erste und größte Metalplane-Betreiber, nutzte den Typ, um 1935 seinen ersten internationalen Dienst einzuweihen, der über die Grenze nach Winnipeg, Manitoba, in Kanada, führte.

Die Metalplane war zum Anschluss von Landescheinwerfern an der Nasenkante beider Tragflügel backbord und steuerbord verkabelt.

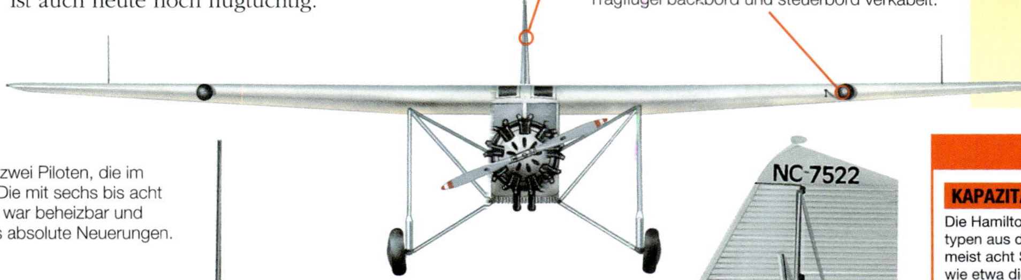

Die H-45 wurde von einem Neun-Zylinder-Sternmotor Pratt & Whitney R-1340 Wasp mit 298 oder 336 kW angetrieben. Bei der H-47 konnte man die Flugleistungen durch einen R-1690 Hornet mit 410 kW erheblich steigern. In mindestens einer H-47 war ein 391 kW starker Wright Cyclone eingebaut.

Northwests Metalplane flogen mit zwei Piloten, die im Cockpit hinter dem Motor saßen. Die mit sechs bis acht Korbstühlen ausgestattete Kabine war beheizbar und durch eine Toilette ergänzt, beides absolute Neuerungen.

Die H-45 kostete zunächst 23 200 und später 24 500 US-Dollar, die H-47 hingegen 26 000. Hamilton wurde 1928 von Boeing aufgekauft.

Das starre Fahrgestell der Metalplane war mit zwei Niederdruckreifen versehen. Radbremsen gehörten zum Standard, ebenso wie Metallpropeller und Schraubantriebmotorstarter.

H-47 METALPLANE

Die NC7522 war die letzte von zwei wasp- und sieben hornetmotorisierten Metalplane, die an Northwest geliefert wurden. Sie trug die Nummer 28 in der „Silver-Streak"-Flotte von Northwest.

Hamiltons Metalplane war zwar nicht das erste in den USA gebaute Metallflugzeug, erreichte aber als erster Ganzmetall-Airliner mehrere Monate vor der Trimotor von Ford den US-Liniendienst. Kennzeichnend für die innovative Konstruktionstechnik waren die Alclad-Wellblechhaut aus Duralumin und die freitragenden Flügel.

EINSATZDATEN

KAPAZITÄT

Die Hamilton Metalplane war einer der Eindeckerverkehrsflugzeugtypen aus der Zwischenkriegszeit. Die Passagierkabinen hatten meist acht Sitze, doch als antriebsstärkere, dreimotorige Muster wie etwa die F.VII/3m erschienen, stieg die Nutzlast.

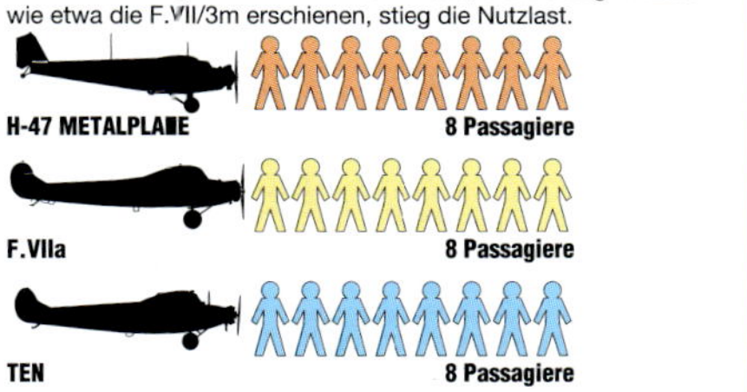

GESCHWINDIGKEIT

Im Vergleich zu den beiden europäischen Typen hatte die H-47 eine solide Höchstgeschwindigkeit von über 200 km/h. Für die US-Hersteller der dreißiger Jahre waren die Flugleistungen ein Wettbewerbsfaktor. Die Metalplane wurde auf den Hauptstrecken bald von der Ford Trimotor überboten und für Zubringerdienste genutzt.

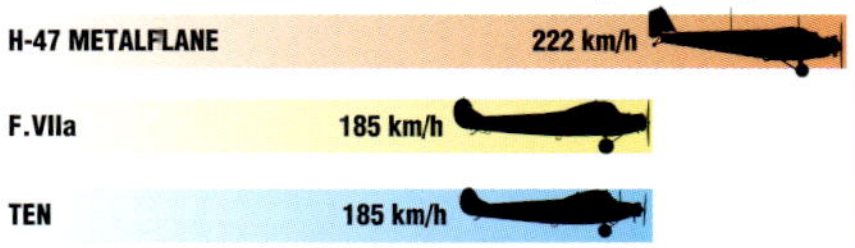

REICHWEITE

Die H-47 hatte mit 1086 km fast die gleiche Reichweite wie die F.VIIa; die Avro Ten schaffte nur 655 km, gut 500 km weniger als das holländische Modell. Als dreimotorige Maschinen wie die Ford Trimotor und die Fokker F.VII/3m erschienen, konnte man längere Strecken befliegen.

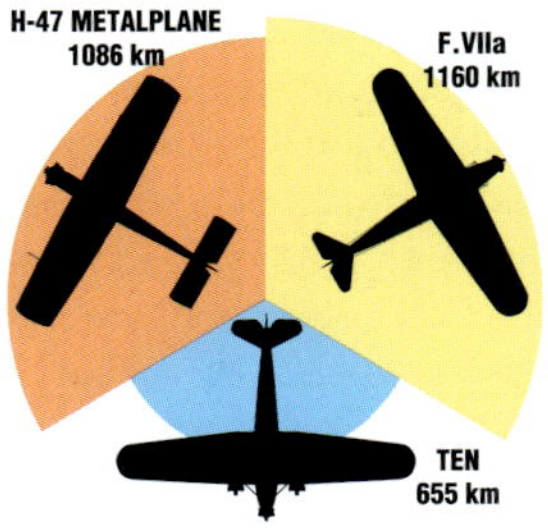

Northwest-Airliner zwischen den Kriegen

STINSON DETROITER: Northwest flog ab 1927 vier dieser Muster, die ersten als geschlossene Kabinendoppeldecker ausgelegten Kommerz-Airliner.

FORD 5-AT TRIMOTOR: Die erste „Tin Goose" ging 1927 an Northwest. Das für zwölf bis 14 Gäste gedachte, von drei 313-kW-Motoren angetriebene Muster war luxuriös.

SIKORSKY S-38: Um Duluth, Minnesota (am Lake Superior) bedienen zu können, setzte Northwest ab 1930 zwei amphibientaugliche S-38 ein, darunter die abgebildete NC303N.

LOCKHEED 10 ELECTRA: Northwest stellte die Electra, den ersten wirklich modernen Airliner, als erste Fluggesellschaft in Dienst, als sie 1934 den Prototyp übernahm.

Handley Page

Herald

● **Turboprop-Transporter** ● **Frachter** ● **Militärtransporter**

▲ *1959 absolvierte die Herald in Südamerika, Australien und Asien Testflüge. So operierte sie zum Erstaunen der Einheimischen sogar auf unbefestigten Flugfeldern im Himalaja.*

Die Herald wurde ursprünglich als Airliner mit vier Kolbenmotoren konzipiert, brachte aber erst mit den beiden ausgezeichneten Dart-Propellerturbinen von Rolls-Royce ihr Potenzial zur Geltung. Sie war als militärisches und ziviles Konkurrenzmuster zur Fokker F27 gedacht, erreichte aber nicht die Verkaufszahlen, die sie für ihre Leistungen verdient hätte. Immerhin flog sie auch fast 40 Jahre nach der Indienststellung noch im regulären Frachtdienst in ganz Großbritannien.

Handley Page **Herald**

◀ **Dart-Antrieb**
Schon bald erhielt die Herald statt Kolbenmotoren die leistungsfähigeren Propellerturbinen Rolls-Royce Dart.

◀ **Flugdeck**
Das Zweimanncockpit war im „militärischen“ Stil mit vielfältigen Steuer- und Schaltelementen ausgestattet.

▲ **Exportverkäufe**
Die Herald wurde gezielt im Ausland vermarktet, vor allem in Commonwealth-Ländern. Diese Maschine ging 1966 an Air Manila.

▲ **Militärdienst**
Die saudiarabische Luftwaffe übernahm 1963 ihre ersten Herald. Trotz intensiver Bemühungen des Herstellers fanden nur wenige Maschinen militärische Abnehmer.

▲ **In Schottland**
BEA nutzte die Herald als ideales Kurzstreckenflugzeug in Schottland.

◀ **Über den Kanal**
BAF betrieb ihre Herald auf Routen zwischen Southend und dem Kontinent.

FAKTEN UND ZAHLEN

- Die erste Version, genannt H.P.R.3, war mit vier Kolbenmotoren Alvis Leonides Major ausgestattet.
- Die ersten Herald mit Dart-Antrieb hatten einen Stückpreis von 250 000 Pfund.
- 1959 absolvierte die Herald eine 55 000 km lange Vorführtour durch Südamerika.
- Im März 1960 führte eine Herald Soforthilfe-Einsätze nach schweren Überschwemmungen in Nordafrika durch.
- Die H.P.R.8 war als Autofrachter mit hoher Kapazität geplant, wurde aber nie gebaut.
- Nach über 30 Dienstjahren befanden sich noch mehr als zwölf Herald im Einsatz.

Vierzig Jahre Herald

Die von Höhen und Tiefen gekennzeichnete Laufbahn der Herald von Handley Page begann 1959, als die neue Turboprop-Herald drei weltweite Vorführreisen machte und ihre Brauchbarkeit in so unterschiedlichen Regionen wie der Karibik, Australien und dem Fernen Osten bewies.

Die wachsende Zahl der Bestellungen versprach eine günstige Zukunft, bis einer der Prototypen auf dem Weg zur Flugschau in Farnborough abstürzte. Das Vertrauen in den Typ war erschüttert, und die Verkaufszahlen sanken.

Trotz dieses Rückschlags entwickelte Handley Page das Flugzeug zur „gestreckten“ Serie 200 weiter. Diese Version ging bei Fluglinien in aller Welt in Dienst und rechtfertigte mit einer guten Sicherheitsbilanz das Vertrauen, das das Werk in sie gesetzt hatte.

Channel Express in Großbritannien stellte die letzte Herald im Jahr 1999 außer Dienst.

Oben: G-ARTC demonstriert bei einem Vorführflug das Absetzen von Fallschirmjägern, um für Militäraufträge zu werben.

Rechts: Die Herald, konzipiert für alle Betriebsbedingungen, war robust und besaß gute Flugeigenschaften. Etliche Exemplare fliegen heute noch.

TECHNISCHE DATEN
Herald 200

- **Typ:** Mittelstrecken-Passagier- und Frachttransportflugzeug
- **Triebwerke:** zwei Propellerturbinen Rolls-Royce Dart 527 mit je 1570 kW
- **Reisegeschwindigkeit:** 428 km/h
- **Anfangssteigrate:** 9,1 m/sek; 590 m/min
- **Reichweite:** 1786 km
- **Gipfelhöhe:** 8505 m
- **Gewicht:** leer 11 703 kg; beladen maximal 19 504 kg
- **Kapazität:** maximal 56 Passagiere
- **Abmessungen:**

Spannweite:	28,88 m
Länge:	23,01 m
Höhe:	7,34 m
Tragflügelfläche:	82,31 m²

Jede der beiden Dart-Turbinen treibt einen selbstregulierenden, vierblättrigen Rotol-Metallpropeller mit konstanter Drehzahl an, der einen Durchmesser von 3,66 m hat.

Die Herald war eines der robustesten Flugzeuge ihrer Zeit. Ihre verstärkten Tragflächen bewiesen ihren Wert, als sich bei einem frühen Exemplar ein Triebwerk von der Tragfläche löste. Allein ihre Flügelstärke bewahrte die Maschine vor dem Absturz.

Ähnlich wie bei der Konkurrentin F27 zog das Fahrwerk der Herald in die Triebwerksgondeln ein. Die Hochdeckerauslegung ließ es besonders staksig erscheinen.

HERALD 200

Air UK betrieb in den achtziger Jahren eine kleine Herald-Flotte im Charter- und Liniendienst in Großbritannien und Europa.

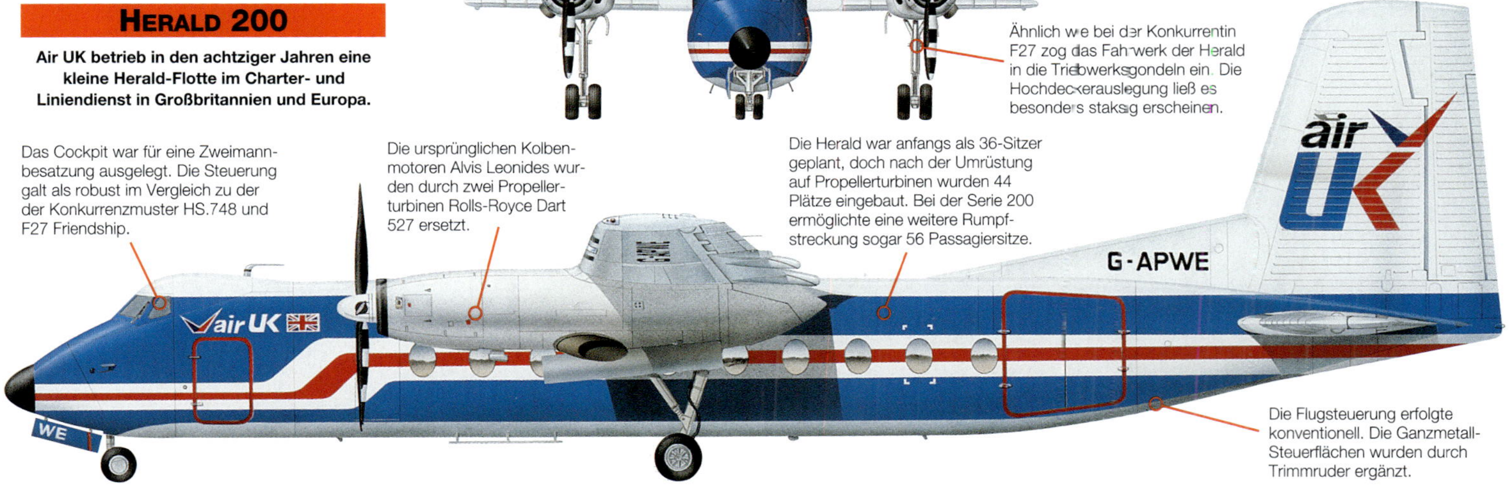

Das Cockpit war für eine Zweimannbesatzung ausgelegt. Die Steuerung galt als robust im Vergleich zu der der Konkurrenzmuster HS.748 und F27 Friendship.

Die ursprünglichen Kolbenmotoren Alvis Leonides wurden durch zwei Propellerturbinen Rolls-Royce Dart 527 ersetzt.

Die Herald war anfangs als 36-Sitzer geplant, doch nach der Umrüstung auf Propellerturbinen wurden 44 Plätze eingebaut. Bei der Serie 200 ermöglichte eine weitere Rumpfstreckung sogar 56 Passagiersitze.

Die Flugsteuerung erfolgte konventionell. Die Ganzmetall-Steuerflächen wurden durch Trimmruder ergänzt.

EINSATZDATEN

REISEGESCHWINDIGKEIT

Die strömungsgünstigere F27 war die schnellste dieser drei Maschinen. Die Herald flog langsamer, doch ihre Dart-Triebwerke arbeiteten sehr effizient. Ihr breiterer Rumpf erzeugte größeren Luftwiderstand, ermöglichte aber auch mehr Passagiersitze.

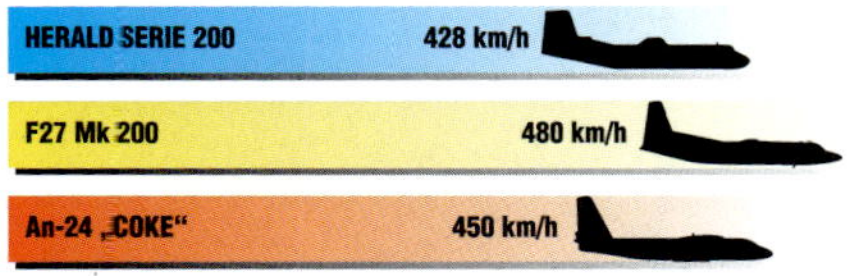

KAPAZITÄT

Die verbesserte Herald der Serie 200 konnte bis zu 56 Passagiere befördern, mindestens sechs mehr als ihre Konkurrentinnen. Ihre größere Kapazität war zwar ein gutes Verkaufsargument, dennoch erzielte die F27 die höheren Absatzzahlen.

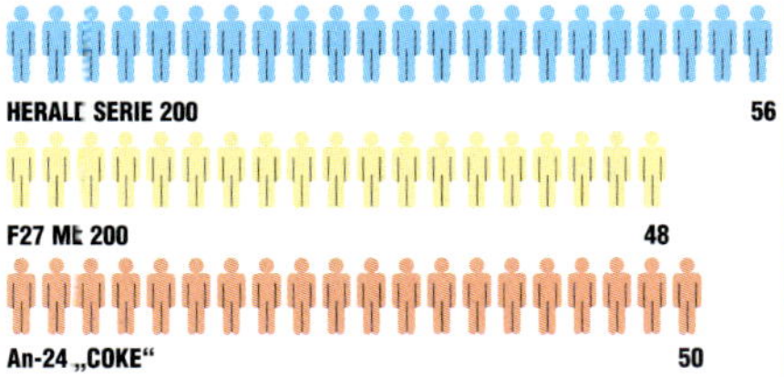

REICHWEITE

In bezug auf die Reichweite war die Herald der F27 unterlegen. Eine vollbeladene Herald konnte nicht so viele europäische Städte erreichen wie die F27. Vor allem die An-24, an sich ein gutes Flugzeug, litt unter geringer Reichweite und wurde daher meist auf kurzen Regionalstrecken eingesetzt.

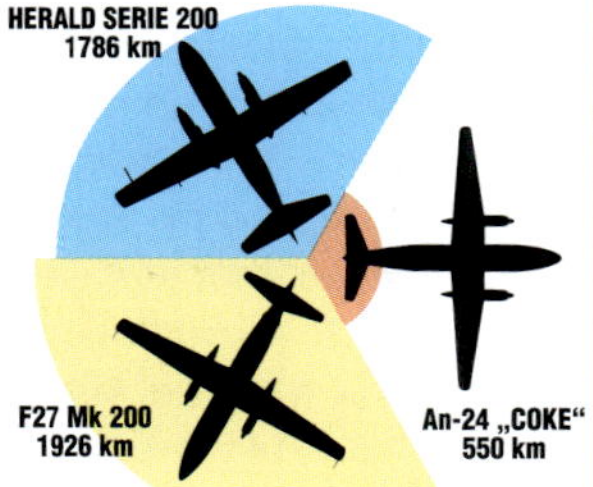

Zweimotorige Turboprop-Muster der sechziger Jahre

ANTONOW An-24 „COKE“: Die An-24, erstmals 1962 an die Aeroflot ausgeliefert, war eine robuste Kurz- und Mittelstreckenmaschine für den Betrieb von unterschiedlichsten Flugfeldern.

NORD N 262 FRÉGATE: Von der N 262, gedacht als Ersatz für die DC-3, wurden nur relativ wenige Exemplare verkauft. Eine Militärversion fliegt bis heute bei der französischen Marine.

FOKKER F27 FRIENDSHIP: Von allen zweistrahligen Turboprop-Mustern der fünfziger bis sechziger Jahre war die Fokker das erfolgreichste. Sie wurde in großer Zahl in alle Welt verkauft.

HS.748

● **Verkehrsflugzeug** ● **STOL-Fähigkeit** ● **Zwei Propellerturbinen**

▲ *Viele kleinere Fluglinien kauften die HS.748 für den Betrieb von kurzen oder schlechtbefestigten Pisten. Größere Gesellschaften setzten das robuste Muster im Zubringerdienst zu Großflughäfen ein.*

Die HS.748 bewährte sich auf schwierigen Kurz- bis Mittelstrecken und überstand als solide Konstruktion Zeiten größerer Umwälzungen in der britischen Luftfahrtindustrie. Sie wurde in Lizenz auch in Indien gebaut, wo die Standardausführung der Serie 2 wegen ihrer verbesserten Leistungen in heißen und hochgelegenen Gebieten besonders gefragt war. Fast 40 Jahre nach ihrem Erstflug befand sich die HS.748 in begrenztem Umfang noch immer im Liniendienst.

Hawker Siddeley HS.748

Antrieb ▶
Die geöffnete Motorverkleidung zeigt die Propellerturbine Dart RDa.7 Mk 531 einer Andover CC.Mk 2, der Militärversion der HS.748.

▲ Erste Abnehmer
Aerolineas Argentinas war der zweite Eintrag auf der Kundenliste. Die britische Skyways Coach-Air erwarb ebenfalls frühe HS.748.

Einsatz in Nordamerika ▶
Sogar auf dem großen amerikanischen Markt fanden sich Käufer für die HS.748. Ihr typischer Einsatz waren Zubringerdienste zu den größeren Flughäfen.

▼ Im schottischen Hochland
British Airways verwendete ihre HS.748 auf Liniendiensten zu den meist kurzen Pisten in Schottland.

▲ Erbe von Avro
Ursprünglich war die HS.748 ein Entwurf der Firma Avro, deren Namen und Farben diese sehr frühe Maschine trägt.

FAKTEN UND ZAHLEN

- **1959 begann Avro den Entwurf der HS.748, 1963 übernahm Hawker Siddeley, die wiederum seit 1977 zur BAe gehört, die Firma.**
- **Bis zum Produktionsende in Jahr 1989 entstanden insgesamt 379 HS.748.**
- **In Indien wurde dieser Typ von Hindustan Aeronautics in Lizenz gefertigt.**
- **BAe nutzte die HS.748 als Grundlage für ihre modernere Turbopropmaschine ATP, die später als Jetstream 61 vermarktet wurde.**
- **Die HS.748 wurde mit Erfolg zur Feuerbekämpfung umgerüstet.**
- **Die Queens's Flight der RAF setzte sechs HS.748 als Andover CC.Mk 2 ein.**

Erfolgreicher STOL-Airliner

Im Jahr 1957 gab die britische Regierung in völliger Fehleinschätzung der Lage bekannt, die RAF benötige künftig keine bemannten Flugzeuge mehr, da Lenkflugkörper die Waffen der Zukunft seien. Die Hersteller militärischer Typen mussten daher neue Wege gehen, und A. V. Roe (Avro) entschied sich für die Entwicklung einer zweimotorigen Turbopropmaschine als preiswerte Alternative zur Fokker F27. Als 18 Exemplare der ersten Serie gefertigt waren, begann man, die Serie 2 mit einem stärkeren Dart-Motor zu bauen. Nach der Übernahme durch Hawker Siddeley ließ diese Firma die Produktion anlaufen und entwickelte die Serien 2A und 2B sowie militärische Ausführungen.

Maschinen der Serie 2A wurden durch den Einbau noch stärkerer Dart RDa.7 Mk 532-2L mit 1700 kW und einer großen Frachttür hinter der Flügelwurzel weiter verbessert. Die Serie 2B von 1979, nunmehr unter der Leitung der BAe, führte verlängerte Flügelspitzen und andere kleinere Änderungen ein.

Die HS.748 wird auch künftig bei solchen Gesellschaften weiterfliegen, die auf niedrige Betriebskosten und Zuverlässigkeit Wert legen.

HS.748 der Serie 2 wurden von solchen Linien bevorzugt, die von „hohen und heißen" Plätzen aus operieren. Die stärkeren Triebwerke Dart RDa.7 Mk 531 führten zu besseren Startleistungen.

TECHNISCHE DATEN
HS.748-2A

- **Typ:** zweimotoriges Kurz- und Mittelstrecken-Verkehrsflugzeug
- **Triebwerke:** zwei Propellerturbinen Rolls-Royce Dart RDa.7 Mk 535-2 mit je 1700 kW
- **Reisegeschwindigkeit:** 462 km/h (maximal)
- **Anfangssteigrate:** 6,55 m/sek
- **Reichweite:** 1455 km mit maximaler Treibstoffmenge und 370-km-Reserve
- **Gipfelhöhe:** 7600 m
- **Kapazität:** 40 bis 58 Passagiere
- **Gewicht:** beladen maximal 20 182 kg
- **Abmessungen:**

Spannweite:	30,02 m
Länge:	20,42 m
Höhe:	7,57 m
Tragflügelfläche:	75,35 m²

HS.748-2

Die Serie 2 war die erfolgreichste Serienversion. Einige Maschinen erhielten die Dart-Turbine RDa.7 Mk 531 mit 1425 kW, andere die Mk 533-2 mit 1570 kW.

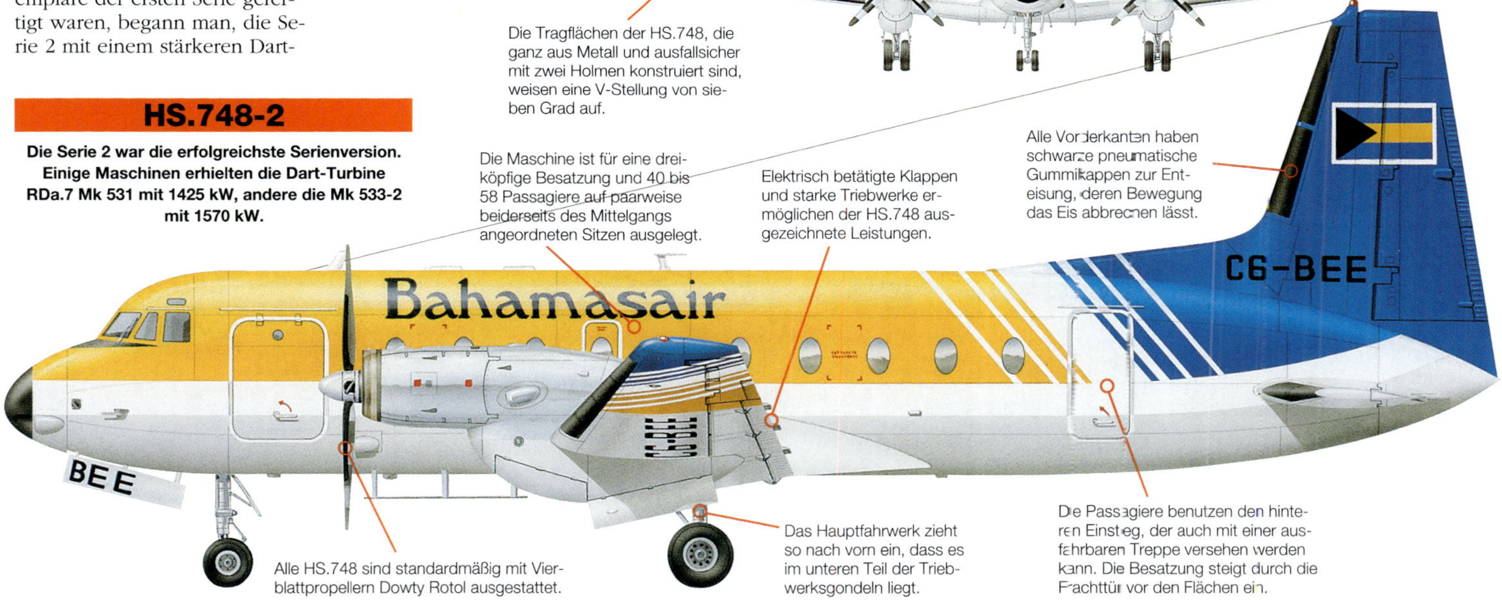

EINSATZDATEN

KAPAZITÄT

In Anbetracht ihrer hervorragenden STOL-Eigenschaften kann die HS.748 bemerkenswert viele Passagiere befördern. Das japanische Konkurrenzmuster NAMC YS-11, von dem nur noch wenige Exemplare fliegen, war nicht so beliebt wie die britische Maschine.

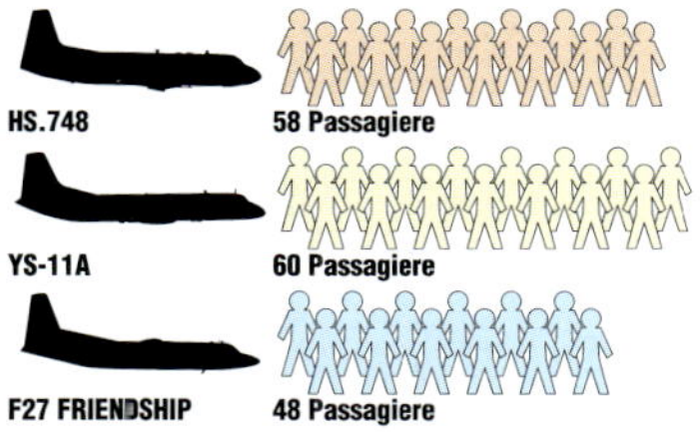

STARTSTRECKE

Die HS.748 zeigte gute Leistungen auf kurzen, „heißen und hohen" Pisten und bot sich als vielseitiges Muster für kleinere Fluglinien an. Einige F27-Varianten eigneten sich ebenfalls für solche Plätze, hatten aber keine echten STOL-Eigenschaften.

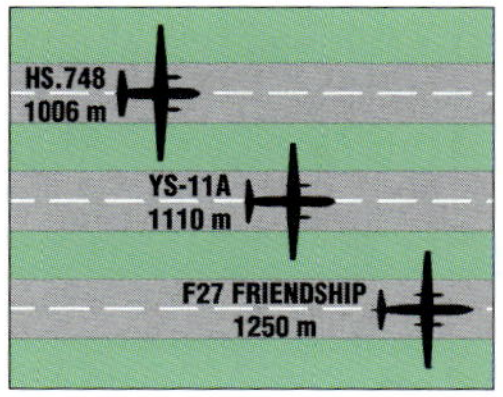

REICHWEITE

Sowohl F27 als auch YS-11A konnten weiter fliegen als die HS.748. Während die YS-11 kaum noch im Einsatz ist, wurden HS.748 und F27 weiterentwickelt. Interessanterweise fand die Fokker 50 bei Fluggesellschaften mehr Anklang als die BAe ATP oder Jetstream 61.

Avro-Vorgänger der HS.748

AVRO ANSON: Die Anson von 1935 war vor und nach dem Zweiten Weltkrieg als Verkehrsflugzeug beliebt und wurde während des Kriegs intensiv von der RAF eingesetzt.

AVRO YORK: Unter Verwendung von Tragflächen, Leitwerk, Motoren und Fahrwerk der Lancaster wurden 45 York als Airliner gebaut. Skyways gehörte zu den ersten Betreibern.

AVRO LANCASTRIAN: Die kanadische Victory Aircraft baute 1942 eine Lancaster B. Mk III zum Transporter um, und Avro übernahm das Konzept für ein Langstreckenverkehrsflugzeug.

AVRO TUDOR: Die Einsatzzeit der Tudor war von einer Reihe von Unfällen überschattet. Ihre erfolgreichsten Einsätze leistete sie bei der Berliner Luftbrücke.

HAWKER SIDDELEY

TRIDENT

● **Dreistrahliges Verkehrsflugzeug** ● **Konkurrentin der 727**

De Havilland entwickelte die Trident gemäß einer Ausschreibung der British European Airways (BEA) für ein Mittelstrecken-Düsenverkehrsflugzeug. Die Maschine sollte mit drei Mantelstrom-Triebwerken Rolls-Royce Medway ausgestattet werden und 111 Passagieren Platz bieten. Nachdem die BEA 1958 24 Exemplare bestellt hatte, änderte sie ihre Forderungen, worauf die Trident schwächere Spey-Triebwerke erhielt und nur noch 97 bis 103 Passagiere befördern konnte.

▲ *Die Trident startete im Januar 1962 zu ihrem Jungfernflug und nahm im März 1964 als erste Düsenmaschine der BEA den Liniendienst bei dieser Fluggesellschaft auf.*

HAWKER SIDDELEY TRIDENT

Dreistrahlig ▶
Die Hawker Siddeley Trident, hier in Prototypform, erhielt drei Mantelstrom-Triebwerke Rolls-Royce Spey 512, von denen man zwei zu beiden Seiten des Rumpfhecks und das dritte im Heck installierte.

▲ Einsatz in China
Insgesamt 33 Kurz- und Mittelstreckenmaschinen Trident 2E erwarb die nationale Fluggesellschaft CAAC der Volksrepublik China; etliche gingen später an die chinesischen Luftstreitkräfte.

▲ Bestellungen aus dem Irak
Die Trident eroberte erfolgreich Märkte, für die die Boeing 727 zu teuer oder gesperrt war. So kaufte beispielsweise der Irak das Modell 1E.

▲ British European Airways
Die Trident basierte auf einer Forderung der BEA von 1956 nach einem Düsenflugzeug.

In der Produktion ▶
Die Trident war kein Bestseller, versorgte aber dennoch das Werk Hatfield 20 Jahre lang mit Arbeit.

FAKTEN UND ZAHLEN

- Zunächst wurde die Trident als de Havilland DH.121, später als Hawker Siddeley HS.121 bezeichnet.
- Die erste DH.121 (G-ARPA) startete am 9. Januar 1962 zum Jungfernflug.
- Die Trident 3 hatte ein Hilfstriebwerk, das zusätzlich 23,3 kN Schub lieferte.
- Insgesamt wurden 117 Trident gebaut. Die letzten großen Betreiber waren die British Airways und die chinesische CAAC.
- Eine Neuerung bei der Trident war das automatische Landesystem.
- Airco, ein Konsortium aus Fairey, Hunting und anderen, baute die Trident.

Großbritanniens dreistrahliger Airliner

Nach dem Ende der BEA und der BOAC flog die Trident 3 in großer Stückzahl bei der British Airways weiter.

Die erste Trident kam im Januar 1962 in die Luft, und im März 1964 stellte BEA die erste Maschine dieses Typs in Dienst. Zu diesem Zeitpunkt hatte Hawker Siddeley bereits die Firma de Havilland übernommen und, was weitaus wichtiger war, Boeing die ebenfalls dreistrahlige 727 im Einsatz, die mit ihrem leistungsstärkeren Triebwerk JT8D bis zu 189 Passagiere fast 4000 km weit befördern konnte. Die Folge war, dass Boeing mehr als 1800 727 verkaufte, während Hawker Siddeley nur 117 Trident, größtenteils für BEA, fertigte.

Spätere Versionen führten stärkere Triebwerke, längere Tragflügel, eine größere Treibstoff- und eine etwas höhere Passagierkapazität ein. Trident 1 und 2E gingen an BEA und insgesamt 15 Trident 1E an einige andere Fluggesellschaften, während die Cyprus Airways und die Civil Aviation Authority of China (CAAC) die Trident 2E vorzogen.

Die Trident 3B war etwas länger und konnte auf Kurzstrecken bei engster Bestuhlung bis zu 180 Passagiere befördern. Hinzu kamen zwei schwerere Super Trident 3B für die CAAC. Überraschenderweise gab die US-amerikanische Fluglinie Northeast der Trident den Vorzug gegenüber vergleichbaren amerikanischen Maschinen. Andere Trident wurden in so unterschiedliche Länder wie Kuwait, den Irak, Sri Lanka, Pakistan und Indien exportiert.

TECHNISCHE DATEN
HS Trident 2E

- **Typ:** dreistrahliges Kurz- und Mittelstrecken-Verkehrsflugzeug
- **Triebwerke:** drei Mantelstrom-Triebwerke Rolls-Royce Spey 512-5W mit je 53,2 kN
- **Höchstgeschwindigkeit:** 972 km/h
- **Reisegeschwindigkeit:** 959 km/h
- **Reichweite:** 3910 km (mit typischer Nutzlast); 5726 km mit maximaler Treibstoffmenge
- **Gewicht:** leer 33 250 kg; beladen maximal 65 090 kg
- **Abmessungen:**

Spannweite:	29,90 m
Länge:	34,98 m
Höhe:	8,23 m
Tragflügelfläche:	135,70 m²

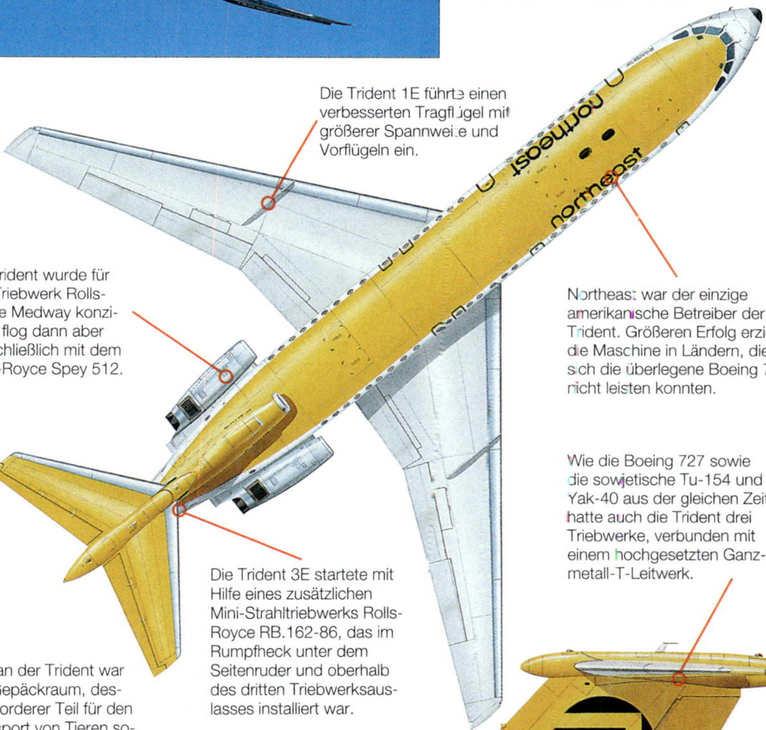

Die Trident 1E führte einen verbesserten Tragflügel mit größerer Spannweite und Vorflügeln ein.

Die Trident wurde für das Triebwerk Rolls-Royce Medway konzipiert, flog dann aber ausschließlich mit dem Rolls-Royce Spey 512.

Northeast war der einzige amerikanische Betreiber der Trident. Größeren Erfolg erzielte die Maschine in Ländern, die sich die überlegene Boeing 727 nicht leisten konnten.

Wie die Boeing 727 sowie die sowjetische Tu-154 und Yak-40 aus der gleichen Zeit hatte auch die Trident drei Triebwerke, verbunden mit einem hochgesetzten Ganzmetall-T-Leitwerk.

Die Trident 3E startete mit Hilfe eines zusätzlichen Mini-Strahltriebwerks Rolls-Royce RB.162-86, das im Rumpfheck unter dem Seitenruder und oberhalb des dritten Triebwerksauslasses installiert war.

TRIDENT 1E

Die Version Trident 1E flog bei der amerikanischen Northeast, bei den nationalen Fluggesellschaften Kuwaits, des Iraks und Pakistans sowie bei Air Ceylon und Channel Airlines.

Die Trident 1E mit großer Spannweite führte eine sehr enge Bestuhlung für bis zu 139 Passagiere ein.

Neu an der Trident war der Gepäckraum, dessen vorderer Teil für den Transport von Tieren sogar druckbelüftet werden konnte.

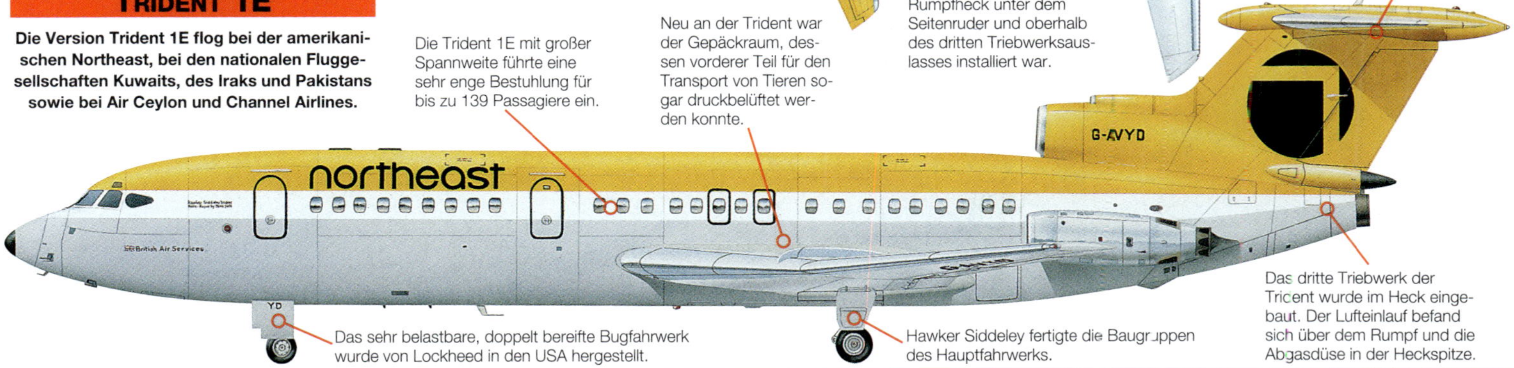

Das sehr belastbare, doppelt bereifte Bugfahrwerk wurde von Lockheed in den USA hergestellt.

Hawker Siddeley fertigte die Baugruppen des Hauptfahrwerks.

Das dritte Triebwerk der Trident wurde im Heck eingebaut. Der Lufteinlauf befand sich über dem Rumpf und die Abgasdüse in der Heckspitze.

EINSATZDATEN

REISEGESCHWINDIGKEIT

Die Trident 2E erreichte fast die gleiche Höchstgeschwindigkeit wie ihre Konkurrentinnen. Geschwindigkeiten im Bereich von 950 bis 975 km/h waren die Norm für Verkehrsflugzeuge dieser Größe. Ein wichtigeres Entwurfskriterium war die Reichweite.

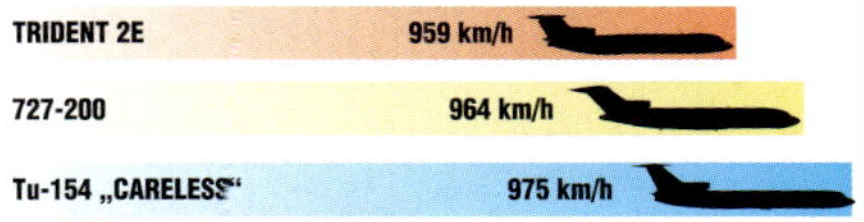

PASSAGIERKAPAZITÄT

Die Tu-154 gehörte zu den größeren dreistrahligen Düsenverkehrsflugzeugen und konnte mehr Passagiere aufnehmen als die Trident 2E. Die Boeing 727-200 reichte fast an sie heran. Bei der Trident 3 war die Kapazität dann auf 180 Fluggäste gestiegen.

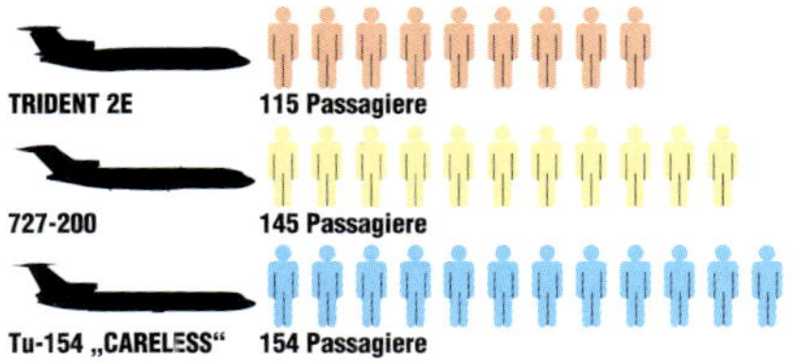

REICHWEITE

Alle drei Typen hatten in etwa die gleiche Reichweite. Sie variiert entsprechend dem Treibstoff-/Passagierzuladungsgewicht. Spätere Versionen mit höherem Bruttogewicht flogen nicht so weit, es sei denn, sie wurden für eine größere Treibstoffkapazität und Nutzlast umgerüstet.

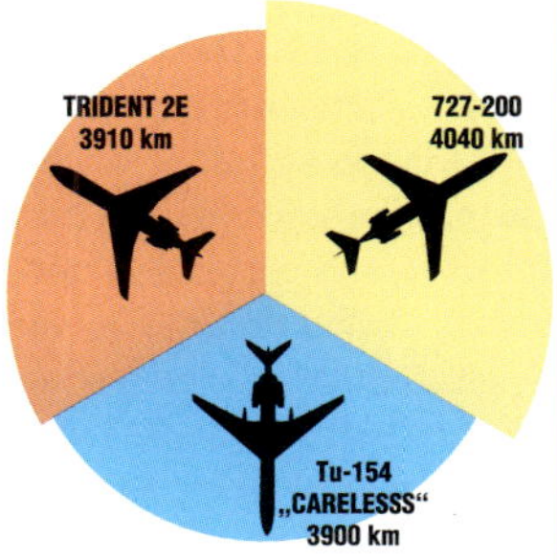

Absturz bei Heathrow

ABSTURZ EINER TRIDENT: Bis zum Bombenattentat auf die PanAm 747 über Lockerbie war der Absturz der BEA Trident 1 am 16. Juni 1972, bei dem 118 Menschen starben, das schwerste Flugzeugunglück in Großbritannien.

START: Um 16:09 Uhr hob die BEA Trident, Kodename „Papa India“, mit Captain Stanley Key am Steuer von der Piste Two-Eight-Right in Heathrow ab.

STEIGFLUG: Das Flugzeug gewann an Höhe, und dichte Wolken versetzten den Rumpf der Trident in Flatterschwingungen, als sie sich zum Steigflug nach links neigte.

ÜBERZOGENER FLUGZUSTAND: Mit nur 300 km/h begann sich die Trident mit der Nase über den zulässigen Winkel hinaus aufzurichten, und dies steigerte sich, als die Geschwindigkeit abnahm. Captain Key erlitt einen Herzinfarkt.

ABSTURZ: Um 16:11 Uhr stürzte die Trident mit nach oben gereckter Nase und einer Geschwindigkeit von 1400 m/min ab und schlug 6 km von Heathrow entfernt auf. Bei dem Unfall, der dem schlechten Gesundheitszustand des Piloten zugeschrieben wurde, kamen alle 118 Menschen an Bord ums Leben.

Il-14 „Crate“

● Ostblock-Liniendienst ● Lizenzproduktion ● Militärtransporter

Die Il-14, die 1950 erschien, sollte den sowjetischen Bedarf an verlässlichen Transportflugzeugen für zivile und militärische Aufgaben decken. Sie wurde aus der problematischen Il-12 entwickelt, aber grundlegend verbessert und daher nicht nur von der früheren UdSSR, sondern auch von vielen Ostblockländern erworben. Die ehemalige DDR und ČSSR fertigten das Muster in Lizenz, und einige Exemplare erfüllen bis heute militärische wie zivile Dienste.

▲ *Iljuschin begann 1943 mit der Entwicklung der Il-12 als Ersatz für die Li-2. Il-12 und Il-14 dienten in den beiden folgenden Jahrzehnten bei zivilen und militärischen Organisationen.*

Iljuschin Il-14 „Crate“

◀ **Kolbenmotorkraft**
Während man im Westen mit Typen wie der F27 in die Turboprop-Ära eintrat, flog man im Ostblock weiterhin kolbenmotorgetriebene Il-14 im Mittelstreckenbereich.

Geheimeinsätze ▶
Die UdSSR und andere Warschauer-Pakt-Staaten setzten Il-14, denen die NATO den Decknamen „Crate-C“ gab, zur elektronischen Aufklärung ein.

Druckkabinen mit Komfort ▶
In der ČSSR baute Avia die Avia-14 Super mit druckbelüfteter Kabine, kreisrunden Kabinenfenstern und Flügelenden-Zusatztanks zur Erhöhung der Reichweite.

▲ **Rumänische „Crate“**
Die rumänische Fluggesellschaft TAROM unterhielt 18 Il-14, meist aus den VEB Flugzeugwerken in Dresden.

Luftbildmessdienst ▶
Die Il-14FK war ausgestattet mit Glasbug und Dunkelkammer zur Entwicklung von Karten- und Luftbildmaterial.

FAKTEN UND ZAHLEN

- ➤ Rund 3200 Il-14 aller Versionen wurden produziert, davon allein 2200 im Khodinka-Werk in der UdSSR.
- ➤ Man schätzt, dass heute noch weltweit rund 100 Il-14 fliegen.
- ➤ Wladimir K. Kokkinaki brachte das erste Muster am 15. Juli 1950 in die Luft.
- ➤ Frachtversionen der Il-14 wurden über eine 2,20-m-Klappe an der Rumpfseite be- und entladen.
- ➤ Die Il-14 ist das erste in großer Zahl exportierte UdSSR-Nachkriegsflugzeug.
- ➤ Ägyptens Präsident Nasser und der Schah von Persien bekamen Luxus-Il-14.

Sowjet-Propliner der Nachkriegszeit

Mit der Il-14 verbesserte Iljuschin seine frühere Il-12, indem man beispielsweise das Tragwerk neu konstruierte und den Rumpf verstärkte. 1950 wurden alle Verkehrsflugzeuge noch von Propellern angetrieben. Die Convair 340 sowie die Martin 404 wiesen in der Praxis nach, dass zweimotorige Luftfahrzeuge mit Bugradfahrwerk nützlich sein konnten. Das Abgassystem der Il-14 entsprach in der Tat genau dem der Convair mit doppelten Auspuffrohren, die über den Flügel zurückgeführt und zu Ejektordüsen an der Abströmkante ausgebildet waren. Auch der Vereisungsschutz ähnelte stark dem des amerikanischen Musters.

Während der fünfziger und sechziger Jahre bildete die Il-14 das Rückgrat des Lufttransportwesens der UdSSR und ihrer Verbündeten. In der Sowjetunion erfüllte der Typ viele Aufgaben, von der Beförderung ziviler Fluggäste über das Absetzen von Fallschirmtruppen bis hin zur elektronischen Aufklärung für die sowjetischen Luftstreitkräfte.

Zu den Il-14-Importeuren gehörten die Deutsche Demokratische Republik, die dieses Muster in den Dresdener VEB Flugzeugwerken in Lizenz fertigte, und die Tschechoslowakei, die es unter dem Namen Avia-14 produzierte. Auch heute, rund 55 Jahre nach dem Erstflug, fliegen Il-14 noch Erlöse auf Passagier- und Frachtstrecken ein.

Links: Malévs Il-14 flogen auf allen Großflughäfen Europas. Die Gesellschaft unterhielt eine Flotte aus VEB Il-14 und von Iljuschin gebauten Il-14M, die rund einen Meter länger waren und mehr Sitzplätze hatten.

Oben: Im Gegensatz zum Vorgängermodell Il-12 ließ sich die „Crate“ nach einem Motorausfall noch gut steuern.

TECHNISCHE DATEN
Il-14M

- **Typ:** Passagier- und Frachtflugzeug
- **Triebwerke:** zwei Sternmotoren Schwezow ASch-82T je 1398 kW in Verbindung mit Vierblattpropellern AV-50
- **Höchstgeschwindigkeit:** 430 km/h in 2400 m
- **Reisegeschwindigkeit:** 300 km/h
- **Reichweite:** 1500 km mit maximaler Nutzlast
- **Gipfelhöhe:** 7400 m
- **Gewicht:** leer 12 700 kg; max. 18 000 kg
- **Kapazität:** zwei Piloten, Funker, Ladungsmeister und Vorrichtungen für 24, 28, 32 oder 36 Passagiere bei verschiedenen Modellen und Konfigurationen; maximale Nutzlast der Frachtversion 3300 kg
- **Abmessungen:** Spannweite: 31,70 m; Länge: 22,31 m; Höhe: 7,90 m; Tragflügelfläche: 100,00 m²

Il-14P „Crate“

Die polnische Fluggesellschaft „Polskie Linie Lotnicze“ erwarb fünf Il-12 „Coach“ und ergänzte sie 1954 durch 16 Il-14. Neun Exemplare lieferte die DDR und eine Avia-14 die ČSSR.

EINSATZDATEN

GESCHWINDIGKEIT

Die Il-14 war eine aerodynamisch bereinigte Ausführung der Il-12B mit leistungsstärkerer Version des ASch-82-Motors und besseren Flugleistungen. Westliche Muster dieser Zeit, wie etwa die Convair CV 240, waren ihren sowjetischen Gegenstücken weit überlegen.

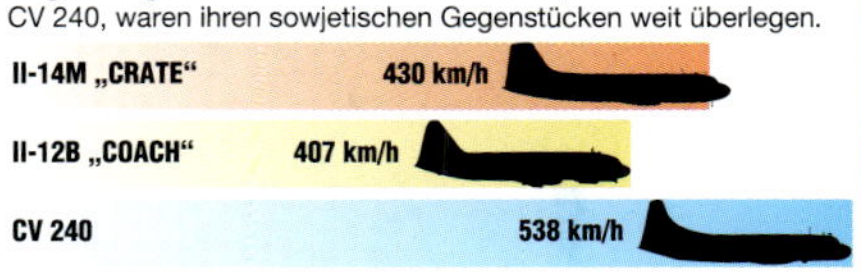

LEISTUNG

Die Il-12 und die Il-14 mit einem Sternmotortyp der Kriegszeit waren schwächer als die Convair 240 mit ihrem Pratt & Whitney R-2800, dem Gipfel der Entwicklung des Kolbenmotorflugzeugs.

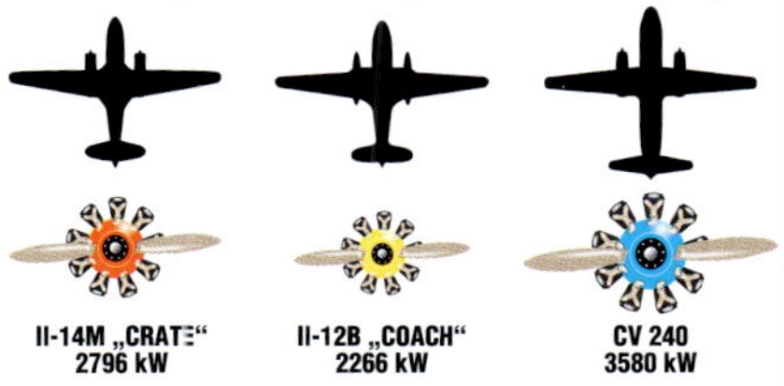

KAPAZITÄT

Die Il-14 war ursprünglich nur für 18 Passagiere ausgelegt. Spätere Versionen boten bei dichter Bestuhlung bis zu 36 Fluggästen Platz. Die antriebsstärkere CV 240 konnte die größte Nutzlast tragen.

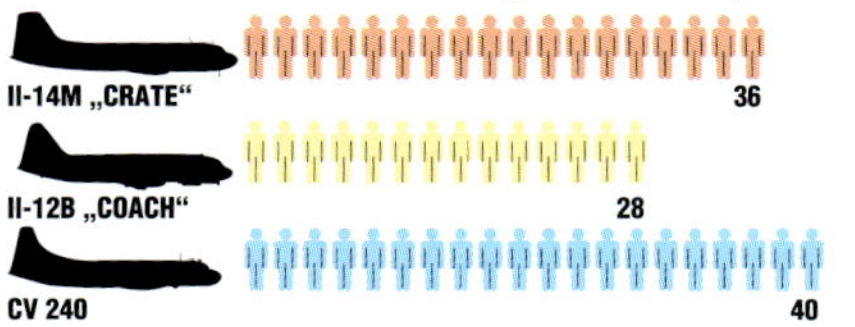

Westliche Konkurrenzmuster der „Crate“

CONVAIR CV 440: Vom letzten Convair-Airliner mit Kolbenmotor, der CV 440, baute man von 1955 bis 1958 über 160 Exemplare.

CURTISS C-46 COMMANDO: Nach der Kapitulation Japans im Jahre 1945 wurden viele militärische C-46 von zivilen Betreibern gekauft.

DOUGLAS DC-3: Das Vorkriegsmodell DC-3 wurde im Zweiten Weltkrieg häufig gebaut und fliegt heute noch bei einigen zivilen Nutzern.

MARTIN 4-0-4: Die zur gleichen Zeit wie die Il-12 in Dienst gestellte Martin-Serie wurde vom Ansturm der Turboprop-Airliner überrollt.

IL-18 „COOT“

● Linienflugzeug ● Lizenzbau in China ● Propellerturbinen-Pionier

▲ *Die Il-18 machte den Luftverkehr in Osteuropa für jedermann erschwinglich. Betreiber erkannten, dass große Turboprop-Verkehrsflugzeuge, die im Düsenzeitalter als überholt galten, tatsächlich sehr rentabel waren, da sie geringere Betriebskosten verursachten.*

Die turbopropgetriebene Il-18 entstand als erstes (und größtes) Nachkriegsprodukt des Iljuschin-Konstruktionsbüros in dem Bemühen, Rußland innerhalb kürzester Zeit mit einem dringend benötigten Langstrecken-Verkehrsflugzeug zu versorgen. 1953 wurde die Il-18 zu einer modernen, von vier Propellerturbinen angetriebenen Passagiermaschine umgebaut und später als Il-38 zur U-Boot-Abwehr und Fernaufklärung dem militärischen Einsatz angepasst.

ILJUSCHIN IL-18 „COOT“

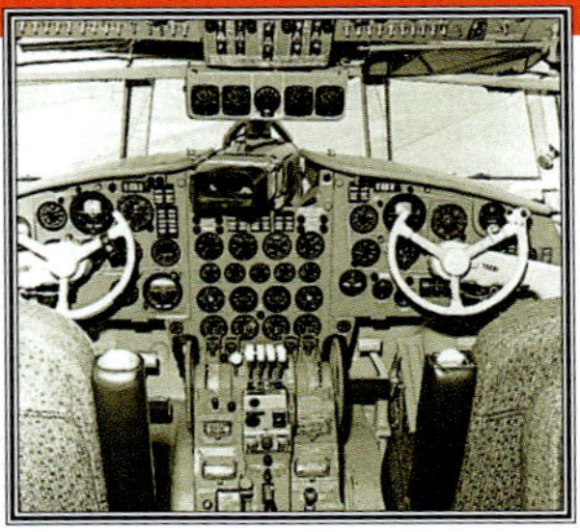

▲ **Cockpit**
Das Cockpit der „Coot“ war gut ausgelegt. In der Mitte sieht man den Schirm des Wetterradargeräts.

▲ **In China**
Die Staatslinie der Volksrepublik China, CAAC, hielt bis zu Beginn der achtziger Jahre an der Il-18 fest und bediente mit ihr alle Regionen des Landes. In den letzten Dienstjahren war der Klarstand schlecht, und es kam zu einigen Unfällen. Etwa 100 von 800 gebauten Il-18 wurden exportiert.

▲ **Aeroflot-Erbe**
Als die Aeroflot aufgeteilt wurde, fanden die Il-18 neue Besitzer. Gesellschaften wie Rossija und SPAIR fliegen das Muster noch lange.

▲ **Bei vielen Luftfahrtgesellschaften**
Die meisten Mitgliedsstaaten des ehemaligen Warschauer Pakts führten die Il-18 in den Listen ihrer nationalen Flotten.

Flughafen Dnjepropetrowsk ▶
Regionalflüge in der UdSSR waren das Hauptgeschäft der Il-18. Diese Maschine traf zuerst auf dem neuen Flughafen von Dnjepropetrowsk ein.

FAKTEN UND ZAHLEN

- Bis 1981 hatte dieser Typ über 250 Millionen Passagiere befördert und 14 Millionen Flugstunden absolviert.
- Die ersten 20 Il-18 erhielten Kusnezow-Propellerturbinen NK-4.
- In den siebziger Jahren stellte die Il-18 das zweitgrößte Flottenkontingent der Aeroflot.
- Die Flugbesatzung der Il-18 bestand aus zwei Flugzeugführern und je einem Navigator, Funker und Flugingenieur.
- Ab Anfang der siebziger Jahre wurde eine Reihe Il-18 zu Frachtern umgebaut.
- Auch die afrikanischen Air Guinee, Air Mali und Air Mauritania verwendeten die Il-18.

Turboprop-Linienflugzeug für die UdSSR

In den fünfziger Jahren entsprach die Flughafen-Infrastruktur in den entlegenen Regionen der UdSSR noch weitgehend der Kategorie „Feldpiste". Dennoch beschloss Aeroflot, ihre zivile Airliner-Flotte zu modernisieren, und ein Ergebnis dieser Planung war die Il-18. Die Spezifikation, die zur Il-18 führte, verlangte ein gutes Leistungsvermögen auf rauen Pisten, Druckbelüftung für die Kabine und eine Kapazität für bis zu 75 Passagiere. Iljuschin entschied sich für einen konventionellen Entwurf mit Standardleitwerk, einziehbarem Bugradfahrwerk und vier Propellerturbinen, der eine flüchtige Ähnlichkeit mit der Bristol Britannia und der DC-7 hatte. Der Prototyp flog am 4. Juli 1957. Fünf Entwicklungsflugzeuge wiesen nach, dass vor Aufnahme der Serienfertigung kaum Änderungen nötig waren. Am 29. April 1959 führte die sowjetische Staatslinie das neue Muster im Linienverkehr ein. Weitere Modelle wurden produziert, darunter die Il-18V für 100 Passagiere, die ab 1961 bei Aeroflot flog. Vier Jahre später erschien als letztes Serienmodell die Il-18D mit neuem Innenrumpf für bis zu 120 Sitze, erweitertem Tankvolumen und leistungsstärkeren Turbinen. Mindestens 800 Il-18 wurden insgesamt für sowjetische und ausländische Fluggesellschaften sowie für militärische Verwendungen gebaut.

Oben: Trotz des Alters dieses Entwurfs wurde die Il-18-Produktion erst 1979 eingestellt, nachdem 565 Il-18D gefertigt waren.

Unten: Wegen des US-Handelsembargos und aus Geldmangel war Cubana, die Staatslinie Kubas, gezwungen, weiterhin auf die veraltete Il-18 zurückzugreifen. Diese Il-18D flog noch 1986.

TECHNISCHE DATEN
Il-18

- **Typ:** Langstrecken-Verkehrsflugzeug
- **Triebwerke:** vier Propellerturbinen Iwtschenko AI-20M je 2983 kW
- **Reisegeschwindigkeit:** 625 km/h
- **Reichweite:** 6500 km (ohne Nutzlast)
- **Kapazität:** 110 Passagiere (eng bestuhlt)
- **Gipfelhöhe:** 9250 m
- **Gewicht:** leer 28 490 kg; beladen 42 500 kg
- **Abmessungen:**

Spannweite:	37,40 m
Länge:	35,90 m
Höhe:	10,17 m
Tragflügelfläche:	140 m²

Il-18 „Coot"

Die Il-18, die sich in Rußland noch begrenzt im Einsatz befindet, wurde an China verkauft, bevor es 1960 zum chinesisch-sowjetischen Zwist kam. Diese Maschinen flogen bei der chinesischen Staatslinie CAAC.

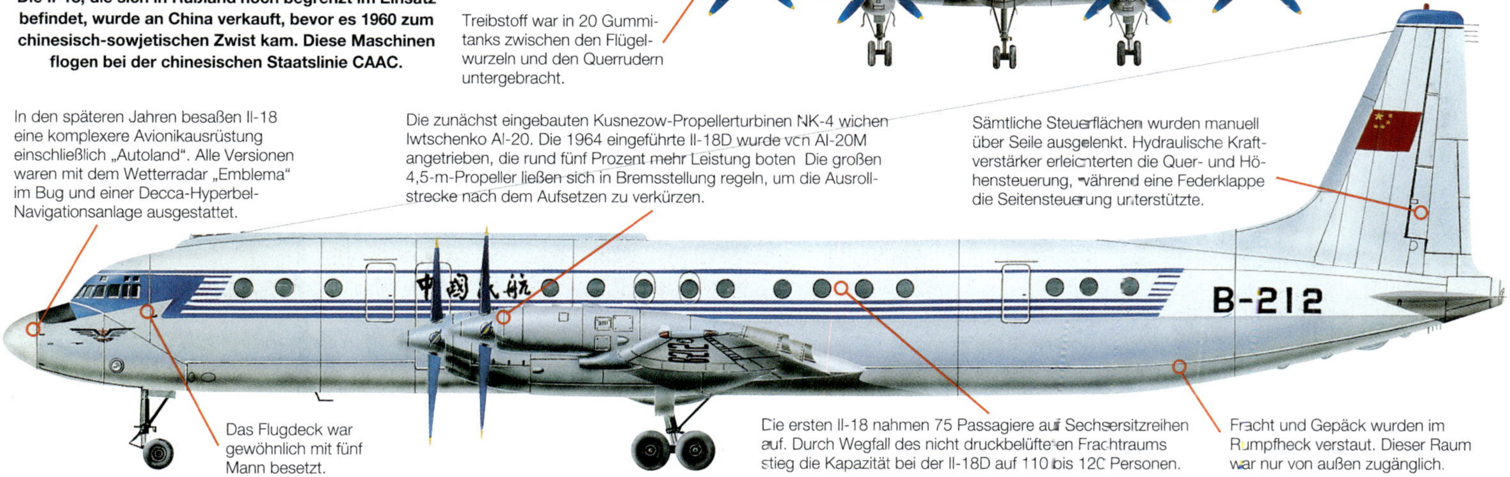

Elektrothermischer Turbinen-Vereisungsschutz gehörte zur Standardausrüstung, ebenso zwei Anlasser/Generatoren SG-12 pro Triebwerk. Die Hauptfahrwerksbaugruppen zogen nach vorn in die inneren Triebwerksgondeln ein.

Treibstoff war in 20 Gummitanks zwischen den Flügelwurzeln und den Querrudern untergebracht.

In den späteren Jahren besaßen Il-18 eine komplexere Avionikausrüstung einschließlich „Autoland". Alle Versionen waren mit dem Wetterradar „Emblema" im Bug und einer Decca-Hyperbel-Navigationsanlage ausgestattet.

Die zunächst eingebauten Kusnezow-Propellerturbinen NK-4 wichen Iwtschenko AI-20. Die 1964 eingeführte Il-18D wurde von AI-20M angetrieben, die rund fünf Prozent mehr Leistung boten. Die großen 4,5-m-Propeller ließen sich in Bremsstellung regeln, um die Ausrollstrecke nach dem Aufsetzen zu verkürzen.

Sämtliche Steuerflächen wurden manuell über Seile ausgelenkt. Hydraulische Kraftverstärker erleichterten die Quer- und Höhensteuerung, während eine Federklappe die Seitensteuerung unterstützte.

Das Flugdeck war gewöhnlich mit fünf Mann besetzt.

Die ersten Il-18 nahmen 75 Passagiere auf Sechsersitzreihen auf. Durch Wegfall des nicht druckbelüfteten Frachtraums stieg die Kapazität bei der Il-18D auf 110 bis 120 Personen.

Fracht und Gepäck wurden im Rumpfheck verstaut. Dieser Raum war nur von außen zugänglich.

EINSATZDATEN

KAPAZITÄT

Die Verlegung des Gepäck-/Frachtraums ins Heck erweiterte den Innenraum, so dass die Il-18D bis zu 110 Passagiere transportieren konnte, allerdings mit einer Bestuhlung, die nach westlichen Maßstäben spartanisch war. Die ersten Versionen hatten 75 Sitze.

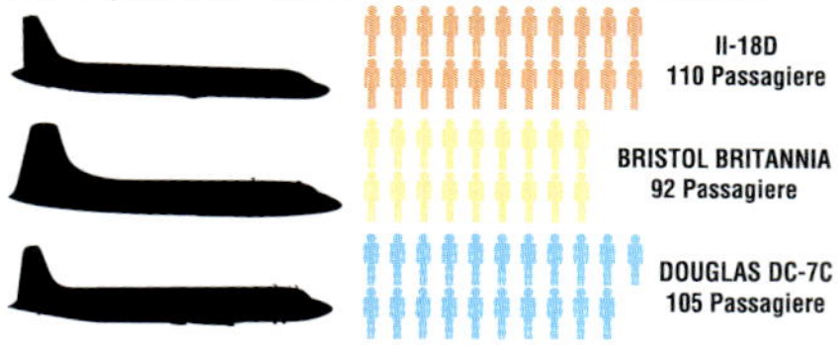

REICHWEITE MIT MAXIMALER NUTZLAST

Propellerturbinen sind effizient, arbeiten auch in großer Höhe verlässlich und bieten einen guten Kompromiss zwischen Geschwindigkeit und Wirtschaftlichkeit. Die Iwtschenko-Turbine war allerdings weniger leistungsfähig als westliche Turboprop-Triebwerke.

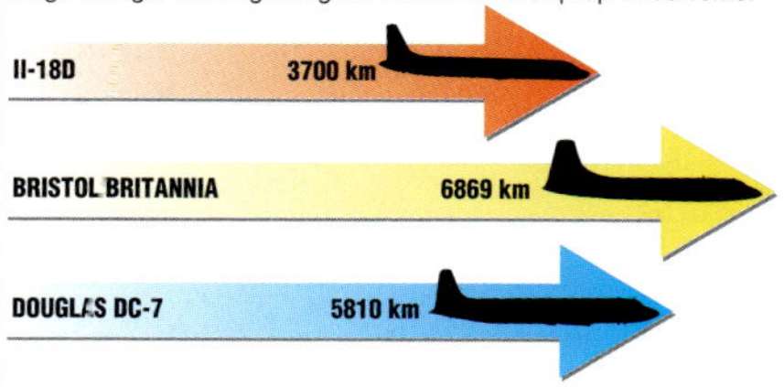

PRODUKTION

Das größte Land der Welt unterhielt auch die größte Fluggesellschaft, und die Il-18 wurde in riesigen Mengen produziert. Britannia und DC-7 unterlagen neuen, strahlgetriebenen Konkurrenzmustern.

Iljuschin-Airliner in aller Welt

ILJUSCHIN Il-12: Die Il-12, das sowjetische Gegenstück zur C-47, diente Aeroflot ab 1947 und wurde auch nach Polen und China exportiert.

ILJUSCHIN Il-62: Neben der VC-10 war die Il-62 das einzige Düsenverkehrsflugzeug mit vier heckmontierten Triebwerken.

ILJUSCHIN Il-86: Die Il-86 war das erste vierstrahlige Großraumverkehrsflugzeug der UdSSR. ARIA setzt sie noch heute ein.

ILJUSCHIN Il-96: Modifikationen der Il-86 ergaben die Il-96 mit neuen Tragflügeln, Turbofan-Triebwerken und modernem „Glas-Cockpit".

Il-62 „Classic“

● Langstreckenverkehrsflugzeug ● Vier Düsentriebwerke am Heck

▲ Die Il-62M war ein Hauptbestandteil der alten sowjetischen Luftverkehrsbetriebe Aeroflot und ihrer Nachfolger. Bei der Aeroflot errang die Maschine mit einer komplett weiblichen Besatzung Rekorde für große Nutzlast und Geschwindigkeit.

Als die Iljuschin Il-62 im Jahre 1962 der Welt vorgestellt wurde, erkannte man in dem Langstreckenverkehrsflugzeug das sowjetische Gegenstück zur Boeing 707 und zur Vickers VC10. Bis dahin hatten sich Verkehrsflugzeuge der UdSSR noch nie durch Komfort oder Sicherheit ausgezeichnet, aber die Il-62 genügte hohen Ansprüchen. Obwohl sie inzwischen veraltet und unrentabel geworden sind, fliegen auch heute noch fast 100 Il-62.

Iljuschin Il-62 „Classic“

▲ **Vier schieben hinten**
Nur die VC10 und die Il-62 tragen ihre vier Triebwerke hinten am Rumpf. Das erlaubt es, die Tragflächen effizient zu gestalten. Außerdem werden die Geräusche im Passagierraum reduziert.

▼ **Fünf sitzen vorn**
Das Cockpit der Il-62 ist für bis zu fünf Besatzungsmitglieder ausgelegt (Pilot, Kopilot, Navigator, Funker und Bordingenieur).

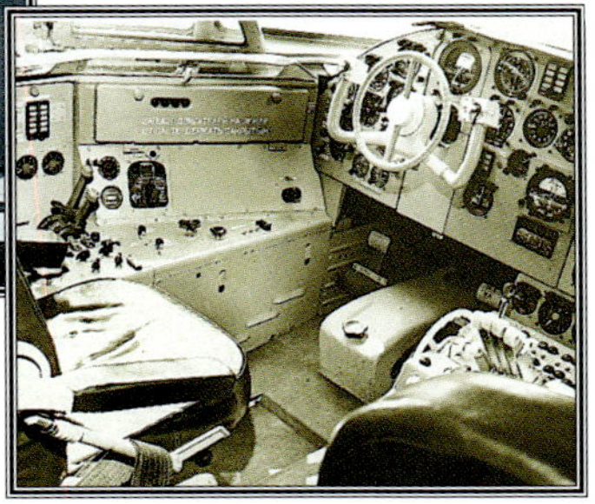

Scheremetjewo ▶
Dieser internationale Flughafen von Moskau ist immer noch Anflughafen für die meisten Il-62. Obwohl jetzt neuere Typen als Ablösung kommen, bleiben die Il-62 bei Fluglinien wie Domodedovo Airlines im Einsatz.

◀ **Richtung Osten**
Die Il-62 fliegen viele Ziele in Zentralasien und Fernost an, wie diese Maschine auf dem Flughafen Subang in Malaysia. 1970 nahmen Il-62 der Aeroflot diese Strecke über Neu-Delhi auf.

▲ **Immer noch gefragt**
Die Cubana ist einer der letzten zivilen Betreiber außerhalb der ehemaligen UdSSR. Sie setzt noch 11 Il-62MK ein.

FAKTEN UND ZAHLEN

- Die erste Il-62 flog im Januar 1963 mit Ljul'ka-AL-7-Turbojet-Triebwerken, während man auf die Mantelstrom-Triebwerke NK-8-4 wartete.
- Am 10. März 1967 nahm die Aeroflot den planmäßigen Linienverkehr mit Il-62 auf.
- Bis Produktionsende 1990 waren insgesamt 244 Il-62 ausgeliefert worden.
- Nach der deutschen Wiedervereinigung flog die Luftwaffe die Il-62 der früheren Interflug, bis man sie durch den Airbus A310 ersetzte.
- Zelle und Fahrwerk wurden für die Il-62MK überarbeitet.
- Die Il-62 ähnelt dem Entwurf für die britische Super VC10 des Jahres 1958.

PROFIL

Klassisches Linienflugzeug von Iljuschin

Die Iljuschin Il-62 wurde für die Aeroflot als Langstreckenverkehrsflugzeug entwickelt. In erster Linie sollte sie die Tupolew Tu-114 ersetzen, die noch eine Turboprop-Maschine war.

Die Il-62 wurde ständig verbessert, um dem allgemeinen technologischen Fortschritt Rechnung zu tragen. Bessere Schubumkehr, verbesserte Sitze, dreifache Trägheitsnavigation und überarbeitete Triebwerksgondeln, die auf Lärmminderung abzielten, gehören zu den technischen Änderungen. Die verbesserte Ausführung Il-62M und die verstärkte Version Il-62MK befördern Passagiere in Russland und seinen verbündeten Republiken. Beide werden von Solowjew-Triebwerken anstelle der Kusnetsow NK-8-4 angetrieben.

Einige der noch einsatzfähigen Il-62 fliegen als Militärtransporter, und ein Exemplar steht dem russischen Präsidenten auf seinen Reisen zur Verfügung. Obwohl die große Iljuschin in ihrer Jugend ein echter Pionier war, ist sie doch alt geworden.

Der überwiegende Teil aller Il-62 war bei der Aeroflot im Einsatz. Nach dem Zerfall dieses Unternehmens flogen sie unter vielen Flaggen, natürlich auch beim hauptsächlichen Nachfolger, der neuen Aeroflot. Zahlreiche Maschinen wurden jahrelang in den Farben der alten Aeroflot belassen, obwohl diese bereits aufgelöst war.

Das hatte zur Folge, dass viele der früheren Betreiber den Zerfall der Sowjetunion dazu nutzten, wesentlich modernere Flugzeuge wie den Airbus A310 oder die Boeing 767 aus dem Westen zu erwerben.

TECHNISCHE DATEN
Il-62M

- **Typ:** Langstreckenverkehrsflugzeug
- **Triebwerke:** vier Mantelstrom-Triebwerke Solowjew D-30KU mit je 107,8 kN
- **Reisegeschwindigkeit:** 900 km/h
- **Gipfelhöhe:** 11 440 m
- **Reichweite:** 8000 km mit maximaler Nutzlast und Reserven
- **Gewicht:** leer 69 400 kg; beladen 165 000 kg
- **Nutzlast:** fünfköpfige Crew; eine typische Sitzanordnung sah 72 Passagiere im vorderen und 114 im hinteren Abteil vor
- **Abmessungen:**

Spannweite:	43,20 m
Länge:	53,12 m
Höhe:	12,35 m
Tragflügelfläche:	282,20 m²

Il-62MK

Linhas Aereas de Angola ist einer der letzten afrikanischen Betreiber der Il-62. Zwei Iljuschin sind auf verschiedenen Routen im Einsatz, darunter von Luanda nach Moskau und Havanna.

Die ersten Langstreckenverkehrsflugzeuge mit Düsenantrieb

BOEING 707: Als erstes der modernen vierstrahligen Verkehrsflugzeuge kam die Boeing 707 Ende der 50er Jahre zum Einsatz. Sie revolutionierte den Lufttransport und brachte mehr Menschen als je zuvor in den Genuss weiter Flugreisen.

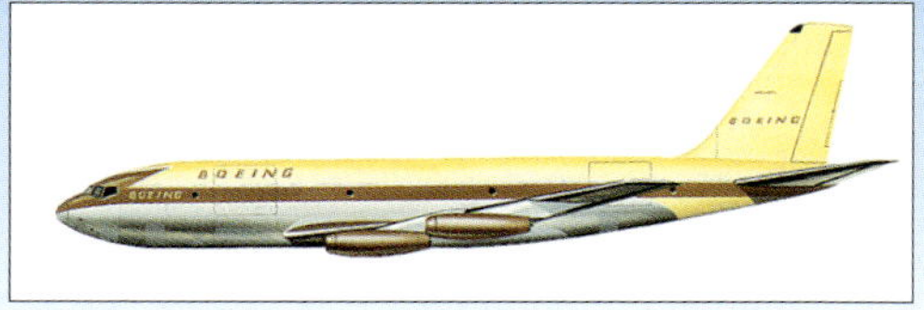

DOUGLAS DC-8: Der größte Konkurrent für die Boeing wurde 1959 in Dienst gestellt. Im Verlauf ihrer langen Karriere wurde sie mehrfach gestreckt und wuchs schließlich auf 259 Sitze. Man sieht die DC-8 noch überall auf der Welt, vor allem als Frachter.

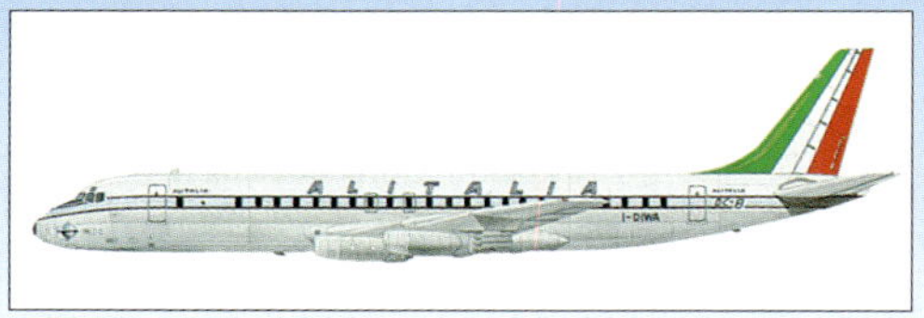

VICKERS VC10: Die schlanke VC10 war für hoch gelegene Flugplätze konzipiert, wo die Lage und hohe Temperatur die Startstrecke kritisch verlängerten. Sie erbrachte bessere Leistungen als die 707 oder die DC-8, aber ihre Betriebskosten lagen höher.

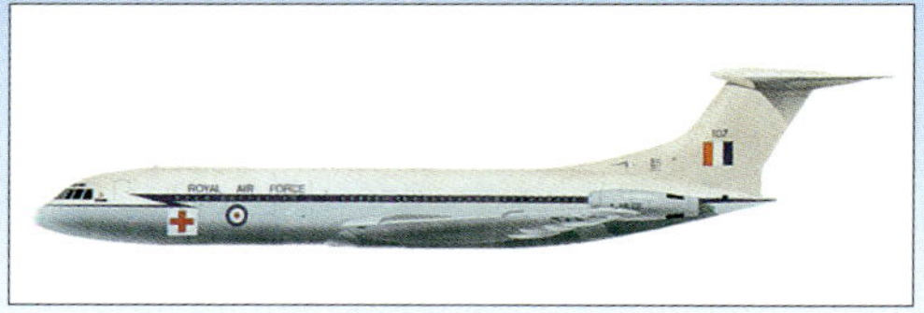

EINSATZDATEN

PASSAGIERE

In russischen Flugzeugen sind die Sitze meist enger angeordnet, als es auf westlichen Linienflügen üblich ist. Die geringere Sitzneigung ermöglicht die Aufnahme zusätzlicher Passagiere – bei weniger Komfort. Die dreistrahlige Tu-154 nimmt fast so viele Passagiere auf wie eine Il-62, besitzt aber nicht deren Reichweite.

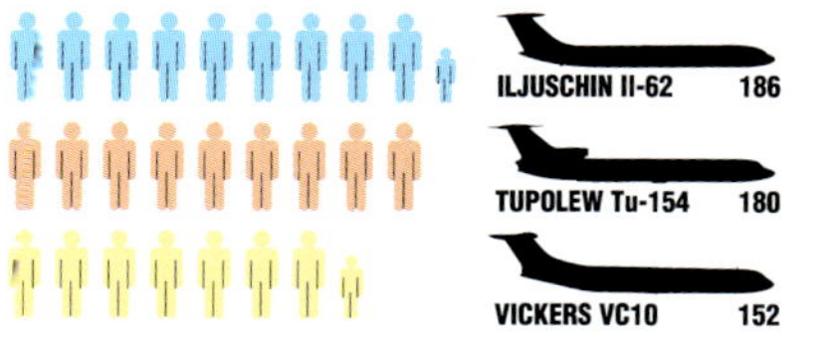

IL-86/96 „CAMBER“

● Moderner Airliner ● High-Tech-Konstruktion ● Internationaler Einsatz

▲ *Aeroflot und Iljuschin hatten gehofft, dass die Il-86 mit einer Bestuhlung für 350 Passagiere in Neunerreihen (3+3+3) ein großer Erfolg werden würde, doch die Reichweite des Muster erwies sich als völlig unzureichend.*

Die Il-86 wurde im Dezember 1976 erstmals geflogen und vier Jahre später bei der Aeroflot eingeführt. In der Praxis blieb ihre Reichweite jedoch weit hinter den erwarteten Werten von 3600 km mit 40 000 kg Nutzlast oder 4600 km mit vollen Tanks zurück. Es waren daher keine 100 Maschinen ausgeliefert, als 1988 die Il-96 als Nachfolgerin erschien. Der Typ ähnelt der -86 und hat den gleichen Rumpfdurchmesser, ist aber ein völlig neuer, modernerer Entwurf.

ILJUSCHIN IL-86/96 „CAMBER“

▲ Il-86-Prototyp
Fünf Jahre nach der Ankündigung ihrer Entwicklung rollte die erste Il-86 vom Band.

▲ Neukonstruktion der „Camber“
Im Bestreben, die Mängel der Il-86 zu beheben, schuf Iljuschin ein in der Grundauslegung ähnliches, aber dennoch völlig neues Flugzeug: die Il-96. Dieses Muster startete im Jahr 1988 zu seinem Erstflug.

▲ Im Dienst der Aeroflot
Aeroflots rund 100 Il-86 wurden auf internationalen Strecken mit hohen Passagierzahlen betrieben.

▼ Kapazitätssteigerung
Bei Iljuschin lief die Flugerprobung der Il-96M, deren Kabine für bis zu 375 Passagiere ausgelegt ist.

▲ Musterzulassung der Il-96
Da einige Baugruppen der Il-96 mit denen der -86 ähnlich oder identisch waren, konnte man das Testprogramm um 750 Stunden kürzen. Iljuschin hatte die Musterzulassung für 1990 erhofft, doch sie wurde erst am 29. Dezember 1992 erteilt.

FAKTEN UND ZAHLEN

- Nach Iljuschins Rücktritt kündigte Genrich W. Nowoschilow die Il-86 auf der Pariser Luftfahrtschau von 1970 an.
- Ursprünglich war die Il-86 als größere Il-62 mit verbessertem Tragwerk geplant.
- Heute fliegen noch rund 62 Il-86 sowie zwölf Il-96.
- Viele sowjetische Flughäfen mussten modernisiert und ihre Fluggastabfertigung an die Il-96 angepasst werden.
- Die Frachterversion Il-96T befördert maximal 92 000 kg Nutzlast.
- Iljuschin bietet die Version Il-96MK mit Turbofan-Triebwerken NK-93 an.

Not macht erfinderisch

Die Il-86 war nicht nur das erste sowjetische Großraumverkehrsflugzeug und das erste mit Unterflügeltriebwerksgondeln, sie führte auch ein neues Einstiegssystem ein. Um nicht von den primitiven Bodenanlagen sowjetischer Flughäfen abhängig zu sein, konnten die Passagiere durch unten liegende Türen an Bord gehen, Garderobe und Handgepäck verstauen und die Kabine über Innentreppen erreichen.

Bei der verbesserten Il-96, die am 28. September 1988 in die Luft kam, wurden die NK-86-Triebwerke durch PS-90 ersetzt und neue Komponenten und Werkstoffe verwendet, um die Zelle leicht zu machen. Die Flügel sind größer, weniger gepfeilt und mit Winglets zur Widerstandsreduzierung ausgestattet.

Als Einstieg dienen herkömmliche Türen in Höhe des Passagierdecks. Bei reiner Touristenklassebestuhlung finden bis zu 300 Personen Platz und bei Dreiklassenauslegung 235 Gäste.

Iljuschin plante zunächst mehrere Versionen der Il-96, darunter Modelle mit 200 und 375 Sitzen sowie Typen mit zwei und drei Decks für bis zu 550 Passagiere, arbeitet jetzt aber daran, die Il-96 durch westliche Avionik und Triebwerke für ausländische Airlines attraktiver zu machen.

Oben: Aeroflot übernahm ihre erste Il-86 am 24. September 1979, eröffnete den Flugbetrieb aber erst 1980 mit einem Linienflug nach Ostberlin.

Unten: Diese Il-86 mit russischer Zulassungsnummer flog für die lettische Transaero Airlines.

TECHNISCHE DATEN
Il-96-300

- **Typ:** Großraumverkehrsflugzeug
- **Triebwerke:** vier Mantelstrom-Triebwerke Awiadwigatel PS-90A mit je 156,9 kN
- **Maximale Reisegeschwindigkeit:** 900 km/h
- **Startstrecke:** 2600 m
- **Reichweite:** 9000 km mit 30 000 kg Nutzlast
- **Gipfelhöhe:** 12 000 m
- **Gewicht:** leer 117 000 kg; max. Startmasse 216 000 kg
- **Kapazität:** 235 Passagiere in drei Klassen oder maximal 300 Fluggäste
- **Abmessungen:**

Spannweite:	60,11 m
Länge:	55,35 m
Höhe:	17,57 m
Tragflügelfläche:	391,60 m²

Il-96-300

Als erster Il-96-Prototyp startete die CCCP-96000 am 28. September 1988 in Khodinka zum Jungfernflug und erschien ein Jahr später auf der Pariser Luftfahrtschau. Die Bezeichnung -300 verweist auf die nominelle Sitzzahl.

Das „Glas-Cockpit“ bietet sechs Bildschirmgeräte anstatt herkömmlicher Instrumente wie bei der Il-86. Im Gegensatz zu zeitgenössischen westlichen Konstrukteuren hat Iljuschin den Flugingenieur beibehalten.

Dank ihrer Mantelstrom-Triebwerke Awiadwigatel PS-90A bietet die Il-96 eine sehr viel größere Reichweite. In Flügel und Mittelrumpf eingebaute Tanks fassen insgesamt 148 260 Liter Treibstoff.

Die Il-96 erhielt ein völlig neues, schlankeres Tragwerk mit größerer Spannweite, superkritischem Profil und geringerer Pfeilung sowie reichweitensteigernden Winglets. Die Verwendung moderner Technologien ermöglichte es Iljuschin, eine Nutzungsdauer von 60 000 Flugstunden anzustreben.

Ein dreifach ausgelegtes elektronisches Flugsteuerungssystem überträgt die Piloteneingaben. Die Leitwerksflächen haben im Vergleich zu denen der Il-86 eine größere Streckung und veränderte Profile. Vorder- und Hinterkanten sind aus Verbundwerkstoffen gefertigt.

Weder die zweiteiligen Seiten- noch die Höhenruder haben Trimmklappen. Die Il-96M erhielt eine kürzere Seitenflosse, und ihr verlängerter Rumpf verbesserte die Kursstabilität.

Die Il-96 hat einen kürzeren Rumpf mit weniger Sitzen und stark verändertem Innenraum. Es entfiel das ungewöhnliche interne Treppensystem der Il-86, das es den Passagieren erlaubte, unten einzusteigen und ihr Gepäck selbst zu verstauen.

Ein wirklich gemeinsames Merkmal von Il-96 und -86 ist das aus vier Baugruppen bestehende Fahrwerk.

EINSATZDATEN

KAPAZITÄT

Die Il-86 bot zwar eine beachtliche Passagierkapazität, war aber unwirtschaftlich im Betrieb und hatte ein unkonventionelles Einstiegssystem, so dass sie mit vergleichbaren westlichen Typen wie der 767-300 und dem A300-600 nicht konkurrieren konnte.

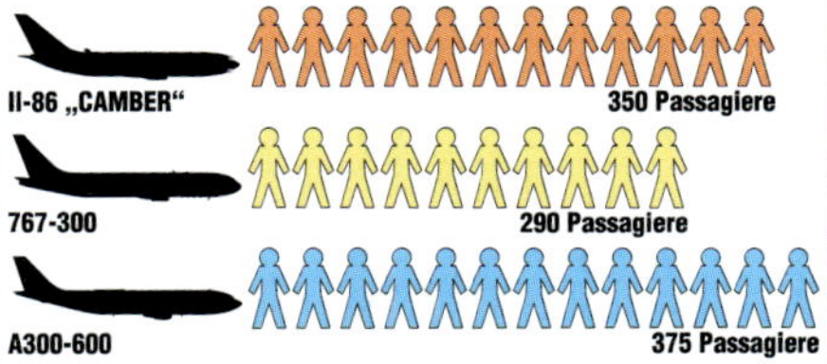

STARTSTRECKE

Die optimale Nutzung eines Verkehrsflugzeugs ist nur möglich, wenn es auch kleinere internationale Flughäfen bedienen kann. Mit ihren veralteten Triebwerken bleibt die Il-86 hinter den westlichen Mustern zurück.

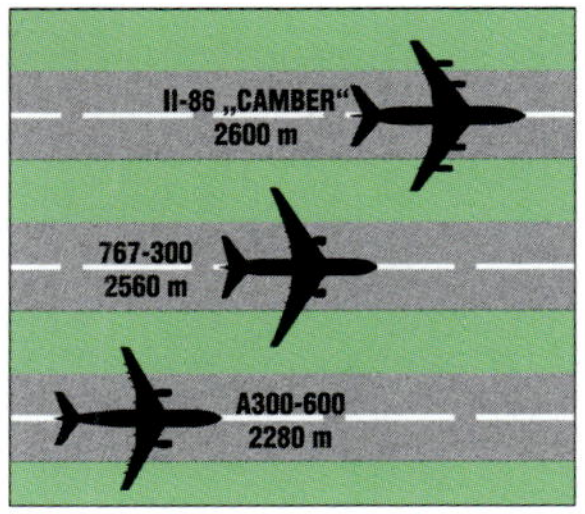

REICHWEITE

Bemessungsreichweite der Il-86 waren 4600 km, beträchtlich weniger als bei Boeing- oder Airbus-Typen, aber selbst das ließ sich in der Praxis nicht erreichen. So nannte Interflug, die ehemalige DDR-Staatslinie, offiziell nur einen Wert von 2500 km. Mit westlichen Triebwerken könnte die Il-96 diesen Mangel beheben.

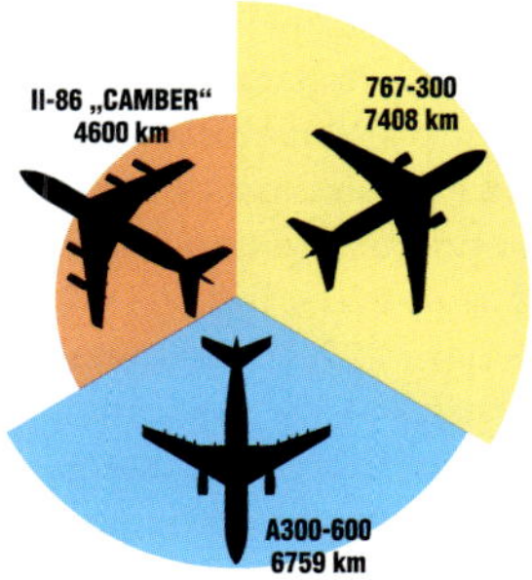

Iljuschin-Verkehrsflugzeuge

Il-14 „CRATE“: Diese Weiterentwicklung der Il-12 „Coach“ war ursprünglich für 18 bis 26 Passagiere eingerichtet. Eine gestreckte, 28-sitzige Version wurde als Il-14M gebaut. Einige Exemplare sind noch flugtüchtig und dienen zumeist als Frachter.

Il-18 „COOT“: Diese viermotorige Turboprop-Maschine, die 1957 in die Luft kam, basierte auf einer Aeroflot-Forderung nach einem 75-/100-sitzigen Mittelstreckenverkehrsflugzeug. Die abgebildete Il-18 diente der algerischen Regierung als VIP-Transporter.

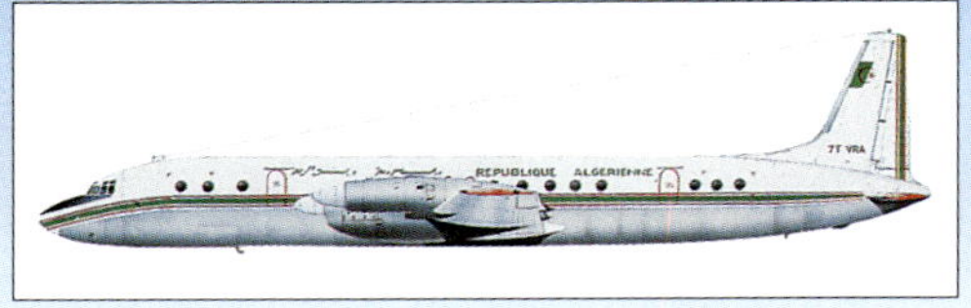

Il-62 „CLASSIC“: Die Il-62, die stark der britischen Vickers VC-10 ähnelte, flog erstmals 1963. Sie konnte maximal 186 Passagiere befördern und hatte mit Höchstnutzlast und Reserven eine Reichweite von 8000 km.

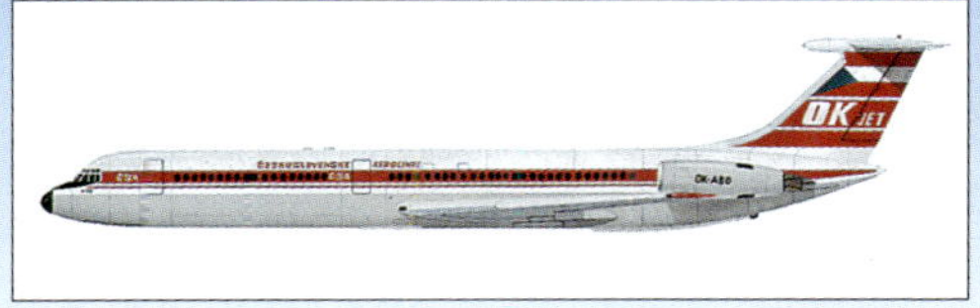

JAK-40/42 „CODLING“/„CLOBBER“

● **Zubringerflugzeug** ● **Kurzstartfähigkeit** ● **VIP-Transport**

Die kurzstartfähige Jak-40 wurde als regionales Kurzstreckenverkehrsflugzeug zur Nachfolge älterer Turboprop-Maschinen entworfen. Sie hat gerade Flügel, bietet 27 Passagieren Platz und kann von kleinen, 700 m langen Graspisten aus starten. Die Jak-42 ist ein größeres Muster mit Pfeilflügeln, die die Flugleistung erheblich verbesserten. Beide Typen sind heute noch in Russland und in Ländern des ehemaligen Ostblocks weit verbreitet.

▲ *Für die Ex-UdSSR, deren Bevölkerung sich über ein Gebiet ungeheurer Größe verteilt, war die Jak-40 sehr nützlich. Sie konnte auf Pisten landen, die für westliche Jets nicht geeignet waren.*

BILDERCHRONIK

JAKOWLEW JAK-40/42 „CODLING“/„CLOBBER“

▼ **Geschäftsflugzeug**
Als sich die Aeroflot aufspaltete, gingen viele Jak-40 an Regionallinien. Dieses Muster befördert die LUKoil-Geschäftsführung.

▲ **Slowakische Jak**
Die slowakische Luftwaffe betreibt einige in Malacky bei der 32/1 Letka stationierte Jak-40.

◀ **Propfan-Tests**
Diese Jak-42E-LL testete das Triebwerk D-236 mit gegenläufigen Propellern. Der vordere Propeller hatte acht und der hintere sechs Blätter.

Propeller-Nase ▶
Diese Jak-40 mit dem tschechischen Turboprop-Triebwerk M-602 zählte zu den Testträgern.

◀ **Gepfeilte Seitenflosse**
Die Jak-40 besaß eine Mischung aus konventioneller und neuer Aerodynamik. So hatte sie gerade Flügel für Kurzstarts und eine gepfeilte Seitenflosse für die schnelle Reise. Auf jeder Flügelseite befanden sich drei Spreizklappen.

FAKTEN UND ZAHLEN

- Der Prototyp der Jak-40 flog am 21. Oktober 1966 und ging 1968 in Dienst. Bis Juni 1976 wurden mehr als 1000 Stück gebaut.
- Eine Jak-42E-LL diente zum Test des experimentellen Propfan-Triebwerks D-236.
- Für Erprobungen wurde eine Jak-40 mit der Bugsektion der MiG-25R ausgestattet.
- Die Jak-42F erhielt einen Zylinder mit elektrooptischen Sensoren und wurde von der Aeroflot als Vermessungsflugzeug genutzt.
- Die polnischen Luftstreitkräfte betreiben Jak-40, die früher bei LOT geflogen waren.
- Die Jak-42 war das bisher langwierigste Entwicklungsprojekt des OKB Jak.

Russisches Zubringerflugzeug

Die Jak-40 wurde als Ersatz für die veralteten Propellerflugzeuge Li-2 und Il-14 der Aeroflot konzipiert und 1964 bestellt. Alexander Jakowlew und sein Sohn Sergej waren mit diesem Projekt befasst.

Über die Hälfte ihrer Passagiere beförderte die Aeroflot mit regionalen Zubringerflugzeugen. Für diese Aufgabe musste die Jak-40 von Kurzpisten aus starten können und sparsam im Verbrauch sein. Anfangs war geplant, dass sie mit nur zwei Motoren fliegen und den dritten für Maximalleistung nutzen sollte, doch diese Forderung ließ man fallen.

Die meisten Jak-40 kamen als 27-sitzige Verkehrsflugzeuge zum Einsatz, einige dienten als militärische Testträger. Auch Luftstreitkräfte erwarben die Maschine als VIP-Flugzeug, darunter die von Äthiopien, Laos, Polen sowie Jugoslawien, und nutzen sie teilweise noch heute.

1972 begann die Entwicklung der Jak-42, des ersten UdSSR-Musters mit Mantelstrom-Triebwerk mit hohem Nebenstromverhältnis. Der Prototyp kam 1975 in die Luft. Die Jak-42 war größer als die Jak-40, bot 120 Passagieren Platz und ersetzte viele alternde Tu-134. Die Entwicklung verzögerte sich, und der Typ ging erst 1981 in Dienst.

Die endgültige Version der Jak-42 nahm 1993 den Dienst auf. Sie hat eine moderne Avionik, im Flug ausfahrbare Spoiler und ein neues Triebwerk.

Links: Diese Jak-40 landet mit ausgefahrenen Klappen und Fahrgestell auf einem sowjetischen Flughafen. Der Typ setzte die An-2-Tradition fort und flog auch von Graspisten aus.

Oben: Die Jak-42 erhielt Pfeilflügel und büßte von der Kurzstartfähigkeit der Jak-40 ein. Dank auftriebssteigernder Vorrichtungen konnte sie aber noch 1800 m lange Pisten nutzen.

TECHNISCHE DATEN
Jak-40

- **Typ:** dreimotoriger Kurzstreckenzubringer
- **Triebwerke:** drei Mantelstrom-Triebwerke Lotarew Iwtschenko AI-25 mit je 14,71 kN Schub
- **Höchstgeschwindigkeit:** 600 km/h
- **Sparfluggeschwindigkeit:** 500 km/h
- **Startstrecke:** 340 m bei Normalgewicht
- **Landestrecke:** 340 m bei Normalgewicht
- **Gipfelhöhe:** 8000 m
- **Gewicht:** leer 9000 kg; beladen 13 750 kg
- **Nutzlast:** 2790 kg
- **Kapazität:** zwei Piloten und 27 Passagiere
- **Abmessungen:** Spannweite: 25,00 m; Länge: 20,36 m; Höhe: 6,40 m; Tragflügelfläche: 70,00 m²

Jak-40 „Codling"

Die ehemaligen jugoslawischen Luftstreitkräfte nutzten den Typ, der in Osteuropa weit verbreitet ist, als VIP-Transporter. Von Sachalin bis Georgien befindet sich die Jak-40 im Dienst und flog bis in das 21. Jahrhundert hinein bei zivilen Betreibern.

Die Besatzung besteht aus zwei Piloten. Für den Reiseflug ist ein Autopilot vorhanden, ferner ein Wetterradar Grosa-40 und ein Instrumentenlandesystem. Die Frontscheibe wird elektrisch beheizt.

Die Tragflügel hatten anfangs eine V-Stellung von 6°, die man aber später verringerte. Sie bestehen aus einer linken und einer rechten Hälfte, die an der Mittellinie zusammengesetzt sind. Die Beplankung wurde durch Punktschweißen, Kleben und Nieten zusammengefügt. Die Klappen sind beim Start auf 15° und bei der Landung auf 35° ausgeschwenkt.

Der Einlauf für das mittlere Triebwerk ist leicht nach hinten abgeschrägt. Die Hauptkabine misst 6,7 m in der Länge und bietet in der Auslegung mit Zweier- und Einerreihen 24, sonst 27 Personen Platz. Die Vorderkante der Seitenflosse wird mit Triebwerkszapfluft enteist.

Über dem Lufteinlauf des mittleren Triebwerks befindet sich eine Hilfsgasturbine, das die Luft zum Starten des Haupttriebwerks und am Boden für die Kabinenheizung liefert. Die ersten Jak-40 hatten an der Verbindungsstelle von Höhen- und Seitenflosse eine Übergangsverkleidung, die später entfiel.

Die linke vordere Kabinentür ist eine Servicetür. Als Haupeinstieg dient eine hydraulisch betätigte Treppe, die aus dem Unterrumpf ausfährt. Diese jugoslawische Maschine trägt eine kyrillische Kennzeichnung.

Die Jak-40K erhielt links am Rumpf eine große, nach oben aufklappbare Frachtluke.

Der Treibstoff befindet sich in Tragflügelintegraltanks vor dem Hauptholm. Die Vorderkante wird mit Triebwerkszapfluft enteist. Die Tragflügel haben manuell betätigte Querruder.

Das Mantelstrom-Triebwerk Lotarew Iwtschenko AI-25 hat drei Niederdruck- und acht Hochdruckstufen mit gekühlten Schaufeln. Die vorgeschlagene Jak-40TL hätte zwei Triebwerke LF 507 ohne Schubumkehrer verwendet, wurde aber nicht gebaut.

EINSATZDATEN

HÖCHSTGESCHWINDIGKEIT

Die größere Jak-42 mit Pfeilflügeln liegt bezüglich ihrer Geschwindigkeit etwas hinter den westlichen Typen zurück. Die Pfeilflügel verleihen ihr jedoch gegenüber der geradflügeligen Jak-40 bessere Flugleistungen, und mit ihren Düsentriebwerken ist sie Kolbenmotormaschinen überlegen.

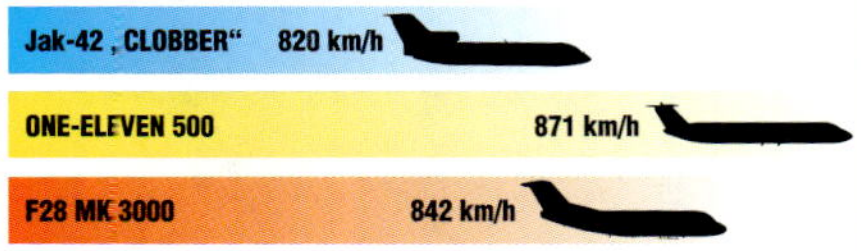

KAPAZITÄT

Die Jak-42 und die One-Eleven 500 können wesentlich mehr Passagiere transportieren als die Fokker F28. Die vorgeschlagene Jak-42M hätte 156 Sitze erhalten. Die Jak-42 ging viel später als die One-Eleven in Dienst

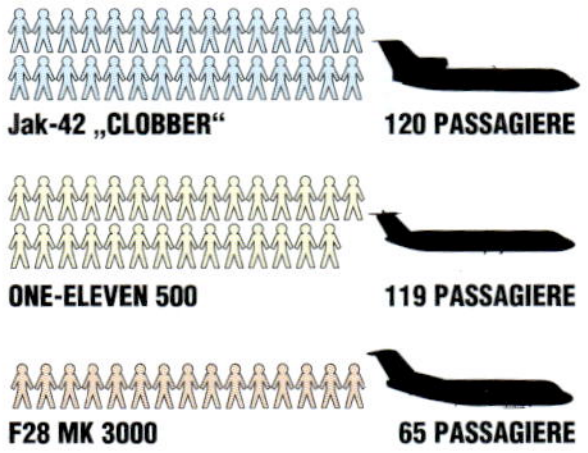

REICHWEITE

Die größere Jak-42 kann über 1900 km weit fliegen. Bei maximaler Beladung schrumpft die Reichweite aber auf nur noch 1000 km. Zubringer verkehren zwar innerhalb eines Landes und werden kaum international eingesetzt, doch angesichts der Größe der Ex-UdSSR ist die Reichweite der Jak-42 zu klein.

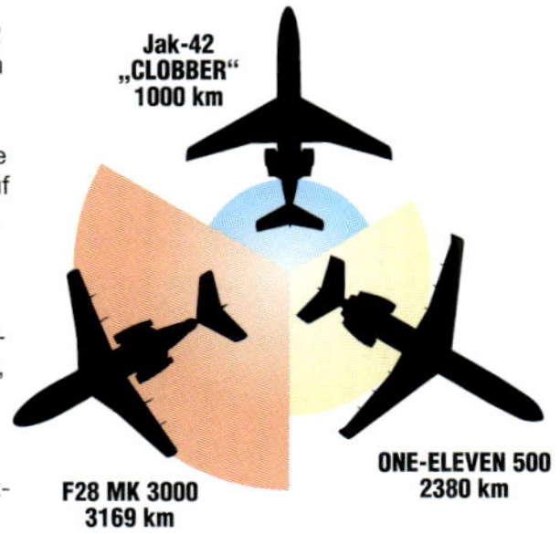

Dreistrahlige Verkehrsflugzeuge

BOEING 727: Die Boeing 727 ist das meistverbreitete dreistrahlige Düsenflugzeug und wird heute noch, vor allem in Amerika, genutzt. Die Frachtversion fand auch viele Kunden.

HAWKER SIDDELEY TRIDENT: Die Trident, eines der wenigen zivilen britischen Erfolgsmodelle, wurde unter anderem an die chinesische Fluggesellschaft CAAC verkauft.

LOCKHEED L-1011 TRISTAR: Die TriStar ist kaum noch zu sehen, war aber in den siebziger Jahren bei den großen Fluglinien wegen des niedrigen Lärmpegels und Verbrauchs beliebt.

TUPOLEW Tu-154: Der Typ wird noch in rund 460 Exemplaren eingesetzt. Vor allem die Aeroflot und Länder des Ostblocks betrieben die Tu-154 auf internationalen Strecken.

F 13

● Verkehrsflugzeug der ersten Stunde ● Ganzmetall-Konstruktion

Bei ihrem Erstflug am 25. Juni 1919 war die Junkers F 13 das erste Ganzmetall-Verkehrsflugzeug der Welt. Die ganze Erfahrung seiner luftfahrttechnischen Pionierjahre hatte der begabte Konstrukteur Hugo Junkers in diesem Flugzeug gebündelt, und die Lufthansa zögerte keinen Augenblick, es in Dienst zu stellen. Für eine einmotorige Flugmaschine erwartete die F 13 eine große Aufgabe, die sie aber mit Bravour erfüllte.

▲ *Die F 13 ermöglichte Flugreisen in aller Herren Länder. Diese Passagiere erlebten im Mai 1927 den ersten Flug der brasilianischen Luftfahrtgesellschaft Varig.*

JUNKERS F13

Lufthansa auf Skiern ▶

Anpassungsfähigkeit und Robustheit gehörten zu den Merkmalen aller Junkers-Entwürfe. Von der äußerst robusten F 13 wurden mehr als 40 Exemplare auf Schwimmer- und Schneekufen-Fahrgestell umgerüstet.

◀ Moderne Linienführung

Die F 13 besaß eine sehr moderne Form, die durch das später rechteckig geschnittene Seitenleitwerk noch unterstrichen wurde. Dieses Leitwerk fand sich sowohl bei dem Klassiker Ju 52 als auch bei späteren Junkers-Bombern und -Jagdflugzeugen des Zweiten Weltkriegs.

Bärenstark ▶

Die wuchtigen Tragflächen der F 13 zeigen, daß die Ganzmetallbauweise noch in den Kinderschuhen steckte; aber ihre Festigkeit trug zur langen Lebensdauer der Maschinen bei.

▼ Tankpause

Zum Auffüllen der Tanks dürften diese F 13 und ihre Partnerin, eine Fokker F.III, nicht lange pausiert haben. Ihre gesamte Kraftstoffmenge würde kaum ausreichen, einen Airbus in die Luft zu bringen.

▲ Glück im Unglück

Diese F 13 gehörte der Norwegerin Gidsken Jacobsen, und der Pilot hieß Birger Johnsen. Die Maschine stürzte nach einem Motorausfall aus 1000 m Höhe über Balestrand ab. Unglaublicherweise wurde niemand verletzt.

FAKTEN UND ZAHLEN

- 322 F 13 (ursprünglich als J 13 bezeichnet) wurden in elf Jahren hergestellt.
- 1919 brach eine F 13 den bestehenden Höhenweltrekord, indem sie acht Personen auf 6750 m Höhe trug.
- Die Lufthansa flog eine Zeitlang nicht weniger als 55 Exemplare der F 13.
- Die letzte F 13 stellte Varig Airlines erst im Jahr 1948 außer Dienst.
- DERULUFT nahm 1928 Linienflüge nach Russland auf der Strecke Königsberg-Riga-Leningrad auf.
- F 13 dienten bei Betreibern in mindestens 28 verschiedenen Ländern.

Das erste Ganzmetall-Verkehrsflugzeug

Hugo Junkers wollte die lästigen Streben und Spanndrähte abschaffen, die in der Zeit des Ersten Weltkriegs die Tragflächen eines Luftfahrzeugs an den Rumpf banden. Das Ergebnis seiner Bemühungen war der Eindecker F 13. Die von der Lufthansa rasch eingeführte Maschine mit ihrer typischen Wellblechhaut galt bald als beinahe unzerstörbar. Zuletzt war sie auf allen Kontinenten beheimatet, ausgestattet mit gewöhnlichem Rad-Fahrgestell, aber auch mit Schwimmern als Seeflugzeug und sogar mit Kufen für Eis und Schnee.

Die Passagiere reisten in der F 13 komfortabel in einer geschlossenen, beheizten und belüfteten Kabine. Die Sitze waren bereits mit Sicherheitsgurten versehen, und die F 13 war das erste kommerziell genutzte Luftfahrzeug mit doppelten Flugsteuerungsanlagen, so dass sich die Piloten auf langen Flügen ablösen konnten.

Junkers konstruierte später größere und bessere Verkehrsflugzeuge, aber die F 13 leitete eine wahre Revolution in der Luftfahrzeugkonstruktion ein.

Frühe Ganzmetallflugzeuge wie die F 13 waren gewiss keine Augenweide. Trotzdem hingen ihre Besatzungen sehr an diesem Muster, das sie daher sehr häufig mit Frauennamen bedachten.

TECHNISCHE DATEN
Junkers F 13

- **Typ:** sechssitziges Passagierflugzeug
- **Triebwerk:** ein Reihenmotor Junkers L 5 mit 156 kW (210 PS); frühe Versionen: Kolbenmotoren BMW IIIa und Mercedes D.IIIa mit der Nennleistung 138 kW (185 PS) bzw. 119 kW (160 PS)
- **Höchstgeschwindigkeit:** 170 km/h
- **Gipfelhöhe:** rund 7000 m
- **Reichweite:** 644 km
- **Gewicht:** leer ca. 1500 kg; beladen 2495 kg
- **Besatzung/Passagiere:** zwei Piloten; vier bis sechs Passagiere
- **Abmessungen:** Spannweite: 17,70 m; Länge: 20,50 m

JUNKERS F 13

Das erste vollständig aus Metall konstruierte Linienflugzeug flog von Deutschland über Moskau nach China.

EINSATZDATEN

GESCHWINDIGKEIT

In den Jahren 1919 und 1920 bildeten Linienflugzeuge ein neues Konzept. Die Mehrzahl bestand aus modifizierten Kriegsflugzeugen, die ein beachtliches Leistungsvermögen besaßen. Sie boten aber einen geringeren Komfort als die Junkers-Maschinen, die schon als Verkehrsflugzeuge konzipiert worden waren.

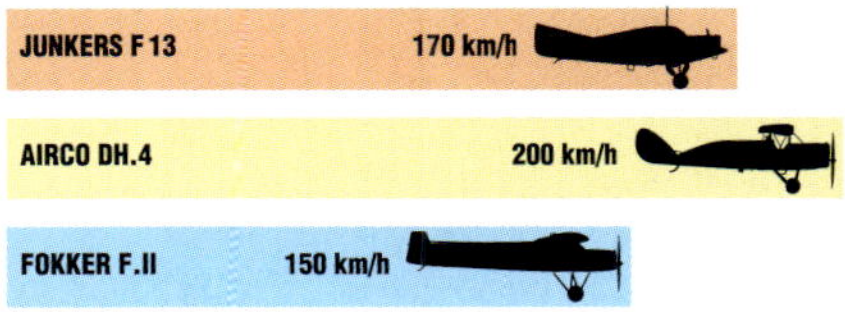

NUTZLAST

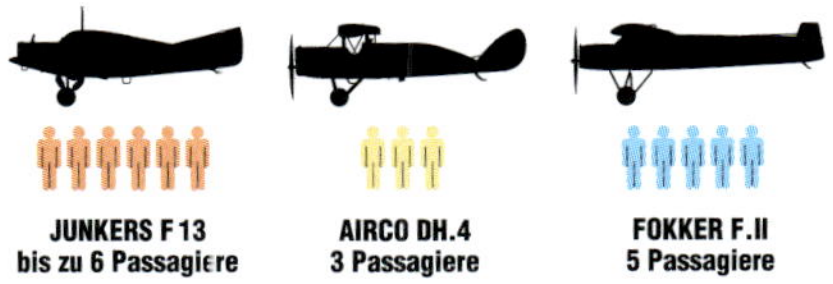

Ein Vorteil eines schon als Passagierflugzeug konstruierten Musters bestand darin, dass der Raum für die Nutzlast optimiert werden konnte. Die DH.4 war viel größer als die Junkers und die Fokker, konnte aber dennoch weniger zahlende Fluggäste befördern.

REICHWEITE

Die ersten Luftverkehrsstrecken verbanden die Hauptstädte Westeuropas untereinander, und die Reichweite der Junkers entsprach dieser Aufgabe. Mit dem Fokker-Hochdecker, den Reinhold Platz zur Durchführung von Nonstop-Flügen zwischen Berlin und Moskau entworfen hatte, konnte sie aber nicht mithalten.

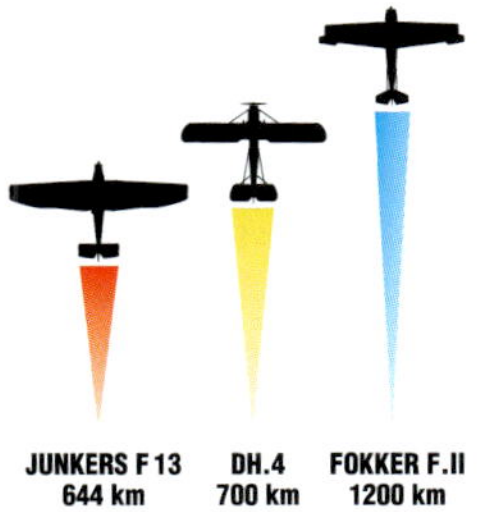

Die ersten kommerziellen Reiseflugzeuge

HÄRTETEST: Die ersten Linienflüge fanden mit umgerüsteten Bombern des Ersten Weltkriegs statt. Piloten und Flugreisende waren den Elementen schutzlos ausgesetzt.

WETTERSCHUTZ: Die Junkers F 13 bot ihren Passagieren erstmalig eine völlig geschlossene Kabine, so dass sie die Flugreise in gewöhnlicher Kleidung antreten konnten.

GESCHLOSSENES COCKPIT: Im Gegensatz zu vielen anderen Flugzeugen der Zeit waren die Junkers-Piloten geschützt in einem geschlossenen Führerraum untergebracht.

STILVOLLES REISEN: Mit einer Limousine war sie sicher nicht vergleichbar, aber die Kabine der F 13 bot den Passagieren einigen Komfort und eine vorzügliche Sicht.

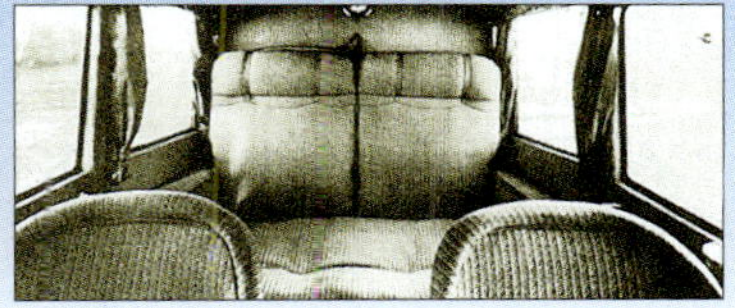

W 33/W 34

● Verkehrsflugzeug ● Weiterentwicklung der F 13 ● Kriegseinsatz

Zu den interessantesten deutschen Flugzeugen gehörte die praktische W 34. Dieses als Fracht-, Post- und Mehrzwecktransporter entworfene Produkt des weit vorausschauenden Luftfahrtpioniers Dr. Hugo Junkers hatte eine zwar kurze, aber glänzende Karriere. Die W 34, die 1926 entwickelt wurde und die typische Junkers-Linienführung zeigte, war als Nachfolgerin der F 13 von 1919 gedacht und diente der Luftwaffe sogar noch bis 1945.

▲ *Ihre Zuverlässigkeit bewies die W 33, als die D-1167 Bremen der Lufthansa am 12./13. April 1928 als erstes einmotoriges Flugzeug den Atlantik von Osten nach Westen überquerte.*

JUNKERS W 33/W 34

◀ Rekordflugzeug
W 33 und W 34 errangen zahlreiche Weltrekorde, darunter im Juli 1928 einen Dauerflugrekord von 65 Stunden und 25 Minuten. Es war daher nicht verwunderlich, dass außer Lufthansa (15 W 33 und mindestens acht W 34) auch ausländische Gesellschaften die Maschinen einführten.

Export nach Finnland ▶
Der dreisitzige Aufklärungsbomber K 43 wurde in Schweden in unbekannter Zahl gebaut und unter anderem nach Finnland exportiert. Diese Maschine trägt finnische Hoheitsabzeichen.

▼ Kanadisches Feuerlöschflugzeug
Diese W 34f wurde auf einen P&W Wasp ummotorisiert und flog noch Anfang der sechziger Jahre.

▲ Im Dienst der Luftwaffe
Bis 1945 dienten beide Typen der Luftwaffe als Schul- und Verbindungsflugzeuge.

Schwedisches Exemplar ▶
Diese Maschine, die noch ohne Kennzeichen die Fabrik verlassen hat, lässt sich am Abwehrwaffenstand auf dem Rücken und an den Kabinenfenstern als K 43 identifizieren.

FAKTEN UND ZAHLEN

- Eine dreisitzige Bomber-/Aufklärerversion wurde in Schweden gebaut und auch nach Chile sowie Finnland exportiert.
- Zur Entwicklung der W 33 übernahm Junkers wesentliche Bauelemente der F 13.
- Insgesamt wurden in Deutschland und Schweden fast 1800 W 34 gebaut.
- In Nordamerika war die Junkers W 33 „Bremen“ im Henry-Ford-Museum in Dearborn, Michigan, ausgestellt.
- W 34 dienten oft als VIP-Transporter für hochgestellte Persönlichkeiten.
- Junkers nannte den auf eigene Kosten entwickelten W 33-Prototyp „Schildkröte“.

Mehrzweckflugzeug zu Land und Wasser

Die Junkers W 34 (sowie die parallel entstandene W 33) wirkt auf den ersten Blick wie ein ganz normales Flugzeug, doch dieser erstklassige Eindecker beeinflusste die gesamte Verkehrsflugzeugentwicklung der dreißiger Jahre. Während ältere Mehrzwecktransporter, die in ihrer Konzeption bis auf die Anfänge der Luftfahrt zurückreichten, hoffnungslos antiquiert waren, wies Junkers mit diesem Entwurf den Weg in die Zukunft: robust, als freitragender Tiefdecker ausgelegt und (mit Ausnahme der Höhenleitwerksstreben) aerodynamisch sauber. Diese wellblechbeplankten Flugzeuge hatten vielleicht keine optimale Stromlinienform, waren aber stabil und geräumig.

Die erste W 33 („W“ stand angeblich für „Wettbewerbsflugzeug“) wurde von einem Reihenmotor Junkers L 5 angetrieben, während die verbesserte Weiterentwicklung W 34 einen Sternmotor besaß und auf Wunsch mit Radfahrwerk oder Schwimmern erhältlich war.

Insgesamt wurden 199 W 33 gebaut und W 34 bis Kriegsende in großer Zahl von der Luftwaffe beschafft. Im Militäreinsatz gaben diese Flugzeuge neben ihrer Rolle als Transporter auch ausgezeichnete Navigationstrainer ab. Die Piloten liebten beide Modelle und nutzten jede Gelegenheit zu einem Flug.

Oben: NX7465 „Queen of the Air“, eine W 33, flog in den dreißiger Jahren in den USA.

Unten: Viele W 33 und W 34 wurden mit offenem Cockpit gebaut, wie dieses Exemplar des letzteren Typs.

TECHNISCHE DATEN
W 34h

- **Typ:** Mehrzwecktransport- und Verbindungsflugzeug
- **Triebwerk:** ein Sternmotor BMW 132 mit 492 kW
- **Höchstgeschwindigkeit:** 265 km/h
- **Reichweite:** 900 km
- **Gipfelhöhe:** 6300 m
- **Gewicht:** leer 1700 kg; max. Startmasse 3200 kg
- **Kapazität:** Pilot und Pilot/Navigator im geschlossenen Cockpit sowie bis zu 740 kg Fracht oder bis zu sechs Passagiere
- **Abmessungen:**

Spannweite:	17,75 m
Länge:	10,27 m
Höhe:	3,53 m
Tragflügelfläche:	43,00 m²

W.34F

Viele W 33 und W 34, wie diese in Kanada registrierte W 34, wurden exportiert. CF-AQB flog bei Pacific Western Airlines. Schwimmerversionen erhielten größere Seitenruder und -flossen, um die Stabilität aufrechtzuerhalten.

W33 und W34 unterschieden sich vor allem durch den Antrieb. Erstere hatte einen flüssigkeitsgekühlten Junkers-Reihenmotor L 5, letztere verschiedene luftgekühlte Sternmotoren.

W 33 und W 34 waren freitragende Tiefdecker mit Wellblechbeplankung, die zum Junkers-Markenzeichen wurde. Früheste Exemplare hatten ein offenes Cockpit.

Das Grundmuster W 34a hatte einen Sternmotor Gnome-Rhône Jupiter VI mit 313 kW. Spätere Exemplare flogen mit unterschiedlichen Motortypen von BMW, Armstrong Siddeley und Bristol. Kanadier verwendeten gelegentlich Pratt & Whitney Wasp.

Diese Flugzeuge waren primär als Frachter konzipiert, ließen sich aber auch mit bis zu sechs Passagiersitzen ausstatten. In diesem Fall wurden im Rumpf häufig Kabinenfenster eingebaut.

Auf den weltweiten Einsatz bei Fluglinien folgten andere Aufgaben wie etwa im Luftbildwesen und in der Landwirtschaft. Mit Schwimmern war die W 34 besonders dort beliebt, wo unwegsames Gelände andere Transportmittel, auch Flugzeuge mit Radfahrwerk, unmöglich machte. In Kanada dienten Muster wie dieses zur Brandbekämpfung.

EINSATZDATEN

GESCHWINDIGKEIT

Die Fokker F.VIIa hatte zwar den gleichen Jupiter-Motor wie einige W 34-Versionen, aber das Mehrgewicht reduzierte die Spitzengeschwindigkeit beträchtlich. Die Lockheed Vega wurde durch ihre Geschwindigkeit von fast 300 km/h berühmt.

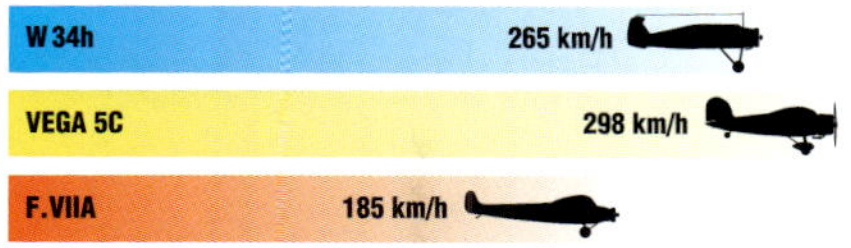

GIPFELHÖHE

Die Flugleistungen der Fokker wurden ganz erheblich durch den eingebauten Motor eingeschränkt und dies änderte sich erst, als die größeren, dreimotorigen Varianten erschienen. Von allen drei Typen konnte die W34 am höchsten steigen, doch die Vega lag nur rund 500 m unter ihr.

REICHWEITE

Vega und F.VIIa hatten eine höhere Kraftstoffkapazität und eine um 30 Prozent größere Reichweite als die W 34h, die allerdings Ende der zwanziger Jahre zahlreiche Weltrekorde aufgestellt hatte. Alle drei Typen konnten jedoch Entfernungen von rund 1000 km zurücklegen.

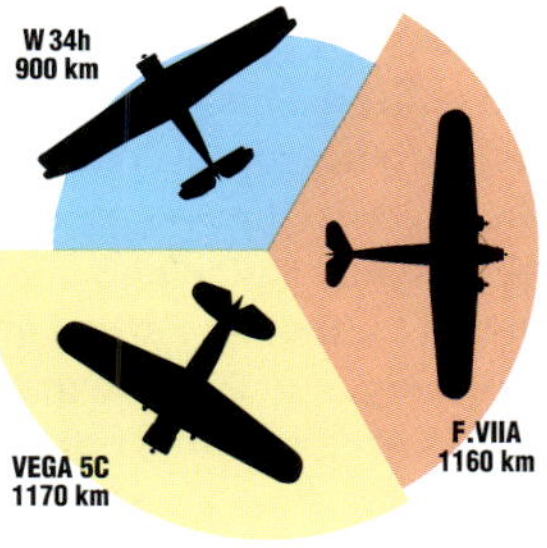

Junkers-Verkehrsflugzeuge zwischen den Weltkriegen

G 31: Dieser 1926 geflogene dreimotorige Typ war eine größere Weiterentwicklung der G 24, die wiederum auf der F 13 basierte.

G 38: Nur zwei Exemplare dieses viermotorigen Airliners mit 44 Meter Spannweite wurden gebaut. Jedes konnte 34 Passagiere befördern.

Ju 60: Das einmotorige Hochleistungspassagierflugzeug Ju 60 sollte mit der Lockheed Orion konkurrieren. Zwei Exemplare entstanden.

Ju 86: Dieses erste zweimotorige Passagier- und Frachtflugzeug mit Dieselmotoren diente sowohl Fluglinien wie auch der Luftwaffe.

JUNKERS

G 38

● Luxus-Airliner mit 34 Plätzen ● Größtes Landflugzeug seiner Zeit

Die in Dessau gebaute Junkers G 38 war ein riesiges, viermotoriges Eindecker-Verkehrsflugzeug mit starrem Fahrwerk und einem Doppeldeckerleitwerk sowie mit Fenstern in den Tragflächen. Innen gab es Polstersessel, eine eigene Hutablage und zwei Toiletten. In den Lufthansa-Farben stellte dieses Flugzeug, das seinen Passagieren ein hohes Maß an Luxus bot, den Inbegriff von Qualität im Flugservice der 30er Jahre dar.

▲ Trotz ihrer Größe erwies sich die G 38 als ein durchaus praktisches Flugzeug. Es war nicht schnell, dafür verliehen die massiven Tragflächen der riesigen Maschine sehr gute Start- und Landeeigenschaften.

JUNKERS G 38

▲ David und Goliath
Ein Leichtflugzeug wie die Junkers A 50 hätte fast auf der 44-m-Tragfläche der G 38, des damals größten Flugzeugs, landen können.

▲ Motorenwechsel
Das Wechseln der Motoren mit Kränen und Winden war eine schweißtreibende Angelegenheit.

◀ Tragflächensitze
Innerhalb der dicken Flügel konnte man im Flug zu den Motoren gelangen. Es befanden sich sogar zwei Passagierkabinen darin.

▼ Klappen runter
Starke Klappen erlaubten der G 38 kurze Startstrecken und geringe Abkippgeschwindigkeiten.

◀ ▲ Stolz der Lufthansa ▶
Die G 38 war ein Beweis der großen Junkers-Leistungsfähigkeit. Man riss sich um die Plätze auf ihren Strecken nach Rom, London, Stockholm und zahlreichen deutschen Städten.

FAKTEN UND ZAHLEN

- Der Erstflug der Junkers G 38 fand am 6. November 1929 statt.
- Lufthansa wechselte nach Erhalt der Maschinen die Motoren noch zweimal aus.
- Die einzige verbliebene G 38 flog 1939 im Dienst der Luftwaffe Frachtverkehr in Norwegen und auf dem Balkan.
- Sie wurde am 17. Mai 1940 in Athen bei einem Angriff der RAF zerstört.
- Die erste G 38 – 1936 abgestürzt – war wie die zweite nachgerüstet worden.
- Die japanische Kopie der G 38, die Ki-20, fiel mit einer Ju52 einem Luftangriff der Amerikaner im Pazifikkrieg zum Opfer.

Luxuriöser Gigant von Junkers

Das Fahrwerk der G 38 war eine geniale Konstruktion. Es bestand aus je zwei Rädern in Tandemanordnung mit Bremskompressoren, die von Dieselmotoren in den Tragflächen betrieben wurden.

Am meisten fielen an diesem Mammut des Luftverkehrs die großen Fenster an der Vorderkante der Flügel ins Auge, hinter denen sich im direkten Anschluss an den Rumpf je eine weitere Passagierkabine mit drei Plätzen befand. Die anderen Passagiere der Junkers G 38 saßen in dem junkers-üblichen Ganzmetall-Wellblechrumpf und freuten sich über den Luxus – bis hin zu einem eigenen Rauchsalon. Als die „Deutschland“ – die erste von nur zwei gebauten G 38 – der Lufthansa vorgeführt wurde, erkannte man sofort, dass hiermit eine höchst attraktive Langstreckenmaschine zur Verfügung stand.

Dennoch war die Karriere der G 38 nur von kurzer Dauer. Die erste Maschine stürzte 1936 ab. Nach Kriegsbeginn im Jahr 1939 übernahm die Luftwaffe die zweite Maschine, die nach dem letzten Reichspräsidenten „Hindenburg“ genannt wurde, und ließ sie am Fallschirmjägerangriff auf Norwegen teilnehmen.

Japan baute bis 1936 unter großer Geheimhaltung sechs Mitsubishi Ki-20 – Bomberversionen der G 38 – unter der Bezeichnung „Typ 92 Superschwerer Bomber“, die mit neun Bordkanonen und fünf Tonnen Bombenkapazität eine erstaunlich hohe Waffenzuladung tragen konnten.

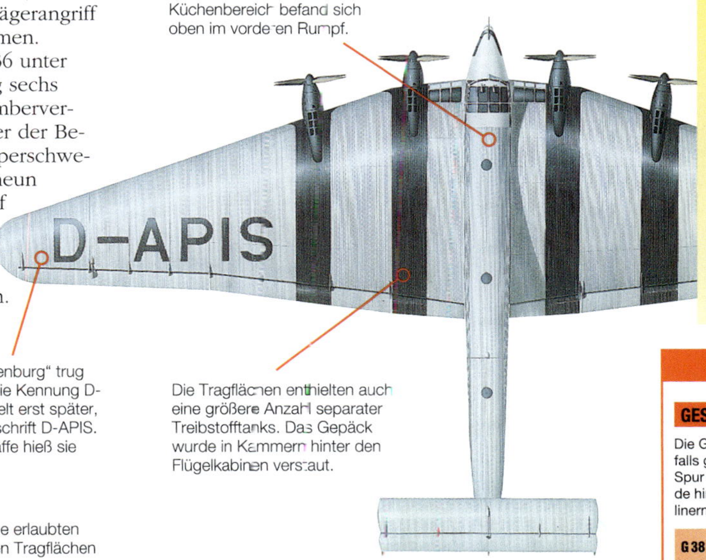

Ein kleiner Büffet- und Küchenbereich befand sich oben im vorderen Rumpf.

Die „von Hindenburg“ trug ursprünglich die Kennung D-2500 und erhielt erst später, 1934, die Aufschrift D-APIS. Bei der Luftwaffe hieß sie dann GF-GG.

Die Tragflächen enthielten auch eine größere Anzahl separater Treibstofftanks. Das Gepäck wurde in Kammern hinter den Flügelkabinen verstaut.

TECHNISCHE DATEN G 38

- **Typ:** Langstrecken-Passagierflugzeug
- **Triebwerke:** vier Zwölf-Zylinder-Diesel-Boxermotoren Junkers Jumo 204 von je 559 kW (760 PS)
- **Höchstgeschwindigkeit:** 210 km/h
- **Gipfelhöhe:** 5800 m
- **Reichweite:** ca. 2000 km
- **Gewicht:** leer ca. 14 900 kg; beladen 25 488 kg
- **Nutzlast:** sieben oder acht Mann Besatzung; 32 oder 34 Passagiere (26 in der Hauptkabine, drei in jeder der beiden Flügelkabinen, gelegentlich zwei in der Bugnase)
- **Abmessungen:** Spannweite: 44 m; Länge: 23,20 m; Höhe: 7 m; Tragflügelfläche: 294 m²

G 38

D-APIS war die zweite G 38. Sie ging im Juli 1932 bei der Lufthansa in Dienst und wurde 1939 von der KGrzbV 172 der deutschen Luftwaffe übernommen.

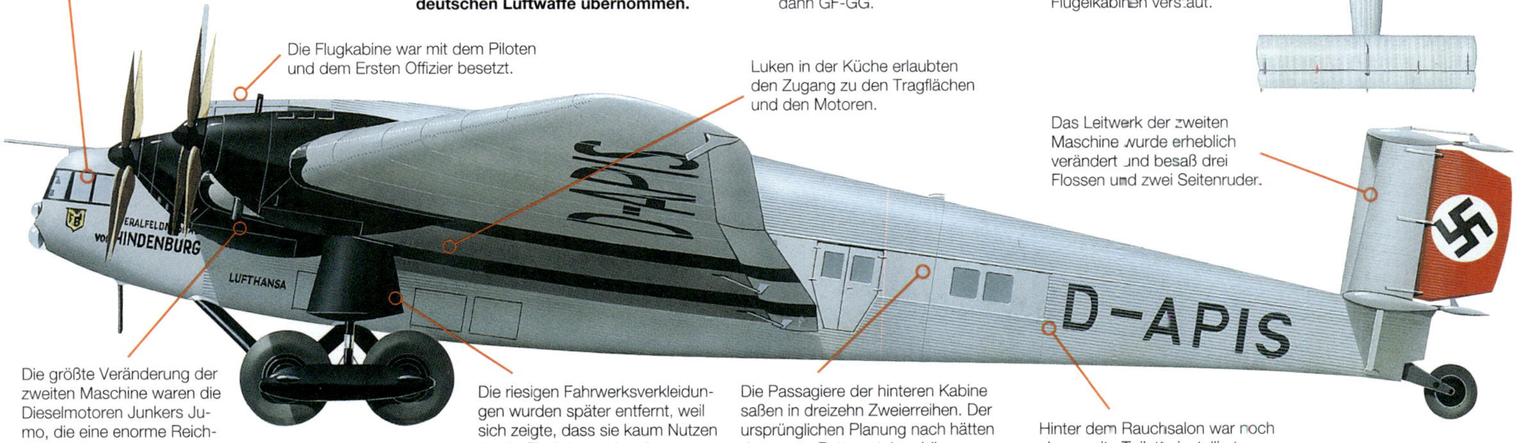

In der Bugnase befanden sich der Navigator, der Funker und ein oder zwei Flugingenieure. Später gab man dort auch jeweils zwei oder drei Passagieren Plätze, die damit eine großartige Sicht hatten.

Die Flugkabine war mit dem Piloten und dem Ersten Offizier besetzt.

Luken in der Küche erlaubten den Zugang zu den Tragflächen und den Motoren.

Das Leitwerk der zweiten Maschine wurde erheblich verändert und besaß drei Flossen und zwei Seitenruder.

Die größte Veränderung der zweiten Maschine waren die Dieselmotoren Junkers Jumo, die eine enorme Reichweitenerhöhung einbrachten.

Die riesigen Fahrwerksverkleidungen wurden später entfernt, weil sich zeigte, dass sie kaum Nutzen für die Flugleistung brachten.

Die Passagiere der hinteren Kabine saßen in dreizehn Zweierreihen. Der ursprünglichen Planung nach hätten dort sogar Betten stehen können.

Hinter dem Rauchsalon war noch eine zweite Toilette installiert.

EINSATZDATEN

GESCHWINDIGKEIT

Die G 38 war keine sehr schnelle Maschine. Sie erreichte bestenfalls gemächliche 210 km/h. Trotzdem flog sie damit noch eine Spur schneller als die britische H.P.42 der gleichen Zeit. Doch beide hinkten fünf Jahre später der dann neuen Generation von Airlinern wie der klassischen Douglas DC-3 weit hinterher.

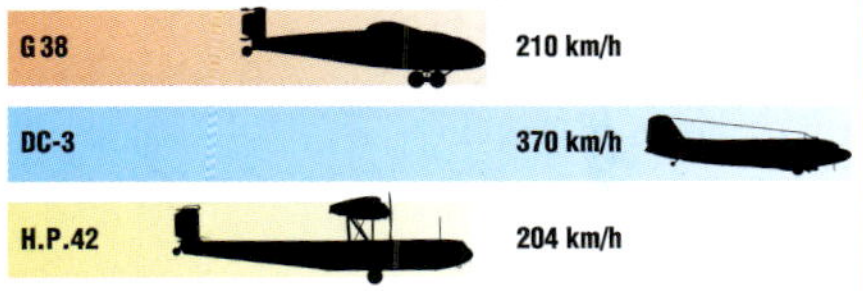

REICHWEITE

Die Dieselmotoren der G 38 entwickelten für die damalige Zeit gute Leistungen. Sie verliehen dem Flugzeug, zusammen mit dessen großer Treibstoffkapazität, eine beachtliche Reichweite. Der enorme Luftwiderstand des Doppeldeckertragflächen von Handley Page erforderte dagegen häufige Zwischenlandungen zum Auftanken auf langen Strecken.

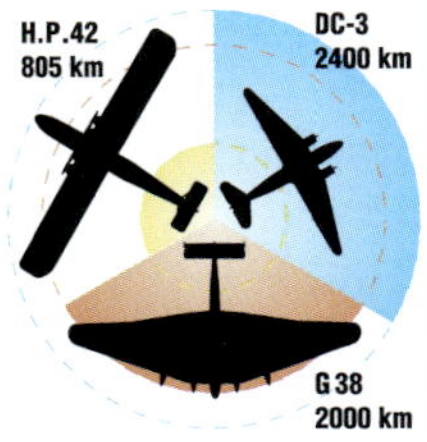

NUTZLAST

Obwohl sie das größte Landflugzeug der Welt war, konnte die G 38 nicht so viele Passagiere aufnehmen wie die britische H.P.42, jedenfalls auf deren Europastrecken. Als besonders luxuriös ausgestattete Variante besaß die Handley Page aber auch nur noch 20 Passagierplätze. Die DC-3 wiederum transportierte etwas weniger Passagiere, aber schneller und über größere Strecken.

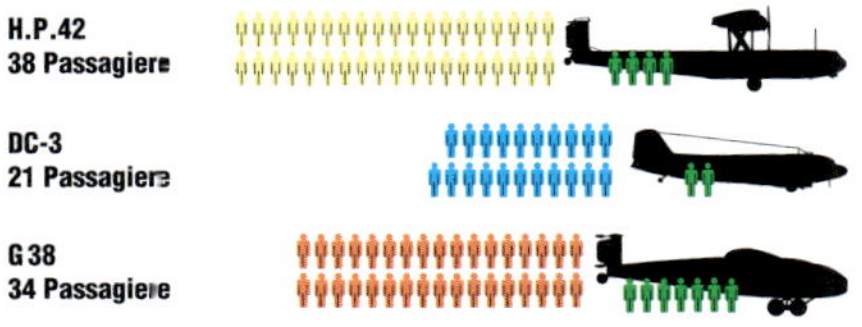

Der Aufstieg der Lufthansa

ZUSAMMENSCHLUSS: Die Lufthansa, gegründet 1926, war ein Zusammenschluss deutscher Fluggesellschaften, u. a. der Deruluft, Pionier der Flugstrecke von Berlin nach Moskau.

ÜBER DEN WOLKEN: Die zehnsitzige dreimotorige Rohrbach Roland konnte 5000 m hoch fliegen und wurde 1927 für Flugversuche über die Alpen verwendet.

ATLANTIKPIONIER: Die Lufthansa bahnte dem Flugverkehr von Europa nach Südamerika den Weg. Auf dieser Südatlantikroute flogen die Langstrecken-Flugboote von Dornier.

JUNKERS ARBEITSPFERD: Seit 1932 war die Ju 52 („gute alte Tante Ju“) das zuverlässige und erfolgreiche „Arbeitspferd“ der Lufthansa auf den Europa- und Asienrouten.

CONDOR: Die Focke-Wulf Fw 200 Condor ging 1938 in Dienst und war das höchstentwickelte europäische Verkehrsflugzeug vor dem Zweiten Weltkrieg.

Ju 52

● **Dreimotoriger Transporter** ● **60 Jahre im Dienst** ● **Weltweit im Einsatz**

Die wellblechverkleidete Junkers Ju 52 war nicht gerade ein schönes Flugzeug. Ursprünglich hatte man sie als Verkehrsflugzeug konzipiert, aber „Tante Ju“ diente der deutschen Luftwaffe auch als Transporter, Bomber, Trainer und Minensucher. Als eine Ju 52 von der Lufthansa restauriert wurde, fühlten sich Piloten, die diesen Typ vor langer Zeit geflogen hatten, bei ihrem Anblick gerührt.

▲ *Ein Luftwaffenpilot betankt seine Ju 52 im Norwegenfeldzug 1940. Den ganzen Krieg hindurch transportierte dieses zuverlässige, dreimotorige Flugzeug deutsche Truppen.*

JUNKERS Ju 52

▲ **Aushilfsbomber**
Vor dem Zweiten Weltkrieg wurde die Ju 52 in die Rolle eines Bombers gezwungen. Ein auffälliges Merkmal war der „Mülleimer“ für den Schützen unter dem Rumpf.

▲ **Französische Junkers**
Die Ju 52 wurde in Frankreich als AAC.1 Toucan nachgebaut und in den 50er Jahren in Indochina als Bomber eingesetzt.

▼ **Supertransporter**
Von allen Flugzeugen, die Junkers konstruierte, war die Ju 52 das zäheste.

Kriegsveteran ▲
Ju 52 fliegen noch heute – ein Beweis ihrer herausragenden Konstruktion. Den schweizerischen Luftstreitkräften dienten lange Zeit drei Exemplare als Transporter, die später allerdings nur noch als „Filmstars“ flogen.

Linienflugzeug ▶
Vor dem Zweiten Weltkrieg erwies sich die Ju 52 als eines der erfolgreichsten Verkehrsflugzeuge. Sogar bei British Airways war sie im Einsatz.

FAKTEN UND ZAHLEN

- Die Ju 52/3m (MS) trug einen magnetisierten Metallreifen, um Seeminen zur Detonation zu bringen.
- Nach dem Krieg wurden Ju 52 in Frankreich, Ungarn und Spanien produziert.
- Von den Soldaten wurde sie liebevoll „Tante Ju“ genannt.
- Trotz einer gewissen Ähnlichkeit war die Ju 52 um ein Drittel größer als der Tri-Motor von Ford.
- Die Ju 52 wurde aus einer erfolgreichen einmotorigen Maschine entwickelt.
- Die Lufthansa hat eine Original-Ju 52 aus den 30er Jahren restauriert.

„Tante Ju“ fliegt noch immer

Die Junkers Ju 52 war eines der wichtigsten Flugzeuge in der europäischen Luftfahrtgeschichte und bildete vor allem in den 30er Jahren das Rückgrat der Lufthansa, eingesetzt von Norwegen bis Südamerika. Damals bot sie ihren Passagieren eine bis dahin nicht gekannte Atmosphäre und Bequemlichkeit.

Der Weltkrieg veränderte die Ju 52: Die dreimotorige Maschine, die bei Beginn der Kampfhandlungen als Bomber gedient hatte, bewährte sich nun in der Rolle eines Militärtransporters. So nutzte man die Junkers unmittelbar nach Kriegsbeginn, als Deutschland noch militärische Erfolge erzielte, zum Absetzen von Luftlandetruppen, die von Oslo bis Kreta Blitzangriffe durchführten.

Heutzutage sind die wenigen noch flugklaren Exemplare der Ju 52 wertvolle Schätze. Sie vermitteln uns das Gefühl der „guten alten Zeit“, als diese Flugzeuge noch Pionierleistungen der Luftfahrt vollbrachten.

Die Ju 52 konnte mit Schwimmern oder Skiern betrieben werden. Diese schwedische Maschine war im Liniendienst entlang der skandinavischen Küste im Einsatz.

Um die Kühlung zu verbessern, hatte man die Motoren mit Hauben nahe der Profilsehne ausgestattet. Bei der Ju-Air sind diese Hauben königsblau gestrichen.

TECHNISCHE DATEN
Junkers Ju 52

- **Typ:** Verkehrsflugzeug, mittlerer Bomber und Truppentransporter
- **Triebwerke:** drei bei BMW gebaute Pratt & Whitney Hornet (BMW 132A-3) Sternmotoren mit je 541 kW
- **Reisegeschwindigkeit:** 250 km/h in 900 m
- **Gipfelhöhe:** 5900 m
- **Reichweite mit Zusatztanks:** 1300 km
- **Gewicht:** leer 5720 kg; beladen 9600 kg
- **Nutzlast:** 17 Passagiere
- **Bewaffnung:** zwei 7,92-mm-MG-15 und 500 kg Bomben
- **Abmessungen:**

Spannweite:	29,20 m
Länge:	18,90 m
Höhe:	5,55 m
Tragflügelfläche:	110,50 m²

Ju 52/3mg4e

Die HB-HOP war eine von drei 1939 an die schweizerischen Luftstreitkräfte gelieferten Ju 52. Als sie 1981 ausgemustert wurde, erwarb die Ju-Air, die das Luftfahrtmuseum in Dübendorf durch Charterflüge finanziell unterstützt, das Flugzeug.

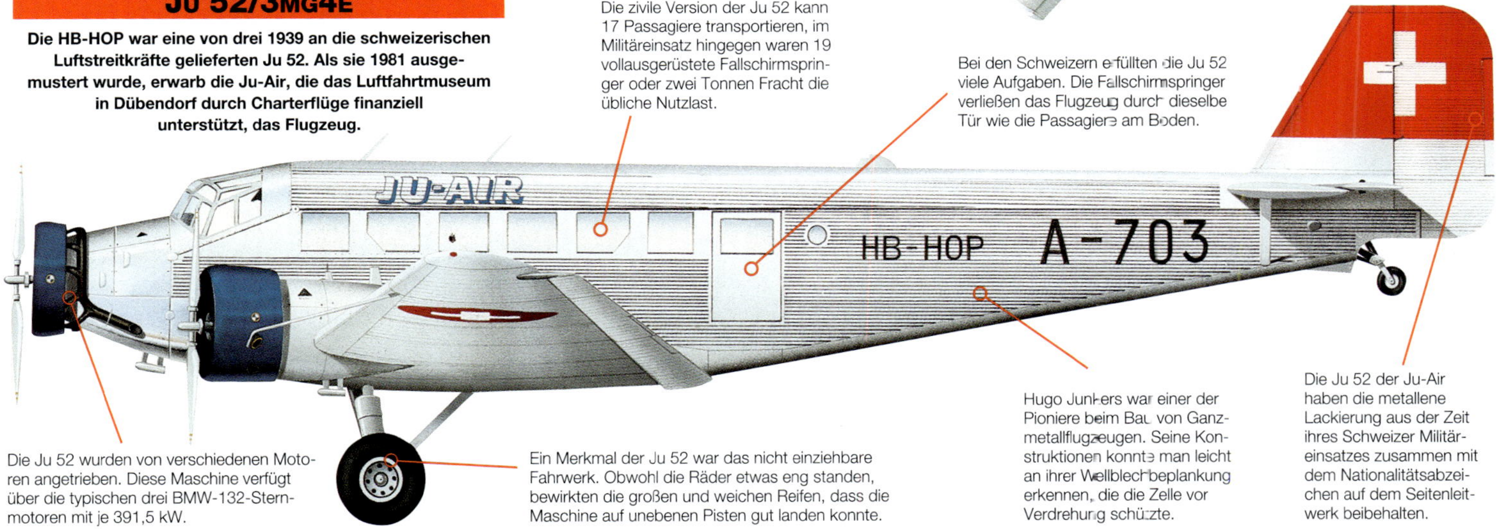

Die zivile Version der Ju 52 kann 17 Passagiere transportieren, im Militäreinsatz hingegen waren 19 vollausgerüstete Fallschirmspringer oder zwei Tonnen Fracht die übliche Nutzlast.

Bei den Schweizern erfüllten die Ju 52 viele Aufgaben. Die Fallschirmspringer verließen das Flugzeug durch dieselbe Tür wie die Passagiere am Boden.

Die Ju 52 wurden von verschiedenen Motoren angetrieben. Diese Maschine verfügt über die typischen drei BMW-132-Sternmotoren mit je 391,5 kW.

Ein Merkmal der Ju 52 war das nicht einziehbare Fahrwerk. Obwohl die Räder etwas eng standen, bewirkten die großen und weichen Reifen, dass die Maschine auf unebenen Pisten gut landen konnte.

Hugo Junkers war einer der Pioniere beim Bau von Ganzmetallflugzeugen. Seine Konstruktionen konnte man leicht an ihrer Wellblechbeplankung erkennen, die die Zelle vor Verdrehung schützte.

Die Ju 52 der Ju-Air haben die metallene Lackierung aus der Zeit ihres Schweizer Militäreinsatzes zusammen mit dem Nationalitätsabzeichen auf dem Seitenleitwerk beibehalten.

EINSATZDATEN

GESCHWINDIGKEIT

Einen Monat vor der HP.42 flog die einmotorige Version der Ju 52. Obwohl kleiner als der britische Doppeldecker, war die Ju schon eine Generation weiter. Allerdings wurde sie ihrerseits recht bald von der DC-3 übertroffen.

REICHWEITE

Die 30er Jahre sahen eine sprunghafte Weiterentwicklung der Flugleistungen kommerzieller Flugzeuge. Die Ju 52 konnte die größeren Städte Europas bereits ohne Zwischenlandung verbinden.

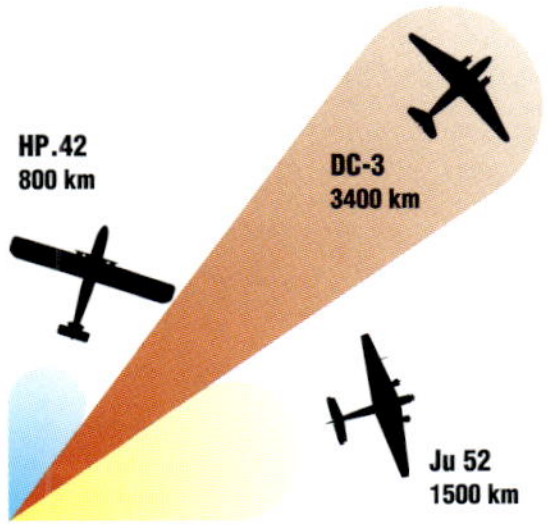

NUTZLAST

Nur wenige Leute konnten sich damals eine Flugreise leisten. Trotzdem stieg die Nachfrage in den 30er Jahren an, und Flugzeuge beförderten zwei- oder dreimal so viele Passagiere als noch fünf Jahre zuvor.

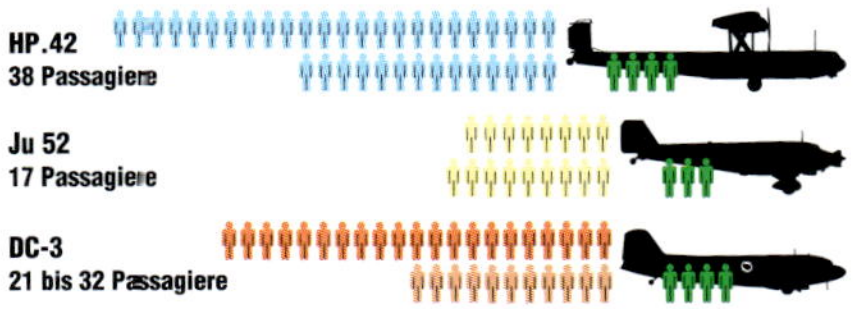

Vielseitige „Tante Ju“

FLIEGENDE AMBULANZ: Eine wichtige Aufgabe der Ju 52 war der Abtransport verwundeter Soldaten vom Schlachtfeld.

MITTELMEERTRANSPORTER: Die Ju 52 nahm am Angriff auf Kreta teil, bei dem insgesamt 174 Maschinen verlorengingen.

SPANISCHER BOMBER: Während des spanischen Bürgerkriegs flog die Ju 52 viele Bomber- und Transportereinsätze.

VERKEHRSFLUGZEUG: Die Ju 52 wurde bekannt als 17-sitzige Passagiermaschine. Sie flog 1932 den ersten Berlin-London-Dienst.

NORWEGENFELDZUG: Fast 600 Ju 52 nahmen an der Invasion teil und bewährten sich auf den schneebedeckten Pisten.

LEARJET

● Der erste große Business-Jet ● Bill Lears Klassiker

Der Learjet, dessen Entwurf auf einem einsitzigen Schweizer Düsenjäger basiert, wird treffend das „Sport-Coupé“ der Luft genannt, da er seinen Reisenden hohe Geschwindigkeiten und eine luxuriöse Ausstattung bietet. Der in vollendeter Stromlinienform konstruierte Learjet wird heute in vielen Ländern geflogen, dient dort jedoch nicht nur als Geschäftsreiseflugzeug, sondern findet auch auf militärischem Gebiet und in der wissenschaftlichen Forschung vielseitige Aufgaben.

▲ *Der Millionär William P. Lear nahm einen einsitzigen Düsenjäger als Vorlage für seinen Learjet. Inzwischen hat das erste Modell eine ganze Familie von „Biz-Jets“ mit Strahlantrieb hervorgebracht.*

LEARJET LEARJET

▲ Die Learjet-Familie
Im Lauf der Jahre hat die Learjet-Familie Zuwachs erhalten, und die Muster sind größer geworden. Der Längenunterschied zwischen Learjet 24 (oben) und Learjet 35 (unten) ist markant.

▲ Auge am Himmel
Seine enorme Einsatzhöhe und Reichweite machen den Learjet zu einem idealen Luftbildmessflugzeug. Dieser Learjet führt einen Spezialkamerasatz mit.

◀ Klein, aber fein
Die kleinen Learjet sind durch ihre luxuriöse Innenausstattung gekennzeichnet, die den Komfort eines gewöhnlichen Passagierflugzeugs bei weitem übertrifft.

▼ Spezialeinsätze
Die japanische Luftwaffe betreibt vier Learjet 36A in einer Sonderausführung mit der Dienstbezeichnung U-36A, die mit Radar- und elektronischen Störgeräten ausgestattet sind.

Learjet für weite Sprünge ▶
Die ersten Learjet waren zwar schnell, konnten aber nur kurze Strecken zurücklegen. Erst der Einbau neuer Triebwerke und eines fortschrittlichen Tragwerks ermöglichte Interkontinentalreisen.

FAKTEN UND ZAHLEN

- Der Hersteller des Learjet hat den Namen in 30 Jahren siebenmal gewechselt.
- Die US Air Force hat 80 Learjet als C-21A in Dienst gestellt.
- Golf-Profi Arnold Palmer umrundete 1976 im Rahmen einer Verkaufstour in einem Learjet den Erdball.
- Experten behaupten, dass der Learjet in mehr Kino- und Fernsehfilmen aufgetreten ist als jeder andere Flugzeugtyp.
- Der Learjet 23 von 1963 beförderte in seiner kleinen Kabine fünf Passagiere; der heutige Learjet 60 kann neun Personen in einer geräumigen Kabine aufnehmen.

Business-Jet der Superlative

Der Learjet ist in aller Welt unter dem Namen „Lear“ bekannt geworden.

Im Jahre 1959 warb William Lear eine Reihe von Konstrukteuren in dem Bemühen an, bestimmte Eigenschaften eines Schweizer Düsenjägers auf ein neues Geschäftsreiseflugzeug zu übertragen. Der aus diesen Plänen hervorgegangene Learjet ist für seine einfache und mühelose Handhabung bekannt. Er verfügt über messerscharfe Tragflächen sowie Zwillingstriebwerke, die in Gondeln beidseitig am Hinterrumpf befestigt sind. Einige neuere Modelle verwenden Winglets, die Wirbelschleppen an den Flächenenden verhindern und somit den Treibstoffverbrauch reduzieren. Außerdem verfügt der Learjet über eine globale Reichweite, die es ihm gestattet, Ozeane im Reiseflug in großer Höhe zu überbrücken.

In einigen Ländern dient dieses Strahlflugzeug auch im militärischen Sektor. Für die meisten Nutzer aber ist der heute zum Bombardier-Konzern gehördende Learjet ein Symbol für den zivilen Reiseflug, kombiniert mit hoher Geschwindigkeit, Komfort und Bequemlichkeit.

Alle modernen Learjet-Versionen weisen markante Winglets an den Flächenenden auf. Sie verbessern die Aerodynamik und erhöhen die Reichweite.

TECHNISCHE DATEN
Learjet 35/36

- **Typ:** Langstrecken-Geschäftsreiseflugzeug
- **Triebwerke:** zwei Turbofan-Triebwerke Garrett TFE731-2-2B, je 15,58 kN Schub
- **Höchstgeschwindigkeit:** 850 km/h in 12 495 m Höhe
- **Reisefluggeschwindigkeit:** 775 km/h
- **Dienstgipfelhöhe:** 13 715 m normal, die maximal zulässige Flughöhe liegt oberhalb 15 km
- **Reichweite:** 5015 km mit vier Passagieren und Treibstoffreserve
- **Gewicht:** leer 4152 kg; beladen 8500 kg
- **Nutzlast:** zwei Piloten, acht Passagiere und 480 kg Gepäck
- **Abmessungen:**

	Spannweite:	12,04 m
	Länge:	14,83 m
	Höhe:	3,73 m
	Tragflügelfläche:	23,53 m²

LEARJET LONGHORN

Das Modell 55 erschien als erster Learjet mit Winglets. Weil die nach oben geschwungenen Flächenfortsätze an die Hörner des Longhorn-Rindes erinnern, nannte man das Flugzeug „Longhorn“.

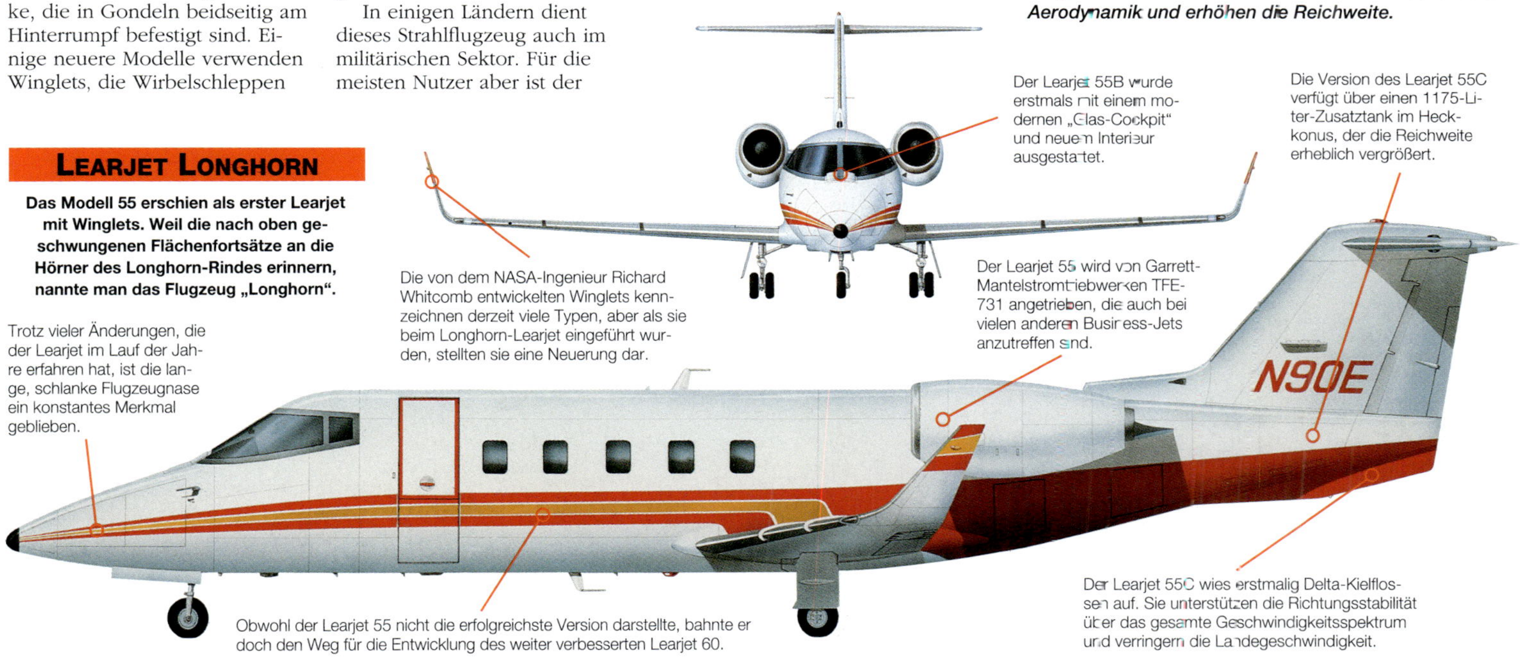

Trotz vieler Änderungen, die der Learjet im Lauf der Jahre erfahren hat, ist die lange, schlanke Flugzeugnase ein konstantes Merkmal geblieben.

Die von dem NASA-Ingenieur Richard Whitcomb entwickelten Winglets kennzeichnen derzeit viele Typen, aber als sie beim Longhorn-Learjet eingeführt wurden, stellten sie eine Neuerung dar.

Der Learjet 55B wurde erstmals mit einem modernen „Glas-Cockpit“ und neuem Interieur ausgestattet.

Die Version des Learjet 55C verfügt über einen 1175-Liter-Zusatztank im Heckkonus, der die Reichweite erheblich vergrößert.

Der Learjet 55 wird von Garrett-Mantelstromtriebwerken TFE-731 angetrieben, die auch bei vielen anderen Business-Jets anzutreffen sind.

Obwohl der Learjet 55 nicht die erfolgreichste Version darstellte, bahnte er doch den Weg für die Entwicklung des weiter verbesserten Learjet 60.

Der Learjet 55C wies erstmalig Delta-Kielflossen auf. Sie unterstützen die Richtungsstabilität über das gesamte Geschwindigkeitsspektrum und verringern die Landegeschwindigkeit.

EINSATZDATEN

KAPAZITÄT

Die ersten Learjet waren einfach konstruiert und konnten nur eine kleine Zahl von Passagieren befördern. Die nachfolgenden Jets wurden stärker auf den Marktsektor für Firmenflugzeuge ausgerichtet und sind dementsprechend geräumiger.

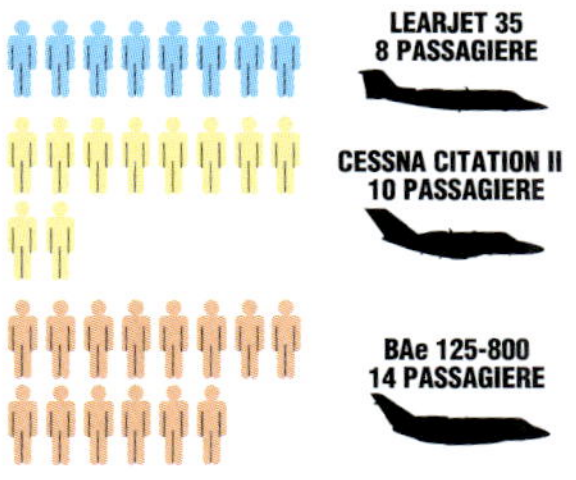

HÖCHSTGESCHWINDIGKEIT

Der Learjet befördert seine Passagiere in enormer Reisehöhe und ist eines der schnellsten nichtmilitärischen Flugzeuge.

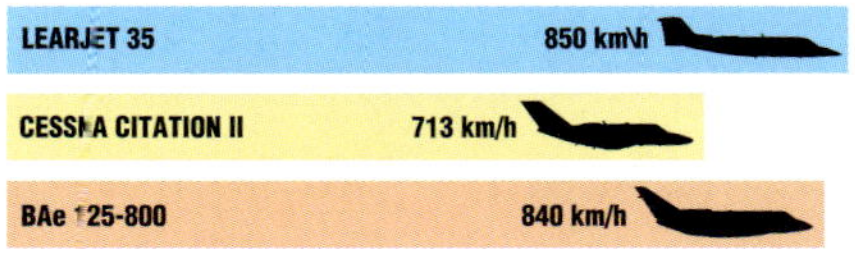

DIENSTGIPFELHÖHE

Der Learjet kann, mit Ausnahme der Concorde, höher fliegen als jedes andere Verkehrsflugzeug. Er weicht damit Wetterproblemen und dem dichten Verkehr auf den Luftstraßen aus. Aber Vorsicht: Die Spanne zwischen Höchst- und Mindestgeschwindigkeit kann in dieser Höhe auf 93 km/h schrumpfen und dabei einen Hochgeschwindigkeits-Strömungsabriss herbeiführen, aus dem sich die Maschine nur mit Mühe wieder ausleiten lässt.

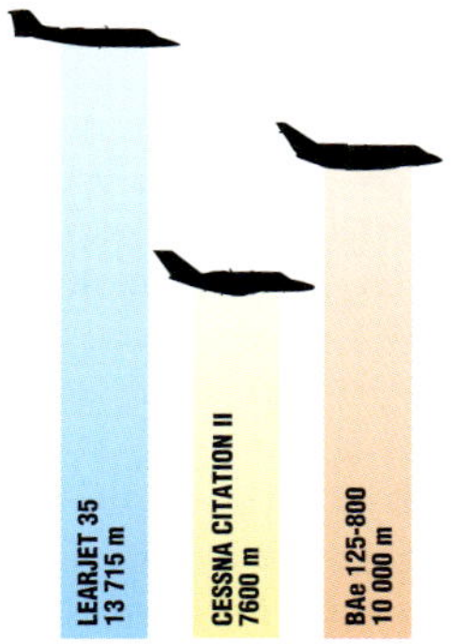

Eine 30jährige Erfolgsgeschichte

LEARJET 23: Als Bill Lear 1963 den ersten Learjet herausbrachte, wurde dieses schnelle Geschäftsreiseflugzeug bald „pocket rocket“ („Westentaschenrakete“) genannt.

LEARJET 35/36: Am besten verkauften sich die Learjet-Modelle 35 und 36. Letzteres hat zwar ein höheres Gewicht, aber die äußere Form ist bei beiden Versionen identisch.

LEARJET 55: Der Learjet 55 stellte eine Abkehr vom bisherigen Learjet-Entwurf dar. Die vertrauten Randbogen-Zusatztanks wurden durch widerstandsreduzierende Winglets ersetzt.

LEARJET 60: Der 1991 erstmals geflogene Learjet 60 ist das größte Mitglied der Lear-Familie. Er verfügt über treibstoffsparende Triebwerke und ein modernes „Glas-Cockpit“.

L-410 & L-610 TURBOLET

● Tschechisches Turboprop-Triebwerk ● Geeignet für unbefestigte Pisten

Die L-410, die im April 1969 in die Luft kam, gehörte zu den ersten allein von LET entwickelten Maschinen. Das Unternehmen war 1950 am Standort der alten Avia-Fabrik in Kunovice gegründet worden und baute zunächst Militärtrainer, Lufttaxis, Gleit- sowie Agrarflugzeuge und später Transporter. Von der L-410 fertigte LET mehr als 1000 Exemplare, die zum großen Teil in die Sowjetunion gingen. Im Dezember 1988 flog der erste Prototyp der 40-sitzigen L-610.

▲ *Anfang der neunziger Jahre verlor LET mit der Aeroflot einen der wichtigsten Kunden, und der Absatz der L-410 ging zurück. Dennoch ist der Typ weiter in großer Zahl im Einsatz.*

BILDERCHRONIK

LET L-410 & L-610 TURBOLET

▼ **Erste UVP**
1977 flog LET den ersten Prototyp der L-410UVP. Die Maschine hatte eine leicht gestreckte Kabine und eine größere Spannweite.

▲ **Mehrblatt-Technologie**
Ab 1984 wurde die L-410UVP-E mit Fünfblattpropellern von dem bekannten tschechischen Hersteller Avia gefertigt.

▼ **Stütze der Aeroflot**
L-410UVP-E bildeten das Rückgrat der Zubringerflotte der Aeroflot, und viele fliegen heute noch.

▲ **Erste 610**
Die L-610 ist zwar ähnlich ausgelegt wie die L-410, aber in vielem ein völlig neues Muster, das 40 Passagieren Platz bietet.

◀ **Im Auftrag der Wissenschaft**
Diese ungarische L-410UVP mit ziviler Kennzeichnung hat eine ungewöhnliche Ausstattung. Hinter dem Flugdeck befindet sich ein gewölbtes Beobachtungsfenster und am Rumpfheck sind blasenförmige Verkleidungen angebracht. Die Ausrüstung dient zur Durchführung geophysikalischer Aufgaben.

FAKTEN UND ZAHLEN

- 1991 lieferte LET die ersten von 600 bestellten L-610 an die Aeroflot aus, doch dann traten finanzielle Probleme auf.
- Die L-410 besitzt weder eine Druckkabine noch eine Klimaanlage.
- Nach Stornierung der Aeroflot-Bestellungen blieben 1992 noch 50 L-410 bei LET.
- Als Sanitätsflugzeug kann die L-410 sechs liegende und fünf sitzende Patienten sowie einen Sanitäter aufnehmen.
- Eine ungarische L-410 zur Luftbildvermessung hatte ein nichteinziehbares Bugrad.
- Die An-24 und die Yak-40 sollten durch die L-610 abgelöst werden.

Tschechisches Zubringerflugzeug

Vom Grundmodell L-410A fertigte LET 31 Exemplare mit Pratt-&-Whitney-Triebwerken PT6A und brachte dann die L-410M mit im Land gebauten Propellerturbinen Walter M-601 heraus. Die meisten der 110 fertiggestellten Flugzeuge gingen an die Aeroflot. Auch die tschechische Armee übernahm einige Maschinen.

Die L-410UVP erhielt das Triebwerk M-601B mit Wassereinspritzung. Über 500 Exemplare dieses Typs mit längeren Tragflügeln, überarbeiteten Steuerflächen und besseren Leistungen unter „hohen und heißen“ Bedingungen wurden gebaut. 1986 erschien die UVP-E, die eine größere, 19-sitzige Kabine und Fünfblattpropeller einführte.

Der Hauptkunde der L-410, die Aeroflot, wünschte sich 1977 eine Maschine mit mehr Sitzplätzen. Da das spezifizierte Triebwerk Motorlet M-602 noch nicht zur Verfügung stand, schlug die sowjetische Fluggesellschaft zunächst ein viermotoriges Modell mit dem bewährten M-601 vor.

Im Dezember 1988 flog dann aber erstmals der Prototyp L-610 mit zwei M-602. LET entschied sich dazu, eine Version mit dem Triebwerk General Electric CT7 für den westlichen Markt anzubieten. Die erste Maschine flog im Dezember 1992. Danach verzögerte sich das Programm.

Oben: Die Aeroflot war der bei weitem größte Nutzer der L-410, doch auch andere setzten das tschechische Zubringerflugzeug ein.

Unten: Bei einem Triebwerksausfall klappt vor dem Querruder auf der Seite des noch laufenden Triebwerks eine Querneigungssteuerfläche zur Auftriebsminderung auf.

TECHNISCHE DATEN
L-410UVP-E

- **Typ:** zweimotoriges Regionalverkehrsflugzeug
- **Triebwerke:** zwei Propellerturbinen Motorlet Walter M-601E mit je 559 kW
- **Reisegeschwindigkeit:** 380 km/h in 4200 m
- **Anfangssteigrate:** 444 m/min
- **Reichweite:** 1380 km mit maximaler Betankung in 4200 m Höhe
- **Gipfelhöhe:** 7050 m
- **Gewicht:** leer 3985 kg; max. 6400 kg
- **Kapazität:** 19 Passagiere
- **Abmessungen:**

Spannweite:	19,98 m
Länge:	14,42 m
Höhe:	5,83 m
Tragflügelfläche:	35,18 m²

L-410UVP-E TURBOLET

Aeroflot setzt ihre L-410UVP-E neben An-28 „Cash“ im Zubringerdienst ein. Wegen des extremen russischen Klimas forderte die Fluggesellschaft eine Einsatztemperatur von -50 °C bis +50 °C.

Die L-410UVP-E kann 19 Passagiere befördern. Die Kabine wird durch Abluft aus dem Triebwerk beheizt und hat eine Garderobe sowie eine Toilette. Eine Heizung und Stauraum für Winterkleidung sind in Russland wichtig.

Die ersten L-410-Modelle hatten Pratt-&-Whitney-Triebwerke, aber spätere Versionen wie die L-410UVP-E erhielten tschechische Propellerturbinen Motorlet Walter M-601E und Avia-Luftschrauben.

Die L-410 ist bis auf die Höhen- und Seitenruder eine Ganzmetallkonstruktion. Diese sind – was für ein modernes Flugzeug ungewöhnlich ist – zwar aus Metall gebaut, aber mit Stoff bespannt.

Jeder Flügelspitzentank fasst 200 Liter Treibstoff. Diese Tanks werden zwar wahlweise angeboten, man sieht aber keine L-410 ohne sie. Die Navigationslichter befinden sich auf den Tanks, und am rechten Behälter ist zuweilen ein starker Landescheinwerfer installiert.

Alternative Rollen der L-410UVP-E sind Luftbildvermessung, Sanitätseinsätze, Brandbekämpfung und das Absetzen von Fallschirmspringern, von denen sie bis zu 18 Mann plus Sprungleiter Platz bietet. Bei der Passagierbeförderung befindet sich ein Gepäckabteil im Rumpfheck.

EINSATZDATEN

REISEFLUGGESCHWINDIGKEIT

Unter den drei Typen hat die L-410UVP-E die höchste Reisefluggeschwindigkeit, ein wichtiger Faktor für einen Zubringer, der Passagiere von kleinen Flugplätzen zu großen Zentralflughäfen bringt.

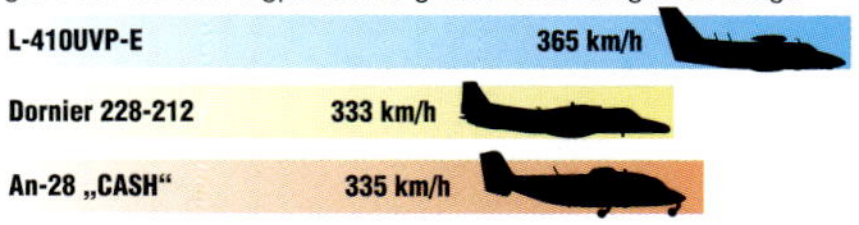

STARTSTRECKE

Die L-410 war für unbefestigte Pisten geplant, verfügt aber im Vergleich zur An-28 nur über mäßige STOL-Leistungen. Hier ist die Startstrecke bis zur Flughöhe 10,7 m angegeben.

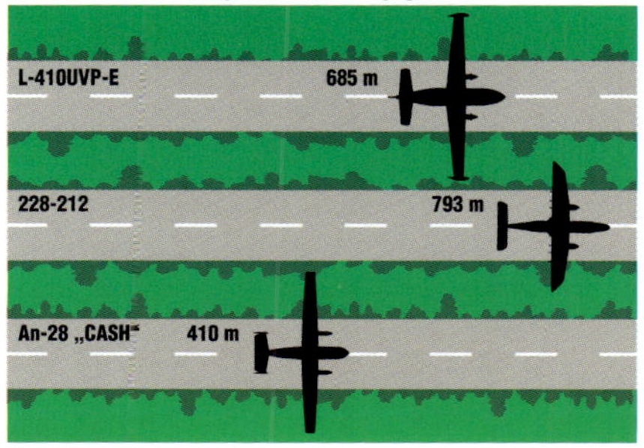

REICHWEITE

Dorniers 228-212 hat eine ausgezeichnete Reichweite und ist zudem auch noch sehr wirtschaftlich im Betrieb. Sie fliegt in ganz Westeuropa und den USA, hat aber den osteuropäischen Markt nicht erobert, den nach wie vor die L-410 beherrscht. Die An-28 wird heute nur in Polen gebaut.

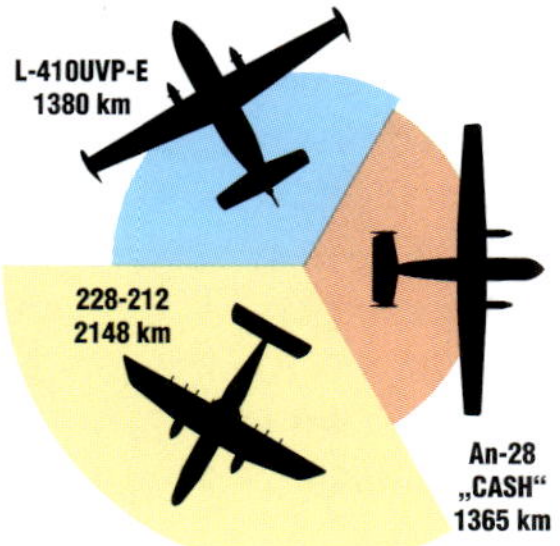

Zivile Nachkriegsmuster von LET

L-200A MORAVA: Dieser zweimotorige, vier- bis fünfsitzige, leichte Geschäfts- und Lufttaxi-Eindecker flog erstmals am 8. April 1957, und mehr als 1000 Maschinen dreier Versionen wurden hergestellt, ab 1962 als L-200D. Für den Antrieb sorgten zwei Reihenmotoren M-337 mit je 156,5 kW.

Z-37 CMELAK: Dieses Agrarflugzeug, dessen Prototyp am 29. Juni 1963 in die Luft kam, diente im Winter als Post- und Frachtmaschine. Der Typ wurde vom Sternmotor M-462RF mit 234,7 kW angetrieben. Die Produktion endete 1975 nach rund 600 Exemplaren, unter denen sich auch einige Zweisitzer befanden.

Z-37T AGRO TURBO: Die Agro Turbo ist eine Z-37 mit Propellerturbinen und wird von Zlin als Z-137T gebaut. Der Typ hat einen 365 kW starken Motorlet Walter M-601Z und fand in mindestens sechs Ländern Abnehmer. Neu sind Winglets und ein 1000 Liter/900 kg fassender Düngerkasten.

1, 2 & 5 VEGA

● Schneller Eindecker ● Holzschalenbauweise ● Viele Einsatzgebiete

▲ Die Lockheed Vega flog als Firmen- und Privatmaschine, aber auch als Luftambulanz, Militärtransporter oder als Mehrzwecktransporter mit Schwimmern.

Das Ende seiner ersten Firma, der Loughead Aircraft Manufacturing Company, konnte Allan Loughead nicht entmutigen. Überzeugt davon, dass die Holzschalenbauweise, die er bei der Loughead S-1 verwendet hatte, zukunftsträchtig sei, verdingte er Jack Northrop erneut und brachte das Kapital auf, um 1926 die Lockheed Aircraft Company zu gründen. Ihr erstes Produkt, die Vega, war als Verkehrsflugzeug erfolgreich und stellte Rekorde auf.

LOCKHEED 1, 2 & 5 VEGA

▼ Noch 1955 im Einsatz
Dieses Flugzeug wurde 1929 als Vega 1 gebaut, später aber mit dem Wasp Junior Motor auf den Standard Vega 2D umgerüstet.

▲ Vega auf Kufen
Diese Vega erhielt für ihren Einsatz in Norwegen Schneekufen anstelle der Räder. Entsprechend ausgestattete Vega flogen auch in Kanada.

▼ Erster Flug über die Arktis
Die X3903 rollte als vierte Vega 1 vom Montageband und startete am 15. April 1928 zu einem historischen Flug von Alaska nach Spitzbergen, der ersten Arktisüberquerung. Im November gelang ihr ein eindrucksvoller Antarktisflug.

▲ Heeresflieger
Die erste Vega der US-Streitkräfte war diese Y1C-12 (DL-1), die zur Erprobung als Stabstransporter beschafft wurde.

Verkehrsflugzeug ▶
Die Transcontinental and Western Air (die später in TWA aufging) betrieb die Vega 5C als schnellere Alternative zur größeren, aber langsameren Ford Trimotor.

FAKTEN UND ZAHLEN

- Im August 1928 gelang einer Vega 5 der erste Nonstopflug von Los Angeles nach New York.
- Die Vega unterstützte US-Forschungsexpeditionen zur Arktis und zur Antarktis.
- 1980 existierten noch sechs Vega; mindestens eine davon war noch flugklar.
- Jack Northrop wählte den Namen Vega und leitete damit die Lockheed-Tradition ein, die Flugzeuge nach Sternen zu taufen.
- Die Y1C-12 (DL-1) der US-Heeresflieger brachte es bis 1935 auf 999 Flugstunden.
- Die letzte Vega von Lockheed diente bis 1942 als UC-101 beim Fliegerkorps.

Die erste Maschine von Lockheed

Unten: Diese frühe Vega hatte einen unverkleideten Pratt-&-Whitney-Wasp-Motor. Später kam für höhere Geschwindigkeit eine Haube dazu.

Die erste Vega 1 mit Holzrumpf, im Inneren abgestrebten, freitragenden Holzflügeln (nach Fokker) und Neun-Zylinder-Sternmotor Wright Whirlwind mit 149 kW stand unter keinem guten Stern.

Sie ging an den Zeitungsverleger George Hearst, der sie zum Luftrennen 1927 von Oakland nach Hawaii meldete. Den Jungfernflug hatte sie am 4. Juli absolviert, und am 16. August verließ sie mit sieben anderen Maschinen Oakland. Danach wurde sie nicht mehr gesehen. Trotzdem baute Lockheed weitere 128 Vega, von denen etliche im Dienst nord- oder südamerikanischer Linien oder als private Transportmittel flogen. Andere stellten Ende der zwanziger und Anfang der dreißiger Jahre einige Geschwindigkeits-, Strecken- und Höhenrekorde auf.

Die Hauptversion war die Vega 5 von 1928 für fünf oder sechs Passagiere. 35 Stück wurden gebaut, teils mit Schwimmern. Den Whirlwind-Motor hatte man durch einen 306 bis 335 kW starken Pratt & Whitney Wasp ersetzt. Im Juli 1929 wurde Lockheed von der Detroit Aircraft Corporation aufgekauft, die eine modernisierte Vega 5 als DL-1 baute. Zwei Vega dienten beim USAAC, und mindestens eine flogen die Republikaner im spanischen Bürgerkrieg. Einige Vega blieben bis heute erhalten.

Oben: Im Dienst von US-Fluglinien transportierte die Vega Post und Passagiere. Sie war zwar kleiner als andere Verkehrsflugzeuge, aber beträchtlich schneller.

TECHNISCHE DATEN
Vega 1

- **Typ:** schneller Kabinen-Eindecker
- **Triebwerk:** ein luftgekühlter Sternmotor Wright Whirlwind J5 mit 149 kW
- **Höchstgeschwindigkeit:** 217 km/h
- **Reisegeschwindigkeit:** 190 km/h
- **Anfangssteigrate:** 259 m/min
- **Reichweite:** 1450 km
- **Gipfelhöhe:** 4570 m
- **Gewicht:** leer 748 kg; beladen 1315 kg
- **Kapazität:** ein Pilot und maximal vier Fluggäste
- **Abmessungen:**

Spannweite:	12,49 m
Länge:	8,38 m
Höhe:	2,49 m
Tragflügelfläche:	25,55 m²

VEGA 5

Die NC288W gehörte der Varney Air Transport (VAT, später Continental Airlines), die Anfang der dreißiger Jahre in den Rocky Mountains gegründet wurde. Die Gesellschaft betrieb vier Vega, die alle für neun Passagiere ausgelegt waren.

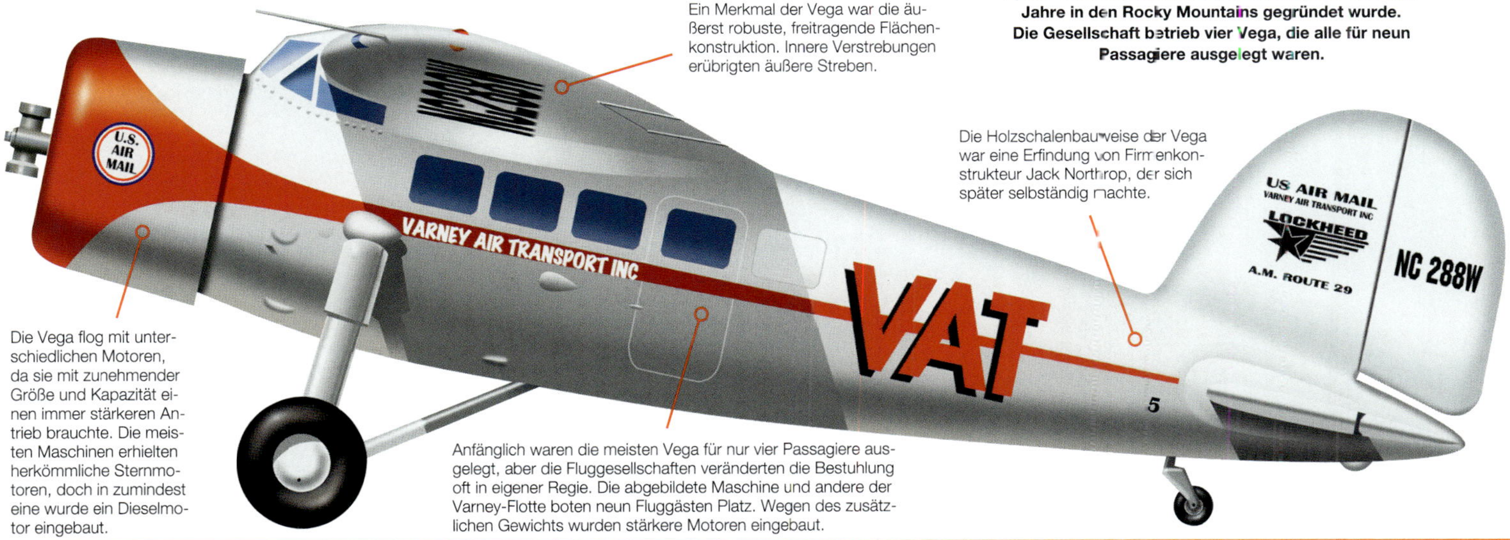

Ein Merkmal der Vega war die äußerst robuste, freitragende Flächenkonstruktion. Innere Verstrebungen erübrigten äußere Streben.

Die Holzschalenbauweise der Vega war eine Erfindung von Firmenkonstrukteur Jack Northrop, der sich später selbständig machte.

Die Vega flog mit unterschiedlichen Motoren, da sie mit zunehmender Größe und Kapazität einen immer stärkeren Antrieb brauchte. Die meisten Maschinen erhielten herkömmliche Sternmotoren, doch in zumindest eine wurde ein Dieselmotor eingebaut.

Anfänglich waren die meisten Vega für nur vier Passagiere ausgelegt, aber die Fluggesellschaften veränderten die Bestuhlung oft in eigener Regie. Die abgebildete Maschine und andere der Varney-Flotte boten neun Fluggästen Platz. Wegen des zusätzlichen Gewichts wurden stärkere Motoren eingebaut.

EINSATZDATEN

GESCHWINDIGKEIT

Als schnelles Eindecker-Postflugzeug hatte die Vega 5 einen deutlichen Vorteil gegenüber zeitgleichen Mustern wie etwa der Junkers W34h oder der de Havilland DH.84. Beide waren fünf- bis sechssitzige Verkehrsmaschinen der zwanziger und dreißiger Jahre. In dieser Zeit waren die amerikanischen Konstrukteure ihren europäischen Kollegen deutlich voraus, doch auch im übrigen Europa wurden keine den US-Typen gleichwertigen Zivilflugzeuge gebaut.

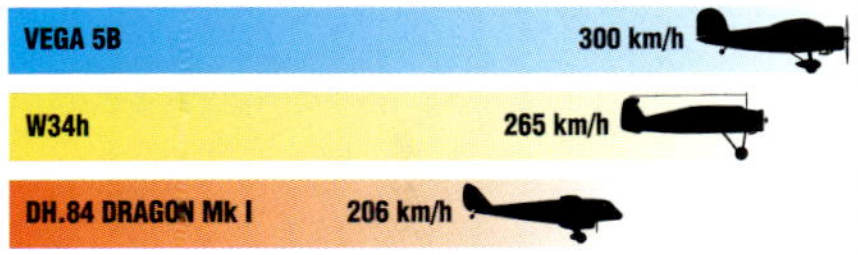

LEISTUNG

Die Vega erreichte mit einem schwächeren Motor höhere Spitzengeschwindigkeiten als die W34h, wahrscheinlich aufgrund ihrer Holzbauweise, denn das Junkers-Muster war ganz aus Metall gefertigt und schwerer. Die Dragon hatte zwei Motoren, die aber zusammen weniger Leistung erbrachten als der eine der Vega.

REICHWEITE

Auch in diesem Punkt übertraf die Vega die Werte der deutschen W34h, deren hohes Gewicht einen Großteil ihrer Motorleistung beanspruchte. Beide Typen konnten aber viel weiter fliegen als die Dragon, die auf eine Reichweite von nur 740 km beschränkt war.

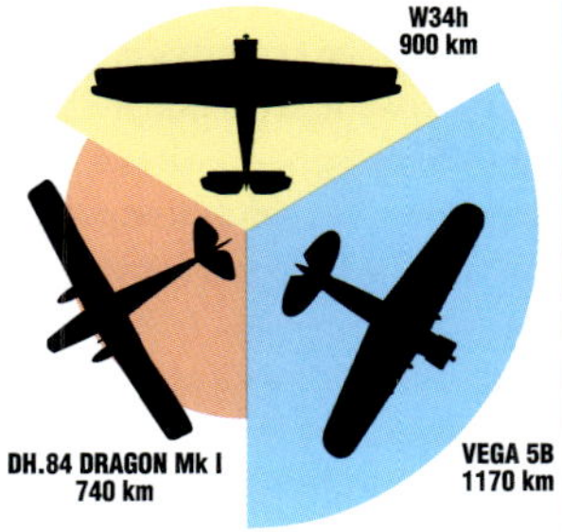

Amerikanische Verkehrsflugzeuge der dreißiger Jahre

BOEING 247: Als US-Verkehrsmuster noch schwere Doppeldecker waren, galt die 247, ein weitgehend metallener Eindecker, als revolutionär.

CURTISS CONDOR II: Diese Maschine aus den frühen dreißiger Jahren bot 15 Sitze mit Schlafmöglichkeiten und verkaufte sich gut.

FORD TRIMOTOR: Nachdem Ford die Stout Metal Airplane Company erworben hatte, baute die Firma von 1926 bis 1933 die Trimotor.

VULTEE V-1A: Das achtsitzige Verkehrsflugzeug wurde von einem Wright R-1820 Cyclone angetrieben und flog für die American Airlines.

LOCKHEED

10 ELECTRA

● Zweimotoriges Ganzmetall-Verkehrsflugzeug ● Militärische Versionen

Ein unseliges Ereignis, das Verschwinden der Rekordpilotin Amelia Earhart in einer Lockheed 10 Electra, belastete den guten Ruf dieser Maschine. In den dreißiger Jahren spielte diese frühe Ganzmetallkonstruktion bei amerikanischen Fluggesellschaften eine wichtige Rolle in der Entwicklung der Verkehrsfliegerei. Mit diesem Entwurf führte sich der Luftfahrtingenieur Kelly Johnson, der auch als Konstrukteur des Höhenaufklärers SR-71 Berühmtheit erlangte, bei Lockheed ein.

▲ *Während die Luftpostdienste allmählich ihre Alleinherrschaft einbüßten, nahm die Bedeutung der Verkehrsfliegerei zu. Mit ihrer glatten Ganzmetallkonstruktion ist die Electra eine typische Vertreterin der neuen Linienflugzeuge aus den dreißiger Jahren.*

LOCKHEED 10 ELECTRA

In der Kanzel ▶
Ein zeitgenössischer Kommentar von British Airways besagte, dass das Cockpit „mit allem ausgerüstet ist, was die Wissenschaft bietet“.

▼ Museumsstück
Diese in den USA registrierte Electra stand 1966 im Luftfahrtmuseum von Ontario (Kanada). Einige Modell 10 werden flugtüchtig erhalten.

▼ Kriegseinsatz
Etliche zivile Electra wurden zum Einsatz bei der Royal Air Force requiriert. Diese Maschine der British Airways kam im April 1940 zur 24. Staffel.

▼ Northwest-Electra
Die ersten Serienmaschinen wurden mit einer Windschutzscheibe, wie sie der Prototyp hatte, ausgeliefert und erst später umgerüstet.

Unverwüstlich ▶
Viele kleinere Fluggesellschaften nutzten die Electra noch nach dem Krieg. Provincetown-Boston Airlines bot bis Anfang der siebziger Jahre einen Liniendienst mit Electra an.

FAKTEN UND ZAHLEN

- Lockheed gehörte zur Detroit Aircraft Corporation, bis Robert Gross die Gesellschaft 1932 übernahm.
- Die ersten Serienmaschinen hatten noch eine abgewinkelte Windschutzscheibe.
- Lockheed verwendete den Namen Electra 1957 für das Modell 188 nochmals.
- Die Maschine, mit der Amelia Earhart rund um die Welt fliegen wollte, besaß stärkere Motoren und Zusatztreibstoff.
- Die Electra war das erste Produkt der „neuen“ Lockheed-Gesellschaft.
- 1938 flog der britische Premierminister mit einer Electra nach Deutschland.

Lockheeds früher Ganzmetall-Airliner

Robert Gross, der Chef der Lockheed Aircraft Corporation, plante ein einmotoriges Ganzmetall-Verkehrsflugzeug für zehn Passagiere. Noch vor Entwicklungsbeginn aber ergaben die Marktanalysen, dass sich ein zweimotoriges Flugzeug besser verkaufen würde, und so entstand die Electra.

Im Oktober 1934 verbot die amerikanische Regierung, Passagiere bei Nacht oder über unwegsamem Gelände mit einmotorigen Maschinen zu befördern. Lockheeds Modell 10 bot sich für die Fluglinien geradezu an, um den dadurch entstandenen Mangel an passenden Verkehrsflugzeugen auszugleichen.

Bevor die Electra an die Fluglinien ausgeliefert wurde, unterzog man sie Tests im Windkanal der Universität von Michigan. Der dort als wissenschaftlicher Assistent beschäftigte „Kelly“ Johnson empfahl einige Änderungen an der Zelle, die alle vorteilhaft in die Konstruktion eingebracht werden konnten. Daraufhin ging Johnson als Ingenieur zu Lockheed.

Oben: Diese Aufnahme stammt von 1986. Johnsons doppeltes Seitenleitwerk wurde ein typisches Merkmal späterer Lockheed-Konstruktionen.

Die Electra fand im kommerziellen Bereich großen Anklang, und auch einige militärische Varianten wurden gebaut. Viele dieser Flugzeuge gingen später nach Südamerika, wo einige von ihnen noch bis in die siebziger Jahre hinein flogen.

Oben: Zu den südamerikanischen Nutzern des Modells 10 gehörte die staatliche brasilianische VARIG. Einige Electra wurden vor dem Zweiten Weltkrieg ausgeliefert, aber die meisten kamen aus US-Armeebeständen oder als zivile Gebrauchtflugzeuge nach Südamerika.

TECHNISCHE DATEN
10-A Electra

- **Typ:** leichtes Kurzstrecken-Verkehrsflugzeug
- **Triebwerke:** zwei Sternmotoren Pratt & Whitney Wasp Junior SB mit je 336 kW
- **Höchstgeschwindigkeit:** 325 km/h in 1525 m Höhe
- **Reisegeschwindigkeit:** 306 km/h
- **Reichweite:** 1305 km
- **Anfangssteigrate:** 347 m/min
- **Gipfelhöhe:** 5915 m
- **Kapazität:** zweiköpfige Besatzung und zehn Passagiere
- **Gewicht:** leer 2927 kg; beladen max. 4672 kg
- **Abmessungen:**

Spannweite:	16,76 m
Länge:	11,76 m
Höhe:	3,07 m
Tragflügelfläche:	42,59 m²

10-A ELECTRA

Die ersten Electra aus der Serienproduktion gingen an Northwest. Die Passagiere schätzten ihre Reisegeschwindigkeit von 306 km/h, die erheblich über der vorheriger Linienflugzeuge lag, und auch Northwest war mit dem Typ zufrieden.

Northwest nutzte als erste Gesellschaft die Electra im Liniendienst. Northwest-Ingenieure ersetzten auf Anregung von Johnson die ursprünglich nach hinten schräg abgewinkelten Windschutzscheiben, und diese Änderung floss auch in die laufende Serie ein.

Ein Mittelgang trennte die beiden Fünfersitzreihen. Es gab keinen Stauraum für Gepäck über den Sitzen, und die Kabine war recht spartanisch eingerichtet. Allerdings hatten die Fenster schon Vorhänge.

Als die Electra eingeführt wurde, war sie das einzige ganz mit Metall beplankte amerikanische Flugzeug und einer der ersten wirklich modernen Airliner.

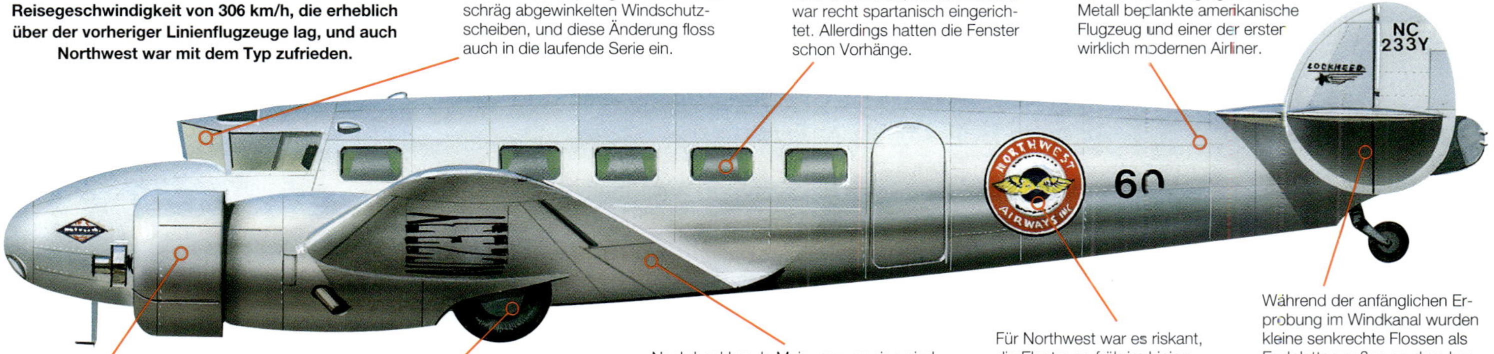

Alle Electra wurden von Pratt & Whitney, meist Wasp Junior, angetrieben, außer 18 Modell 10-B für die amerikanische Küstenwache, die Wright-Motoren erhielten.

Die Haupträder ließen sich nicht ganz einfahren, und das Spornrad war gar nicht einziehbar.

Nach Lockheeds Meinung war eine niedrige, sichere Landegeschwindigkeit für den kommerziellen Betrieb wichtig. Um sie zu erreichen, wurden innen an der Flügelhinterkante Spreizklappen eingebaut.

Für Northwest war es riskant, die Electra so früh im Liniendienst einzusetzen. Am 7. August 1934, nur vier Tage vor der endgültigen Musterzulassung, verunglückte eine Maschine.

Während der anfänglichen Erprobung im Windkanal wurden kleine senkrechte Flossen als Endplatten außen an dem herkömmlichen Höhenleitwerk angebracht, doch Johnson entschied, daß ein Doppelleitwerk mit Seitenrudern geeigneter sei.

EINSATZDATEN

GESCHWINDIGKEIT

Douglas und Boeing bauten etwas größere Verkehrsflugzeuge und machten damit Lockheed Konkurrenz. Die DC-2 bot 60 Prozent mehr Leistung, war aber kaum schneller als die Electra.

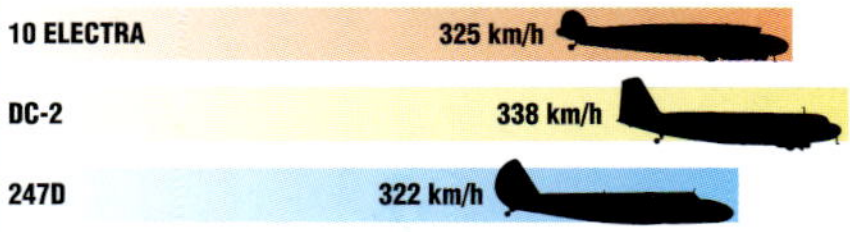

PASSAGIERE

Anfangs reichte die Kapazität der Electra aus, aber schon bald benötigten die Fluggesellschaften eine größere Sitzplatzkapazität, so dass vor allem die DC-3 die Electra auf vielen Linien ersetzte.

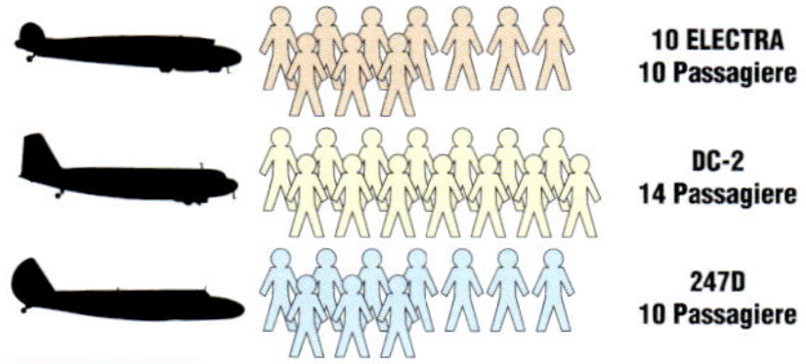

REICHWEITE

Die Electra war zwar für kürzere Strecken konzipiert, flog aber weiter als die größere Boeing 247D. Mit der DC-2 konnte sie sich nicht messen. Diese war aber ein viel größeres Flugzeug, das in Absprache mit den Fluglinien entwickelt wurde, weshalb es deren Anforderungen an Reichweite und Kapazität perfekt entsprach.

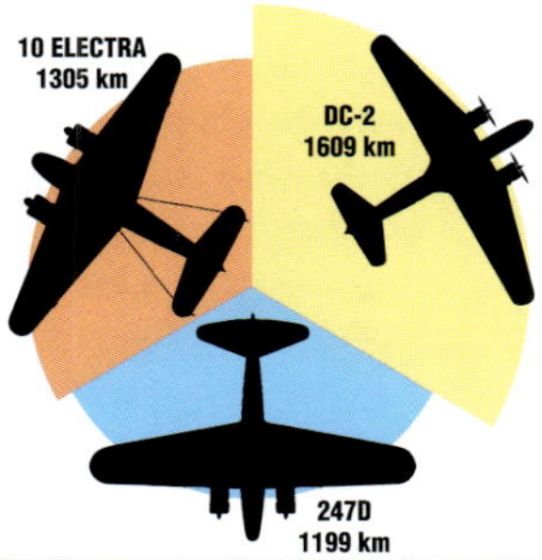

Doppelleitwerksflugzeuge von Lockheed

LOCKHEED XC-35: Diese weitgehend modifizierte Electra diente im Jahr 1937 zur Erprobung von Druckkabinen.

LOCKHEED 12 ELECTRA JUNIOR: Die Electra galt als zu groß für den Zubringerdienst, und so baute man diese sechssitzige Variante.

LOCKHEED 14 SUPER ELECTRA: Dieses 14-sitzige Muster sollte besser mit der DC-3 konkurrieren können, war aber immer noch zu klein.

LOCKHEED 18 LODESTAR: Von der 18-sitzigen Lodestar wurden 625 Exemplare gebaut. Sie war viel erfolgreicher als die Super Electra.

LOCKHEED

18 LODESTAR

● Auf Electra-Basis ● Intensiver militärischer Einsatz ● Firmenflugzeug

▲ *Die Lodestar war etwas länger als die Lockheed 14 Super Electra, auf der sie basierte, so dass sie mehr Passagiersitze und somit niedrigere Betriebskosten bot.*

Lockheeds 14 Super Electra hatte als das damals größte Verkehrsflugzeug dieses Herstellers einen enttäuschenden Start. Die hohen Betriebskosten pro Sitzplatz und Kilometer führten zu einem schwachen Absatz, und einer der Erstbetreiber, Northwest Airlines, musterte das Modell 14 sogar nach nur knapp zwei Jahren wieder aus. Die Produktion wurde eingestellt und der Entwurf korrigiert. Die neue 18 Lodestar erhielt einen längeren Rumpf für zwei zusätzliche Sitzreihen.

LOCKHEED 18 LODESTAR

▼ **Postflugzeug**
Unmittelbar vor dem Zweiten Weltkrieg war die Luftpost in den USA bereits eine feste Einrichtung. 1940 flog eine Lodestar die Postlinie von Los Angeles nach Jacksonville in nur knapp über neun Stunden.

▲ **In ferne Länder**
BOAC erwarb nicht weniger als 38 Lodestar. Während des Zweiten Weltkriegs flogen sie regelmäßig nach Skandinavien, Malta, Afrika und in den Nahen Osten.

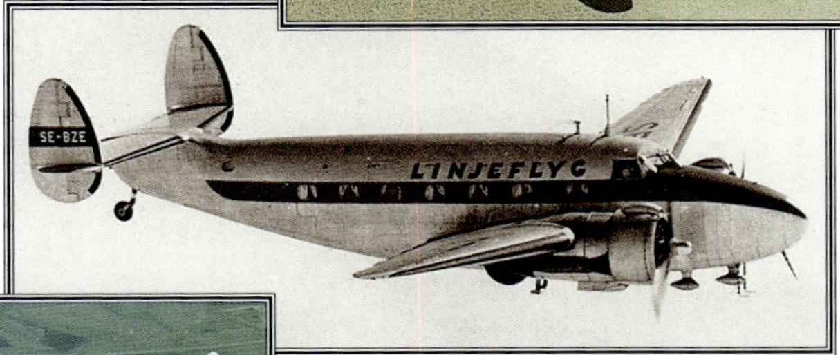

Gelungener Entwurf ►
Die SE-BZE in den Farben der schwedischen Linjeflyg zeigt die elegante Linienführung der 18 Lodestar. Nach dem Ende des Zweiten Weltkriegs blieben nur wenige Exemplare im regulären Liniendienst.

◄ **Howard 350 und LearStar**
Howard und Lear gehörten zu den Flugzeugherstellern, die die Lodestar zu komfortablen Geschäftsflugzeugen umrüsteten.

Nach dem Krieg ►
Nach Kriegseinsätzen als Schlepper für Lastensegler und als Truppentransporter wurden Lodestar von Privatpersonen sowie Firmen gekauft und in Verkehrsmuster zurückverwandelt. Einige dienten in dieser Rolle bis in die siebziger Jahre.

FAKTEN UND ZAHLEN

- ➤ Im Zweiten Weltkrieg setzte die British Overseas Airways Corporation (BOAC) 38 Lodestar für paramilitärische Aufgaben ein.
- ➤ Die erste Lodestar war eine überarbeitete Super Electra der Northwest Airlines.
- ➤ Aus der Lodestar wurde im Krieg der Bomber Lockheed Ventura entwickelt.
- ➤ Kawasaki baute 121 Ki-56, die aus der gestreckten Version des Modell 14 abgeleitet und der Lodestar sehr ähnlich waren.
- ➤ In Neuseeland wurden Lodestar zu Agrarflugzeugen umgerüstet.
- ➤ Die 18 Lodestar flog unter anderem bei den Luftwaffen Englands und Australiens.

Eine verbesserte Super Electra

Um den Unterschied zwischen den Modellen 14 und 18 zu verdeutlichen, erhielt die neue Maschine den Namen Lodestar. Der Prototyp hatte zwar noch Trag- und Leitwerk sowie den Antrieb der 14 Super Electra, aber die Serienmaschinen erhielten ein höher angeordnetes Höhenleitwerk sowie eine modifizierte Flügelhinterkante und als Motoren Pratt & Whitney Hornet, Twin Wasp oder Wright Cyclone.

Im März 1940 ging die Lodestar beim Erstkunden Mid-Continent Airlines in den Liniendienst. Je nachdem, ob sie einen Flugbegleiter und eine Bordküche bot oder nicht, konnte sie 15 oder 18 Passagiere befördern. Die Betriebskosten des Modells 18-07 entsprachen nahezu denen der Douglas DC-3. Einige Muster mit bankartiger Bestuhlung hatten Platz für bis zu 26 Fluggäste, aber dennoch verkaufte sich die Lodestar in den USA nicht sehr gut. Im Ausland hingegen fand der Typ großen Anklang.

South African Airlines wurde mit 29 Mustern der größte zivile Betreiber. Die US Navy bestellte 1940 die ersten militärischen Lodestar als R5O, doch die größte Lodestar-Flotte im Zweiten Weltkrieg betrieb die USAAF mit neuen und requirierten Mustern.

Nach dem Krieg hatte die 18 Lodestar als Passagierflugzeug ausgedient, und als Frachter kam sie nur begrenzt zum Einsatz. Etliche Lodestar wurden aber zu Firmenflugzeugen umgewandelt.

Unten: Steuerprobleme führten dazu, dass man die Flügelhinterkante der Lodestar erweiterte. Die saubere Linie, die die 14 Super Electra ausgezeichnet hatte, wurde dadurch etwas beeinträchtigt.

Oben: Sogar im südwestlichen Pazifik waren Lodestar nach 1945 im zivilen Einsatz zu finden. Trans Australia Airlines flog den Typ im Regionalverkehr, um Post und Passagiere zwischen den größeren Städten zu befördern.

TECHNISCHE DATEN
18-07 Lodestar

- **Typ:** Mittelstreckenverkehrsflugzeug und ziviler Transporter
- **Triebwerke:** zwei Neun-Zylinder-Sternmotoren Pratt & Whitney S1E2-G mit je 652 kW
- **Höchstgeschwindigkeit:** 351 km/h
- **Anfangssteigrate:** 296 m/min
- **Reichweite:** normal 2895 km; zur Überführung 5150 km
- **Gipfelhöhe:** 6220 m
- **Gewicht:** leer 5103 kg; beladen 8709 kg
- **Kapazität:** zwei Piloten und bis zu 18 Passagiere
- **Abmessungen:**

Spannweite:	19,96 m
Länge:	15,77 m
Höhe:	3,63 m
Tragflügelfläche:	63,73 m²

Das Cockpit der Lodestar mit nebeneinander angeordneten Pilotensitzen war praktisch identisch mit dem der Electra, im Vergleich zu dem der DC-3 aber schmal und beengt. Nachdem man das anfängliche Flattern der Steuerung behoben hatte, ließ sich die Maschine angenehm fliegen.

Im Unterschied zur 14 Super Electra, von der sie abgeleitet war, hatte die 18 Lodestar einen längeren Rumpf für maximal 18 Passagiersitze. Dies steigerte die Einnahmen und machte sie für die Fluggesellschaften attraktiver.

Erste Flugerprobungen ergaben ein Zittern im Höhenruder. Zunächst versuchte man, dies durch Spreizen zu beheben und baute Hilfstrimmklappen ein. Eine Lösung des Problems aber brachte erst das Anheben des Höhenruders um einige Zentimeter, so dass es außerhalb der Flächenturbulenzen lag.

Für die Lodestar standen unterschiedliche Motoren zur Wahl. Am häufigsten wurde der Pratt & Whitney Twin Wasp eingebaut, aber das Angebot umfasste auch den weniger ausgefeilten Wright Cyclone.

Das Steuerungsproblem wurde teilweise dadurch behoben, dass man die Tragflächenhinterkante ausdehnte. Zwischen Flügelwurzeln und Motoren waren große Fowler-Spaltklappen installiert, die für ausgezeichnete Kurzstart- und -landeeigenschaften sorgten.

Lodestar I

Die BOAC erhielt 1941 38 Lodestar und hielt sie fast sieben Jahre lang im Einsatz. Trotz ihres zivilen Auftrags trugen sie einen Tarnanstrich als Schutz bei ihren gefährlichen Alleinflügen.

EINSATZDATEN

GESCHWINDIGKEIT

Lodestar mit Pratt-&-Whitney-Antrieb flogen langsamer als Konkurrenzmuster aus den späten dreißiger Jahren. Als Verkehrsmuster war der Typ daher weniger beliebt als die Douglas DC-3. Boeings Stratoliner flog – auch dank ihrer vier Motoren – am schnellsten.

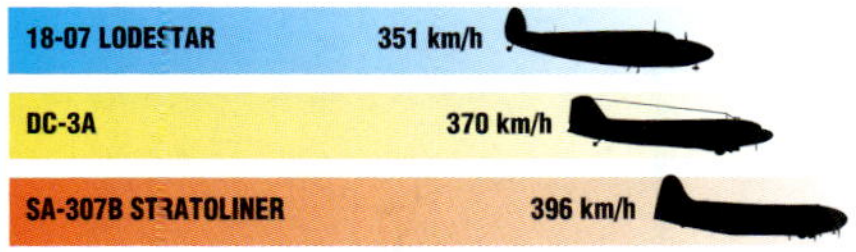

STARTMASSE

Die 18-07 Lodestar hatte etwa die gleiche Sitzkapazität wie die DC-3, aber eine erheblich niedrigere Startmasse und eine geringere Frachtkapazität.

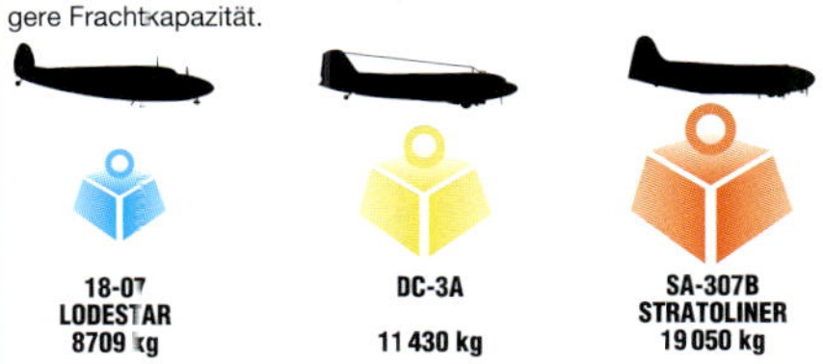

REICHWEITE

Für die damalige Zeit bot die Lodestar eine ausgezeichnete Reichweite, so dass sie auch Routen zwischen den USA und den Westindischen Inseln befliegen konnte. Die DC-3 legte die kürzesten Distanzen zurück, war aber dennoch das beliebteste der drei aufgeführten Muster.

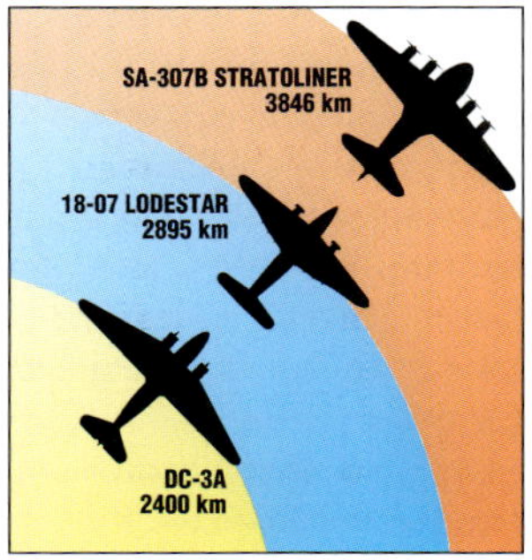

Lockheed 18 Lodestar im Dienst der US-Streitkräfte

C-56: Die USAAF erwarb etwa 36 zivile Lodestar, die sie eiligst als C-56 in Dienst stellte. Viele Maschinen blieben bis 1945 im militärischen Einsatz.

R5O-1: Erstkunde für die militärische Ausführung der 18 Lodestar war die US Navy. Das erste Baulos wurde von Wright R-1820-Motoren angetrieben und flog Personaltransporte.

R5O-4: Vier eigentlich für die US Navy bestimmte Exemplare der Version R5C-4 wurden 1942 an die Küstenwache ausgeliefert und bis 1946 im Dienst der Verwaltung eingesetzt.

Lockheed

L-100 Hercules

● **Zivile C-130-Entwicklung** ● **40 Dienstjahre**

▲ *Im Vergleich zur militärischen Hercules wurde die L-100 zwar in geringer Stückzahl gebaut, aber in ebenso vielen Ländern betrieben, vor allem für Fracht-Charterflüge und humanitäre Hilfseinsätze.*

Zivile Hercules fliegen schon fast so lange wie die militärischen C-130. Anfänglich fand die Serie L-100 wegen billiger Frachterumrüstungen älterer Passagiermuster nur wenige Kunden, sie konnte sich aber behaupten. Bis 1995 waren 115 Stück ausgeliefert, meist an zivile Betreiber, aber mindestens 21 auch an Luftstreitkräfte. Lockheed baute verschiedene Versionen mit gestrecktem Rumpf, die später zur beliebten L-100-30 führten. Heute fliegen noch rund 40 zivile Hercules.

Lockheed L-100 Hercules

◀ **Start auf Gras**
Der Hercules-Entwurf hat sich bei vielen Militäraufgaben bewährt und bietet auch zivilen Käufern die gleiche Flexibilität im Betrieb von unbefestigten Pisten aus.

▼ **Erste Maschinen für Delta**
Delta Air Lines war 1966 einer der ersten Käufer der L-100. Wie viele frühe Serienmaschinen wurde auch N9268R später auf den Standard L-100-20 umgerüstet und wandelte sich 1974 zur L-100-30.

▲ **Indonesische Hercules**
Die Merpati Nusantara Indonesiens nutzte diese L-100-30 für Passagierdienste.

▼ **L-100-30 in Afrika**
Diese Dash-30 wurde 1985 an Air Gabon ausgeliefert und dann an TAAG Angola Airlines vermietet.

◀ **Wechselnde Eigentümer**
Die meisten frühen L-100 wechselten bald den Besitzer. Diese Maschine flog bei Southern Air Transport, als sie 1970 abstürzte.

FAKTEN UND ZAHLEN

- ➤ **Als neueste Version schlug man die L-100J vor, eine Zivilvariante der modernisierten, ummotorisierten C-130J Hercules.**
- ➤ **In den achtziger Jahren war eine zweimotorige zivile Hercules, die L-400, im Gespräch.**
- ➤ **Erstbetreiber wurde im März 1965 Alaska Airlines mit einer geleasten L-100.**
- ➤ **Die US-amerikanische Southern Air Transport ließ einige L-100 zur Ölpestbekämpfung umrüsten.**
- ➤ **Die L-100-50 mit einem um weitere 6,1 m gestreckten Rumpf wurde aufgegeben.**
- ➤ **L-100-30 beförderten 500 000 Java-Familien bei der Indonesien-Umsiedlung.**

„Herky Bird“ als Verkehrsflugzeug

Lockheed hoffte nach der erfolgreichen Indienststellung der C-130A bei der USAF, dass auch bei zivilen Betreibern Bedarf an einem Flugzeug bestand, das sperrige oder schwere Lasten über mittlere bis lange Strecken befördern konnte. Am 21. April 1964 flog der Prototyp 382, im wesentlichen eine C-130E ohne Militärausrüstung und Unterflügeltanks.

Diese Version und die 382B, das erste L-100 genannte Modell, fanden kaum Abnehmer. Lockheed „streckte“ daraufhin den Rumpf, da zivile Nutzer nicht so kompakte Lasten beförderten wie das Militär und einen größeren Frachtraum brauchten. So entstand die 2,54 m längere, mit stärkeren Triebwerken versehene L-100-20, die 1968 flog.

Frachtgesellschaften, denen ein Flugzeug von der Tragkraft der Hercules bisher nicht zur Verfügung stand, wurde nun ein Frachtraum von 150,26 m³ angeboten. Der Absatz lief gut an, und manche Betreiber der 382B rüsteten ihre Maschinen auf den Dash-20-Standard um.

Zum Verkaufsschlager unter den zivilen Hercules wurde die L-100-30 (Modell 382G), die eine weitere Streckung um 2,03 m und damit einen Frachtraum von 171,5 m³ bietet. Sie flog erstmals am 14. August 1970. Bis 1995 waren 78 Stück gebaut.

Größter L-100-Nutzer war zwischenzeitlich die Southern Air Transport mit einer Dash-20 und 14 Dash-30. Die Gesellschaft führte während des Vietnamkrieges paramilitärische Einsätze durch und bot weltweit Charterflüge an. Die größte Anzahl ziviler Hercules findet sich heute in Afrika.

TECHNISCHE DATEN
L-100-30 Hercules

- **Typ:** Mittel-/Langstreckentransporter
- **Triebwerke:** vier Propellerturbinen Allison 501-D22A mit je 3362 kW
- **Reisegeschwindigkeit:** 581 km/h
- **Anfangssteigrate:** 579 m/min
- **Reichweite:** 2935 km mit voller Nutzlast
- **Überführungsreichweite:** 7435 km
- **Gipfelhöhe:** 10 060 m
- **Gewicht:** leer 33 685 kg; beladen 70 307 kg
- **Abmessungen:**

Spannweite:	40,41 m
Länge:	34,35 m
Höhe:	11,66 m
Tragflügelfläche:	162,11 m²

Diese farbenprächtige L-100-20 ging Ende 1979 bei TAAG Angola Airlines in Dienst. Im Juni 1986 wurde die Maschine in Dondo bei einem Unfall so stark beschädigt, dass sich eine Reparatur nicht mehr lohnte.

Eine Hercules befindet sich in der Fertigungshalle kurz vor der Endmontage.

L-100-30 Hercules

Die C-GHPW wurde im Dezember 1978 an Pacific Western Airlines ausgeliefert und 1983 an Northwest Territorial Airways vermietet, die sie auf den Namen „Capt. Harry Sorensen“ taufte.

Die L-100 fliegt wie die C-130 mit der zuverlässigen und weitverbreiteten Propellerturbine Allison T56, die einen vierblättrigen, voll verstellbaren Hamilton-Standard-Propeller antreibt. Dieses in der zivilen Version als Allison 501 bezeichnete Triebwerk stammt aus den fünfziger Jahren. C-130J der nächsten Generation erhielten völlig neue, leistungsfähigere Allison AE2100 in Verbindung mit Sechsblattpropellern.

Wie bei der militärischen C-130 erleichtert auch bei der L-100 eine großzügige Heckladerampe das Be- und Entladen. Die ersten Dash-30 gingen Ende der siebziger Jahre an Saturn Airways, die sie nutzte, um für das Verkehrsflugzeug Lockheed TriStar drei Mantelstrom-Triebwerke Rolls-Royce RB 211 von Großbritannien nach Kalifornien zu befördern.

Die meisten zivilen Hercules sind für den Frachttransport ausgelegt und haben daher nur wenige Kabinenfenster. Die L-100-30 kann jedoch mit bis zu 100 Passagiersitzen sowie einer Küche und Toiletten ausgerüstet werden.

Bei den ersten L-100-Modellen verzichtete man auf die 5300-Liter-Außentanks der Militärversion. Zivile Betreiber, die längere Strecken bedienten, wünschten jedoch bald eine größere Treibstoffkapazität, und Lockheed bot die Tanks für die L-100 als Option an.

Die gestreckte L-100-30 fand im zivilen Bereich so großen Anklang, dass Lockheed auch bei militärischen Hercules den verlängerten Rumpf anbot. Die C-130H-30 ist 4,57 m länger als die Standard-C-130H und hat eine wesentlich vergrößerte Ladekapazität.

L-100-Frachter im weltweiten Einsatz

TRANSPORTER IN ALSAKA: Alaskan Airlines war der Erstkunde für die L-100. Sie flog bei verschiedenen Gesellschaften zur Unterstützung der Ölsuche. Die nach einer Militärspezifikation gebaute „Herk“ ist allwettertauglich.

TRIEBWERKE FÜR DIE TRISTAR: Die ersten L-100-30 erfüllten bei Saturn Airways die Aufgabe, Rolls-Royce-Triebwerke von England in die USA zu fliegen, wo sie in den Großraum-Airliner L-1011 TriStar eingebaut wurden.

HILFSEINSÄTZE: Bekannt wurde die L-100 durch die Versorgung von Hungergebieten (zusammen mit der militärischen C-130), vor allem in Afrika. Solche Einsätze erfolgen bei jedem Wetter und von unbefestigten Pisten aus.

EINSATZDATEN

REICHWEITE

Die Antonow An-8 ähnelte der L-100 und erschien noch vor ihr. Als zweimotoriges Flugzeug bot sie jedoch nicht die Reichweite des US-Musters. Die An-12 verfügt ebenfalls über vier Triebwerke und erzielt daher bessere Werte. Angegeben sind hier die Reichweiten mit maximaler Treibstoffmenge.

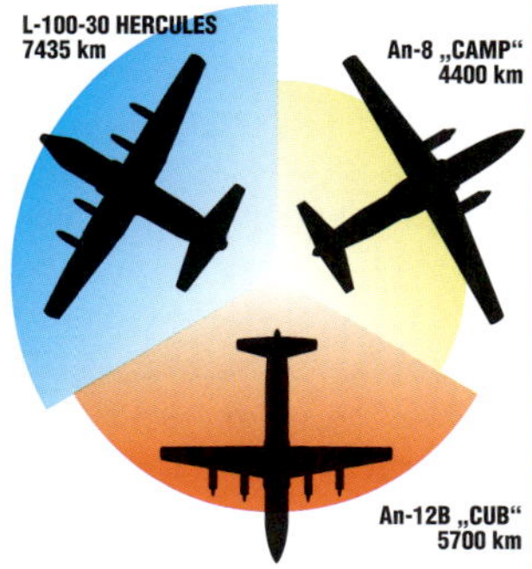

CONSTELLATION

● **Letztes großes Langstrecken-Passagierflugzeug mit Kolbenmotoren**

▲ *Luftfahrzeuge der Constellation-Generation konnten in einer Höhe fliegen, in der Wettereinflüsse minimal sind, was ihre Flugleistungen und den Komfort erheblich verbesserte.*

Die Lockheed Constellation war eine äußerst elegante Erscheinung. Mit ihrem dreiteiligen Seitenleitwerk, dem delphinförmigen Rumpf und den elliptischen Tragflächen galt die Constellation als Königin der Lüfte in der zivilen Luftfahrt. Ihre Inneneinrichtung und der Service entsprachen höchsten Ansprüchen und sorgten für ein uneingeschränktes Wohlbefinden der Passagiere.

LOCKHEED CONSTELLATION

▲ **Kosename „Connie“**
Die Constellation rang mit der DC-6 und der DC-7 um Marktanteile auf dem Airliner-Streckennetz um den Globus. Lufthansa setzte dieses Muster in seiner modernsten Version L-1649 ein.

▲ **Gepäcktasche**
Viele Constellation hatten mit „Speed-Pak“ einen zusätzlichen Gepäckbehälter für Koffer und Fracht unter den Bauch geschlungen.

Technischer Hochadel ▶
Lockheed-Arbeiter schwärmen über eine Constellation aus. Die „Königin der Lüfte“ besaß eine Menge hochwertige technologische Bausteine.

▲ **Spiegelblank**
Frühe Constellation hatten eine polierte Metalloberfläche, die dem Flugzeug, ähnlich wie den schweren Bombern dieser Zeit, zu einer besseren Reichweite und Geschwindigkeit verhalf. Ein Farbanstrich dagegen hätte Luftwiderstand und Gewicht vergrößert.

▼ **Kompliziertes Cockpit**
Das Flugdeck der „Connie“ war mit Rundinstrumenten und Schaltern geradezu gepflastert.

FAKTEN UND ZAHLEN

- Eastern Air Lines nahm den Dienst mit der Super Constellation Ende 1951 auf.
- Militärische „Super Connies“ dienten als Fracht-, VIP-Transport-, Frühwarn- und Aufklärungsflugzeuge.
- Die L-1049D war eine Frachtversion und verfügte über zwei große Ladeluken.
- Nur 43 L-1649A Starliner, die modernste „Connie“-Variante, wurden in Dienst gestellt, nachdem sie zu spät gegen die Douglas DC-7C konkurriert hatten.
- Der Nonstop-Flug einer Starliner von San Francisco über den Nordpol nach London (8850 km) dauerte 1957 noch 18 Stunden und 32 Minuten.

Die Constellation umspannt den Globus

Aus der erfolgreichen Constellation, die nach dem Zweiten Weltkrieg erschienen war, ging die längere und größere Lockheed L-1049 Super Constellation hervor, die sich binnen kurzem zum Spitzenverkehrsflugzeug des Propellerzeitalters entwickelte.

Die erstmals am 13. Oktober 1950 geflogene Super Constellation bot im Vergleich zu den 60 Sitzen des Originalmodells 95 Passagieren Platz. Der Triebwerkshersteller Wright arbeitete mit Lockheed eng zusammen, um die erweiterte „Super" mit einer neuen Bauart des R-3350, dem sogenannten Turboverbundmotor, anzutreiben und markierte damit einen Höhepunkt in der Entwicklung der Kolbenmotor-Verkehrsflugzeuge. Die Super Constellation flog Millionen von Meilen bis weit in die 80er Jahre hinein.

Den höchsten Ausdruck ihrer Klasse und Qualität fand die Constellation in der Lockheed L-1649A Starliner, eine „Super Connie" mit verlängerten Tragflächen, gestrecktem Rumpf und noch stärkeren Turbo-Compound-Motoren. Die Starliner war das Allerbeste in Sachen Luxusflugreisen.

Air France gehörte zu den vielen Großfluggesellschaften, die die Constellation auf ihren Prestigestrecken einsetzten.

Das hochbeinige, staksige Fahrgestell, der elegant geschwungene Rumpf und das dreiteilige Seitenleitwerk waren die Markenzeichen dieses bemerkenswerten Flugzeugs.

TECHNISCHE DATEN
L-1049E Super Constellation

- **Typ:** Langstrecken-Passagierflugzeug
- **Triebwerke:** vier Turbo-Compound-Sternmotoren Wright R-3350-972TC18DA-1 mit je 2435 kW (3308 PS)
- **Höchstgeschwindigkeit:** 590 km/h in 5670 m
- **Dienstgipfelhöhe:** 7225 m
- **Reichweite:** 7950 km
- **Gewicht:** leer 34 665 kg; beladen 60 328 kg
- **Besatzung/Passagiere:** dreiköpfige Flugbesatzung; zwei bis vier Stewardessen; je nach Konfiguration 95 bis 109 Fluggäste
- **Abmessungen:** Spannweite: 37,49 m; Länge: 34,54 m; Höhe: 7,54 m; Tragflügelfläche: 153,29 m²

L-1049G Super Constellation

In den 50er Jahren waren Constellation ein gewohnter Anblick in allen Teilen der Erde. Die L-1049G Super Constellation von TWA zählten zu den ersten Verkehrsflugzeugen, die Nonstop-Flüge über den Atlantik boten.

Der in großen Tanks an den Flächenenden mitgeführte, zusätzliche Treibstoff verlieh der Super Constellation wahrhaft interkontinentale Reichweite.

Die Bananenform des Constellation-Rumpfes war der Alptraum jedes Flugzeugbauers. Zur leichteren Fertigung wurde die Passagiersektion der späteren Super Constellation zylindrisch gestaltet.

Mit jedem neuen Modell wuchs die Sitzplatzkapazität, die ursprünglich 60 Passagiere betrug. Am Ende des 13jährigen Lockheed-Produktionsverlaufs stand die Starliner, die 100 Fluggäste beförderte.

Pilot, Kopilot/Flugingenieur und Bordfunker/Navigator bildeten die Langstreckenbesatzung.

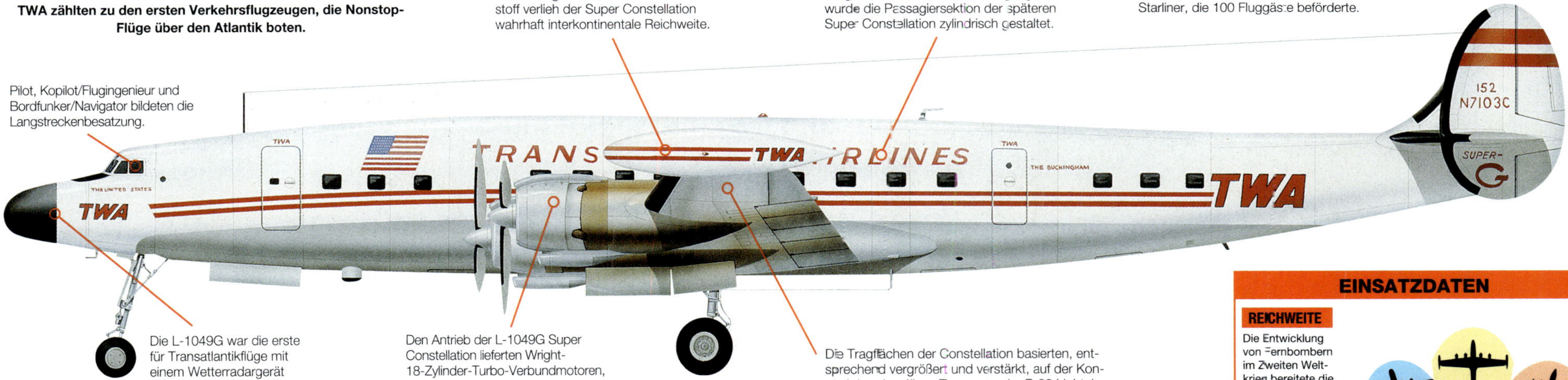

Die L-1049G war die erste für Transatlantikflüge mit einem Wetterradargerät ausgerüstete Constellation.

Den Antrieb der L-1049G Super Constellation lieferten Wright-18-Zylinder-Turbo-Verbundmotoren, die je 2423 kW abgaben.

Die Tragflächen der Constellation basierten, entsprechend vergrößert und verstärkt, auf der Konstruktion des Jäger-Tragwerks der P-38 Lightning.

EINSATZDATEN

REICHWEITE

Die Entwicklung von Fernbombern im Zweiten Weltkrieg bereitete die Interkontinentalflüge der zivilen Luftfahrt vor. Anfang der 50er Jahre beförderten Airliner Passagiere in großer Zahl nonstop über den Atlantik und mit einer Zwischenlandung über den Pazifik. Die Super Constellation weihte die Nonstop-Verbindung San Francisco–London auf der Route über das nördliche Polargebiet ein.

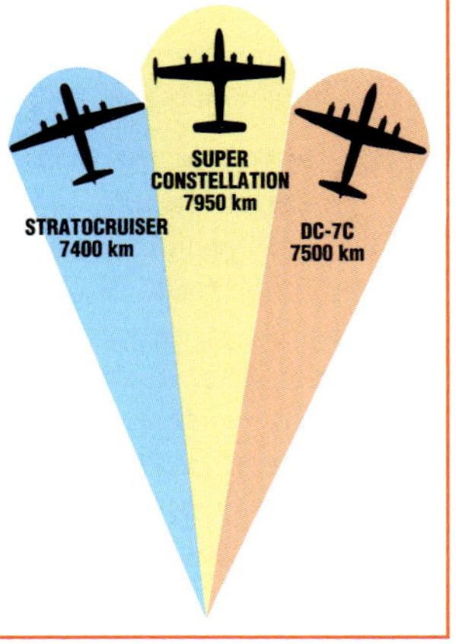

Geschichte der Constellation

MODELL 49 CONSTELLATION: Acht Jahre nach der DC-3 flog das Modell 49, zunächst als Transporter im Krieg. Danach bestellten Liniengesellschaften über 100 Maschinen dieses Typs.

MODELL 749 CONSTELLATION: Stärkere Motoren und zusätzliche Treibstofftanks vermittelten dieser verbesserten Constellation eine größere Reichweite.

MODELL 1049 SUPER CONSTELLATION: Fast um sechs Meter gestreckt und von Turbo-Verbundmotoren angetrieben, war die Super Constellation der schnellste Airliner ihrer Zeit.

MODELL 1649 STARLINER: Diese letzte Version war ein ausgezeichnetes Hochleistungsmuster, erschien aber zu spät, um der DC-7C die Stirn bieten zu können.

L-1011 TRISTAR

● Großraum-Flüster-Jet ● Dreistrahliger Mittel-/Langstrecken-Airliner

▲ *Die TriStar wurde Ende der 60er Jahre entwickelt, als die Fluggesellschaften Großraumflugzeuge mit zwei Gängen forderten, die wesentlich mehr Komfort als ältere Maschinen wie die DC-8 boten.*

Die TriStar, wegen ihrer geringen Lärmentwicklung auch „Flüster-Jet“ genannt, war die große Konkurrentin der dreistrahligen McDonnell Douglas DC-10. Aufgrund ihrer kraftstoffsparenden Triebwerke besaß sie eine große Reichweite. Nach Überwindung von Liquiditätsproblemen bei Lockheed und Rolls-Royce, die fast zur Einstellung des TriStar-Programms geführt hätten, wurde sie zu einem beliebten Airliner.

LOCKHEED L-1011 TRISTAR

▲ **Delta fliegt die TriStar**
Delta, eine der weltweit größten Fluggesellschaften, gehörte zu den ersten Käufern der L-1011. Es spricht für die Maschine, dass Delta noch 26 Jahre später 56 TriStar-Jets im Flugbetrieb hielt.

▲ **Breiter Rumpf**
Die L-1011 sieht der DC-10 ähnlich. Ihr drittes Triebwerk liegt aber in der Leitwerkswurzel, während es bei der Maschine von Douglas im Leitwerk untergebracht ist.

▼ **Frachtzuladung ▶**
Eine Frachtversion wurde nicht gebaut, doch auch die Linien-TriStar besitzt eine große Ladekapazität.

▲ **TriStar für die Royal Air Force**
Der Einsatz der TriStar bei der 216. Staffel der RAF wurde ein großer Erfolg. Die TriStar wurde im Gegensatz zur DC-10 aber nicht bei den US-Streitkräften eingeführt.

Spitze Nase ▶
Die Nasensonde dieser Test-TriStar ist ein Fühler zur exakten Messung von Luftbewegungen, um das Verhalten des Flugzeuges bei Turbulenzen zu überprüfen.

FAKTEN UND ZAHLEN

- TriStar kosteten Anfang der 70er Jahre 14,3 Millionen US-Dollar, das ist in etwa der heutige Preis einer F-16.
- Auch Saudia, Royal Jordanian und Cathay Pacific flogen die TriStar.
- Die letzte TriStar rollte 1983 aus dem Lockheed-Werk in Palmdale.
- Die L-1011-500 hat ein maximales Startgewicht von 228 610 kg. Ihre Reichweite beträgt 9905 km (vollbeladen).
- Die RAF erwarb 1983 für 60 Millionen Pfund sechs TriStar von British Airways.
- Lockheed baute insgesamt 250 TriStar. Die erste flog im November 1970. Heute sind noch etwa 50 Exemplare aktiv.

Der Flüster-Jet von Lockheed

Die TriStar wurde als mittlerer Großraum-Airliner für 250 Passagiere von American Airlines in Auftrag gegeben. Vorgaben waren wirtschaftlicher Treibstoffverbrauch und einfache Wartung. Fast wäre ihre Entwicklung finanziellen Problemen des Herstellers zum Opfer gefallen. Nach Überwindung der Schwierigkeiten konzipierte Lockheed jedoch 1966 die TriStar und begann mit ihrer aggressiven Vermarktung gegen den Mitbewerber DC-10. Bis März 1968 waren bereits 118 TriStar an Eastern Airlines, TWA und Delta verkauft worden, da folgte mit dem Konkurs von Rolls-Royce und dem damit verbundenen Lieferungsausfall der Triebwerke ein neuer Rückschlag. Nach komplizierten Transaktionen konnte der Verkauf der TriStar erneut beginnen. In der Zwischenzeit waren aber schon viele DC-10 verkauft worden.

Bei den L-1011-100- und -500-Versionen wurde die Reichweite verbessert. Sie erhielten zusätzliche Tanks, verlängerte Flügelspitzen und ein wirksames Steuerungssystem zur Reduzierung des Widerstandes. Dennoch erzielte die TriStar nie ganz die Leistungen der DC-10. Eine kleine Anzahl wurde für die RAF zu Tank- und Frachtflugzeugen umgebaut. Noch heute befinden sich einige TriStar im Flugbetrieb.

Auch British Airways hat inzwischen ihre TriStar durch neuere Maschinen ersetzt.

Die TriStar hat gegenüber der DC-10 einen kürzeren Rumpf, und ihre Flügel sitzen weiter hinten. Damit ist sie gut zu erkennen.

Das Fahrwerk wird in zwei große Schächte im Rumpf kurz vor der Flügelwurzeln eingezogen.

TECHNISCHE DATEN
L-1011-500

- **Typ:** Langstrecken-Passagierflugzeug
- **Triebwerke:** drei Turbofans Rolls-Royce RB 211-524B mit je 222,45 kN Standschub
- **Reisegeschwindigkeit:** 973 km/h in 9000 m; im Sparflug 890 km/h in 10 500 m Höhe
- **Anfangssteigrate:** 908 m/min
- **Reichweite:** maximal 11 286 km; 9905 km bei voller Passagier- und Frachtauslastung
- **Dienstgipfelhöhe:** 13 200 m
- **Kapazität:** dreiköpfige Crew; normal 24 Passagiere der ersten und 222 der Economy-Klasse
- **Gewicht:** leer 111 311 kg; beladen 228 610 kg
- **Abmessungen:**

Spannweite:	50,09 m
Länge:	50,05 m
Höhe:	16,87 m
Tragflügelfläche:	329 m²

L-1011-500 TriStar

Die L-1011-500 ist eine Langstrecken-Version der TriStar. Sie wurde von British Airways auf Flügen von London nach New Orleans, Calgary und Edmonton eingesetzt. Dieses Flugzeug wurde 1983 an die RAF verkauft und fliegt jetzt als Tank- bzw. Frachtmaschine.

Die Besatzung besteht aus dem Piloten, dem Kopiloten und dem Flugingenieur. Der Geräuschpegel im Cockpit der TriStar ist sehr niedrig. Im Dach der Kabine befindet sich eine Rettungsluke für den Notfall.

An den Tragflächen befinden sich sehr große Vorflügel, Landeklappen, Querruder und äußere Stör-/Bremsklappen. Zur Aufnahme von insgesamt 34 000 Litern Treibstoff enthalten die Tragflächen der TriStar 500 große Tanks .

Bei zwei Klassen finden in der Hauptkabine bis zu 246 Passagiere Platz. In der Touristenklasse sitzen dabei neun in einer Reihe. Bei enger Bestuhlung mit zehn Sitzen pro Reihe können sogar bis zu 330 Personen befördert werden.

Gleich hinter dem Cockpit liegt die vordere Bordküche.

Die TriStar-500-Serie ist mit Turbofan-Triebwerken RB 211-524 ausgerüstet. Das RB 211 wurde ständig modifiziert, um sich mit den Pratt & Whitney-Triebwerken der Boeing 747 messen zu können. Es ist dabei ein sehr wirtschaftliches und leises Triebwerk geblieben.

Das Pratt & Whitney-Hilfsstromaggregat ist in einem Schacht unterhalb der Luftzuführung des dritten Triebwerks untergebracht.

Die Verkleidung des dritten Triebwerks ist für Wartungsarbeiten abnehmbar. Die hintere Kabinentür liegt kurz vor dem Leitwerk.

EINSATZDATEN

GESCHWINDIGKEIT

Die TriStar sollte mit voller Zuladung auch von relativ kurzen Startbahnen aus abheben können. Deshalb erhielt sie eine effektive, aerodynamische Form, optimale Tragflächen und drei starke Triebwerke. Diese Kombination macht das Lockheed-Modell zu einem der schnellsten Airliner.

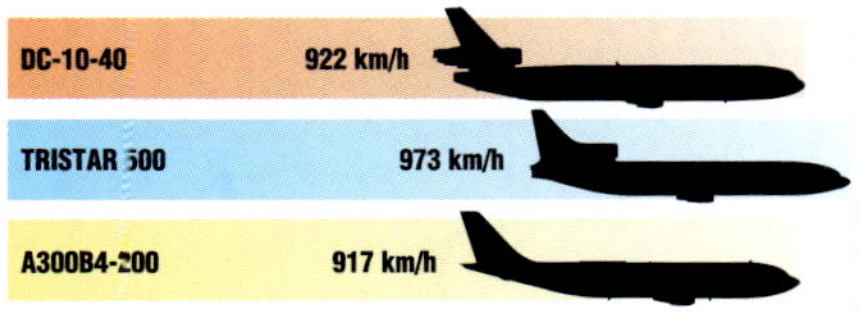

REICHWEITE

Die TriStar sollte die Route Chicago–Los Angeles bedienen. Vielen Interessenten war aber die Reichweite von 5000 km zu gering. Spätere Versionen besaßen daher verbesserte Leistungen. Das Modell 500 kann sich mit den Langstreckenversionen der DC-10 messen und besitzt eine interkontinentale Reichweite.

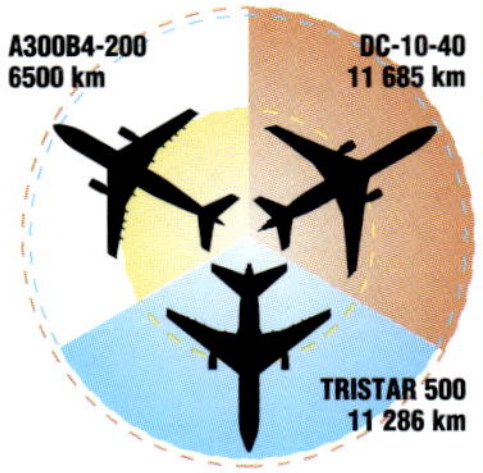

TYPISCHE NUTZLAST

Langstrecken-TriStar sind vier Meter kürzer als die Standard-Versionen. Die Anzahl der Passagiere verringert sich dadurch von rund 400 auf 330. Bei maximaler Auslastung sitzen zehn Passagiere in einer Reihe, bei der gängigen Bestuhlung sind es sechs nebeneinander in der ersten und neun in der Economy-Klasse.

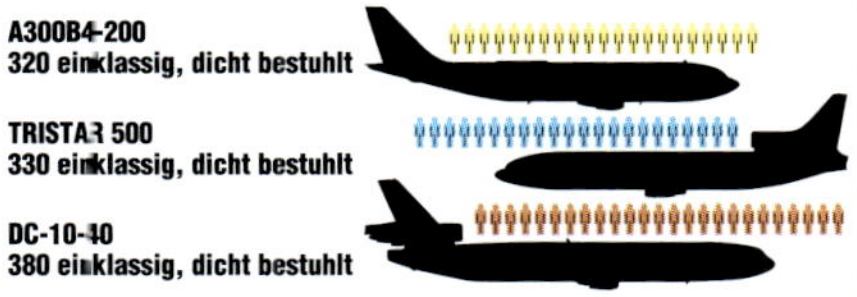

Das Zeitalter der Großraumflugzeuge

BOEING 747: Die Boeing 747 war das erste Großraumflugzeug, das als „Jumbo-Jet" Geschichte schrieb. 30 Jahre nach ihrem Erstflug war sie immer noch der größte Airliner. Die meisten 747 befliegen Langstreckenrouten mit hoher Verkehrsdichte.

McDONNELL DOUGLAS DC-10: Die DC-10 ist kleiner als die 747. Sie sollte ursprünglich wie die TriStar etwas kürzere transkontinentale Routen bedienen. Langstrecken-Versionen erschienen bald und traten mit dem großen Boeing-Jet in Wettbewerb.

AIRBUS A300: Von Europas höchst erfolgreichem Airbus stammt eine ganze Düsen-Passagierflugzeug-Familie ab, die mit den Amerikanern im Kurz-, Mittel- und Langstreckenbereich ohne Zwischenlandungen in Konkurrenz getreten ist.

Lockheed

ER-2 NASA

● Forschungsflugzeug ● Umweltüberwachung ● Sensorplattform

▲ Die NASA betreibt nur drei Vermessungsflugzeuge ER-2, die alle auf der Experimentalstation der NASA in Moffett Field stationiert sind. Zum Einsatz kamen auch zivile Versionen der früheren U-2.

Die ER-2 (Earth Resources – Bodenschätze) der NASA ist eine zivile Version des Spionageflugzeugs U-2 aus den Zeiten des Kalten Kriegs. Die nukleare Konfrontation zwischen West und Ost erforderte einen hoch fliegenden Aufklärer. Heute nutzt die NASA die Flugzeugzelle für friedlichere Einsätze. Seit einigen Jahren helfen die ER-2 bei der Überwachung des Ozonlochs. Diese Maschinen erfüllen Aufgaben, die ansonsten Satelliten übernehmen müssten.

BILDERCHRONIK

Lockheed ER-2

▲ Schlanker Rumpf

Der schmale Rumpf der TR-1 ist auf einen möglichst geringen Luftwiderstand beim Höhenflug ausgelegt.

▲ NASA-Spezialeinheit

Die ER-2 dient bei einer Spezialeinheit der NASA (Nationale Luft- und Raumfahrtbehörde) für Höhenflüge, der High Altitude Missions Branch.

▲ Schulversion

Die zukünftigen NASA-Forschungspiloten erlernen die ungewöhnliche Steuerung der ER-2 auf dem Tandemzweisitzer der US Air Force Lockheed U-2RT des 9. Aufklärungsgeschwaders.

▲ Mehrzweckcockpit

Das Cockpit der ER-2 enthält viele verschiedene Sensoranzeigen, ähnlich dem der militärischen TR-1A.

Im Ausland ▶

Außer in den USA kommen die U-2 und ER-2 der NASA auch häufig in Norwegen zum Einsatz.

FAKTEN UND ZAHLEN

- Der Brite Ivor Webster, der in der RAF für Spionageflüge ausgebildet wurde, zählte zu den ersten drei U-2-Piloten der NASA.
- 1980 erforschte eine ER-2 die Vulkanausbrüche vom Mount St. Helens.
- Zwei TR-1 wurden an die NASA übergeben und in ER-2 umbenannt.
- Die NASA setzte als zusätzliche Kameras unter anderem Wild-Heerbrug RC-10 mit einer Brennweite von 15 und 30 cm ein.
- Eine dritte ER-2 (früher eine TR-1A des 9. SRW) steht jetzt im Dienst der NASA.
- Die militärische TR-1 ist ein Präzisionsflugzeug für die elektronische Aufklärung.

PROFIL

Die zivilen Spione der NASA

Vielen ist die Lockheed U-2, gebaut in den geheimen „Skunk Works“, als das Spionageflugzeug in Erinnerung, das 1960 über Rußland abgeschossen wurde.

Die einzige Verbindung der NASA mit diesem finsteren Instrument des Kalten Kriegs bestand zunächst darin, dass man die CIA-Spionageflüge mit der U-2 als zivile Forschungseinsätze der NASA ausgab.

Im Rahmen des Programms Earth Resources Satellite Technology (später als Landsat bezeichnet) begann die NASA jedoch 1971, zwei U-2C (1983 durch das verbesserte Modell ER-2 ergänzt) für eine friedliche Forschung mit Sensoren und Infrarot-Kameras einzusetzen. Die U-2 ergänzten die Satelliten und halfen, die Erde, auf der wir leben, genauer zu erforschen, etwa indem sie den Chlorophyllgehalt der Vegetation ermittelten. Die ER-2 führte viele ihrer Sensoren in zwei „Superbehältern“ unter den Tragflügeln mit. Obwohl sich die U-2 nicht leicht fliegen lässt, lieben die Piloten ihre Aufgabe, weil sie die einstige militärische Waffe nun für dem Menschen dienliche Zwecke einsetzen.

Die ER-2 fliegt vom NASA-Gelände in Moffett Field aus, aber auch von Bodø in Norwegen, wo sie Daten zur Erforschung der Ozonschicht sammelt.

Oben: Die ER-2 trägt den zivilen Standardanstrich der NASA: oben glänzendweiß und unten blassgrau mit blauem Seitenstreifen.

Rechts: Lockheeds ER-2 sind aufgrund ihrer Höhenleistung für die NASA sehr nützlich. Sie fliegen in Höhen von über 21 000 m und haben eine Reichweite von fast 5000 km.

TECHNISCHE DATEN
ER-2

- **Typ:** einsitziger, strategischer Höhenaufklärer
- **Triebwerk:** ein Strahltriebwerk Pratt & Whitney J75-P-13B mit 74,16 kN Schub
- **Marschgeschwindigkeit:** 740 km/h in 19 810 m Höhe
- **Einsatzhöhe:** 19 810 m bis 21 335 m
- **Flugdauer:** maximal 12 Stunden
- **Reichweite:** 4365 km
- **Nutzlast:** (NASA U-2C) 658 kg an Sensoren; (ER-2) 1361 kg an optischen, thermischen und elektronischen Sensoren für Testeinsätze
- **Gewicht:** beladen maximal 18 733 kg
- **Abmessungen:**

Spannweite:	31,39 m
Länge:	19,13 m
Höhe:	4,88 m
Tragflügelfläche:	92,90 m²

NASA ER-2

Die Abbildung zeigt eine der drei ER-2 der NASA. Dieses einsitzige Höhenflugzeug zur Erforschung der Ressourcen der Erde ist auf Moffett Field in den USA stationiert, wird aber auch von Bodø in Norwegen aus eingesetzt.

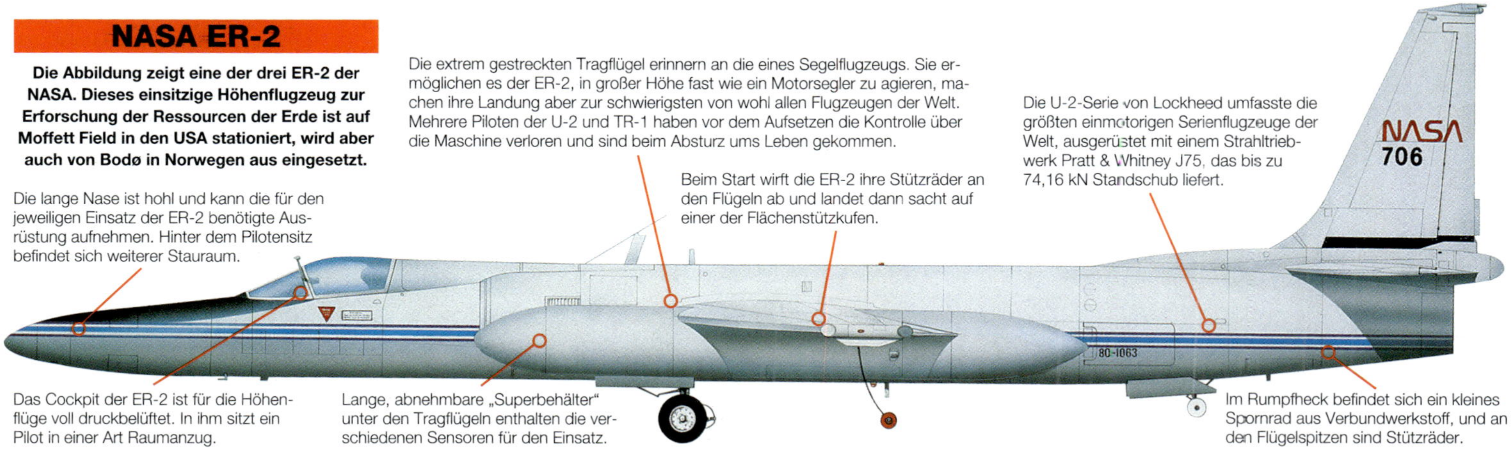

EINSATZDATEN

GIPFELHÖHE

In den ihnen zugedachten Rollen, zum Beispiel bei der Erforschung der Ozonschicht, operieren die Maschinen am Rande der Atmosphäre. Die Piloten tragen ähnliche Anzüge wie Astronauten.

REICHWEITE

Vermessungsflugzeuge (und Spionageflugzeuge) brauchen eine große Reichweite, da sie Daten über großen Gebieten sammeln. Die MiG-25 sollte die Fliegerabwehr umgehen, indem sie das Ziel sehr schnell überflog. Dies bedeutet: kürzere Reichweite und höherer Treibstoffverbrauch.

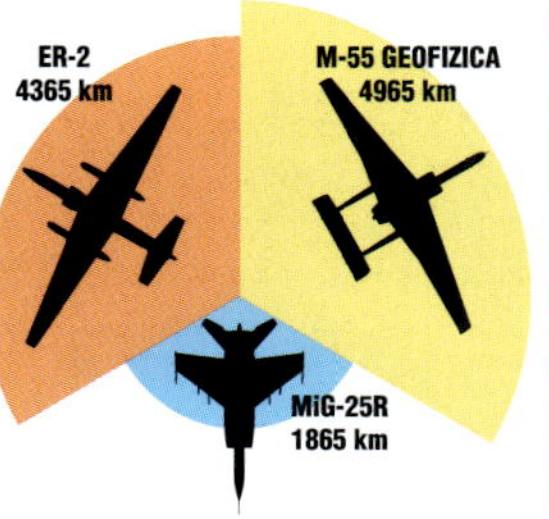

FLUGDAUER

Lange Tragflügel bedeuten große Tanks, und bei niedriger Leistungseinstellung des Triebwerks können sich sowohl ER-2 wie M-55 stundenlang in der Luft halten. Die MiG-25R war zwar sehr schnell, aber nicht für lange Einsätze konzipiert.

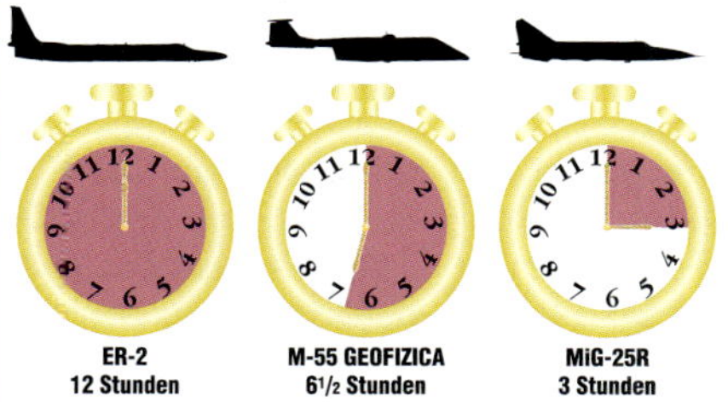

Im Dienst der Umwelt

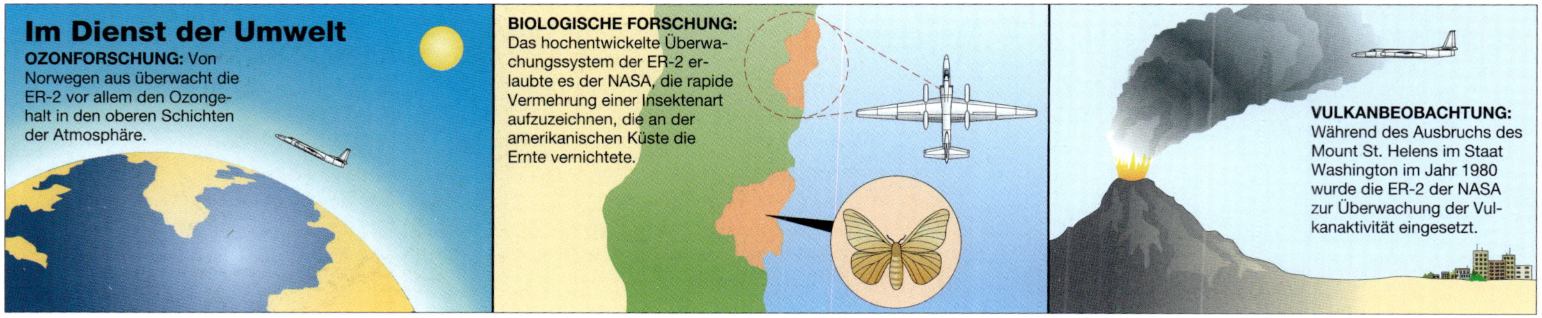

OZONFORSCHUNG: Von Norwegen aus überwacht die ER-2 vor allem den Ozongehalt in den oberen Schichten der Atmosphäre.

BIOLOGISCHE FORSCHUNG: Das hochentwickelte Überwachungssystem der ER-2 erlaubte es der NASA, die rapide Vermehrung einer Insektenart aufzuzeichnen, die an der amerikanischen Küste die Ernte vernichtete.

VULKANBEOBACHTUNG: Während des Ausbruchs des Mount St. Helens im Staat Washington im Jahr 1980 wurde die ER-2 der NASA zur Überwachung der Vulkanaktivität eingesetzt.

2-0-2/4-0-4

● **Zweimotoriges Verkehrsflugzeug** ● **Einsatz bei der Küstenwache**

▲ *Das zweimotorige Verkehrs- beziehungsweise Transportflugzeug 2-0-2/4-0-4 ähnelte zwar stark der Convair CV 240, erzielte aber nicht den kommerziellen Erfolg dieses Konkurrenzmusters.*

Nach dem Krieg entschloss sich auch Glenn L. Martin, in das lukrative Geschäft mit Verkehrsflugzeugen einzusteigen, und baute das zweimotorige Modell 2-0-2. Dieser Versuch seiner Firma, eine auf den zivilen Markt zugeschnittene Maschine anzubieten, blieb jedoch erfolglos. Eine verbesserte Version, die 4-0-4, ging 1951 in Dienst, und die meisten Exemplare dieses etwas beliebteren Musters flogen bis Mitte der sechziger Jahre.

MARTIN 2-0-2/4-0-4

▼ Veteranen
In den sechziger Jahren wurden einige 2-0-2 an kleinere Betreiber weitergereicht. Dieses Exemplar flog noch 1985 bei Proair.

▲ Störanfälliger Airliner
Die Northwest erwarb als einzige große Fluggesellschaft die 2-0-2. Da häufig Mechanik- und Strukturprobleme auftraten, war die Maschine nicht beliebt.

◄ Erste Exemplare
Zwei Prototypen der 2-0-2 wurden gebaut, von denen der zweite Tragflügel mit stärkerer V-Stellung erhielt. Die Zulassung durch die Behörden erfolgte Mitte 1947.

▼ In Südamerika
Zu den wenigen Käufern der 2-0-2 gehörte die Linea Aeropostal Venezolana, die sie auf ihren lateinamerikanischen Strecken einsetzte.

◄ Abgebrochene Produktion
1947 war die Produktion der 2-0-2 voll angelaufen, doch bald stand fest, dass die Linien ein größeres und schnelleres Muster wollten. Bestellungen blieben aus, und nur wenige Exemplare wurden gebaut.

FAKTEN UND ZAHLEN

- Als eine 2-0-2 abstürzte und alle Passagiere ums Leben kamen, stieß Northwest Airlines alle verbliebenen 2-0-2 sofort ab.
- Im März 1950 wurde die größere und stark verbesserte 4-0-4 angekündigt.
- Eastern Airlines und TWA kauften insgesamt 103 Stück der verbesserten Version.
- United Airlines orderte die als 3-0-3 bezeichnete druckbelüftete Version der 2-0-2, die später jedoch storniert wurde.
- Eine Maschine wurde für Frank Sinatra zu einem Geschäftsflugzeug umgerüstet.
- Zwei Exemplare gingen mit der Bezeichnung RM-1G an die US Coast Guard.

Martins Nachkriegs-Airliner

Die heute fast vergessene Martin 2-0-2/4-0-4 hätte ein ausgezeichnetes und erfolgreiches Flugzeug werden können, wäre es nicht zu vielen Rückschlägen gekommen. Nach dem Jungfernflug des ersten Prototyps im November 1946 gingen von sechs Kunden Bestellungen ein. 1947 aber brach der Markt zusammen, und nur die Northwest Airlines erwarb die 2-0-2 tatsächlich. Im Dienst erwiesen sich die Muster als problematisch, und 1947 ging eine in einem Sturm verloren. Ein anderes Exemplar wurde schwer beschädigt, und Risse in den Flügeln deuteten auf ernste Konstruktionsmängel hin. Martin löste das Problem, doch die Gesellschaften blieben skeptisch, so dass nur wenige Muster dieser Version gebaut wurden. Die 4-0-4 von 1950 ähnelte stark der 2-0-2, war aber größer und hatte einen druckbelüfteten Rumpf. Der Typ fand mehr Anklang und errang einen Auftrag der großen Linien Eastern und TWA. Einige 4-0-4 waren später für Charterflüge in der Karibik im Einsatz.

Oben: Trotz der Ähnlichkeit hatte die mit Druckkabine ausgestattete 4-0-4 mit der 2-0-2 nur wenige Teile gemeinsam. Mit 103 gebauten Mustern war sie im Vergleich zur Vorgängerin ein Erfolg.

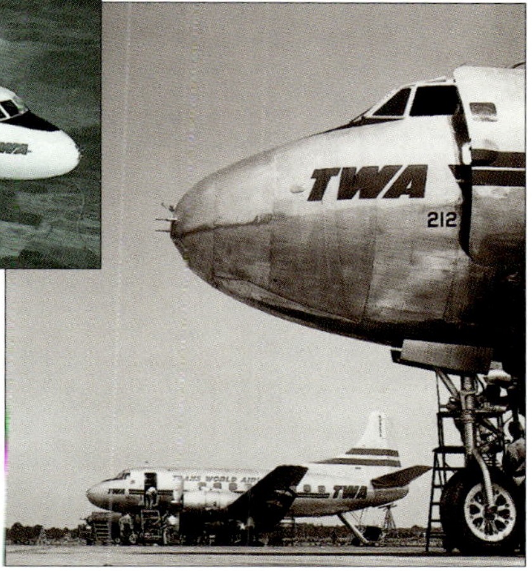

Rechts: TWA war ein wichtiger Kunde für die Martin-Flugzeuge. Bevor TWA die 4-0-4 erwarb, leaste sie zwölf 2-0-2, die aus Überschussteilen gebaut wurden. Mehrere der Maschinen blieben erhalten.

TECHNISCHE DATEN
4-0-4

- **Typ:** Kurz-/Mittelstreckenverkehrsflugzeug
- **Triebwerke:** zwei Sternmotoren Pratt & Whitney R-2800-CB16 mit je 1790 kW
- **Höchstgeschwindigkeit:** 502 km/h
- **Reisegeschwindigkeit:** 448 km/h
- **Anfangssteigrate:** 580 m/min
- **Reichweite:** 1738 km mit maximaler Nutzlast
- **Gipfelhöhe:** 8840 m
- **Gewicht:** leer 13211 kg; max. Startmasse 20366 kg
- **Kapazität:** maximal 40 Passagiere
- **Abmessungen:**

Spannweite:	28,42 m
Länge:	22,73 m
Höhe:	8,66 m
Tragflügelfläche:	80,27 m²

4-0-4

Nach ihrer Laufbahn bei großen Fluggesellschaften wie der TWA gingen die Martin 4-0-4 an kleinere Betreiber. Marco Island Airways flog dieses farbenfrohe Exemplar auf ihren Karibikstrecken.

Trotz der äußeren Ähnlichkeit waren die 2-0-2 und die 4-0-4 von der Struktur her recht verschieden. Die 4-0-4 hatte einen größeren, druckbelüfteten Rumpf, der sich für Passagiere wie Besatzung als weitaus angenehmer erwies. Es überrascht daher nicht, dass dieser Typ mehr Abnehmer fand als die wenig beliebte 2-0-2.

Wie damals üblich, hatte die Ganzmetallseitenflosse eine sehr lange Übergangsverkleidung, die sich fast über die halbe Rumpflänge erstreckte. Das Ganzmetalleitwerk war in Schalenbauweise gefertigt, und alle Steuerflächen waren kraftbetätigt. Die Maschine ließ sich angenehm fliegen und hatte kaum Tücken.

Die Standardcrew der 4-0-4 bestand aus Pilot, Kopilot und Navigator. Zuweilen kam noch ein viertes Besatzungsmitglied hinzu.

Der Typ hatte ein etwas staksig wirkendes Dreipunktfahrgestell mit einfach bereiftem, steuerbarem Bugrad und einem Hauptfahrwerk mit Zwillingsrädern. Im Flug zogen alle Baugruppen nach vorn ein.

Zu den bei der 4-0-4 eingeführten Verbesserungen zählten leistungsgesteigerte Triebwerke. Die beiden 18-Zylinder-Sternmotoren Pratt & Whitney R-2800 Twin Wasp waren für bessere Höhenleistungen mit Turboladern ausgestattet

Im Rumpfheck war eine einziehbare Passagiertreppe eingebaut, so dass man ohne die sperrigen Gangways auskam. Dies sparte Zeit und ermöglichte den Anflug von Flugplätzen mit nur minimaler Ausstattung.

EINSATZDATEN

REISEGESCHWINDIGKEIT

Gegenüber den Mustern aus den dreißiger Jahren flogen die zweimotorigen Verkehrsmaschinen nach dem Krieg höher und schneller. Die sowjetische Il-14 „Crate" war dennoch sehr langsam und verglichen mit der Martin 4-0-4 und der Convair CV 440 ineffektiv.

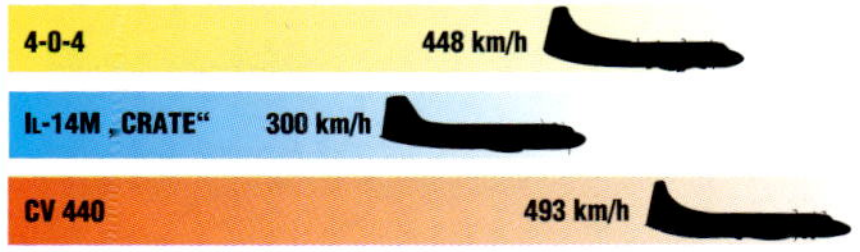

KAPAZITÄT

Eine Kapazität von 40 Passagieren erscheint heute nicht so beeindruckend wie Mitte der vierziger Jahre. Diese Maschinen wurden aber auf den wichtigsten Strecken schnell von größeren Typen abgelöst und endeten als Regionalflugzeuge.

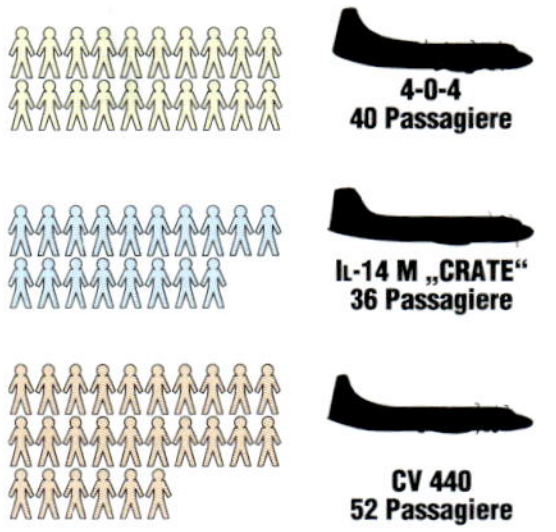

REICHWEITE

Die 4-0-4 hatte eine ausreichend große Reichweite, die sie zu einer geeigneten Maschine für den Regionaleinsatz in den USA und für Flüge in die Karibik machte. Die ähnliche Convair CV 440 flog etwas weiter und war beliebter als das Martin-Modell. Die Il-14 bot zwar eine akzeptable Reichweite, war aber im Unterhalt sehr kostspielig.

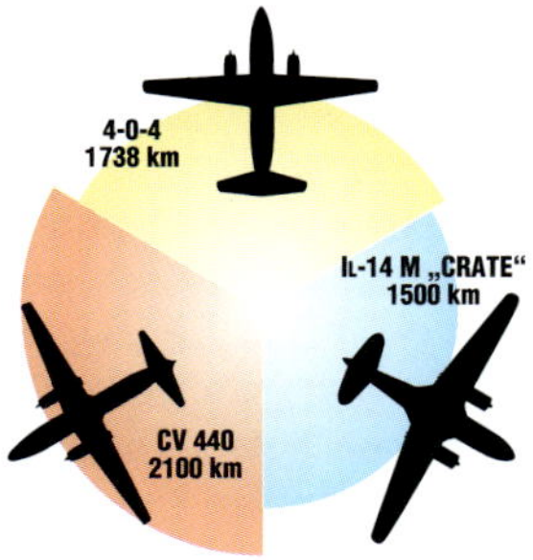

Konkurrenzmuster auf dem Nachkriegsmarkt

BOEING 377 STRATOCRUISER: Die „Strat" mit zwei Decks war Ende der vierziger Jahre das vielleicht renommierteste Verkehrsflugzeug.

CONVAIR CV 240: Diese auch als „Convairliner" bekannte Maschine besiegelte das Ende der Aufträge für die Martin 2-0-2.

DOUGLAS DC-3: Auf dem angespannten Markt direkt nach dem Krieg war die DC-3 für viele Fluggesellschaften ein attraktives Angebot.

DOUGLAS DC-7B: Große, viermotorige Typen wie die DC-7 leiteten eine neue Epoche der Luftfahrt ein. Die Pan Am war ein Hauptkunde.

McDonnell Douglas

DC-9

● **Kurz-/Mittelstrecken-Verkehrsflugzeug** ● **Globaler Einsatz** ● **Innovationen**

Für den Reisenden ist die Douglas DC-9 eines der bekanntesten Flugzeuge. Über tausend Kurz- und Mittelstrecken-DC-9 verkehrten regelmäßig auf den Luftstraßen, zusammen mit weiterentwickelten, jüngeren Versionen, welche die Bezeichnung „MD“ für McDonnell Douglas tragen. Die DC-9 wird oft mit den noch häufigeren Boeing 727 und 737 verglichen, aber sie begann ihre Karriere zwei Jahre früher. Ihre Besatzungen betrachteten die DC-9 als das beste Flugzeug ihrer Klasse.

▲ *Die DC-9 setzte die Tradition der altehrwürdigen DC-3 fort, indem sie ihren Nutzern in aller Welt ebenso zuverlässige wie kostengünstige Dienste leistet.*

BILDERCHRONIK

McDonnell Douglas DC-9

◀ **Immer auf der Höhe**
Lange, sauber gepfeilte Tragflächen ermöglichen der DC-9 einen schnellen, wirtschaftlichen Reiseflug. Die Flügel sind so tief angesetzt, dass die Holme unter dem Kabinenboden verlaufen.

Unter kanadischer Flagge ▶
Air Canada ist eine der Fluglinien, die mit der DC-9 ihren Düsenverkehr auf Kurz- und Mittelstrecken erweiterten. Das Flugzeug war zuverlässig und leistungsfähig.

◀ **Abholbereit in Long Beach**
Auf dem Werksgelände warten DC-9 auf ihre Auslieferung. Etliche Gesellschaften kauften den Typ, der sich aber gegen Boeings 737 nicht behauptete.

▼ **DC-9 im Abwärtstrend**
Seit die neueren MD-80/-90 und andere Typen im Einsatz sind, sieht man die DC-9 sehr selten am europäischen Himmel.

▼ **Umweltverträglich**
Die älteren DC-9 benötigen Änderungen zur Lärm- und Schadstoffminderung.

FAKTEN UND ZAHLEN

- **Delta Airlines bestellte im April 1963, noch vor dem Jungfernflug der DC-9, die ersten Maschinen.**
- **Der Prototyp der DC-9-Serie flog erstmals am 25. Februar 1965.**
- **Rund 450 DC-9 sind noch im Einsatz, viele davon in Nord- und Südamerika.**
- **Die meisten DC-9 wurden in Fracht-, Fracht-/Passagier- und umrüstbarer Auslegung angeboten.**
- **Nur noch etwa 10 DC-9 fliegen auf europäischen Routen.**
- **Die DC-9 hat einen schmalen Rumpf, aber eine Ausstattung im Großraumstil.**

Neue Standards im Luftverkehr

Mit ihrer Tiefdeckerauslegung, dem markanten T-Leitwerk und den beiden an den Hinterrumpfseiten montierten Triebwerken setzte die Douglas DC-9 neue Entwurfsmaßstäbe. Sie ging 1965 als erstes strahlgetriebenes Kurz- und Mittelstrecken-Passagierflugzeug in den Liniendienst, und nach gut drei Jahrzehnten kann sie positive Betriebs- und Flugsicherheitsbilanzen aufweisen.

Das Grundmuster der DC-9 wurde in verschiedenen Varianten mit unterschiedlichen Abmessungen, Klassifizierungen und Sitzkapazitäten gebaut. Dieser Typ wurde zu einem der beliebtesten Verkehrsflugzeuge der Welt, und auf seinem Konzept basieren die weiterentwickelten MD-80/-90-Serien.

Seit ihrem ersten kommerziellen Passagierflug am 8. Dezember 1965 für Delta Airlines blieb die DC-9 bei Besatzungen und Fluggästen gleichermaßen beliebt. Sie ist angenehm zu fliegen und recht preiswert im Betrieb wie im Unterhalt. Sogar viele der ältesten Exemplare fliegen noch Erträge ein, und lärmmindernde Modifikationen dürften sie wohl noch einige Jahre im Einsatz halten.

Rechts: Als Pratt & Whitney die stärkeren Mantelstrom-Triebwerke JT8D-15 und -17 entwickelte, baute McDonnell Douglas die größere DC-9-50 mit 139 Sitzen.

Unten: Ein Entwicklungsexemplar der McDonnell Douglas DC-9-40 über der „Queen Mary“. Die Serie 40 wurde ab 1968 ausgeliefert.

TECHNISCHE DATEN

DC-9-30

- **Typ:** Kurz-/Mittelstrecken-Verkehrsflugzeug
- **Triebwerke:** zwei Mantelstrom-Triebwerke Pratt & Whitney JT8D-7 mit je 62,3 kN Schub
- **Höchstgeschwindigkeit:** 918 km/h
- **Reisefluggeschwindigkeit:** max. 909 km/h; 821 km/h auf Langstrecke
- **Reichweite:** 2775 km bei Langstrecken-Reisefluggeschwindigkeit
- **Kapazität:** zwei Piloten, ein Flugingenieur und 105 Passagiere (115 bei Spareinrichtung)
- **Gipfelhöhe:** 10 180 m
- **Gewicht:** leer 24 011 kg; max. Startmasse 44 450 kg
- **Abmessungen:**

Spannweite:	28,47 m
Länge:	36,37 m
Höhe:	8,38 m
Tragflügelfläche:	92,97 m²

DC-9-30

In den siebziger Jahren entwickelte Douglas Versionen der Serie 30 mit stärkeren JT8D-Triebwerken, höherem Gewicht und Zusatztanks. Diese Modelle waren bei europäischen Chartergesellschaften wie der Aero Lloyd beliebt.

Es gibt zwar nur eine Passagiertür, aber für den Notfall sind über der linken Flächenwurzel zwei Ausgänge mit aufblasbaren Notrutschen eingerichtet.

Douglas sah die Verkaufserfolge der BAC One-Eleven in den USA, beschloss, ihr ernsthaft Konkurrenz zu machen und schuf die DC-9, die der One-Eleven sehr ähnelte, aber im Heckbereich besser gestaltet war. Bei der britischen Maschine verjüngte sich der Rumpf nach hinten, während er bei der DC-9 seinen Durchmesser fast beibehielt, so dass über die gesamte Kabinenlänge fünf Leute nebeneinander sitzen konnten. Bei einer ähnlich großen Zelle fanden daher mehr Fluggäste Platz.

Um das Einsteigen auf weniger gut ausgestatteten Flugplätzen zu erleichtern, wurde in die einzige Passagiertür am vorderen Kabinenende eine Einziehleiter eingebaut.

Schmale Pfeilflügel erhöhen die Wirtschaftlichkeit, aber auch die Landegeschwindigkeit. Um gute Pistenleistungen zu erreichen, versah man die Flächen mit Vorflügeln und großen Landeklappen.

Der Einbau der Triebwerke in Gondeln beidseitig am Hinterrumpf reduziert den Lärmpegel in der Kabine. Zudem kann so ein kurzes Fahrwerk verwendet werden, wie es die DC-9 für den Betrieb von weniger modernen Flughäfen aus braucht.

Bei heckmontierten Triebwerken bleibt dem Konstrukteur keine andere Wahl, als ein hochangesetztes T-Leitwerk zu verwenden, damit die Steuerruder nicht in den Abgasstrahl geraten. Die Höhenflosse der DC-9 lässt sich austrimmen, und die Steuerung erfolgt über das Höhenruder.

EINSATZDATEN

GESCHWINDIGKEIT

Die 737 flog zwar etwas schneller, aber erst zwei Jahre später als die DC-9, so dass Boeing hart kämpfen musste, um statt Douglas Aufträge zu erringen. Geschwindigkeit ist auf Kurzstrecken wichtig, weil es die meisten Passagiere eilig haben.

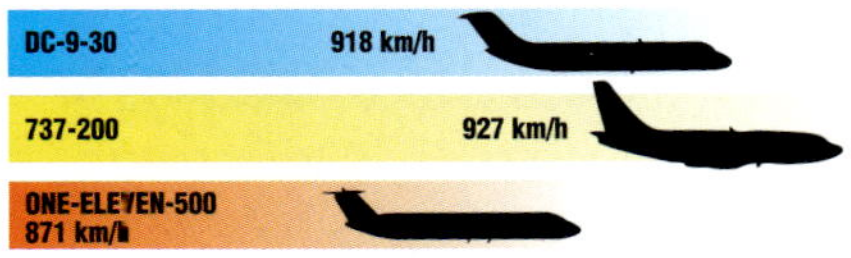

KAPAZITÄT

Sowohl von der DC-9 als auch von der 737-200 wurden Varianten entwickelt, die mehr Fluggäste aufnehmen als hier angegeben. Die BAC One-Eleven hatte in der Serie 500 ihr Maximum erreicht und fiel nun hinter die DC-9 zurück, deren Bau sie angeregt hatte.

REICHWEITE

Boeing nutzte die Erfahrungen mit Flugzeugen, die bereits auf Kurz- und Mittelstrecken verkehrten, und orientierte sich mehr an den aufkommenden Bedürfnissen des Marktes. So hat die 737-200 eine deutlich bessere Reichweite als die DC-9-40, allerdings bei ähnlicher Sitzzahl. Letztlich verkaufte sich die 737 besser als die DC-9.

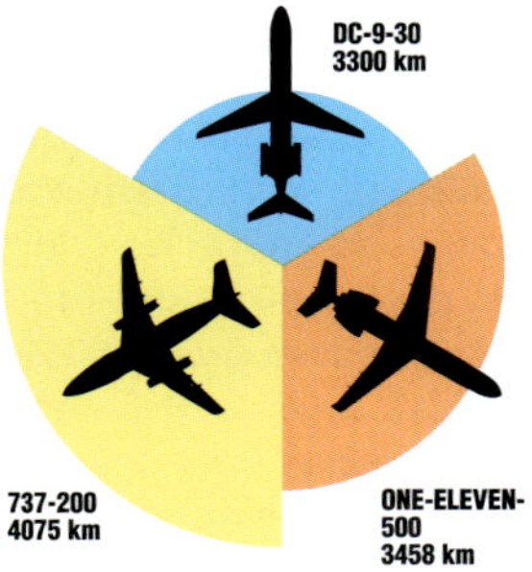

DC-9-Versionen

DC-9-20: Diese Version für „heiße und hohe“ Regionen wurde nur von SAS geflogen. Sie verband den kurzen Rumpf der Serie 10 mit der Spannweite und den Triebwerken der Serie 30.

DC-9-30: Die Serie 30 mit 115 Passagiersitzen, einer großen Spannweite (die sich im Reiseflug auszahlte) und starken Triebwerken in lärmarmen Gondeln verkaufte sich am besten.

C-9 SKYTRAIN II/NIGHTINGALE: USAF und US Navy nutzten diese Maschinen für flugmedizinische Aufgaben sowie für Transporte. Zwei Passagier-/Frachtexemplare gingen an Kuwait.

McDonnell Douglas

DC-10

● **Großraumflugzeug** ● **Dreistrahliger Mittel-/Langstrecken-Airliner**

Die McDonnell Douglas DC-10 gehört noch immer zu den größten Verkehsflugzeugen der Welt. Als eines der drei ersten Großraum-Verkehrsmuster (neben Lockheed TriStar und der Boeing 747) hat die DC-10 längst ihre Anfangsfehler vergessen machen können und galt bald als unersetzlich auf den Passagierstrecken rund um den Globus. Rund 200 Exemplare fliegen noch.

▲ *Im Vergleich zur Boeing 747 bietet die DC-10 ihrer Besatzung ein erfreulich geräumiges Flugdeck, was sicherlich zu ihrer großen Beliebtheit bei Piloten beiträgt.*

McDonnell Douglas DC-10

▼ **Lufttanker**

Von der DC-10 ausgehend, schuf McDonnell Douglas die KC-10 Extender für die US Air Force. Dieses vielseitige Muster transportiert riesige Frachtmengen oder betankt andere Flugzeuge in der Luft.

▲ **Dreistrahliger Prototyp**

Der DC-10-Prototyp startete in Long Beach zum Jungfernflug. Trotz einer Unfallserie in der Anfangszeit ist die DC-10 zu einem erstklassigen Airliner herangereift.

▼ **Fliegender Salon**

Der Großraumrumpf der DC-10 gestattete es, großzügige Unterhaltungsräume für die erste Klasse einzurichten.

▲ **Globale Flugreisen**

Die Langstreckenversion 320 konnte den Globus umfliegen. Air New Zealand nutzte dies für Flüge „rund um die Welt“.

Bestseller ▶

Attraktiv wirkte die DC-10 auf einige Fluggesellschaften, die aus Prestigegründen ein Großraumflugzeug ohne die enorme Kapazität der Boeing 747 wünschten.

FAKTEN UND ZAHLEN

- **Der Entwurf D-920 war ursprünglich als Schwerlasttransporter für die USAF entworfen worden, verlor jedoch gegen die Lockheed C-5 Galaxy.**
- **Das dritte heckmontierte Triebwerk wird von nur vier Schmiedestücken getragen – sogenannte „Banjo-Ringe“, die nur je 204 kg wiegen.**
- **Die Käufer der DC-10 hatten die Möglichkeit, zwischen den Triebwerken General Electric CF6 und Pratt & Whitney JT9D zu wählen.**
- **Wegen einiger Abstürze, die von den Medien ausgeschlachtet wurden, geriet die frühe DC-10 in den Ruf hochgradiger Unzuverlässigkeit.**

PROFIL

Die letzte Douglas

Mit der DC-10 riskierte McDonnell Douglas einen kühnen Vorstoß in unbekanntes flugzeugtechnisches Terrain. Allein die drei riesigen Mantelstromtriebwerke, die den Antrieb dieser Maschine lieferten, stellten ein völlig neues Konzept dar, und die dreistrahlige Auslegung mit einem im Sockel des Heckleitwerks gelagerten Motor war ebenfalls ein Novum. Die Fluggesellschaften stürzten sich auf den neuartigen Airliner, und die Firma McDonnell Douglas schien auf einer Erfolgswoge zu schwimmen.

Doch der scheinbare Erfolg verwandelte sich bald in eine Tragödie, als eine Reihe katastrophaler Unfälle den Ruf dieses Musters nachhaltig schädigte. Der Name DC-10 wurde zum Inbegriff für alles, was schiefging. Die Mängel, die diese Abstürze verursacht hatten, wurden jedoch behoben, und das Muster gewann allmählich seine Reputation zurück.

Inzwischen neigt sich die Karriere der DC-10 allmählich dem Ende zu, doch das Konzept wurde mit der MD-11, einer radikal modernisierten Version, fortgesetzt.

In Deutschland hielten die Lufthansa und ihre Tochterfirma Condor der DC-10 die Treue.

Gewaltige Triebwerke sind nötig, um die beladene DC-10 in die Luft zu bringen. Federal Express verwendet das Turbofan-Triebwerk CF6 von General Electric.

Die DC-10 fliegt mit zwei Piloten und einem Bordingenieur, aber bei der Frachtversion kommen Ladungsspezialisten hinzu.

TECHNISCHE DATEN
DC-10-30

- **Typ:** Langstrecken-Passagier-/Frachtflugzeug
- **Triebwerke:** drei Mantelstromtriebwerke mit hohem Nebenstromverhältnis vom Typ General Electric CF6-50C mit je 227,6 kN Schub
- **Höchstgeschwindigkeit:** 920 km/h
- **Reichweite:** 7500 km mit max. Nutzlast
- **Gewicht:** leer 121 200 kg; maximal 263 000 kg
- **Passagiere:** maximal 405, in typischer Zwei-Klassen-Auslegung 323 und in Drei-Klassen-Auslegung 293 Passagiere
- **Abmessungen:** Spannweite: 50,40 m; Länge: 55,50 m; Höhe: 17,70 m; Tragflügelfläche: 367,70 m²

DC-10F

Die DC-10F ist eine spezielle Frachtversion mit einer riesigen Ladeklappe an der Kabinenseite. Das Eilfrachtunternehmen Federal Express hat eine ganze DC-10-Flotte erworben, um Pakete innerhalb von 24 Stunden weltweit ausliefern zu können.

Die 41,45 m lange Kabine und weitere Frachträume ermöglichen der DC-10F, auf Langstreckenflügen 80 Tonnen Fracht zu transportieren. Das Frachtgut wird in Paletten verstaut, von denen allein in der Hauptkabine 30 Stück Platz finden.

Von anderen dreistrahligen Typen unterschied sich die DC-10 dadurch, dass ihr dritter Motor in das Leitwerk eingebaut war.

Die Langstreckenversionen der DC-10 sind viel schwerer als die Kurzstreckenvarianten. Daher brauchen sie eine zusätzliche Hauptfahrwerksbaugruppe, die zwischen den Hauptbeinen liegt.

Federal Express besitzt eine riesige Paketdienst-Luftflotte, die von Cessna-Leichtflugzeugen bis zur DC-10 oder MD-11 reicht.

EINSATZDATEN

REISEFLUGGESCHWINDIGKEIT

Obgleich die dreistrahligen Muster schwächer als die 747 mit ihren vier Triebwerken sind, kommen sie doch beinahe an die Geschwindigkeit der mächtigen Boeing heran.

SITZPLATZKAPAZITÄT

Um acht, neun oder gar zehn Sitze nebeneinander zu montieren, wurde der Rumpf der DC-10 verbreitert. Damit verdoppelte die erste Generation strahlgetriebener Großraumflugzeuge die mögliche Zahl der Passagiere.

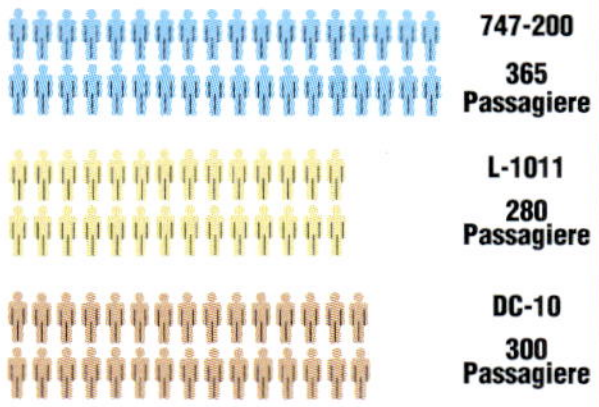

REICHWEITE

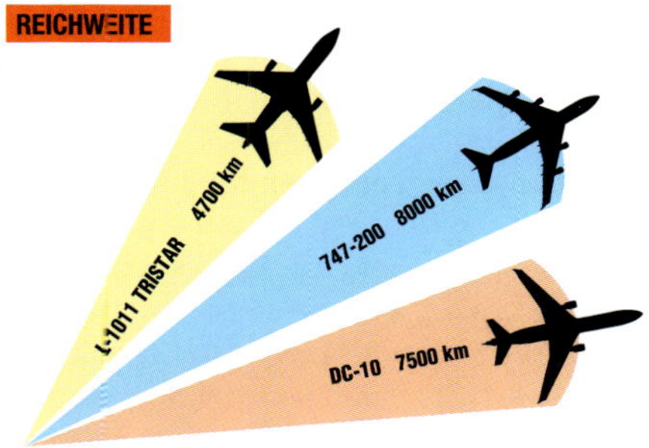

Obwohl häufig auf Mittel- oder Kurzstrecken eingesetzt, überbietet die DC-10 die Reichweite der vorausgegangenen Generation strahlgetriebener Airliner außer der Boeing 747 beträchtlich.

Douglas-Dynastie

DOUGLAS DC-2/DC-3 (30er Jahre): Sie waren die ersten Verkehrsflugzeuge mit selbsttragender Außenhaut. Diese vielgebauten Muster bildeten die Grundlage für die moderne Luftfahrt.

DOUGLAS DC-4/-6/-7 (50er Jahre): Diese viermotorigen Airliner waren eine Fortentwicklung der DC-3, die erstmals zur Überbrückung größerer Distanzen eingesetzt werden konnte.

DOUGLAS DC-8 (1959): Die äußerst erfolgreiche DC-8 war in gestreckter Ausführung der größte Airliner, bis der Jumbo Jet ihr diesen Superlativ streitig machte.

MC DONNELL DOUGLAS DC-9 (1965): Die DC-9 und ihre Nachfolger gehören zu den leisesten und wirtschaftlichsten Kurzstrecken-Verkehrsflugzeugen, die im Dienst sind.

MD-80

● **Mittelstrecken-Verkehrsflugzeug** ● **DC-9-Variante**

▲ *McDonnell Douglas hielt beharrlich an seinem Verkehrsflugzeugkonzept mit T-Leitwerk und Hecktriebwerken fest. Die MD-80-Familie konnte sich in der Konkurrenz mit Boeing und Airbus gut behaupten.*

Als dieses erfolgreiche zweistrahlige Kurz- und Mittelstrecken-Verkehrsflugzeug erschien, trug es noch die Bezeichnung DC-9-80. Da seine weltweiten Verkaufszahlen selbst die kühnsten Erwartungen übertrafen, wurde es in verschiedenen Serien weiterentwickelt und auf spezielle Kundenwünsche hin maßgeschneidert. Nach der Reorganisation der Douglas Aircraft Company 1983 änderte sich die Typenbezeichnung in das heute übliche Kürzel MD-80.

McDonnell Douglas MD-80

▲ Verkaufsschlager
Allein American Airlines bestellte in den achtziger Jahren mehr als 100 MD-80. Dies war die größte Flugzeugbestellung in der Geschichte der Zivilluftfahrt.

▲ Leise und preiswert
Steigende Ölpreise bereiteten in den achtziger Jahren vielen Airlines Probleme. Daher erprobte McDonnell Douglas mit der MD-UHB einen treibstoffsparenden Propfan ohne Ummantelung, der sich zudem als sehr leise erwies.

▲ Variantenvielfalt
Aus der erfolgreichen DC-9 entwickelte McDonnell Douglas die Serien MD-80, -90 und -95. Damit ersparte sich die Firma zum einen hohe Entwicklungskosten und blieb andererseits mit ihren Produkten dennoch 30 Jahre lang auf dem neuesten Stand der Flugzeugtechnik.

▲ Unübertroffen wirtschaftlich
Die venezolanische Aéropostal betreibt die 165-sitzige MD-83, deren Sitzkilometerkosten zwölf Prozent unter denen der Konkurrenz liegen.

„Inselspringer" ▶
Solide Triebwerke sind bei den zahlreichen Starts und Landungen auf Kurzstreckendiensten unabdingbar.

FAKTEN UND ZAHLEN

- **Im April 1985 trafen McDonnell Douglas und China eine Vereinbarung über die Endmontage von 25 MD-82 in Schanghai.**
- **Die größeren Muster der MD-80-Serie können 21 875 Liter Treibstoff mitführen.**
- **Die MD-Serie verkaufte sich am besten auf dem US-Binnenmarkt.**
- **Eine MD-80 war 1989 Testträger für Triebwerke mit hohem Nebenstromverhältnis.**
- **Als die MD-83 erschien, war sie der verbrauchsgünstigste Airliner ihrer Klasse.**
- **Die in China lizenzgefertigte MD-90 Trunkliner wurde mit einem für Behelfspisten geeigneten Fahrwerk ausgerüstet.**

PROFIL

Ein ewig junges Verkehrsflugzeug

Als die DC-9 am 25. Februar 1965 ihren Jungfernflug absolvierte, sollte dieses zweistrahlige Muster in der Angebotspalette seines Herstellers die interkontinentale DC-8 auf dem Kurzstreckensektor ergänzen. Damals konkurrierte dieses neue Modell mit der französischen Caravelle und der britischen BAC One-Eleven. Im Laufe der Zeit entstanden die gestreckten Varianten DC-9-20, -30, -40 und -50 mit größerer Sitzplatzkapazität und verbesserten Triebwerken.

Nach der Reorganisation von McDonnell Douglas im Jahr 1983 wurde die DC-9-50 um nochmals 4,43 m gestreckt und in MD-80 umbenannt. Die bekannten Pratt-&-Whitney-Triebwerke JT8D-200 erhielten modernere Bläser, die sie sowohl stärker als auch leiser werden ließen. Die Flugerprobung des Musters begann am 18. Oktober 1979, später folgten vier weitere Serienversionen von der MD-81 bis hin zur MD-90. Nun war die Boeing 737 ihre Hauptkonkurrenz, deren erstaunliche Verkaufszahlen sie jedoch nicht erreichen konnte. Dennoch waren auch die MD-Muster ein großer kommerzieller Erfolg. Mit einigen der neueren, mit modernster Technik ausgestatteten Modellen kehrte man zum kurzen Rumpf der Vorgängerin DC-9 zurück.

Links: Die DC-9-80 wurde 1983 in MD-80 umbenannt, als die Firma ihre Typenkurzbezeichnung von „DC“ auf „MD“ umstellte.

Rechts: Erstbetreiber der MD-80 war Swissair, die ihr erstes Flugzeug im Jahr 1980 noch unter der Bezeichnung DC-9-81 übernahm.

MD-87

Bei Finnair, einem treuen McDonnell-Douglas-Kunden, startete die MD-87 im November 1987 zum ersten Mal. Bis zu 130 Passagiere finden in ihrem kurzen Rumpf Platz.

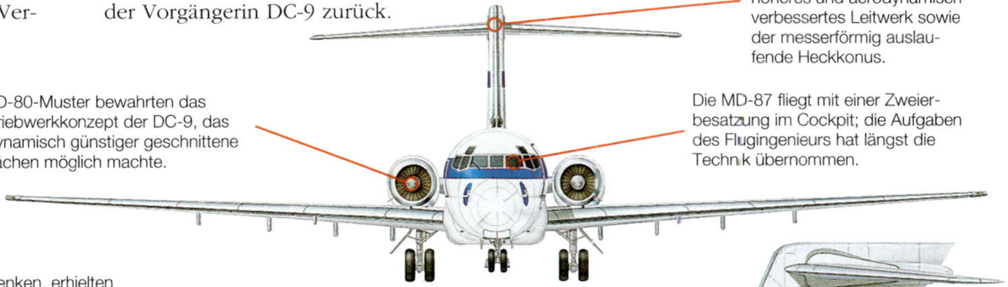

Die auffälligsten Unterscheidungsmerkmale der MD-87 sind ihr neukonstruiertes, höheres und aerodynamisch verbessertes Leitwerk sowie der messerförmig auslaufende Heckkonus.

Die MD-80-Muster bewahrten das Hecktriebwerkkonzept der DC-9, das aerodynamisch günstiger geschnittene Tragflächen möglich machte.

Die MD-87 fliegt mit einer Zweierbesatzung im Cockpit; die Aufgaben des Flugingenieurs hat längst die Technik übernommen.

Als erstes Mitglied der MD-80-Familie erhielt die MD-87 ein „Glas-Cockpit“. Ein elektronisches Flugdateninformationssystem (EFIS) und Frontscheiben-Sichtanzeige erleichtern den Piloten ihr Handwerk.

Um die Entwicklungskosten zu senken, erhielten alle Modelle der MD-80-Serie dieselben Tragflächen: Ganzmetallflügel in Zweiholmbauweise mit in Spannweitenrichtung vernieteten Stringern und Flügelhinterkanten aus Glasfasern.

Am Ende der Kabine befindet sich eine Bordküche. Vorn gibt es eine, am hinteren Ende zwei Toiletten. Zwei Ladetüren steuerbord ermöglichen den Zugang zu den Unterbodengepäckräumen.

Von den ersten DC-9 bis zur MD-87 dienten stets verbesserte Versionen des exzellenten JT8D-Turbofans als Antrieb.

Von der DC-9 zur MD-95

DC-9-50: Sie war das letzte Modell der ursprünglichen DC-9-Serie. Sie bot bis zu 139 Passagieren Platz und wurde bis April 1981 in 96 Exemplaren gebaut. Eines ihrer Merkmale waren die neuen Bremsen und ihre Schubumkehranlage.

MD-80: Zu dieser ursprünglich DC-9-80 „Super Stretch“ genannten Serie gehören fünf verschiedene Versionen, die unterschiedlich viele Passagiere befördern können. Auch die Reichweite der Modelle differiert.

MD-90: Die moderne MD-90 wird nicht mehr von den Pratt-&-Whitney-Triebwerken JT8D wie die MD-80, sondern von zwei wesentlich effizienteren und darüber hinaus leiseren IAE V2500 angetrieben.

MD-95: Diese neue Version (später Boeing 717) verbindet den kurzen Rumpf der MD-87 mit den Flügeln der MD-80 und der Avionik der MD-90. Als Antrieb dienen zwei Turbofantriebwerke Rolls-Royce Deutschland BR715.

TECHNISCHE DATEN
MD-87

- **Typ:** Kurz- und Mittelstreckenverkehrsflugzeug
- **Triebwerke:** zwei Turbofantriebwerke Pratt & Whitney JT8D-217C mit je 88,98 kN Schub
- **Höchstgeschwindigkeit:** 925 km/h
- **Gipfelhöhe:** 11 289 m
- **Reichweite:** 4395 km
- **Gewicht:** leer 33 183 kg; beladen 63 503 kg
- **Abmessungen:**

Spannweite:	32,87 m
Länge:	36,30 m
Höhe:	9,30 m
Tragflügelfläche:	118 m²

EINSATZDATEN

PASSAGIERKAPAZITÄT

MD-83 und MD-90-30 hatten denselben gestreckten Rumpf und damit eine wesentlich höhere Sitzplatzkapazität als ältere Modelle. Das neueste Modell, die MD-95, erhielt wieder einen kürzeren Rumpf, ähnlich dem der DC-9-50.

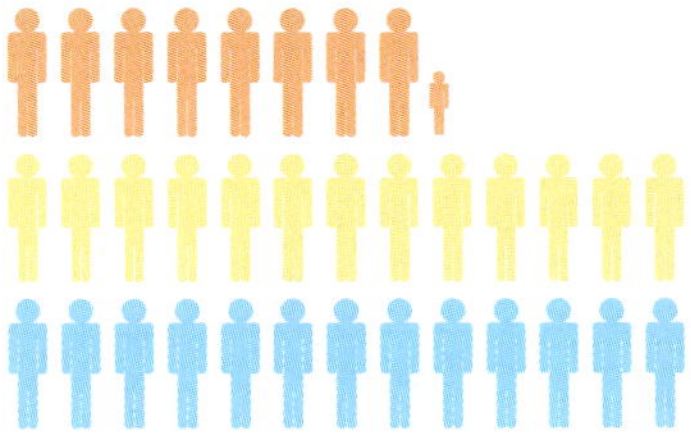

LÄRM

Moderne Turbofantriebwerke sind sparsamer und wegen der heute strengeren Lärmvorschriften auch leiser als frühere Motoren dieser Bauart. Die MD-83 war einer der leisesten Airliner der achtziger Jahre, und die neuen MD-90 mit ihren IAE V2500 sind noch leiser.

REICHWEITE

Die DC-9 führte weniger Treibstoff mit als die gestreckten MD-83 und MD-90-30. Durch effizientere Triebwerke und aerodynamisch günstiger gestaltete Tragflügel ließ sich der Verbrauch bei diesen modernen Mustern senken.

MD-90

● Mantelstrom-Triebwerke ● Mittelstreckenflugzeug ● Moderne Technik

Anfang der neunziger Jahre erschien die McDonnell Douglas MD-90 als High-Tech-Airliner, der die alternde DC-9 ersetzen und der erfolgreichen Boeing 737 Konkurrenz machen sollte. Die MD-90 errang beachtliche kommerzielle Erfolge, bis McDonnell Douglas 1997 von Boeing übernommen wurde. Boeing stellte die Produktion des Typs ein, um sich in dieser Klasse ganz auf die Herstellung der 737 konzentrieren zu können.

▲ *Obwohl die MD-90 einige der fortschrittlichsten Technologien bei Verkehrsflügen bot, gingen die Aufträge nach anfänglichem Interesse doch deutlich zurück.*

BILDERCHRONIK

McDonnell Douglas MD-90

◀ **Kostenbewusst**
Die MD-90 hatte dieselbe Rumpflänge wie die früher entworfene MD-80, was die Kosten für das neue Muster erheblich reduzierte.

Anmut und Leistung ▶
Während sie von der Kamera abdreht, zeigt die MD-90 ihre langen, eleganten Flügel.

◀ **Delta Airlines**
Diese Gesellschaft hat ihre ursprüngliche Bestellung von 50 Maschinen mit der Option auf 115 weitere Exemplare drastisch gekürzt. Daraufhin entschied Boeing, die MD-90 nicht mehr zu bauen.

Neue Triebwerke ▶
Die MD-90 unterschied sich von anderen zweistrahligen Maschinen durch die Mantelstrom-Triebwerke IAE V2500.

◀ **Über der Wüste**
Im Dienst der Saudi Arabian Airlines wurde die MD-90 gelegentlich für den Transport von Politikern eingesetzt.

FAKTEN UND ZAHLEN

- Der Prototyp der neuen MD-90 absolvierte seinen Jungfernflug am 22. Februar 1993.
- Die Endmontage der ersten serienmäßigen MD-90 erfolgte in Long Beach.
- Die MD-90-30T Trunkliner hat ein verstärktes Fahrwerk.
- Die Flugzeugwerke von Shanghai sollten die MD-95 bauen, aber der Vertrag wurde rückgängig gemacht.
- Eine größere MD-90-Bestelllung Chinas wurde nicht erfüllt.
- Bis zu 20 Maschinen sollten in China für den Inlandsbedarf montiert werden.

Die kurze Karriere der MD-90

Das zweistrahlige Tiefdeckerverkehrsflugzeug MD-90 verdankt seine elegante Linie der älteren DC-9-/MD-80-Serie, die bei den Fluglinien weltweit im Einsatz ist. Die äußere Erscheinung der MD-90 wirkt daher vertraut, aber im Inneren zeigt sich der technische Fortschritt: Die Triebwerke und ihre Steuerung sind ebenso neu wie die Avionik und die Cockpitinstrumentierung.

Die MD-90 (und die spätere MD-95) dürften McDonnell Douglas' beste Zivilflugzeuge sein. Die Manager der Fluglinien beurteilen sie als leistungsfähig und wirtschaftlich, die Fluggäste genießen die Ruhe und den Komfort in der Kabine, und die Piloten schätzen das digitale „Glas-Cockpit". Als das Unternehmen 1991 auf der Pariser Luftfahrtschau sein neuestes Modell vorführte, standen die Zeichen auf Erfolg. Vielversprechend schien auch die geplante Koproduktion mit China, das die MD-82/-83 bereits für den eigenen Flugverkehr gebaut hatte.

1997 kaufte Boeing die Firma McDonnell Douglas und kündigte an, dass man sich auf die eigene 737-Serie konzentrieren und die MD-90 nicht weiterbauen wolle. Die MD-95 blieb als 717 bis 2005 in der Produktion.

Links: Zur Absatzsteigerung führte McDonnell Douglas eine weltweite Werbetour mit einer MD-90 durch.

Oben: Der lange Rumpf der MD-90 erlaubt die komfortable Unterbringung von bis zu 172 Passagieren. Die Betreiber lobten die Auslegung und die Fähigkeiten dieses Flugzeugs.

TECHNISCHE DATEN
MD-90-30

- **Typ:** zweistrahliges Mittelstreckenverkehrsflugzeug
- **Triebwerke:** zwei Mantelstrom-Triebwerke IAE V2525-D5 mit je 111,21 kN Schub
- **Höchstgeschwindigkeit:** 844 km/h in 6960 m Höhe (geschätzt)
- **Reisegeschwindigkeit:** maximal 809 km/h in 10 670 m Höhe
- **Reichweite:** 4200 km mit 153 Passagieren und Treibstoffreserven
- **Anfangssteigrate:** 885 m/min
- **Gipfelhöhe:** 12 100 m
- **Gewicht:** leer 40 007 kg; max. Startmasse 70 760 kg
- **Kapazität:** zwei Piloten und maximal 172 Passagiere (Standard: 153 plus Flugbegleiter)
- **Abmessungen:**

Spannweite:	32,87 m
Länge:	46,51 m
Höhe:	9,33 m
Tragflügelfläche:	112,00 m²

MD-90

Dies ist eine von sieben MD-90 der Japan Air System mit einem farbenfrohen Anstrich, den der berühmte Filmregisseur Akira Kurosawa gestaltete. Sechs weitere Maschinen wurden in diesem Stil bemalt.

Für die neue MD-90 passte man das Leitwerk der größeren MD-87 an und nutzte eine Fülle von Baugruppen anderer Verkehrsflugzeuge, so dass sich die Produktionskosten so gering wie möglich halten ließen.

Die Piloten sind begeistert von den Flugleistungen der MD-90. Sie bietet eine moderne Flugsteuerung, und das Cockpit ist sowohl mit elektronischen Fluginstrumenten wie mit einem kompletten Flugmanagementsystem (FMS) ausgestattet. Die Piloten können alle Daten auf zwei großen Kathodenstrahlbildschirmen zur Anzeige bringen.

Die Rumpfstreckung ermöglicht eine Steigerung der Passagierzahl auf bis zu 172, aber im kommerziellen Flugverkehr sind 153 Sitze die Norm. Im Unterdeck befindet sich ein großer Fracht- und Gepäckraum.

Da sich der Bedarf bei den Fluggesellschaften ständig verändert, hatte McDonnell Douglas vor, weitere Ausführungen der MD-90 mit leiseren und treibstoffeffizienteren Triebwerken zu bauen. Obwohl durchaus Interesse an der MD-90 bestand, kam es zu keiner Weiterentwicklung.

Die MD-90 übernahm die langen, schlanken Tragflächen früherer Verkehrsflugzeuge von McDonnell Douglas. Sie war eine bahnbrechende Konstruktion, die ausgezeichnete Flugleistungen in großer Höhe bot und zugleich von relativ kleinen Plätzen aus operieren konnte.

Das Mantelstrom-Triebwerk V2500 wurde als eines der modernsten und sparsamsten Triebwerke seiner Zeit multinational entwickelt und hergestellt. In den USA wird es von Pratt & Whitney, in England von Rolls-Royce gebaut.

STOLZES ERBE

Kleines Wunder: Die DC-9 (unten) war als kleinere Ergänzung zur DC-8 konzipiert. Sie ging in den sechziger Jahren in Dienst und ist noch immer auf Kurzstrecken sowie als Frachter für Kurierdienste im Einsatz.

Größeres Potenzial: Der Bedarf an einem größeren Mittelstreckenflugzeug veranlasste McDonnell Douglas dazu, die DC-9 mit verbesserten Triebwerken zur MD-80 (unten) weiterzuentwickeln. Der Typ operiert weltweit im Inlandsdienst.

Kundenwunsch: Im Juli 1994 begann die Entwicklung der MD-95 (unten), die unter dem neuen Besitzer Boeing als einziger Typ von McDonnell Douglas noch hergestellt wurde. Sie erhielt Mantelstrom-Triebwerke von Rolls-Royce Deutschland.

Gefragte Produkte von McDonnell Douglas

AV-8B HARRIER II: Wegen der besonderen Fähigkeiten wurde die Harrier II im Golfkrieg genutzt und erwies sich als gute Angriffsplattform.

C-17 GLOBEMASTER III: Die C-17 wurde bald zum Standardtransporter der USAF und ist derzeit in Bosnien im Einsatz.

MD-11: Ihre große Reichweite und der breite Rumpf sind nur zwei der Merkmale, die der MD-11 zum Erfolg verhalfen.

MD 520N: Dieses Muster, das völlig von der üblichen Hubschrauberbauweise abweicht, wurde sofort zum Verkaufsschlager.

MD-11

● DC-10-Nachfolgerin ● Elektronisches „Glascockpit“ ● Langstrecke

Als eine moderne Weiterentwicklung der DC-10 zählt die MD-11 zu den Großen des Luftverkehrs. Die Piloten verfügen in dem volldigitalisierten Glascockpit über modernste Fluginstrumente, während die Passagiere in der komfortablen Kabine verwöhnt werden. Die Verkäufe blieben aber letztendlich hinter den Erwartungen zurück. Heute fliegen noch rund 180 Exemplare. Als Frachter ist die MD-11 jedoch sehr beliebt.

▲ *1995 war dieser High-Tech-Airliner in den Flottenlisten von 20 Fluglinien aufgeführt. Trotz der starken Konkurrenz durch Airbus und Boeing gelang es der MD-11 zunächst, sich auf dem Weltmarkt zu behaupten.*

McDONNELL DOUGLAS MD-11

▲ Moderne Instrumente
Von sechs Farbmonitoren kann die Cockpitbesatzung alle nötigen Fluginformationen ablesen.

▼ Glänzender Trijet
Die MD-11 von American Airlines fliegen ohne Farbanstrich in ihrer „nackten“, polierten Metallhaut.

▲ Unterwegs nach Taipeh
Am 30. Juni 1993 lief die 100. MD-11 im Werk Long Beach vom Fertigungsband. Sie wurde an die in Taipeh beheimatete China Airlines übergeben. Mehr als zehn amerikanische und europäische Subunternehmer liefern wichtige MD-11-Baugruppen.

▼ In den Farben des Hauses
Diese MD-11-Entwicklungsmaschine in den McDonnell-Douglas-Farben zeigt eine große Ähnlichkeit mit der DC-10. Das Testen mehrerer Flugzeuge beschleunigte die Zulassung.

▲ In Hongkong
Wegen der Hochhäuser und der nahegelegenen Berge sind Starts und Landungen in Hongkong nicht einfach zu fliegen. Mit modernen Navigations- und Sicherheitssystemen ist die MD-11 dieser Aufgabe ohne weiteres gewachsen.

FAKTEN UND ZAHLEN

- Die Kapazität der MD-11 von 14 LD-3-Frachtcontainern und sechs Frachtpaletten übertrifft die aller früheren Airliner.
- Lufthansa Cargo betreibt eine Flotte von 17 MD-11-Frachtern
- Als Nurfrachtversion hat die MD-11 eine maximale Nutzlastkapazität von 93 304 kg.
- Die MD-11 flog erstmals am 10. Januar 1990. Im Rahmen der Erprobung kamen fünf Flugzeuge zum Einsatz.
- Die MD-11 ist 5,66 m länger als die DC-10 und verfügt über etwa 50 zusätzliche Sitze.
- Im Jahr 1995 absolvierten MD-11 täglich 216 Passagierflüge.

Das jüngste Mitglied der Douglas-Familie

Mit der passenden Zulassungsnummer N111MD absolvierte der erste MD-11-Prototyp in den ersten zwei Monaten der Flugerprobung 111 Flugstunden. Zu diesem Zeitpunkt wurde das Flugzeug mit einer Geschwindigkeit von 780 km/h in 11 890 m Höhe getestet.

Angesichts starker Konkurrenz war McDonnell Douglas' Zukunft als Hersteller großer Verkehrsflugzeuge Mitte der achtziger Jahre vor allem vom Verkaufserfolg des neuen Großraumflugzeugs MD-11 abhängig.

Von der DC-10 ist die MD-11 durch ihre nach oben gerichteten Flügelspitzen leicht zu unterscheiden. Sie erhielt moderne Triebwerke und bietet eine größere Reichweite, günstigeren Treibstoffverbrauch und eine komfortablere Kabine. Das digitalisierte Cockpit für zwei Piloten entsprach dem neuesten Stand der Technik. Die MD-11 wird in vier Versionen angeboten: Passage, Fracht, „Convertible" (für Fracht oder Passagiere) und „Combi" (gemischt für vier bis zehn Frachtpaletten und 168–240 Passagiere). Weil sie heute nicht mehr zu den modernsten Verkehrsflugzeugen zählt und die Konkurrenz von Boeing und Airbus nicht schläft, wird die MD-11 zunehmend als Frachter eingesetzt.

Zweifellos ist die MD-11 aber noch immer eine Meisterin auf der Langstrecke. Die beeindruckenden Leistungen lassen sie Betreibern, Besatzungen und Passagieren gleichermaßen als zweckmäßigen und angenehmen Airliner erscheinen.

TECHNISCHE DATEN MD-11

- **Typ:** Langstrecken-Passagier- und Frachtflugzeug
- **Triebwerke:** drei Mantelstrom-Triebwerke Pratt & Whitney 4460 mit 266,9 kN oder General Electric CF6-80C2D1F mit 273,6 kN
- **Höchstgeschwindigkeit:** 945 km/h in 9450 m
- **Reichweite:** 12 569 km mit 323 Passagieren
- **Kapazität:** maximal 410 Passagiere; 323 Passagiere in Zweiklassenauslegung und 293 Fluggäste in Dreiklassenauslegung.
- **Gewicht:** leer 131 035 kg; beladen maximal 273 289 kg
- **Abmessungen:**

Spannweite:	51,77 m
Länge:	61,24 m
Höhe:	17,60 m
Tragflügelfläche:	338,90 m²

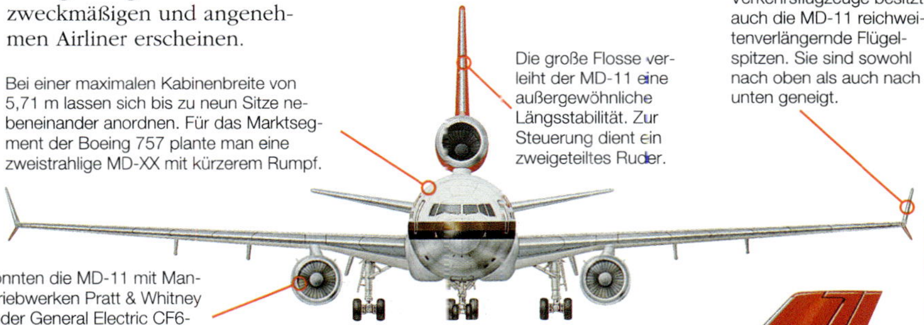

Bei einer maximalen Kabinenbreite von 5,71 m lassen sich bis zu neun Sitze nebeneinander anordnen. Für das Marktsegment der Boeing 757 plante man eine zweistrahlige MD-XX mit kürzerem Rumpf.

Die große Flosse verleiht der MD-11 eine außergewöhnliche Längsstabilität. Zur Steuerung dient ein zweigeteiltes Ruder.

Wie die meisten heutigen Verkehrsflugzeuge besitzt auch die MD-11 reichweitenverlängernde Flügelspitzen. Sie sind sowohl nach oben als auch nach unten geneigt.

Kunden konnten die MD-11 mit Mantelstrom-Triebwerken Pratt & Whitney PW4460 oder General Electric CF6-80C2D1F bestellen. Eine geplante Version mit Rolls-Royce Trent 650 wurde nicht realisiert.

MD-11

Mehrere Fluggesellschaften wie zum Beispiel Swissair führten die neue MD-11 ein. McDonnell Douglas kämpfte gegen die starke Konkurrenz durch den noch moderneren Airbus A330/340.

Modernste Technik ermöglicht es, Langstreckenflüge mit nur zwei Piloten durchzuführen. Zwei Beobachter bzw. Prüfer finden aber ebenfalls im Cockpit Platz.

Verbundwerkstoffe kommen in beträchtlichem Umfang im Flugwerk, den Steuer- und Leitflächen, Triebwerk-Lufteintrittsöffnungen, anderen Triebwerksgondelkomponenten sowie den Flügel-Rumpf-Übergängen zur Verwendung.

Auf Wunsch können im vorderen Unterflurraum zwei Treibstofftanks mit je 7472 Liter mitgeführt werden. Sie „verdrängen" zwar Zahlfracht, vergrößern aber die Reichweite beträchtlich.

In der Rumpfmittellinie angeordnete Zwillingslaufräder verteilen – wie bei jüngeren DC-10 – das Flugzeuggewicht gleichmäßiger auf die Pisten und ermöglichen dadurch eine größere Startmasse.

Im Vergleich mit der DC-10 ist die Höhenflosse der MD-11 schwächer gepfeilt und aerodynamisch effektiver konzipiert. Außerdem werden dort noch 7571 Liter Treibstoff in einem Trimmbehälter mitgeführt.

EINSATZDATEN

KAPAZITÄT

Die MD-11 kann in Einklassenauslegung bis zu 410 Passagiere befördern, 323 in zwei Klassen sind aber üblicher. Die TriStar hat eine ähnliche Kapazität, während die Il-96 weniger Fluggäste aufnimmt.

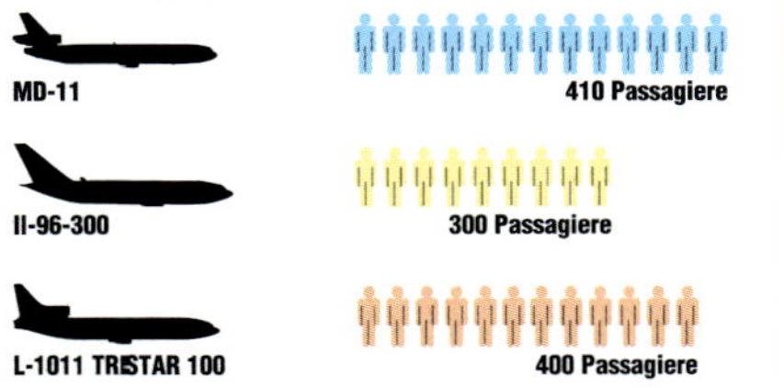

GESCHWINDIGKEIT

Passagiere schätzen die kurzen Flugzeiten schneller Verkehrsflugzeuge. Ein Modernisierungsprogramm reduzierte den Luftwiderstand der MD-11 und verbesserte mit neueren Triebwerken ihre Wirtschaftlichkeit und Geschwindigkeit.

SCHUB

Moderne Mantelstrom-Triebwerke ermöglichen der MD-11 gute Betriebsleistungen. Um Treibstoff einzusparen, lässt sich der Reiseflug alleine mit den Flügeltriebwerken durchführen.

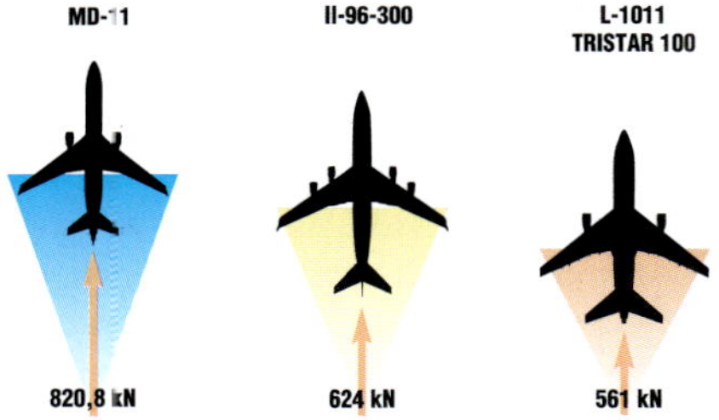

Dreistrahlige Verkehrsflugzeuge

HAWKER SIDDELEY TRIDENT: 1957 begann de Havilland mit dem Entwurf der Trident, nachdem Airlines ein 965 km/h schnelles Kurzstreckenflugzeug gewünscht hatten.

LOCKHEED L-1011 TRISTAR: Die TriStar entstand gemäß einer Forderung der American Airlines für ein Kurz- und Mittelstreckenflugzeug und erhielt Rolls-Royce-Triebwerke.

McDONNELL DOUGLAS DC-10: Die DC-10 wurde aufgrund derselben Spezifikation von American-Airlines wie die TriStar entwickelt und war dem Lockheed-Entwurf sehr ähnlich.

TUPOLEW Tu-154 „CARELESS": Dieses Mittel- und Langstreckenflugzeug für 167 Passagiere ist besonders in den Nachfolgestaaten der ehemaligen UdSSR weit verbreitet.

GAMMA

● Ganzmetalltiefdecker ● Postflugzeug ● Einsitzer

▲ Mit der für ihre Zeit sehr modernen Gamma setzte Northrop im Flugzeugbau neue Maßstäbe. Durch ihre Rekordflüge wurde die Gamma berühmt und bewundert, wo immer sie erschien.

Die Gamma aus den frühen dreißiger Jahren begann als Postflugzeug, erfüllte aber auch andere Aufgaben. In einer Zeit, als noch Doppeldecker aus Holz und Stoff konstruiert wurden, schuf John Northrop seine silbrigen Eindecker in Ganzmetallbauweise. Alle Gamma (außer einem an China gelieferten Baulos) waren Anfertigungen nach Kundenwunsch und daher verschieden. Sie wurden im Frieden konzipiert, doch spätere Versionen kämpften in China.

NORTHROP GAMMA

▼ Großartige Gamma
Die Gamma wurde nicht als Rennflugzeug entworfen, erwarb sich aber in den dreißiger Jahren auf diesem Gebiet einen guten Ruf. Einige Rekordflüge führten in den USA zu Zusatzbestellungen.

▲ Verkleidete Räder
Die Radverkleidungen verbesserten die Aerodynamik der Gamma.

▼ Northrops Flügeldesign
Die Gamma nutzte eines der leistungsfähigsten Tragwerke ihrer Zeit. Northrop war damals führend in der optimalen Gestaltung von Flügelkonstruktionen.

▲ Ellsworths Gamma
Lincoln Ellsworth wollte mit der Gamma zum Südpol fliegen, notlandete aber auf halber Strecke.

◀ Forschungsflugzeug
Zur Vorbereitung zukünftiger Liniendienste nach Übersee betrieb Trans World Airlines eine Gamma für Forschungen oberhalb der Wetterzone als Experimental Overweather Laboratory. Im Rumpf wurde Post befördert.

FAKTEN UND ZAHLEN

- 1933 flog Hawks eine Gamma mit durchschnittlich 291 km/h in 13 Stunden, 27 Minuten von Los Angeles nach New York.
- Gamma beeinflussten die Gestaltung späterer Militärflugzeuge wie der Dauntless.
- Chinas Regierung beschaffte 49 Flugzeuge der Gamma-Serie als leichte Bomber.
- Howard Hughes flog die Gamma in neun Stunden, 27 Minuten von Kalifornien nach New Jersey.
- Im Wettbewerb verlor die Gamma als Militärtrainer gegen die North American BC-1.
- Varianten der Gamma dienten auch in Großbritannien als Forschungsflugzeuge.

Northrops moderner Metalleindecker

Jack Northrop, der 1933 Douglas verließ, um sein eigenes Unternehmen zu gründen, schuf zahlreiche fortschrittliche und bahnbrechende Flugzeuge, angefangen von der Ganzmetall-Gamma der dreißiger Jahre bis hin zu Nurflüglern, den Vorläufern des heutigen Stealth-Bombers B-2. Die ersten beiden Gamma wurden für die Piloten und Abenteurer Frank Hawks und Lincoln Ellsworth gebaut. Während Hawks mit seiner Maschine, genannt Texaco Sky Chief, Langstreckenrekorde aufstellte, führte Ellsworth gemeinsam mit Bernt Balchen Antarktisflüge durch.

Andere Gamma entstanden für Militäraufgaben und als Postflugzeuge. Ein Exemplar diente als Experimental Overweather Laboratory und lieferte Daten für Linienflüge in großen Höhen. Mit einer anderen Gamma legte Howard Hughes, gejagt von der berühmten Fliegerin Jacqueline Cochran, die Strecke Los Angeles–New York in neun Stunden und 27 Minuten, einer neuen Rekordzeit, zurück.

Oben: Bei dieser Gamma Jacqueline Cochrans wurde der Sternmotor durch einen Curtiss V-1570 Conqueror ausgetauscht. Unglücklicherweise ging die Maschine bei einem Unfall in Texas zu Bruch.

Alle Gamma-Rekorde erfolgten im Zivilsektor, doch die meisten Muster hatte Northrop für militärische Auftraggeber gefertigt. Im Krieg gegen Japan erwiesen sich die Gamma-Bomber Chinas aber als bedeutungslos.

Oben: Die Ganzmetall-Gamma verlieh dem Flugzeugbau ihrer Zeit neue Impulse.

TECHNISCHE DATEN
Gamma 2A

- **Typ:** Hochgeschwindigkeitseindecker
- **Triebwerke:** standardmäßig (Gamma 2A) ein luftgekühlter 14-Zylinder-Sternmotor Wright Whirlwind GR-1510 mit 585 kW und Dreiblattpropeller oder (Gamma 2B) ein Neun-Zylinder-Sternmotor Pratt & Whitney Wasp SD mit 373 kW und Zweiblattpropeller
- **Höchstgeschwindigkeit:** 399 km/h in 2135 m
- **Reisegeschwindigkeit:** 354 km/h in 2135 m
- **Reichweite:** 4025 km
- **Gipfelhöhe:** 7130 m
- **Gewicht:** leer 1588 kg; beladen 3175 kg; max. Startmasse 3460 kg
- **Abmessungen:** Spannweite: 14,63 m; Länge: 9,07 m; Höhe: 2,67 m; Tragflügelfläche: 33,72 m²

GAMMA 2D

Diese Gamma flog bei Trans World Airlines. Der Typ ermöglichte es den Betreibern, Passagiere oder Post sehr schnell an jeden Punkt der USA zu bringen.

Die beiden Hauptfrachträume waren hinter dem Triebwerk eingerichtet und durch Luken auf dem Rumpfrücken zugänglich. Meistens wurde nur Post transportiert, doch an den Seitenwänden ließen sich auch Sitze für Passagiere einrichten. Der Pilot im Cockpit saß unter einer einfachen Schiebehaube, die ihm eine ausreichende Sicht gewährte. Für die Landung brauchte er allerdings eine gute Portion Erfahrung.

Zur Leistungssteigerung waren die Räder mit großen, stromlinienförmigen „Hosen" verkleidet, aus denen sie nur zu etwa einem Drittel herausragten. Andere Gamma-Varianten wurden mit großen Schwimmern ausgestattet.

Revolutionärstes Merkmal der Gamma waren die Metalltragflächen in Mehrholmbauweise. Ihr Mittelstück hatte Northrop in den Rumpf integriert und die äußeren Verkleidungsplatten am Mittelstück befestigt.

EINSATZDATEN

GESCHWINDIGKEIT

Die Gamma bot so hervorragende Flugleistungen, dass sie zahlreiche Geschwindigkeitsrekorde erringen konnte. Im Vergleich zu entsprechenden Mustern jener Zeit war sie geradezu revolutionär. Die frühere Delta hatte Northrop ähnlich ausgelegt.

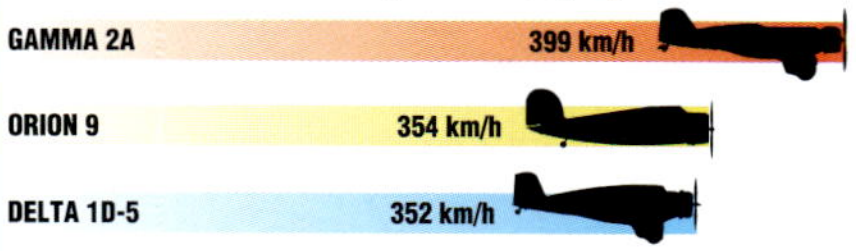

REICHWEITE

Im Einsatz als Post- und Verkehrsflugzeug war eine große Reichweite für die Zukunft der Gamma entscheidend. Der Fähigkeit, erheblich größere Entfernungen zu überbrücken als die Konkurrenz, verdankten die von Northrop entwickelten Flugzeuge ihre Verkaufserfolge.

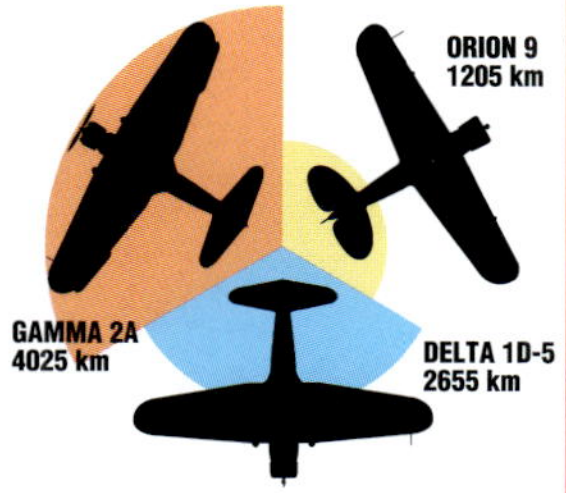

GIPFELHÖHE

Ihre ausgeklügelte Flügelkonstruktion verlieh der Gamma einen beachtlichen Höhenvorteil gegenüber der Orion 9 und der Delta 1D. Dank der größeren Einsatzhöhe konnte sie ihren Treibstoffverbrauch senken und dennoch sehr weite Entfernungen zurücklegen.

Vielfalt der Northrop-Entwürfe

ALPHA: Trotz der plumpen Erscheinung und des festen Fahrwerks gilt die Alpha von 1930 als erstes „modernes" Verkehrsflugzeug.

BETA: Die als Sporteindecker entworfene Beta flog dank ihres Sternmotors Wright Whirlwind über 322 km/h schnell.

DELTA: Die US-Küstenwache betrieb eine Version dieses Verkehrsflugzeugs als Transporter für das Finanzministerium.

MODELL 8A: Noch bei Douglas entwarf Northrop diese Maschine, die kurz beim USAAC flog, bevor sie an die RAF verkauft wurde.

PA-31 NAVAJO

● Geschäfts- und Zubringerflugzeug ● Sicherheit durch zwei Motoren

Als erstes Modell einer Serie zweimotoriger, sechs- bis zehnsitziger Flugzeuge zielte die Piper PA-31-300 Navajo auch auf den Markt für Zubringer- und Firmenmaschinen ab. Zu dieser Familie gehörten die Turbo Navajo, die Navajo C/R, die Pressurized Navajo sowie die Navajo Chieftain, die alle in Standard-, Zubringer- und in einer Geschäftsreiseausführung erhältlich waren. Die Unterschiede zwischen den Versionen bestehen vor allem in der Sitzanordnung und den Kabinen.

▲ *Mit der PA-31 schuf Piper ein beliebtes Flugzeug. Die Möglichkeit, Gepäck am Ende der Triebwerksgondeln zu verstauen, gehörte ab der PA-31-350 Chieftain zur Austattung dieser Serie.*

PIPER PA-31 NAVAJO

◀ **Schnittiger Entwurf**
Die schlanken Triebwerksgondeln sind vorn an den tiefangesetzten, geraden Flügeln montiert.

▼ **Eingebaute Treppe**
Für einen leichten Einstieg auf schlecht ausgestatteten Flugplätzen erhielt die Navajo im Kabinenheck eine zweiteilige Tür – eine Hälfte klappt nach oben auf und die andere mit Stufen nach unten.

Frachtversion ▶
Wenn man die Sitze ausbaut, kann die Navajo auch als leichter Transporter dienen. Bewegliche Frachtgüter lassen sich an Haltepunkten im Boden verzurren.

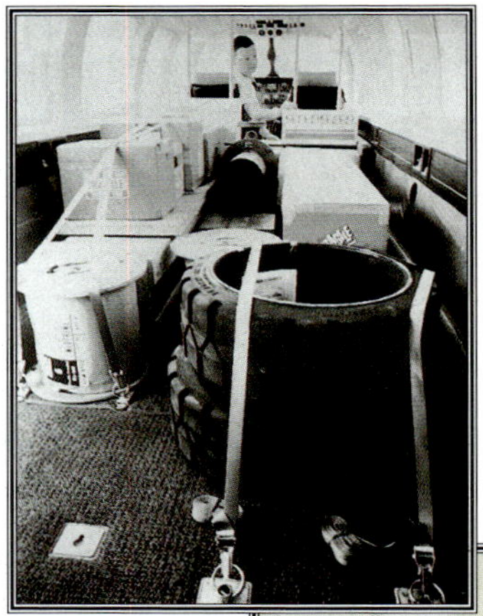

▼ **Blindflug**
Alle Versionen der Navajo PA-31 besitzen eine vollständige Blind- und Nachtfluginstrumentierung. Diese Maschine trägt die Standardfarben von Piper.

▼ **Pressurized Navajo**
Die Version mit Druckkabine wies einige Änderungen gegenüber dem ursprünglichen Entwurf auf. Der Bug war länger, die Windschutzscheibe kleiner und die Zahl der Fenster geringer.

FAKTEN UND ZAHLEN

- ➤ Von der Pressurized Navajo PA-31P mit kleineren Fenstern wurden 258 Exemplare gebaut.
- ➤ Der Navajo-Prototyp flog erstmals am 30. September 1964.
- ➤ Als die Produktion der PA-31 Navajo 1972 endete, waren 1824 Exemplare gebaut.
- ➤ Die PA-31-350 Navajo Chieftain, die 1973 eingeführt wurde, hatte einen längeren Rumpf. Von ihr entstanden 1942 Stück.
- ➤ Auf der Navajo basierten alle nachfolgenden großen zweimotorigen Piper-Muster.
- ➤ Die Kabine der Navajo kann 6 m³ Fracht aufnehmen.

Bequem reisen mit der Piper Navajo

Oben: Die PA-31 Navajo C/R war der Standardversion sehr ähnlich, führte aber gegenläufige Motoren und wahlweise erhältliche Zusatztanks in den Motorgondeln ein.

Die Piper Aircraft Corporation erweiterte 1964 mit der Navajo die Palette ihrer zweimotorigen Geschäftsflugzeuge, zu denen die Apache, die Aztec und die Twin Comanche gehörten. Die stromlinienförmige Navajo hatte zwei 231 kW starke Kolbenmotoren Lycoming IO-540 und eine größere Nutzlastkapazität als die früheren Modelle. So konnte sie in der Standardauslegung sechs, maximal sogar bis zu acht Fluggäste aufnehmen.

Der Typ wurde hauptsächlich als Geschäftsflugzeug konzipiert, aber auch mit Erfolg im erweiterten Zubringerdienst und als Lufttaxi eingesetzt. Es entstanden verschiedene Ausführungen, darunter die Turbo Navajo mit turbogeladenen und zum Ausgleich des Drehmoments gegenläufigen Motoren und die Version PA-31P mit Druckkabine, die 1968 erstmals flog. 1972 endete die Produktion der Navajo.

Anfang der siebziger Jahre folgte die Navajo Chieftain (später nur noch Chieftain) mit um 61 cm verlängertem Rumpf, der bis zu zehn Passagieren Platz bot, und 1972 erhielt die PA-31T Cheyenne, eine Turboprop-Version der PA-31F, ihre Verkehrszulassung. Sie war Pipers erstes Geschäftsflugzeug mit Turbinenantrieb, mit dem man der erfolgreichen Beech King Air Konkurrenz machen konnte. Eine ganze Reihe von Navajo fliegt auch bei Luftstreitkräften in aller Welt.

Unten: Einer der militärischen Nutzer der PA-31-Varianten in Südamerika war Argentinien.

TECHNISCHE DATEN
PA-31 Navajo

- **Typ:** Zubringer-, Geschäfts- und Firmenflugzeug
- **Triebwerke:** zwei Sechs-Zylinder-Boxermotoren Lycoming TIO-540-A2C mit je 231 kW
- **Höchstgeschwindigkeit:** 420 km/h in 6100 m
- **Anfangssteigrate:** 6,2 m/sek
- **Reichweite:** maximal 1973 km
- **Gipfelhöhe:** 7315 m
- **Kapazität:** standardmäßig sechs und maximal acht Passagiersitze
- **Gewicht:** leer 1816 kg; max. Startmasse 2948 kg
- **Abmessungen:** Spannweite: 12,40 m; Länge: 9,94 m; Höhe: 3,96 m; Tragflügelfläche: 21,30 m²

PA-31-350 CHIEFTAIN

Diese Navajo-Version erhielt einen 61 cm längeren Rumpf und bot somit eine größere Kapazität sowie als erste Maschine der Serie Stauräume in den Motorgondeln.

Navajo-Versionen haben das gleiche zurückgepfeilte, freitragende Ganzmetallseitenleitwerk und das gleiche Höhenleitwerk mit verstellbarem Einstellwinkel. Trimmklappen befinden sich am Seitenruder und am rechten Höhenruder.

Der Antrieb der Chieftain besteht aus zwei luftgekühlten, 261 kW starken, turbogeladenen Sechs-Zylinder-Boxermotoren, die voll in Segelstellung regelbare, gegenläufige Dreiblattmetallpropeller von Hartzell mit konstanter Drehzahl antreiben.

Die Kabine ist standardmäßig mit sechs Passagiersitzen ausgestattet. Für den Zubringerdienst wurde die Zahl auf maximal zehn erhöht, wodurch die Leermasse um 39,5 kg stieg. Bei beiden Konfigurationen stehen für die Einrichtung neun Farbmuster zur Auswahl.

Der Rumpf ist in herkömmlicher Halbschalenbauweise ganz aus Metall konstruiert. Der lange Bug kann außer dem Bugfahrwerk auch noch Gepäck aufnehmen.

Im Kabinenheck befindet sich ein Abteil für maximal 91 kg Gepäck. Dies ist besonders nützlich, wenn in den Stauräumen im hinteren Gondelbereich Zusatztanks mitgeführt werden.

EINSATZDATEN

GEPÄCK

In der Grundform bot die PA-31 keinen angemessenen Gepäckraum für ihre sechs bis acht Fluggäste. Sowohl die Beech B55 Baron als auch die Cessna 402 hatten wesentlich größere Gepäckabteile zur Aufnahme schwerer Lasten.

KAPAZITÄT

Die PA-31 kann mit Einbußen am Komfort acht Passagiere aufnehmen, während die Cessna 402 für zehn Fluggäste ausgelegt war. Die meisten Betreiber fliegen mit einer zweiköpfigen Besatzung und etwas weniger Passagieren, um größeren Komfort zu bieten.

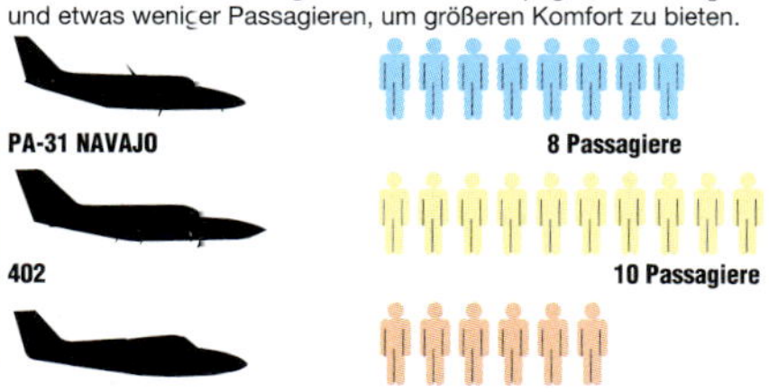

REICHWEITE

Die PA-31 bot eine etwas größere Reichweite als die Modelle von Beech oder Cessna und wurde später noch weiter zur Navajo C/R verbessert, die wahlweise erhältliche Zusatztanks in den Motorgondeln einführte. Diese Option bot Piper auch für die Cheyenne an.

Zweimotorige Maschinen von Piper

PA-23 AZTEC: Piper entwickelte die Aztec aus der ersten Zweimotorigen, der PA-23 Apache, und versah sie mit einem stärkeren Antrieb.

PA-30 TWIN COMANCHE: Diese zweimotorige Variante der einmotorigen PA-23 Comanche wurde zuerst von 119-kW-Motoren angetrieben.

PA-31T CHEYENNE: Der Einbau von Propellerturbinen machte aus der Navajo die komfortable und schnelle Cheyenne.

PA-34 SENECA: Auch in diesem Fall führte ein einmotoriges Muster, die PA-32 Saratoga, zu der zweimotorigen PA-34.

PA-34 SENECA

● **Verkehrsüberwachung über London** ● **Rundfunkmeldungen aus der Luft**

▲ *Für die Radiostation, die das „fliegende Auge“ über London finanziert, ist dieser Dienst eine PR-Maßnahme. Sie bietet den Autofahrern die Möglichkeit, ihre Fahrt günstiger zu gestalten.*

Wer die Verkehrsbedingungen in London oder einer anderen Weltstadt kennt, weiß die Dienste von Flugzeugen zu schätzen, die während der Stoßzeiten am Morgen und am Abend über solchen Metropolen kreisen. Diese zum Teil von örtlichen Rundfunkstationen geförderten „fliegenden Augen“ liefern ein Bild des Verkehrsnetzes aus der Vogelperspektive und können Kraftfahrer, die zu den Hauptverkehrszeiten unterwegs sind, über Staus informieren und beraten.

PIPER PA-34 SENECA

◀ **Alles im Blick**
Ein Verkehrsüberwachungsflug erfolgt meist in geringer Höhe, damit der Beobachter die Straßen gut überblicken kann und zudem die Flugwege der Verkehrsmaschinen frei bleiben.

▼ **Polizeiliche Verkehrswacht**
Nicht nur Rundfunksender, sondern auch Polizeikräfte nutzen häufig verschiedene Luftfahrzeuge (einschließlich Hubschrauber) zur Überwachung des Verkehrsflusses.

▲ **Zwei Triebwerke zur Sicherheit**
Zwei Motoren bedeuten für Flugzeuge, die über Städten operieren, mehr Sicherheit bei Problemen. Einmotorige Starrflügler sind über London verboten.

▼ **Autobahnüberwachung**
„Fliegende Augen“ beobachten außer städtischen Straßen auch die Hauptzufahrtswege.

▲ **Neues „Flying Eye“**
Das aktuelle Flugzeug von Capital Radio, eine Grumman Cougar, erhielt mit G-FLII die passende Registrierung.

FAKTEN UND ZAHLEN

- 1997 befand sich die Seneca weiterhin als im Stil und anderen Bereichen veränderte PA-34-220T Seneca IV in Produktion.
- In Polen und Brasilien wurde Pipers Seneca lizenzgefertigt.
- 1996 kostete eine Seneca IV mit Standardausrüstung 459 900 US-Dollar.
- Die Pa-34 startet angenehm, da der linke Propeller zum Ausgleich des Motordrehmoments gegenläufig zum rechten dreht.
- Die PA-34-Avionik erlaubt den Instrumentenflug; ein Wetterradar ist optional.
- Die Seneca hat einen Leichtmetallrumpf in Halbschalenbauweise.

Verkehrs-service

Oben: Diese Seneca mit der passenden Kennung G-FLYI wurde als Capital Radio „Flying Eye“ zur Verkehrsüberwachung eingesetzt und trägt unübersehbar Namen und Logo der Londoner Rundfunkstation.

Oben: Pipers Seneca ist ein beliebtes Produkt der Firma. Sie basiert auf der einmotorigen Cherokee Six und konnte daher in einer relativ kurzen Zeit entwickelt und gut verkauft werden.

Da einmotorige Luftfahrzeuge nicht über London fliegen dürfen, werden zweimotorige Muster als „fliegende Augen“ genutzt. Zu den beliebten Typen gehört der sechs-/siebensitzige Kabineneindecker Piper PA-34 Seneca.

Der 1971 angekündigte Entwurf war im wesentlichen eine zweimotorige Ableitung der bekannten Cherokee Six. 1975 erfolgten etliche Modifikationen, die zur Seneca II führten.

Der Hauptunterschied bestand in neuen Turboladermotoren und geänderten Kontrollorganen für bessere Steuereigenschaften bei niedrigem Tempo, ein Faktor, der bei der Verkehrsüberwachung sehr wichtig ist. Die Seneca besitzt aber kein Monopol für diese Aufgabe, und andere zweimotorige Typen wie etwa die von Cessna eignen sich dazu ebenso.

Im Auftrag von Capital Radio betreibt Cabair Group über London einen für diese Kategorie typischen Dienst mit einer auf dem Elstree Aerodrome im Norden Londons stationierten Grumman American GA.7 Cougar, die unlängst eine PA-34 Seneca abgelöst hat. Dieser Verkehrswächter steigt morgens und abends in der Rush-hour auf, um Autofahrer, die im Londoner Stau stecken und Capital Radio empfangen, mit Verkehrsmeldungen zu versorgen.

TECHNISCHE DATEN

PA-34-200T Seneca II

- **Typ:** sechs-/siebensitziger Kabineneindecker
- **Triebwerke:** zwei Vier-Zylinder-Boxermotoren Continental TSIO-360-E je 149 kW
- **Höchstgeschwindigkeit:** im Horizontalflug 362 km/h in 3660 m
- **Reisegeschwindigkeit:** 352 km/h in 6100 m
- **Sparfluggeschwindigkeit:** 306 km/h in 7620 m
- **Reichweite:** 1640 km in 6100 m
- **Gipfelhöhe:** 7620 m
- **Gewicht:** leer 1289 kg; max. Startmasse 2073 kg
- **Abmessungen:**

Spannweite:	11,86 m
Länge:	8,72 m
Höhe:	3,02 m
Tragflügelfläche:	19,39 m²

PA-34-200 Seneca

Bis vor kurzem war das Muster G-FLYI das „Flying Eye“ von Capital Radio. Piper hat über 4500 PA-34 produziert, darunter die Turbolader-Varianten Seneca II und Seneca III, letztere mit 164-kW-Motoren.

Luftfahrzeuge, die in diese Rolle eingebunden sind, tragen oft grelle Farben als Werbemittel der betreffenden Sponsor-Organisation. Nicht selten prangt der Firmenname in Großbuchstaben an den Tragflügelunterseiten.

Außer der zweiköpfigen Flugbesatzung und einem Rundfunksprecher führen die meisten Verkehrsüberwachungsflugzeuge eine komplette Funkausrüstung mit, die ihnen Rundfunksendungen aus der Luft ermöglicht. Die Funksignale müssen vom Flugzeug zum Sender und von dort zu den Hörern übermittelt werden.

Die Seneca war anfangs mit luftgekühlten Sechs-Zylinder-Boxermotoren Continental IO-360 ausgerüstet, wurde später aber auf turbogeladene Triebwerke umgestellt, um ein größeres Leistungsvermögen zu erreichen.

Das einziehbare Bugradfahrgestell der Seneca basiert auf dem der einmotorigen Cherokee Lance.

Da viele zweimotorige Kabineneindecker Sechs- oder Siebensitzer sind, bieten Rundfunkstationen, die solche Maschinen für Aufgaben der Verkehrswacht einsetzen, häufig Mitfluggelegenheiten an, damit Interessierte ihren Heimatort einmal aus der Vogelperspektive betrachten können

„Persönliche“ Luftfahrzeugkennungen außerhalb der Normalfolge sind bei Firmen als preisgünstige Werbemöglichkeiten beliebt.

EINSATZDATEN

REICHWEITE

Diverse Flugzeugtypen dienen zur Verkehrsüberwachung. Die Cessna 172 Skyhawk hat eine schlechtere Reichweite als die zweimotorige Seneca, doch der Bell JetRanger bietet einen noch viel geringeren Wert. Helikopter werden von der Polizei bevorzugt.

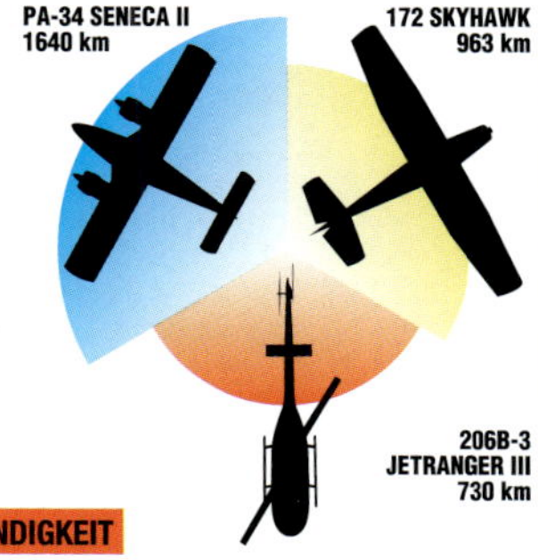

REISEGESCHWINDIGKEIT

Eine hohe Geschwindigkeit versetzt das Flugzeug in die Lage, sein Patrouillengebiet nach dem Start rasch zu erreichen und zügig abzudecken. Die Verkehrsüberwachung wird jedoch zwangsläufig mit recht niedrigen Geschwindigkeiten durchgeführt, damit eine gute Sicht gewährleistet ist.

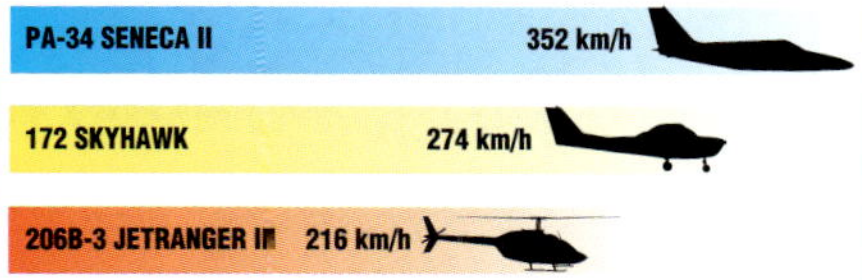

STARTMASSE

Die sechs-/siebensitzige Seneca ist für eine maximale Startmasse von gut zwei Tonnen zugelassen, der Cessna-Viersitzer 172 hingegen für nur über eine Tonne. Die Cessna 172 dürfte zwar günstiger im Betrieb sein, bietet aber nicht die Vielseitigkeit der Seneca.

Pipers Zweimotorige in unterschiedlichen Rollen

AIRCREW-SCHULUNG: Diese PA-23 flog für die griechische Gesellschaft Olympic. Zweimotorige Typen dienen häufig zur Schulung.

BUSCHFLUGZEUG: Diese auf Schwimmern montierte Aztec wurde für die pazifische Nordwestregion der Vereinigten Staaten modifiziert.

MINERALIENSUCHE: Diese Piper ist mit einem Magnetometer und anderen Sonden zur Erkundung von Mineralienvorkommen ausgerüstet.

MEHRZWECK-TRANSPORT: Unter dem Kürzel UO (später U-11) kaufte die US Navy eine kleine Zahl PA-23 Aztec für Transportdienste.

400 BEECH JET

● Geschäftsreisejet ● Mehrstrahliger Trainer ● Luftambulanz

Die Firma Beechcraft war hauptsächlich als Hersteller von Turboprop-Flugzeugen bekannt, bis sie die Rechte zum Lizenzbau der Mitsubishi Diamond erwarb. Das nun 400 Beech Jet genannte Modell wurde bald durch die verbesserte 400A ersetzt, die sich weitaus erfolgreicher verkaufte als das Grundmuster. Dieser Typ gilt zwar eigentlich als Ziviltransporter, tatsächlich aber gingen die meisten Maschinen als Besatzungstrainer an die US Air Force.

▲ *Beech erwarb die Lizenz, die Mitsubishi Diamond zu fertigen, sowie die Exportrechte außerhalb Japans. Das Flugzeug ließ sich gut absetzen, war aber nicht so beliebt wie die Konkurrenz.*

RAYTHEON (BEECH) 400 BEECH JET

▼ Neue Avionik
Zu den wenigen Änderungen gegenüber dem Mitsubishi-Entwurf gehörte der Einbau der Collins-Avionik und elektronischer Fluginstrumente.

▲ Computer-Konstruktion
Die Beech-400A-Flügel wurden am Computer konstruiert und sind für eine unbegrenzte Lebensdauer zugelassen.

◀ Preiswerter Geschäftsjet
Die Beech 400A bietet viel für ihr Geld. Der Stückpreis lag 2001 bei 6,1 Millionen US-Dollar. Eine Dassault Falcon 50 kostete rund 17 Millionen US-Dollar.

Produktionsverlegung ▶
Anfangs montierte Beech nur die von Mitsubishi gelieferten Bauteile, aber 1989 wurde die Gesamtproduktion nach Wichita in den USA verlegt.

◀ Langstreckenmaschine
Die JT15D-Triebwerke von Pratt & Whitney verleihen der 400 Beech Jet eine große Reichweite und hohe Reisegeschwindigkeit.

FAKTEN UND ZAHLEN

- Die japanischen Selbstverteidigungsstreitkräfte setzen die Beech T-400 mit Peilgeräten als Schulflugzeuge ein.
- Insgesamt 58 Exemplare der 400 waren produziert, als die 400A eingeführt wurde.
- Die 400A hat ein Radarsystem zur Entdeckung von Luftturbulenzen.
- Für die Provinz Chubut in Argentinien wurde eine Beech 400A als Luftambulanz ausgestattet.
- Größere Gipfelhöhe und Kapazität waren zwei Verbesserungen der 400A.
- Die 400 Beech Jet heißt bei der US Air Force T-1A Jayhawk.

Strahlgetriebenes Geschäftsflugzeug

Im Dezember 1985 wagte sich Beechcraft, bis dahin für zweistrahlige Turboprop-Muster bekannt, mit dem Erwerb der Produktionsrechte für die Mitsubishi Diamond auf den Markt der strahlgetriebenen Geschäftsreiseflugzeuge. Der Prototyp absolvierte 1984 den Erstflug. Man kaufte die Marketingrechte außerhalb Japans, und die Produktion lief zunächst mit Fertigteilen von Mitsubishi an. Im März 1986 aber stellte das japanische Werk jeglichen Handel außerhalb Japans ein, und Beechcraft führte die Fertigung in Wichita, Kansas, selbst durch. Das erste Muster wurde im Mai 1986 fertiggestellt, und bis Januar 1988 waren 25 Stück geliefert.

1989 folgte das bessere Modell 400A, von dem bis 1995 82 Maschinen die Kunden erreichten. Die 400A war für zivile Zwecke konstruiert, fand aber als Besatzungstrainer auch militärische Verwendung und gewann den Wettbewerb um das neue Tanker-Transport-Trainer-System (TTTS) der USAF, die rund 200 Exemplare als T-1A Jayhawk orderte. Die Auslieferung begann 1991. Japan folgte dem Beispiel und bestellte einige T-400 als Schulflugzeuge mit kleineren Änderungen.

Die Zivilverkäufe gehen weiter, aber die Konkurrenz von Mustern wie der Hawker-Serie, der Falcon von Dassault oder dem „Klassiker" Learjet ist hart.

Oben: Die 400A kostete eine Million US-Dollar weniger als die Cessna Citation VII und ist für Firmen attraktiv.

Unten: Der Weltmarkt für Firmenjets ist angesichts der sinkenden Nachfrage und der großen Herstellerzahl seit dem Ende der achtziger Jahre heiß umkämpft. Die Firma Beechcraft konnte sich in einer Zeit schwierigen zivilen Absatzes einen lukrativen militärischen Auftrag sichern.

TECHNISCHE DATEN

400 Beech Jet

- **Typ:** zweistrahliges Geschäftsreiseflugzeug
- **Triebwerke:** zwei Turbofan-Triebwerke Pratt & Whitney JT15D-5 mit je 13,91 kN Schub
- **Höchstgeschwindigkeit:** 899 km/h
- **Anfangssteigrate:** 1149 m/min
- **Reichweite:** 3524 km
- **Gipfelhöhe:** 13 230 m
- **Gewicht:** leer 4819 kg; beladen 7303 kg
- **Kapazität:** zweiköpfige Besatzung und acht Passagiere in der Standardausführung, Ausstattung nach Kundenwunsch möglich
- **Abmessungen:** Spannweite: 13,25 m; Länge: 14,75 m; Höhe: 4,24 m; Tragflügelfläche: 22,40 m²

400A Beech Jet

Der steigende Geschäftsflugverkehr verlangte gegen Ende der achtziger Jahre nach kleinen Düsenmaschinen. Beechcraft wagte sich auf den ohnehin schon überfüllten Markt, erzielte aber mit diesem Modell, das zuverlässig, wirtschaftlich und überaus anpassungsfähig ist, bemerkenswerte Erfolge.

Die Kabine der 400A hat acht Passagiersitze, vier nach vorn und vier nach hinten weisend, die sich drehen und kippen lassen. Je nach Kundenwunsch sind auch andere Anordnungen einschließlich medizinischer Einrichtungen möglich.

Die Kabine hat ein unabhängiges Druckausgleichssystem mit einem Notsystem, das Triebwerkszapfluft nutzen kann.

Die 400A hat als Pendelruder ausgelegte Höhenflossen und Höhenruder für die Nicksteuerung. Der Heckkonus fasst bis zu 204 kg an Gepäck.

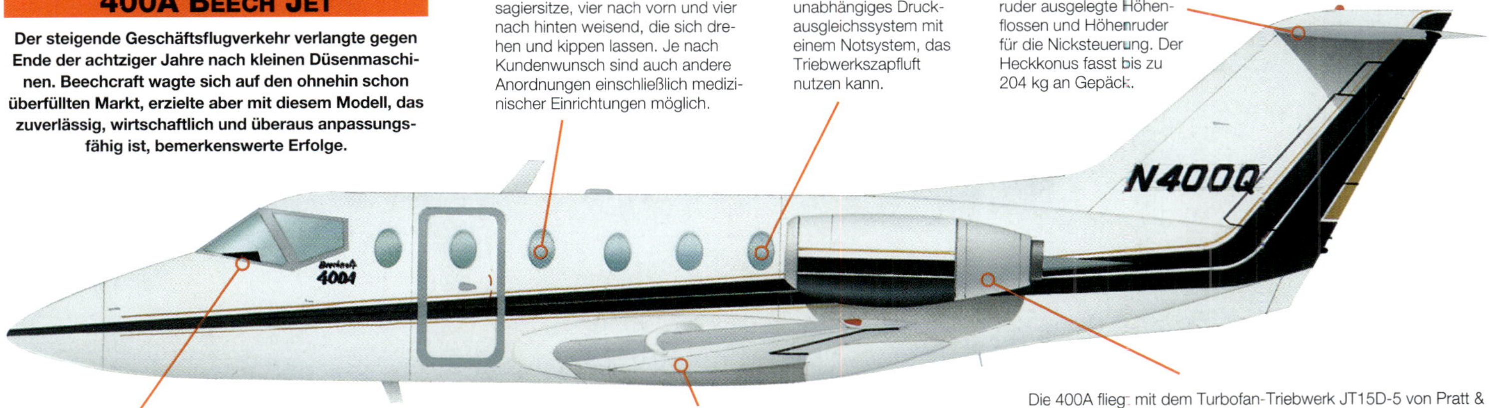

Zur Standardavionik gehört das elektronische Fluginstrumentensystem Pro-Line 4 von Collins mit einem Bildschirm, der Flug- sowie Steig- und Sinkgeschwindigkeit, Höhe und Navigationsinformationen anzeigt.

Die Flügelstruktur besteht aus Ober- und Unterverkleidung, verbunden zu zwei Kastenholmen, so dass sich ein integrierter Treibstofftank ergibt. Auf jeder Tragfläche befindet sich ein Tankstutzen. Die Rollsteuerung erfolgt durch kleine Querruder und kurzsehnige Störklappen, die die halbe Spannweite einnehmen und auch als Auftriebsdämpfer wirken.

Die 400A fliegt mit dem Turbofan-Triebwerk JT15D-5 von Pratt & Whitney, das (anders als bei den T-1A der USAF) mit einem Nordam-Schubumkehrer ausgestattet ist. Der Einbau am Rumpfheck reduziert den Geräuschpegel in der Kabine. Der hintere Treibstofftank befindet sich unter dem Boden. Die Kennung am Leitwerk ist eine amerikanische Registrierung.

EINSATZDATEN

GESCHWINDIGKEIT

Die meisten Business-Jets fliegen dicht an der Schallgrenze und erreichen etwa Mach 0,8. Höhere Geschwindigkeiten gehen zu Lasten der Flugzellen und des Verbrauchs. Nur neuere Business-Jets wie die Gulfstream V und die Citation X schaffen Mach 0,9.

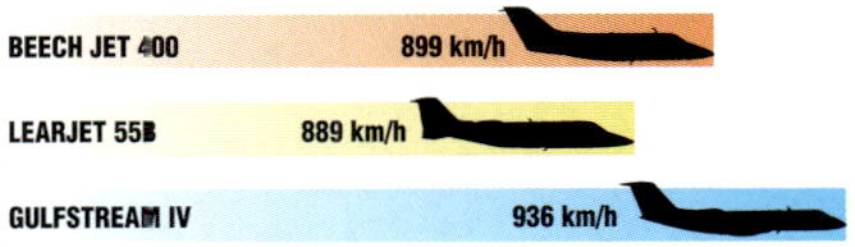

REICHWEITE

Business-Jets haben ein weitgehend proportionales Verhältnis von Treibstoff und Leermasse. Größere Muster wie die Gulfstream IV können weiter fliegen als die kleinere Beech 400. 3000 km Reichweite und die Fähigkeit, mindestens acht Passagiere bequem unterzubringen, sind heute die Leistungsminima in dieser Klasse.

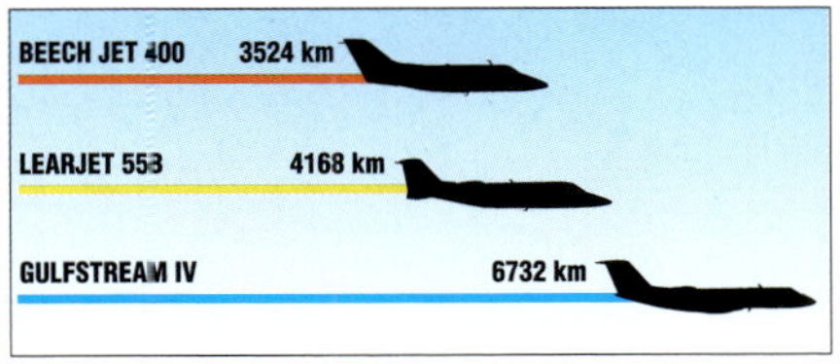

KAPAZITÄT

Die Sitzanordnung eines Business-Jets richtet sich nach den Kundenwünschen. Raytheon bietet die 400 in der Standardauslegung mit acht Sitzen an. Um alle acht Sitze nach vorn weisen zu lassen, lässt sich die vordere Tür versetzen.

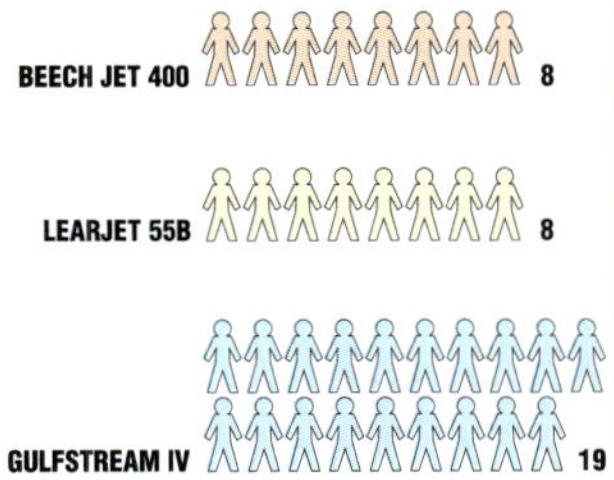

Weitere Geschäftsflugzeuge mit Strahlantrieb

CHALLENGER CL-601: Zahlreiche Typen, die als Geschäftsreiseflugzeuge konzipiert waren, gingen wie diese Maschine der kanadischen Luftstreitkräfte auch in den Militäreinsatz.

CITATION VII: Hauptkonkurrentin der 400 Beech Jet ist die ähnlich aussehende Cessna Citation, die je nach der gewünschten Kapazität in verschiedenen Versionen produziert wurde.

FALCON 10: Dieses Dassault-Muster, das der französischen Regierung als VIP-Transporter dient, ist in Europa weit verbreitet und wurde auch in die USA exportiert.

GULFSTREAM III: Der Typ hat sich als sehr leistungsfähig erwiesen. Die dänische Luftwaffe setzte das Geschäftsreiseflugzeug im Such- und Rettungsdienst sowie für Fischereipatrouillen ein.

Raytheon (Beech)

1900

● Verkaufsschlager ● Zubringer- und Firmenflugzeug

Ab 1982 war Beechcraft mit der neuen 1900 wieder auf dem Zubringer- und Firmenflugzeugmarkt präsent. Nur wenige Unternehmen haben mehr Erfahrung im Bau zweimotoriger Turbopropmaschinen als die von Walter Beech in Wichita, Kansas, gegründete Firma, die heute zur Raytheon Company gehört. Die Beechcraft 1900 hält eine Spitzenstellung auf dem Markt der 19-sitzigen Zubringer- und Firmenflugzeuge, wie die Verkaufszahlen beweisen.

▲ *Während noch viele ältere 1900C und 1900C-1 im Einsatz sind, hat sich die 1900D vor allem in den USA zum begehrten Zubringerflugzeug entwickelt.*

BILDERCHRONIK

Raytheon (Beech) 1900

▼ **C-1-Frachtversion**
Diese 1900C-1 fliegt mit überstrichenen Fenstern als Frachter. Als Zugang zur Kabine dient eine Frachtluke auf der linken Seite.

▲ **Erste 1900**
Der Prototyp der 1900 führte einen Großteil der ersten Flugtests aus und wurde 1985 ausgemustert.

◀ **1900 in Australien**
Diese 1900D, die der Manerst Pty Limited gehört, fliegt für die Sydney Morning Post.

▼ **Modernisiertes Modell**
Continental Express gehörte zu den ersten Betreibergesellschaften der 1900C und rüstete später auf das leistungsfähigere Modell 1900D um.

◀ **Änderungen an der Flugzeugzelle**
Zu den Neuerungen der 1900D gegenüber der 1900C zählten die sogenannten „Winglets“ und Hilfsflossen am Heck.

FAKTEN UND ZAHLEN

- Am 3. September 1982 flog Beech den Prototyp für das neue Modell 1900 vom Werk in Wichita aus.
- Anfang 1997 wurde die Beechcraft 1900 bereits in 14 Ländern betrieben.
- 4,995 Millionen US-Dollar kostete eine Beechcraft 1900D im Jahr 2001.
- Als erste setzten die Mesa Airlines die verbesserte 1900D ein. Sie hat einen erhöhten Rumpf, in dem man aufrecht stehen kann.
- Die Tragflügeltanks der 1900C-1 erhöhten die Treibstoffmenge um 2593 Liter.
- Mesa hatte 1992 78 1900D geordert und 1994 weitere 40 Exemplare bestellt.

PROFIL

Ein Zubringer für die ganze Welt

Die Beechcraft 1900 entstand zunächst in der Version 1900C Airliner und wird heute als Zubringer-, Firmen- und militärisches Mehrzweckflugzeug erfolgreich vermarktet. Die Zulassung durch die amerikanische Bundesluftfahrtbehörde FAA erfolgte im November 1983, und im Februar 1984 begann die Auslieferung des zweimotorigen Tiefdeckers. Sechs frühe Maschinen gingen an die Resort Air of Missouri.

Als sich die Anforderungen des US-Zulassungssystems 1993 änderten, stellte man die Produktion der 1900C nach 72 Exemplaren ein. Zu diesem Zeitpunkt waren bereits 173 verbesserte 1900C-1 mit zusätzlicher Tankkapazität verkauft.

Im Frühjahr 1989 kündigte Beechcraft die Einführung des Modells 1900D an. Dieses Muster erhielt modifizierte Flügel und Hilfsflossen an der Rumpfunterseite sowie eine höhere Kabine, in der die Passagiere aufrecht stehen können. Sie wurde im März 1991 zugelassen und ging noch vor der Auslieferung der letzten 1900C in Produktion. Den größten Anklang fand die 1900D in der Rolle als 19-sitziges Zubringerflugzeug; die Angebotspalette umfasst aber auch eine Geschäftsflugzeugversion als Ersatz für das Modell 1900 Exec-Liner, das aus der früheren 1900C abgeleitet worden war.

Oben: An dieser vom Beechcraft-Gelände abhebenden 1900D sind die Winglets gut zu erkennen. Mesa Airlines ist der größte 1900D-Betreiber.

Unten: Die 1900D unterscheidet sich von den früheren Versionen vor allem durch die Winglets und einen deutlich höheren Rumpf.

TECHNISCHE DATEN 1900D

- **Typ:** zweimotoriges Zubringerflugzeug
- **Triebwerke:** zwei Propellerturbinen Pratt & Whitney Canada PT6A-67D mit je 954 kW
- **Höchstgeschwindigkeit:** 533 km/h in 4875 m bei 6804 kg
- **Reichweite:** 2778 km in 1525 m Höhe bei Langstreckenreiseleistung mit Reserven und zehn Passagieren, 1278 km mit max. Nutzlast
- **Gipfelhöhe:** 10 058 m
- **Gewicht:** leer 4815 kg; max. 7688 kg
- **Kapazität:** zwei Piloten, maximal 19 Passagiere und 939 kg Gepäck
- **Abmessungen:**

Spannweite (über Winglets):	17,67 m
Länge:	17,63 m
Höhe:	4,72 m
Tragflügelfläche:	28,80 m²

1900D

USAir Express gehörte zu den zahlreichen Zubringerfirmen, die sich für die 1900 entschieden haben. Viele Fluggesellschaften sind großen internationalen Carriern angeschlossen.

Die Passagiere sitzen in zwei Reihen zu beiden Seiten des Mittelgangs. Viele Gesellschaften verzichten bei Zubringerflügen auf Flugbegleiter. Die Käufer können unter verschiedenen Ausstattungen wählen, und einige verzichten auf die Toilette, um Platz zu gewinnen und Gewicht zu sparen.

Auf beiden Rumpfseiten ist kurz vor der Flügelvorderkante eine kleine horizontale Fläche zur Wirbelerzeugung installiert. Dadurch wird die Luftströmung an der Flügelvorderkante verstärkt und der Auftrieb bei hohen Anstellwinkeln und geringer Luftgeschwindigkeit erhöht.

Die Tragflügeltanks fassen insgesamt 2528 Liter Treibstoff. Die Betankung erfolgt über einen Einfüllstutzen in jeder Tragflügelvorderkante zwischen Rumpf und Triebwerksgondeln. Die Propellerturbinen PT6A-67D treiben je einen vierblättrigen, Hartzell-Verstellpropeller an.

Die starren, horizontalen Zusatzflächen am Rumpfheck aller 1900 machen die Maschinen unempfindlicher gegen Schwerpunktverschiebungen. Dies erlaubt eine größere Flexibilität beim Beladen und bei der Innenausstattung.

Alle 1900 haben kleine Flossen unter der Höhenflosse, sogenannte „Tailets“. Die 1900D führte zudem Hilfsflossen an der Rumpfunterseite ein, die die Richtungsstabilität verbessern und die Steuerung des Flugzeugs in Turbulenzen erleichtern.

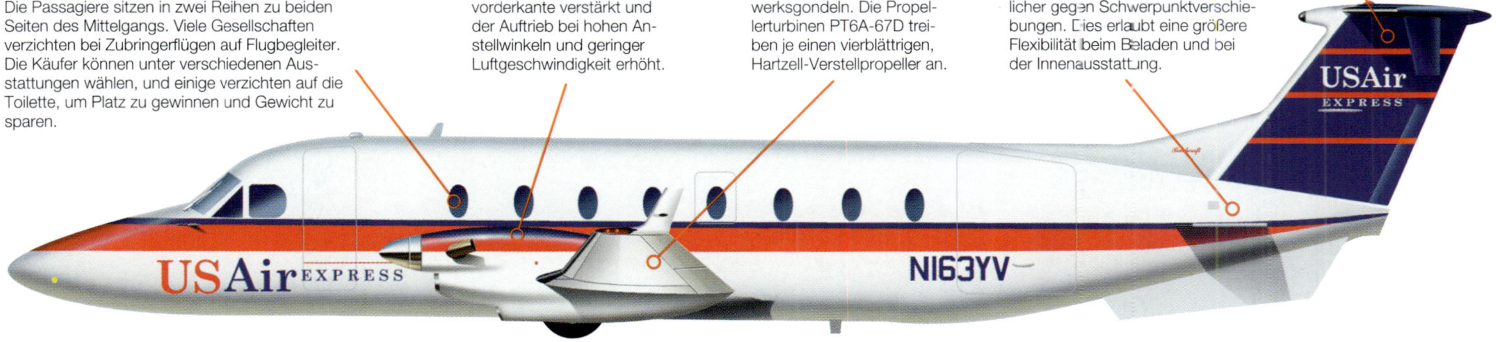

EINSATZDATEN

GESCHWINDIGKEIT

Beide US-Typen bieten eine höhere Geschwindigkeit als die British Aerospace Jetstream 31, die sich als sehr erfolgreich erwiesen hat. Allerdings bedient sie gewöhnlich keine längeren Strecken, auf denen eine hohe Geschwindigkeit angebracht wäre.

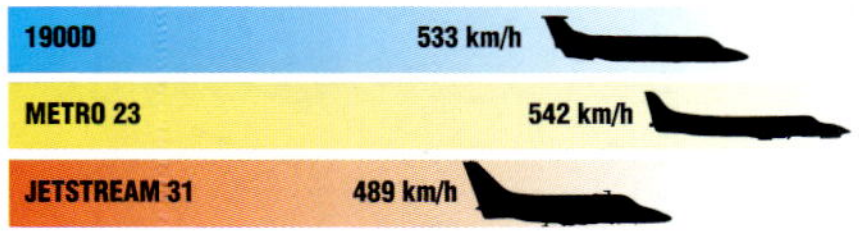

KAPAZITÄT

Mit 19 Passagiersitzen bieten die 1900D und die Jetstream 31 eine gute Kapazität für stark frequentierte Strecken, lassen sich jedoch auch mit weniger Fluggästen noch wirtschaftlich betreiben. Die Fairchild Metro 23 fliegt nur selten mit 20 Passagieren.

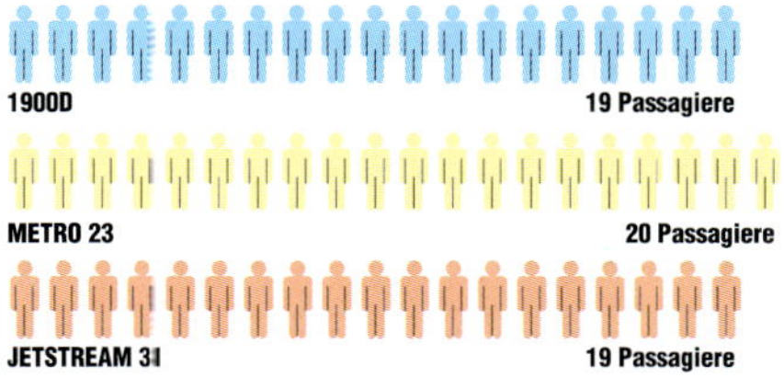

REICHWEITE

Mit 19 Passagieren und vollen Reserven kann die Jetstream 31 nicht so weit fliegen wie die Metro 23 mit ähnlicher Last. Die gute Reichweite der 1900D mit zehn Passagieren sinkt bei voller Beladung auf 1278 km und liegt damit zwischen Metro 23 und Jetstream 31.

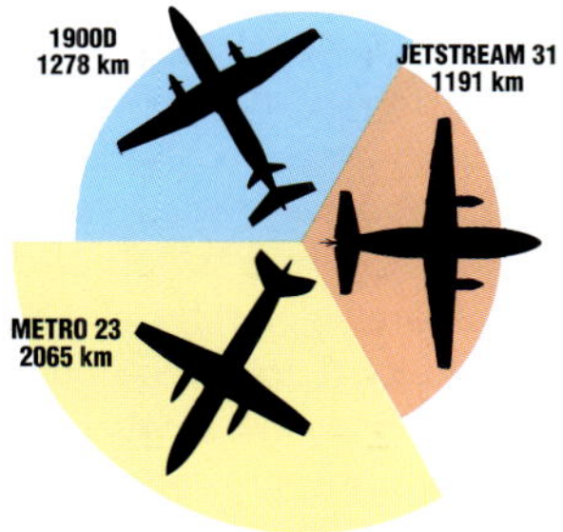

Die aktuelle Produktpalette von Raytheon

PC-9 Mk II: Die Beech/Pilatus PC-9 gewann die Ausschreibung des US Joint Primary Aircraft Training System und wird als Texan II eingesetzt.

KING AIR 350: Die King Air 350, die 1988 zum ersten Mal flog, ist das Nachfolgemodell der äußerst erfolgreichen King Air 300.

BEECH JET 400A: Die auf der Mitsubishi Diamond basierende Beech Jet errang als T-1A Jayhawk militärische Großaufträge.

HAWKER 1000: Raytheon erwarb 1993 von British Aerospace den Entwurf der 125 und produzierte den Typ als Hawker.

ROCKWELL

SABRELINER

● **Weiterentwicklung der T-39** ● **Häufig gebaut** ● **Gute Flugleistungen**

▲ *Die Sabreliner verkaufte sich zunächst sehr gut, doch Ende der sechziger Jahre gingen die Aufträge zurück, da Konkurrenzmuster mit Mantelstrom-Triebwerken mehr leisteten.*

Nachdem die T-39 für die US-Streitkräfte gebaut worden war, produzierte Rockwell die Sabreliner, eines der ersten strahlgetriebenen Geschäftsflugzeuge, die auch unter dem Namen Sabre bekannt war. Der anfänglichen Sabreliner 40 folgte eine Reihe verbesserter Ausführungen, die in der Sabre 65 gipfelte, einem Geschäftsreiseflugzeug mit zehn Passagiersitzen, Mantelstrom-Triebwerken und superkritischen Flügeln für transkontinentale Reichweite.

ROCKWELL SABRELINER

▼ **Letztes Modell**
Die letzte Baureihe war die Sabre 65, die mit TFE731-3-Triebwerken ausgestattet war.

▲ **Größer und stärker**
Bis 1982 war die 75A in der Produktion, die eine höhere Kabine und neue Triebwerke hatte.

Zivile T-39A ▶
Zunächst kam die Sabreliner Serie 40 auf den Markt, die im Grunde eine für den zivilen Einsatz zugelassene T-39A war.

▲ **Von der 40 zur 60**
Zwei zusätzliche Kabinenfenster unterscheiden die Serie 60 von der 40.

Sabreliner für die achtziger Jahre ▶
Diese Sabre 60 diente als Prototyp für die Serie 65, die ab 1981 ausgeliefert wurde.

FAKTEN UND ZAHLEN

- **Die Produktion der Sabreliner bei Rockwell in El Segundo, Kalifornien, endete, als der Mietvertrag für das Werk auslief.**
- **Die US Navy flog Sabreliner, die auf zivilen Anforderungen basierten.**
- **Die Kurzbezeichnung „Sabre“ wurde 1970 offiziell eingeführt.**
- **Eine vereinfachte Ausführung der Serie 40, die Sabreliner Commander, war 1971 für 995 000 US-Dollar zu haben.**
- **Die Sabre-Herstellungsrechte gingen 1983 an die Sabreliner Corporation.**
- **Die Pläne, eine Serie 85 gemeinsam mit Agusta zu produzieren, scheiterten.**

Erfolg mit Geschäftsreisen

Beim Flugzeugbauer North American erkannte man schon bald die Möglichkeit, aus der militärischen T-39 ein Geschäftsreiseflugzeug für den zivilen Markt zu machen. Die Firma hatte jedoch keinerlei Erfahrung mit der Vermarktung solcher Typen und verband sich daher mit der Remmert-Werner-Gruppe, die Ausstattung, Vertrieb und Marketing übernahm.

Im September 1967 entstand durch Fusion mit der Rockwell-Standard die North American Rockwell Corporation, die ab Anfang der siebziger Jahre als Rockwell International firmierte. Ihre Sabreliner-Division setzte die Produktion fort und beendete sie am 31. Dezember 1981 mit der letzten Sabre 65.

Im Laufe der Entwicklung wurde die Serie 40 um 96 cm gestreckt und so zur Serie 60, die zehn Passagiersitze aufwies. Der Verkauf florierte, bis Anfang der siebziger Jahre neuere Turbofan-Flugzeuge auf dem Markt kamen. Rockwell brachte daraufhin die Serie 75A mit Mantelstrom-Triebwerken General Electric CF 700 2D-2 heraus und später die Serie 65 mit Garrett-Antrieb. Damit hatte die beliebte Sabreliner jedoch das Ende ihrer Entwicklung erreicht.

Die 75A erhielt Auftrieb durch eine Bestellung der Bundesluftfahrtbehörde (FAA) von 15 Exemplaren zur Eichung von Luftstraßennavigations- und -landehilfen. Ein Auftrag der US-Küstenwache zerschlug sich.

Die Sabreliner hatte ein freitragendes Leitwerk und bestand überwiegend aus Leichtmetall. Sie genießt nach wie vor einen ausgezeichneten Ruf für ihre hohe strukturelle Festigkeit.

Neue, superkritische Flügel ermöglichten der Serie 65 einen wirtschaftlichen Reiseflug mit hoher Geschwindigkeit.

TECHNISCHE DATEN

Sabreliner 60

- **Typ:** acht- bis zehnsitziges, zweistrahliges Geschäftsreiseflugzeug
- **Triebwerke:** zwei Strahltriebwerke Pratt & Whitney JT12A-8 mit je 14,68 kN Schub
- **Höchstgeschwindigkeit:** 906 km/h in 6550 m
- **Reichweite:** 3239 km mit Maximaltreibstoff, vier Passagieren und 45 Minuten Reserve
- **Anfangssteigrate:** 23,88 m/sek
- **Gipfelhöhe:** 13 715 m
- **Gewicht:** Rüstmasse 5103 kg; max. Startmasse 8877 kg mit vier Fluggästen
- **Kapazität:** bis zu zehn Fluggäste oder 1135 kg Fracht (bei ausgebauten Sitzen)
- **Abmessungen:** Spannweite: 13,61 m; Länge: 14,30 m; Höhe: 4,88 m; Tragflügelfläche: 31,78 m²

SABRELINER 65

Diese Maschine, die die Farben der Acopian Technical trägt, war die letzte von insgesamt 76 Sabre 65. Die Serie wurde sowohl Sabre als auch Sabreliner genannt.

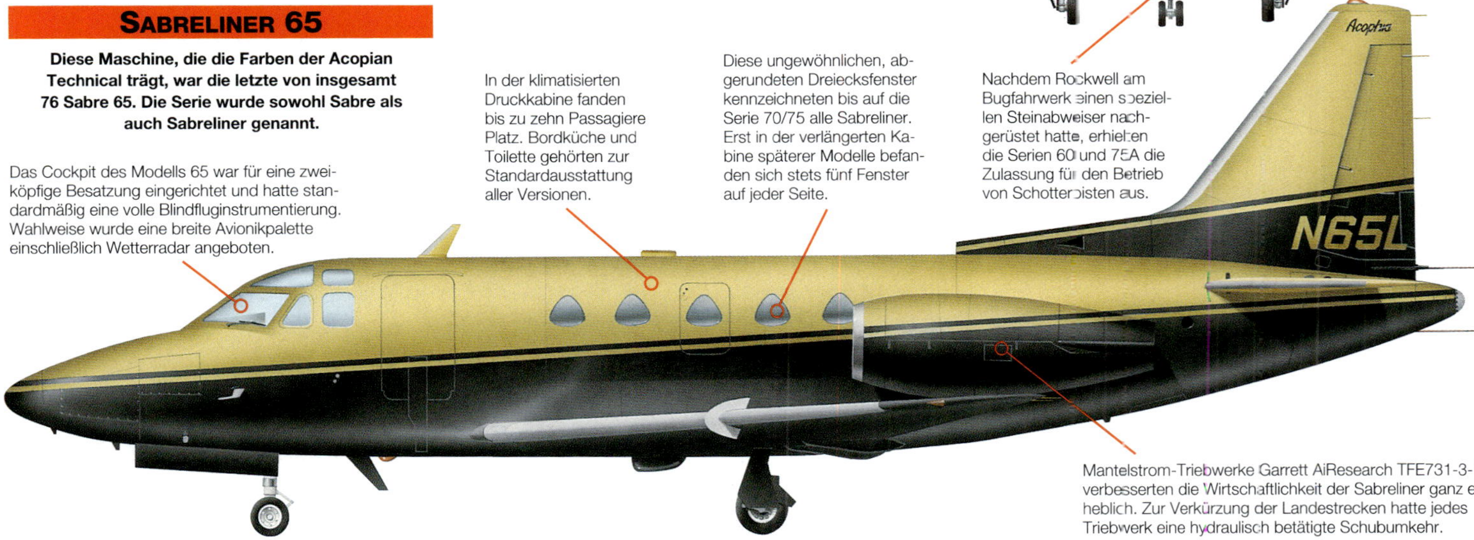

Das Cockpit des Modells 65 war für eine zweiköpfige Besatzung eingerichtet und hatte standardmäßig eine volle Blindfluginstrumentierung. Wahlweise wurde eine breite Avionikpalette einschließlich Wetterradar angeboten.

In der klimatisierten Druckkabine fanden bis zu zehn Passagiere Platz. Bordküche und Toilette gehörten zur Standardausstattung aller Versionen.

Diese ungewöhnlichen, abgerundeten Dreiecksfenster kennzeichneten bis auf die Serie 70/75 alle Sabreliner. Erst in der verlängerten Kabine späterer Modelle befanden sich stets fünf Fenster auf jeder Seite.

Nachdem Rockwell am Bugfahrwerk einen speziellen Steinabweiser nachgerüstet hatte, erhielten die Serien 60 und 75A die Zulassung für den Betrieb von Schotterpisten aus.

Mantelstrom-Triebwerke Garrett AiResearch TFE731-3-1D verbesserten die Wirtschaftlichkeit der Sabreliner ganz erheblich. Zur Verkürzung der Landestrecken hatte jedes Triebwerk eine hydraulisch betätigte Schubumkehr.

EINSATZDATEN

GESCHWINDIGKEIT

In den sechziger und siebziger Jahren konnten US-Hersteller in der Heimat strahlgetriebene Geschäftsflugzeuge gut verkaufen. Als die Sabreliner auf den Markt kam, war sie eines der leistungsstärksten Muster. Hier ist die Geschwindigkeit im Sparflug angegeben.

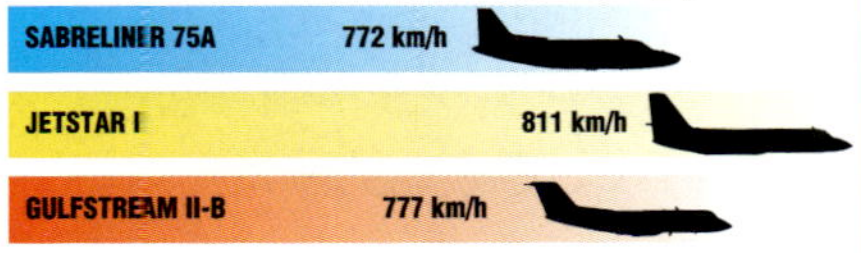

KAPAZITÄT

Die Sabreliner bot bis zu zehn Fluggästen Platz, doch eine bequeme Sitzanordnung für längere Reisen mit acht oder neun Plätzen war üblicher. Die zeitgenössische Gulfstream II-B war weitaus größer.

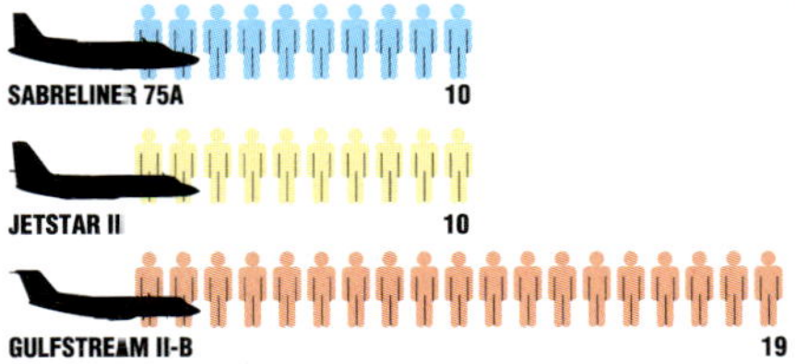

REICHWEITE

Nicht einmal mit der ungewöhnlichen CF-700-Heck-Zweistrom-Strahlturbine als Antrieb konnte sich die Sabreliner 75A bezüglich der Reichweite mit ihren Konkurrenzmustern messen, die allerdings größer, schwerer sowie komplexer und daher teurer im Betrieb waren.

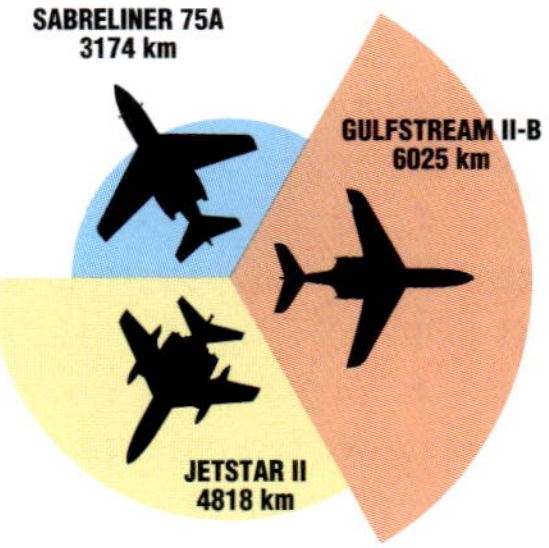

Geschäftsreiseflugzeuge der sechziger Jahre

ROCKWELL JET COMMANDER 1121: Nach den ersten Auslieferungen 1965 übernahm Israel Aircraft Industries die Konstruktion.

DE HAVILLAND DH. 125: DH nahm 1961 die Arbeit an dem Muster auf, das zum Erfolg wurde. Heute baut Raytheon die 125.

LEARJET 23: Die 23 war ein sehr erfolgreiches Geschäftsflugzeug und wies einige Merkmale eines Schweizer Jägerprojekts auf.

HFB 320 HANSA: Der deutsche Typ flog erstmals 1964, hatte aber weniger Erfolg als amerikanische und britische Reiseflugzeuge.

90 SCANDIA

● Linienflugzeug für den Regionalverkehr ● DC-3-Ersatz ● Kolbenantrieb

▲ Die Serienversion der Saab Scandia 90 konnte 24 Passagiere in großzügigen Dreierreihen aufnehmen. Für vielbeflogene Routen ließen sich aber auch 32 bis 36 Sitze in weniger bequemen Viererreihen einrichten.

Die Scandia von Saab fand bei Piloten und Passagieren großen Anklang. Mit diesem kleinen Airliner mit Kolbenmotor nahm die schwedische Saab, ein innovatives Unternehmen, das zuvor noch nie ein Verkehrsflugzeug gebaut hatte, nach dem Krieg an der Jagd nach dem großen Gewinn teil, den eine Nachfolgerin für die Douglas DC-3 versprach. Unglücklicherweise aber war Kolbenmotorantrieb nicht mehr gefragt und die DC-3 zudem noch nicht reif für die Ausmusterung.

SAAB 90 SCANDIA

▲ Kolbenmotoren
Der vorgesehene Motor Pratt & Whitney R-2000 war zu schwach. Die Serienflugzeuge erhielten daher den größeren R-2180-E1.

▲ Vorstellung des Prototyps
Nach der geheimen Entwicklung fand im November 1946 der Erstflug statt. Pilot Claes Smith erklärte: „Im Gegensatz zum Jäger J 21 verhielt sich die Scandia genau wie vorhergesagt.“

▲ Die fliegenden Wikinger
Einziger europäischer Betreiber war die SAS. Sie benannte all ihre Flugzeuge nach berühmten Wikingern. Abgebildet ist die „Jarl Viking“.

▲ Exportaufträge
Zwei brasilianische Fluglinien setzten Scandia ein. Dieses Exemplar flog im Dienst der VASP.

Silberglanz ▶
Wie viele Nachkriegspropellermaschinen flogen auch die Scandia in blankpoliertem Metall.

FAKTEN UND ZAHLEN

- Der Entwurf erschien vielversprechend, doch insgesamt wurden nur 18 Scandia gebaut, einschließlich eines Prototyps.
- Der Prototyp der Saab Scandia flog erstmals am 16. November 1946.
- Die ersten zwölf Scandia baute Saab, die übrigen sechs Fokker in den Niederlanden.
- Eine Saab 90 wurde in ihre Einzelteile zerlegt und diente in São Paulo (Brasilien) zur Ausbildung des Personals am Boden.
- Die letzte Scandia kam auf 15 683 Flugstunden und legte 5 175 000 km zurück.
- 1975 wurde eine Scandia als Exponat für ein brasilianisches Museum konserviert.

Saabs erstes Verkehrsflugzeug

Am Ende des Zweiten Weltkriegs zeichnete sich eine neue Ära im Luftverkehr ab, und die Flugzeughersteller beeilten sich, von diesem neuen Trend zu profitieren. Die junge Firma Saab, die schon mit Kampfflugzeugen Erfahrungen gesammelt hatte, entwickelte mit der Saab 90 Scandia einen gelungenen herkömmlichen Kurzstreckentransporter. Die Scandia, die abgesehen vom Bugradfahrwerk ähnlich wie die DC-3 ausgelegt war, wurde allen Fluggesellschaften angeboten, die ihre Flotte erneuern wollten.

Für einige Länder, die sich nach dem Krieg im Wiederaufbau befanden, kam die Scandia etwas zu früh. Die AB Aerotransport (später Scandinavian Airlines System, SAS) bestellte einige Maschinen, ebenso die Aeroavias Brasil (später VASP).

Beide Fluglinien beurteilten die Saab 90 als „leistungsfähig und beliebt“ und bestellten weitere Exemplare. Die Scandia hatte aber auch einige Nachteile, wie etwa die fehlende Druckbelüftung (geplant für eine spätere Version), und als es schließlich wirklich an der Zeit war, die DC-3 zu ersetzen, konnte sich ein Flugzeug mit Kolbenmotor nicht mehr behaupten.

Oben: Mit dem Prototyp unternahm Saab einen Werbefeldzug durch Europa, Afrika, später die USA und Lateinamerika. Bei Testflügen für eine Frachtversion absolvierte er einen beeindruckenden Nonstopflug von Albenga nach Stockholm.

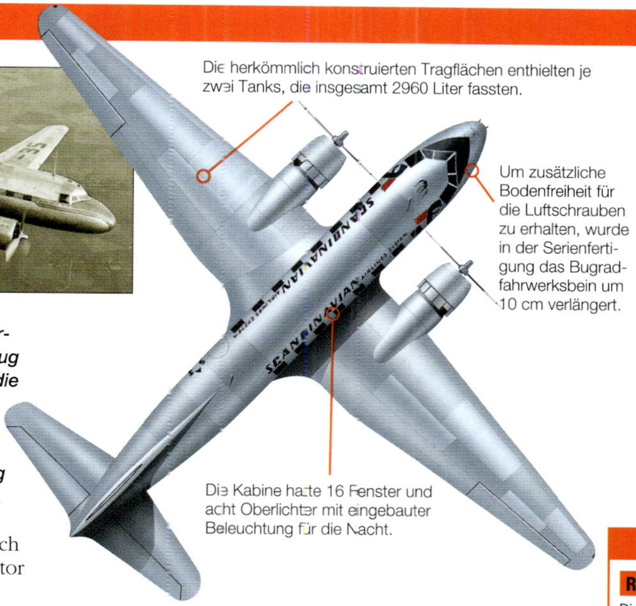

TECHNISCHE DATEN
90 Scandia

- **Typ:** ziviles Kurzstrecken-Verkehrsflugzeug
- **Triebwerke:** zwei Sternmotoren Pratt & Whitney R-2180-E1 mit je 1342 kW
- **Reisegeschwindigkeit:** 390 km/h in 3050 m Höhe
- **Reichweite:** 1480 km
- **Gipfelhöhe:** 7500 m
- **Kapazität:** vier- oder fünfköpfige Besatzung; 24 bis 36 Passagiere
- **Gewicht:** leer 9960 kg; beladen 16 000 kg
- **Abmessungen:** Spannweite: 28 m; Länge: 21,30 m; Höhe: 7,40 m; Tragflügelfläche: 85,70 m²

90 Scandia

Diese Scandia, die zweite Serienmaschine, flog bei der SAS, bis sie an die brasilianische Aeroavias verkauft wurde.

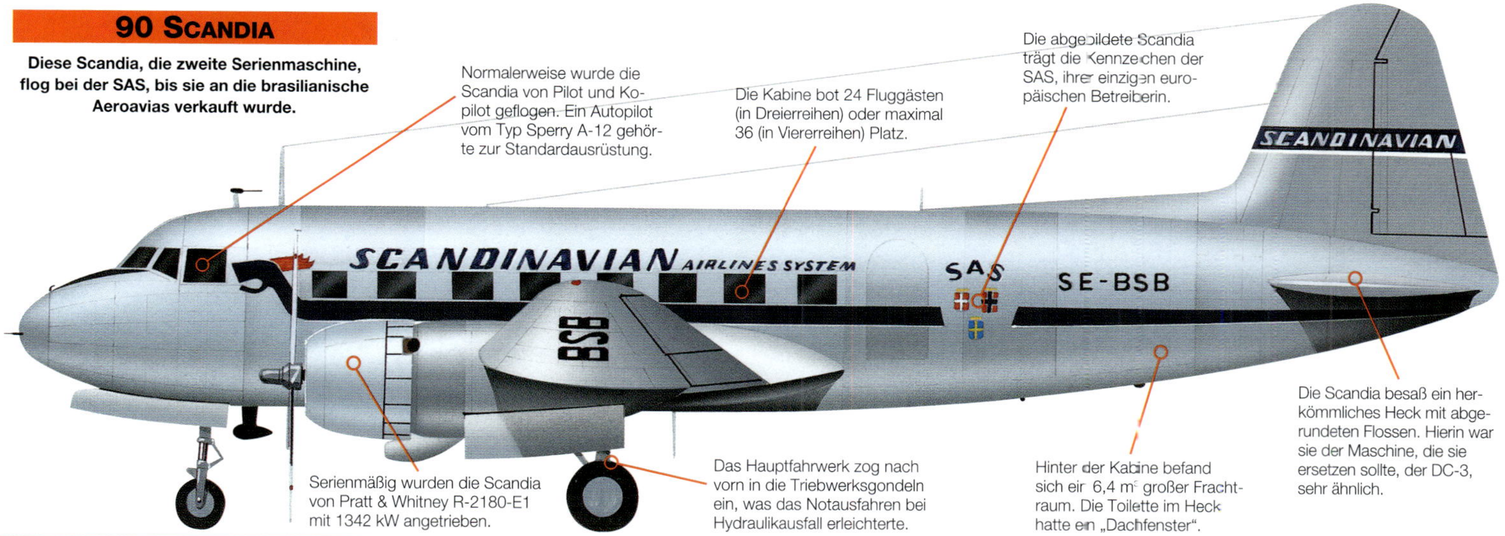

EINSATZDATEN

REISEGESCHWINDIGKEIT

Die Scandia war deutlich schneller als die ältere DC-3. Mit der stärkeren Convair konnte sie jedoch nicht Schritt halten. Die neuentwickelten Verkehrsflugzeuge mit Propellerturbinen flogen noch schneller und übertrafen damit die Konkurrenz bei weitem.

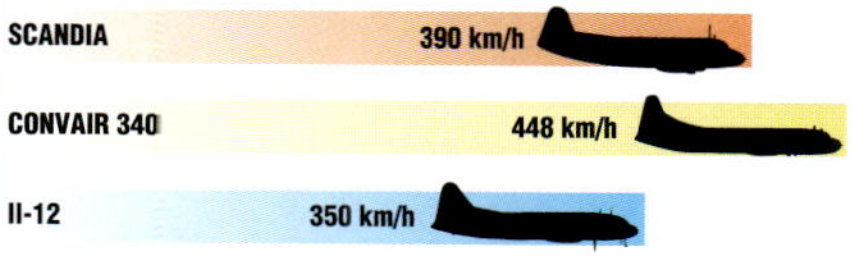

PASSAGIERE

Die Scandia konnte auf vielbeflogenen Strecken zwar 36 Passagiere aufnehmen, jedoch bei sehr enger Bestuhlung. Typisch waren 24 Sitze, in denen sich die Fluggäste bequem zurücklehnen konnten. Die sowjetische Il-12 hatte eine vergleichbare Kapazität.

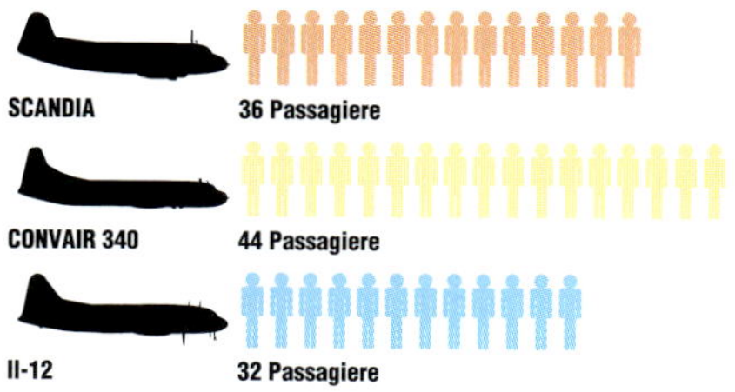

REICHWEITE

Die Scandia war für den Regionalverkehr konzipiert, für den ihre Reichweite mehr als ausreichte. Die größere Convair 340 nahm mehr Kraftstoff auf und konnte daher viel weiter fliegen. Die Il-12 wurde meist auf sowjetischen Inlandsstrecken eingesetzt und verfügte über eine ähnliche Reichweite wie die Scandia.

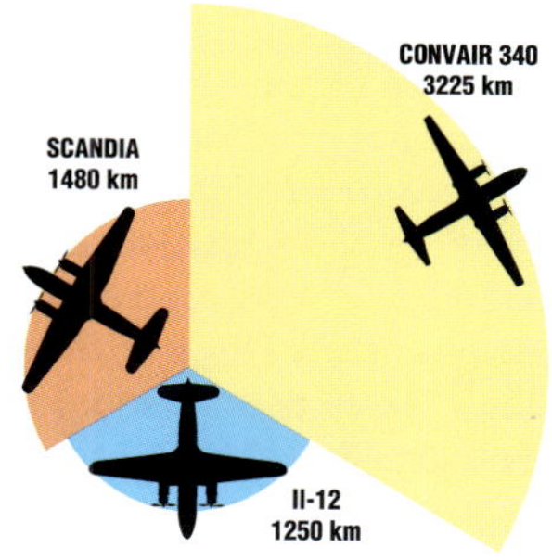

Erfolglose Kurzstrecken-Verkehrsflugzeuge

DOUGLAS DC-5: Die erste DC-5 flog 1939, doch durch Ausbruch des Zweiten Weltkriegs erlosch die Nachfrage nach zivilen Mustern. Douglas wandte sich daraufhin Militärflugzeugen zu.

CESSNA 620: Der Acht- bis Zehnsitzer hatte eine Druckkabine und vier Continental-Motoren. Als gebrauchte Convair 440 und Martin 4-0-4 auf den Markt kamen, ließ Cessna die 620 fallen.

LOCKHEED 75 SATURN: Die Saturn war ein ausgezeichneter Entwurf, erwies sich aber als zu teuer, nachdem viele Kriegstransporter verfügbar wurden. Man gab das Projekt daher auf.

AVIATION TRADERS ACCOUNTANT: Dieses 28sitzige Verkehrsflugzeug mit zwei Propellerturbinen als Antrieb erschien Ende der fünfziger Jahre, fand aber keinen Absatz.

SAAB

340

● **Verkehrsflugzeug** ● **Firmenflugzeug** ● **Militärischer VIP-Transporter**

Die Saab 340 spielte eine wesentliche Rolle bei der Entwickelung regionaler Passagierdienste, nicht zuletzt auch bei Betreibern, die sich einen größeren Typ nicht leisten konnten. Die mehr als 350 Saab 340, die sich im Einsatz befinden, absolvieren im Durchschnitt jeweils sechs Flüge täglich. Dies heißt, dass alle 20 Sekunden irgendwo auf der Welt eine 340 startet oder landet, die dabei maximal 34 Passagiere befördern kann.

▲ *Seit ihrem Erstflug im Jahr 1983 hat sich die Saab 340 erfolgreich verkauft. Bis Anfang 1992 waren 280 Exemplare ausgeliefert, und jährlich werden etwa 50 neue Maschinen, inzwischen die verbesserten 340B, gebaut.*

BILDERCHRONIK

▼ Verkauf an Comair
Ein großer Erfolg der Saab 340 war die Eroberung des amerikanischen Marktes. Erster Kunde war Comair, die 19 Maschinen kaufte.

▲ Sparsame Propellerturbinen
Der kostengünstige Betrieb macht Turboprop-Airliner besonders beliebt. Dank des geringen Luftwiderstands und der effektiven Triebwerke setzte Saab neue Maßstäbe für einen sparsamen Treibstoffverbrauch.

◀ Viele Kunden
Bis Ende der achtziger Jahre gewann die Firma Saab, die das Projekt allein weiterführt, Kunden in Europa, Asien, Ozeanien und Amerika. Das Foto zeigt den Prototyp der 340 an der Spitze der Formation.

▼ Moderner Tragflügel
Als Fairchild sich noch an dem Projekt beteiligte, entwickelte die NASA für die 340 einen völlig neuen, widerstandsarmen Tragflügel. Er verfügt über eine hydraulisch betätigte Spaltklappe in legierter Wabenausführung.

▲ Metallrahmen
Das neue Flugzeug besteht aus Legierungen und in einigen Teilen aus Verbundstoffen und Kevlar.

FAKTEN UND ZAHLEN

- **Aufgrund finanzieller Schwierigkeiten zog sich Fairchild 1987 endgültig aus dem ursprünglichen SF-340 Projekt zurück.**
- **Der größte 340-Kunde ist American Eagle mit 100 Maschinen.**
- **Die 340 hatte wegen Problemen mit dem CT-7-Triebwerk zeitweise Startverbot.**
- **Für die schwedischen Luftstreitkräfte hat man eine Frühwarnversion mit Ericssonradar auf dem Rücken entwickelt.**
- **Zu den asiatischen Kunden zählen die China Southern und Formosa.**
- **Standardmäßig ist der Autopilot/Flugzeugregler Collins APS-85 eingebaut.**

Kurzstreckenflüge in der leisen Saab

Die Schweizer Crossair ist ein Stammkunde von Saab geworden. Sie erhielt die ersten Serienexemplare der Saab 340 und der größeren Saab 2000. Die 340 erzielte auch im Fernen Osten Erfolge.

Die Entwicklung der 340 begann 1980 als Gemeinschaftsprojekt des schwedischen Unternehmens Saab und er amerikanischen Firma Fairchild, die aber später ausstieg. Die erste Serienmaschine ging 1984 an die Schweizer Crossair, der erste amerikanische Kunde war die Comair, und 1985 wurde das erste Firmenflugzeug ausgeliefert. Seitdem hat die 340 zunehmend an Beliebtheit gewonnen. Sie ermöglicht es etablierten Fluggesellschaften ebenso wie jungen regionalen Airlines, neue Strecken zu eröffnen und den Passagieren einen hohen Komfort zu bieten. Die stärkeren Triebwerke, die man 1988 mit der 340B einführte, machten eine höhere Betriebsleermasse möglich. So konnten Fluggesellschaften ihren Service verbessern, indem sie zum Beispiel warme Mahlzeiten anboten. Zehn Jahre nach der Indienststellung der 340 brachte Saab eine nochmals verbesserte Version, die 340Bplus, heraus. Sie besitzt eine aktive Geräuschunterdrückung, bei der ein System aus Mikrophonen und Lautsprechern den Geräuschpegel in der Kabine überwacht und phasenversetzte Frequenzen ausstrahlt. Die erste BPlus ging 1994 an American Eagle.

TECHNISCHE DATEN

340B

- **Typ:** regionales Verkehrs- und Firmenflugzeug
- **Triebwerke:** zwei Propellerturbinen General Electric CT7-9B mit je 1394 kW
- **Höchstgeschwindigkeit:** 522 km/h
- **Anfangssteigrate:** 10,41 m/sek.
- **Reichweite:** 1807 km
- **Gipfelhöhe:** 7620 m
- **Kapazität:** Sitzplätze für 33, 35 oder 37 Passagiere in Dreierreihen
- **Gewicht:** leer 9960 kg; beladen 16 000 kg
- **Abmessungen:**

Spannweite:	21,44 m
Länge:	19,72 m
Höhe:	6,91 m
Tragflügelfläche:	41,81 m²

340B

Continental betreibt die Saab 340 auf regionalen Kurzstrecken in den USA. Die Maschine ist auch ein ideales Firmen- und VIP-Flugzeug.

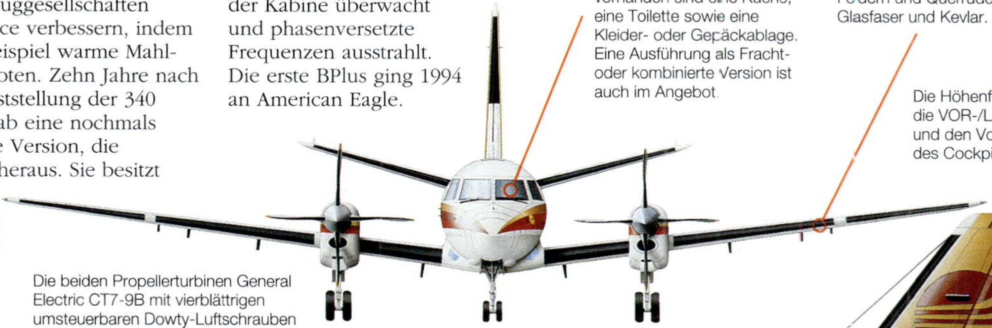

Die geräumige Kabine der Saab bietet in der Regel zwölf Dreiersitzreihen für bis zu 37 Passagiere. Ebenfalls vorhanden sind eine Küche, eine Toilette sowie eine Kleider- oder Gepäckablage. Eine Ausführung als Fracht- oder kombinierte Version ist auch im Angebot.

Die Tragflügel der 340 bestehen aus Aluminiumholmen mit Federn und Querrudern aus Glasfaser und Kevlar.

Die Höhenflosse enthält die VOR-/LOC-Antenne und den Voice-Recorder des Cockpits.

Das moderne Flugdeck bietet zwei Piloten und einem Beobachter Platz. Der Flugbegleiter sitzt vorn in der Kabine.

Die beiden Propellerturbinen General Electric CT7-9B mit vierblättrigen umsteuerbaren Dowty-Luftschrauben liefern maximal 1394 kW und 1305 kW für einen normalen Start. Die Betankungspunkte befinden sich über den Tragflächen und in der Flügelvorderkante.

Auf beiden Rumpfseiten sind oberhalb der Flügel Notausstiegstüren für die Passagiere installiert. Die Besatzung kann sich über eine Luke im Dach des Flugdecks retten.

Der Einstieg erfolgt über eine einzige Tür vorn auf der linken Kabinenseite. Die eingebaute Treppe wird für den Flug in das Rumpfvorderteil hochgeklappt.

Das Hauptfahrwerk besitzt Zwillingsräder und zieht nach vorn in die Triebwerksgondel ein.

Das Passagiergepäck wird über eine große quadratische Ladetür, die zum Öffnen nach oben gleitet, im Heckfrachtraum verstaut. Alle Teile der Kabine sind voll druckbelüftet.

Der Heckkonus enthält Schnellablassdüsen zum Ablassen von Treibstoff vor der Landung oder im Notfall.

EINSATZDATEN

GESCHWINDIGKEIT

Die Passagiere wählen Turboprop-Maschinen nicht wegen der hohen Geschwindigkeiten, denn regionale Düsenmaschinen sind etwas schneller, aber dafür teuer im Betrieb. Der Wettbewerb zwischen den Herstellern hat zu ähnlichen Leistungswerten geführt.

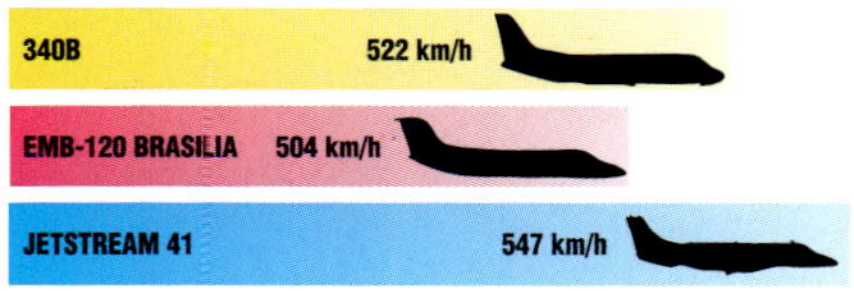

KAPAZITÄT

Für regionale Fluggesellschaften ist die Sitzkapazität ausschlaggebend, da jeder verkaufte Platz über Gewinn oder Verlust entscheidet. Die Saab ist etwas größer als die meisten Konkurrenzmuster.

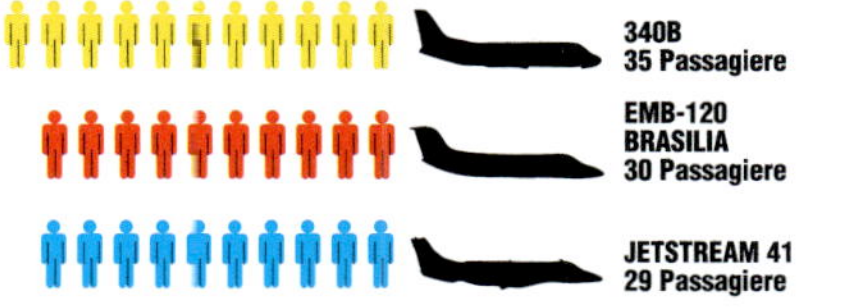

REICHWEITE

Wegen der Zusammenarbeit mit Fairchild hat Saab die 340 schon in der Entwicklungsphase auf den amerikanischen Markt zugeschnitten. Die Jetstream und die Brasilia zielten auf einen etwas anderen Markt ab (den Firmensektor) und hatten daher eine kürzere Reichweite.

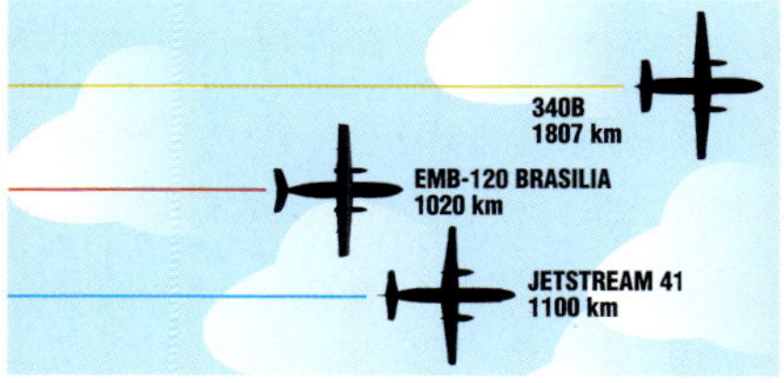

Regionale Turboprop-Verkehrsflugzeuge

ATR 42: Die ATR 42 wird gemeinsam von der französischen Aérospatiale und der italienischen Alenia gebaut. Das Erfolgsmodell beherrscht den Markt für zivile Turboprop-Muster.

Dieses zweimotorige Gegenstück zur DASH-7 hat dank der DHC-Propellerturbinen eine bemerkenswert kurze Startstrecke und ist in Nordamerika sehr beliebt.

LET 610: Die 610 wird in der Tschechischen Republik von LET mit Propellerturbinen CT-7 von General Electric gebaut. Ihre Zielgruppe sind Stammkunden der LET 410 und die Aeroflot.

AIRTECH CN.235: Die von einem Konsortium in Indonesien und Spanien gebaute CN.235 wird zur Seeüberwachung sowie als Militärtransporter und als ziviles Verkehrsflugzeug genutzt.

Saab

2000

● 50 bis 58 Sitze ● Erstkunde Crossair ● Weiterentwicklung der 340

Nach den Erfolgen mit dem 35sitzigen Zubringermodell 340, von dem weltweit über 400 Stück verkauft wurden, erhielt Saab 1988 vom Schweizer 340-Betreiber Crossair einen Auftrag über 25 Saab 2000. Wie der Name bereits nahelegt, ist das Muster, das auf der 340B basiert und 50 bis 58 Passagieren Platz bietet, für das nächste Jahrtausend konzipiert. Die 25 Maschinen, die bis Januar 1996 geliefert wurden, hatten bis dahin schon über 850 000 Passagiere befördert.

▲ *Da Saab die 2000 von der erfolgreichen 340 ableiten konnte, kostete ihre Entwicklung erheblich weniger als bei einem kompletten Neuentwurf. Beide Typen haben das gleiche Rumpf- und Tragflächenprofil.*

BILDERCHRONIK

Saab 2000

Schweizer Phantom ▶
Immer mehr Fluggesellschaften nutzen ihre Maschinen als Werbeträger. Die Schweizer Crossair warb mit einer Saab 2000 für das Musical „Phantom der Oper“.

◀ Sechsblattluftschraube
Der Propeller von Dowty Aerospace wurde aus Verbundwerkstoffen in Sandwich-Bauweise hergestellt. Die Konstruktion mit sechs Blättern erlaubt geringere Drehzahlen, was den Lärm reduziert.

Zubringer von Saab ▶
Die Aufnahme einer 340 und einer 2000 lässt einige Hauptunterschiede der beiden Typen erkennen.

◀ Saab 2000 in Deutschland
Die Deutsche BA, eine British-Airways-Tochter, war der Zweitkunde der Saab 2000. Die Betreiber schätzen die hohe Reisegeschwindigkeit des Typs.

Prototyp der 2000 ▶
Die SE-001 flog als erste Saab 2000 am 26. März 1992. Sie ist hier mit ausgefahrenem Fahrwerk bei einem ihrer ersten Flüge zu sehen. Im Bugraum führte die Maschine verschiedene Messgeräte mit.

FAKTEN UND ZAHLEN

- Größere Komponenten der Saab 2000 werden von Vertragsfirmen gebaut wie etwa Westland, die den Hinterrumpf fertigt.
- Valmet in Finnland stellte das Heck der 2000 her und CASA in Spanien die Tragflächen.
- Größter Betreiber der 2000 war die Schweizer Crossair mit 25 Maschinen.
- Schweden gewährte Saab für die Entwicklung der 2000 rund 320 Millionen Mark Kredit, zurückzahlbar bis zum Jahr 2009.
- General Motors übernahm im Oktober 1995 die erste 2000 als Firmenflugzeug.
- Ende 2004 waren 47 Saab 2000 im Einsatz – alle in Europa.

PROFIL

Mit der Saab 2000 ins Jahr 2000

Saabs Konstrukteure verfolgten das Ziel, die Geschwindigkeit von Düsenmaschinen mit der Wirtschaftlichkeit von Turboprop-Mustern zu verbinden. Sie strebten eine Reisegeschwindigkeit von 656 km/h an, eine Steigrate, die in zehn Minuten auf 6100 m Höhe führt, und Reiseflughöhen im Bereich zwischen 5485 m und 9450 m.

Die 2000 ist nicht nur eine gestreckte Version der 340, sondern weist etliche neue Merkmale auf wie zwei Propellerturbinen Allison AE 2100 in Verbindung mit Sechsblattluftschrauben von Dowty Aerospace. Sie gehörte zu den ersten Typen, die dieses neue, kraftstoffsparende Triebwerk erhielten.

Der Rumpfquerschnitt und das Flächenprofil der 340B blieben bei der 2000 erhalten, doch ihr Rumpf wurde verlängert, um bis zu 58 Fluggäste aufzunehmen, und die Spannweite um 15 Prozent erhöht, so dass sich die Tragflügelfläche um ein Drittel vergrößerte. Die Triebwerke sind weiter außen montiert, was den Lärm in der Kabine senkt.

Bei der Entwicklung der 2000 setzte Saab computergestützte Zeichnung und Fertigung (CAD und CAM) ein. Der Prototyp flog erstmals am 26. März 1992, weniger als vier Jahre nach dem Programmstart, und im August 1994 wurde die erste Maschine an Crossair geliefert, wo sie sich im Monat darauf bereits im Einsatz befand. Eine Version als Geschäftsflugzeug ist inzwischen ebenfalls erhältlich.

Oben: Die SE-004 rollte als vierte 2000 vom Band und ging als erste an den Erstkunden Crossair.

Unten: Mit der Saab 2000 erschien eine Generation schneller, leiser Turboprop-Muster, die sich auf kürzeren Strecken mit Düsenjets messen können.

TECHNISCHE DATEN
2000

- **Typ:** zweimotoriges Turboprop-Flugzeug für den Regionalverkehr
- **Triebwerke:** zwei Propellerturbinen Allison AE 2100A mit je 3096 kW (Grenzleistung)
- **Höchstgeschwindigkeit:** 680 km/h oberhalb 3050 m
- **Reisegeschwindigkeit:** 656 km/h in 9450 m
- **Anfangssteigrate:** 11,4 m/sek
- **Reichweite:** 2222 km (in 1525 m mit Reisegeschwindigkeit, Reserven und 50 Passagieren)
- **Gipfelhöhe:** 9450 m
- **Gewicht:** leer 13 800 kg; max. 22 800 kg
- **Kapazität:** drei- oder vierköpfige Flugbesatzung und 50 Passagiere in Europa-Konfiguration oder bis zu 58 in Economy-Auslegung
- **Abmessungen:**

	Spannweite:	24,76 m
	Länge:	27,28 m
	Höhe:	7,73 m
	Tragflügelfläche:	55,74 m²

2000

Dieses Exemplar mit der Erprobungsregistrierung SE-018 war für die Schweizer Crossair bestimmt. Ihre Bemalung warb für das Musical „Phantom der Oper“, das damals gerade in der Schweiz anlief.

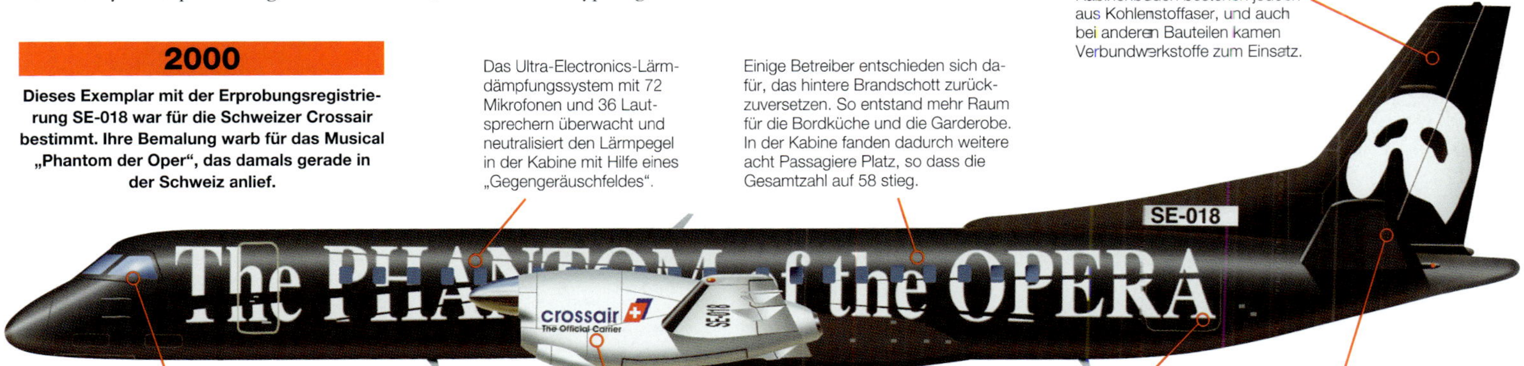

Das Ultra-Electronics-Lärmdämpfungssystem mit 72 Mikrofonen und 36 Lautsprechern überwacht und neutralisiert den Lärmpegel in der Kabine mit Hilfe eines „Gegengeräuschfeldes“.

Einige Betreiber entschieden sich dafür, das hintere Brandschott zurückzuversetzen. So entstand mehr Raum für die Bordküche und die Garderobe. In der Kabine fanden dadurch weitere acht Passagiere Platz, so dass die Gesamtzahl auf 58 stieg.

Die Saab 2000 wird, wie schon die 340B, weitgehend aus Aluminiumlegierungen gebaut. Seitenflosse, Propellerblätter und der Kabinenboden bestehen jedoch aus Kohlenstoffaser, und auch bei anderen Bauteilen kamen Verbundwerkstoffe zum Einsatz.

Zum Standard gehört ein integriertes Avioniksystem Collins Pro Line IV mit sechs Monitoren und ein Wetterradar WXR-840. Auf Wunsch erhielt der Kunde auch ein Wetterradar, das Turbulenzen ankündigt.

Der Antrieb ist einfach zu bedienen: Ein Hebel stellt das Triebwerk Allison AE 2100A und den Propeller ein. Die Triebwerke liegen weiter außen als bei der 340B, um den Lärmpegel in der Kabine möglichst gering zu halten.

Im Rumpfheck befindet sich ein 10,2 m³ großer Gepäckraum, in den man durch ein Tor auf der Backbordseite gelangt. Wird das hintere Brandschott zurückgesetzt, verkleinert sich der Gepäckraum.

Die Zulassung der 2000 verzögerte sich durch Probleme mit der kraftverstärkten Höhenruderbetätigung. Das System wurde Ende 1993 ersetzt, was die ersten Auslieferungen um 18 Monate hinausschob.

EINSATZDATEN

KAPAZITÄT

Normalerweise fliegt die Saab 2000 mit 50 Passagieren, kann aber bei engerer Bestuhlung bis zu 58 aufnehmen. Der neue Typ ist wesentlich geräumiger als die Saab 340B, bietet aber weniger Fluggästen Platz als die problembehaftete Jetstream ATP.

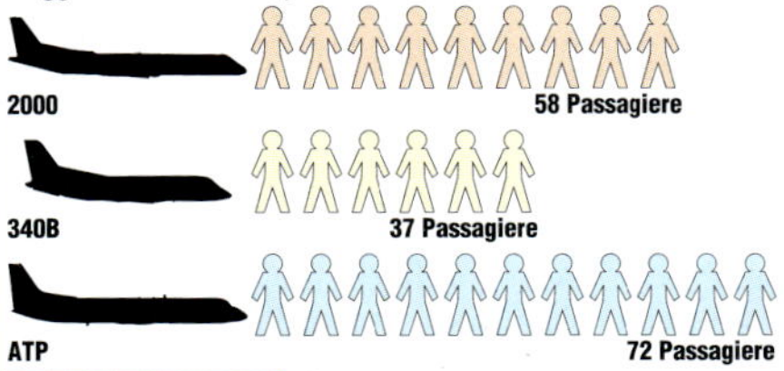

GESCHWINDIGKEIT

Gesellschaften schätzen die hohe, jetähnliche Geschwindigkeit, die sich bei der 2000 mit der Wirtschaftlichkeit eines Turbopropmusters verbindet. Jetstreams ATP hätte eine Konkurrentin der 2000 werden können, ließ aber gute Flugleistungen vermissen.

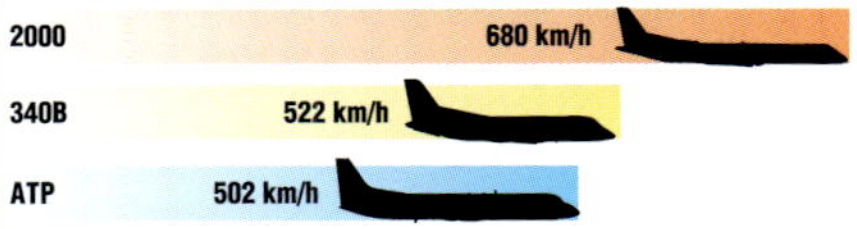

REICHWEITE

Die Reichweite ist eine weitere Stärke der Saab 2000. Hochentwickelte Triebwerke und moderne Systeme sorgen für gute Leistungen. Die Saab 340B blieb begrenzt in der Produktion, während die ATP und die davon abgeleitete Varianten der Jetstream 61 ausgelaufen sind.

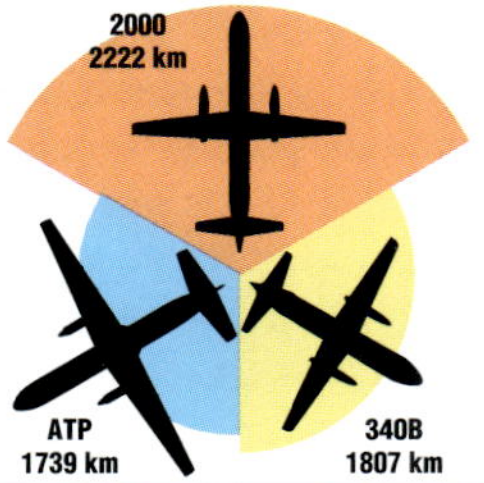

Zivile Entwürfe von Saab

90 SCANDIA: Der im Zweiten Weltkrieg konzipierte Typ flog ab 1946 und kam außer in Europa auch bei VASP in Brasilien zum Einsatz.

91 SAFIR: Von diesem viersitzigen Kabinendecker von 1945 wurden rund 320 Exemplare für Kunden in 20 Ländern gebaut.

SAFARI TS: Die Ende der sechziger Jahre entwickelte Safari flog zuerst mit dem luftgekühlten Kolbenmotor Lycoming IO-360 mit 149 kW.

340: Die 37sitzige 340 wurde zusammen mit Fairchild konzipiert, die sich 1987 zurückzogen, verkaufte sich aber weiterhin in großen Zahlen.

Short

SC.5 Belfast

● Strategische Transportmaschine ● HeavyLift-Frachtflugzeug

▲Die Belfast ist ein Beispiel für ungenutzte Möglichkeiten, die die britische Luftfahrt hätten bereichern können. In den Farben des Schwerfracht-Spezialisten HeavyLift flog sie bis in die 90er Jahre.

Die Short Belfast verfügte über ein großes Entwicklungspotenzial, das aber nicht genutzt wurde, denn erst zehn Maschinen waren produziert, als die Etatkürzungen in den siebziger Jahren auch schon ihr Ende besiegelten. Bis 1976 flog die Belfast bei der RAF als strategischer Langstreckentransporter. Nach der Ausmusterung erwarb der zivile Betreiber HeavyLift die kleine Flotte und setzte sie ab 1980 dafür ein, sperrige Frachten rund um die Welt zu befördern.

BILDERCHRONIK

Short SC.5 Belfast

▲ Transportkommando

Die Belfast gingen 1966 beim RAF Transport Command in Dienst und flogen zehn Jahre lang ausschließlich bei der 53. Staffel. Einige Maschinen wurden 1977 an die Pan African Freightliners verkauft.

▲ Gepanzerte Fracht

Auch die Panzerwagen Saladin bereiteten der Belfast keine Probleme. Die Heckladerampe gewährleistete ein zügiges Beladen.

◄ Gebaut in Belfast

Die nach ihrem Herstellungsort benannte Belfast wurde nur kurze Zeit produziert. Hätte die RAF das Muster nicht gestrichen, wäre es sicher im Ausland auf Interesse gestoßen.

▲ Weltweite Transporte

Da sich die Belfast in der Luft betanken ließ, konnte sie für die RAF Frachten in die ganze Welt befördern. Bei HeavyLift wurde die Betankungssonde ausgebaut, da man diese für die neue Rolle des Flugzeugs nicht brauchte.

◄ „Flugzeugträger"

Die Belfast konnte den Rumpf eines Kleinflugzeugs an Bord nehmen. Ihr eigener Rumpf war größer als der einer Lockheed Hercules – ein interessanter Aspekt in Hinblick auf die Diskussion um die Größe des geplanten europäischen FLA.

FAKTEN UND ZAHLEN

- Die Belfast basierte auf einer Projektstudie zu einer Britannic genannten Maschine vom März 1957.
- Die Belfast war der erste Transporter mit automatischem Landesystem.
- Der Prototyp flog am 5. Januar 1964. Zehn Belfast wurden für die RAF gebaut.
- Das Unternehmen HeavyLift hat mit seinen Belfast Sepecat-Jaguar-Rümpfe nach Indien transportiert.
- Zehn Landrover mit Anhänger oder drei Whirlwind konnte die Belfast befördern.
- Eine Belfast ging im Jahr 2003 an Transpacific nach Australien.

Schwertransporte in alle Welt

HeavyLift Cargo Airlines mit Sitz auf dem Flughafen Stansted bei London wurde im Oktober 1978 gegründet, um mit Belfast-Transportern, die die RAF kurz zuvor aus Kostengründen ausgemustert und zum Verkauf freigegeben hatte, einen neuen Frachtdienst ins Leben zu rufen. HeavyLift kaufte zunächst fünf Exemplare und lagerte zwei zur Ersatzteilgewinnung ein.

Bei der RAF sollte die Belfast-Flotte den Mangel an Schwerlast-Transportmaschinen ausgleichen, der Ende der sechziger Jahre bestanden hatte. Dieses Muster konnte die größten Lenkwaffen, Artillerie und Fahrzeuge an Bord nehmen und erwies sich als sehr zuverlässig. Dennoch wurde es schließlich ausgesondert, da Großbritanniens Einfluss in der Welt schwand und man keinen Langstrecken-Schwertransporter mehr benötigte. Schon bald darauf aber hätte die Belfast in Konflikten wie dem Falkland- oder Golfkrieg wertvolle Dienste leisten können.

Die Belfast hat einen 4,90 m breiten und 27,43 m langen Frachtraum und kann dank ihrer stabilen Zelle sowie der vier Propellerturbinen ca. 35 000 kg schwere Lasten mitführen. Die Beladung erfolgt über die Heckrampe, häufig mit Hilfe einer bordeigenen Motorwinde.

Später nutzte das Unternehmen HeavyLift die hervorragenden Transporteigenschaften der Belfast, um Güter rund um die Welt zu befördern.

Oben: Die Belfast konnte in ihrem Frachtraum 150 Soldaten befördern, mit einem eingezogenen Zwischendeck sogar 250.

Unten: Für eine Maschine, die größeres Stückgut aufnehmen kann als ein Jumbo, lässt sich die Belfast angenehm steuern.

TECHNISCHE DATEN
SC.5 Belfast

- **Typ:** Langstrecken-Transportflugzeug
- **Triebwerke:** vier Propellerturbinen Rolls-Royce Tyne Mk 101 mit je 4124 kW
- **Höchstgeschwindigkeit:** 566 km/h
- **Gipfelhöhe:** 9145 m
- **Reichweite:** 1609 km
- **Gewicht:** leer 104 300 kg; beladen 139 300 kg
- **Abmessungen:** Spannweite: 48,42 m; Länge: 41,69 m; Höhe: 14,30 m; Tragflügelfläche: 229,09 m²

BELFAST C.MK 1

Bei der RAF erhielt jede Belfast einen Namen. So hieß die XR367 „Hercules“. Alle RAF-Exemplare flogen bei der 53. Staffel, die in Brize Norton, Oxfordshire, stationiert war.

Bei der RAF bestand die Belfast-Crew aus zwei Piloten, einem Navigator und Flugingenieur sowie aus zwei Frachtmeistern im Laderaum. Die zivilen Belfast flogen mit ähnlicher Besatzung.

Nach den ausgezeichneten Triebwerken Rolls-Royce Tyne bestand eine so große Nachfrage, dass Rolls-Royce von der RAF fünf ausgemusterte Belfast kaufte und verschrottete, nur um die Triebwerke zurückzuerhalten. Das Tyne wird ebenfalls im italienischen taktischen Transporter G.222 eingesetzt.

Die Belfast besitzt im Prinzip das gleiche Tragwerk wie die Bristol Britannia. Die Querruder werden manuell über Trimmklappen betätigt, die Spoiler hingegen hydraulisch gesteuert und elektrisch aktiviert.

Der riesige Frachtraum konnte zehn Landrover mit Anhänger oder zwei Wessex- beziehungsweise drei Whirlwind-Hubschrauber aufnehmen.

Das Leitwerk mit seiner gewaltigen Seitenflosse geht ebenfalls auf das der Bristol Britannia zurück.

Anders als das Konkurrenzmuster An-12 besitzt die Belfast eine kombinierte Heckladerampe/-luke.

Militärische Frachten der Belfast

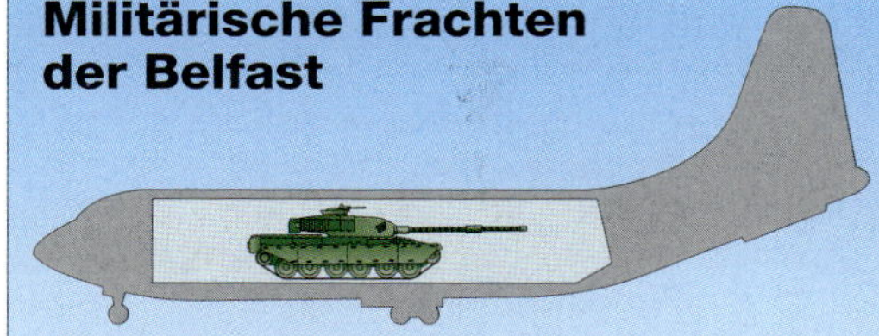

PANZER CHIEFTAIN: Die wohl beeindruckendste Leistung der Belfast war der Transport des Chieftain, eines sehr schweren Panzers mit langem Geschützrohr. Vergleichbare Transporter wie die C-130 Hercules konnten den Chieftain nicht aufnehmen.

PANZERWAGEN SALADIN: Drei Panzerwagen vom Typ Saladin passten in den Frachtraum der Belfast. Das Gewicht des Frachtguts spielte keine Rolle, denn die Zuladung war vor allem durch die Standfläche des Frachtraumbodens begrenzt.

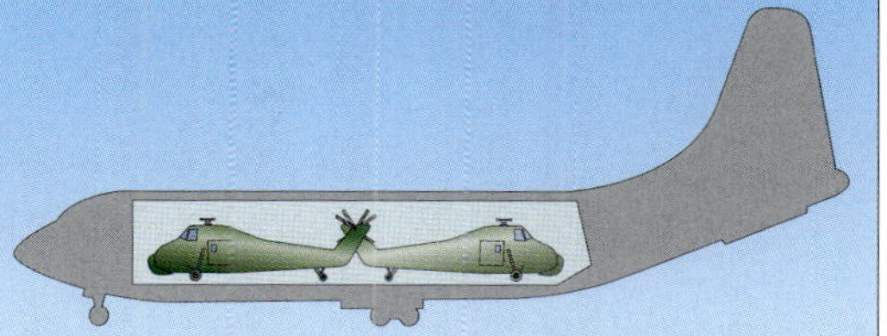

ZWEI WESSEX: Wenn man die Rotorblätter abnahm und die Hubschrauber Heck an Heck aufstellte, fanden zwei sperrige Wessex in der Belfast Platz. Dies macht deutlich, wie geräumig der Frachtraum der Belfast war.

EINSATZDATEN

REICHWEITE

Die Belfast hatte eine geringere Reichweite als geplant, vor allem infolge des unerwartet hohen Luftwiderstands. Diesen Mangel behob die RAF teilweise durch Luftbetankung, die für ihre C-130 erst ab 1982 möglich war. Hätte man die Belfast als Neuentwurf konzipiert und nicht auf Teile der Britannia zurückgegriffen, wäre die Reichweite größer ausgefallen.

SC.7 SKYVAN

● **Absetzen von Fallschirmspringern** ● **Kurzstreckenstart und -landung**

▲ *Short konstruierte die Skyvan für Länder ohne ein gut ausgebautes Luftfahrtwesen und legte sie für den Betrieb von unbefestigten Pisten aus. Aufgrund ihrer Vielseitigkeit fand die Maschine aber auch bei Fallschirmspringer-Clubs und regionalen Fluggesellschaften Anklang.*

SC.7 Skyvan von Short, ein Entwurf aus den frühen sechziger Jahren, sieht aus wie eine Kiste mit Flügeln. Tatsächlich ist sie aber eine fähige Transportmaschine mit niedrigen Betriebskosten. Dieser zweimotorige Hochdecker wurde für Kurzstreckenstarts und -landungen (STOL) optimiert und kann von den meisten kleineren Flugplätzen dieser Welt operieren. Ursprünglich sollte die Skyvan nur Fracht befördern; es gab später aber auch eine beliebte Passagierversion.

SHORT SC.7 SKYVAN

▲ **Breitspur-Fahrgestell**
Mit ihrem breitspurigen Bugrad-Fahrwerk kann die Skyvan von unbefestigten Pisten operieren.

▲ **Erkundungsflug**
Diese Skyvan, die mit elektromagnetischen Spezialgeräten ausgerüstet wurde, suchte für die Firma Questor International Surveys nach Erzlagerstätten.

◀ **Vielfältige Fracht**
Im geräumigen Inneren finden so große Lasten wie ein VW-Transporter Platz. Weitere Nutzlast-Kombinationen sind zum Beispiel 14 sitzende Soldaten, bis zu zwölf Verwundete auf Tragen oder Palettenfracht.

▲ **Fallschirmsprung**
Die Luftstreitkräfte Österreichs nutzen ihre Skyvan zur Ausbildung und zum Training von Fallschirmspringern.

▼ **„Fliegende Kiste“**
Die Skyvan war ein Trendsetter für leichte Mehrzweckflugzeuge. Der eckige Rumpf lässt sich durch die Heckladeluke bequem beladen.

FAKTEN UND ZAHLEN

- **Short lieferte über 70 Exemplare der Serie 3, neun Skyliner-Versionen und über 50 militärische Modelle Skyvan 3M aus.**
- **Rund 140 Exemplare der Skyvan waren weltweit im Einsatz.**
- **Der Prototyp der Skyvan startete am 17. Januar 1963 zum Erstflug.**
- **Die erste Skyvan flog mit 291 kW starken Kolbentriebwerken, doch heute verwendet der Typ die Wellenturbine Garrett TPE331.**
- **Die reine Passagierversion der Skyvan wurde 1970 in Farnborough vorgestellt.**
- **Im Oman warfen die Skyvan im Lande gefertigte Napalmbomben ab.**

Container mit Flügeln

Die SC.7 Skyvan, die Short ab 1960 in Eigeninitiative entwickelte, geht auf die Miles Aerovan der Nachkriegszeit zurück. Das Konzept der Skyvan ist einfach: ein abgestrebter Hochdecker, dessen Tragwerk nicht bei der Beladung stört, eine große Ladefläche im Innern eines doppelwandigen Rumpfs und eine bodennahe Heckladeluke. Diese Konfiguration eignet sich ideal zur Frachtbeförderung, da sie einen schnellen „Umschlag" der Skyvan auf dem Boden erlaubt, und hat sich zudem auch für den Passagiertransport als praktisch erwiesen.

Die erste Skyvan flog noch mit Kolbenmotorantrieb, doch die Hauptversionen erhielten Propellerturbinen wie die PT6 von Pratt & Whitney Canada. Skyvan werden weithin für den Transport von Fracht, aber auch von Passagieren eingesetzt. Diese vielseitigen Flugzeuge erfüllen tagein, tagaus routinemäßige, aber wichtige Aufgaben und sind nicht nur bei den Piloten, sondern bei allen beliebt, die die Dienste dieses Musters in Anspruch nehmen.

Viele Skyvan werden von der zuverlässigen Propellerturbine PT6 angetrieben, die zu den gebräuchlichsten Turboprop-Triebwerken der Welt gehört.

Die Tragflügel weisen Ganzmetall-Spaltklappen und -Querruder auf. An der Tragflügelvorderkante lässt sich eine Enteisungsanlage installieren.

Das doppelte Seitenleitwerk ist eine freitragende Ganzmetallstruktur mit zwei Holmen sowie zwei Seitenflossen und Seitenrudern. In den Seiten- und Höhenrudern sind gesteuerte Trimmklappen installiert.

Die militärische Serie 3M kann bis zu 22 Soldaten, 16 Fallschirmjäger und einen Einsatzleiter oder zwölf Tragen aufnehmen.

TECHNISCHE DATEN
Skyvan 3

- **Typ:** leichtes Mehrzweckflugzeug
- **Triebwerke:** zwei Propellerturbinen Garrett AIResearch TPE331-201 mit je 533 kW
- **Höchstgeschwindigkeit:** 327 km/h in 3050 m Höhe
- **Reisefluggeschwindigkeit:** 278 km/h in 3050 m Höhe
- **Gipfelhöhe:** 6850 m
- **Kapazität:** zwei Piloten; in Passagier-Konfiguration 19 Personen
- **Reichweite:** 1075 km
- **Gewicht:** leer 3331 kg; beladen 5670 kg
- **Abmessungen:**

Spannweite:	19,79 m
Länge:	12,21 m
Höhe:	4,60 m
Tragflügelfläche:	34,65 m²

SKYVAN 3

Diese Skyvan ist eine der beiden Maschinen, die früher von der griechischen Olympic Airways auf Inland-Charterflügen betrieben wurden.

Die Skyvan kann zwei Piloten aufnehmen, aber ebensogut von einem Piloten geflogen werden. Im Bug lässt sich ein Bendix-Wetterradar einbauen. Zur Standardausrüstung zählen Blindfluginstrumente, und wahlweise wird ein Autopilot angeboten.

Das weitgespannte Tragwerk wird mit langen Streben abgestützt. Die Hauptstruktur ist ein Doppelzellenkasten aus einer Leichtlegierung.

Die Skyvan hat ein starres, nicht einziehbares Fahrwerk. Das Bugrad ist lenkbar.

Die VIP-Version der Skyvan bietet eine Luxusausstattung für neun Passagiere.

Das doppelte Seitenleitwerk ermöglicht einen freien Zugang zur Hecktür. Die Verladeeinrichtung Rolamat kann angebaut werden. Die Hecktür lässt sich im Flug öffnen und erlaubt das Abwerfen von bis zu 1,37 m hohen Frachtstücken.

EINSATZDATEN

GESCHWINDIGKEIT

Der Luftwiderstand ist für die Geschwindigkeit eines Transportflugzeugs entscheidend. DHC-6 und Skyvan fliegen mit den gleichen Propellerturbinen, doch die klobige Skyvan ist erheblich langsamer.

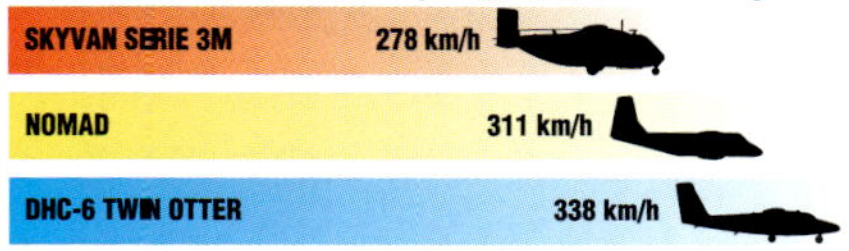

REICHWEITE

Eine Reichweite von etwa 1100 km ist eine Grundvoraussetzung für ein leichtes Transportflugzeug. Fliegt die Maschine mit Nutzlast und möglicherweise noch bei Gegenwind, so dass sie Reserven benötigt, verringert sich die Reichweite um einiges.

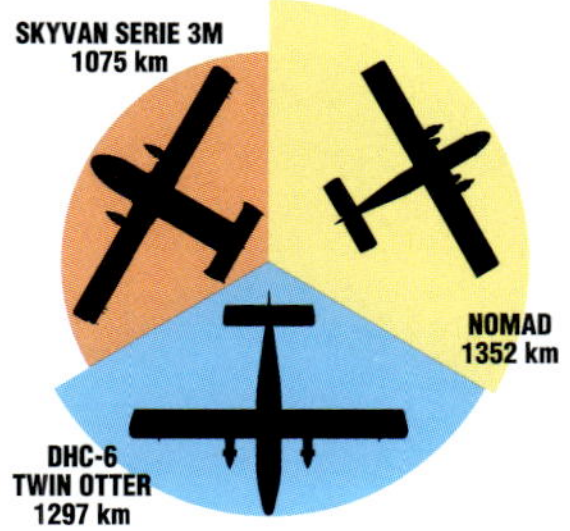

NUTZLAST

Der Vorteil, den die Rumpfform der Skyvan bietet, zeigt sich an den Nutzlastzahlen. Sie liegen weit über denen von Nomad und DHC-6, die ursprünglich als Passagiermaschinen konstruiert wurden.

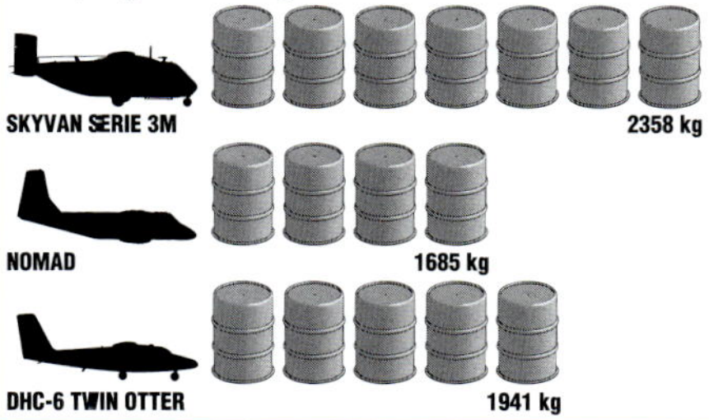

Transportflugzeuge von Short

SHORT BELFAST: Die größte von Short gebaute Maschine fiel der Stornierung eines Regierungsauftrags zum Opfer.

SHORT 330: Die 330 ist von der Skyvan abgeleitet. Sie unterscheidet sich vor allem durch größere PT6-Propellerturbinen.

SHORT 360: Die aus der 330 entwickelte 360 hat eine höhere Leistung, einen gestreckten Rumpf und ein einfaches Seitenleitwerk.

SHORT C-23 SHERPA: Die C-23, eine Militärversion der 330, wurde von der USAF in Europa zur Versorgung vorgeschobener Basen geflogen.

330/360

● Zubringer mit zwei Turbinen ● Verkauf nach Amerika ● „Güterwagen"

Der Erfolg der Skyvan und der erkannte Bedarf an einem größeren Flugzeug als Ersatz für die DC-3 bewogen Short zur Entwicklung der SD3-30. Zuerst für 26 Sitze konzipiert, wurde sie dann vergrößert, um Vorteile aus den neuen US-Richtlinien zu ziehen, nach denen Flugzeuge im Pendel- und Zubringerdienst 30 Sitze haben durften. Die 330, wie das Muster nun hieß, flog ab 1974, und 1981 folgte die 360 für 36 Passagiere. Der US-Absatz trug wesentlich zum Erfolg bei.

▲ *Die britische Firma Short sah die USA stets als Hauptabsatzmarkt für die 330 und die 360 und baute auf US-Gesetze, die es den Linien erlaubten, größere Maschinen als Zubringer zu nutzen.*

SHORT 330/360

▲ In deutschen Diensten
In Europa kamen nur wenige 330 und 360 zum Einsatz. DLT flog in den siebziger Jahren einige 330.

▼ Isle of Man
Diese Short 360 mit der passenden Kennung G-ISLE (Insel) verkehrt zwischen England und der Insel Man in der Irischen See.

▼ 330-200
Die Serie 200, die 1985 erschien, bot gegenüber der früheren -100 eine größere Treibstoffkapazität.

▲ Zu den Hebriden
Die schottische Loganair, die inzwischen im Namen der British Airways fliegt, hat ihre 330 ausgemustert, betrieb aber Ende 1996 noch sieben 360.

Besitzerwechsel ▶
Da die Zubringerlinien heute modernere Muster mit Druckkabine vorziehen, sonderten viele frühe Nutzer ihre 330 und 360 aus. Diese 330 der Casair wurde nach zwei Jahren verkauft und gehörte dann der Short Aircraft Leasing Ltd.

FAKTEN UND ZAHLEN

- Nach der Ausmusterung aus dem Zubringerdienst baute man bei zahlreichen 330 die Sitze aus und nutzte sie als Frachter.
- Seit 1989 gehört Short zu Bombardier of Canada und baut keine Flugzeuge mehr.
- Erster Betreiber der 360 wurde 1982 die Suburban Airlines in Pennsylvania, USA.
- Die meisten C-23A Sherpa der USAF wurden 1990 der US-Forstbehörde überstellt. Die Nationalgarde fliegt C-23B.
- Von den 95 Short 360, die Ende 2004 flogen, waren 59 in Amerika stationiert.
- Die thailändischen Streitkräfte betrieben zwei taktische Transporter 330-UTT.

PROFIL

Letztes Verkehrsflugzeug von Short

Die Auslieferung von Serien-360 begann 1983, und im Jahr darauf erhielt Air UK zwei Maschinen dieses Typs, G-BLPV und G-BLPY.

Die SD3-30 mit dem bekannten Turboprop-Triebwerk PT6A war eine Weiterentwicklung der Skyvan, deren quadratischer Rumpfquerschnitt und Doppelleitwerk beibehalten wurden. Rumpf und Tragflächen legte man länger und das Auslegerfahrwerk einziehbar aus – eine große Verbesserung. Alle 330 und 360 erhielten Pratt-&-Whitney-Turbinen.

Die erste SD3-30 flog im August 1974 und ging 1976 als 330 bei der Time Air of Canada in Dienst. Es folgte eine 330-200 mit größerem Tank. Zudem wurden eine Schnellumrüstversion und ein Militärtransporter 330-UTT angeboten, der als C-23 bei den US-Streitkräften flog.

Als die US-Bestimmungen weiter gelockert wurden, vergrößerte Short die 330 zur 336, später 360, für 36 Passagiere. Die ersten beiden Exemplare, die 1981 beziehungsweise 1982 flogen, erhielten die bezeichnenden Kennungen G-ROOM und G-WIDE. Als letzte Version erschien 1987 die 360-300, die in einer verbesserten Kabine bis zu 39 Fluggästen Platz bot und mit Autopilot ausgerüstet war.

Die Produktion endete 1992, nachdem 139 Exemplare der 330 und 164 der 360 fertiggestellt waren.

TECHNISCHE DATEN
360-300

- **Typ:** zweimotoriges Zubringerflugzeug
- **Triebwerke:** zwei Propellerturbinen Pratt & Whitney Canada PT6A-65AR mit je 1062 kW
- **Reisegeschwindigkeit:** 400 km/h
- **Anfangssteigrate:** 4,83 m/sek
- **Reichweite:** 745 km bei Höchstreisegeschwindigkeit mit maximaler Nutzlast und den üblichen Reserven; 1178 km mit 31 Passagieren und 337 km/h Reisegeschwindigkeit
- **Gewicht:** leer 7875 kg; max. Startmasse 12 292 kg
- **Kapazität:** zweiköpfige Flugbesatzung und bis zu 39 Passagiere; im Frachtdienst können bis zu 3765 kg zugeladen werden
- **Abmessungen:** Spannweite: 22,80 m; Länge: 21,58 m; Höhe: 7,27 m; Tragflügelfläche: 42,18 m²

Das überarbeitete Heck der 360 bot mehrere Vorteile gegenüber dem Doppelleitwerk der 330: Es sah nicht nur besser aus, sondern reduzierte auch den Widerstand und damit den Treibstoffverbrauch. Außerdem ergab sich ein größerer Gepäckraum.

Für die 330 nutzte man die äußeren Flächenabschnitte der Skyvan, erhöhte aber die Spannweite. Flächenaufbau und Stützstreben der 360 wurden verstärkt.

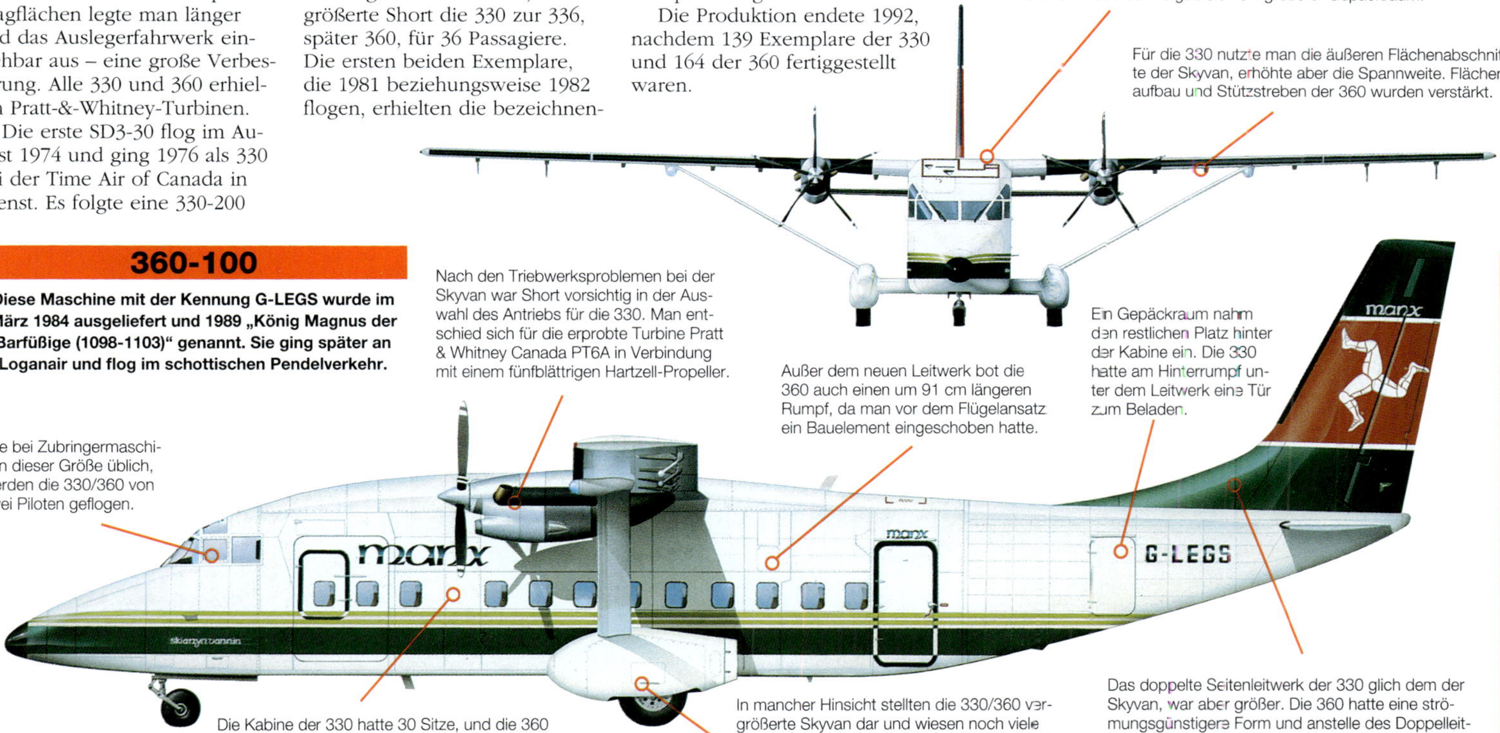

360-100

Diese Maschine mit der Kennung G-LEGS wurde im März 1984 ausgeliefert und 1989 „König Magnus der Barfüßige (1098-1103)" genannt. Sie ging später an Loganair und flog im schottischen Pendelverkehr.

Wie bei Zubringermaschinen dieser Größe üblich, werden die 330/360 von zwei Piloten geflogen.

Nach den Triebwerksproblemen bei der Skyvan war Short vorsichtig in der Auswahl des Antriebs für die 330. Man entschied sich für die erprobte Turbine Pratt & Whitney Canada PT6A in Verbindung mit einem fünfblättrigen Hartzell-Propeller.

Außer dem neuen Leitwerk bot die 360 auch einen um 91 cm längeren Rumpf, da man vor dem Flügelansatz ein Bauelement eingeschoben hatte.

Ein Gepäckraum nahm den restlichen Platz hinter der Kabine ein. Die 330 hatte am Hinterrumpf unter dem Leitwerk eine Tür zum Beladen.

Die Kabine der 330 hatte 30 Sitze, und die 360 (ursprünglich 336) konnte 36 Passagiere aufnehmen, da ihr Rumpf fast einen Meter länger war.

In mancher Hinsicht stellten die 330/360 vergrößerte Skyvan dar und wiesen noch viele Merkmale des früheren Musters auf. Das Fahrwerk war verkleidet, aber einziehbar.

Das doppelte Seitenleitwerk der 330 glich dem der Skyvan, war aber größer. Die 360 hatte eine strömungsgünstigere Form und anstelle des Doppelleitwerks eine herkömmlich gepfeilte Seitenflosse. Außerdem verfügte sie über stärkere PT6A-Triebwerke.

EINSATZDATEN

REISEGESCHWINDIGKEIT

Aerodynamisch gesehen, waren die 330 und die 360 schlechter ausgelegt als andere Zubringerflugzeuge jener Zeit. Dies trug ebenso zu ihrer relativ niedrigen Reisegeschwindigkeit bei wie ihr Flächenprofil und der Antrieb.

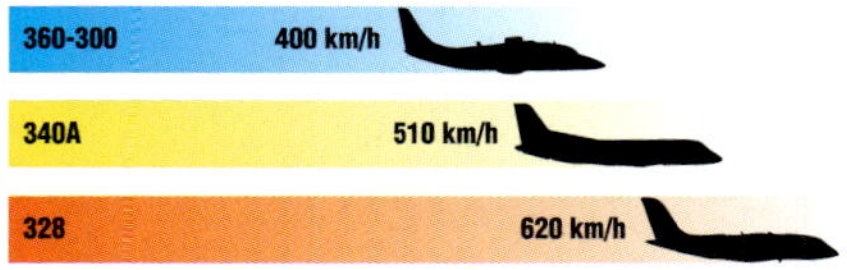

KAPAZITÄT

Vor 1978 begrenzten in den USA, dem größten potenziellen Absatzmarkt, Vorschriften für Zubringerdienste die Kapazität auf 30 Passagiere, so dass die Entwürfe entsprechend ausgelegt wurden. Ab 1978 boten die Firmen dann größere Flugzeuge an.

REICHWEITE

Als größere Typen erschienen, erwies sich die Reichweite der 330/360 als Schwachpunkt. Die Saab 340A fliegt 1500 km weit und die 328 150 km weniger. Die 360-300 hingegen bot nur die halbe Reichweite.

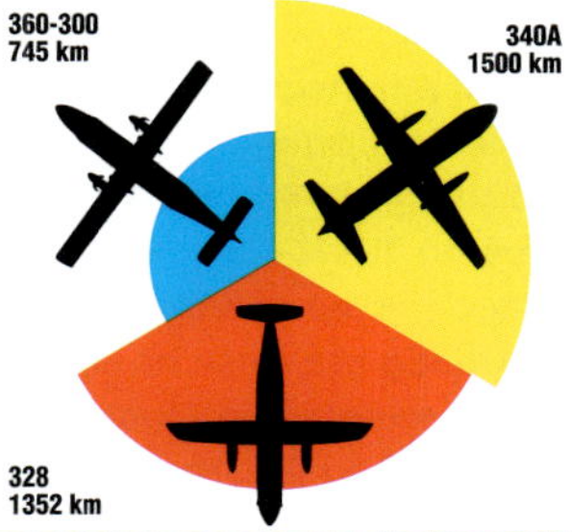

Britische Verkehrsflugzeuge mit zwei Turbinen

BAe JETSTREAM: Diese Zubringer- und Regionalflugzeuge entstanden in den sechziger Jahren bei Handley Page. Die J41 hatte 29 Sitze.

BAe JETSTREAM 61: Diese zuerst ATP (Advanced Turboprop) genannte, 72sitzige Weiterentwicklung der HS.748 hatte neue Triebwerke.

HANDLEY PAGE HERALD: Die Herald mit Rolls-Royce Dart flog ab 1958 und bot als -700 60 Sitzplätze. 50 Maschinen wurden gebaut.

HAWKER SIDDELEY HS.748: Die von Avro entworfene 748 mit Dart-Antrieb flog 1960 und wurde Großbritanniens erfolgreichster Turboprop.

Tu-104 „Camel“

● **Weiterentwicklung der Tu-16** ● **Erster sowjetischer ziviler Verkehrsjet**

Im Mai 1954 sichteten westliche Beobachter den Prototyp der Tupolew Typ 88 sowie acht Vorserienbomber Tu-16, und zu Recht sah man in dem modernen Düsenbomber eine strategische Bedrohung. Nur zwei Jahre später erschien eine weiterentwickelte Version Tu-104 als zweite strahlgetriebene Passagiermaschine der Welt und widerlegte endgültig die Ansicht, dass sowjetische Flugzeuge westlichen Mustern unterlegen seien. Der Typ flog 25 Jahre lang bei der Aeroflot.

▲ *Als die Tu-104 1956 eingeführt wurde, verkürzte sie die Reisezeiten im In- und Auslandsverkehr stark. Als einziger Jet im sowjetischen Liniendienst war sie der Stolz der Aeroflot.*

Tupolew Tu-104 „Camel“

Ableitung aus der „Badger“ ▶
Die Tu-104 stammte vom Bomber Tu-16 ab, hatte aber andere Triebwerksgondeln in den Tragflächen.

▼ Jet-Pionier
Als die Tu-104 im Westen gezeigt wurde, erregte sie als erster Jet-Airliner der UdSSR Aufsehen.

Exporterfolge ▶
Diese Tu-124K2 ging als VIP-Transporter an den Irak. Weitere Abnehmer waren die Luftstreitkräfte der DDR und Indiens.

▼ Auslandsbesuche
Im März 1956 wurde die Tu-104 zum zweiten sowjetischen Flugzeug, das einen britischen Flughafen anflog. Bis in die siebziger Jahre bestand ein Tu-104-Liniendienst in dieses Land. Das Foto zeigt eine Maschine im August 1971 in Gatwick.

▲ Starke Pfeilung
Diese frühe Serien-Tu-104A zeigt die Verkleidungen an den Tragflügelhinterkanten, in die das Vierradhauptfahrwerk einzog.

FAKTEN UND ZAHLEN

- Der Prototyp Tu-104 CCCP-L5400 wurde am 17. Juni 1955 in Wnukowo von Y. I. Alaschejew durch den Erstflug geführt.
- Zwei Tu-16 wurden zu Besatzungstrainern für die zivile Tu-104G umgerüstet.
- Die Tu-104 verkürzte die Flugzeit Moskau–Irkutsk im Liniendienst um acht Stunden.
- Militärverwendung fanden der Besatzungstrainer Tu-104Sch sowie – zur Kosmonautenschulung – modifizierte zivile Tu-104B.
- 1957 stellte eine Tu-104A drei Weltrekorde für Muster ihrer Klasse auf.
- Zwei Tu-104 zur Wetterbeobachtung besaßen Raketen zur „Wolkenimpfung“.

Vom Bomber zum Jet-Airliner

Rechts: Erstaunlicherweise blieb die CSA trotz des geringen Preises von zwei Millionen DM der einzige ausländische Kunde für die Tu-104.

Kein anderes großes Düsenpassagierflugzeug ging in so kurzer Zeit und so kostengünstig in Produktion wie Tupolews Tu-104. Mit der Aufgabe, einen strategischen Bomber in ein schnelles Passagierflugzeug zu verwandeln, hatte man S. M. Jeger betraut. Zu den wichtigsten Änderungen gehörten ein neuer Rumpf mit Druckausgleich, eine Klimaanlage sowie ein breiteres Tragflächenmittelstück tief am Rumpf.

Der Prototyp flog erstmals im Juni 1955, und die erfolgreiche Erprobung bewies die hohe Qualität dieses Entwurfs. Als die Versuchsmaschine 1956 England besuchte, erregte sie großes Aufsehen, weil sie nicht nur eine Konkurrenz zur Comet darstellte, sondern dieser in mancherlei Hinsicht sogar überlegen war.

Die Besatzungsschulung erfolgte auf der Tu-16, und im September 1956 ging die Tu-104 in Dienst. Nach elf Maschinen wechselte die Produktion zur Tu-104A mit größerer Kapazität, modernerer Innenausstattung und stärkeren Triebwerken.

Trotz hervorragender Flugeigenschaften und niedriger Kosten fand sie nur in der tschechoslowakischen CSA, die sechs Tu-104A abnahm, einen Exportkunden. Die Weiterentwicklung führte zur Tu-104B mit einem 1,21 m längeren Rumpf, der für 100 Passagiersitze ausgelegt war.

1962 ging die auf der Tu-104 basierende Kurzstreckenmaschine Tu-124 in Dienst, die eine sehr erfolgreiche Einsatzgeschichte vorweisen kann.

TECHNISCHE DATEN
Tu-104B

- **Typ:** Mittelstrecken-Düsenpassagierflugzeug
- **Triebwerke:** zwei Strahltriebwerke Mikulin AM-3M-500 mit je 95,13 kN
- **Höchstgeschwindigkeit:** 950 km/h
- **Reisegeschwindigkeit:** bei wirtschaftlichem Sparflug 770 km/h
- **Startstrecke:** 2500 m
- **Reichweite:** 2650 km (mit max. Nutzlast)
- **Gipfelhöhe:** 11 500 m
- **Gewicht:** leer 44 020 kg; max. 78 100 kg
- **Kapazität:** bis zu 100 Passagiere
- **Abmessungen:**

Spannweite:	34,54 m
Länge:	40,05 m
Höhe:	11,90 m
Tragflügelfläche:	183,50 m²

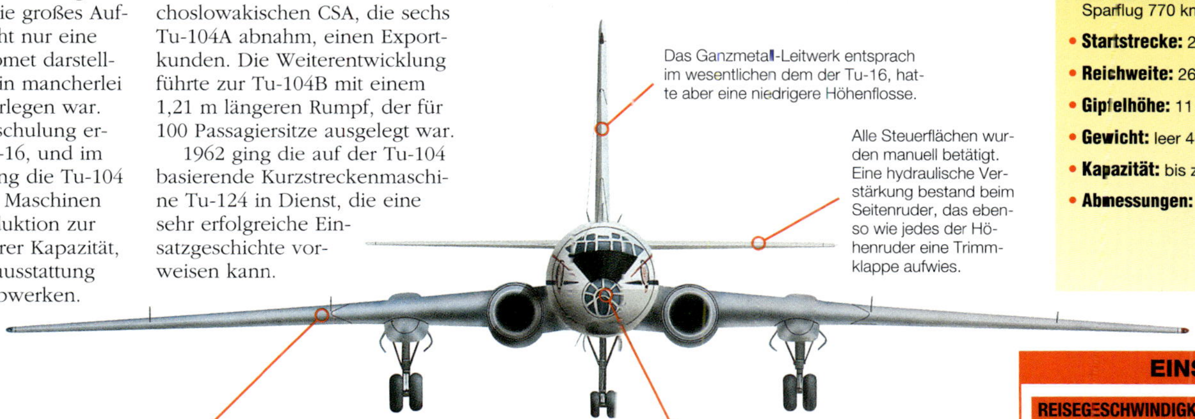

Das Ganzmetall-Leitwerk entsprach im wesentlichen dem der Tu-16, hatte aber eine niedrigere Höhenflosse.

Alle Steuerflächen wurden manuell betätigt. Eine hydraulische Verstärkung bestand beim Seitenruder, das ebenso wie jedes der Höhenruder eine Trimmklappe aufwies.

Die Tragflächen mit negativer V-Stellung wurden tief am Rumpf angesetzt, um Platz für die Passagierkabine zu schaffen.

Wie bei vielen frühen sowjetischen Zivilflugzeugen saß der Navigator in einer verglasten Bugstation.

Tu-104A „Camel“

Hauptbetreiber der Tu-104 war die Aeroflot, die alle zivilen Versionen des Typs nutzte. Ab 1960 wurden einige Tu-104A auf den D-Standard mit einer luxuriös ausgestatteten vorderen Kabine umgerüstet.

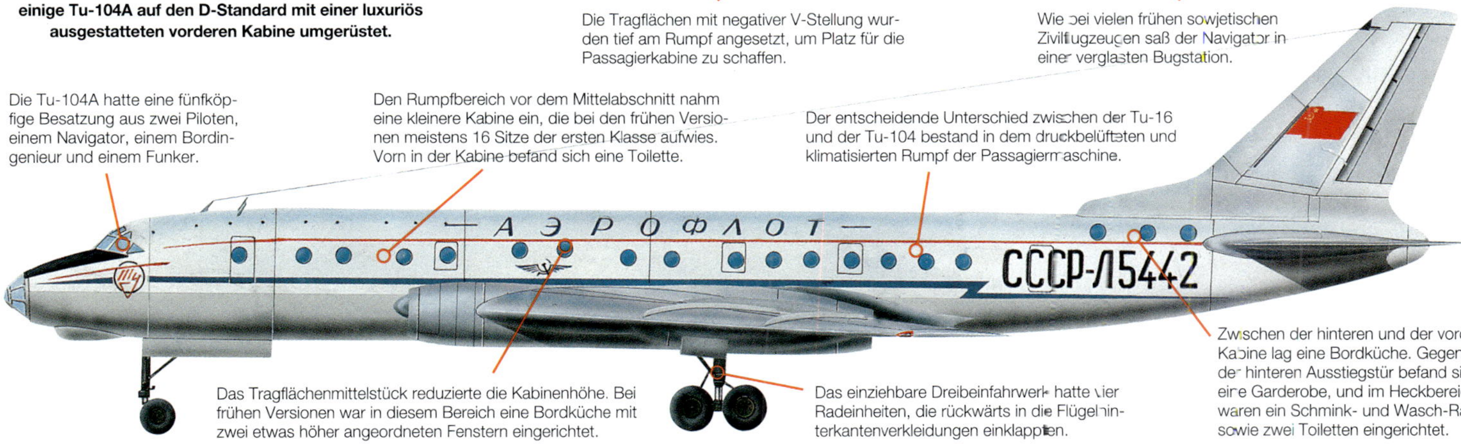

Die Tu-104A hatte eine fünfköpfige Besatzung aus zwei Piloten, einem Navigator, einem Bordingenieur und einem Funker.

Den Rumpfbereich vor dem Mittelabschnitt nahm eine kleinere Kabine ein, die bei den frühen Versionen meistens 16 Sitze der ersten Klasse aufwies. Vorn in der Kabine befand sich eine Toilette.

Der entscheidende Unterschied zwischen der Tu-16 und der Tu-104 bestand in dem druckbelüfteten und klimatisierten Rumpf der Passagiermaschine.

Das Tragflächenmittelstück reduzierte die Kabinenhöhe. Bei frühen Versionen war in diesem Bereich eine Bordküche mit zwei etwas höher angeordneten Fenstern eingerichtet.

Das einziehbare Dreibeinfahrwerk hatte vier Radeinheiten, die rückwärts in die Flügelhinterkantenverkleidungen einklappten.

Zwischen der hinteren und der vorderen Kabine lag eine Bordküche. Gegenüber der hinteren Ausstiegstür befand sich eine Garderobe, und im Heckbereich waren ein Schmink- und Wasch-Raum sowie zwei Toiletten eingerichtet.

EINSATZDATEN

REISEGESCHWINDIGKEIT

Die erste Düsenverkehrsmaschine der Welt, die Comet, besaß eine ausgezeichnete Reisegeschwindigkeit und halbierte die bisherigen Flugzeiten. Die Tu-104 und die Caravelle waren an sich etwa ebenso schnell, flogen aber meist langsamer, um Treibstoff zu sparen.

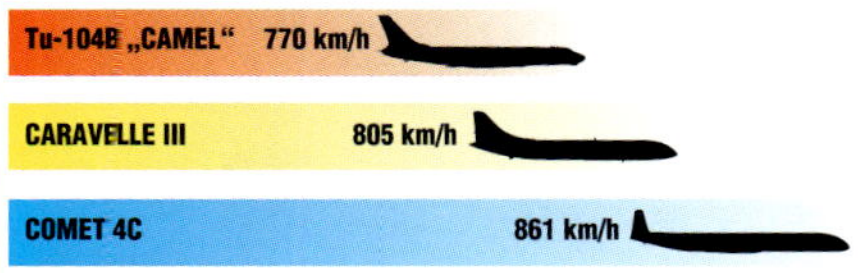

KAPAZITÄT

In der Grundform hatte die Tu-104 70 Passagiersitze, aber wie bei der Comet stieg die Zahl bei späteren Versionen. Modifizierte Tu-104A und die Tu-104B boten bis zu 100 Sitze. Die Mittelstrecken-Caravelle konnte ähnlich viele Gäste befördern wie die Tu-104.

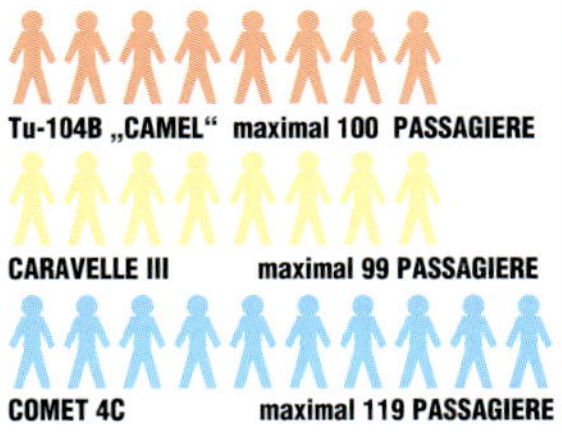

REICHWEITE

Die für Mittelstrecken konzipierten Tu-104 und Comet 4C konnten sehr viel weiter fliegen als die Caravelle. Für sowjetische Konstrukteure spielte die Reichweite wegen der großen Entfernungen innerhalb dieses Landes eine wichtige Rolle. Hier sind die Werte mit maximaler Nutzlast angegeben.

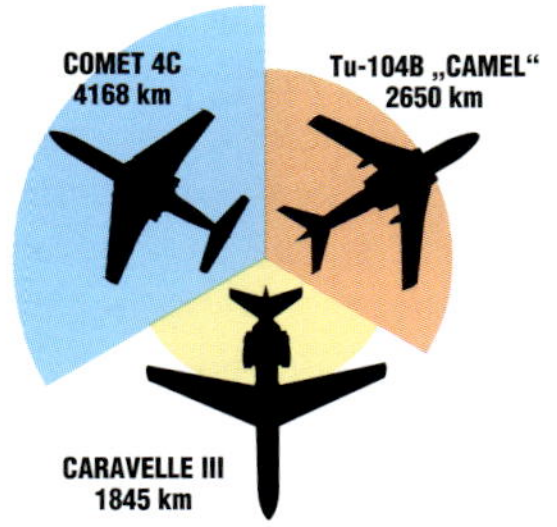

Airliner auf der Basis von Bombern

AVRO 691 LANCASTRIAN: Dies war eine Umrüstung des Lancaster-Bombers zum Langstrecken-Hochgeschwindigkeitstransporter. Versionen aus Kanada boten zehn Passagieren Platz.

BOEING 377 STRATOCRUISER: Boeing begann 1942 mit der Entwicklung einer Transporterversion aus der B-29. Das Ergebnis war die 377 für militärische und zivile Betreiber.

TUPOLEW Tu-114 „CLEAT“: Dieses zivile Pendant zum Bomber Tu-95 „Bear“ war bei seinem Erscheinen im Jahr 1957 das größte und schwerste Verkehrsflugzeug der Welt.

Tu-114 „Cleat“

● Langstrecken ● Größtes Turboprop-Verkehrsflugzeug

Die Tupolew Tu-114 „Cleat“, mit der einzigartigen Kombination von Propellerturbine und Pfeilflügeln, war der fliegende Gigant der fünfziger Jahre. Das bekannte Muster galt als das größte und schwerste zivile Flugzeug mit der längsten Reichweite seiner Zeit. Die Tu-114 hatte zwar Propeller, flog aber fast so schnell wie die neueren Pfeilflügel-Jets. In vielerlei Hinsicht war sie ein „Jumbo-Jet“ und sie blieb das schwerste Flugzeug der Welt, bis die Boeing 747 kam.

▲ Im Vergleich zu westlichen Düsenmustern wirkte die Tu-114 leicht überholt, war aber eine technische Meisterleistung und bleibt die größte je gebaute zivile Propellerturbinen-Maschine

Tupolew Tu-114 „Cleat“

▲ Hochbeinig
Diese Tu-114 auf dem Londoner Heathrow Airport zeigt ihre extrem lange Bugfahrwerksstrebe. Das Fahrzeug im Vordergrund wirkt winzig neben der riesigen Tu-114.

▲ Passagierkomfort
Als weitere Neuerung führte die Tu-114 eine spezielle Bestuhlung für 220 Passagiere ein, die allerdings nur einige wenige Maschinen erhielten. Die meisten boten 170 Sitzplätze sowie Liegen und eine Küche.

Landeanflug ▶
Die Tu-114 setzte recht sanft mit einer Geschwindigkeit von etwa 205 km/h auf und kam nach 1500 Meter zum Stillstand. Zum Start benötigte sie 1700 Meter.

▼ Tiefdecker
Um die Passagierkabine möglichst groß zu gestalten, wurde die Tu-114 als Tiefdecker ausgelegt. Darin bestand der wichtigste Unterschied zur militärischen Tu-95.

▲ Große Propeller
Die Tu-114 wurde von den gleichen Propellerturbinen NK-12 angetrieben wie ihr militärisches Gegenstück, die Tu-95.

FAKTEN UND ZAHLEN

- Die Passagierkabine der Tu-114 hatte ein Volumen von 332 m³. Die „Cleat“ war das größte Verkehrsflugzeug ihrer Zeit.
- 1960 war die Tu-114 auch das schnellste propellergetriebene Flugzeug der Welt.
- „Rossija“, die erste von 31 Tu-114, startete am 15. November 1957 zum Erstflug.
- Mit einer Fläche von 64,90 m² war allein das Höhenleitwerk der Tu-114 größer als die Tragflügel vieler Flugzeuge.
- Tu-114D mit Ersatzmannschaften flogen die Strecke von Moskau nach Havanna.
- Die Tu-114 gewann 1958 auf der Brüsseler Weltausstellung den Grand Prix.

Gigant mit Propellerturbinen

Mit der Tu-114 „Cleat“, dem größten, schnellsten und sicher beeindruckendsten Turboprop-Verkehrsflugzeug erhielt die sowjetische Aeroflot einen fliegenden Koloss für interkontinentale Entfernungen. Einfach alles an dieser Maschine war groß, neu und anders. Die Tu-114, die auf der militärischen Tu-95 „Bear“ basierte, ließ sich anfangs in der Sowjetunion nur beschränkt einsetzen, da sich nur wenige Strecken für ein Flugzeug mit 200 Passagieren eigneten. Zudem waren viele Flugplätze zu klein für dieses riesige Schwergewicht mit seiner langen Startstrecke. Ein weiteres Problem bestand darin, daß die Türen fünf Meter über dem Erdboden lagen. So musste man bei jeder Landung auf einem neuen Flughafen erst eine entsprechend große Rampe finden.

Am 24. April 1961 nahm die Tu-114 den Flugdienst von Moskau nach Chabarowsk auf und wurde so zur ersten Maschine, die routinemäßig Passagiere über eine Entfernung von 6500 km beförderte. Bis dahin hatte dieses bemerkenswerte Muster 32 Rekorde aufgestellt und sogar den sowjetischen Ministerpräsidenten Chruschtschow nonstop von Moskau nach New York geflogen. In ihrer Dienstzeit bei der Aeroflot beförderte die Tu-114 über sechs Millionen Passagiere, bevor man sie 1971 ausmusterte.

Eine Tu-114-Landung war sanft, aber laut unter dem Pfeifen der NK-12 und dem Hämmern der Propeller.

Diese beiden Tu-114 landeten 1967 auf dem Züricher Flughafen. Üblicher waren jedoch Flüge nach Delhi, Montreal, Tokio und Conakry in Westafrika.

TECHNISCHE DATEN
Tu-114

- **Typ:** Langstreckenverkehrs- und -transportflugzeug
- **Triebwerke:** vier Propellerturbinen Kusnetsow NK-12MV mit je 11 033 kW
- **Höchstgeschwindigkeit:** 880 km/h
- **Reisegeschwindigkeit:** 770 km/h
- **Reichweite:** 9720 km
- **Gipfelhöhe:** 12 000 m
- **Gewicht:** leer 88 200 kg; beladen 179 000 kg
- **Kapazität:** fünfköpfige Besatzung (zwei Piloten, Bordingenieur, Navigator, Funker/Radarbediener); bis zu neun Flugbegleiter; typischerweise 170 Passagiere in drei Kabinen mit 42, 48 und 54 Plätzen; max. 220 Passagiere
- **Abmessungen:** Spannweite: 51,10 m; Länge: 54,10 m; Höhe: 13,31 m; Tragflügelfläche: 311,10 m²

Tu-114D „Cleat“

Tupolew entwickelte die Tu-114D parallel zur Tu-114. Sie war im Vergleich zur Tu-95 weniger modifiziert und wurde zur Ausbildung von Tu-114-Besatzungen genutzt.

Die Enteisung erfolgte an der Frontscheibe mit Wechselstrom, an der Tragflügelvorderkante mit Heißluft von den Triebwerken und an der Heckflosse durch aufblasbare Gummimanschetten.

Die Tu-114 hatte den gleichen Antrieb wie der Bomber Tu-95. Ihre vier leistungsstarken NK-12 sorgten für eine beachtliche Höchstgeschwindigkeit. Das Hauptfahrwerk zog in den hinteren Teil der inneren Triebwerksgondeln ein.

Zum Schutz bei einem Triebwerksschaden war die Rumpfhaut in der Propellerebene verdickt. Das NK-12 mit seinen massiven Luftschrauben erwies sich jedoch als äußerst zuverlässig. Die Propeller wurden elektrisch enteist.

Die riesigen Pfeilflügel hatten eine geringfügig größere Spannweite als das Originaltragwerk der Tu-95, aber die gleiche Struktur aus drei Holmen. Ein einzelner Spoiler vor dem Querruder unterstützte die Rollsteuerung.

Die hydraulische Betätigung aller Steuerflächen stellte eine wesentliche Neuerung in der Reihe der Entwürfe dar, die Tupolew von der B-29 abgeleitet hatte. Das Höhenleitwerk wies einen variablen Einstellwinkel auf.

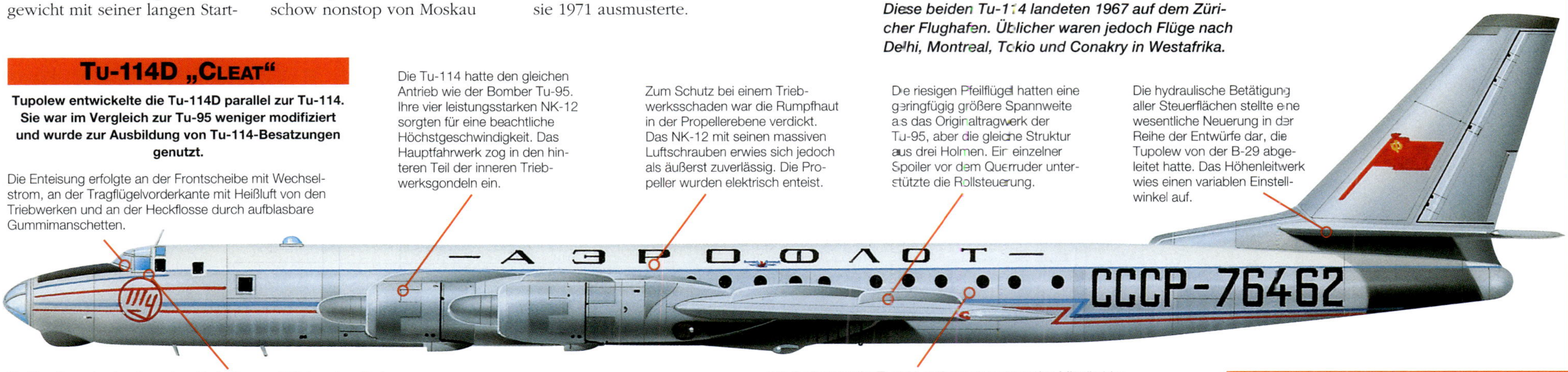

Die Besatzung bestand aus dem Navigator, zwei Piloten, dem Funker und dem Flugingenieur. Zudem arbeiteten zwei Personen in der Küche im Unterdeck, drei Stewardessen bedienten.

Die Auslegung der Tu-114 umfasste meistens eine Mittelkabine und ein Restaurant mit Tischen, das über elektrische Aufzüge mit der Küche im Unterdeck verbunden war.

Inneres des NK-12

PROPELLERTURBINE: Eine Propellerturbine ist im Prinzip ein Strahltriebwerk, bei dem die durch die Turbine strömende Heißluft über eine Welle einen Propeller antreibt. Sie hat einen höheren Wirkungsgrad als ein reines Strahltriebwerk und erzeugt viel mehr Leistung als ein gleich schwerer Kolbenmotor. Zudem ist der Treibstoff billiger.

1 KALTLUFTEINLAUF: Das NK-4 saugt die den Propeller und die Welle umströmende Luft an, die dann im 14stufigen Axialkompressor stark verdichtet wird.

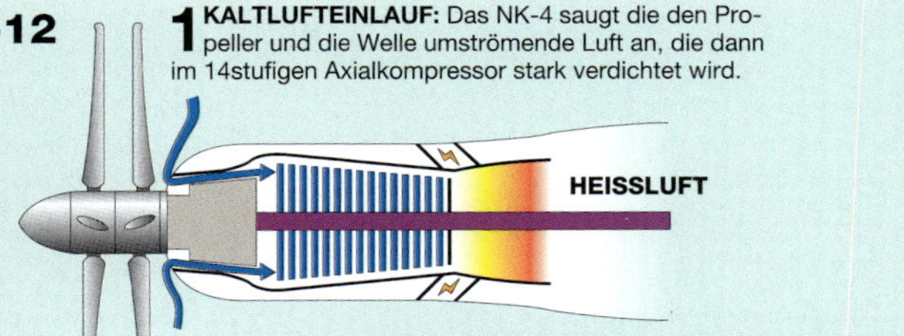

2 ZÜNDUNG: Die vom Kompressor hochverdichtete Luft wird über Leiträder zur Brennkammer geführt, in der die Kerosineinspritzung erfolgt.

3 HEISSLUFT: Die mit Kerosin durchsetzte Luft wird in der Brennkammer elektronisch gezündet. Das erzeugte Gas besitzt eine ungeheure Energie, strömt beim Verbrennen durch die Turbine, dreht sie und treibt die Antriebswelle an, die über ein Getriebe die Propeller am vorderen Ende des Triebwerks dreht.

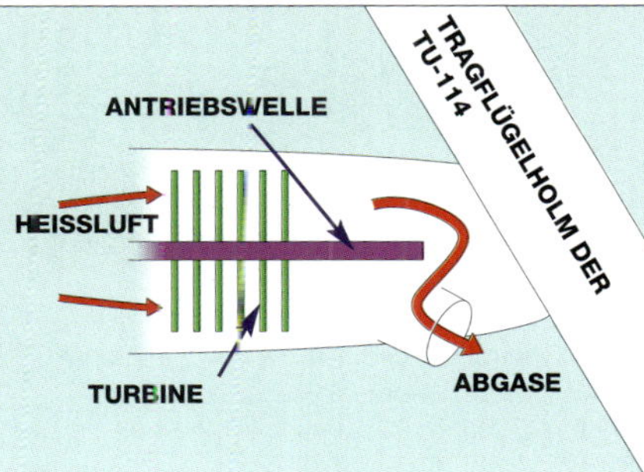

EINSATZDATEN

PASSAGIERE

In ihrer dichtesten Bestuhlung bot die Tu-114 mehr Passagieren Platz als die Boeing 707. Häufiger war aber eine weniger beengte Anordnung mit etwa 170 Sitzen. Sowjetischen Passagieren wurde auf den Inlandsstrecken weit weniger Komfort geboten als Ausländern auf Jet-Airlinern. Dafür kostete ein Flug in der UdSSR nicht mehr als eine Bahnfahrt.

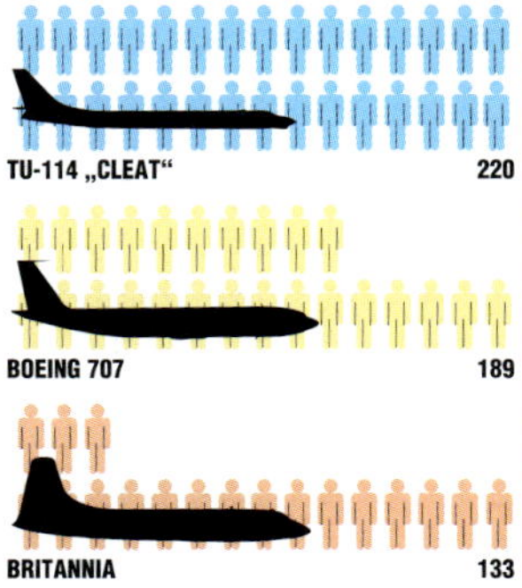

TU-134 „CRUSTY“

● Mittel- und Kurzstrecke ● Lange Einsatzzeit ● Pendant zur DC-9

▲ *Nach vielen Einsatzjahren ersetzen die Fluglinien des ehemaligen Ostblocks ihre Tu-134 nach und nach durch westliche Typen, die eine höhere Wirtschaftlichkeit aufweisen.*

Als Pendant zur britischen One-Eleven und zur amerikanischen DC-9 entwickelten die Sowjets die Tu-134. Wie die zeitgleichen westlichen Muster hat auch sie zwei heckinstallierte Triebwerke und ein T-Leitwerk, aber stärker gepfeilte Flügel. Die Tu-134 wurde 1967 von Aeroflot eingeführt und in fast 800 Exemplaren gebaut. Wie Tupolew Mitte der neunziger Jahre verlauten ließ, führten Tu-134 und -154 mehr als 65 Prozent der russischen Passagierdienste durch.

TUPOLEW TU-134 „CRUSTY“

◀ **Militärtransporter**
Viele Tu-134 wurden von militärischen Dienststellen als Truppentransporter und Versuchsträger genutzt. Bulgariens Luftwaffe betreibt diese Tu-134A.

„Crusty“-Café ▶
Immer mehr Tu-134 werden ausgemustert und größtenteils verschrottet. Einige Maschinen aber, wie diese hier in der Nähe von Prag, haben Rollen übernommen, die Tupolews Konstrukteuren niemals in den Sinn gekommen wären.

◀ **Im afrikanischen Liniendienst**
Tu-134, wie diese halbmilitärische Tu-134A der Regierung Angolas, sind auch an Drittwelt-Betreiber gegangen.

Aeroflot-Original ▶
Die Tu-134 wurde gemäß den Forderungen der Aeroflot entwickelt und in großer Zahl auf deren ausgedehntem Inlandsstreckennetz eingesetzt.

◀ **Im Nahen Osten**
Viele Betreiber der Tu-134 waren wie Syrien langjährige Satelliten der Sowjetunion. Dieses Foto von 1984 zeigt eine Tu-134 der Syrianair. Nach dem Zusammenbruch der UdSSR sind Ersatzteile und allgemeine Unterstützungsdienste für ältere sowjetische Flugzeuge immer schwieriger zu finden.

FAKTEN UND ZAHLEN

- **Mit dem internationalen Betrieb der Tu-134 begann Aeroflot im September 1967 auf der Route Moskau–Stockholm.**
- **Nur ein Tu-134-Prototyp wurde gebaut und erstmals 1963 geflogen.**
- **Laut Tupolew kann die Tu-134 auch von unbefestigten Pisten aus operieren.**
- **Die Existenz der Tu-134 wurde erst 1964 offenbart, nachdem man bereits 100 Testflüge durchgeführt hatte.**
- **Die ersten Tu-134 hatten weder Schubumkehranlagen noch Hilfsgasturbinen.**
- **Tu-134 können automatisch und im Nebel bei Sichtweiten um 50 Meter landen.**

Hauptstütze des sowjetischen Luftverkehrs

Die Tu-134 wurde aus der Tu-124 entwickelt und zuerst Tu-124A genannt. Der ältere Typ basierte auf dem Bomber Tu-16 „Badger“ und war infolge der in den Flächenansätzen eingebetteten Triebwerke unwirtschaftlich und so laut, dass man bald nach der Indienststellung mit der Konstruktion eines Nachfolgemusters begann.

Die Tu-134, die Anfang der sechziger Jahre erschien, erwies sich als leistungsfähiger. Aeroflot führte sie 1967 im Liniendienst ein, und 1970 erschien dann die Tu-134A mit besseren Triebwerken, gestrecktem Rumpf mit zwei zusätzlichen Sitzreihen sowie anderen Neuerungen.

Die Tu-134 ging zudem an Fluglinien außerhalb der UdSSR und flog 1996 noch für Balkan Bulgarian, ČSA – Czech, Malev – Hungarian und die polnische LOT sowie für Russlands Aeroflot, Samara und Tyumen.

Während die Tu-134 und frühe -134A eine verglaste Nase für den Navigator erhielten, verbaute man ab 1971 einen festen Bug mit integriertem Radargerät. Es sind unterschiedliche Sitzanordnungen bekannt. So konnten jüngere Muster zwischen 66 und 76 Passagieren befördern, Versionen mit Leichtbausitzen wie die Tu-134A-3/B-3 sogar bis zu 96 Fluggäste.

Mit ihren wechselnden Rumpfbemalungen ist die Tu-134 zu einem Spiegelbild der politischen Umwälzungen im ehemaligen Ostblock geworden. Diese Maschine flog bei der ČSA, der Staatslinie der Tschechischen Republik.

TECHNISCHE DATEN
Tu-134A „Crusty“

- **Typ:** Kurz-/Mittelstreckenverkehrsflugzeug
- **Triebwerke:** zwei Mantelstrom-Triebwerke Solowjew D-30-II mit 66,69 kN Schub
- **Reisegeschwindigkeit:** max. 900 km/h
- **Steigrate:** 888 m/min in Bodennähe
- **Reichweite:** 2000 km mit 8215 kg Nutzlast oder 3500 km mit 4000 kg Nutzlast
- **Gipfelhöhe:** 12 000 m
- **Gewicht:** leer 29 000 kg; max. Startmasse 47 000 kg
- **Nutzlast:** 72 Passagiere oder 80 Passagiere bei verkleinertem Gepäckraum
- **Abmessungen:**

Spannweite:	29,00 m
Länge:	37,10 m
Höhe:	9,02 m
Tragflügelfläche:	127,30 m²

Tu-134 „Crusty“

Balkan Bulgarian Airlines, einer der ersten Tu-134-Betreiber, übernahm zunächst sechs Exemplare der frühen Version und betrieb schließlich eine Flotte von 16 Maschinen. Abgebildet ist eine frühe Tu-134 mit verglastem Bug.

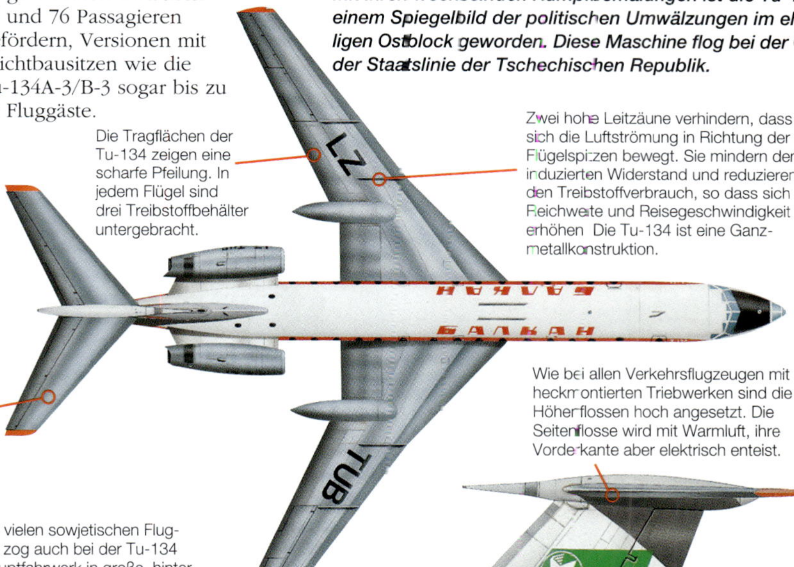

Die Tragflächen der Tu-134 zeigen eine scharfe Pfeilung. In jedem Flügel sind drei Treibstoffbehälter untergebracht.

Zwei hohe Leitzäune verhindern, dass sich die Luftströmung in Richtung der Flügelspitzen bewegt. Sie mindern den induzierten Widerstand und reduzieren den Treibstoffverbrauch, so dass sich Reichweite und Reisegeschwindigkeit erhöhen. Die Tu-134 ist eine Ganzmetallkonstruktion.

Zur Trimmung wird die Höhenflosse komplett verstellt, während die Höhenruder zur Nicksteuerung dienen und ihre eigenen Trimmklappen besitzen.

Wie bei allen Verkehrsflugzeugen mit heckmontierten Triebwerken sind die Höhenflossen hoch angesetzt. Die Seitenflosse wird mit Warmluft, ihre Vorderkante aber elektrisch enteist.

Bei frühen Maschinen saß der Navigator im verglasten Bug, und hinter seinem Arbeitsplatz war ein Wetter- und Navigationsradargerät in einem Radom installiert.

Eine Rumpfstreckung von 2,10 m ließ die Zahl der Passagiersitze bei der Tu-134A von ursprünglich 64 bis 72 auf 72 bis 80 steigen. In der Tu-134B-3 (umgerüstete A-3) fanden sogar 96 Fluggäste Platz.

Wie bei vielen sowjetischen Flugzeugen zog auch bei der Tu-134 das Hauptfahrwerk in große, hinter den Flügelhinterkanten angeordnete Kegel ein.

Pilot und Copilot sitzen nebeneinander. Bei Maschinen ohne Bugverglasung verlegte man die Navigatorstation ins Cockpit hinter die Pilotensitze und das Radar ins Bugradom.

Diese frühen Flugzeuge hatten noch keine Schubumkehranlagen und konnten nur mit den Radbremsen gestoppt werden.

Aufgrund der Erfahrungen mit der Tu-104 wurden die Triebwerke bei der Tu-134 am Heck installiert, um den Geräuschpegel in der Kabine zu senken. Das Fahrwerk ist für diese Antriebsart sehr hochbeinig, da die Tu-134 auch von primitiven Pisten aus operieren muss.

EINSATZDATEN

KAPAZITÄT

Mitte der sechziger Jahre entstanden mehrere Kurz-/Mittelstreckenverkehrsflugzeuge für 70 bis 80 Passagiere. Westliche Modelle mussten sich im Wettbewerb behaupten – für die Aeroflot gab es keine Alternative zur Tu-134.

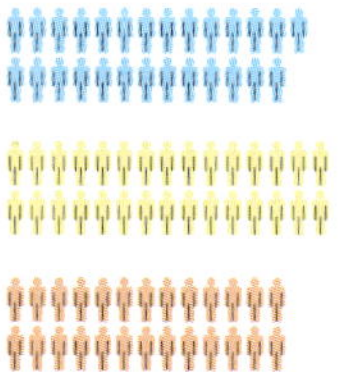

Tu-134A „CRUSTY“ 72 Passagiere

F28 FELLOWSHIP Mk 2000 79 Passagiere

Tu-104A „CAMEL“ 70 Passagiere

REISEGESCHWINDIGKEIT

Die meisten Passagiere wollen möglichst schnell ans Ziel gelangen, so dass eine hohe Reisegeschwindigkeit ein entscheidender Faktor ist. Die „Camel“ liegt an der Spitze, bot aber, verglichen mit der leiseren Tu-134, nur wenig Komfort. Aus der F28 entstand später die moderne Fokker 100.

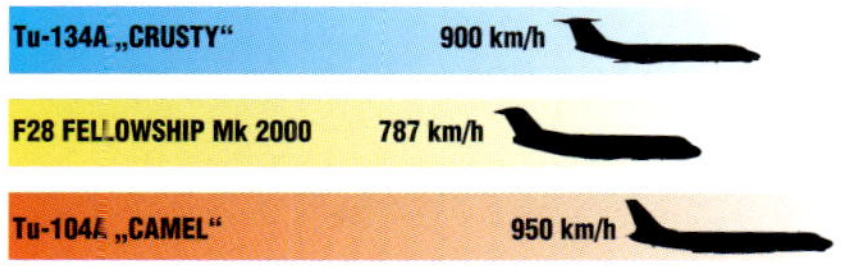

REICHWEITE

Die riesigen Ausmaße der Sowjetunion verlangten größere Reichweiten, als westliche Kurz- und Mittelstreckenverkehrsflugzeuge sie hatten. Die aus einem Bomber hervorgegangene Tu-104A bot zwar eine überragende Reichweite, aber wenig Komfort für die Passagiere. Dieser kam erst bei der Tu-134 hinzu.

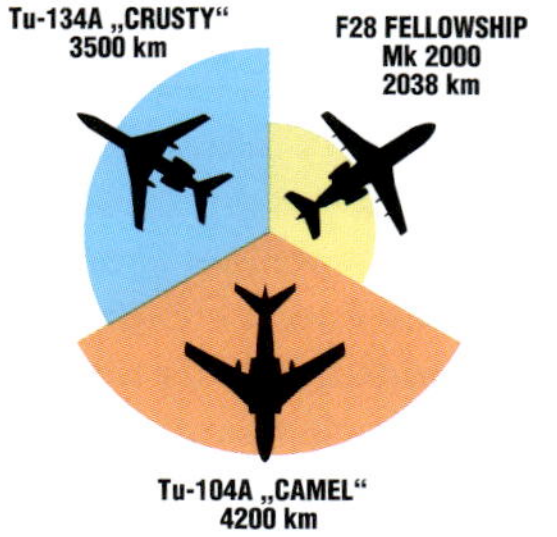

Westliche Zeitgenossinnen der „Crusty“

BAC ONE-ELEVEN: Einige One-Elevens, meist mit schallgedämpften Triebwerken, dienen noch heute bei kleineren Fluggesellschaften in Afrika und anderen Gegenden. Von den mehr als 200 Maschinen wurden einige in Rumänien lizenzgefertigt.

BOEING 737: Die 737 war insofern ungewöhnlich, als ihre Triebwerke unter den Flügeln und nicht am Heck angeordnet wurden. Mittlerweile gilt sie als das erfolgreichste Verkehrsflugzeug der Geschichte.

HAWKER SIDDELEY TRIDENT: Dieser Typ mit drei Mantelstrom-Triebwerken Rolls-Royce Spey und, je nach Version, Sitzplätzen für bis zu 180 Fluggäste, wurde speziell für Kurz- und Mittelstrecken mit hohem Verkehrsaufkommen entwickelt.

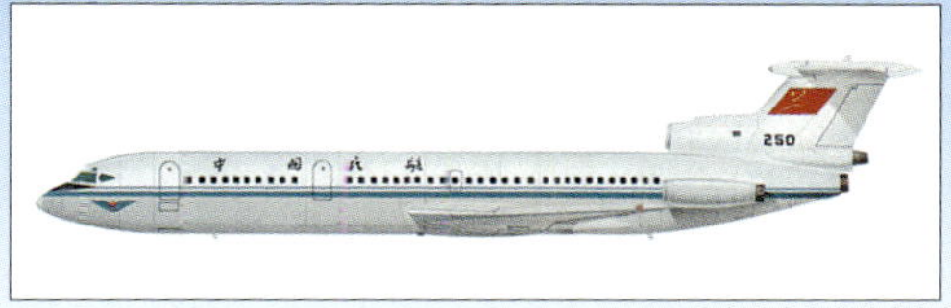

TU-144 „CHARGER“

● **Überschall-Passagierflugzeug** ● **Konkurrentin der Concorde**

▲ *Vor der Ölkrise und strengen Lärmvorschriften lieferten sich Europa und die UdSSR einen dramatischen Wettlauf um den Bau des ersten Überschallverkehrsflugzeugs, den die Tu-144 gewann.*

Die Tu-144, die am 31. Dezember 1968 zum Erstflug startete, war ein Resultat der Rivalität von Ost und West während des kalten Krieges, sich auf dem Gebiet der Luftfahrt- und Weltraumtechnik gegenseitig auszustechen. Zu den ehrgeizigsten Zielen gehörte neben der Eroberung des Weltraums auch die Entwicklung von Überschallverkehrsflugzeugen, und die Sowjetunion setzte alles daran, England und Frankreich, die an der späteren Concorde arbeiteten, zu schlagen.

TUPOLEW TU-144 „CHARGER“

Doppeldelta-Form ▶
Diese Ansicht gibt die ausgeprägte Doppeldelta-Form der Tragfläche zu erkennen, die die Tu-144 viel eckiger erscheinen ließ als die Concorde. Unter den Flügeln sind die großen Lufteinläufe zu sehen.

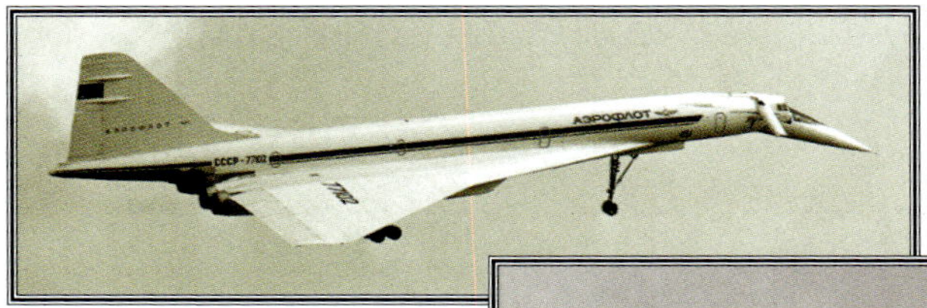

▲ **Unglück in Paris**
Auf der Pariser Luftfahrtschau von 1973 brach die zweite Serienmaschine, Nummer 77102, während eines unvorhergesehen steilen Steigmanövers auseinander.

▲ **Hängender „Schnurrbart“**
Die Serienversionen erhielten einziehbare Canardvorflügel, die die Steuerung bei niedrigen Geschwindigkeiten verbesserten.

▲ **Kopie der Concorde**
Die Tu-144 wies eine große Ähnlichkeit mit der Concorde auf, wie etwa die nach unten geneigte Nase. Später wurde bekannt, dass sich der KGB Blaupausen des Concorde-Entwurfs besorgt hatte.

Mit Nachbrenner ▶
Die Triebwerke NK-144A wurden von Kusnezow entwickelt. Weiter verbesserte Aggregate, die zur Tu-144D führten, ermöglichten den Reiseflug ohne Nachbrenner, kamen aber nicht zum Einsatz.

FAKTEN UND ZAHLEN

- **Das Grundmuster Tu-144 war kleiner als die Serienversion und hatte noch keine Canardflügel für hohen Auftrieb.**
- **Der Prototyp flog erstmals im Dezember 1968, zwei Monate früher als die Concorde.**
- **Im Mai 1970 erreichte die Tu-144 als erstes Verkehrsflugzeug Mach 2.**
- **Ein Manöver, mit dem der Pilot einer mit Kameras bestückten Mirage ausweichen wollte, führte zum Absturz einer Tu-144.**
- **Im Dezember 1975 eröffnete die Tu-144 die Route zwischen Moskau und Alma-Ata.**
- **Die Tu-144 wurde bereits nach 102 regulären Verkehrsflügen ausgemustert.**

Die „Concordski“ aus der Sowjetunion

In dem Bestreben, den Westen bei der Entwicklung von Überschallverkehrsflugzeugen auszustechen, scheute die Sowjetunion Anfang der sechziger Jahre keine Anstrengungen – auch nicht Industriespionage. Zur gleichen Zeit lief ein Testprogramm mit einer MiG-21, die einen verkleinerten Tu-144-Tragflügel erprobte.

Dank der unermüdlichen Arbeit des Konstruktionsbüros gewann Tupolew das Wettrennen. Die Tu-144 flog zwei Monate früher als die Concorde und nahm im Dezember 1975, fast fünf Monate vor ihrer Konkurrentin, den Liniendienst auf. Nach mindestens einem Absturz zog man die Maschine 1978 aus dem Verkehr.

Die Tu-144 war zwar ein wirtschaftlicher Fehlschlag, doch sie trug wesentlich zum Verständnis der Aerodynamik bei großen Geschwindigkeiten bei. Dies zeigte sich deutlich Anfang der neunziger Jahre, als die Amerikaner in die Umrüstung einer Tu-144 zum Prüfstand mit dem Ziel investierten, ein Überschallverkehrsflugzeug der zweiten Generation zu entwickeln.

Die Tu-144 hatte eine für das Erreichen von Mach 2 unabdingbare Stromlinienform. Wegen ihrer Ähnlichkeit mit der Concorde nannte sie die westliche Presse „Concordski“.

Tupolew selbst hatte die Arbeit an einem Nachfolgemuster der „Charger“ begonnen. Diese Tu-244 sollte 300 Passagiere befördern und eine Reichweite von 9200 km bieten.

Der Prototyp hatte im Unterschied zu den Serienmaschinen geringer gewölbte Tragflügel und keine Canardflügel.

TECHNISCHE DATEN
Tu-144 „Charger“

- **Typ:** Überschallverkehrsflugzeug
- **Triebwerke:** vier Nachbrenner-Jet-Triebwerke Kusnezow NK-144A mit je 196,1 kN Schub
- **Höchstgeschwindigkeit:** 2500 km/h
- **Kapazität:** 140 Passagiere (Standard)
- **Reiseflughöhe:** 17 000 m
- **Reichweite:** 6500 km mit 140 Passagieren bei Mach 1,9
- **Gewicht:** leer 85 000 kg; beladen 180 000 kg
- **Abmessungen:** Spannweite: 28,80 m; Länge: 65,70 m; Höhe: 12,85 m; Tragflügelfläche: 438 m²

Tu-144 „Charger“

Einzige Betreiberin der Tu-144 war die Aeroflot. Ein Unfall im Jahr 1978 führte zur Ausmusterung nach nur 102 Verkehrsflügen.

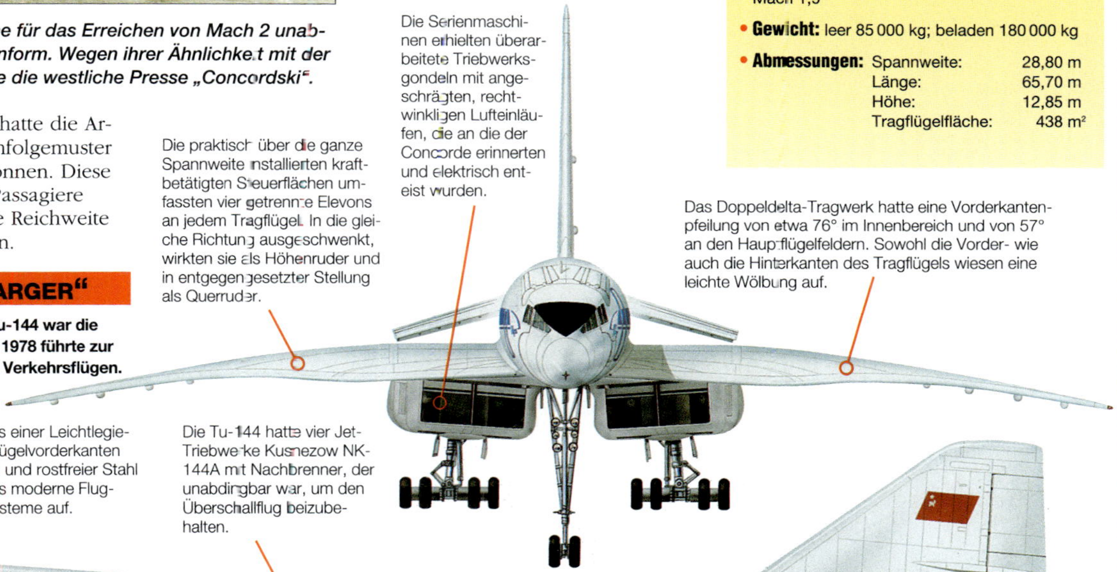

Die Serienmaschinen erhielten überarbeitete Triebwerksgondeln mit angeschrägten, rechtwinkligen Lufteinläufen, die an die der Concorde erinnerten und elektrisch enteist wurden.

Die praktisch über die ganze Spannweite installierten kraftbetätigten Steuerflächen umfassten vier getrennte Elevons an jedem Tragflügel. In die gleiche Richtung ausgeschwenkt, wirkten sie als Höhenruder und in entgegengesetzter Stellung als Querruder.

Das Doppeldelta-Tragwerk hatte eine Vorderkantenpfeilung von etwa 76° im Innenbereich und von 57° an den Hauptflügelfeldern. Sowohl die Vorder- wie auch die Hinterkanten des Tragflügels wiesen eine leichte Wölbung auf.

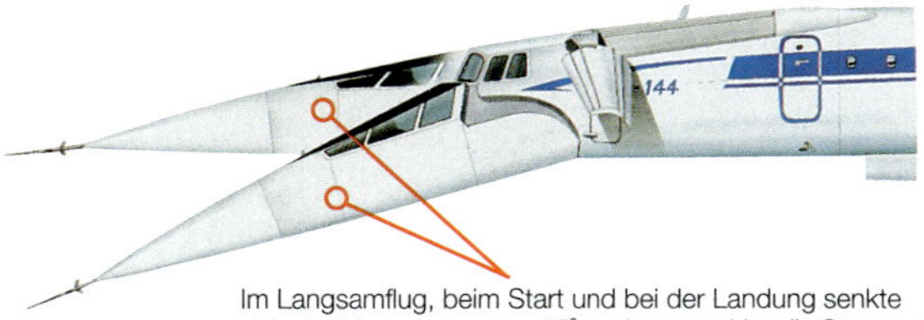

Im Langsamflug, beim Start und bei der Landung senkte sich der Nasenkonus um 12° nach unten. Um die Steuerung in diesem Flugbereich zu verbessern, wurden zudem die beiden Canardflügel ausgefahren.

Die Tu-144 war weitgehend aus einer Leichtlegierung konstruiert. Bei den Tragflügelvorderkanten und Steuerflächen kamen Titan und rostfreier Stahl zum Einsatz. Die Maschine wies moderne Flugsteuerungs- und Navigationssysteme auf.

Die Tu-144 hatte vier Jet-Triebwerke Kusnezow NK-144A mit Nachbrenner, der unabdingbar war, um den Überschallflug beizubehalten.

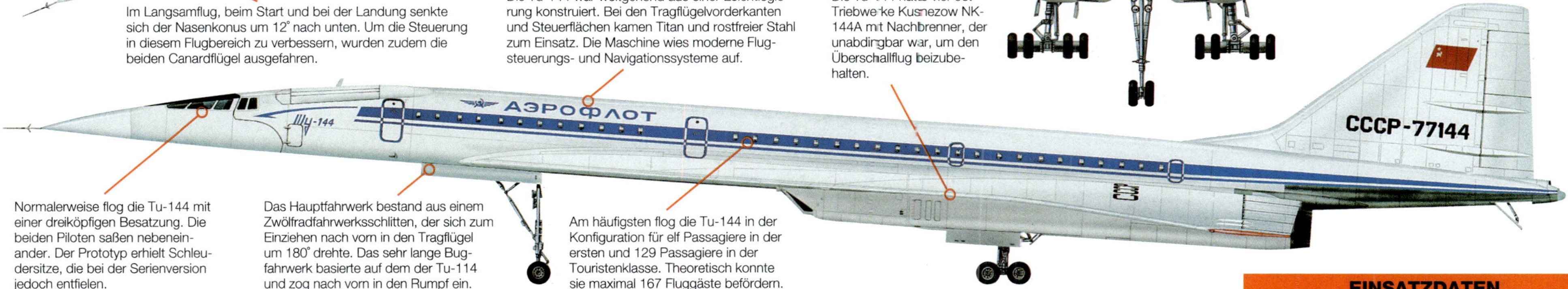

Normalerweise flog die Tu-144 mit einer dreiköpfigen Besatzung. Die beiden Piloten saßen nebeneinander. Der Prototyp erhielt Schleudersitze, die bei der Serienversion jedoch entfielen.

Das Hauptfahrwerk bestand aus einem Zwölfradfahrwerksschlitten, der sich zum Einziehen nach vorn in den Tragflügel um 180° drehte. Das sehr lange Bugfahrwerk basierte auf dem der Tu-114 und zog nach vorn in den Rumpf ein.

Am häufigsten flog die Tu-144 in der Konfiguration für elf Passagiere in der ersten und 129 Passagiere in der Touristenklasse. Theoretisch konnte sie maximal 167 Fluggäste befördern.

Aerodynamische Merkmale der Tu-144

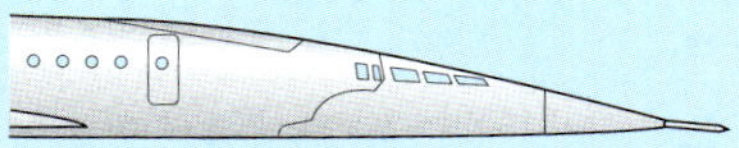

REISEFLUGSTELLUNG: Beim Überschallflug liegt die Nase in einer Linie mit dem Rumpf, so dass sich eine makellose aerodynamische Form ergibt. Die einziehbare, nichttransparente Blende verschlechterte die Sicht des Piloten nach vorn.

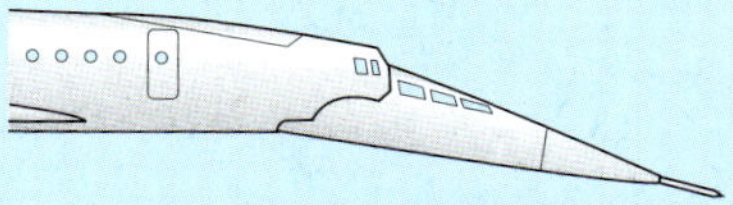

LANGSAMFLUG: Bei niedrigen Geschwindigkeiten wie bei Start und Landung senkt sich die Nase um 12°, um die Sicht des Piloten zu verbessern. Die Blende, die zum Schutz vor Vogelschlag gepanzert ist, wird eingezogen.

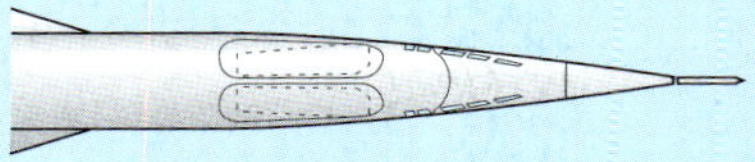

EINGEZOGENE CANARDFLÜGEL: Im Hochgeschwindigkeitsflug liefert der Doppeldeltaflügel den gesamten Auftrieb. Zur Verbesserung der Stromlinienform sind die 6,10 m langen Canardflügel in das Rumpfoberteil eingeschwenkt.

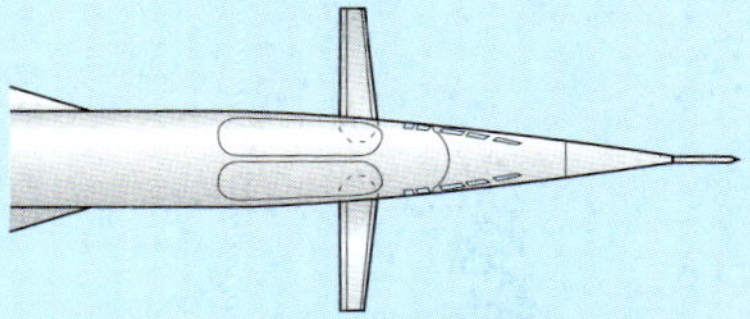

AUSGEFAHRENE CANARDFLÜGEL: Um die Steuerung bei niedrigen Geschwindigkeiten zu verbessern, schwenken die Canards auf 0° Pfeilung aus. Jeder Canardflügel hat vorn eine Doppelspaltklappe und eine Flügelklappe hinten.

EINSATZDATEN

GESCHWINDIGKEIT

Von den zwei Überschallverkehrsflugzeugen, die in Dienst gingen, (Concorde und Tu-144) war die „Charger“ die schnellere und größere Maschine. Die DC-10 ist ein für die damalige Zeit typisches Unterschallflugzeug, das für die Atlantiküberquerung fast doppelt so lange braucht wie die Concorde.

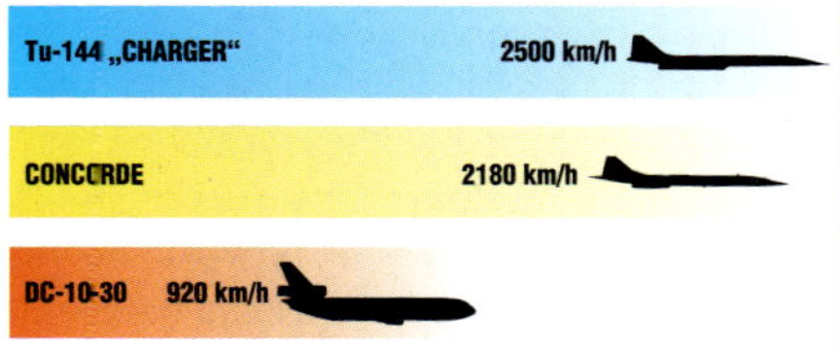

Tu-204

● Neue Airliner-Generation ● Westliche Technologie

Die Tu-204, die als Ersatz für die Tu-154 konzipiert und im Januar 1989 erstmals geflogen wurde, war das erste Grundmuster einer geplanten Airliner-Familie. Es entstanden unterschiedliche Modelle mit russischen wie auch westlichen Triebwerken und verschiedenen Nutzlast- und Reichweitekapazitäten. Die Entwicklung war durch Finanzierungsengpässe bei Flugerprobung und Zulassung beeinträchtigt. Eine Version mit Rolls-Royce-Triebwerken hatte zeitweise bei mehreren Fluggesellschaften Interesse geweckt.

▲ *Das Mittelstreckenverkehrsflugzeug, zu Beginn der achtziger Jahre als Nachfolger für die dreistrahlige Tu-154 entwickelt, zeigt ein wenig Ähnlichkeit mit der Boeing 757. Ab 1992 ausgeliefert, erfolgte der erste kommerzielle Flug 1996.*

TUPOLEW Tu-204

▼ Verbesserungen
Im Vergleich zur Vorgängerin Tu-154 bietet dieTu-204 eine größere Passagierkapazität und einen geringeren Kerosinverbrauch. Beides macht sie für Linien des Westens interessant.

▲ Gemeinschaftsprojekt
Nach dem Zusammenbruch der UdSSR sah sich Tupolew nach Partnern um, um die Finanzierung der Tu-204 zu sichern. Dies führte zur Gründung von BRAVIA (British Russian Aviation), deren Farben das Muster trägt.

▼ Neueste Technik
Verglichen mit früheren Tupolew-Passagiermustern ist die Tu-204 ein technisches Meisterwerk. Die Tragflächen sind um 68° zurückgepfeilt, und Winglets verbessern den Strömungsverlauf.

▲ Unterschiedliche Antriebsmöglichkeiten
Die Tu-204 können verschiedene Triebwerkstypen einsetzen. Maschinen der Serie 100 fliegen mit zwei Awiadwigatel-Mantelstrom-Triebwerken PS-90A.

Erstflug ▶
Der erste Prototyp wurde 1988 fertig und Anfang 1989 von Andrej Talalakin vom Schukowski-Testzentrum (bei Moskau) aus durch den Jungfernflug geführt.

FAKTEN UND ZAHLEN

- Armand Hammer, ein US-Magnat mit Verbindungen innerhalb der Sowjetunion, unterstützte die Entwicklung der Tu-204.
- Flüge mit zwei Piloten sind möglich, der dritte Sitz ist für den Ingenieur gedacht.
- Eine Tu-204 mit kryogenem Antrieb wurde vorgeschlagen, aber noch nicht realisiert.
- Knapp 20 Maschinen waren bis Ende 2004 produziert, einschließlich der kürzeren Version Tu-214.
- BRAVIA erwarb eine Reihe von Flugzeugen, die zum Weiterverkauf anstanden.
- Die russische Marine denkt an eine maritime Version als Ersatz für die Il-38.

PROFIL

Russlands Airliner für die Zukunft

Das Tupolew-Standardmuster Tu-204, das im Dezember 1994 die russische Zulassung erhielt, wird derzeit im Aviastar-Werk in Uljanowsk neben anderen Versionen gebaut. Dazu zählen die Tu-204-100, die -120 und die reine Frachtervariante 204C mit einer großen Frachttür.

Bei jeder der aufeinanderfolgenden Untertypen erhöhte man das höchstzulässige Gesamtgewicht und führte zum Ausgleich schubstärkere Triebwerke ein.

Eine weitere Variation ist die für den Liniendienst auf Hauptstrecken vorgesehene Tu-214, die einen Kurzrumpf mit einer Bestuhlung für bis zu 160 Passagiere und eine Reichweite von 7200 km hat.

Sirocco Aerospace erteilte einen Auftrag über Tu-204-120 mit Triebwerken Rolls-Royce RB211. Die Nur-Fracht-Variante dieser Serie verfügt über eine westliche Avionik und Kabineneinrichtung. Diese Merkmale und der britische Antrieb ergeben ein wahrhaft internationales Muster. Die erste Rolls-Royce-motorisierte Tu-204 wurde bei der Farnborough-Luftfahrtschau von 1992 präsentiert.

Nach einem sehr langen und turbulenten Entwicklungsprozess erscheint die Zukunft des zweistrahligen Tupolew-Mittelstreckenflugzeugs heute viel günstiger als noch vor einigen Jahren. Massive Investitionen westlicher Organisationen in dieses Programm haben dazu beigetragen.

Oben: Für Vielseitigkeit ist durch die Einführung von Kombi- und Frachtversionen der Tupolew Tu-204 gesorgt.

Oben: Der erste Prototyp SSSR-64001 im alten Anstrich der Aeroflot ist hier in Le Bourget zu sehen. Damals wollte die russische Staatslinie 350 Exemplare beschaffen.

TECHNISCHE DATEN

Tu-204-100

- **Typ:** Mittelstreckenverkehrsflugzeug
- **Triebwerke:** zwei Mantelstrom-Triebwerke Awiadwigatel PS-90A mit je 157 kN Schub
- **Reisegeschwindigkeit:** max. 850 km/h
- **Reichweite:** 4000 km
- **Treibstoffkapazität:** max. 40 730 Liter
- **Gewicht:** leer 59 000 kg; beladen 103 000 kg
- **Startstrecke:** 1450 m
- **Kapazität:** zwei Piloten und häufig ein drittes Besatzungsmitglied sowie 184 Passagiere in Standardkonfiguration oder 214 Passagiere in Charterauslegung
- **Abmessungen:**

Spannweite:	42,00 m
Länge:	46,22 m
Höhe:	13,88 m
Tragflügelfläche:	182,40 m²

Tu-204

RA-64006, die im August 1992 in die Luft kam, war die erste Tu-204 mit Rolls-Royce-RB211-Triebwerken. Sie wurde von Hunting in England ausgerüstet und bei der Farnborough-Luftfahrtschau von 1992 vorgeführt.

Beim Leitwerk der Tu-204 ist der Anteil an Verbundwerkstoffen besonders hoch, vor allem bei den beweglichen Flächen. Es ist zudem wie das der viel größeren Boeing 747-400 zum Integraltank ausgebaut.

Das Flugdeck der Tu-204 ist im Stil moderner Airliner mit digitalem „Glas-Cockpit" und Multifunktionsbildschirmen ausgelegt. Anfangs waren seitliche Steuerknüppel ähnlich wie im Airbus A340 vorgesehen, doch letztlich zog man konventionelle Steuerhörner vor.

Je nach Bedarf des Käufers kann die Kabinenauslegung der Tu-204 beträchtlich variieren. Bei Charterflügen lassen sich maximal 214 Fluggäste unterbringen, doch auf planmäßigen Linienflügen werden normalerweise insgesamt 184 Personen befördert, 30 in der Business- und bis zu 154 in der Economy-Klasse.

Rund 18 Prozent der Zelle bestehen aus Verbundwerkstoffen. Auch im Rumpfbereich hat man umfassend Gebrauch von Titan und Aluminium-Lithium gemacht, um größte Festigkeit bei geringstmöglichem Gewicht zu erreichen und so das Raumvolumen effektiv zu nutzen.

Diese Tu-204 trägt den Schriftzug der BRAVIA (British Russian Aviation). Das Anfang der neunziger Jahre gebildete Konsortium ermöglichte für diesen vielversprechenden russischen Entwurf die Verwendung von Rolls-Royce-Triebwerken und die Entwicklung weiterer Varianten.

Diese Variante ist mit zwei RB211-Mantelstrom-Triebwerken der Serie 535 mit hohem Nebenstromverhältnis ausgerüstet. Die Aggregate sind auf dem heutigen Passagierflugzeugmarkt sehr populär und gelten als zuverlässig, effizient, schubstark und nicht zuletzt leise.

Unter der Kabine befindet sich der Gepäckraum, der sich über die gesamte Rumpflänge erstreckt und nur von den Treibstofftanks unterbrochen wird. Für schwerere Nutzlasten gibt es eine Kombivariante der Tu-204, bei der ein Teil der normalen Kabine für Fracht reserviert ist.

EINSATZDATEN

REISEGESCHWINDIGKEIT

Die Tu-204 ist nicht so effizient wie die Boeing 757, aber dennoch wirtschaftlich und bietet gegenüber anderen russischen Mustern eine hohe Geschwindigkeit. Die von einem älteren Entwurf abgeleitete McDonnell Douglas MD-90 ist etwas langsamer.

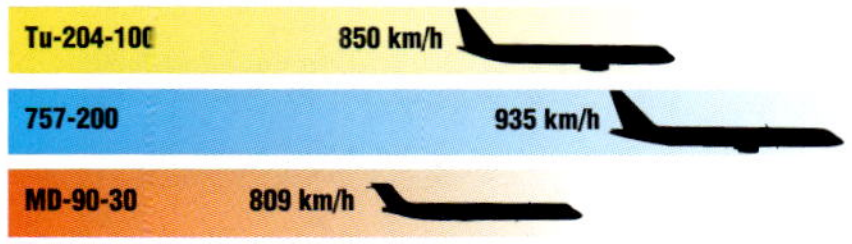

KAPAZITÄT

Alle drei Typen dieser Mittelstrecken-Airliner fallen unter die Kategorie Schmalrumpf, bei der die Passagiere auf beiden Seiten des einzigen Gangs sitzen. In der Entwicklungsphase wurde die Tu-204 wiederholt gestreckt, um mehr Fluggäste unterbringen zu können. Sie übertrifft in der Kapazität zwar die verlängerte MD-90, nicht aber die 757.

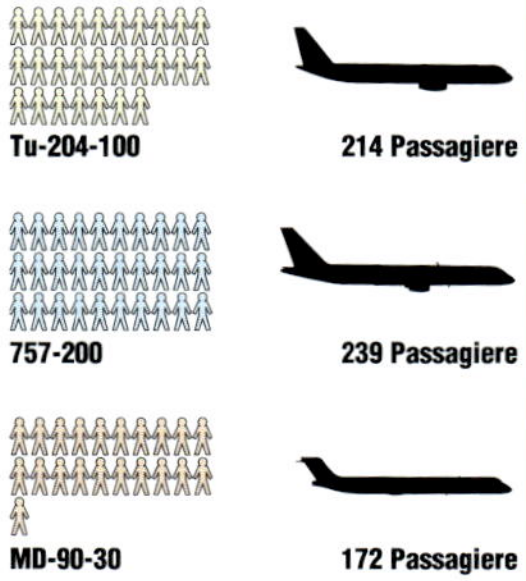

REICHWEITE

Mittelstrecken-Airliner können heute mit voller Nutzlast Entfernungen überbrücken, die vor zwei Jahrzehnten unvorstellbar waren. Die Boeing 757 ist ein sehr erfolgreicher Entwurf und hat eine größere Reichweite als die beiden anderen Typen.

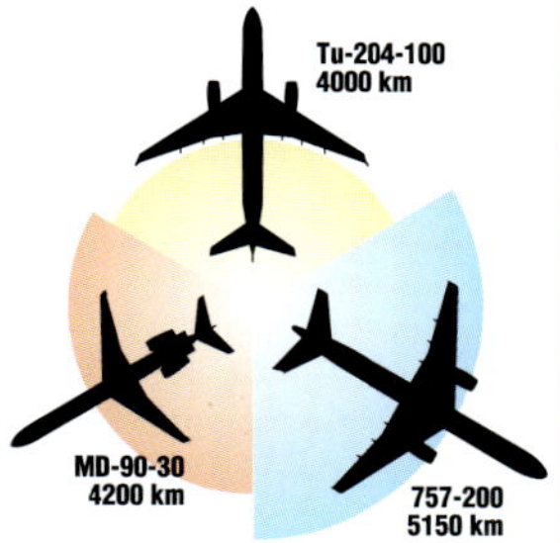

Tupolew-Airliner mit Düsenantrieb

Tu-104 „CAMEL": Das Muster machte 1956 Schlagzeilen als erster sowjetischer Jetliner, der sich im Westen vorstellte, war aber eine unausgereifte Maschine mit geringem Leistungsvermögen.

Tu-134 „CRUSTY": Dies war ein gegenüber der Tu-104 in jeder Beziehung verbesserter Airliner mit viel niedrigerem Lärmpegel in der Kabine aufgrund seiner heckmontierten Triebwerke.

Tu-154 „CARELESS": Dieser ähnlich wie die Boeing 727 ausgelegte Typ wurde zu einem beliebten Airliner im Dienst der Aeroflot und dürfte noch einige Jahre im Einsatz bleiben.

VFW-Fokker

614

● **Deutsches STOL-Verkehrsflugzeug** ● **Triebwerke auf den Tragflächen**

Mitte der sechziger Jahre schlossen sich Focke-Wulf, Weser und Heinkel als VFW zur Entwicklung des Verkehrsflugzeugs VFW 614 zusammen. 1970 vereinte das Konsortium seine Kräfte mit Fokker, um die Maschine zu produzieren. Die 614 flog erstmals im Juli 1971, und bis Anfang 1975 hatten zehn Betreiber ihre Absicht bekundet, 26 Maschinen zu erwerben. Doch schon zwei Jahre später wurde die Fertigung eingestellt; nur 13 Flugzeuge gingen in Dienst.

▲ *Anfangs wurden viele Bestellungen für die VFW 614 angekündigt, von denen aber nur wenige bestätigt wurden. Die Fluggesellschaften hielten den Typ für zu langsam, und zudem dürften sie die ungewöhnliche Konfiguration sowie SNECMAs Rückzug aus dem Projekt abgeschreckt haben.*

VFW-Fokker 614

▲ **Auf den Tragflügeln**
Vor hochgeschleuderten Fremdkörpern wurden die Triebwerke durch die Tragflügel geschützt.

▲ **In Frankreich**
Die VFW-Fokker 614 blieb bei den meisten Fluggesellschaften nur kurze Zeit im Einsatz.

Prototyp Nummer drei ▶
Das dritte Exemplar stellte man besonders zügig fertig, um die Erprobung zu beschleunigen.

◀ **Einsatz in Dänemark**
Die Cimber Air führte 1975 die VFW-Fokker 614 in den kommerziellen Flugverkehr ein.

Isländische Landebahn ▶
Nach einer VFW-Fokker-Pressemitteilung lagen auf dieser unbefestigten Landebahn „faustgroße“ Steine. Solche Tests waren für die Zulassung für den Betrieb von rauhen Pisten nötig. Auch in Saudi-Arabien sowie in Afrika fanden die Probeflüge statt.

Fakten und Zahlen

- 1963 entstand durch die Fusion von Focke-Wulf und Weser-Flugzeugbau die VFW. 1964 schloss sich Heinkel an.
- Nach 1969 wurde Fokker gleichberechtigter Partner bei VFW.
- Ein Prototyp stürzte 1972 wegen Flatterschwingungen an einer Trimmklappe ab.
- Anfang 1973 lagen 23 Bestellungen für die 614 vor, doch nur 19 Exemplare wurden fertiggestellt, und nur 13 gingen Dienst.
- An der Produktion waren auch SABCA und Fairey aus Belgien beteiligt.
- Heute verwendet das DLR eine 614 zu Forschungszwecken.

Neues Konzept – wenig Erfolg

VFW entwarf die 614 als modernes Gegenstück zur DC-3. Diese Maschine konnte bis zu 44 Passagiere über Entfernungen von rund 1000 km befördern.

Ein Charakteristikum der 614 war die Installation der Triebwerke an Pylonen auf den Tragflügeln. Diese Auslegung ermöglichte den Einbau eines niedrigen Fahrwerks, das den Passagiereinstieg vereinfachte, und bei einer größeren Entfernung der Triebwerke vom Rumpf hätte sich auch der Geräuschpegel in der Kabine senken lassen.

Leider fand dieses Konzept wenig Anklang, und es waren nicht einmal ein Dutzend Maschinen verkauft, als man sich für die Einstellung der Produktion entschied. Das erste Exemplar nahm 1975 bei Cimber Air in Dänemark den Flugbetrieb auf. Air Alsace setzte drei Maschinen ein, und weitere drei gingen als VIP-Transporter an die deutsche Luftwaffe.

Mitte der achtziger Jahre wurde eine VFW 614 zum Forschungsflugzeug umgerüstet und zur Untersuchung der Aerodynamik sowie neuer Flugsysteme und Flugsicherungstechnologien eingesetzt. Die projektierte Version 614-200 mit leicht gestrecktem Rumpf und größerer Spannweite hätte 52 Passagiere befördern können.

Oben: Mit ihrer großen Klappenfläche und dem robusten Fahrwerk hätte die VFW-Fokker 614 bei STOL-Betreibern großen Anklang finden müssen.

Oben: Die drei VFW 614 der Luftwaffe wurden 1998 außer Dienst gestellt. Heute fliegt nur noch die ATTAS-Maschine des DLR.

TECHNISCHE DATEN
614

- **Typ:** Kurzstrecken-Passagierflugzeug
- **Triebwerke:** zwei Mantelstrom-Triebwerke Rolls-Royce M45H Mk 501 je 32,4 kN Schub
- **Höchstgeschwindigkeit:** 735 km/h in 6400 m Höhe; max. Reisegeschwindigkeit 722 km/h in 7620 m Höhe
- **Steigrate:** 1026 m/min in Meereshöhe
- **Reichweite:** 2500 km (Maximaltreibstoff); 667 km mit 40 Passagieren oder 3680 kg Nutzlast mit Treibstoffreserven für 277 km
- **Gipfelhöhe:** 7620 m
- **Landerollstrecke:** 631 m aus 15 m Höhe
- **Kapazität:** 40 bis 44 Passagiere
- **Gewicht:** leer 12 200 kg; beladen 18 600 kg
- **Abmessungen:** Spannweite: 21,50 m; Länge: 20,60 m; Höhe: 7,84 m; Tragflügelfläche: 64 m²

614

Die D-BABB war der zweite Prototyp der VFW-Fokker 614. Er flog erstmals am 14. Januar 1972 vor dem Absturz des ersten Prototyps am 1. Februar, bei dem der Kopilot ums Leben kam. Ansonsten verlief die Entwicklung ohne Zwischenfälle.

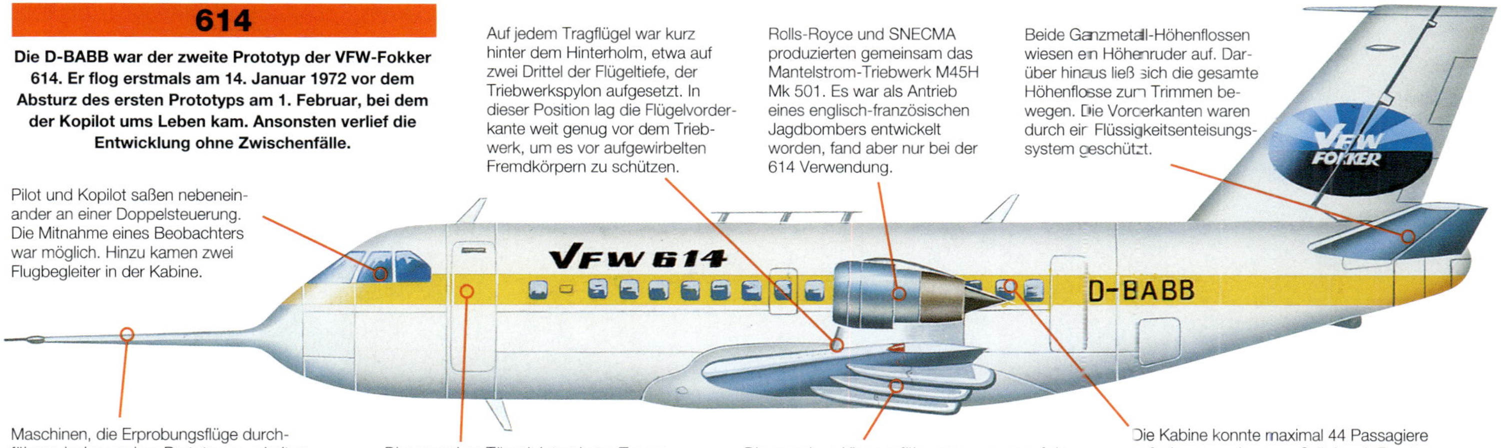

Auf jedem Tragflügel war kurz hinter dem Hinterholm, etwa auf zwei Drittel der Flügeltiefe, der Triebwerkspylon aufgesetzt. In dieser Position lag die Flügelvorderkante weit genug vor dem Triebwerk, um es vor aufgewirbelten Fremdkörpern zu schützen.

Rolls-Royce und SNECMA produzierten gemeinsam das Mantelstrom-Triebwerk M45H Mk 501. Es war als Antrieb eines englisch-französischen Jagdbombers entwickelt worden, fand aber nur bei der 614 Verwendung.

Beide Ganzmetall-Höhenflossen wiesen ein Höhenruder auf. Darüber hinaus ließ sich die gesamte Höhenflosse zum Trimmen bewegen. Die Vorderkanten waren durch ein Flüssigkeitsenteisungssystem geschützt.

Pilot und Kopilot saßen nebeneinander an einer Doppelsteuerung. Die Mitnahme eines Beobachters war möglich. Hinzu kamen zwei Flugbegleiter in der Kabine.

Maschinen, die Erprobungsflüge durchführen, insbesondere Prototypen, erhalten oft große Instrumentenausleger, die eine Vielzahl von Messdaten zur Flughöhe und zur Fluggeschwindigkeit sammeln.

Diese vordere Tür mit integrierter Treppe diente als Haupteinstieg für die Passagiere. Auf der gegenüberliegenden Seite befand sich eine Frachtluke für das Gepäck.

Die massiven Klappenführungen waren auf das STOL-Konzept zurückzuführen. Der Tragflügel hatte zwei Spoiler für den Einsatz während des Fluges sowie sechs für den am Boden.

Die Kabine konnte maximal 44 Passagiere aufnehmen und war großzügig mit Fenstern versehen. Leider führten die dicht vor den Fenstern montierten Triebwerke zur Geräuschbelästigung in der Kabine.

EINSATZDATEN

MAXIMALE REISEGESCHWINDIGKEIT

Einige Fachleute aus der Industrie bemängelten die geringe Geschwindigkeit der VFW 614, obwohl dies bei den kurzen Strecken, für die sie ausgelegt war, kaum zum Tragen kam.

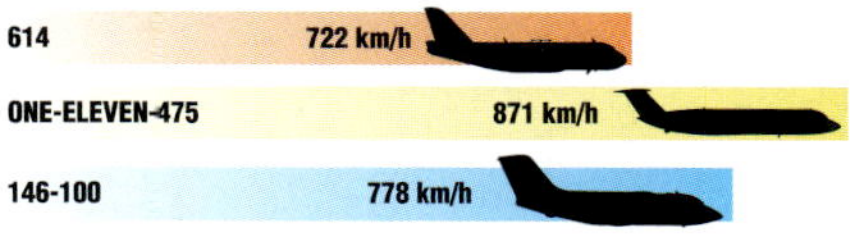

STARTSTRECKE

Selbst im Vergleich zur BAe 146 bietet die VFW 614 noch eine beachtliche Startleistung. Die BAe 146 sollte zur gleichen Zeit wie die 614 erscheinen, doch die Firma stellte das Konzept damals zurück, weil sie meinte, es gebe zu der Zeit noch keinen Markt für diesen Typ.

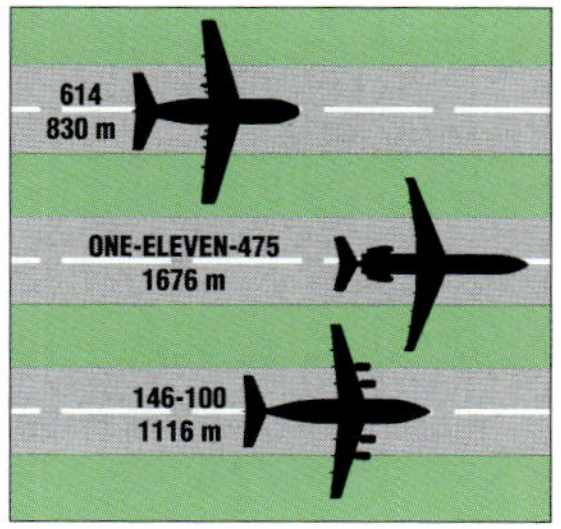

REICHWEITE

Dank ihrer großen Reichweite wurde die One-Eleven zum Exporterfolg, doch die VFW 614 war ihr an Einsatzflexibilität überlegen. Die 146 basierte auf einem ganz ähnlichen Entwurfskonzept wie die VFW 614, profitierte aber von neuen Techniken, die ihr zu einer besseren Gesamtleistung verhalfen.

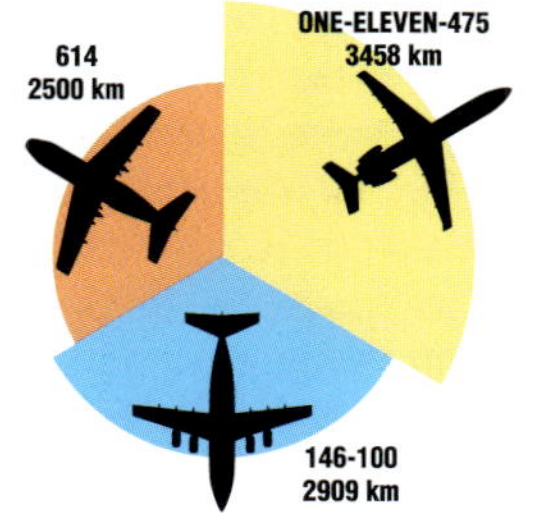

Luftfahrtprojekte von VFW

VFW H3: Dieser dreisitzige Helikopter ist typisch für die innovativen Entwürfe von VFW. Er hatte einen mit Druckluft angetriebenen Hauptrotor und Mantelschrauben für den Vorwärtsflug.

PANAVIA MRCA: Diese Maschine sollte Europas wichtigstes Kampfflugzeug werden. VFW war frühzeitig an dem Projekt beteiligt, aus dem der Tornado entstand.

VFW-FOKKER CH-53G: Ein Auftrag von 1969 über 135 CH-53G zur Ausrüstung der deutschen Armee führte dazu, dass VFW-Fokker den Sikorsky-Typ in Lizenz baute.

FOKKER-VFW F28 FRIENDSHIP: VFW-Fokker baute die Rumpfsektionen und die Leitwerksgruppen für die F28 und trug so wesentlich zum Erfolg des Typs bei.

VIKING

● Kurz- und Mittelstrecken-Airliner ● Wellington-Ableitung ● RAF-Einsatz

▲ *Die Viking, die bei einigen britischen Fluggesellschaften die DC-3 ersetzte, war eines der ersten Verkehrsmuster mit Passagierkomfort wie Stewardrufknöpfen, Kopfstützen und Frischluftdüsen.*

Als sich das Ende des Zweiten Weltkriegs abzeichnete, zeigte sich, dass England eine Übergangslösung für ein Kurz- und Mittelstreckenpassagierflugzeug benötigte. Vickers entwarf daher die Viking, die schon bald in Produktion gehen konnte, da sie auf dem bewährten Bomber Wellington basierte. Die Viking kam bei der British European Airways (BEA) zum Einsatz und diente als Transporter „Valetta" und „Varsity" auch bei der RAF.

VICKERS VIKING

◀ **Serienproduktion**
Die G-AGON, hier im Flug über der Küste der Isle of Wight, war die erste Serien-Viking. Sie diente zu BOAC-Testflügen.

▼ **Viking für den Export**
Der erste Überseeabnehmer war die indische National Airways, die diese Maschine „Jumna" taufte.

▼ **Düsenantrieb**
Am 6. April 1948 kam eine auf das Strahltriebwerk Rolls-Royce Nene umgerüstete Viking als eines der ersten Düsenverkehrsflugzeuge der Welt in die Luft.

▼ **Metallflügel**
Nach nur 19 Serienmaschinen bekamen die Viking leicht zu wartende Metallflügel in Schalenbauweise.

◀ **Verbindung zum Festland**
Die G-AMGG, ursprünglich an South African Airways ausgeliefert, war eine von insgesamt 75 Viking der BEA-Flotte, die Großbritannien mit dem europäischen Festland verband.

FAKTEN UND ZAHLEN

- Zur Luftflotte des englischen Königs gehörten vier Viking Mk 1, die für Staatsbesuche genutzt wurden, so 1947 nach Südafrika.
- Der Prototyp kam am 22. Juni 1945 vom Flugfeld Wisley aus in die Luft.
- Die Viking war anfangs auch als Wellington Continental und als VC.1 bekannt.
- Im Dienst der RAF standen unter den Bezeichnungen „Valetta" und „Varsity" auch Transport- und Schulversionen der Viking.
- BEA-Viking der Admiral-Klasse boten bis zu 36 Passagieren Platz.
- Einige der insgesamt 163 Viking flogen Ende der sechziger Jahre noch Charterdienste.

Englands erster Nachkriegs-Airliner

Um den Nachkriegsbedarf an zivilen Flugzeugen zu decken, benötigte Großbritannien eine Zwischenlösung, bis Muster wie die Comet in Dienst gestellt werden konnten. Vickers bot die VC.1 (später Viking) an, die die Wellington-Tragflächen und Bristol-Hercules-Motoren mit einem neuen Ganzmetallrumpf in Schalenbauweise verband.

Ein Jahr nach Entwurfsbeginn flog der Prototyp VC.1, und nach Testende bestellte British European Airways als Ersatz für ihre DC-3-Flotte 50 Muster mit den verbesserten, freitragenden Flügeln. Den ersten Linienflug mit einer Viking führte BEA am 1. September 1946 durch.

Ende 1946 traten Vereisungsprobleme auf, so dass der Betrieb vier Monate lang stockte. Sie ließen sich lösen, und eine Verkaufstournee bis nach Neuseeland brachte Exportaufträge.

Im April 1950 fiel die Viking Vigilant der BEA fast einem Anschlag zum Opfer, als über dem Ärmelkanal eine Bombe explodierte. Dank der robusten Konstruktion und der fliegerischen Fähigkeiten von Captain Harvey konnte die beschädigte Maschine nach Northolt zurückkehren und landen. Insgesamt absolvierten die Viking von BEA bis 1954 über eine halbe Million Flugstunden und transportierten drei Millionen Passagiere.

Die G-AHOS, eine der ersten Viking, hatte noch die geodätischen Tragflächen.

Die ersten 19 Viking hatten noch ein stoffbespanntes, geodätisches Trag- und Leitwerk, das dann aber durch freitragende Baugruppen ersetzt wurde.

Ein Großteil der Flügelkonstruktion basierte auf der der Wellington, darunter auch das Haupttholmsystem. Um die Wartung zu erleichtern, wurden freitragende Flügel eingeführt.

TECHNISCHE DATEN
Viking 610

- **Typ:** zweimotoriges Kurz- und Mittelstrecken-verkehrsflugzeug
- **Triebwerke:** zwei Kolbenmotoren Bristol Hercules 634 mit je 1260 kW
- **Höchstgeschwindigkeit:** 423 km/h in 3000 m
- **Anfangssteigrate:** 457 m/min
- **Reichweite:** 2736 km bei 338 km/h (ohne Nutzlast), 837 km bei voller Nutzlast
- **Gipfelhöhe:** 7620 m
- **Gewicht:** leer 10 433 kg; max. 16 400 kg
- **Kapazität:** vierköpfige Besatzung und maximal 36 Fluggäste
- **Abmessungen:**

Spannweite:	27,20 m
Länge:	19,86 m
Höhe:	5,97 m
Tragflügelfläche:	81,94 m²

VIKING 610

Die G-AHPL wurde an die BEA geliefert, „Verdant" getauft und später „Lord Anson" genannt, bevor sie bei anderen Linien flog, darunter Central African Airways.

Den Antrieb lieferten zwei Bristol Hercules. Dieser Motor wurde dem Rolls-Royce Merlin vorgezogen, weil er eine bessere Leistung im einmotorigen Betrieb bot, den die Startnormen damals verlangten.

Im Unterschied zu Vorkriegsverkehrsflugzeugen wurde die Viking mit Blick auf den Passagierkomfort entworfen. Kabinenwände und -decke waren schallgedämmt, und die Innenausstattung war in Leder und Plüsch gehalten.

Vereisungsprobleme am Leitwerk wurden gelöst, indem man die Enteisungsflüssigkeit schneller durchlaufen ließ.

Das funktional eingerichtete Cockpit hatte eine Zentralkonsole mit Gashebel, Trimmrädern, Treibstoffanzeigen und dem Instrumentenbrett. Neu waren die Weitwinkelfront- und Seitenscheiben.

EINSATZDATEN

REISEGESCHWINDIGKEIT

Die Viking flog schneller als das weitverbreitete Vorgängermuster DC-3 und reduzierte so die Reisezeit für die Passagiere. Die spätere CV 240 von Convair hatte stärkere Motoren und bot daher bessere Flugleistungen, genauso wie die Il-12 „Coach".

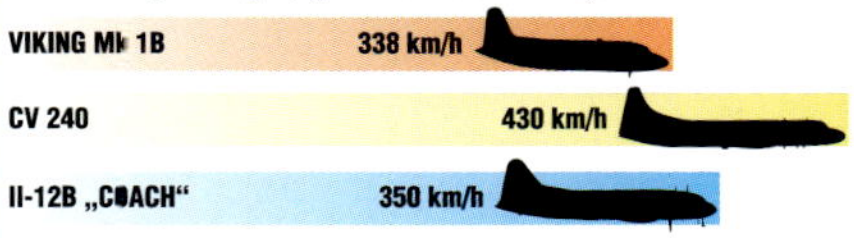

KAPAZITÄT

Die Viking konnte maximal 36 Passagiere aufnehmen, flog aber gewöhnlich mit 27 bei entsprechend größerem Sitzkomfort. Die CV 240 war größer und bot mehr Platz für Passagiere und Fracht.

REICHWEITE MIT NUTZLAST

Die Viking war für BEA-Verbindungen zwischen London und anderen europäischen Großstädten konzipiert. Für diese Flüge war keine allzu große Reichweite erforderlich. CV 240 und Il-12 aber sollten viel ausgedehntere Streckennetze in Amerika beziehungsweise der Sowjetunion bedienen und mussten auch mit voller Nutzlast sehr viel weiter fliegen können.

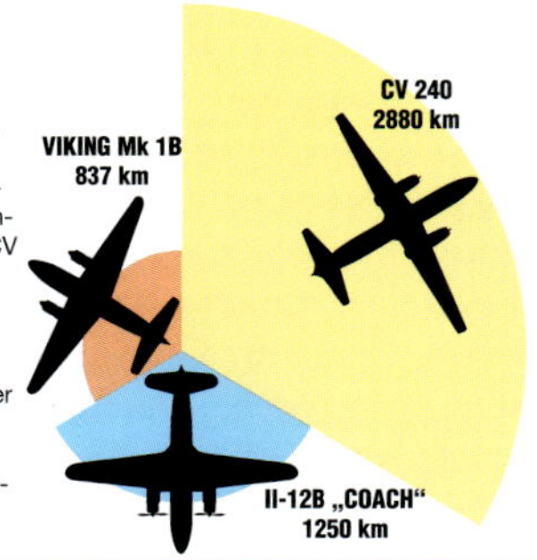

Passagierflugzeuge von Vickers

WARWICK: Dieser Typ wurde ab 1943 an die British Overseas Airways Corporation geliefert, und drei Maschinen flogen in Nordafrika.

VISCOUNT: Dies war das erste turbinengetriebene Passagierflugzeug im Liniendienst. Es galt als Meilenstein in der Verkehrsluftfahrt.

VANGUARD: Nach der erfolgreichen Viscount baute Vickers die schnellere und größere Vanguard, die am 1. März 1961 in Dienst ging.

VC.10: Die viermotorige VC.10 basierte auf der BOAC-Anforderung für einen Langstrecken-Airliner speziell für „hohe und heiße" Gebiete.

VISCOUNT

● Kurzstrecken-Airliner ● Erste zivile Turbopropmaschine

▲ *Als die Jets kamen, verlor die Viscount zunehmend an Beliebtheit, aber als die Ölpreise plötzlich in die Höhe schossen, erlebte sie eine ebenso schnelle Renaissance.*

Die beliebte Vickers Viscount, die erste Turbopropmaschine der Welt im zivilen Liniendienst, war eine Sensation, als sie nach dem Zweiten Weltkrieg auf den Markt kam. Mit ihren vier Dart-Turboprop-Triebwerken, dem dreirädrigen Fahrwerk und einer aufwändigen Innenausstattung machte sie als Kurzstreckentransporter auf europäischen Strecken einen großen Schritt vorwärts in der zivilen Luftfahrt. Noch heute, nach über 50 Jahren, fliegen einige Viscount-Maschinen.

VICKERS VISCOUNT

▲ **Star der Show**
Auf der Flugschau 1955 in Farnborough zeigte die Viscount – hier eine Maschine der Serie 700 – für ihre Größe erstaunliche Flugkünste.

▲ **Fliegt mit nur zwei Triebwerken**
In Farnborough führten die Viscount-Piloten ihr Kunststück vor, im Niedrigflug mit nur zwei laufenden Triebwerken über das Publikum hinwegzubrausen.

▼ **Starker Einsatz in der dritten Welt**
In vielen Ländern der dritten Welt war die Viscount wegen ihrer Zuverlässigkeit und der niedrigen Betriebskosten sehr gefragt.

▲ **Die Montagehalle**
In der Montagehalle in Weybridge waren normalerweise ständig zwölf Maschinen gleichzeitig im Bau.

▼ **Deutsche Viscount**
Die Lufthansa hatte neun Viscount gekauft. Die erste kam im Oktober 1958 in Hamburg an. Die deutsche Fluggesellschaft flog die Viscount auf europäischen Strecken bis Ende März 1971.

▲ **Dart-Triebwerk**
Das überaus zuverlässige Turboprop-Triebwerk Dart (das auch die Fokker F27 und die BAe HS.748 besaßen) war der Hauptgrund für den Erfolg der Viscount.

FAKTEN UND ZAHLEN

- Erst hieß das Flugzeug Viceroy (Vizekönig), wurde aber nach der Unabhängigkeit Indiens 1947 in Viscount umbenannt.
- Der erste Viscount-Prototyp absolvierte seinen Jungfernflug am 16. Juli 1948.
- Die RAF nutzte die Viscount zur Testpilotenschulung und Radarerprobung.
- Die Produktion fabrikneuer Exemplare der Viscount lief 1964 aus, genau mit der 444. gebauten Maschine.
- In Deutschland existieren noch vier Viscount als Austellungsstücke.
- Noch stehen knapp sieben Viscount in einigen Ländern Afrikas im Dienst.

Der erste Turboprop-Airliner

Die Viscount war einer der wenigen Erfolge, die sich der bereits im Zweiten Weltkrieg eingesetzte Brabazon-Ausschuss für die Entwicklung der britischen Zivilluftfahrt nach dem Krieg anrechnen konnte. Die frühen Exemplare des Typs verfügten über 47 Passagierplätze (der Prototyp sogar nur über 32), benutzten aber Turboprops, die als neuer Antriebsstandard eingeführt worden waren. Sehr attraktiv ausgestattete Viscount-Maschinen führte die Capital Airways of Washington, D.C.

Die erste verbesserte Version der Viscount besaß abwerfbare Unterflügelzusatztanks und eine verbesserte Antriebsleistung. Eine Verlängerung um 2,82 m inklusive einer Strukturverstärkung ergab die Serie 800. Das endgültige Modell 810, das zu Beginn der 60er Jahre gebaut wurde, bot schließlich 74 Passagieren Platz.

Die Viscount bewies ihre Vorzüge auf Kurzstrecken-Städteflügen wie etwa dem BEA-Linienverkehr zwischen London und Edinburgh. Jet-Flüge auf solchen Strecken wären zu teuer gewesen; das sicherte ihr noch lange eine Marktnische, obwohl ihre reine Flugleistung schon nicht mehr konkurrenzfähig war.

Heute ist die Viscount veraltet, was aber nicht verhindert, dass noch immer etwa sieben Maschinen eingesetzt werden. Einige wurden auch von Luftstreitkräften übernommen, so z. B. in Indien und der Türkei.

TECHNISCHE DATEN
Viscount 810

- **Typ:** Kurz-/Mittelstrecken-Passagierflugzeug
- **Triebwerke:** vier Turboprops Rolls-Royce Dart RDa.7/1 Mk 525 von 1566 kW (2129 PS)
- **Reisegeschwindigkeit:** 563 km/h in 6100 m Höhe
- **Dienstgipfelhöhe:** 7620 m
- **Reichweite:** 2832 km (ohne Reservetreibstoff)
- **Gewicht:** leer 18 854 kg; beladen 32 884 kg
- **Nutzlast:** zwei Piloten, Stewardessen, als Norm 65 bis 74 Passagiersitze in verschiedenen Anordnungen; bis elf Tonnen Fracht
- **Abmessungen:**

Spannweite:	28,56 m
Länge:	26,11 m
Höhe:	8,15 m
Tragflügelfläche:	89,46 m²

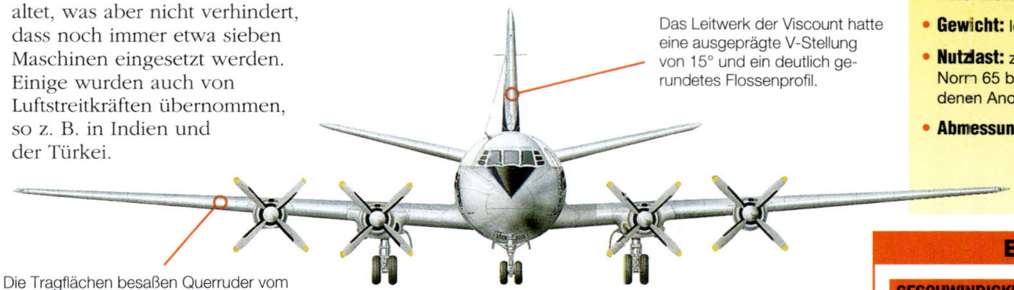

Das Leitwerk der Viscount hatte eine ausgeprägte V-Stellung von 15° und ein deutlich gerundetes Flossenprofil.

Die Tragflächen besaßen Querruder vom Typ Irving und doppelte Spreizklappen. Ihre Struktur war ein alcladbeschichteter Ganzmetallrahmen mit Wärmeenteisung.

Viscount

Air France erwarb zwölf Vickers Viscount 708. Diese Version mit den verbesserten Dart-Triebwerken konnte bis zu 48 Passagiere transportieren und wurde zahlreich exportiert.

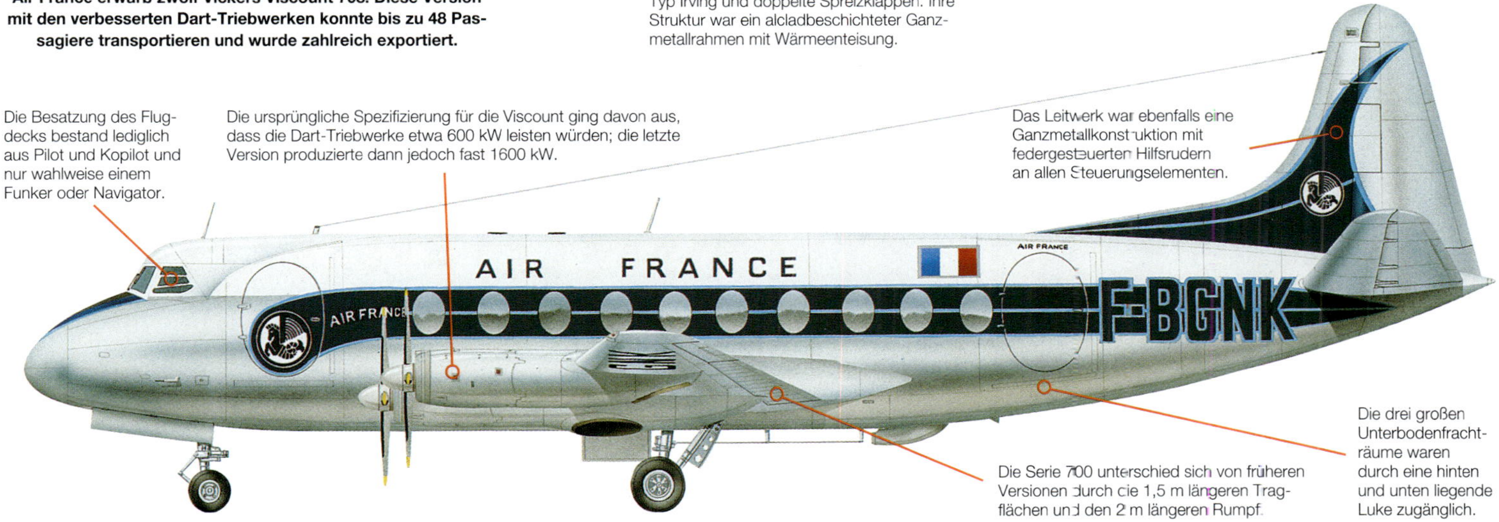

Die Besatzung des Flugdecks bestand lediglich aus Pilot und Kopilot und nur wahlweise einem Funker oder Navigator.

Die ursprüngliche Spezifizierung für die Viscount ging davon aus, dass die Dart-Triebwerke etwa 600 kW leisten würden; die letzte Version produzierte dann jedoch fast 1600 kW.

Das Leitwerk war ebenfalls eine Ganzmetallkonstruktion mit federgesteuerten Hilfsrudern an allen Steuerungselementen.

Die Serie 700 unterschied sich von früheren Versionen durch die 1,5 m längeren Tragflächen und den 2 m längeren Rumpf.

Die drei großen Unterbodenfrachträume waren durch eine hinten und unten liegende Luke zugänglich.

EINSATZDATEN

GESCHWINDIGKEIT

Die Viscount war so viel schneller als die Flugzeuge ihrer Zeit mit Kolbenmotoren, dass viele Werke sich beeilten, auch ihre Maschinen auf Turboprops umzurüsten. Doch außer bei der langlebigen Convair blieb diese Bemühung ohne Erfolg, weil zur gleichen Zeit kleinere und wirtschaftlichere, auch eigens dafür konstruierte Turboprop-Typen wie die HS.748 auf den Markt kamen.

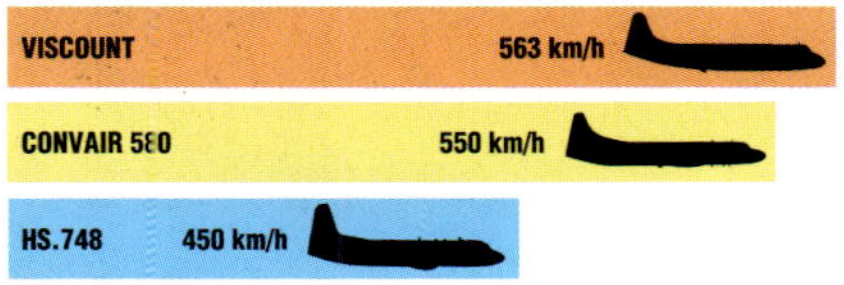

REICHWEITE

Die Triebwerke der Viscount waren zwar bessere Treibstoffverwerter als die Kolbenmotoren, trotzdem bedeuteten vier Triebwerke einen höheren Verbrauch als bei den kleineren zweimotorigen Konkurrenten, und auch die Reichweite litt ein wenig darunter.

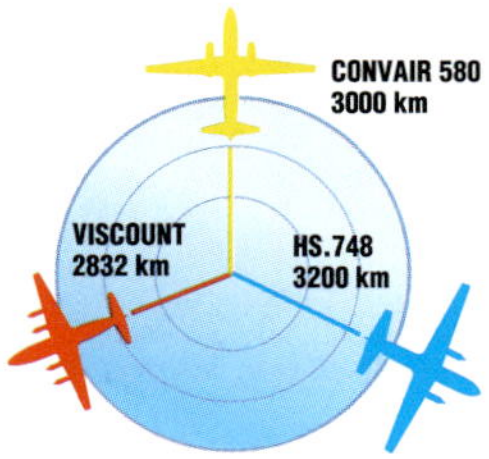

PASSAGIERKAPAZITÄT

Mehrmals wurde der Rumpf der Viscount gestreckt, so dass die ursprünglichen 32 Passagierplätze schrittweise bis auf 74 erhöht werden konnten. Ersetzt wurde sie häufig durch modernere, kleinere Typen wie die HS.748, die zwar weniger leistungsfähig waren, aber auch niedrigere Betriebskosten aufwiesen.

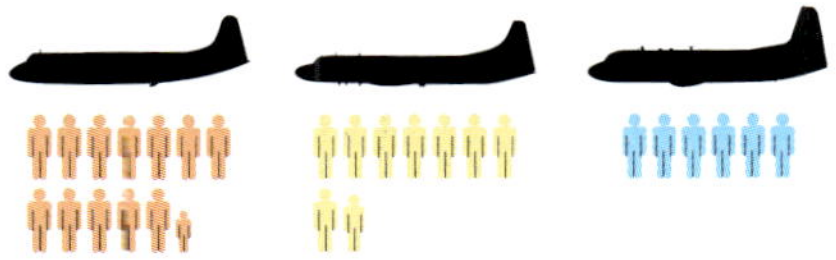

Die Turboprop-Generation

VICKERS VANGUARD: Als die „große Schwester" der Viscount in den 50er Jahren in Dienst ging, war das Jet-Zeitalter schon angebrochen; die Verkaufszahlen blieben niedrig.

LOCKHEED ELECTRA: Auch die Verkaufszahlen der der Vanguard sehr ähnlichen Electra blieben bescheiden. Sie wurde zur Marinemilitärmaschine P-3 Orion weiterentwickelt.

BRISTOL BRITANNIA: Die Britannia – für den Transatlantikverkehr – war das beste Turboprop-Flugzeug im Westen, doch mit dem Erscheinen der 707 und der DC-8 sehr rasch veraltet.

TUPOLEW Tu-114: Der größte aller „Propliner", die Tu-114, hatte Flügel und Triebwerke des Bombers „Bear" und flog damit schneller und weiter als jedes andere zivile Propellerflugzeug.

ILJUSCHIN Il-18: Hinter dem Eisernen Vorhang dominierten Jets zu dieser Zeit weniger. Das beherrschende Flugzeug im Ostblock in den 60er und 70er Jahren war die Il-18.

Vanguard

● Turboprop-Verkehrsflugzeug ● Wirtschaftlicher Betrieb ● Frachtversion

▲ Die Vanguard erzielte zwar kaum Verkaufserfolge, doch ihre Passagiere wussten die geräuscharme Kabine und die Fluggesellschaften die niedrigen Betriebskosten zu schätzen.

Ende der fünfziger Jahre entwickelte Vickers die Vanguard als größeres Gegenstück zu der erfolgreichen Viscount. Ihre längere Kabine konnte bis zu 139 Fluggäste aufnehmen und überbot die Kapazität der Viscount damit beinahe um das Doppelte. Leider erhielt sie Konkurrenz durch die neue Generation strahlgetriebener Passagierflugzeuge für Kurz- und Mittelstrecken. Der Absatz blieb daher gering, und die meisten Vanguard mussten zu Frachtern umgerüstet werden.

Vickers Vanguard

▼ Einsatz in Kanada

Einziger Exportkunde für die Vanguard war Air Canada (als Trans-Canadian Airlines).

▲ Flaggschiff

G-APEA war das Flaggschiff der Vanguard-Flotte der British European Airways (BEA). Sie trug den Namen „Vanguard“.

Feuchter Start ▶

Am 20. Januar 1959 hob die Vanguard Typ 950 von einer sehr nassen Piste zu ihrem Erstflug ab. Die Seitenflosse ging bei diesem Flugzeug noch nahtlos in den Rumpf über, während die Serienmaschinen eine große Rückenfinne erhielten.

▼ Auf Kundensuche

Am 6. März 1959 startete die zweite Vanguard zu einer Vorführreise durch Europa, die in Hamburg begann und über Brüssel schließlich nach Rom führte. Dieses Foto entstand am 4. Juni in Italien. Ende desselben Monats unternahm das Flugzeug eine ähnliche Tour durch Kanada.

▲ Merchantman

Air Bridge war ein größerer Betreiber der Frachter-Umrüstungen namens „Merchantman“ und setzte diese überwiegend nachts ein, um vor allem Briefe, Päckchen und Zeitungen zu befördern. Die letzte Maschine wurde erst Mitte der 90er Jahre ausgemustert.

FAKTEN UND ZAHLEN

- Vickers prüfte 60 verschiedene Vorschläge für das neue Flugzeug, darunter auch Entwürfe mit Düsenantrieb und mit Pfeilflügeln.
- BEA traf die Entscheidung, dass die neue Maschine Vanguard heißen sollte.
- Die Entwicklungskosten trug allein Vickers, ohne staatliche Unterstützung.
- BEA und Vickers führten im Vorfeld Gespräche darüber, ob der Typ als Hoch- oder Tiefdecker ausgelegt werden sollte.
- Die Vanguard der BEA-Flotte wurden nach berühmten Kriegsschiffen benannt.
- Eine Vanguard flog in acht Stunden und 15 Minuten von Kanada nach England.

Leise und preiswert

G-APEK, eine von sechs Merchantman der British Airways Cargo, wurde bei BEA „Dreadnought“ genannt (das war der Name eines Schlachtschiffes). Auch viele ausländische Gesellschaften setzten die umgerüsteten Frachter ein.

Die Vanguard, die im Januar 1959 in die Luft kam, hatte nicht nur viel stärkere Tyne-Triebwerke anstelle der Dart in der Viscount, sondern flog mit fast dreifacher Nutzlast weiter und schneller als ihre kleinere Vorgängerin.

Zur gleichen Zeit erschienen die ersten Mittelstreckenverkehrsmaschinen mit reinem Düsenantrieb. Turboproptriebwerke waren zwar leiser und sparsamer, aber Treibstoff war damals relativ billig, und die Flughäfen unterlagen nicht so strengen Lärmvorschriften wie heute. Die schnellen Düsenmaschinen gefielen den Passagieren, so dass die Fluggesellschaften sie verständlicherweise bevorzugten.

Vickers konnte daher nur 43 Vanguard verkaufen: Sechs 951 und 14 schwerere 953 gingen an BEA, 23 Vanguard 952 an die kanadische TCA. Mitte der siebziger Jahre waren alle aus dem Passagierdienst abgezogen, und viele wurden zu Frachtern umgebaut, die in Kanada als Cargoliner und in Großbritannien als Merchantman bezeichnet wurden.

Beim Kurzstrecken-Frachtdienst hat die Flugdauer keine große Bedeutung, und dank des leisen Turboprop-Antriebs sind auch Nachteinsätze möglich. So blieb die Merchantman bei einigen speziellen Frachtlinien bis in die neunziger Jahre im Dienst.

TECHNISCHE DATEN
952 Vanguard

- **Typ:** Verkehrs- und Frachtflugzeug
- **Triebwerke:** vier Turboprop-Triebwerke Rolls-Royce Tyne RTy.11 Mk 512 mit je 4135 kW
- **Reisegeschwindigkeit:** 684 km/h in 6095 m Höhe (maximal)
- **Anfangssteigrate:** 823 m/min
- **Reichweite:** 2945 km mit Höchstnutzlast
- **Gipfelhöhe:** 9145 m
- **Nutzlast:** 10 886 kg (maximal)
- **Gewicht:** leer 37 422 kg; beladen maximal 63 977 kg
- **Abmessungen:**

Spannweite:	36,14 m
Länge:	37,45 m
Höhe:	10,64 m
Tragflügelfläche:	141,86 m²

951 Vanguard

Die abgebildete Maschine erhielt von British European Airways, bei der sie ausschließlich flog, den Namen Euryalus.

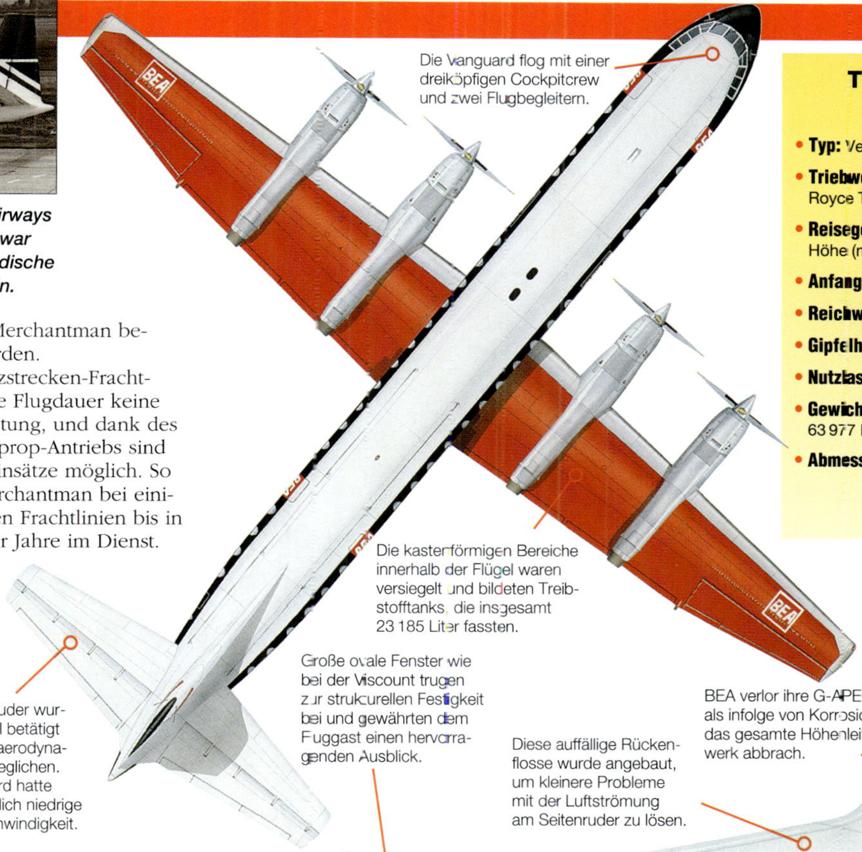

EINSATZDATEN

KAPAZITÄT

Bei verschiedenen Sitzanordnungen konnte die Vanguard zwischen 93 und 139 Fluggäste aufnehmen. BEA stellte fest, dass die enge Auslegung für 139 Passagiere in Sechsersitzreihen auf vielen Routen Anklang fand. Die anderen beiden Verkehrsflugzeuge waren nicht so flexibel eingerichtet, doch auch die Electra erfuhr zahlreiche Frachtumrüstungen.

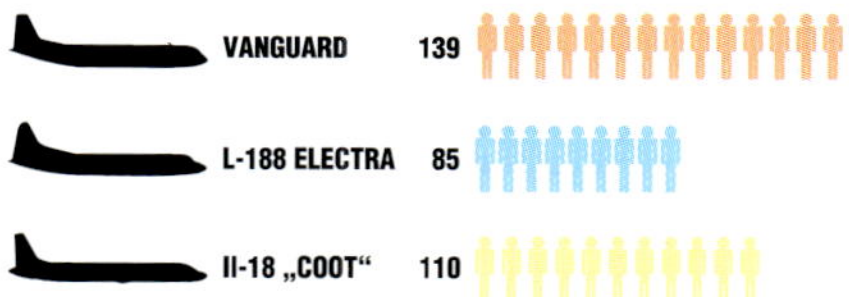

Verkehrsflugzeuge von Vickers

72 VANGUARD: Von diesem 23-sitzigen Verkehrsflugzeug entstand nur ein Exemplar, das 1928 bei Imperial Airways in Dienst ging.

610 VIKING: Die Viking, die maximal 27 Fluggästen Platz bot, war ein erfolgreiches Nachkriegsverkehrsflugzeug.

630 VISCOUNT: Von diesem erfolgreichsten Verkehrsflugzeug von Vickers wurden 444 Exemplare gebaut.

1150 SUPER VC.10: Viele VC.10 der East African Airlines fliegen jetzt als Tanker oder Transporter bei den britischen Streitkräften.

VC.10

● **Erster vierstrahliger Jet mit Heckantrieb ● Kurzstreckenstart**

Die Vickers VC.10 zählte zu den „großen" Verkehrsflugzeugen in den sechziger Jahren, als Düsenpassagiermaschinen neu waren und die Fluggesellschaften ihre Gäste noch verwöhnten. Die VC.10 fand sofort Anklang bei BOAC (British Overseas Airways Corporation), Ghana Airways, British United sowie anderen Fluglinien, und die RAF beschaffte eine Militärversion. Die Beliebtheit der VC.10 führte schließlich noch zur erfolgreichen Super VC.10 mit verlängertem Rumpf.

▲ *Als die VC.10 im April 1964 bei der BOAC in Dienst ging, war sie der erste interkontinentale Langstrecken-Jetliner der Welt mit vier am Heck montierten Turbofan-Triebwerken und damit das erste von vielen Verkehrsflugzeugen mit freien Flügeln.*

VICKERS VC.10

▼ Super VC.10

Die Super VC.10 war 4,27 m länger, hatte stärkere Triebwerke, einen zusätzlichen Tank und verlängerte Flügelvorderkanten. Sie beförderte mehr Passagiere über längere Strecken, erzielte aber keinen großen Verkaufserfolg.

▲ Schnelle Entwicklung

Vickers begann im März 1958 mit dem Entwurf der VC.10, und der Prototyp flog erstmals am 29. Juni 1962. Zwei Jahre später befand sich die VC.10 im regulären BOAC-Liniendienst.

◀ Umrüstung zum Tanker

Ausgemusterte VC.10 und Super VC.10 wurden von British Aerospace für die RAF zu Tankflugzeugen umgebaut. Bei den ersten neun Exemplaren schnitt man Löcher in den Rumpf, um die Tanks einzusetzen. Die fünf Treibstofftanks der VC.10 fassten je 3182 Liter.

▲ Dreistrahliger Versuchsträger

Bei einem VC.10-Transporter der RAF ersetzte man die zwei Backbord-Triebwerke versuchsweise durch ein einziges RB211. Stärkere Turbofans verliehen späteren Airlinern große Reichweiten.

▼ Dreimann-Cockpit

Das geräumige Cockpit der VC.10 bot viel Platz für eine dreiköpfige Airline-Besatzung (zwei Piloten und einen Flugingenieur).

FAKTEN UND ZAHLEN

- Die Royal Air Force orderte 14 Vickers-Transporter für den allgemeinen Unterstützungsdienst.
- Der Prototyp der VC.10 flog erstmals am 29. Juni 1962.
- Die verlängerte Vickers Super VC.10 startete am 7. Mai 1964 zum Erstflug.
- Als British Airways ihre VC.10 im März 1981 ausmusterte, hatten diese über eine Million Passagiere befördert.
- BOAC flog die erste VC.10 am 29. April 1964 auf der Strecke London–Lagos.
- Die Super VC.10 (Typ 1151) konnte 163 bis 180 Economy-Passagiere aufnehmen.

PROFIL

Englands letzter großer Jet-Airliner

In den sechziger Jahren, als noch weniger als fünf Prozent der Bevölkerung der westlichen Industriestaaten je in einem Flugzeug gesessen hatten, bot die VC.10 einen hohen Standard für ihre zumeist begüterten Passagiere. Der Hauptabnehmer war die BOAC, der elegante britische Airliner trug aber auch andere Farben, wie etwa die der Ghana Airways. Diese Gesellschaft wiederum vermietete eine ihrer VC.10 an die Middle East Airways, die sie in Beirut stationierte. Die VC.10 bewährte sich aber nicht nur als Jetliner, sondern auch im Dienst der RAF, die sie bis heute als Truppen- und VIP-Transporter einsetzt. Eine vergrößerte Version, die Super VC.10, flog ab 1965 auf den Transatlantikrouten. Der verlängerte Rumpf erhöhte ihre Kapazität und nahm einen Zusatztank in der Leitwerksflosse und stärkere Strahltriebwerke auf. Alle Varianten der VC.10 erwiesen sich als überaus zuverlässig und sicher. Die RAF besitzt auch eine Flotte von zu Tanker umgebauten VC.10.

Oben: Die erste Super VC.10 flog am 7. Mai 1964 und ging im April 1965 bei der BOAC in Dienst. Die 17 Serienmaschinen waren bis 1981 im Einsatz. Vier neue Super VC.10 mit großen Frachttüren und verstärktem Boden wurden für East African Airways gebaut.

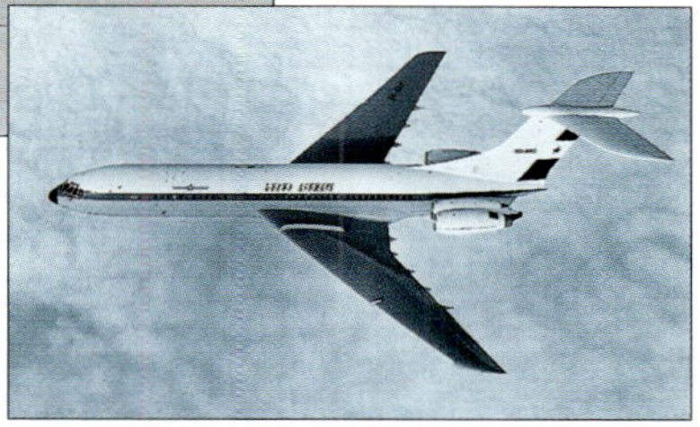

Unten: Die einzigen neugebauten VC.10, die direkt in den Export gingen, waren 1965 zwei modifizierte Modelle 1102 für Ghana Airways.

TECHNISCHE DATEN
Super VC.10

- **Typ:** vierstrahliges Langstrecken-Passagier- bzw. -Fracht-Düsenflugzeug
- **Triebwerke:** vier Turbofan-Triebwerke Rolls-Royce Conway RCo.43 mit je 100,11 kN Schub
- **Höchstgeschwindigkeit:** 935 km/h
- **Anfangssteigrate:** 700 m/min
- **Reichweite:** 7560 km mit maximaler Nutzlast
- **Reisehöhe:** 11 600 m
- **Nutzlast:** 27 043 kg (maximal)
- **Gewicht:** 70 479 kg (Basisfluggewicht)
- **Abmessungen:** Spannweite: 44,55 m; Länge: 52,32 m; Höhe: 12,04 m; Tragflügelfläche: 272,40 m²

SUPER VC.10

Als schnellster subsonischer Transatlantik-Airliner bot die gestreckte Version Super VC.10 Platz für 187 Passagiere. Ihre erhöhte Treibstoffkapazität ermöglichte eine größere Reichweite.

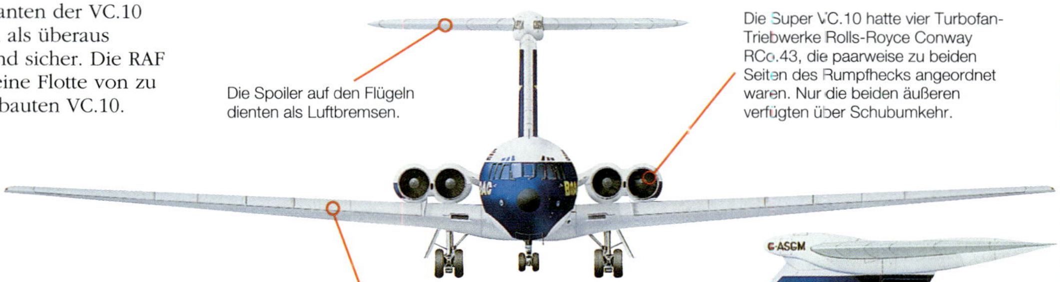

Die Spoiler auf den Flügeln dienten als Luftbremsen.

Die Super VC.10 hatte vier Turbofan-Triebwerke Rolls-Royce Conway RCo.43, die paarweise zu beiden Seiten des Rumpfhecks angeordnet waren. Nur die beiden äußeren verfügten über Schubumkehr.

Das gut ausgestattete Cockpit nahm bis zu vier Besatzungsmitglieder auf.

Die Super VC.10 hatte einen 4,27 m längeren Rumpf, eine größere Nutzlastkapazität und eine zusätzliche Toilette. Der hintere Passagiereinstieg war hinter die Tragfläche verlegt.

Die tief angesetzten Tragflächen mit 32° Pfeilung wiesen etliche Ausfallsicherungen auf. So war jedes Querruder in zwei separate Bereiche unterteilt.

Das freitragende Ganzmetallheck mit Höhenleitwerk saß auf der Flosse vor einer großen kugelförmigen Verkleidung an der Verbindungsstelle. In der Flosse befand sich ein Zusatztank.

Das VC.10-Cockpit war das erste, das über ein automatisches Elliot-Landesystem verfügte, das auch bei mangelnder Sicht Landungen ohne manuelle Steuerung erlaubte.

Das nach innen einziehende Fahrwerk bestand aus jeweils vierrädrigen Drehfahrgestellen. Das vorwärts einziehende drehbare Bugfahrwerk war zweirädrig.

Die Super VC.10 hatte einen Rumpf mit ovalem Profil in Halbschalenbauweise aus Leichtlegierung mit konventionellen Rahmen und Längsversteifungen.

EINSATZDATEN

GESCHWINDIGKEIT

Als sie 1965 bei BOAC in Dienst ging, war die Super VC.10 das schnellste Unterschall-Transatlantikflugzeug. Mit ihren starken Triebwerken gehört sie noch heute zu den schnellsten Airlinern.

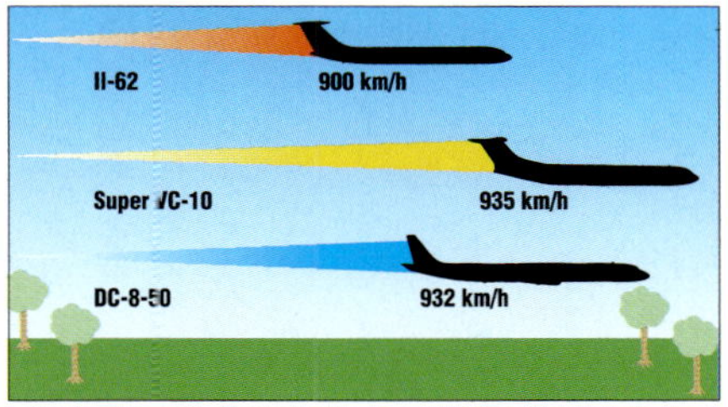

PASSAGIERE

Die Hecktriebwerke reduzieren den verfügbaren Passagierraum bei der Super VC.10 wie auch bei der Il-62. In den VC.10-Transportern der RAF weisen die Sitze aus Sicherheitsgründen nach hinten.

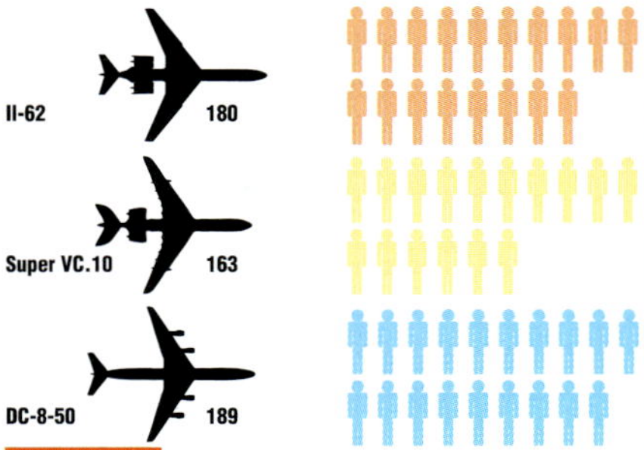

REICHWEITE

Die Super VC 10 war mit ihren Zusatztanks in der Seitenflosse allen Konkurrenten der sechziger Jahre an Reichweite überlegen.

Vierstrahlige Passagier-Jets der sechziger Jahre

VICKERS VC.10 C1: Die militärische Transporterversion der VC.10, die 1966 an die RAF ging, hatte die VC.10-Standardlänge, eine große vordere Ladeluke und einen verstärkten Kabinenboden. Sie befindet sich nach fast 40 Jahren noch immer im Einsatz; ihre Spitzengeschwindigkeit ist 935 km/h, ihre Reichweite 7560 km.

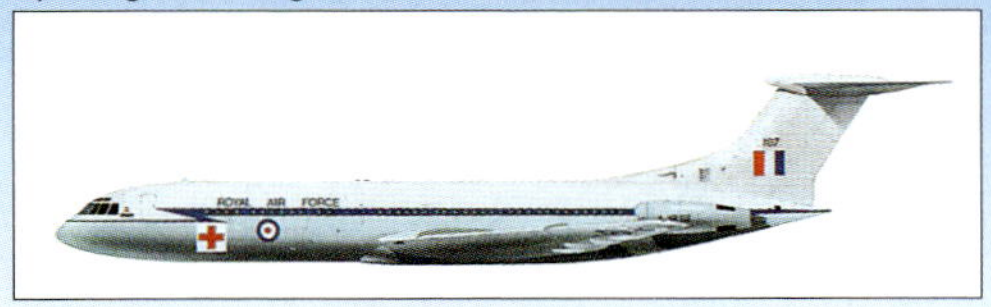

ILJUSCHIN IL-62: Das erste sowjetische vierstrahlige Langstreckendüsenflugzeug blieb 30 Jahre lang in Produktion. Insgesamt wurden 250 Exemplare gebaut. Die Il-62 ist länger und schwerer als die VC.10, hat aber eine geringere Spitzengeschwindigkeit (900 km/h) und Reichweite (6700 km).

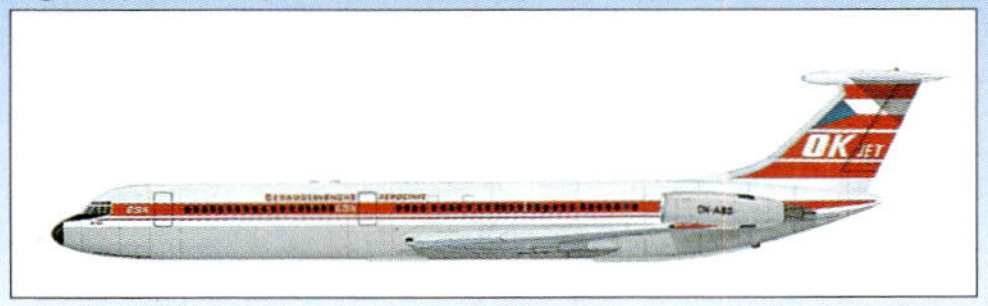

MCDONNELL DOUGLAS DC-8-50: Die erstmals 1958 geflogene DC-8 mit konventionell untergehängten Triebwerken war insgesamt kürzer als die VC.10, bot aber dennoch mehr Passagiersitze. Sie war nicht ganz so schnell wie die VC.10 und hatte bei voller Nutzlast auch nicht deren Reichweite.

HEEL Automobil

Europas größter Marktführer

Oldtimer Katalog Nr. 19
Wie gewohnt bietet der Katalog dem Leser einen nahezu vollständigen Überblick über den aktuellen Oldtimer- und Youngtimer-Markt.
320 Seiten, ca. 1300 größtenteils farbige Abbildungen, 210 x 297 mm, Paperback
ISBN 3-89880-391-0
€ (D) 17,90

Oldtimerpflege
Lacke, Leder, Oberflächen erhalten, reinigen & pflegen
Ein Buch, das allen Oldtimer- bzw. Youngtimer-Besitzern hilft, kleine und große Fehler bei der Pflege ihrer Lieblingsstücke zu vermeiden, die meist teuer bezahlt werden müssen.
80 Seiten, ca. 120 farbige Abbildungen, 210 x 297 mm, Paperback
ISBN 3-89880-371-6
€ (D) 9,95

Oldtimer-Bauteile selbst repariert und restauriert
Mit Hilfe dieses Buches und seiner zahlreichen „Schritt-für-Schritt"-Fotos kann man eine Vielzahl allgemein üblicher Fahrzeugkomponenten, die oftmals kaum mehr verfügbar oder extrem teuer sind, sicher und zuverlässig wieder instand setzen.
160 Seiten, ca. 280 größtenteils farbige Abbildungen, 215 x 275 mm, gebunden
ISBN 3-89880-157-8
€ (D) 24,95

Die größten Sportwagen-legenden
Der in Zusammenarbeit mit der Spezialzeitschrift Auto Zeitung entstandene Bildband präsentiert 14 ausgesuchte Sportwagen-Legenden in aktuellen, exklusiv produzierten Fotos, begleitet von spannenden Hintergrundtexten.
160 Seiten, ca. 200 farbige Abbildungen, 210 x 297 mm, gebunden
ISBN 3-89880-297-3
€ (D) 24,95

Das Original: Alfa Romeo Spider
Alle Modelle von 1965 bis 1993
Exzellentes Bildmaterial und umfangreiche Informationen zur technischen und optischen Evolution der Baureihe fügen sich zu einem Standardwerk zusammen, das Alfa-Spider-Fans all jenes Hintergrundwissen vermitteln, das sie suchen.
128 Seiten, ca. 200 farb. Abb., 232 x 302 mm, gebunden mit Schutzumschlag
ISBN 3-89880-085-7
€ (D) 39,90

Das Neue Große Porsche 911-Buch
Zahlreiche neue, bislang unveröffentlichte Fotos und Fakten aus den Archiven lassen die komplett überarbeitete Neuauflage des großen Porsche 911-Buchs zum spannenden Psychogramm einer Sportlegende werden.
208 Seiten, ca. 300 farbige Abb., 245 x 290 mm, gebunden mit farbigem Schutzumschlag
ISBN 3-89880-343-0
€ (D) 39,90

Jaguar E-Type
Anspruchsvolle Großformatfotos zeigen den Wandel des „E-Type" vom zwar kultivierten, aber dennoch sehr englischen Sportler der Frühzeit zum amerikanisch angehauchten Boulevard-Cruiser.
160 Seiten, ca. 300 größtenteils farb. Abb., 255 x 255 mm, geb. mit Schutzumschlag
ISBN 3-89880-108-X
€ (D) 35,–

Maserati – Im Zeichen des Dreizacks
Alle Modelle von 1926 bis heute
Das brandaktuelle Typenbuch stellt alle jemals gebauten Maserati, Rennwagen wie Serienfahrzeuge, mit den wichtigsten technischen Daten vor.
360 Seiten, über 600 z.T. farbige Abb., 243 x 270 mm, gebunden mit Schutzumschlag
ISBN 3-89880-211-6
€ (D) 69,90

BESTELLUNGEN:

Telefon: (05 31) 79 90 79 · Fax: (05 31) 79 59 39
Internet: www.heel-verlag.de · e-mail: service@heel-verlag.de
HEEL Verlag GmbH · Gut Pottscheidt · 53639 Königswinter

HEEL Maritim

Törnführer Elbe

Jeder Band enthält detaillierte, völlig neu erstellte Karten, umfangreiche Texte, wichtige Verkehrsvorschriften, Sportboothäfen, Slipanlagen, Tankstellen, Bootsservices sowie wichtige nautische und touristische Informationen. Beide Bände bieten unverzichtbare Informationen für Freizeitskipper und sind eine unentbehrliche Hilfe für die Planung und Durchführung einer Urlaubstour auf der Elbe.

Bd.1: Von Schöna bis Magdeburg
60 Seiten, ca. 39 Karten und zahlreiche Abb., 320 x 230 mm, Wire-o-Bindung
ISBN 3-89880-298-1
€ (D) 29,90

Bd. 2: Von Magdeburg bis Lauenburg
58 Seiten, ca. 39 Karten mit zahlreichen Abbildungen, 320 x 230 mm, Wire-o-Bindung
ISBN 3-89880-301-5
€ (D) 29,90

Das große Maritim-Wörterbuch in sechs Sprachen

Schluss mit Fremdsprachenproblemen auf See und im Hafen: über einen alphabetischen Index finden Sie hier die wichtigsten maritimen Begriffe in Englisch, Französisch, Italienisch, Spanisch, Deutsch und Niederländisch.
300 Seiten, 170 x 240 mm, Paperback
ISBN 3-89880-369-4
€ (D) 14,95

Die schönsten Leuchttürme Deutschlands

Eine Auswahl der interessantesten Leuchttürme an der deutschen Nord- und Ostseeküste, wobei jeder der Türme im Kontext seiner Besonderheit, seiner Eigenheit dargestellt wird.
176 Seiten, ca. 300 farbige Abb., ca. 245 x 290 mm, gebunden mit Schutzumschlag
ISBN 3-89880-221-3
€ (D) 39,90

Das Insel Lexikon

Ein in dieser Form bislang einmaliges Nachschlagewerk über alle Inseln dieser Erde sowie die bedeutendsten Meerengen und Meeresbuchten.
384 Seiten, ca. 800 Zeichnungen und Abb., 200 x 240 mm, gebunden
ISBN 3-89880-220-5
€ (D) 39,90

Bootstouren
Die schönsten Reviere Europas

144 Seiten, ca. 250 farb. Abb., 210 x 297 mm, Paperback
ISBN 3-89880-299-X
€ (D) 14,95

BESTELLUNGEN:

Telefon: (05 31) 79 90 79 · Fax: (05 31) 79 59 39
Internet: www.heel-verlag.de · e-mail: service@heel-verlag.de
HEEL Verlag GmbH · Gut Pottscheidt · 53639 Königswinter